何忠华　编著

水 力 学

HYDRAULICS

中国科学技术大学出版社

内 容 简 介

本书阐述了水力学的基本知识、原理和方法,具有循序渐进、理论联系实际、利于教学的特点. 全书分绪论,流体的属性,流体静力学,流体运动学,流体动力学,孔口、管嘴出流和有压管流,明渠 恒定流,堰流,渗流 9 章,每章附带例题和习题,帮助读者培养工程设计计算和解决复杂实际问题 的能力.

本书可作为高等院校土木工程、建筑工程、给排水工程、地质工程和环境工程、水利水电工程、 水文与水资源工程等专业的教材,也可供相关科技人员学习参考.

图书在版编目(CIP)数据

水力学/何忠华编著. --合肥:中国科学技术大学出版社,2024.5
ISBN 978-7-312-05863-9

Ⅰ. 水⋯ Ⅱ. 何⋯ Ⅲ. 水力学 Ⅳ. TV13

中国国家版本馆 CIP 数据核字(2024)第 047541 号

水力学
SHUILIXUE

出版	中国科学技术大学出版社
	安徽省合肥市金寨路 96 号,230026
	http://press.ustc.edu.cn
	https://zgkxjsdxcbs.tmall.com
印刷	安徽省瑞隆印务有限公司
发行	中国科学技术大学出版社
开本	787 mm×1092 mm　1/16
印张	24.25
字数	620 千
版次	2024 年 5 月第 1 版
印次	2024 年 5 月第 1 次印刷
定价	72.00 元

前　言

　　"水力学"是高等院校水利工程、环境工程、土木工程和给排水科学与工程等本科专业开设的一门必修课.本课程旨在讲解流体的平衡和机械运动规律以及这些规律在实际工程中的应用.通过系统学习本课程,读者可掌握水力学的原理和方法,培养应用相关理论进行专业工程设计计算的能力.本书分为绪论,流体的属性,流体静力学,流体运动学,流体动力学,孔口、管嘴出流和有压管流,明渠恒定流,堰流,渗流九章.第 1 章"绪论"概述流体力学的应用、任务、发展简史和研究方法,并详细介绍研究流体力学的科学实验法之一,即量纲分析 - 模型试验法.第 2 章"流体的属性"介绍流体的主要物理性质、力学模型以及作用在流体上的力.第 3 章"流体静力学"推导流体平衡微分方程,介绍处于绝对静止状态下流体的静水压强分布规律以及该压强作用在平面或曲面上的静水总压力的计算,介绍处于相对静止状态下流体的静水压强分布规律以及该压强作用在平面上的静水总压力的计算.第 4 章"流体运动学"介绍研究流体运动的两种方法,即拉格朗日法和欧拉法;介绍采用欧拉法描述流体运动时的一些基本概念;介绍流体微团运动的分解并根据微团是否绕自身轴旋转将流动分为有旋流动和无旋流动;介绍势函数和流函数的定义式以及两者与速度场之间的换算关系;介绍几种简单的恒定平面势流及其叠加后流动流函数和势函数的几何性质.第 5 章"流体动力学"推导理想流体和实际流体运动微分方程、恒定总流能量方程、层流区的沿程水头损失系数公式;介绍尼古拉兹试验曲线和紊流区的沿程阻力系数半经验公式;推导恒定总流动量方程和突扩管的局部阻力系数公式;第 6 章"孔口、管嘴出流和有压管流"介绍连续方程和能量方程在孔口恒定或非恒定出流、管嘴恒定出流、短管出流、长管及管网恒定流中的应用;分析这些流动的水力特征并推导其流量计算公式;介绍有压管中非恒定流即水击的传播过程及水击压强的计算.第 7 章"明渠恒定流"介绍明渠恒定均匀流的形成条件、水力特征及输水能力计算;介绍恒定非均匀流渠道中急流、缓流、临界流的判别方法以及急变流(如水跃)的计算;推导棱柱形渠道中恒定非均匀渐变流的微分方程并定性分析 12 种水面曲线类型和变坡处水面曲线的衔接,定量计算水面曲线的长度.第8章"堰流"推导堰流流量计算公式,并考虑有侧收缩和淹没出流时的修正;介绍桥孔过流时小桥孔径的计算方法.第9章"渗流"介绍达西定律和裴布依公式,并将其应用于集水廊道、单井和井群的出水量计算.在解决实际工程问题方面,主要内容包括:掌握蓄水工程或蓄水设备中静水总压力的计算方法,掌握简单的实际流动过程的流场模拟,利用恒定总流能量方程求解有压管和堰的通流量,利用恒定总流动量方程求解水流对弯头、闸门、水坝、堰和管道分叉等设施设备的冲击力,掌握明渠均匀流的设计流量计算,掌握明渠非均匀流中急变流水跃的工程计算和渐变流水面曲线的工程计算,掌握渗流的流量计算.

　　本书充分发挥教书育人载体的功能,紧扣"水力学"课程的研究任务,以培养学生的学习能力、实践能力和创新能力为导向.在课程架构上,非常注重课程理论体系的逻辑性及清晰性和篇章结构的完整性及科学性,以利于初学者快速把握水力学知识脉络或知识图谱;在内容安排上,各章既有对基本原理的详细讲解,也配有相应典型工程例题及其规范化解答,还附有内容提要、预习题、习题和高阶知识思考,便于学习者自学或预习、复习、研究;在撰写思路上,遵循教学规律和学习者的认知规律,注重深入浅出地阐述问题,注重启迪读者思维,注重实际复杂工程问题的分析和解决,注重理论体系向学生的价值体系转化,并充分考虑与教学方法的配合.本书也注重与时俱进,积极吸收国内外前沿研究成果和优秀教研成果,淘汰过时内容,在较烦琐的计算问题上适时引入 MATLAB 编程解答,摒弃早期依赖查图表的计算方式,为学习者提供一条应用现代编程工具解决传统水力学问题的思路.

　　本书出版得到安徽工业大学生物膜法水质净化及利用技术教育部工程研究中心以及建筑工程学院鲁月红副教授的资助.

　　由于编者水平所限,书中缺点和错误在所难免,恳请读者批评指正!

目　　录

第 1 章　绪　　论

【内容提要】　本章概述流体力学的任务、应用、发展简史和研究方法,并详细介绍研究流体力学的科学实验法,即量纲分析－模型实验法.量纲分析虽能建立各物理变量之间的相互关系式,但不能对问题给出完整的分析式解答;而模型实验则能在与所设计原型相似的模型中进行实验,然后利用实验数据评价原型的设计是否实用,或直接对某些变量进行测定,进而得到完整的分析式.

1.1　流体力学的任务

在自然界中,物质通常以固体、液体、气体三种状态存在.物质在这三种状态下分子间的作用力是不相同的.反映在宏观上为固体能保持其固定的体积和形状或在外力作用下虽会发生微小变形,但只要不超出弹性限度,去掉外力后变形仍可消失;液体能保持比较固定的体积但无固定的形状,液体的形状随容器的形状而变化,具有自由表面;气体则充满整个容器,既无固定的体积也无固定的形状,没有自由表面.

固体不易变形,可以承受一定的压力、拉力和剪切力.液体和气体可以承受压力,但不能承受拉力,只有在特殊情况下才需要考虑液体可承受的微小拉力(表面张力);静止状态下的液体和气体也不能承受剪切力,在任何微小剪切力的作用下只要时间足够长都将发生连续不断的变形,直至剪切力消失.液体和气体内部各质点不断发生相对运动这一有别于固体的性质,称为**流动性**.具有易流动特性的物质称为**流体**.

流体和固体具有不同的特性,是由其内部的分子结构及分子间作用力的不同造成的.一般来说,流体的分子间距比固体的分子间距大得多,流体分子之间的作用力相对固体而言要小得多,流体的分子运动相比固体较为剧烈,因此流体具有易流动性,不能保持一定的形状.液体与气体的差别在于气体比液体更易压缩.

大气和水是两种常见的流体,大气包围着整个地球,水则覆盖地球表面 70% 的面积,人类生活在被流体包围的环境里.大气与水等流体的广泛分布与人类的生产生活息息相关,这也使得研究流体力学变得极其重要.

流体力学是力学的一个分支,其研究对象包括液体和气体在内的流体.**流体力学的任务**是研究流体的平衡和机械运动的规律,以及这些规律在实际工程中的应用.其中,研究流体处于平衡状态(即静止或相对静止状态)时力学规律的分支称为**流体静力学**;研究流体运动的几何性质,而不涉及力的具体作用的分支称为**流体运动学**;研究作为连续介质的流体在力作用下的运动规律,及其与边界的相互作用的分支称为**流体动力学**.流体的种类很多,如水、石油、酒精、水银、空气等,其中,实际工程中常见的流体之一是水.研究以水为代表的流体的平衡和机械运动的规律,及其在实际工程中的应用的流体力学又称为**水力学**.

流体运动遵循机械运动的普遍规律,如牛顿运动定律、质量守恒定律、能量守恒与转换定律、动量守恒定律等,并以此作为建立流体力学理论的基础.也就是说,流体力学中的基本定理实质上就是这些普遍规律在流体力学中的具体应用.本课程的先修课程为高等数学、物理、理论力学、材料力学和热力学等.

1.2 流体力学的应用

1.2.1 流体力学理论可用于解释很多自然现象和工程原理

(1) 如何根据从飞机模型上获得的数据信息来制造飞机?

(2) 为什么液压千斤顶能产生巨大的撑力?

(3) 为什么潜水艇能下沉又能上浮?

(4) 为什么房间门口处或狭长巷道内的风速较大?

(5) 为什么消防枪喷嘴形状要采用锥形?

(6) 为什么河道中相距太近的两艘船很可能因相互吸引而发生碰撞?

(7) 为什么火车进站时站台候车的乘客不能离火车太近?

(8) 为什么高尔夫球表面要做成粗糙的凹坑面?

(9) 为什么汽车阻力来自车尾?

(10) 在没有空气产生反推力的外层空间,火箭的推力如何产生?

(11) 在两个完全相同容器的相同位置上分别设置相同口径的孔口和管嘴,出流时哪个出流量大一些?

(12) 对于给定管径的无压圆管,其水深为多少时的通流量最大?

1.2.2 流体力学理论可指导工程设计

流体力学及其理论因生产需要而产生,并随着生产的发展而完善,有力地促进了工程领域的知识创新和技术发展,指导着实际工程设计:

在给排水工程中,给排水管网、水处理构筑物及设备的设计计算;阀门、流量计、测压计、水表、水泵、坐便器等设备的设计计算;地下水的开采.

在环境工程中,污染物在水体中混合输移规律.

在土木工程中,供热及空调系统、建筑物风压的工程计算;道路桥梁、地下建筑、岩土工程、矿井等与水、气体等流体流动有关的设施和设备,在设计和施工中需充分利用流体力学的基本原理.

在水利工程中,管道、河渠、农田排灌、水坝溢洪道、防洪防波堤、水力发电、港口、河口海岸等水工构筑物的设计计算;地下水渗流、河流泥沙沉降等规律的研究;水轮机等与水的运动有关的水力机械设备的设计计算.

在航空航天工程中,飞机、火箭和导弹等与大气运动有关的飞行器的设计及运行.

在船舶工程中,船舶、潜艇、船坞等与水的运动有关的装备的设计计算.

在医学工程中,医学诊断和医药生产中所涉及的药物输送问题;血泵的设计计算;空气和血液在人体中运动规律的研究.

在电力工业中,不论是水电站、还是核电站、热电站和地热电站,其生产运行的工作介质都是水、气和油等流体,所有的动力设备的设计和运行都必须符合流体流动规律.

在机械工程中,水轮机、燃气轮机、蒸汽轮机、喷气发动机、液体燃料火箭、内燃机等都是以流体能量作为原动力的动力机械;机床、汽车、拖拉机、坦克、飞机、工程机械、矿山机械等广泛采用的液压传动、液力传动和气动传动都是以流体作为工作介质的传动机械;水压机、油压机、油泵、风扇、风车、涡轮、鼓风机、通风机、压气机等都是以流体为对象的工作机械;发动机中的燃料供给系、冷却系、润滑系、增压系.流体机械的工作原理、性能、使用和实验都以流体力学作为理论基础,只有掌握了流体的基本运动规律,才能更好地了解这些设备的性能和运行规律,同时才能正确地从事这些设备的设计和运行.

在体育运动中,射击弹丸类的运动、高尔夫球、快艇、赛车、滑翔等体育项目都分别涉及流体力学理论.

在化学工业中,大部分化学工艺流程都伴随着化学反应、传质和传热的流动问题.

在石油工业中,油、气和水的渗流、自喷、抽吸与输送问题.

在海洋工程中,波浪、环流、潮汐和大气中的气旋、环流、季风等问题.

总之,流体力学已渗透到现代生产生活的方方面面,并在许多实际工程领域和科学研究领域发挥着极其重要的作用,可以说,只要有流体的地方,就有流体力学的用武之地.

作为一本基础性和入门性教材,本书不可能具体讲述流体在各行业领域特定设施及设备中的流动规律,仅讲述基本的和共同性的流体流动规律.通过本课程的学习,力争使读者掌握流体力学的基本概念、基本原理、基本计算方法和基本实验技能,为后续课程的学习打下坚实的基础,也为今后从事各种以流体为工作介质、工作对象的生产和研究工作奠定必要的流体力学理论基础.

1.3 流体力学的发展简史

流体力学是在人类与自然界相处和生产实践中产生并逐步发展起来的.古人在灌溉农田、兴修水利等实践中开始认识和利用水流的规律,在航海航行等利用风能的实践中认识空气的运动规律.虽然古人凭借自主的观察和不断的实践,逐渐认识和掌握了流体运动的一些规律,建造了许多伟大的工程,但这些实践工程多使用经验,缺乏系统的流体力学知识,并未使流体力学成为一个知识体系.

1.3.1 经典流体力学阶段

在**流体静力学**领域,对流体力学学科形成做出第一个贡献的是阿基米德(287 B.C.—212 B.C.,古希腊),他在其著作《论浮体》中建立了包括浮力定律和浮体稳定性在内的液体平衡理论.浮力定律指出浸入静止流体(气体或液体)的物体受到浮力作用,其大小等于该物体所排开的流体重量,方向竖直向上并通过所排开流体的形心.浮力定律在航海等领域有重要意义,密度等重要的物理概念也通过浮力定律得到了发展.

帕斯卡(1623—1662,法国)提出了静止流体中压强的概念和压强计算公式,建立了流体中压力传递的帕斯卡定律(1653 年),指出在处于平衡状态的不可压缩流体中,作用在其边界面上的压强,将等值、均匀地传递到流体的所有点,并利用这一原理制成了水压机.

流体静力学真正成为一门严谨的科学,首先要归功于莱布尼茨(1646—1716,德国)和牛顿(1643—1727,英国)发明了微积分(莱布尼茨 1684 年,牛顿 1687 年).之后,莱昂哈德·欧拉(1707—1783,瑞士)建立了"连续介质模型"(1753 年):在流体力学研究中,假设流体是由无限多个流体质点连绵不断地组成,质点由足够数量的分子组成,质点之间无任何间隙.随后提出了流体平衡微分方程(又称欧拉平衡微分方程,1755 年),揭示了处于静止(或相对静止)状态的流体中任一点上压强与作用于流体的质量力之间的普遍关系.

在**流体运动学**领域,欧拉提出了描述流体运动的欧拉法(1755 年),该方法不追溯流体质点的运动过程,而是以充满运动液体质点的空间即流场为研究对象,研究各时刻质点在流场中的变化规律.欧拉法是数值方法,用以对给定初值的常微分方程求解.

拉格朗日(1736—1813,法国)继欧拉之后研究过理想流体运动方程,严格地论证了速度势的存在,并提出了速度势和流函数的概念,为应用复变函数去解析流体定常和非定常的平面无旋运动开辟了道路,成为流体无旋运动理论的基础.他在《分析力学》中提出了描述流体运动的拉格朗日法(1788 年),该方法基于质点动力学普遍方程,着眼于流体质点,描述每个流体质点自始至终的运动过程.

亥姆霍兹(1821—1894,德国)建立了流体涡旋运动的基本概念(1845 年)和流体运动的速度分解定理(1860 年),奠定了涡动力学基础.

拉普拉斯(1749—1827,法国)指出流体是无黏性的、正压的,且外力有势时,均匀来流绕物体的流动和从静止状态开始的流动必定是无旋的.

在**流体动力学**领域,欧拉将静力学中压强的概念推广到运动流体中,建立了以牛顿第二定律为基础的理想流体运动微分方程(又称理想流体动力学方程、欧拉运动微分方程),给出了不可压缩理想流体运动的一般解析方法,用微分方程组正确地描述了理想流体(无黏流体)的运动与作用力之间的相互关系.该微分方程是控制流体运动的基本方程,对于恒定流或非恒定流,以及不可压缩流体或可压缩流体均适用.欧拉被称为经典流体力学的奠基人.

汤姆孙(1824—1907,英国)指出理想的不可压缩流体在重力场中运动时,任一条流体线上的速度环量不随时间的变化而变化.

达朗贝尔(1717—1783,法国)提出了达朗贝尔佯谬(1752 年),指出物体在无界、不可压缩、无黏性流体中做匀速直线运动时,所受到的合力等于零,即在理想流体中运动的物体既没有升力也没有阻力,从反面说明了理想流体假定的局限性.

牛顿的研究表明实际流体由于分子扩散或分子间相互吸引,不同流速的流体之间有动量交换发生,从而在流体内部相邻两流层的接触面上产生内摩擦力(或剪切应力),即黏滞力,并通过实验研究了运动平板所受的流动阻力,给出了黏性流体内摩擦力定律(1686 年),定律中指出:内摩擦力与正压力无关,正比于流层间的相对移动速度和接触面积,并随流体物理性质而改变.

纳维(1785—1836,法国)以牛顿第二定律和牛顿内摩擦定律为基础,推广了欧拉的理想流体运动微分方程,考虑了分子间的作用力,建立了含有一个黏性常数的黏性流体运动微分方程组(1821 年).斯托克斯(1819—1903,英国)从连续系统力学模型和牛顿关于黏性流体的物理规律出发,把流体质点的运动分解为平动、转动、均匀膨胀或压缩,及由剪切所引起的变形运动,改进了纳维的方程,得到包含两个黏性常数的黏性流体运动微分方程(后称纳维-斯托克斯方程,N-S 方程,1845 年).该方程是流体动力学的理论基础,也是牛顿第二定理在流体力学中的应用,而欧拉运动微分方程是 N-S 方程在理想流体状态下的特例.

在流体运动守恒方面,流体在运动过程中应遵循质量守恒、能量守恒和动量守恒的普遍规律,将这些规律表示成数学形式,分别为连续性方程、伯努利方程及动量方程.

达朗贝尔从质量守恒定律出发推导了直角坐标系中不可压缩流体的微分形式连续性方程(1752 年),指出一维恒定总流的断面平均流速与相应过流断面的大小成反比.

丹尼尔·伯努利(1700—1782,瑞士)从经典力学的机械能守恒出发,研究了供水管道中水的流动,提出了适用于理想不可压缩流体恒定流动的伯努利方程(1726 年),指出流体恒定流动下单位重量流体的位置水头(位置势能)、压强水头(压强势能)、流速水头(动能)三者之和等于一个常数.伯努利方程是能量守恒定律在流体中的应用.

惠更斯(1629—1695,荷兰)将动量定义为质量和速度矢量的乘积,并完善地分析了物体在弹性碰撞中动量转移和守恒的原理(1656 年).

随着经典力学建立起了流场、速度、加速度和力等概念,以及流体运动微分方程和质量、动量、能量三个守恒方程,流体力学尤其是流体动力学逐步成为一门严密的独立学科,开始了用微分方程和实验测量进行流体运动定量研究的阶段.

皮托(1695—1771,法国)发明了一种测量气流总压和静压以确定气流速度的管状装置,即皮托管(1732 年).

文丘里(1746—1822,意大利)指出受限流动在通过缩小的过流断面时,流体出现流速增大的现象,流速大小与过流断面大小成反比,并发明了测量流体压差的装置,即文丘里管(1797 年).

1.3.2　近代流体力学阶段

从 19 世纪开始,实验研究在流体力学发展中的作用得到了显现.该时期流体力学研究朝着两个互不相通的方向:一个是数学理论流体力学或水动力学已达到较高水平,但计算结果与一些实验很不相符,特别是那些带有流体黏性影响的工程问题;另一个是水力学,它主要根据实验结果归纳出半经验公式,应用于工程实际.

雷诺(1842—1912,英国)用实验证实了黏性流体运动的两种流态即层流和紊流的客观存在(1883 年),找到了实验研究黏性流体流动规律的相似准则数,即表征流动中流体惯性力和黏性力之比的一个无量纲数(雷诺数),以及判别层流和紊流的临界雷诺数,为流动阻力的研究奠定了基础,解决了许多实际工程问题.

普朗特(1875—1953,德国)将非线性偏微分方程(N-S 方程)作了简化,从推理、数学论证和实验测量等各个角度,建立了边界层理论(1904 年),解释了阻力的产生机制,可计算简单情形下边界层内流动状态和流体同固体间的黏性力.这一理论既明确了理想流体的适用范围,又能计算简单物体运动时遇到的摩擦阻力,使理想流体和黏性流体以普朗特边界层理论为纽带得到了统一,使流体流动时的阻力问题得到合理的解决.此后,他又针对航空技术和其他工程技术中出现的湍流边界层提出了混合长度理论,论述了大展弦比的有限翼展机翼理论.普朗特的边界层理论把纯理论的古典流体力学和实验及工程实际结合起来,并逐渐形成了理论与实际并重的现代流体力学,因此普朗特也被称为现代流体力学之父.

泰勒(1886—1975,英国)擅长把深刻的物理洞察力和高深的数学方法巧妙地结合起来,设计出简单而又完善的专门实验,提出了湍流统计理论(1910 年),并应用统计学的方法来研究湍流扩散问题(1921 年),提出了著名的泰勒公式.

卡门(1881—1963,匈牙利、美国)分析了带旋涡尾流及其所产生的阻力的理论,提出了"卡门涡街"理论(1911 年),指出在一定条件下的定常来流绕过某些物体时,物体两侧会周期性地脱落出旋转方向相反、排列规则的双列线涡.该理论解释了桥梁的风振、机翼的震源.卡门所在的加利福尼亚理工学院实验室后来成为美国国家航空和航天喷气实验室.

在水力学方面,对流动阻力的深入研究,催生了一系列流动阻力的计算理论,以及一些利用实验手段得出的用于解决管流、明渠流、堰流、渗流等实际工程问题的经验结论,代表性的工程师及其成果有:

达西(1803—1858,法国)在垂直圆筒中对饱和均匀砂进行了大量的渗透实验,得出了层流条件下,砂中水的渗透速度与水力坡降的渗透规律,即达西定律(1856 年),其指出圆筒过水断面的渗流量与圆筒断面和水力坡度成正比,并和土壤的透水性能有关.

魏斯巴赫(1806—1871,德国)在归纳总结前人研究的基础上提出了达西－魏斯巴赫公式,该式由魏斯巴赫于 1850 年首先提出,达西在 1858 年用实验方法进行了验证.

尼古拉兹(1894—1979,德国)公布了对砂砾粗糙管内水流阻力系数的实测结果,即尼古拉兹曲线(1933 年).

布拉修斯(1883—1970,德国)提出了计算紊流光滑管阻力系数的经验公式(1913 年).

科尔布鲁克(美国)和其老师怀特提出了把紊流光滑管区和紊流粗糙管区联系在一起的过渡区阻力系数计算公式,即科尔布鲁克－怀特公式(1939 年).

穆迪(1880—1953,美国)以科尔布鲁克公式为基础,绘制出工业管道沿程阻力系数曲线图,即穆迪图(1944 年).

谢才(1718—1798,法国)在总结明渠均匀流实测资料的基础上,提出了计算明渠和管道均匀流平均流速或沿程水头损失的公式,即谢才公式(1769 年).

曼宁(1816—1897,爱尔兰)提出了计算谢才系数的经验公式,即曼宁公式(1890 年).

弗劳德(1810—1879,英国)通过对船舶阻力和摇摆的研究,提出了船模实验的相似准则数,即弗劳德数(1868 年),建立了现代船模实验技术的基础.

巴赞(1829—1917,法国),进行了对明渠内水流的经典性研究,完成了达西实验明渠内水流阻力的计划,所得结果于 1865 年发表.随后转向研究波传播和液体经流孔时的收缩问题.1854 年提出利用水泵挖渠道,从而建造了第一艘吸泥船.

瑞利(1842—1919,英国)在相似原理的基础上,提出了一种实验研究的量纲分析法,即瑞利法(1877 年).

白金汉(1867—1940,美国)基于量纲分析法提出了著名的"白金汉 Π 定理",为相似性实验奠定了坚实的理论基础(1914 年).

1.3.3　现代流体力学阶段

20 世纪 40 年代,通过研究炸药和天然气等介质中发生的爆轰波形成了新的理论,随后为研究原子弹、炸药等起爆后产生的激波在空气或水中的传播,发展了爆炸波理论.

从 20 世纪 50 年代起,随着电子计算机不断完善,原有的分析方法难以进行的课题研究,可以逐步用数值计算法来进行,因此出现了新的分支学科——计算流体力学.

20 世纪 60 年代,根据结构力学和固体力学的需要,出现了有限元法,该方法主要解决弹性力学问题.经过发展,有限元分析这项新的计算方法开始在流体力学中应用,尤其是在低速流和流体边界形状甚为复杂问题中的效果显著.近年来,又开始了用有限元法研究高速流的问题,也出现了有限元法和差分法的互相渗透和融合.

随着各工业部门的种类日趋复杂,技术问题更趋向于专门化,因此,流体力学必将分离出一系列的独立科学,或与其他学科互相交叉渗透形成新的交叉学科或边缘学科.目前,逐步形成的学科有电磁流体力学,两相流体力学,流变流体力学,高、超音速气体动力学和稀薄气体动力学等.这些巨大进展与各种数学分析方法的采用,以及大型、精密的实验设备和仪器的建立等研究手段是分不开的.

1.4　流体力学的研究方法

作为一门严谨的科学,流体力学的研究也遵循"实践—理论—实践"的基本规律,其探究过程大致可分为以下步骤:① 对自然界和生产实践中出现的流体力学现象进行观察,并从中抽出共性问题;② 对问题进行描述(如流体的流动边界条件及运动特征),从中找出主要影响因素,建立概念,引入参数对影响因素进行抽象化并量化;③ 对问题进行研究,总结并验证基本规律,形成理论;研究方法或基于经典力学理论推导出公式定理、定律等数学模型(理论分析、数值计算),或基于量纲分析得到初步的公式,或借助实验研究各参数之间的变化关系,整理出公式定理、定律等数学模型,或建立模型实验,系统开展流动的实验研究(科学实验);④ 以得到的基本理论去指导和预言实践,并在实践中检验、修正理论.

通常,由于流体运动的多样性和复杂性,不同流体运动问题需采用不同的研究方法;有时针对同一问题也可同时采用不同的方法,以便相互补充,相互验证.

1.4.1　理论分析法

理论分析法是建立在流体力学模型基础上,通过研究作用于流体上的力,引用经典力学的基本原理(如牛顿定律、动能定理、动量定理等),建立起流体运动的基本方程(如连续性方程、能量方程、动量方程等),利用数学手段结合具体问题分析求解,并对其解进行分析.

流体力学模型是基于实际问题研究需要而抽象化的一系列假想模型.实际流体自身的物质结构和物理性质十分复杂,若考虑所有影响因素,则很难导出流体的力学关系式.因此,在分析考察流体问题时,应抓主要矛盾对流体进行科学合理的抽象和简化,建立流体运动规律数学模型.流体力学中常用的力学模型有流体质点模型、连续介质模型、不可压缩流体模型、理想流体模型、牛顿流体模型等.

1. 流体质点模型

流体质点是指流体中宏观尺寸非常小、可视为空间的一个点,而微观尺寸又足够大、包含足够多分子并具有宏观运动一切特性的任意形状的物理实体.包括四个方面的含义:① 流体质点的宏观尺寸非常小,甚至可以小到肉眼无法观察、工程仪器无法测量的程度;② 流体质点的微观尺寸足够大,远大于流体分子尺寸的数量级;③ 流体质点是一个包含足够多分子在内的物理实体,在任何时刻都具有压强、流速、质量、动量、动能、密度、温度等宏观物理量;④ 流体质点的形状可以任意划定,因而质点和质点之间可以没有间隙.质点的概念是流体连续介质模型提出的基础,对于研究流体的宏观规律具有重要的作用.

2. 连续介质模型

流体力学的研究对象是流体,从微观角度看,流体是由大量的分子组成的,分子与分子间不是致密的,而是存在比分子本身尺度大得多的空隙,同时每个分子都在不停地做无规则运动,因此用数学观点分析流体物理量在空间上的分布应该是不连续的,且随时间而不断变化,从而无法用数学方法进行分析研究.但在流体力学中仅限于研究流体的宏观运动规律,宏观上,流体的尺度(如米、厘米、毫米的量级)比分子自由程大得多,几乎观察不到分子间的空隙.比如,比水疏松得多的空气,在标准状态下,1 mm^3所含气体分子就有2.69×10^{16}个,分子间的间距从宏观角度来讲已可以忽略不计了.描述宏观运动的物理参数是大量分子的统计平均值,而不是个别分子的值.在这种情形下,流体可近似用连续介质模型处理.因此,对于流体的宏观运动来说,可将流体视为致密连续体.这种将流体看作由无数没有微观运动的质点组成的没有空隙的致密连续体,表征流体运动的各物理量在时间和空间上都是连续分布和连续变化的模型称为连续介质模型.

连续介质模型是对流体自身物质结构的简化,它忽略了微观上流体的分子运动,只考虑外力作用下宏观的机械运动.连续介质模型的出现使得微积分等数学工具可以用于解决流体问题.

3. 不可压缩流体模型

不可压缩流体模型是指在某些情况下流体自身的压缩性和热胀性不表现或不起主要作用时,忽略流体的压缩性和热胀性,对流体进行简化.这是对流体自身物理性质的简化.

对于液体,其压缩性和热胀性很小,密度可视为常数,例如将水作为不可压缩液体处理.对于气体,它具有比较显著的压缩性和膨胀性,但在气体对物体流动的相对速度比声速要小得多时,气体的密度变化也很小,可以近似地看成常数,可当作不可压缩流体处理,例如通风工程中的气流;只有在某些情况下,如气流速度很大,接近或超过音速,或者在流动过程中其密度变化很大,才必须用可压缩模型来处理.

把液体看作不可压缩流体,可把气体看作可压缩流体,都不是绝对的.在实际工程中,是否考虑流体的压缩性,要视具体情况而定.例如,研究管道中水击现象时,水的压强变化较大,而且变化过程非常迅速,这时水的密度变化就不可忽略,需要考虑水的压缩性,把水当作可压缩流体来处理.又如,在中央空调管道中的气体流动,压强和温度的变化都很小,水的密度变化很小,可把水作为不可压缩流体来处理.

4. 理想流体(无黏流体)模型

一切实际流体都是具有黏性的,都是黏性流体.无黏性的流体称为理想流体.理想流体是一种客观世界上不存在的假想流体.提出理想流体是对流体自身物理性质的简化.

在流体力学中引入理想流体的假设是因为在某些实际流体的黏性作用表现不出来的场

合(如在静止流体中或匀速直线流动的流体中),完全可以把实际流体当作理想流体来处理.在许多场合,求得黏性流体流动的精确解是很困难的.对某些黏性不起作用或不起主要作用的情况,可先不计黏性的影响,使问题的分析大为简化,从而有利于掌握流体流动的基本规律.至于黏性的影响,可根据实验引进必要的修正系数,对由理想流体得出的流动规律加以修正.

此外,即使是对于黏性为主要影响因素的实际流动问题,先研究不计黏性影响的理想流体的流动,而后引入黏性影响,再研究黏性流体流动的更为复杂的情况,也是符合认识事物由简到繁的规律的.基于以上诸点,在流体力学中,总是先研究理想流体的流动,而后再研究黏性流体的流动.

5. 牛顿流体模型

遵循牛顿内摩擦定律的流体即为牛顿流体.理论分析法的步骤大致如下:

(1) 建立力学模型.对于特定领域的流体力学问题,在考虑具体的物理性质和运动具体环境后,抓住主要因素、忽略次要因素(如简化流体的物理性质、减少自变量和未知函数),进行抽象化处理,得到流体力学模型.

(2) 建立反映特定问题本质的流体力学基本方程组并求解.针对流体运动的特点,用数学语言将质量守恒、能量守恒、动量守恒等定律表达出来,从而得到连续性方程、能量方程、动量方程等方程组.

(3) 结果比对,确定结论条件.求出方程组的解后,结合具体流动解释这些解的物理含义和流动机理,并将这些理论结果同实验结果进行比较,以确定所得解的准确程度和力学模型的适用范围.

理论分析法所得的结果具有普遍性,各种影响因素清晰可见,是指导实验研究和验证数值计算法的理论基础,但该方法往往要求对计算进行抽象和简化才可能得出理论解.虽然每种合理的简化都有其力学成果,在一定的范围内也是成功的,并能解决许多实际问题;但也有其局限性,如忽略了密度变化(当作不可压缩流体)就不能讨论声音的传播,或者忽略黏性(当作理想流体)就不能讨论与它有关的阻力和某些其他效应.

掌握合理的简化方法,正确解释简化后得出的规律或结论,全面并充分认识简化模型的适用范围,正确估计它带来的同实际的偏离,正是流体力学理论工作和实验工作的精华.

6. 平面流动模型

如果流场内空间点上的运动要素(流动参数)是二个空间坐标的函数,则称这样的流动是平面(二维)流动。在平面流动中,各点的流速都平行于某一平面,并且所有物理量在此平面的垂直方向上是不变的,或者说,沿 z 轴的速度分量为零,并且所有物理量对 z 的偏导数均为零。平面流动基本上是一种理想流动,实际中真正的平面流动是极少的,平面流动只是实际三维流动的一种近似模型。但在许多情况下,把复杂的三维流动简化为平面流动来处理,仍可以得到较为满意的结果,因此在工程实践中有着广泛的应用。

1.4.2　数值计算法

从基本概念到基本方程的一系列定量研究,都涉及高深的数学方法,所以流体力学的发展以数学的发展为前提.那些经过实验和工程实践考验过的流体力学理论,又检验和丰富了数学理论,所提出的一些未解决的难题,也是进行数学研究、发展数学理论的途径.流体力学的基本方程组非常复杂,在考虑黏性作用时更是如此,如果不借助计算机,就只能对比较简单的情形或简化后的欧拉方程或 N-S 方程进行计算.

随着数学的发展、计算机技术的不断进步,以及流体力学各种计算方法的发明,产生了广泛应用于实际工程中的研究方法——数值计算法,许多原来无法用理论分析求解的复杂流体力学问题有了求得数值解的可能性,使流体力学基本理论在实际工程中得到应用.**数值计算法**是把描述流体运动的控制方程(如连续性方程、N-S 方程等)离散成代数方程组,在计算机上进行近似求解的方法.

数值计算法促进了流体力学计算方法的发展,并形成了计算流体力学(CFD).CFD是基于计算机技术的一种数值计算工具,用于求解固定几何形状空间内的流体的动量、热量和质量方程以及相关的其他方程,并通过计算机模拟获得某种流体在特定条件下的有关数据.其基本思路是把原来在时间域和空间域上连续的物理量的场,如速度场和压力场,用一系列有限个离散点上的变量值的集合来代替,通过一定的原则和方式建立起关于这些离散点上场变量之间关系的代数方程组,然后求解代数方程组获得场变量的近似值.CFD 的计算方法主要有三种,即有限差分法、有限元法和有限体积法.研究过程通常包括以下步骤:

(1) 建立反映工程问题或物理问题本质的数学模型.具体地说,就是要建立反映问题各个量之间关系的微分方程及相应的定解条件.流体的基本控制方程通常包括质量守恒方程、能量守恒方程、动量守恒方程,以及这些方程相应的定解条件.

(2) 寻求高效率、高准确度的计算方法,即建立针对控制方程的数值离散化方法,如有限差分法、有限元法、有限体积法等.这里的计算方法不仅包括微分方程的离散化方法及求解条件,还包括贴体坐标系的建立、边界条件的处理等 CFD 的核心.

(3) 编制程序和进行计算.这部分工作包括计算网格划分、初始条件和边界条件的输入、控制参数的设定等.由于求解的问题比较复杂,比如 N-S 方程就是一个十分复杂的非线性方程,数值求解方法在理论上不是绝对完善的,所以需要通过实验加以验证.正是从这个意义上讲,因此模拟又叫作数值实验.

(4) 显示实验的结果.计算结果一般通过图、表等方式显示,这对检查和判断分析质量和结果有重要的参考意义.

数值计算能对一些复杂的流动现象进行近似求解,便于改变计算条件,具有灵活、经济等优点,每次计算类似于在计算机上进行物理实验,可以形象地再现流动情景.但数值计算也存在一定的局限性:① 数值计算法是一种离散近似的计算方法,依赖于物理上合理、数学上适用、适合在计算机上进行计算的离散的数学模型,但最终结果不能提供任何形式的解析表达式,只是有限个离散点上的数值解,并有一定的计算误差;② 数值计算不像物理模型实验一样一开始就能给出流动现象和定性的描述,往往需要由原体观测或物理模型实验提供某些流动参数,并需要对建立的数学模型进行验证;③ 程序的编制及资料的收集、整理和正确利用在很大程度上都取决于经验和技巧;④ 数值处理方法等因素有可能导致计算结果不真实,如产生数值黏性和频散等伪物理效应.

1.4.3　科学实验法

实际工程中流体的流动现象是非常复杂的,流体力学的很多实际问题一般单纯依靠理论分析法是无法解决的,即便能够建立起流体运动基本方程,该方程通常也属于非线性偏微分方程,加上紊流的存在,有时也难以用数值计算法求解.

而通过科学实验则可以充分地了解流体运动的规律,检验理论分析和数值计算结果的正确性和可靠性,并为简化理论模型提供依据,使基本方程得以简化,如普朗特的边界层理论.科学实验法主要有原型观测法、模型实验法和系统实验法三种.

原型观测(或现场观测)是对自然界固有的流动现象或已有工程的全尺寸流动现象,利用各种仪器进行系统观测和仪器分析,总结出流体运动的规律,并借以预测流动现象的演变.如早期天气的观测和预报基本采用此方法进行.但有的流体力学问题往往因现场条件难以控制而无法再现流动现象,从而影响对流动现象和规律的研究;或因现场观测的风险高、成本高而无法进行;或因原型的尺寸过于庞大或微小而无法直接进行原型实验.因此,有必要采用实验室模拟方法,使这些现象能在可控的条件下出现,以便观察和研究,揭示流体运动的内在规律.

模型实验是指在实验室内,以相似理论为指导,把实际工程的尺度成比例地缩小或放大为模型,在模型上模拟相应的流体运动,得出模型流体运动的规律,然后再将模型实验结果按照相似关系换算为原型的结果,进而预测在原型流动中将要发生的流动现象,满足实际工程需要.如在造船工业中,先制造船舶模型,在水池中进行实验,可对船体设计提供有价值的资料.

系统实验是指由于原型观测受到某些条件的局限或因某种流体运动的相似理论还未建立,因而既不能进行原型观测又不能进行室内模型实验,则可在实验室内小规模地人工制造某种特定条件下的流体运动,用以进行系统的实验观测,从中找出规律.

科学实验是研究流动的重要手段.流体力学的发展史表明,流体力学中任何一项重大进展都离不开实验.实验有助于显示流体运动特点及其主要趋势,有助于形成概念、检验理论的正确性,从而在新的流体运动现象研究中得到广泛应用.然而,科学实验也往往受到模型尺寸、流场流动、安全和测量精度等的限制,有时可能很难通过实验的方法得到满意的结果.

1.4.4　量纲分析

为描述流体运动的现象及规律,流体力学须引入各种物理量,例如长度、时间、速度、加速度、质量、密度、力和黏度等,如表 1.1 所示.任何一个物理量都包含类别和数值大小两方面的内容.物理量的类别一般用量纲(或因次)表示,如以 L 表示长度的量纲,以 M 表示质量的量纲,以 T 表示时间的量纲,以 Θ 表示温度的量纲.量纲是物理量的实质,不含有人为的影响因素.任何一个有量纲的量都由量纲和单位两个因素决定,**量纲**表示度量的性质和类别;而单位则决定度量的数值,且数量的大小随选用单位的不同而不同,如 1 m 长的管道,可表示为 10 dm、100 cm、1000 mm 等.

表 1.1　流体力学中常用物理量的量纲

物理量名称	符号	变量类别	量纲	主要单位	定义式
长度/水头/水深 直径/水力半径/湿周 粗糙度	l、z、H d、R、χ Δ	几何变量	L	m、cm、mm	
面积	A	几何变量	L^2	m^2、cm^2、mm^2	$A = lb$
体积	V	几何变量	L^3	m^3、cm^3、mm^3	$V = lwh$
角度	θ	几何变量	$M^0 L^0 T^0$	°、′、″	
面积矩/静矩	S	几何变量	L^3	m^3、cm^3、mm^3	$S_x = \int_A y \mathrm{d}A$
惯性矩	I	几何变量	L^4	m^4、cm^4、mm^4	$I_x = \int_A y^2 \mathrm{d}A$
时间	t	流动变量	T	s、min、h	
速度	v	流动变量	LT^{-1}	m/s、cm/s	$v = l/t$
流量	Q	流动变量	$L^3 T^{-1}$	m^3/s、kg/s	$Q = V/t$
加速度	a	流动变量	LT^{-2}	m/s^2	$a = v/t$
重力加速度	g	流动变量	LT^{-2}	m/s^2	$g = G/m$
角速度	ω	流动变量	T^{-1}	s^{-1}、rad/s	$\omega = \Delta\theta/\Delta t$
转速	n	流动变量	T^{-1}	r/s、r/min	$n = \omega/(2\pi)$
速度势函数	φ	流动变量	$L^2 T^{-1}$	m^2/s	$\mathrm{d}\varphi = u_x \mathrm{d}x + u_y \mathrm{d}y$
流函数	Ψ	流动变量	$L^2 T^{-1}$	m^2/s	$\mathrm{d}\Psi = -u_y \mathrm{d}x + u_x \mathrm{d}y$
环量	Γ	流动变量	$L^2 T^{-1}$	m^2/s	$\Gamma = \oint_A \mathrm{d}l$
旋度	Ω	流动变量	T^{-1}	s^{-1}	
能、功	W	流动变量	$ML^2 T^{-2}$	J、N·m、kW·h	$W = Fl$
质量	m	流动变量	M	kg、g、mg	
力	F	流动变量	MLT^{-2}	N	$F = ma$
剪应力/压强	τ、p	流动变量	$ML^{-1} T^{-2}$	Pa、N/m^2	$p = F/S$
动力黏性系数	μ	流体性质	$ML^{-1} T^{-1}$	$N·s/m^2$、Pa·s	$\mu = T/(A\mathrm{d}u/\mathrm{d}y)$
运动黏性系数	ν	流体性质	$L^2 T^{-1}$	m^2/s	$\nu = \mu/\rho$
表面张力系数	σ	流体性质	MT^{-2}	N/m	$\sigma = F/l$
密度	ρ	流体性质	ML^{-3}	kg/m^3、g/m^3	$\rho = m/V$
重度	γ	流体性质	$ML^{-2} T^{-2}$	N/m^3、kN/m^3	$\gamma = \rho g$
体积模量	K	流体性质	$ML^{-1} T^{-2}$	Pa	$K = -\mathrm{d}p/(\mathrm{d}V/V)$
温度	T	热力学变量	Θ	℃、K	

　　一个力学过程所涉及的各物理量的量纲之间是有联系的,如速度的量纲 dim $v = LT^{-1}$ 就是与长度和时间的量纲相联系的.根据物理量纲之间的关系,把无任何联系且相互独立的量纲作为**基本量纲**,其他物理量纲均为**导出量纲**.基本量纲具有独立性,不能通过其他基本量纲推导出来,即不依赖于其他基本量纲.例如 L、M、T 是互相独立的,3 个物理量之间的任意一个不可能从另外两个中导出.在力学范畴内,经常选用 M、L、T 为基本因次.某一个物理量 q 的量纲都可以用 3 个基本量纲的指数乘积形式表示,即 dim $q = M^a L^b T^c$.若 $a = 0, b \neq 0, c = 0$,则 q 为一几何学量;若 $a = 0, b \neq 0, c \neq 0$,则 q 为一运动学量;若 $a \neq 0, b \neq 0, c \neq 0$,则 q 为一动力学量.若 $a = b = c = 0$,即 dim $q = M^0 L^0 T^0 = 1$,则 q 为一无量纲数,如水力坡降 $J = \Delta h / l$,雷诺数 $Re = vd / \nu$.无量纲数是纯数,数值大小与度量单位无关,也不会受运动规模的影响,因此在模型实验中,常用同一个无量纲数作为模型和原型流动相似的判据.此外,无量纲数可进行对数、指数、三角函数等超越函数运算.

　　量纲分析的基础是**量纲和谐原理**,即任何一个正确反映客观规律的物理方程,其各项的量纲一定是一致的.因为只有两个类型相同的物理量才能相加减,所以一个物理方程中每一项的量纲必须相同,这反过来可用来检验方程式的正确与否.如不可压缩流体恒定总流的能量方程式 $z_1 + p_1 / (\rho g) + \alpha_1 v_1^2 / (2g) = z_2 + p_2 / (\rho g) + \alpha_2 v_2^2 / (2g) + h_w$,其中各项的量纲均为长度量纲 L.值得注意的是,尽管正确的物理方程式应该是量纲一致的,但也有一些方程例外,如经验公式,一般是指单纯依据实验数据所建立的公式,如计算三角堰流量的经验公式 $Q = kH^{5/2}$,式中流量 Q 的量纲为 $L^3 T^{-1}$,堰上水头 H 的量纲为 L,k 为无量纲的系数,显然,该式的量纲不和谐;又如谢才公式 $v = C(RJ)^{1/2}$ 和满宁公式 $C = R^{1/6} / n$ 的组合式 $v = (1/n) R^{2/3} J^{1/2}$,式中流速 v 的量纲为 LT^{-1},水力半径 R 的量纲为 L,渠壁粗糙系数 n 和水力坡度 J 均为无量纲数,同样,该式的量纲也是不和谐的.这些经验公式表明人们对客观事物的认识尚不够全面和充分,只能用不完全的经验关系式来表示局部的规律性.对于这类经验公式,必须指明采用的单位,因为它们之间的单位不能相互转换.

　　量纲分析法(又称因次分析法)是在了解某一流动的物理过程及其影响因素的基础上,假定一个未知的函数关系式,运用物理方程的量纲和谐原理确定这个函数关系式.

　　通过量纲分析可以检查反映物理现象规律的方程在计量方面是否正确,甚至可提供寻找物理现象某些规律的线索.常用的量纲分析法有瑞利法和 Π 定理,其中,瑞利法适用于比较简单的问题,当未知参数小于或等于 4 时可用瑞利法确定函数关系,Π 定理是一种具有普遍性的方法.

1. 瑞利法

瑞利法的思路:若某一物理过程与 n 个物理量有关,则可表示为函数关系式 $f(x_1, x_2, \cdots, x_i, \cdots, x_n) = 0$,其中任一物理量 x_i 可表示为其他物理量的指数乘积,即 $x_i = x_1^a x_2^b \cdots x_{n-1}^m$,将量纲式中各物理量的量纲表示为基本量纲的指数乘积形式,并根据量纲和谐原理确定指数 $a, b, \cdots, m$,就可得出表达该物理过程的方程式.应用步骤如下:

　　(1) 找出与某一物理过程有关的物理量,用函数关系式表示,即 $f(x_1, x_2, \cdots, x_n) = 0$;

　　(2) 把某一物理量表示为其他物理量的指数乘积关系式 $x_i = x_1^a x_2^b \cdots x_{n-1}^m$;

　　(3) 写出量纲式 dim $x_i =$ dim $(x_1^a x_2^b \cdots x_{n-1}^m)$,以基本量纲 M、L、T 表示各物理量量纲;根据量纲和谐原理,列出基本量纲的和谐方程式,求解量纲指数;

　　(4) 整理方程式,必要时化简,使函数式反映某一物理过程.

【**例题 1.1**】　实验研究表明,雷诺数 Re 是流体密度 ρ、动力黏度 μ、速度 v 和特征长度 l

的函数,试用瑞利量纲分析法建立函数式.

解 根据题意,Re 是 ρ、μ、v 和 l 的函数,即 $f(Re,\rho,\mu,v,l)=0$. 物理量 Re 表示为其他物理量的指数乘积关系式 $Re=\rho^a\mu^b v^c l^d$. 写出量纲式 $\dim Re = \dim(\rho^a\mu^b v^c l^d)$,以基本量纲 M、L、T 表示各物理量的量纲:

$$M^0 L^0 T^0 = (ML^{-3})^a (ML^{-1}T^{-1})^b (LT^{-1})^c L^d$$

根据量纲和谐原理求量纲的指数:

$$0 = -3a - b + c + d \quad (\text{对于 L})$$
$$0 = -b - c \quad (\text{对于 T})$$
$$0 = a + b \quad (\text{对于 M})$$

这是一个有 4 个未知量(物理量的数目 $n-1$ 即为方程中未知量的数目)却只有 3 个方程(基本量纲的数目即为方程的数目)的方程组,以 b 作为待定指数,分别求出 a、c 和 d,得 $a = -b, c = -b, d = -b$.

整理方程式,得

$$Re = \rho^{-b}\mu^b v^{-b} l^{-b} = [\mu/(\rho v l)]^b = K[(\rho v l)/\mu]^{-b}$$

式中,b 值必须由物理分析和(或)实验确定,这里取 $b = -1$.

【例题 1.2】 实验表明,理想液体通过孔口的流量 Q 与孔口直径 d、压差 Δp 和液体密度 ρ 有关,试用瑞利量纲分析法确定这些物理量的函数关系式.

解 根据题意,Q 是 d、Δp 和 ρ 的函数,即 $f(Q,d,\Delta p,\rho)=0$. 将物理量 Q 表示为其他物理量的指数乘积关系式 $Q = d^a \Delta p^b \rho^c$. 写出量纲式 $\dim Q = \dim(d^a \Delta p^b \rho^c)$,以基本量纲 M、L、T 表示各物理量的量纲:

$$M^0 L^3 T^{-1} = L^a (ML^{-1}T^{-2})^b (ML^{-3})^c$$

根据量纲和谐原理求量纲的指数:

$$3 = a - b - 3c \quad (\text{对于 L})$$
$$-1 = -2b \quad (\text{对于 T})$$
$$0 = b + c \quad (\text{对于 M})$$

由于未知参数小于 4,因此由 3 个未知量(物理量的数目 $n-1$ 即为方程中未知量的数目)、3 个方程(基本量纲的数目即为方程的数目)可求解得到 $a = 2, b = 1/2, c = -1/2$.

整理方程式,得

$$Q = d^a \Delta p^b \rho^c = d^2 \Delta p^{1/2} \rho^{-1/2} = d^2 (\Delta p/\rho)^{1/2}$$

2. Π 定理

常用的一种量纲分析法是由美国物理学家白金汉于 1915 年提出的,称为**白金汉定理**. 该法把原来较多的变量改写成较少的无量纲变量,从而使问题得到简化. 由于无量纲数用 Π 表示,所以该法也被称为**白金汉 Π 定理**. 它描述为任何一个物理过程,如包括 n 个物理量,涉及 m 个基本量纲,则这个物理过程可由 $n-m$ 个无量纲数所表达的关系式来描述.

应用 Π 定理解题的步骤如下:

(1) 通过理论分析或实验研究,找出与物理过程相关的 n 个变量,尽量做到不遗漏,重要变量也不引入无关变量,并将其表示为函数关系 $F(x_1, x_2, \cdots, x_n)=0$,其中 F 表示这些变量之间存在着某个函数关系.

(2) 分析各变量中所包含的基本量纲,确定基本量纲的数目 m,并从 n 个变量中选取 m 个基本变量,m 一般取 3;假设 x_1, x_2, x_3 为所选的基本变量,则其量纲分别为

$$\dim x_1 = \mathrm{M}^{a_1} \mathrm{L}^{b_1} \mathrm{T}^{c_1}, \quad \dim x_2 = \mathrm{M}^{a_2} \mathrm{L}^{b_2} \mathrm{T}^{c_2}, \quad \dim x_3 = \mathrm{M}^{a_3} \mathrm{L}^{b_3} \mathrm{T}^{c_3}$$

满足基本变量量纲独立的条件是量纲式中的指数行列式不等于零,即

$$\begin{vmatrix} a_1 & b_1 & c_1 \\ a_2 & b_2 & c_2 \\ a_3 & b_3 & c_3 \end{vmatrix} \neq 0$$

在选择基本变量时应注意:为简化问题,应选择重要变量为基本变量;基本变量组必须包含长度 L、时间 T 和质量 M 等 m 个基本量纲;不能同时选取量纲相同的两个变量为基本变量(否则指数行列的值可能为 0),如选择 d 为基本变量,就不能再选择同一组中的 l 和 A 等为基本变量;若已选择 a,就不能再选 v 和 Q 等变量.通常在几何变量、流动变量和流体变量三个方面各选取一个,如特征长度 l、速度 v 和密度 ρ 三个基本变量;若题目要求得出某个变量的表达式,则建议不要选择该变量为基本变量,否则最终表达式变成该变量的隐函数.

(3) 将其余 $n-3$ 个非基本变量依次与 3 个基本变量组合,构成 $n-3$ 个无量纲的 Π 数,如

$$\Pi_1 = \frac{x_4}{x_1^{a_1} x_2^{b_1} x_3^{c_1}}, \quad \Pi_2 = \frac{x_5}{x_1^{a_2} x_2^{c_2} x_3^{c_2}}, \quad \cdots\cdots, \quad \Pi_{n-3} = \frac{x_n}{x_1^{a_{n-3}} x_2^{b_{n-3}} x_3^{c_{n-3}}}$$

(4) 将各 Π 数中所有变量均写成其量纲形式;并对每个 Π 数,根据量纲和谐原理,其右边分子分母中 M、L、T 的指数应该相等,得到由 3 个(基本量纲的数目即为方程的数目)三元(基本变量的数目即为方程中未知量的数目)一次方程组成的方程组;求解各 Π 数的方程组,得到其式中基本变量的指数值,进而得到各 Π 数的表达式.

(5) 将变量的原函数关系式 F 写成 $f(\Pi_1, \Pi_2, \cdots, \Pi_{n-3}) = 0$ 的形式并整理.

下面将通过具体的例子来说明应用 Π 定理求无因次数的步骤.

【例题 1.3】 有压管流中压强损失 Δp 取决于管径 d、管长 l、管壁粗糙度 k_s、流速 v、流体的密度 ρ 和运动黏度 ν 等 6 个物理量,求 Δp 的表达式.

解 将上述关系写成函数形式:

$$F(\Delta p, d, l, k_s, v, \rho, \nu) = 0$$

从 7 个物理量中选取 v、d 和 ρ 作为基本变量,由量纲公式,得

$$\dim v = \mathrm{M}^0 \mathrm{L}^1 \mathrm{T}^{-1}, \quad \dim d = \mathrm{M}^0 \mathrm{L}^1 \mathrm{T}^0, \quad \dim \rho = \mathrm{M}^1 \mathrm{L}^{-3} \mathrm{T}^0$$

量纲指数行列式 $\begin{vmatrix} 0 & 1 & -1 \\ 0 & 1 & 0 \\ 1 & -3 & 0 \end{vmatrix} = -1 \neq 0$,故此 3 个基本变量的量纲是独立的.

列出 $7-3=4$ 个无量纲的 Π 数:

$$\Pi_1 = \frac{\Delta p}{v^{a_1} d^{b_1} \rho^{c_1}}, \quad \Pi_2 = \frac{\nu}{v^{a_2} d^{b_2} \rho^{c_2}}, \quad \Pi_3 = \frac{l}{v^{a_3} d^{b_3} \rho^{c_3}}, \quad \Pi_4 = \frac{k_s}{v^{a_4} d^{b_4} \rho^{c_4}}$$

根据量纲和谐原理,确定各项的指数:

对于 Π_1,其量纲式为

$$\mathrm{ML}^{-1}\mathrm{T}^{-2} = (\mathrm{LT}^{-1})^{a_1} \mathrm{L}^{b_1} (\mathrm{ML}^{-3})^{c_1}$$

根据方程两边相同量纲量的指数相等,得

$$\mathrm{M}: 1 = c_1, \quad \mathrm{L}: -1 = a_1 + b_1 - 3c_1, \quad \mathrm{T}: -2 = -a_1$$

解得 $a_1 = 2, b_1 = 0, c_1 = 1, \Pi_1 = \Delta p / (v^2 \rho)$.

对于 Π_2,其量纲式为

$$M^0 L^2 T^{-1} = (LT^{-1})^{a_2} L^{b_2} (ML^{-3})^{c_2}$$

得

$$M: 0 = c_2, \quad L: 2 = a_2 + b_2 - 3c_2, \quad T: -1 = -a_2$$

解得 $a_2 = 1, b_2 = 1, c_2 = 0, \Pi_2 = \nu/(vd)$.

对于 Π_3, 其量纲式为

$$M^0 L^1 T^0 = (LT^{-1})^{a_3} L^{b_3} (ML^{-3})^{c_3}$$

得

$$M: 0 = c_3, \quad L: 1 = a_3 + b_3 - 3c_3, \quad T: 0 = -a_3$$

解得 $a_3 = 0, b_3 = 1, c_3 = 0, \Pi_3 = l/d$.

对于 Π_4, 其量纲式为

$$M^0 L^1 T^0 = (LT^{-1})^{a_4} L^{b_4} (ML^{-3})^{c_4}$$

得

$$M: 0 = c_4, \quad L: 1 = a_4 + b_4 - 3c_4, \quad T: 0 = -a_4$$

解得 $a_4 = 0, b_4 = 1, c_4 = 0, \Pi_4 = k_s/d$.

整理方程式:

$$f\left(\frac{\Delta p}{v^2 \rho}, \frac{\nu}{vd}, \frac{l}{d}, \frac{k_s}{d}\right) = 0 \quad \text{或} \quad \frac{\Delta p}{v^2 \rho} = f_1\left(\frac{\nu}{vd}, \frac{l}{d}, \frac{k_s}{d}\right)$$

考虑到 Δp 与管长 l 成比例, 将 l/d 移到函数式外面, 得

$$\frac{\Delta p}{v^2 \rho} = f_2\left(\frac{\nu}{vd}, \frac{k_s}{d}\right) \cdot \frac{l}{d} \quad \text{或} \quad \frac{\Delta p}{\rho g} = f_3\left(\frac{\nu}{vd}, \frac{k_s}{d}\right) \cdot \frac{l}{d} \cdot \frac{v^2}{2g} = \lambda \cdot \frac{l}{d} \cdot \frac{v^2}{2g}$$

式中, $\lambda = f_4(1/Re, k_s/d)$.

上式是管道沿程水头损失的一般表达式, 又称为达西-魏斯巴赫(Darcy-Weisbach)公式, 其中 λ 称为沿程阻力系数, 一般情况下是雷诺数 Re 和壁面相对粗糙 k_s/d 的函数.

【例题 1.4】 实验观测表明, 通过矩形薄壁堰堰顶的单宽流量 q 与边界条件(堰上水头 H、上游堰高 p)、流体的物理性质(密度 ρ、动力黏度 μ、表面张力系数 σ)及流动特征(重力加速度 g)等因素有关. 试用 Π 定理推求矩形薄壁堰的流量公式.

解 根据题意, q 是 H、p、ρ、μ、σ 和 g 的函数, 即隐函数 $F(q, H, p, \rho, \mu, \sigma, g) = 0$.

从 $n = 7$ 个物理量中选取包含长度、时间和质量等 3 个基本量纲的 3 个变量 H、ρ 和 g 作为基本变量($m = 3$), 其量分别纲为

$$[H] = M^0 L^1 T^0$$
$$[g] = M^0 L^1 T^{-2}$$
$$[\rho] = M^1 L^{-3} T^0$$

量纲指数行列式 $\begin{vmatrix} 0 & 1 & 0 \\ 0 & 1 & -2 \\ 1 & -3 & 0 \end{vmatrix} = -2 \neq 0$, 故此 3 个基本变量的量纲是互相独立的.

注: 若同时选择堰上水头 H 和堰高 p 为基本变量, 由于两个物理量的量纲相同, 即在行列式中存在相同的行, 则行列式为 0.

无量纲 Π 数有 $n - m = 7 - 3 = 4$(个):

$$\Pi_1 = \frac{q}{H^{a_1} g^{b_1} \rho^{c_1}}, \quad \Pi_2 = \frac{p}{H^{a_2} g^{b_2} \rho^{c_2}}, \quad \Pi_3 = \frac{\mu}{H^{a_3} g^{b_3} \rho^{c_3}}, \quad \Pi_4 = \frac{\sigma}{H^{a_4} g^{b_4} \rho^{c_4}}$$

根据量纲和谐原理,确定各项的指数.

对于 Π_1,其量纲式为

$$M^0 L^2 T^{-1} = L^{a_1} (LT^{-2})^{b_1} (ML^{-3})^{c_1}$$

根据方程两边相同量纲量的指数相等,得

$$M{:}0 = c_1, \quad L{:}2 = a_1 + b_1 - 3c_1, \quad T{:} -1 = -2b_1$$

解得

$$a_1 = 3/2, \quad b_1 = 1/2, \quad c_1 = 0, \quad \Pi_1 = q/(H^{3/2} g^{1/2})$$

对于 Π_2,其量纲式为

$$M^0 L^1 T^0 = L^{a_2} (LT^{-2})^{b_2} (ML^{-3})^{c_2}$$

得

$$M{:}0 = c_2, \quad L{:}1 = a_2 + b_2 - 3c_2, \quad T{:}0 = -2b_2$$

解得

$$a_2 = 1, \quad b_2 = 0, \quad c_2 = 0, \quad \Pi_2 = p/H$$

对于 Π_3,其量纲式为

$$M^1 L^{-1} T^{-1} = L^{a_3} (LT^{-2})^{b_3} (ML^{-3})^{c_3}$$

得

$$M{:}1 = c_3, \quad L{:} -1 = a_3 + b_3 - 3c_3, \quad T{:} -1 = -2b_3$$

解得

$$a_3 = 3/2, \quad b_3 = 1/2, \quad c_3 = 1, \quad \Pi_3 = \mu/(H^{3/2} g^{1/2} \rho)$$

对于 Π_4,其量纲式为

$$M^1 L^0 T^{-2} = L^{a_4} (LT^{-2})^{b_4} (ML^{-3})^{c_4}$$

得

$$M{:}1 = c_4, \quad L{:}0 = a_4 + b_4 - 3c_4, \quad T{:} -2 = -2b_4$$

解得

$$a_4 = 2, \quad b_4 = 1, \quad c_4 = 1, \quad \Pi_4 = \sigma/(H^2 g\rho)$$

整理方程式:

$$f(\Pi_1, \Pi_2, \Pi_3, \Pi_4) = 0 \quad 或 \quad f\left(\frac{q}{H^{3/2} g^{1/2}}, \frac{p}{H}, \frac{\mu}{H^{3/2} g^{1/2} \rho}, \frac{\sigma}{H^2 g\rho}\right) = 0$$

则

$$\frac{q}{H^{3/2} g^{1/2}} = f_1\left(\frac{p}{H}, \frac{\mu}{H^{3/2} g^{1/2} \rho}, \frac{\sigma}{H^2 g\rho}\right)$$

移项得

$$q = f_1\left(\frac{p}{H}, \frac{\mu}{H^{3/2} g^{1/2} \rho}, \frac{\sigma}{H^2 g\rho}\right) \cdot \sqrt{g} H^{3/2}$$

对照第 9 章的堰流流量公式 $Q = mb \sqrt{2gH} H^{3/2}$ 或 $q = Q/b = m\sqrt{2} \cdot \sqrt{g} H^{3/2}$,可知流量系数 m 的影响因素为 $m = m[p/H, \mu/(H^{3/2} g^{1/2} \rho), \sigma/(H^2 g\rho)]$.

量纲分析通过对流动现象及其相关变量的分析,给出了各变量之间的函数关系式,能够对一切机理尚未彻底弄清、规律尚未充分掌握的复杂现象快速核定所选参量的正确性;同时,量纲分析结果中也给出了若干无量纲的 Π 数,提示了可能的实验模型设计时应遵循的准则;Π 数是将许多变量结合在一起的一个无量纲数,以 Π 数作为变量进行实验可大大减少实验次数并简化实验,也便于分析结果、整理成果、了解问题的实质.但量纲分析不能对问题给出完整的分析式解答时,为弥补关系式的不完整部分,往往需要在与所设计的原型相似的模型中进行实验,以对某些变量进行测定,得到完整的分析式.

1.4.5　模型实验设计

所谓**模型**通常是指与原型(工程实物)有相同的运动规律,各运动参数存在固定比例关系的缩小物或放大物.模型实验的侧重点是再现流动现象的流动规律.只有保证模型和原型中流动现象的流动规律相同,模型实验才是有价值的.那么,怎样才能保证模型和原型有相同的流动规律呢? 这就涉及相似准则的选择(主要作用力的相似)和模型设计(几何尺寸、流速、时间、加速度等物理量的设计),或者包括表征流场几何形状的几何相似(几何尺寸)、表征流场运动状态的运动相似(流速、时间、加速度的设计)和表征流场作用力的动力相似(相似准则).

1.4.5.1　流动相似及相似准则

1. 几何相似

几何相似是指两个流动(模型和原型)流场的几何形状相似,即相应的线段长度成比例,相应的夹角相等.故

$$\frac{l_{1p}}{l_{1m}} = \frac{l_{2p}}{l_{2m}} = \cdots = \lambda_l, \quad \theta_{1p} = \theta_{1m}, \quad \theta_{2p} = \theta_{2m}, \quad \cdots, \quad \theta_p = \theta_m$$

式中,l_p 和 l_m 分别为原型和模型中相应部位的长度,λ_l 为原型和模型中相应部位长度的比尺,θ_p 和 θ_m 分别为原型和模型中的对应角度.

几何相似是通过长度比尺 λ_l 来表征的,只要各相应长度都保持相同的比尺关系,便保证了两个流动流场的几何相似,如图 1.1 所示.几何相似是运动相似和动力相似的前提,只有在几何相似的流动中,才有可能存在相应的点,才有可能进一步探讨对应点上其他物理量的相似问题.

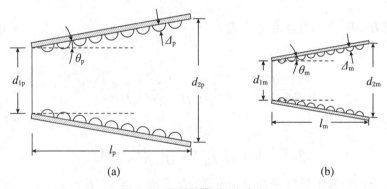

(a)　　　　　　　　　　　　　　(b)

图 1.1　原型和模型几何相似

实际管壁和渠壁的表面是凹凸不平的,因此严格来讲,想做到完全的几何相似就要求原型和模型的表面粗糙度 Δ 也具有相同的长度比尺,但对于一个小模型的粗糙度,很难做到按 λ_l 来缩小,实际中往往只能近似地做到这一点.

此外,对于明渠流或长距离输油、输水管流之类轴向长度远大于径向长度的工程原型,

以及具有薄壁、壳、板、膜等厚度结构的原型,在进行模型实验时,由于受实验场地、模型水深以及水流形态等因素的影响,如果纵向比尺也按照 λ_l 设计,那么可能会出现一些在原型中可以忽略的因素而影响实验结果或受到场地等外界条件的限制而无法施工.对于这种不适合设计成正态模型的原型流,其模型可设计成变态模型,即原型 x、y、z 三个方向的几何尺寸不按相同比尺缩小或放大的模型.变态模型与原型的相似程度用变态率表示,变态率是指两个不同方向几何比尺的比值,若轴向比尺为 λ_l,径向比尺为 λ_d,则变态率 $\eta = \lambda_l/\lambda_d$.显然,模型的变态率越接近 1,模型与原型的几何相似性越好.由于几何变态模型的线性尺寸比例不全相等,在推导其相似准则时需要对长度量纲进行扩充.

2. 运动相似

运动相似是指流体运动的速度场相似,即两个流动(原型和模型)在相应点存在同名速度,且速度的方向相同、大小成比例.即

$$\frac{u_p}{u_m} = \frac{v_p}{v_m} = \lambda_v \quad 或 \quad \lambda_v = \frac{v_p}{v_m} = \frac{l_p/t_p}{l_m/t_m} = \frac{\lambda_l}{\lambda_t}$$

式中,u_p 和 u_m 分别为原型和模型中相应点的瞬时速度(如原型中任意两点(1_p 和 2_p)的瞬时速度 u_{1p} 和 u_{2p} 分别对应模型中相应点(1_m 和 2_m)的瞬时速度 u_{1m} 和 u_{2m}),v_p 和 v_m 分别为原型和模型中相应断面的平均速度,λ_v 为原型和模型中相应点的速度比尺,λ_t 为原型和模型中流动的时间比尺,如图 1.2 所示.

显然,满足运动相似,应有固定的长度比尺和时间比尺.由于流速场的研究是流体力学的重要问题,所以运动相似通常是模型实验的目的,即可理解为运动相似是几何相似和动力相似的具体表现.另外,在设计模型时,应注意流速不能太低或太高,否则会使原型中的紊流变成模型中的层流或使原型中的层流变成模型中的紊流.

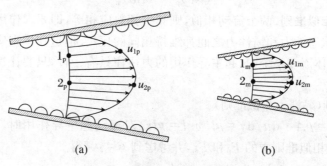

图 1.2　原型和模型运动相似

3. 动力相似

动力相似是指模型和原型的力的作用情况相似,即两个流动相应点处质点受同名力作用,力的方向相同、大小成比例.作用在流体上并企图改变流体运动状态的力一般有黏滞力 T、重力 G、压力 P、弹性力 E 和表面张力 σ 等,这些力与企图维持流体原来运动状态的惯性力 I 构成了一个封闭的力的多边形.从这个意义上说,动力相似又可表述为相应点上的力矢量多边形相似,多边形上相应边(即同名力)成比例,如图 1.3 所示.

$$\frac{T_p}{T_m} = \frac{G_p}{G_m} = \frac{P_p}{P_m} = \frac{E_p}{E_m} = \frac{\sigma_p}{\sigma_m} = \frac{I_p}{I_m} \quad 或 \quad \lambda_T = \lambda_G = \lambda_P = \lambda_E = \lambda_\sigma = \lambda_I$$

两个相似流动相应点上的力封闭多边形是相似多边形.若流动的作用力是黏滞力、重力和压力,则只要其中两个同名作用力和惯性力成比例,另一个对应的同名力也将成比例.动

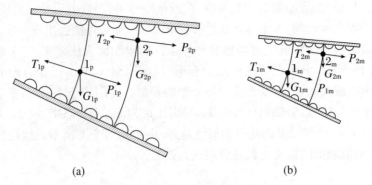

(a)   (b)

图 1.3　原型和模型动力相似

力相似是决定两种流动相似的主导因素.

如果两种流动要实现动力相似,那么作用在相应质点上的各种作用力的比尺要满足一定的约束关系,即**相似准则**.由于惯性力是其他力的合力,流动的变化是惯性力与其他各种力相互作用的结果,因此各种力之间的比例关系应以惯性力为参照来相互比较.

惯性力用运动的特征量表示为 $I = ma = \rho l^3 \cdot (l/t^2) = \rho l^2 \cdot (l^2/t^2) = \rho l^2 v^2$,则惯性力比尺为 $\lambda_I = I_p/I_m = \lambda_\rho \lambda_l^2 \lambda_v^2$.若某一企图改变运动状态的力为 F,其在原型和模型中的比尺为 $\lambda_F = F_p/F_m$,若两个流动相似,则根据动力相似有 $\lambda_I = \lambda_F$,即

$$\frac{I_p}{I_m} = \frac{\rho_p l_p^2 v_p^2}{\rho_m l_m^2 v_m^2} = \frac{F_p}{F_m} \quad \text{或} \quad \frac{F_p}{\rho_p l_p^2 v_p^2} = \frac{F_m}{\rho_m l_m^2 v_m^2}$$

称 $F/(\rho l^2 v^2)$ 为**牛顿数**,以 Ne 表示,则

$$(Ne)_p = (Ne)_m$$

该准则称为**牛顿相似准则**.两个流动相似,则其牛顿数应相等,即要求作用在相应点上各种企图改变其流动状态的力和惯性力之间都维持相同的比尺.但这在模型实验中是很难做到的,例如在某一具体流动系统中,起主导作用的力往往只有一种,只要让这种最主要的力满足相似准则即可.

(1) 雷诺准则(黏滞力相似准则)

当黏滞力($T = \mu A \cdot \mathrm{d}u/\mathrm{d}y = \mu l^2 v/l = \mu l v$)对流动起主导作用时,分别用 $\mu_p l_p v_p$ 和 $\mu_m l_m v_m$ 代替牛顿相似准则中的 F_p 和 F_m,并考虑到 $\mu = \rho v$,得

$$\frac{\mu_p l_p v_p}{\rho_p l_p^2 v_p^2} = \frac{\mu_m l_m v_m}{\rho_m l_m^2 v_m^2} \quad \text{或} \quad \frac{v_p l_p}{\eta_p} = \frac{v_m l_m}{\eta_m} \quad \text{或} \quad (Re)_p = (Re)_m$$

无量纲数 $Re = vl/\nu$ 称为雷诺数,表示惯性力与黏滞力之比.两个流动相似的系统中雷诺数相等,即黏滞力相似.如长管或长槽中的水流,液层之间的黏滞阻力对水流形态起显著作用,则在设计模型时应首先考虑黏滞阻力的动力相似问题.

(2) 弗劳德准则(重力相似准则)

当重力($G = \rho g l^3$)对流动起主导作用时,分别用 $\rho_p g_p l_p^3$ 和 $\rho_m g_m l_m^3$ 代替牛顿相似准则中的 F_p 和 F_m,得

$$\frac{\rho_p g_p l_p^3}{\rho_p l_p^2 v_p^2} = \frac{\rho_m g_m l_m^3}{\rho_m l_m^2 v_m^2} \quad \text{或} \quad \frac{v_p^2}{g_p l_p} = \frac{v_m^2}{g_m l_m} \quad \text{或} \quad \frac{v_p}{\sqrt{g_p l_p}} = \frac{v_m}{\sqrt{g_m l_m}} \quad \text{或} \quad (Fr)_p = (Fr)_m$$

无量纲数 $Fr = v/\sqrt{gl}$ 称为**弗劳德数**(Froude number),表示惯性力与重力之比.两个流动相

似的系统中的弗劳德数相等,即重力相似.

(3) 欧拉准则(压力相似准则)

当动水压力($P = pl^2$)对流动起主导作用时,分别用 $p_p l_p^2$ 和 $p_m l_m^2$ 代替牛顿相似准则中的 F_p 和 F_m,得

$$\frac{p_p l_p^2}{\rho_p l_p^2 v_p^2} = \frac{p_m l_m^2}{\rho_m l_m^2 v_m^2} \quad \text{或} \quad \frac{p_p}{\rho_p v_p^2} = \frac{p_m}{\rho_m v_m^2} \quad \text{或} \quad (Eu)_p = (Eu)_m$$

无量纲数 $Eu = p/(\rho v^2)$ 称为**欧拉数**(Euler number),表示压力与惯性力之比.两个流动相似的系统中的欧拉数相等,即压力相似.因为压强 p 决定于流速等运动量,故欧拉准则不是独立的力相似准则,而是依赖于雷诺准则和弗劳德准则中的任一准则,即若两个流动已满足雷诺准则或弗劳德准则,则欧拉准则自行满足,反之,则不成立.通常,雷诺准则和弗劳德准则称为独立准则,而欧拉准则称为导出准则.推导如下:

① 假设两个流动相似的系统满足雷诺准则,即 $(Re)_p = (Re)_m$,则

$$\frac{\eta_m}{v_m l_m} = \frac{\eta_p}{v_p l_p}$$

其中,$\eta = \mu/\rho$,代入,得

$$\frac{v_m \cdot (\mu_m/\rho_m)}{v_m \cdot (v_m l_m)} = \frac{v_p \cdot (\mu_p/\rho_p)}{v_p \cdot (v_p l_p)} \quad \text{或} \quad \frac{\mu_m \cdot (v_m/l_m)}{\rho_m v_m^2} = \frac{\mu_p \cdot (v_p/l_p)}{\rho_p v_p^2}$$

根据牛顿内摩擦定律可知,分子 $\mu v/l$ 为单位面积上的剪应力即压强,欧拉准则得证!

② 假设两个流动满足弗劳德准则,即 $(Fr)_p = (Fr)_m$,则

$$\frac{g_m h_m}{v_m^2} = \frac{g_p h_p}{v_p^2} \quad \text{或} \quad \frac{\rho_m g_m h_m}{\rho_m v_m^2} = \frac{\rho_p g_p h_p}{\rho_p v_p^2}$$

即欧拉准则 $\dfrac{p_m}{\rho_m v_m^2} = \dfrac{p_p}{\rho_p v_p^2}$,得证!

因此,一般将雷诺准则和弗劳德准则称为定性准则,欧拉准则称为导出准则.

(4) 柯西准则(弹性力相似准则)

当弹性力($E = Kl^2$,K 为流体的体积模量)对流动起主导作用时,分别用 $K_p l_p^2$ 和 $K_m l_m^2$ 代替牛顿相似准则中的 F_p 和 F_m,得

$$\frac{K_p l_p^2}{\rho_p l_p^2 v_p^2} = \frac{K_m l_m^2}{\rho_m l_m^2 v_m^2} \quad \text{或} \quad \frac{\rho_p v_p^2}{K_p} = \frac{\rho_m v_m^2}{K_m} \quad \text{或} \quad (Ca)_p = (Ca)_m$$

无量纲数 $Ca = \rho v^2/K$ 称为柯西数(Cauchy number),表示惯性力与弹性力之比.两个流动相似的系统中柯西数相等,即弹性力相似.柯西准则用于水击现象的研究.

相似准则的选择主要是根据作用在流体上的作用力而定的.当有几个力同时作用在流体上时,应保证主要作用力的相似准则相等,而略去居次要地位力的相似.如闸和孔口的出流、堰上出流、坝上溢流、水面船舶运动及明渠流等大多采用重力相似准则.而管流、水面下的潜艇运动、输油管道、飞机在空气中的低速飞行和隧洞中的有压流动等,则大多采用黏滞力相似准则.

1.4.5.2　模型设计

1. 黏滞力作用下的相似

当黏滞力起主要作用时(如有压管流),要保证模型和原型两个流动相似,其雷诺数必须

相等,$(Re)_p = (Re)_m$,即满足雷诺准则.从而有 $v_p l_p / \nu_p = v_m l_m / \nu_m$,则流速比尺 $\lambda_v = v_p / v_m$ $= \lambda_l^{-1} \lambda_\nu$,时间比尺 $\lambda_t = \lambda_l / \lambda_v = \lambda_l^2 \lambda_\nu^{-1}$.其他各物理量的原型模型比尺亦可根据各自的定义表达式,用流场几何比尺和流体性质比尺表示出来,结果如表 1.2 所示.

表1.2　雷诺准则下的各常用物理量比尺

面积($A = l^2$)比尺	$\lambda_A = A_p / A_m = l_p^2 / l_m^2 = \lambda_l^2$	体积($V = l^3$)比尺	$\lambda_V = V_p / V_m = l_p^3 / l_m^3 = \lambda_l^3$
加速度($a = v/t$)比尺	$\lambda_a = \lambda_v / \lambda_t = \lambda_l^{-3} \lambda_\nu^2$	角速度($\omega = v/l$)比尺	$\lambda_\omega = \lambda_v / \lambda_l = \lambda_l^{-2} \lambda_\nu$
流量($Q = V/t$)比尺	$\lambda_Q = \lambda_V / \lambda_t = \lambda_l \lambda_\nu$	力($F = \rho V a$)比尺	$\lambda_F = \lambda_\rho \lambda_V \lambda_a = \lambda_\rho \lambda_\nu^2$
压强、应力($p = F/A$)比尺	$\lambda_p = \lambda_F / \lambda_A = \lambda_l^{-2} \lambda_\rho \lambda_\nu^2$	力矩、功、能($W = Fl$)比尺	$\lambda_W = \lambda_l \lambda_F = \lambda_l \lambda_\rho \lambda_\nu^2$
功率($N = W/t$)比尺	$\lambda_N = \lambda_W / \lambda_t = \lambda_l^{-1} \lambda_\rho \lambda_\nu^3$	动量、冲量($M = Ft$)比尺	$\lambda_M = \lambda_F \lambda_t = \lambda_l^2 \lambda_\rho \lambda_\nu$

【例题1.5】　有一管径为 15 cm、管长为 5 m 的输油管,管中要通过流量为 0.18 m^3/s、运动黏滞系数 $\nu_p = 0.13$ cm^2/s 的油,现用水来做模型实验.模型若采用和原型相同的管径,水温为 10 ℃(此温度下水的运动黏滞系数 $\nu_m = 0.0131$ cm^2/s):① 若要达到相似,模型中水的流量应为多少?② 若测得模型输水管两端的压差为 3 cm,试求输油管两端的压差(用油柱高表示).

解　① 长度比尺为 $\lambda_l = d_p / d_m = 1$,运动黏滞系数比尺为 $\lambda_\nu = \nu_p / \nu_m = 0.13/0.01308 = 9.94$.圆管中的流动主要受黏滞力作用,因此应满足雷诺准则,即 $l_p v_p / \nu_p = l_m v_m / \nu_m$,则流速比尺为 $\lambda_v = v_p / v_m = \lambda_l^{-1} \lambda_\nu$,流量比尺为

$$\lambda_Q = \lambda_l^2 \lambda_l^{-1} \lambda_\nu = \lambda_l \lambda_\nu = 1 \times 9.94 = 9.94$$

模型流量为

$$Q_m = Q_p / \lambda_Q = 0.18/9.94 \approx 0.0181 (m^3/s)$$

即当模型中流量为 0.0181 m^3/s 时,原型与模型相似.

② 压差比尺为 $\lambda_h = \lambda_p / \lambda_\gamma = \lambda_l^{-2} \lambda_\rho \lambda_\nu^2 / \lambda_\gamma = \lambda_l^{-2} \lambda_\nu^2 / \lambda_g = 1^{-2} \times 9.94^2 / 1.0 = 98.8$,则原型中的压差为

$$h_p = h_m \lambda_h = 0.03 \times 98.8 = 2.96 (m)$$

2. 重力作用下的相似

当重力起主要作用时,要保证模型和原型两个流动相似,其弗劳德数必须相等,即 $(Fr)_p$ $= (Fr)_m$,亦即满足弗劳德准则.从而有 $v_p / (g_p l_p)^{1/2} = v_m / (g_m l_m)^{1/2}$,则流速比尺 $\lambda_v = v_p / v_m = \lambda_l^{1/2} \lambda_g^{1/2}$,时间比尺 $\lambda_t = \lambda_l / \lambda_v = \lambda_l^{1/2} \lambda_g^{-1/2}$.其他各物理量的原型、模型比尺亦可根据各自的定义表达式,用流场几何比尺和流体性质比尺表示出来,结果如表 1.3 所示.

表1.3　弗劳德准则下的各常用物理量比尺

面积($A = l^2$)比尺	$\lambda_A = A_p / A_m = l_p^2 / l_m^2 = \lambda_l^2$	体积($V = l^3$)比尺	$\lambda_V = V_p / V_m = l_p^3 / l_m^3 = \lambda_l^3$
加速度($a = v/t$)比尺	$\lambda_a = \lambda_v / \lambda_t = \lambda_g$	角速度($\omega = v/l$)比尺	$\lambda_\omega = \lambda_v / \lambda_l = \lambda_l^{-1/2} \lambda_g^{1/2}$
流量($Q = V/t$)比尺	$\lambda_Q = \lambda_V / \lambda_t = \lambda_l^{5/2} \lambda_g^{1/2}$	力($F = \rho V a$)比尺	$\lambda_F = \lambda_\rho \lambda_V \lambda_a = \lambda_\rho \lambda_l^3 \lambda_g$
压强、应力($p = F/A$)比尺	$\lambda_p = \lambda_F / \lambda_A = \lambda_\rho \lambda_l \lambda_g$	力矩、功、能($W = Fl$)比尺	$\lambda_W = \lambda_l \lambda_F = \lambda_l^4 \lambda_\rho \lambda_g$
功率($N = W/t$)比尺	$\lambda_N = \lambda_W / \lambda_t = \lambda_l^{7/2} \lambda_\rho \lambda_g^{3/2}$	动量、冲量($M = Ft$)比尺	$\lambda_M = \lambda_F \lambda_t = \lambda_\rho \lambda_l^{7/2} \lambda_g^{1/2}$

注:若在同一地球表面同一地点进行原型和模型实验,则 $\lambda_g = 1$.

【例题 1.6】 长度比 $\lambda_l = 50$ 的船舶模型,在水池中以 1 m/s 的速度牵引前进时,测得破浪阻力为 0.02 N.求:① 原型中的波浪阻力;② 原型中船舶航行速度;③ 原型中需要的功率.

解 ① 由于重力在起主要作用,所以原型和模型的弗劳德数应相等,即 $v_p/(g_p l_p)^{1/2} = v_m/(g_m l_m)^{1/2}$,则流速比尺 $\lambda_v = v_p/v_m = \lambda_l^{1/2} \lambda_g^{1/2}$,时间比尺 $\lambda_t = \lambda_l/\lambda_v = \lambda_l^{1/2} \lambda_g^{-1/2}$,加速度比尺 $\lambda_a = \lambda_v/\lambda_t = \lambda_g$,力比尺 $\lambda_F = \lambda_\rho \lambda_v \lambda_a = \lambda_\rho \lambda_l^3 \lambda_g = 1 \times 50^3 \times 1 = 125000$,原型中的波浪阻力 $F_p = \lambda_F F_m = 125000 \times 0.02 = 2500$(N).

② 原型中船舶航行速度为

$$v_p = \lambda_v v_m = \lambda_l^{1/2} \lambda_g^{1/2} v_m = 50^{1/2} \times 1^{1/2} \times 1 \approx 7.07 \ (\text{m/s})$$

③ $\lambda_N = \lambda_W/\lambda_t = \lambda_l \lambda_F/\lambda_t = \lambda_l^{7/2} \lambda_\rho \lambda_g^{3/2} = 50^{7/2} \times 1 \times 1^{3/2} \approx 883883$.原型中需要的功率为 $N_p = \lambda_N N_m = 883883 \times 0.02 \times 1 = 17678$(W).

【例题 1.7】 一宽为 20 m 的大坝溢洪道,其设计汛期泄洪流量为 125 m³/s.为研究该溢洪道的流动特性,拟选用 15:1 的长度比尺构建一实验模型.求:① 实验模型的宽度 b_m 和流量 Q_m;② 原型 24 h 运行下的实验模型的运行时长 t_m.(表面张力和黏滞力的影响可忽略不计)

解 ① 实验模型的宽度 $b_m = b_p/\lambda_l = 20/15 \approx 1.33$ (m).由于导致溢洪道中水发生流动的主要作用力是重力,要实现动力相似,必须保证原型和模型的弗劳德数相等,即 $(Fr)_p = (Fr)_m$.相应地,流速比尺 $\lambda_v = v_p/v_m = \lambda_l^{1/2} \lambda_g^{1/2}$,时间比尺 $\lambda_t = \lambda_l/\lambda_v = \lambda_l^{1/2} \lambda_g^{-1/2}$,流量比尺 $\lambda_Q = \lambda_V/\lambda_t = \lambda_l^{5/2} \lambda_g^{1/2}$.若模型与原型处在同一个重力场,则 $g_p = g_m$ 或 $\lambda_g = 1$,于是时间比尺 $\lambda_t = \lambda_l^{1/2} \lambda_g^{-1/2} = \lambda_l^{1/2}$,流量比尺 $\lambda_Q = \lambda_l^{5/2} \lambda_g^{1/2} = \lambda_l^{5/2}$,则实验模型的流量为

$$Q_m = Q_p/(\lambda_Q) = Q_p/(\lambda_l^{5/2}) = 125/(15^{5/2}) \approx 0.143 \ (\text{m}^3/\text{s})$$

② 溢洪道实验模型的运行时长为

$$t_m = t_p/\lambda_t = t_p/\lambda_l^{1/2} = 24/15^{1/2} \approx 6.2 \ (\text{h})$$

3. 重力和黏性力同时作用下的相似

在许多情况下,流体流动的相似仅考虑重力或黏性力相似,即以重力为主要作用力时的重力相似(弗劳德准则)和以黏性力为主要作用力时的阻力相似(雷诺数准则).但也有一些情况重力和黏性力都是重要作用力,都必须考虑.例如,水面上的船舶运动(严格来说,重力和黏性力都必须考虑),及潜艇在水面下不深的水域内运动(在水面上有波浪产生)等.这种情况下,从理论上来说应该同时满足雷诺准则和弗劳德准则,即

$$\lambda_{Re} = \lambda_{Fr} \quad \text{或} \quad \frac{\lambda_v \lambda_l}{\lambda_\nu} = \frac{\lambda_v}{\sqrt{\lambda_g \lambda_l}}$$

若模型实验和原型在同一地点,则重力加速度比尺 $\lambda_g = 1$,化简得

$$\lambda_\nu = \lambda_l^{3/2}$$

该式表达了原型和模型实验中两种流体运动黏度比尺与原型和模型几何尺寸比尺的关系.显然,当 λ_l 值一定时,很难找到一种运动黏度符合该关系式的实验流体;但如果以同一种流体进行模型实验($\lambda_\nu = 1$),则得 $\lambda_l = 1$,即模型和原型的几何尺寸相同,此时又失去了模型实验的意义.因此,在设计模型实验时,通常在流体运动黏度和几何尺寸之间相互调整,确保表达式成立.

【例题 1.8】 设有油罐,直径 d 为 4 m,油在 20 ℃时的运动黏度 $\nu_p = 0.74 \ \text{cm}^2/\text{s}$,长度

比尺 λ_l 在 4 左右. 当研究油自油罐流出的力学问题时,试问:① 选定何种相似准则? ② 选用何种流体做模型实验? ③ 确定长度、流速、时间、流量的比尺.

解 ① 油自油罐流出,有自由表面,受重力作用;由于油的黏度较大,故又受黏滞力的作用.因此,重力和黏滞力都是重要作用力,此时,相似准则应选定同时满足弗劳德准则和雷诺准则.

② 在雷诺准则和弗劳德准则下,$\lambda_\nu = \lambda_l^{3/2} = 4^{3/2} = 8\ (\text{cm}^2/\text{s})$,$\nu_m = \nu_p/\lambda_\nu = 0.74/8 = 0.0925\ (\text{cm}^2/\text{s})$.

因为运动黏度 ν 正好等于 $0.0925\ \text{cm}^2/\text{s}$ 的流体极难找到,所以只能选择一些黏度值近似的流体.考虑到 20 ℃ 下 59% 甘油溶液的 $\nu'_m = 0.0892\ \text{cm}^2/\text{s}$,与计算值很接近,故选择该溶液为实验流体并确保在实验过程中保持 20 ℃ 的温度.

③ 选用 20 ℃ 下 59% 甘油溶液作为模型实验流体时,得

长度比尺: $\lambda_l = \lambda_\nu^{2/3} = (\nu_p/\nu'_m)^{2/3} = (0.74/0.0892)^{2/3} \approx 4.098$.

模型油罐的直径: $d_m = d_p/\lambda_l = 4/4.098 \approx 0.976\ (\text{m})$.

流速比尺(按弗劳德准则或雷诺准则计算均可): $\lambda_\nu = v_p/v_m = \lambda_l^{1/2}\lambda_g^{1/2} = 4.098^{1/2} \times 1^{1/2} \approx 2.024$,模型流速大致为原型流速的一半.

时间比尺(按弗劳德准则或雷诺准则计算均可): $\lambda_t = \lambda_l/\lambda_\nu = \lambda_l^{1/2}\lambda_g^{-1/2} = 4.098^{1/2} \times 1^{-1/2} \approx 2.024$.

流量比尺(按弗劳德准则或雷诺准则计算均可): $\lambda_Q = \lambda_l^{5/2}\lambda_g^{1/2} = 4.098^{5/2} \times 1^{1/2} = 34$.

为进一步说明流体力学的研究方法,以河流动力学为例:

(1) 理论分析:利用物理学、力学、统计学等学科的基本原理和方法对河道水流泥沙运动和河床演变过程进行理论分析,求出各种问题的理论解.

(2) 数值计算:用数值计算方法借助电子计算机求出水流泥沙运动和河床演变问题的近似解,满足工程实践的需要.

(3) 科学实验:① 原型观测,在天然河流上对水流、泥沙运动和河床演变现象进行直接观察和测量;② 室内实验/模型实验,在实验室内对水流泥沙运动的基本规律进行实验研究,或对具体河段进行实体模型实验;③ 系统实验,在实验室内搭建河流系统模拟装置,对整个水流的运动规律进行系统性实验研究.

(4) 量纲分析,分析河水中泥沙的沉降速度及其影响因素,找出相关物理变量,根据量纲和谐原理得出各变量之间的函数关系式.

综上所述,理论分析法、数值计算法、科学实验法和量纲分析法等组成了研究流体流动问题的完整体系,但各方法各有其优缺点,在研究和解决流体力学问题时起着不同的作用,在一定的范围内可以相互配合、补充和验证.实验需要理论指导,才能从分散的、表面上无关联的现象和实验数据中得出普遍规律性的结论;而理论分析和数值计算也需要依靠实验模拟和现场观测给出物理图案或数据、建立流动的力学模型和数学模式、检验这些模型和模式的完善程度.现代流体力学在解决实际工程问题的过程中,经常将上述三种方法同时应用,使工程实际问题得以较为完善的解决.

习 题

【研究与创新题】

1.1 以流体力学领域某个科学家为例,谈谈其家庭出身、所受的中小学教育、所学专业、知识结构、毕业后的工作环境、当时的教育体制、学术圈,以及思考问题的方式、名言、著名故事等.

1.2 谈谈流体力学理论在自己所学专业领域的应用情况.

1.3 以某个流体力学问题的研究为例,谈谈如何利用量纲分析和模型实验开展研究并得出结论.

【课前预习题】

1.4 背诵和理解下列名词:流体、流体静力学、流体运动学、流体动力学;连续介质假设、理想流体、不可压缩流体、牛顿流体/非牛顿流体;量纲、基本量纲、导出量纲、量纲和谐原理;模型、几何相似、运动相似、动力相似、相似准则、牛顿数、雷诺数、弗劳德数.

1.5 试着写出以下重要公式并理解各物理量的含义:$v_p l_p / \nu_p = v_m l_m / \nu_m$,$v_p / (g_p l_p)^{1/2} = v_m / (g_m l_m)^{1/2}$,$p_p / (\rho_p v_p^2) = p_m / (\rho_m v_m^2)$,$\lambda_\nu = \lambda_l^{3/2}$.

1.6 经典流体力学发展过程中有哪些重要理论?

1.7 流体力学的研究方法有哪些,试举若干流体力学问题及其对应的研究方法(如阿基米德定律).

【课后作业题】

1.8 试从力学分析的角度,比较流体与固体对外力抵抗能力的差别.

1.9 引入流体质点模型、连续介质模型、不可压缩流体模型、理想流体模型、牛顿流体模型等模型的意义分别是什么?

1.10 对于含有气泡的液体,连续介质模型是否依然适用?

1.11 有因次数和无因次数各有什么特点? 角度和弧度是有因次数还是无因次数?

1.12 白金汉 Π 定理是在什么基础上建立的? 一般的经验公式能否用 Π 定理得到?

1.13 在力学范畴内,基本因次有哪些? 基本变量在白金汉 Π 定理中起什么作用? 两者有什么关系?

1.14 量纲分析中选择哪些变量为基本变量? 有什么考虑?

1.15 简述应用白金汉 Π 定理进行量纲分析的步骤.

1.16 两个流动相似须满足哪些条件?

1.17 原型和模型中采用同一种流体,能否同时满足重力相似和黏滞力相似? 为什么?

1.18 什么样的原型流动的实验模型必须设计为变态模型?

1.19 按连续介质的概念,流体质点是指( ).

(A) 流体的分子

(B) 流体中的固体颗粒

(C) 几何的点

(D) 几何尺寸与流动空间相比是极小量,且又含有大量分子的微元体

1.20 连续介质假设既可摆脱研究流体分子运动的复杂性,又可( ).

(A) 不考虑流体的压缩性

(B) 不考虑流体的黏性

(C) 运用数学分析中的连续函数理论分析流体运动

(D) 不计流体的内摩擦力

1.21 速度 v、长度 l 和重力加速度 g 的无因次组合形式是( ).

(A) $v/(gl)$　　　　(B) $v^2/(gl)$　　　　(C) lv/g　　　　(D) gv/l

1.22 压强 p、密度 ρ、长度 l 和流量 Q 的无因次组合形式是( ).

(A) $pQ^2/(\rho l)$　　(B) $\rho Q/(pl)$　　(C) $pl^4/(\rho Q^2)$　　(D) plQ/ρ

1.23 进行水力模型实验,要实现有压管流的动力相似,应满足( ).

(A) 雷诺准则　　　(B) 弗劳德准则　　　(C) 欧拉准则　　　(D) 柯西准则

1.24 进行水力模型实验,要实现明渠水流的动力相似,应满足( ).

(A) 雷诺准则　　　(B) 弗劳德准则　　　(C) 欧拉准则　　　(D) 马赫准则

1.25 压力输水管同种流体的模型实验,已知长度比为4,则两者的流量比为( ).

(A) 2　　　　(B) 4　　　　(C) 8　　　　(D) 1/4

1.26 在明渠水流模型实验中,已知长度比为4,则两者的流量比为( ).

(A) 16　　　　(B) 4　　　　(C) 8　　　　(D) 32

1.27 不可压缩流体流动时,作用在浸没于其中的物体上的动水压力 p 是流体密度 ρ 和速度 v 的函数,试用瑞利法确定三个物理量的函数关系式.【参考答案:$p = K\rho v^2$】

1.28 在黏性流体中运动的球形物体,其所受阻力 F_D 取决于球体的直径 d、运动速度 v、流体的密度 ρ 和动力黏度 μ.试用量纲分析法推出阻力 F_D 的公式.【参考答案:$F_D = f(1/Re) \cdot (\rho v^2 d^2)$】

1.29 一直径 $d_p = 50$ cm、管长 $l_p = 200$ m 的输油管道,油的运动黏度 $\nu_p = 1.31 \times 10^{-4}$ m²/s,管中过油流量 $Q_p = 0.1$ m³/s.现用 10 ℃的水(运动黏度 $\nu_m = 1.31 \times 10^{-6}$ m²/s)和管径 $d_m = 5$ cm 的管路进行模型实验,试求模型管道的长度和通过的流量.【参考答案:$l_m = 20$ m,$Q_m = 0.1$ L/s】

1.30 模型实验研究一入口直径为 0.6 m、通流量为 0.84 m³/s 的大型阀门的流动.模型与原型的工作流体相同,均为水且温度相同.阀门模型的入口直径为 7.5 cm.假设模型与原型在几何上完全相似,确定模型中所需的流量.【参考答案:$Q_m = 0.105$ m³/s】

1.31 一弧形闸门下有水出流,现以比尺 $\lambda_l = 10$ 用同温水做模型实验,试求:① 已知原型上游水深 $H_p = 5$ m,求 H_m;② 已知原型上游流量 $Q_p = 30$ m³/s,求 Q_m;③ 在模型上测

得水流对闸门的作用力 $F_m = 400$ N,计算原型上水流对闸门的作用力 F_p;④ 在模型上测得水跃损失的功率 $N_m = 0.2$ kW,计算原型中水跃损失的功率 N_p.【参考答案:① $H_m = 0.5$ m;② $Q_m = 0.095$ m³/s;③ $F_p = 400$ kN;④ $N_p = 632.46$ kW】

1.32　一艘长 35 m、设计巡航速度为 11 m/s 的原型船,其拖拽力由一辆牵引车拉着 1 m 长的实验模型来模拟.根据弗劳德准则,确定:① 牵引速度 v_m;② 原型与模型的牵引力比尺;③ 原型与模型的功率比尺.【参考答案:① $v_m = 1.86$ m/s;② $\lambda_F = 42875$;③ $\lambda_N = 253652$】

第 2 章　流体的属性

【内容提要】本章主要介绍流体的物理性质、流体的力学模型和作用在流体上的力.学习中,要充分理解描述各物理性质的物理量的定义、单位、成因、影响因素、公式等内容.

2.1　流体的主要物理性质

流体运动的形态和运动的规律与作用于流体的外部因素(包括边界条件、动力条件等)和流体本身物理性质这两个内部因素有关,特别是重力特性和黏滞性,对流体运动的影响起着重要作用.因此在全面系统地研究流体的平衡和运动规律之前,应先了解流体的主要物理性质.流体的物理性质由反映流体宏观特性的物理量来描述,这些物理量通常都是空间和时间的函数.

2.1.1　质量、重量、密度、重度

流体同其他物质一样,具有质量并受重力作用,因而具有惯性.**惯性**是物体保持原有运动状态的性质,是物体的一种固有属性,表现为物体对其运动状态变化的一种阻抗程度.**质量**是对物体惯性大小的量度,以符号 m 表示.物体的质量越大,惯性越大,其运动状态则越难改变.

地球上的物体无论处于运动状态还是静止状态,均受到地心引力的作用.物体由于地球的吸引而受到的引力叫**重力**,物体所受重力的大小用**重量**来度量,用符号 G 表示.设流体的质量为 m,重力加速度为 g,则流体的重量公式为

$$G = mg$$

式中,G 为流体的重量,单位为 N;m 为流体的质量,单位为 kg;g 为当地的重力加速度,单位为 m/s².

在多数情况下,流体的总质量是没有意义的,流体的质量以密度来反映,即通常用密度来表征流体的惯性.流体的**密度**是指单位体积流体所具有的质量,以符号 ρ 表示.

对于非均质流体,即各点处密度不相同的流体,如图 2.1 所示.在流体的空间中有个 $P(x,y,z)$ 点,取包含该点的微小体积 ΔV,该体积内流体的质量为 Δm,当微元无限小而趋近 P 点成为一个质点时,该点的流体密度为

$$\rho(x,y,z) = \lim_{\Delta V \to 0} \frac{\Delta m}{\Delta V} = \frac{\mathrm{d}m}{\mathrm{d}V}$$

式中,Δm 为所取某微元的质量,单位为 kg;ΔV 为质量为 Δm 的微元的体积,单位为 m^3.不同点处流体的密度随各点的温度和压强的变化而变化.对液体而言,其密度随温度和压强的变化甚微,在实际计算中可视为常数.

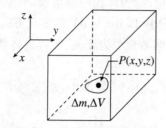

图 2.1　流体的点密度

对于均质流体,即任意点处密度均相同的流体,其密度定义为

$$\rho = \frac{m}{V}$$

式中,ρ 为均质流体的密度,单位为 kg/m^3;V 为流体的体积,单位为 m^3.

对流体密度的描述也可采用相对密度.流体的相对密度(或比重)是指该流体的密度与参考物质的密度在各自规定的条件下之比,以符号 d 表示,这是一个无量纲数,可表示为

$$d = \frac{\rho}{\rho_0}$$

式中,d 为流体的相对密度;ρ_0 为参考物质在规定条件下的密度,单位为 kg/m^3.一般情况下,液体以 4 ℃时的纯水($\rho_0 = 1000$ kg/m^3)为参考物质,气体以标准状态(0 ℃,101.325 kPa)下的干燥空气($\rho_0 = 1.293$ kg/m^3)为参考物质.

流体力学中常用到与密度相关的一个组合物理量即**重度或容重**,其定义是单位体积流体所具有的重量,以符号 γ 表示,即

$$\gamma = \frac{G}{V}$$

式中,G 为流体的重量,单位为 N;V 为流体的体积,单位为 m^3;γ 为流体的重度或容重,单位为 N/m^3.

根据推导可得重度与密度的关系:

$$\gamma = \frac{G}{V} = \frac{mg}{V} = \rho g$$

【例题 2.1】　体积 V 为 0.5 m^3 的油料,重量 G 为 4410 N,求该油料的密度 ρ 和重度 γ.

解　油料的密度 $\rho = G/(gV) = 4410/(9.8 \times 0.5) = 900$ (kg/m^3),重度 $\gamma = \rho g = 900 \times 9.8 = 8820$ (N/m^3).

2.1.2　压缩性、热胀性

1. 压缩性

流体具有的恒温下体积随压强增大而缩小的特性称为压缩性.压缩性一般用体积压缩系数 α_p 来度量,其物理意义是在保持温度不变的条件下,单位压强增量所引起的流体体积相对增量.恒温条件下初始体积为 V 的流体,在压强增量 dp 作用下,体积改变了 dV,则体

积压缩系数 α_p 表示为

$$\alpha_p = -\frac{\mathrm{d}V/V}{\mathrm{d}p}$$

式中,$\mathrm{d}V/V$ 为流体体积相对增量;α_p 为体积压缩系数,单位为 $\mathrm{m^2/N}$ 或 $\mathrm{Pa^{-1}}$.

由于压强增加时,流体体积缩小,即 $\mathrm{d}p$ 与 $\mathrm{d}V$ 的变化方向总是相反,若 $\mathrm{d}p>0$,则 $\mathrm{d}V<0$,故在上式中加负号,以使体积压缩系数恒为正值.流体的体积压缩系数 α_p 越大,其压缩性越大,越容易被压缩.

密封状态流体被等温压缩时,其体积 V 缩小,密度 ρ 增大,但其质量 m 不变,即质量守恒.根据 $m = \rho V$,$\mathrm{d}m = 0$,有

$$\mathrm{d}m = \mathrm{d}(\rho V) = V\mathrm{d}\rho + \rho\mathrm{d}V = 0 \quad \text{或} \quad -\mathrm{d}V/V = \mathrm{d}\rho/\rho$$

因此

$$\alpha_p = -\frac{\mathrm{d}V/V}{\mathrm{d}p} = \frac{\mathrm{d}\rho/\rho}{\mathrm{d}p}$$

式中,$\mathrm{d}\rho/\rho$ 为流体密度相对变化率;α_p 为体积压缩系数,单位为 $\mathrm{m^2/N}$ 或 $\mathrm{Pa^{-1}}$.

此时体积压缩系数 α_p 的物理意义是在温度保持不变的条件下,单位压强增量所引起的流体密度相对变化率.表 2.1 列出了 0 ℃时水在不同压强下的 α_p 值.

表 2.1　0 ℃时水的体积压缩系数

压强(at.)	5	10	20	40	80
压缩系数 α_p （$\times 10^{-9}$ Pa）	0.515	0.505	0.495	0.480	0.460

由表 2.1 可以看出,水的体积压缩系数很小,当压强为 $(1\sim490)\times10^7$ Pa、温度为 $0\sim20$ ℃时,水的体积压缩系数仅约为两万分之一,即压强每增加 10^5 Pa,水的体积相对缩小约为两万分之一.所以工程上一般可将液体视为不可压缩的.

流体的压缩性在工程上常用体积模量来表示.体积模量是体积压缩系数 α_p 的倒数:

$$K = \frac{1}{\alpha_p} = -\frac{\mathrm{d}p}{\mathrm{d}V/V}$$

式中,K 为体积模量,单位为 Pa.

显然,体积模量的物理意义是在温度保持不变的条件下,单位流体体积相对变化率所需的压强增量.不同温度下,水的体积模量值可参见表 2.2.流体中液体的压缩性和膨胀性都非常小,一般情况下完全可以不予考虑,故通常把液体视为不可压缩流体.但在个别情况中,例如当流速较大的水管上的闸门突然半闭时,会产生一种水击现象,此时就必须考虑液体的压缩性.

表 2.2　水的体积膨胀系数

温度（℃）	1~10	10~20	40~50	60~70	90~100
膨胀系数 α_V（$\times 10^{-4}$/℃）	0.14	1.50	4.22	5.56	7.19

【例题 2.2】　容积 V 为 4 $\mathrm{m^3}$ 的水,当压强 p 增加了 5 个大气压时容积减少了 1 L.① 求该水的体积模量 K(体积压缩系数 α_p 的倒数);② 假设水的体积相对压缩 1/1000,需要增大

多大压强?

解　① 根据题意,$\mathrm{d}p = 5$ at. $= 5 \times 98000$ Pa,$\mathrm{d}V = -1$ L $= -0.001$ m³,于是体积模量为

$$K = 1/\alpha_p = -\mathrm{d}p/(\mathrm{d}V/V) = -5 \times 98000/(-0.001/4) = 1.96 \times 10^6 (\mathrm{kPa})$$

② $\mathrm{d}p = -(\mathrm{d}V/V)K = -(-1/1000) \times 1.96 \times 10^6 = 1.96 \times 10^3 (\mathrm{kPa})$.

【例题 2.3】　当压强增加 5×10^4 Pa 时,某种液体的密度增加 0.02%,求该液体的体积模量 K.

解　由 $m = \rho V$,$\mathrm{d}m = \mathrm{d}(\rho V) = \rho \mathrm{d}V + V\mathrm{d}\rho = 0$,得 $\mathrm{d}V/V = -\mathrm{d}\rho/\rho$.所以

$$K = -\mathrm{d}p/(\mathrm{d}V/V) = -\mathrm{d}p/(-\mathrm{d}\rho/\rho) = \mathrm{d}p/(\mathrm{d}\rho/\rho) = 5 \times 10^4/0.0002 = 2.5 \times 10^8$$

2. 热胀性

流体具有的恒压下体积随温度升高而膨胀的特性称为**热胀性**.热胀性一般用体积热胀系数 α_V 来度量,其物理意义是在保持压强不变的条件下,单位温度增量所引起的流体体积相对增量.恒压条件下初始体积为 V 的流体,在温度增量 $\mathrm{d}T$ 作用下,体积改变了 $\mathrm{d}V$,则体积热胀系数 α_V 表示为

$$\alpha_V = \frac{\mathrm{d}V/V}{\mathrm{d}T}$$

式中,α_V 为体积热胀系数,单位为 $1/^\circ\mathrm{C}$ 或 $1/\mathrm{K}$.

流体的热胀系数越大,其热胀性就越强.实验指出,液体的热胀系数很小,例如当压强为 9.8×10^4 Pa,温度为 $1 \sim 10$ ℃时,水的热胀系数 $\alpha_V = 14 \times 10^{-6}/^\circ\mathrm{C}$;当压强为 9.8×10^4 Pa,温度为 $10 \sim 20$ ℃时,水的热胀系数 $\alpha_V = 150 \times 10^{-6}/^\circ\mathrm{C}$.在常温下,温度每升高 1 ℃,水的体积相对增量仅为万分之一点五;温度较高时,如 $90 \sim 100$ ℃,也只增加万分之七.其他液体的热胀系数也是很小的.

流体的热胀系数还取决于压强.对于大多数液体,随压强的增加稍微减小.水的热胀系数在高于 50 ℃时,随压强的增加而增大.在一定压强作用下,水的体积膨胀系数 α_V 与温度的变化关系见表2.2.

【例题 2.4】　钢贮罐内装满温度为 10 ℃的水,密封加热到 75 ℃,在加热增压的温度和压强范围内,水的热膨胀系数 $\alpha_V = 4.1 \times 10^{-4}/^\circ\mathrm{C}$,体积模量 $K = 2 \times 10^9$ N/m²,罐体坚固,假设容积不变,试估算加热后罐壁承受的压强.

解　假设初始压强为 0,体积为 V,则

① 加热过程:体积从 V 增加到 V',体积膨胀系数为

$$\alpha_V = [(V' - V)/V] \cdot [1/(T' - T)]$$

则

$$(V' - V)/V = \alpha_V \cdot (T' - T)$$

② 增压过程:体积从 V' 减小到 V,有

$$K = -\Delta p/[(V - V')/V] = \Delta p/[(V' - V)/V]$$

联立①和②的式子,得

$$\Delta p = K \cdot [(V' - V)/V] = K \cdot \alpha_V \cdot (T' - T)$$
$$= 2 \times 10^9 \times 4.1 \times 10^{-4} \times (75 - 10)$$
$$= 5.33 \times 10^7 (\mathrm{N/m^2})$$

讨论:将 10 ℃的水密封加热到 75 ℃,与加压到 5.33×10^7 Pa,就改变水的体积这个结果来看,两者是等价的.即 $5.33 \times 10^7/75 = 7.11 \times 10^5$ 倍,每升高 1 ℃引起的水的体积变化量

与压强增加 7.11×10^5 Pa引起的水的体积变化量是等价的.可见,水耐压不耐热!

3. 气体的压缩性和热胀性

与液体相比,气体的密度易随压强和温度的变化而发生显著变化,具有显著的压缩性和热胀性.克拉珀龙(1799—1864,法国)于1834年根据玻-马定律(等温变化)、查理定律(等压变化)和盖·吕萨克定律(等容变化)归纳出了理想气体状态方程.理想气体是指气体分子本身的体积和气体分子间的作用力均可忽略不计,分子间及分子与器壁之间发生的碰撞不造成动能损失,不计分子势能的气体.理想气体状态方程适用于气体在温度不过低($>$253 K)、压强不是很高($<$20 MPa)的情况,描述了理想气体处于平衡态时压强、体积、物质的量、温度之间的关系,即

$$pV = nRT$$

考虑到 $V=m/\rho,n=m/M$,代入得

$$\frac{p}{\rho} = \frac{R}{M}T$$

式中,p 为理想气体的绝对压强,单位为 Pa;ρ 为理想气体的密度,单位为 kg/m³;R 为理想气体常数,取 8.31 J/(mol·K);对于空气,$R/M=8.31/0.029\approx287$ [J/(kg·K)];M 为理想气体的平均摩尔质量,单位为 kg/mol;T 为理想气体的热力学温度(绝对温度),单位为 K;V 为理想气体的体积,单位为 m³;n 为理想气体的物质的量,单位为 mol;m 为理想气体的质量,单位为 kg.

【例题 2.5】 汽车上路时,轮胎内空气的温度为 20 ℃,绝对压强为 395 kPa,行驶后轮胎内空气温度上升到 50 ℃,试求这时的压强.

解 假设轮胎的体积不变,根据查理定律 $p_1/T_1 = p_2/T_2$,有

$$p_2 = p_1 T_2/T_1 = 395\times(273+50)/(273+20)\approx435.44\ (\text{kPa})$$

2.1.3 汽化

物质有固态、液态和气态三种状态.在不同温度、压强下,三种状态也可以互相转化.图2.2所示是纯净物质的三态转化示意图,横坐标轴表示温度 T,纵坐标轴表示压强 p,用三条函数线划分出固态、液态、气态三态区域.图中任一点(p,T)位于一个区域,对应着物质所处的相态.当 p 或 T 发生变化时,坐标点发生移动,移动一旦越过区域界线,相态即发生转化.

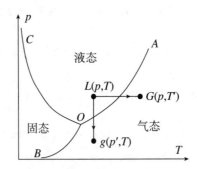

图 2.2 物质三态的转化

流体力学上常见的是液态向气态的转化,这种转化有两种途径:①当压强 p 不变,而 T

增加到 T' 时,沿直线 LG 方向越过 OA 界线,这种现象叫作沸腾;② 当温度 T 不变,而 p 降低到 p' 时,沿直线 Lg 方向越过 OA 界线,这种现象叫作**汽化**.OA 界线上各点的温度和压强用 T_v、p_v 表示,T_v 称为沸点,它随着压强降低而降低;p_v 称为**汽化压强**,即液体沸腾或汽化时的压强.同种物质的汽化压强随着温度降低而降低;不同物质由于表面张力不同,因而在同样温度下有不同的汽化压强.

沸腾的物理原因是温度升高,分子的热运动加剧、内聚力减小,从而克服液体表面张力束缚,由液体变成气体逸出液体表面.汽化的物理原因是因为压强降低,分子内聚力和液体表面张力减弱,使液体分子动能虽未加大也同样可以挣脱表面张力的束缚.

液体内局部压力降低时,液体内部或液-固交界面上的蒸气或气体空穴(空泡)的形成、发展和溃灭的过程,称为**空化**.运动物体或相对运动物体受到空化冲击后表面出现的变形和材料剥蚀现象,称为**气蚀(空蚀)**.

空化是指液体中形成空穴(气穴),是液相流体的连续性遭到破坏的现象,它在压力下降到某一临界值的流动域中急速产生,在空穴中主要是液体的蒸气,还有一部分从液体中析出的气体,当这些空穴进入压力较低的区域时,就开始发育成长为较大的气泡,然后,气泡被液流带到压力高于临界值的区域而又急速溃灭,致使在液体中形成激波或高速微射流.空化过程可发生在液体内部,也可以发生在固体的边界上.

空蚀是空化的直接后果,是由空泡的溃灭而引起过流表面材料损坏的现象.空蚀只发生在固体的边界上,因此,叶片式水力机械中的气蚀现象实际上包括了空化和空蚀两个过程.

2.1.4 表面张力

1. 表面张力

在日常生活中,可以经常看到收缩成球状的液滴,比如树叶上的水珠,平滑固体表面上滚动的水珠等.为什么处于自由状态的液滴要收缩成球状呢? 答案是液滴与大气的接触面,即自由表面内存在表面张力的缘故.多相体系中,各相之间存在界面.习惯上将气-液、气-固界面称为表面.通常,由于环境不同,处于界面的分子与处于相本体内的分子所受力是不同的.以水滴为例,在水滴内部的一个水分子受到周围其他水分子的作用力的合力为零;但在水滴表面的一个水分子,因上层空间气相分子对它的吸引力小于内部液相分子对它的吸引力,所以该分子所受合力不等于零,其合力方向垂直指向液体内部,从而导致液体表面具有自动缩小的趋势.这种自由表面上液体分子由于两侧分子引力不平衡,使自由表面上液体分子受到极其微小的合拉力,也称为**表面张力**.表面张力不仅在液体与气体接触的周界面上发生,还会在液体与固体(水和玻璃、汞和玻璃等)或一种液体与一种液体(如汞和水等)相接触的周界面上发生.通过表面张力的定义,可以明确以下几点:

(1) 表面张力的起因是界面造成的不对称.

(2) 表面张力在平面上并不产生附加压力,它只有在曲面上才产生附加压力,以维持平衡.

(3) 表面张力是一个位于表面内的力,而非一个施加于表面上的力,且未必垂直于表面.

(4) 表面张力是一个内力,即使在平衡的状态下表面张力也存在.

(5) 由于气体分子的扩散作用,不存在自由表面,故气体不存在表面张力,表面张力是液体的特有性质.

表面张力的大小可用表面张力系数 σ 来度量.**表面张力系数**是指在自由表面(把这个面看作一个没有厚度的薄膜)单位长度上所受拉力的数值,单位为 N/m.σ 的大小随液体种类、温度和表面接触情况而变化.对于和空气接触的自由面,当温度为 20 ℃时,水的 $\sigma = 0.0736$ N/m,水银的 $\sigma = 0.0538$ N/m.不同的液体在不同的温度下具有不同的表面张力值,所以液体的表面张力都随着温度的上升而下降.在一般的实际工程中,表面张力的影响常可忽略,但在水滴和气泡的形成、液体的雾化、汽-液两相流的传热与传质的研究中,却是重要的不可忽略的因素.表面张力在空气中的雨滴、液体中的气泡、气体中的液滴、液体的自由射流、液体表面和固体壁面相接触等情况下会出现曲面现象.

2. 毛细现象

当含有细微缝隙的物体与液体接触时,在浸润情况下液体沿缝隙上升或渗入,在不浸润情况下液体沿缝隙下降的现象称为**毛细现象**.例如,将两端开口的玻璃细管竖立在液体中,由于表面张力的作用,液体会在细管中上升或下降 h 高度,这种现象解释如下:当垂直的细玻璃管底部置于液体中(如水等密度小于玻璃的液体)时,管壁对水的附着力(流体分子与固体壁面分子之间的吸引力)会使液面四周稍比中央高出一些,液体表面呈凹面,直到液体内聚力(液体分子之间的吸引力)已经无法克服其重量时,才会停止上升.在某些液体与固体的组合中(如细玻璃管与水银),水银柱本身的原子内聚力大于水银柱与管壁之间的附着力,液体将在管内下降到一定高度,管内的液体表面呈凸面,如图 2.3 所示毛细管实验.凹液面对下面的液体施以拉力,凸液面对下面的液体施以压力.

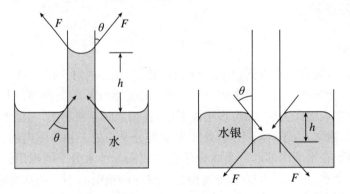

图 2.3　毛细管实验

液体在细管中上升或下降的高度与表面张力有关.毛细管内液面上升或下降的高度 h 的计算思路如下:将一根细管插入浸润管壁的液体中,由于表面张力的存在,玻璃管中的液面将上升高度 h.设液面与管壁的接触角为 θ,玻璃管的内径为 d,液体密度为 ρ,因液柱重力与表面张力垂直分量相平衡,即

$$\frac{\pi d^2}{4} h\rho g = \sigma \pi d \cos\theta$$

因此,毛细管内液体的上升高度为

$$h = \frac{4\sigma}{\rho g d} \cos\theta$$

式中,h 为毛细管内液体上升的高度,单位为 m;σ 为液体的表面张力系数,单位为 N/m;θ 为液面与管壁的接触角,单位为°;ρ 为液体的密度,单位为 kg/m³;g 为重力加速度,单位为

m/s^2；d 为玻璃管的内径，单位为 m.

可见，毛细管内液体升高或下降值的大小与管径、液体性质和固体性质有关.可用下列近似公式来估算毛细管内液体上升或下降的高度：当水温为 20 ℃时，水在管中的上升高度为 $h = 30/d$；当水银温度为 20 ℃时，水银在管中的下降高度为 $h = 10.15/d$.其中，h 及 d 均以"mm"计.可见，管的内径越小，毛细管内液体升高或下降值越大.所以，用来测量压强的玻璃管内径不宜太小，否则就会产生很大的误差.

在自然界和日常生活中有许多毛细现象的例子，如植物茎内的导管吸收土壤中的水分、砖块吸水、毛巾吸汗、粉笔吸墨水、房屋地基吸土壤中的水分使得室内潮湿等.发生毛细现象是由于在这些物体内有许多细小孔道起着毛细管的作用.

【例题 2.6】　如图 2.4 所示，一装置用于计算容器内液面的压力 p_0，已知试管直径 d 为 1 mm，管中液柱高度 h 为 15 cm，液体温度为 20 ℃.分别计算液体为水和汞时，管内液体的真实高度和由毛细作用导致的误差百分比.【20 ℃时，水的表面张力系数 $\sigma_w = 0.0728$ N/m，接触角 $\theta_w = 0°$，密度 $\rho_w = 998.2$ kg/m³；汞的表面张力系数 $\sigma_m = 0.465$ N/m，接触角 $\theta_m = 140°$，密度 $\rho_m = 13550$ kg/m³】

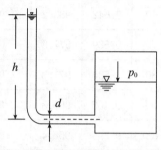

图 2.4　例题 2.6

解　① 当液体为水时，水的毛细上升高度为

$$h_w = 4\sigma_w \cos\theta_w / (\rho_w g d)$$
$$= 4 \times 0.0728 \times \cos 0° / (998.2 \times 9.8 \times 0.001)$$
$$\approx 0.0298 \text{ (m)} = 2.98 \text{ (cm)}$$

可得，管内的真实高度 $h_{T,w} = h - h_w = 15 - 2.98 = 12.02$ (cm).

毛细作用造成的百分比误差为 $E_w = h_w / h_{T,w} = (2.98/12.02) \times 100\% \approx 24.79\%$.

② 当液体为汞时，汞的毛细下降高度为

$$h_m = 4\sigma_m \cos\theta_m / (\rho_m g d) = 4 \times 0.465 \times \cos 140° / (13550 \times 9.8 \times 0.001)$$
$$\approx -0.0107 \text{ (m)} = -1.07 \text{ (cm)}$$

可得，管内的真实高度 $h_{T,m} = h - h_m = 15 - (-1.07) = 16.07$ (cm).

毛细作用造成的百分比误差为 $E_m = (-1.07/16.07) \times 100\% = -6.66\%$.

水和空气的物理性质分别见表 2.3 和表 2.4.

表 2.3　不同温度下水的物理性质

水温 T （℃）	重度 γ (kN/m³)	密度 ρ (kg/m³)	运动黏度 ν （$\times 10^{-6}$ m²/s）	动力黏度 μ （$\times 10^{-3}$ Pa·s）	体积模量 K （$\times 10^6$ kPa）	表面张力系数 σ （N/m）	汽化压强 p_v （kPa）
0	9.805	999.9	1.792	1.792	2.02	0.0756	0.61
5	9.807	1000.0	1.519	1.518	2.06	0.0749	0.87
10	9.804	999.7	1.306	1.307	2.10	0.0742	1.23
15	9.798	999.1	1.139	1.139	2.15	0.0735	1.7
20	9.789	998.2	1.003	1.002	2.18	0.0728	2.34

水温 T (℃)	重度 γ (kN/m³)	密度 ρ (kg/m³)	运动黏度 ν ($\times 10^{-6}$ m²/s)	动力黏度 μ ($\times 10^{-3}$ Pa·s)	体积模量 K ($\times 10^{6}$ kPa)	表面张力系数 σ (N/m)	汽化压强 p_v (kPa)
25	9.777	997.0	0.893	0.890	2.22	0.0720	3.17
30	9.764	995.7	0.800	0.798	2.25	0.0712	4.24
40	9.730	992.2	0.658	0.653	2.28	0.0696	7.38
50	9.689	988.0	0.553	0.547	2.29	0.0679	12.33
60	9.642	983.2	0.474	0.466	2.28	0.0662	19.92
70	9.589	977.8	0.413	0.404	2.25	0.0644	31.16
80	9.530	971.8	0.364	0.354	2.20	0.0626	47.34
90	9.466	965.3	0.326	0.315	2.14	0.0608	70.10
100	9.399	958.4	0.294	0.282	2.07	0.0587	101.33

表 2.4　标准大气压下空气的物理性质

气温 T (℃)	重度 γ (N/m³)	密度 ρ (kg/m³)	运动黏性系数 ν ($\times 10^{5}$ m²/s)	动力黏性系数 μ ($\times 10^{5}$ Pa·s)
-40	14.86	1.515	0.98	1.49
-20	13.68	1.395	1.15	1.61
0	12.68	1.293	1.32	1.71
10	12.24	1.248	1.41	1.76
20	11.82	1.205	1.50	1.81
30	11.43	1.156	1.60	1.86
40	11.06	1.128	1.68	1.90
60	10.40	1.060	1.87	2.00
80	9.81	1.000	2.09	2.09
100	9.28	0.946	2.31	2.18
200	7.33	0.747	3.45	2.58

2.1.5　黏性

2.1.5.1　牛顿平板实验

如图 2.5 所示,取两块足够宽、足够长的平板,以间距 δ 平行放置,两板之间充满静止流体.下平板固定不动,上平板受拉力 F 的作用以速度 u_0 沿水平方向做匀速运动.

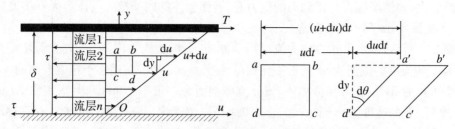

图 2.5　平行平板间的黏性流动

由于流体与固体分子间的附着力,紧贴下平板附近的一层流体黏附于下平板而固定不动,紧贴上平板附近的一层流体黏附于上平板并随之以速度 u_0 运动.在流体内部由于液体分子间的内聚力,上层流体必然带动下层流体,而下层流体必然阻滞上层流体.于是,运动自紧贴上平板附近的那层速度为 u_0 的流体起逐层向下传递,运动速度逐层变小,直至紧贴下平板附近的那一层速度为零的静止流体.

上平板运动带动黏附在平板上的流层运动,而且能影响到内部各流层运动,表明内部各流体层之间存在剪切力,即内摩擦力(内力),这就是流体的**黏性现象**.流体内部质点之间或流层之间因相对运动,随之产生阻碍相对运动的内摩擦力,以抵抗变形或阻滞相邻流体层产生相对运动的性质称为**黏性**.流体的黏性是流体的一种属性,固体没有这种属性.流体处于平衡状态时,其黏性无从表现,只有当流体运动时,流体的黏性才能显现出来.黏性的大小用**黏度**来度量,黏度值越大,说明流体的黏性越强.黏性不仅影响流体运动的形态和性质,也影响流体运动中许多物理量的数值.为了研究流体运动,首先介绍黏性的基本规律及黏性的表示方法.

2.1.5.2　牛顿内摩擦定律

牛顿通过平板实验研究发现,运动流体所产生的内摩擦力(黏滞力):① 正比于流层间的接触面面积 A,但与接触面上的正压力无关;② 与两流层间的速度差 du 成正比,与两流层间的距离 dy 成反比;③ 与流体的种类有关.其关系可用数学表达式写为

$$F = A \cdot \tau = A \cdot \mu \frac{du}{dy}$$

式中,F 为流层接触面上的内摩擦力,单位为 N;A 为流层之间的接触面积,单位为 m^2;τ 为流层间单位面积上的内摩擦应力,也称剪应力,单位为 Pa 或 N/m^2;μ 为动力黏度或动力黏滞系数,与流体性质有关,单位为 $N/(m^2 \cdot s^{-1})$ 或 $Pa \cdot s$;du/dy 为垂直于流动方向上的速度梯度或沿垂直于速度方向的速度变化率,单位为 1/s.

该式被称为**牛顿内摩擦定律**.根据定律可知,流体中的剪应力与速度梯度成正比;而当切向力一定时,动力黏度越大,速度梯度越小.利用牛顿内摩擦定律计算流体的黏性摩擦力,一般需要知道液流的速度分布规律,不过对机械工程中常见的缝隙流动来说,即使暂时不知道准确速度分布规律,只要缝隙尺寸较小,不论任何曲线总可以近似地看成直线,于是可以用平均的速度梯度近似地代表液流与固体接触表面处的速度梯度.对于平板所受的摩擦力,当两平行平板间的距离 δ 很小时,有

$$\tau = \frac{F}{A} = \mu \frac{u_0}{\delta}$$

流体的内摩擦力有别于固体的摩擦力,流体的摩擦力是存在于流体流层间的作用力,故称为内摩擦力;固体摩擦力与接触面的压力有关,而流体的内摩擦力与压力无直接关系.

1. 速度梯度 du/dy 的物理意义

如图 2.5 所示,以水平正方向为流层运动方向,平板法线方向为 y 方向.假定距离下平板高度为 y 的流层的流速为 u,其上一流层的流速为 $u + du$,在垂直于速度方向的 y 轴上,任取一个边长为 dy 的正方体分离体,该分离体剖面为一正方形 $abcd$,其下表面 cd 的速度为 u,上表面 ab 的速度为 $u + du$,经过 dt 时间后,cd 面移动的距离为 udt,ab 面移动的距离为 $(u + du)dt$,小方块在 dt 时间内由 $abcd$ 变形为 $a'b'c'd'$,相当于分离体在 dt 时间内两流层之间的垂直连线 ad 及 bc 变化了角度 $d\theta$.若 dt 很小,则 $d\theta$ 也很小,故

$$d\theta \approx \tan(d\theta) = \frac{du\,dt}{dy} \quad \text{或} \quad \frac{du}{dy} = \frac{d\theta}{dt}$$

由式可见,$d\theta/dt$ 为角变形速率,由图 2.5 可见,速度梯度 du/dy 就是直角变形速率.这个直角变形速率是在剪应力 τ 的作用下发生的,所以也称为剪切变形速率.因为流体的基本特征是具有流动性,在剪应力 τ 的作用下,只要有充分的时间让它变形,它就有无限变形的可能性.因而只能用直角变形速率来描述它的剪切变形的快慢.所以牛顿的内摩擦定律也可以理解为剪应力与剪切变形速率成正比.

2. 液流横截面上的速度 u 及剪应力 τ 分布函数

由于黏性现象的存在,液流横截面上的速度分布呈现一定的 $y\text{-}u$ 函数关系.当两平板间间距 δ 很小时,速度大小分布近似直线规律 $u(y) = ky(k$ 为常数),横截面上各点的速度梯度 u_0/δ 也是一个常数,因而液流横截面上各点的剪应力也是一个常数,即 $\tau = \mu du/dy = \mu d(ky)/dy = \mu k$.沿液流截面的剪应力分布如图 2.5 所示,其中剪应力的方向是按低速液层对高速液层的作用而表示的.当间距 δ 比较大时,液流截面上的速度分布不一定是直线规律,有抛物线规律等多种形式,此时可根据流速表达式 $u = u(y)$ 和牛顿内摩擦定律 $\tau = \mu du/dy$ 计算得到 $\tau\text{-}u$ 函数关系式.

3. 流层剪应力 τ 的大小和方向

在流体内部取一层与水平方向平行的极薄流层 $abcd$ 为微元体,经过 dt 时间后,该流层运动到 $a'b'c'd'$ 位置.上表面 $a'b'$ 上面的流层运动速度较快,有带动较慢的 $a'b'$ 流层前进的趋势,故作用于 $a'b'$ 流层上的剪应力 τ 的方向与运动方向相同;而下表面 $c'd'$ 下面的流层运动较慢,有阻碍较快的 $c'd'$ 流层前进的趋势,故作用于 $c'd'$ 面上的剪应力 τ 的方向与运动方向相反.这就是流体内部的内摩擦剪应力,该力总是大小相等、方向相反地成对出现,并分别作用在相邻两个流层上.如果取流体外边界的上、下平板为分离体,流体的剪应力就会表现为阻止上平板运动的摩擦力,或者表现为拖动下面固定平板的摩擦力;反之,如果取整个流体为分离体,那么运动平板拖拉顶部液层运动,固定平板阻止底部液层运动.

易流动性是流体区别于固体的显著特征,内摩擦剪应力虽具有流体抵抗相对运动的性质,但它不能从根本上制止流动的发生;恰恰是当流体流动时,内摩擦剪应力才能表现出来.当流体不流动,即质点之间没有相对运动(静止或相对静止状态,$du = 0$)时,内摩擦剪应力表现不出来,$\tau = 0$.

4. 动力黏度

从动力黏度的单位 Pa·s 可知,其既包含力的因次,又包含运动的因次,反映了流体黏性的动力性质,因而被称为动力黏.由牛顿内摩擦定律可知 $\mu = \tau(du/dy)^{-1}$.当 $du/dy =$

1 时, $\mu = \tau$. 可知, 动力黏度的物理意义为: 单位速度梯度作用下的内摩擦剪应力, 或表述为单位角变形速度所引起的内摩擦剪应力. 动力黏度表征了流体抵抗剪切变形的能力, 动力黏度值越大, 说明流体抵抗剪切变形的能力越强.

需要注意的是, 当速度梯度等于零时, 内摩擦力也等于零. 所以当流体处于静止状态或以相同速度运动(流层间没有相对运动)时, 内摩擦力等于零, 此时即使流体有黏性, 流体的黏性作用也表现不出来. 当流体没有黏性($\mu = 0$)时, 内摩擦力也等于零.

在流体力学中, 还常使用动力黏度与密度的比值, 称为**运动黏度**或**运动黏滞系数**, 用符号 ν 表示, 即

$$\nu = \mu / \rho$$

式中, ν 为运动黏度, 单位为 m^2/s.

由于 ν 的单位是 m^2/s, 仅含有运动的因次, 不包含力的因次, 故称为**运动黏性系数**. 其物理意义为: 单位速度梯度下作用的剪应力对单位体积质量(即密度)作用产生的阻力加速度. 衡量流体流动性一般用 ν 而不用 μ. 如果两种流体的密度相差很多, 单纯地从 ν 的数值上判断不了它们的黏性大小. ν 值只适合于判别密度几乎恒定的同一种流体在不同温度和压强下黏性的变化情况.

【例题 2.7】　某液体的容重 $\gamma = 8339\ N/m^3$, 运动黏度 $\nu = 3.39 \times 10^{-6}\ m^2/s$, 求其动力黏度 μ.

解　液体的密度 $\rho = \gamma / g = 8339/9.8 \approx 850.92\ (kg/m^3)$, 液体的动力黏度 $\mu = \rho \nu = 850.92 \times 3.39 \times 10^{-6} \approx 2.88 \times 10^{-3}\ (Pa \cdot s)$.

流体(液体、气体)的黏度除与流体的种类有关外, 还受温度和压强的影响. 一般情况下, 液体和气体的黏度受温度影响的幅度要比受压强影响的幅度大, 但黏度随温度改变而呈现的变化规律却迥然不同: 液体黏度随温度的升高而减小, 气体的黏度则随温度的升高而增大. 原因是液体和气体在构成黏性主要因素方面的不同.

对于液体, 分子之间的距离很小, 分子间的引力是构成液体黏性的主要因素. 而引力大小又取决于分子间距, 当温度升高或压强降低时, 液体膨胀、分子间距增大, 分子间引力减小, 故黏度降低; 反之, 当温度降低或压强升高时, 液体黏度增大. 此外在分子间距的影响力方面, 温度通常比压强大. 对于气体, 分子之间的距离很大, 气体分子做不规则热运动时, 在不同速度分子层间所进行的动量交换是构成气体黏性的主要因素. 温度越高, 气体分子热运动越强烈, 动量交换就越频繁, 气体的黏度也就越大, 如表 2.4 所示.

液体黏度的变化规律可用以下指数形式表达:

$$\mu = \mu_0 e^{\alpha p - \lambda (t - t_0)}$$

式中, μ 为温度为 t、计示压强为 p 时的液体动力黏度; μ_0 为温度为 t_0(取 0 ℃、15 ℃或20 ℃等已知常温)、计示压强 p 为 0 时的液体动力黏度; α 为粘压指数, 压强升高时反映液体黏度增大快慢程度的一个指数, 通常情况下 $\alpha_{水} = 0.0007$; λ 为液体的粘温指数, 通常情况取 0.035～0.052.

该公式描述的液体黏度受压强的影响不显著, 在压强低于 $10^7\ Pa$ 的情况下, 常常忽略压强的影响; 而液体黏度受温度的影响非常明显, 温度稍有升高, 黏度明显下降.

气体动力黏度的统计平均值可用下式表达:

$$\mu = \frac{1}{3} \rho v l$$

式中,ρ 为分子密度,与温度成反比,与压强成正比;v 为分子运动平均速度,与温度成正比,与压强成反比;l 为分子平均自由程,与温度成正比,与压强成反比.

该公式表明当温度升高时,黏度增大;当压强升高时,黏度减小.

流体的黏度是不能够直接测量的,人们往往是通过测量与黏度有关的其他物理量,然后导入相关方程进行计算而得到的.计算黏度所依据的方程不同,测量方法也不同,所要测量的物理量也不尽相同.常用的黏度测量方法有管流法、落球法、旋转法、泄流法.工业上,测定各种液体(例如润滑油等)黏度最常用的方法是泄流法,采用的仪器是工业黏度计.泄流法是使已知温度和体积的待测液体通过仪器下部已知管径的短管自由泄流而出,测定规定体积的液体全部流出的时间,与同样体积、已知黏度的液体的泄流时间相比较,从而计算待测液体的黏度.

【例题 2.8】 如图 2.6 所示,旋转圆筒黏度计的外筒固定,内筒由同步电机带动旋转,内外筒之间充满待测液体.已知内筒半径 $r_1 = 1.93$ cm,外筒半径 $r_2 = 2$ cm,内筒高 $h = 7$ cm,内筒转速 $n = 10$ r/min,实验测得转轴上扭矩 $M = 0.0045$ N·m.求该实验液体的黏滞系数 μ.

解 $\omega = 2\pi n/60 = 2 \times 3.14 \times 10/60 \approx 1.047$（$\text{s}^{-1}$）（或 rad/s）.

剪应力为

$$\tau = \mu \mathrm{d}u/\mathrm{d}y = \mu(\omega r_1 - 0)/(r_2 - r_1)$$
$$= \mu(1.047 \times 1.93 \times 10^{-2} - 0)/(2 \times 10^{-2} - 1.93 \times 10^{-2})$$
$$\approx 28.87\mu$$

根据 $M = \tau A \cdot r_1 = 28.87\mu \cdot 2\pi r_1 h \cdot r_1$,得

$$\mu = M/(28.87 \cdot 2\pi r_1 h \cdot r_1)$$
$$= 0.0045/(28.87 \times 2 \times 3.14 \times 0.0193 \times 0.07 \times 0.0193)$$
$$\approx 0.95(\text{Pa} \cdot \text{s})$$

图 2.6 例题 2.8

【例题 2.9】 如图 2.7 所示,一圆锥体绕其中心轴做等角速度旋转,$\omega = 16$ rad/s,锥体与固定壁面间的距离 $\delta = 1$ mm,用 $\mu = 0.1$ Pa·s 的润滑油充满间隙,锥底半径 $R = 0.3$ m,高 $H = 0.5$ m.求作用于圆锥体的阻力矩 M.

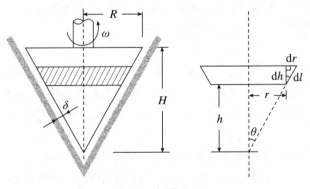

图 2.7 例题 2.9

解 （以 θ 和 $\mathrm{d}h$ 表示 $\mathrm{d}l$）:取微元体如图 2.7 所示,可得

微元面积（圆台外表面积）：$dA = 2\pi r \cdot dl = 2\pi r \cdot dh/\cos\theta = 2\pi (r/\cos\theta)dh$.

剪应力：$\tau = \mu du/dy = \mu(\omega r - 0)/\delta = \mu\omega r/\delta$.

内摩擦力：$dT = \tau \cdot dA = (\mu\omega r/\delta) \cdot (2\pi r/\cos\theta)dh = (2\pi\omega\mu/\delta) \cdot (r^2/\cos\theta)dh$.

锥体的阻力矩：$dM = r \cdot dT = (2\pi\omega\mu/\delta) \cdot (r^3/\cos\theta)dh$.

根据几何关系，有 $r = h \cdot \tan\theta$，则 $dM = (2\pi\omega\mu/\delta) \cdot (\tan^3\theta/\cos\theta)h^3 dh$，积分得

$$M = \frac{2\pi\omega\mu}{\delta}\frac{\tan^3\theta}{\cos\theta}\int_0^H h^3 dh = \frac{\pi\omega\mu}{2\delta} \cdot \frac{\tan^3\theta}{\cos\theta}H^4$$

考虑到 $\tan\theta = R/H = 0.6$ 和 $\cos\theta = H/(R^2 + H^2)^{1/2} = 0.5/(0.3^2 + 0.5^2)^{1/2} \approx 0.857$，代入 M 的表达式，得

$$M = [\pi\omega\mu/(2\delta)] \cdot (\tan^3\theta/\cos\theta)H^4$$
$$= [3.14 \times 16 \times 0.1/(2 \times 0.001)] \times (0.6^3/0.857) \times 0.5^4 \approx 39.6\,(N \cdot m)$$

另解（以 θ 和 dr 表示 dl）：取微元体如图 2.7 所示，可得

微元面积：$dA = 2\pi r \cdot dl = 2\pi r \cdot (1/\sin\theta)dr$.

剪应力：$\tau = \mu du/dy = \mu(\omega r - 0)/\delta = \mu\omega r/\delta$.

内摩擦力：$dT = \tau \cdot dA = (2\pi\omega\mu/\delta) \cdot (r^2/\sin\theta)dr$.

锥体的阻力矩：$dM = r \cdot dT = (2\pi\omega\mu/\delta) \cdot (r^3/\sin\theta)dr$.

根据几何关系，有 $\sin\theta = R/(R^2 + H^2)^{1/2} = 0.3/(0.3^2 + 0.5^2)^{1/2} = 0.514$，则

$$M = \int_0^R \frac{2\pi\omega\mu}{\delta} \cdot \frac{r^3}{\sin\theta}dr = \frac{\pi\omega\mu}{2\delta\sin\theta}R^4$$

代入数据得

$$M = [\pi\omega\mu/(2\delta\sin\theta)]R^4$$
$$= [3.14 \times 16 \times 0.1/(2 \times 0.001 \times 0.514)] \times 0.3^4$$
$$\approx 39.6\,(N \cdot m)$$

【例题 2.10】 如图 2.8(a)所示，一长、宽均为 20 cm 的平板在拉力 T 的作用下以 1 m/s 水平向右的速度 u_p 匀速通过相距 3.6 mm 并充满油液的两墙间隙. 其中，上墙壁静止，下墙壁以 0.3 m/s 水平向左的速度 u_w 做匀速运动. 平板至上壁的距离 $h_1 = 1$ mm，至下壁的距离 $h_2 = 2.6$ mm. 油的动力黏度为 0.027 Pa·s.① 绘制断面的速度剖面图，确定油速为零的点的位置（假设每个油层的速度均呈线性分布）；② 确定维持这一运动所需施加在平板上的力 T.

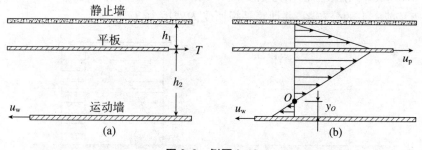

图 2.8　例题 2.10

解 ① 已知平板的运动速度为 1 m/s，上墙壁静止，下墙壁的移动速度为 -0.3 m/s，考虑到油层断面流速呈线性分布，即可绘制出两个油层的断面速度的剖面图，如图 2.8(b)所示. 图中，O 点是速度为 0 的点，该点至下墙壁的距离 y_O 可通过几何计算确定. 根据下油层

中两个三角形相似,得

$$(h_2 - y_O)/y_O = u_p/u_w$$

$$y_O = h_2 u_w/(u_w + u_p) = 0.0026 \times 0.3/(0.3 + 1) \approx 0.0006 \, (\text{m}) = 0.6 \, (\text{mm})$$

② 作用于平板上、下表面的剪切力的大小分别为

$$T_上 = \mu A(u_p - 0)/h_1 = 0.027 \times 0.2 \times 0.2 \times (1 - 0)/0.001 \approx 1.08 \, (\text{N})$$

$$T_下 = \mu A(u_p - 0)/(h_2 - y_O) = 0.027 \times 0.2 \times 0.2 \times (1 - 0)/(0.0026 - 0.0006)$$

$$\approx 0.54 \, (\text{N})$$

考虑到平板表面所受两个剪切力的方向均与其运动方向相反,则作用力 T 可通过平板的力平衡确定

$$T = T_上 + T_下 = 1.08 + 0.54 = 1.62 (\text{N})$$

【例题 2.11】 如图 2.9(a)所示,圆管水流流速呈抛物线分布:$u = 0.001\rho g(r_0^2 - r^2)/\mu$,式中,$r_0$ 为圆管的半径,$r_0 = 0.5$ m.试求:① 剪应力 τ 的表达式;② 计算 $r = 0$ 和 $r = r_0$ 处的剪应力,并绘制剪应力分布图.

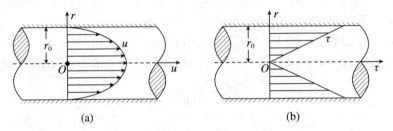

图 2.9 例题 2.11

解 ① 对剪应力公式 $\tau = \mu \mathrm{d}u/\mathrm{d}y$ 作 $y = r_0 - r$ 的变换(y 为断面上任意点距管壁的距离)得

$$\tau = -\mu \mathrm{d}u/\mathrm{d}r = 0.002\rho gr$$

② 当 $r = 0$ 时,$\tau_{r=0} = 0.002\rho gr = 0$;当 $r = r_0$ 时,$\tau_{r=r_0} = 0.002\rho gr = 0.002 \times 1000 \times 9.8 \times 0.5 = 9.8$ (Pa),剪应力分布如图 2.9(b)所示.

【例题 2.12】 如图 2.10(a)所示,液面上有一面积 $A = 0.1$ m^2 的平板以 $u = 0.4$ m/s 的速度作水平向右的运动,平板下的牛顿液体分两层,其中上层液体的动力黏度 $\mu_1 = 0.142$ Pa·s,高度 $h_1 = 0.8$ mm;下层液体的动力黏度 $\mu_2 = 0.235$ Pa·s,高度 $h_2 = 1.2$ mm.试绘制沿直断面上流速及剪应力的分布图,并计算平板所受内摩擦力 T.

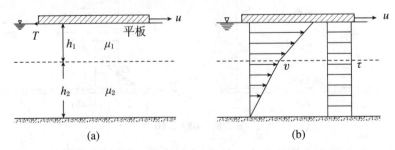

图 2.10 例题 2.12

解 由于各层油液厚度很小,故断面流速分布可视为直线分布,油液内每层的流速梯度

均沿高程不变,各液体层间的剪应力均相等,设两油层交界面上的流速为 v,则根据剪应力相等得

$$\mu_1 (u - v)/h_1 = \mu_2 v/h_2$$

代人得

$$0.142 \times (0.4 - v)/(0.8 \times 10^{-3}) = 0.235 v/(1.2 \times 10^{-3})$$

解得 $v = 0.19$ m/s.由于断面流速呈线性分布,已知断面上两点的流速值即可绘出流速分布图如图 2.10(b)所示.

平板所受的内摩擦力为

$$T = \mu_1 A (u - v)/h_1 = 0.142 \times 0.1 \times (0.4 - 0.19)/(0.8 \times 10^{-3}) \approx 3.73 \text{ (N)}$$

剪应力分布如图 2.10(b)所示.

2.1.5.3 流体的分类

实际流体的剪应力与剪切变形速率关系(或称流动状态方程式)可采用如下通用形式表示:

$$\tau = \tau_0 + K \left(\frac{\mathrm{d}u}{\mathrm{d}y} \right)^n$$

式中,τ 为剪应力,单位为 N/m^2;τ_0 为屈服应力,单位为 N/m^2;K 为系数;n 为流变指数.

根据屈服应力 τ_0 和流变指数 n 的不同取值组合,可将流体分为不同类型,如表 2.5 所示;各类型流体的剪应力与剪切变形速率($\mathrm{d}u/\mathrm{d}y$)的关系如图 2.11 所示.

表 2.5 流体的分类

n \ τ_0	$0 < n < 1$	1	$1 < n < +\infty$
$= 0$(非塑性流体)	拟塑性流体	牛顿流体	膨胀性流体
$\neq 0$(塑性流体)	非宾汉流体	宾汉流体	非宾汉流体

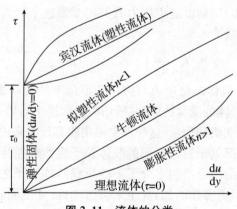

图 2.11 流体的分类

1. 牛顿流体

牛顿内摩擦定律给出了流体在剪切流动中内部剪应力与剪切变形速率的线性关系.水和空气等常见流体均符合这种关系($\tau_0 = 0$,$n = 1$),其内部剪应力与剪切变形速率关系曲线为一条通过原点的直线,且该直线的斜率 k 即为该流体的动力黏度 μ,当剪切变形速率为零

（无相对运动）时，剪应力也为零，如图 2.11 所示. 这种遵循牛顿内摩擦定律，即流动过程中剪应力与剪切变形速率成正比、黏度为常数的流体称为**牛顿流体**. 除了以水和空气为代表的牛顿流体，自然界和工程实际应用中还有许多不遵守牛顿内摩擦定律的流体，其内部剪应力与速度梯度的关系曲线不是过原点的直线，这种不遵循牛顿内摩擦定律的流体称为**非牛顿流体**.

2. 宾汉流体

宾汉流体是尤金·宾汉（1878—1948，美国）于 1919 年提出的一种黏弹性非牛顿流体. 硅藻土、瓷土和石墨等悬浮胶体，以及油漆都具有这种流变特征. 这类流体的流变方程为

$$\tau = \tau_0 + \mu \frac{du}{dy}$$

上式表明宾汉流体的流动特点是：当流体在承受较小外力（内部剪应力低于其屈服应力值）时表现为普通弹性体；当外力超过屈服应力值时，按牛顿流体的规律产生黏性流动. 宾汉流体的剪应力与剪切变形速率线如图 2.11 所示，其斜率 k 为其塑性黏度. 宾汉流体是工业上应用广泛的液体材料，如牙膏、高含蜡低温原油、水泥砂浆等液体.

3. 假塑性流体

假塑性流体（伪塑性流体、拟塑性流体、准塑性流体）是指无屈服应力，并具有黏度随剪应力或剪切变形速率增大而减小的流动特性的流体（如胶状溶液、黏土乳状物、高分子聚合物溶液、人的血液等）. 其内部剪应力与剪切变形速率的关系函数如下所示：

$$\tau = K \left(\frac{du}{dy} \right)^n \quad （0 < n < 1）$$

式中，K 为稠度系数. 假塑性流体大多数为由巨大链状分子构成的高分子胶体粒子，在低流速或者静止时，由于粒子间互相缠结，黏度较大，故而显得黏稠. 然而当流速变大时，这些比较散乱的链状粒子因为受到相邻流层间剪应力的作用，减少了相互间的钩挂，会发生滚动旋转，进而收缩成团，表现为剪切稀化的现象. 其剪应力与剪切变形速率关系曲线是通过原点的向上凸（或下凹）的曲线.

4. 胀塑性流体

胀塑性流体（膨胀流体）即黏度随剪应力或剪切变形速率增大而增大的流体. 其内部剪应力与速度梯度的关系曲线为

$$\tau = K \left(\frac{du}{dy} \right)^n \quad （1 < n < \infty）$$

式中，K 为稠度系数. 膨胀流体的剪应力与剪切变形速率的关系曲线是通过原点的向下凸（或上凹）的曲线. 胀塑性流体的流动特点是：随切应变形速率的增大，剪应力增大，流动性降低，表现出流体变稠，即剪切增稠现象. 这种现象可用胀容现象来说明，即对于糊状的胀塑性流体，如果用力搅动，其内部处于致密排列的胶体粒子突然被搅乱，成为多孔隙的疏松排列构造，引起体积增加；作为分散介质的水分子不能填满胶体粒子之间的间隙，胶体粒子间缺少水层的滑动作用，黏性阻力骤然增加，甚至失去流动性. 常见的胀塑性流体有高浓度的夹砂水流、淀粉糊等液体.

5. 理想流体

图 2.11 中横坐标轴反映的流体状态为：无论速度梯度如何变化，该流体的内部剪应力 τ 均为零，这样的流体称为理想流体；而纵坐标轴反映的状态为：无论物体内部剪应力 τ 如何变化，物体内部各层间的速度梯度均为零，即各层间不发生相对运动，因而为弹性固体.

2.2　作用在流体上的力

　　流体不能承受集中力,只能承受分布力.作用在流体上的分布力按作用方式分为两类:
一类是作用在流体内每个质点(或微团)上的力,称为质量力;另一类是作用在流体表面上的
力,称为表面力.

2.2.1　表面力

　　表面力(或面积力)是指作用在流体或分离体表面上的力,大小与接触面面积成正比,通
常是分离体周围同种流体对该分离体的作用力,或是相邻流体对该分离体的作用力,或是接
触面固体对该分离体的作用力,如黏滞力(摩擦力)、静(动)水压力、表面张力、弹性力等.如
图 2.12 所示,以容器中的所有溶液作为研究对象时,表面力为自由面处的大气压力及容器
壁对流体的作用力;若从容器中的流体中取出分离体 A 作为研究对象,则分离体 A 所受到
的表面力为其各表面所受到的压力.

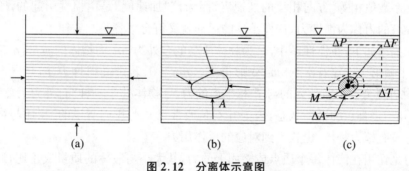

图 2.12　分离体示意图

　　尽管流体内部任意一对相互接触的表面上,这部分和那部分流体之间的表面力大小相
等,方向相反,作用力相互抵消,但在流体力学里分析问题时,常常从流体内部取出一个分离
体,研究其受力状态,这时与分离体相接触的周围流体对分离体作用的内力又变成了作用在
分离体表面上的外力.

　　为了表示表面力的大小,设 M 为分离体 A 表面上的任意一点,围绕 M 点任意取一微小
面积 ΔA,如图 2.12(c)所示,作用在 ΔA 面上的表面力可分解为与该面垂直的法线方向分
力 ΔP 和与该面相切的切线方向分力 ΔT,则作用在微小面积 ΔA 上的平均压应力 $\bar{p}$ 和平均
剪应力 $\bar{\tau}$ 分别表示为

$$\bar{p} = \frac{\Delta P}{\Delta A}, \quad \bar{\tau} = \frac{\Delta T}{\Delta A}$$

　　M 点处表面力的分力,即点压强和点剪应力分别为

$$p_M = \lim_{\Delta A \to 0} \frac{\Delta P}{\Delta A}, \quad \tau_M = \lim_{\Delta A \to 0} \frac{\Delta T}{\Delta A}$$

式中,p_M, τ_M 分别为 M 点处的压强和剪应力,单位分别为 Pa 和 N/m^2.

2.2.2 质量力

在学习质量力之前,先介绍一下惯性系.对一切运动的描述,都是相对于某个参考系的.选取参考系的不同,对运动的描述或者运动方程的形式也随之不同.牛顿运动定律在其中有效的参考系称为惯性坐标系或惯性系.或者说,若在某个参考系中,不受外力作用的物体保持静止或匀速直线运动的状态,则该参考系称为惯性系.

假设 I 为一惯性系,则任何对于 I 做匀速直线运动的参考系,I' 都是惯性系;而对于 I 做加速运动的参考系,则是非惯性系.在非惯性系中牛顿运动定律不成立,如一静止的火车,车厢内一光滑桌子上放有一个小球,小球起初是静止的,火车开始加速启动时,在地面上的人看,小球没有运动,但是在火车内的人看来,小球朝火车前进方向相反的方向做加速运动.对小球进行受力分析,小球只受到了重力和支撑力的作用,且这两个力在竖直方向上是平衡的,根据牛顿运动定律,小球无论如何都不会运动起来,但实际在火车上的人看来,小球的确在运动,这是牛顿运动定律的一个缺陷,不能直接用牛顿运动定律处理非惯性系中的力学问题.

为了弥补这个缺陷,引入"惯性力"的概念:在处于非惯性系中的物体上人为地加上一个与该非惯性系数值相等、方向相反的加速度.因为该"加速度"是由惯性引起的,所以将引起这个"加速度"的力称为惯性力,这样小球的运动就又符合牛顿第二定律了.

用公式描述如下:在惯性系中,F 为物体所受的合外力,m 为物体的质量,a 为物体的加速度,根据牛顿第二定律有 $F = ma$,变形得 $F - ma = 0$;若定义惯性力 $F_I = -ma$,则 $F + F_I = 0$,此时可视为一个新加入的与 F 相平衡的力,令物体处于一种"合外力为零"的"平衡"状态,但这并不是真正的平衡状态,因为并不是通常意义上我们所说的"物体与物体之间的作用力".它没有施力物体,也找不到对应的反作用力.

质量力是作用在流体每个质点或微团上的力,其大小与液体的质量成正比,通常用单位质量的质量力来表示.在均匀流体中,质量力与受作用流体的体积成正比,因而又称为体积力,如重力、惯性力、向(离)心力等.质量力的大小定义如下:

在流体中选取任意流体质点 M,在 M 点周围取一质量为 Δm 的微团,其体积为 ΔV,设作用在该微团上的质量力为 ΔF,则流体质点 M 的单位质量力为

$$\lim_{\Delta V \to M} \frac{\Delta F}{\Delta m} = f$$

式中,f 为作用在 M 点的单位质量力,单位为 m/s^2;ΔF 为微团的质量力,单位为 N;Δm 为微团的质量,单位为 kg.

M 点的单位质量力 f 为一个向量值,可写为 $f = (f_x, f_y, f_z)$,其中 f_x, f_y, f_z 是 f 在各轴向上的分力.

为了给出单位质量力在各轴向上分力的数学表达式,假设流体中微团 Δm 所受到的质量力 ΔF 在各坐标轴上的分量分别为 $\Delta F_x, \Delta F_y, \Delta F_z$,则单位质量力 f 在各轴向上的分力分别表示为

$$f_x = \lim_{\Delta V \to M} \frac{\Delta F_x}{\Delta m}, \quad f_y = \lim_{\Delta V \to M} \frac{\Delta F_y}{\Delta m}, \quad f_z = \lim_{\Delta V \to M} \frac{\Delta F_z}{\Delta m}$$

重力是地球对流体的吸引力,它作用在流体内部每个质点上.当流体所受到的质量力只有重力时,作用在微团 Δm 上的质量力为 ΔF,即 $\Delta F = G, G$ 的大小为 $G = \Delta mg$,方向竖直向下.若采用惯性直角坐标系,z 轴竖直向上为正,重力在各坐标轴上的分力即为质量力在各坐标轴上的分力,即

$$\Delta F_x = G_x = 0, \quad \Delta F_y = G_y = 0, \quad \Delta F_z = G_z = -\Delta mg$$

代入上式得

$$f_x = 0, \quad f_y = 0, \quad f_z = -g$$

惯性力是指当流体受外力作用使运动状态发生改变时,由于流体的惯性引起对外界抵抗的反作用力.惯性力实际上并不存在,存在的只有原本将该物体加速的力,因此,惯性力不是能够引起物体运动或使物体有运动趋势的主动力,而是为了使物体加速所必须克服的一种力;惯性力也不是由物体的相互作用引起的,而是在非惯性系中为能沿用牛顿运动定律而引入的"假想力".无论是在惯性系还是非惯性系,都能观测到相互作用力,但只有在非惯性系中才能观测到惯性力.

当物体有加速度时,物体具有的惯性会使物体有保持原有运动状态的倾向,而此时如果以该物体为参考系,并在该参考系上建立坐标系,就仿佛有一个方向相反的力作用在该物体上令该物体在坐标系内发生位移.

【**例题 2.13**】 如图 2.13(a)所示,一水槽车在与水平面成 $\theta = 15°$ 角的斜坡路面上减速行驶,加速度为 $a = -2\ \text{m/s}^2$,试求作用于单位质量水体上的质量力在 x, y, z 轴上的分量.

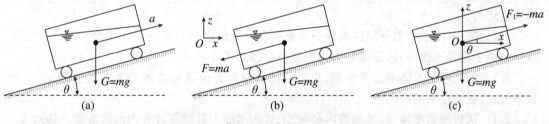

图 2.13   例题 2.13

解 水槽车在斜坡上做减速运动,在地面上的人看来,水体沿斜坡做减速运动,受力如图 2.13(b)所示;但在车内的人看来,水体是静止的,仅受到重力和支撑力的作用,且这两个力在竖直方向上是平衡的,水体水面无论如何都不会倾斜,但事实上在车上的人看来,水面的确是倾斜了.于是,在处于非惯性系中的水体上人为地加上一个与该非惯性系数值相等、方向相反的力 F_1,受力如图 2.13(c)所示.质量力有重力 $G = mg$ 和惯性力 $F_1 = -ma$,单位质量时,两者分别为 g 和 $-a$,其三个方向的分量分别为

$$f_x = -a\cos\theta = -2 \times \cos 15° \approx 1.93\ (\text{m/s}^2)$$

$$f_y = 0$$

$$f_z = -g - a\sin\theta = -9.8 - (-2) \times \sin 15° \approx -9.28\ (\text{m/s}^2) \quad (\text{以向上为正})$$

【例题 2.14】 如图 2.14 所示,一圆筒形盛水容器,以等角速度 ω 绕其中心轴旋转,试写出图中 $M(x,y,z)$ 处单位质量力的表达式.

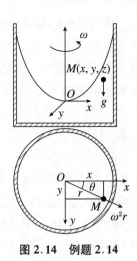

解 水在容器内做圆周运动,在容器外的人看来,水体中各质点受到向心力的作用,方向指向旋转轴;但若以水体中某个质点为参照,水体中其他质点是静止的,但事实上自由表面不是水平面而是旋转抛物体,于是假定存在一个离心的惯性力 F_1,如图 2.14 所示,对于位于 $M(x,y,z)$ 处的液体质点,则有

其惯性力的单位质量力:$f_x = \omega^2 r\cos\theta$,$f_y = \omega^2 r\sin\theta$.

其重力的单位质量力:$f_z = -g$(以向上为正).

所以,单位质量力的表达式为

$$f = f_x \boldsymbol{i} + f_y \boldsymbol{j} + f_z \boldsymbol{k} = \omega^2 r\cos\theta \cdot \boldsymbol{i} + \omega^2 r\sin\theta \cdot \boldsymbol{j} - g \cdot \boldsymbol{k}$$

图 2.14 例题 2.14

习 题

【研究与创新题】

2.1 当海平面气温为 0 ℃时,万米深海中海水密度随水深是如何变化的?

2.2 试从"观察现象→描述问题→建立概念→分析影响因素→设计实验→建立公式定律→应用于实际工程"的思路理解牛顿内摩擦定律的研究思路.

2.3 深入理解流体的力学模型,思考流体力学是如何将流体的力学现象抽象化,再到数学公式、数学模型的.

2.4 从机理角度解释:毛细管内径越小,管内水面上升越高或管内水银液面下降越大.

【课前预习题】

2.5 试着背诵和理解下列名词:惯性、质量、重量、密度、重度、相对密度;压缩性、压缩系数、体积模量、热胀性、膨胀系数、黏滞性、黏度;毛细现象、黏性现象;气蚀、汽化压强;表面张力、表面力、惯性力、质量力.

2.6 试着写出以下重要公式并理解各物理量的含义:$\gamma = \rho g$,$F = \mu A \mathrm{d}u/\mathrm{d}y$,$\nu = \mu/\rho$,$\tau = \tau_0 + K(\mathrm{d}u/\mathrm{d}y)^n$,$\alpha_p = -(\mathrm{d}V/V)/\mathrm{d}p$,$\alpha_V = (\mathrm{d}V/V)/\mathrm{d}T$,$h = 4\sigma\cos\theta/(\rho g d)$,$f = F/m$.

【课后作业题】

2.7 作用于流体的质量力包括(   ).

(A) 压力   (B) 摩擦阻力   (C) 重力   (D) 表面张力

2.8　比较重力场(质量力只有重力)中,水和汞所受单位质量力 $Z_水$ 和 $Z_汞$ 的大小.(　　)

(A) $Z_水 < Z_汞$ 　　　(B) $Z_水 = Z_汞$ 　　　(C) $Z_水 > Z_汞$ 　　　(D) 不定

2.9　水的动力黏度 μ 随温度的升高(　　).

(A) 增大　　　(B) 减小　　　(C) 不变　　　(D) 不定

2.10　流体的剪应力(　　).

(A) 当流体处于静止状态时不会产生

(B) 当流体处于静止状态时,由于内聚力可以产生

(C) 仅仅取决于分子的动量交换

(D) 仅仅取决于内聚力

2.11　与牛顿内摩擦定律有关的因素是(　　).

(A) 压强、速度和黏度　　　　　　　　(B) 流体的黏度、剪应力与角变形率

(C) 剪应力、温度、黏度和速度　　　　(D) 压强、黏度和角变形

2.12　理想液体的特征是(　　).

(A) 黏度是常数　　　(B) 不可压缩　　　(C) 无黏性　　　(D) 无表面张力

2.13　液体的体积压缩系数是在(　　)条件下由单位压强变化引起的体积变化率.

(A) 等压　　　(B) 等温　　　(C) 等密度　　　(D) 体积不变

2.14　作用在液体上的质量力包括(　　).

(A) 压力　　　(B) 摩擦阻力　　　(C) 剪应力　　　(D) 重力

2.15　表面张力产生的原因是什么? 为什么细玻璃管中的水面呈上升的凹面,而水银液面则呈下降的凸面?

2.16　为什么说流体运动的摩擦阻力是内摩擦阻力? 与固体运动的摩擦力有何不同?

2.17　液体和气体的黏度随温度变化的趋向是否相同? 为什么?

2.18　图 2.15 所示为压力表校正器,器内充满压缩系数 $\alpha_p = 4.75 \times 10^{-10}$ m^2/N 的液压油,由手轮丝杆推进活塞加压,已知活塞直径 $d = 1$ cm,丝杆螺距 $p = 2$ mm,加压前油的体积 $V = 200$ mL,为使油压达到 20 MPa,求手轮的摇转数 n.【参考答案:$n \approx 12$ 转】

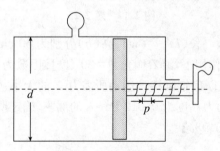

图 2.15　压力表校正器

2.19　已知水的体积模量 $K = 1.96 \times 10^9$ Pa,若要使水的体积相对压缩 1%,试计算压强的改变量 Δp.【参考答案:$\Delta p = 1.96 \times 10^7$ Pa】

2.20　用活塞加压一缸体内的液体,压强为 0.1 MPa 时的液体体积为 1000 m^3,加压到 10 MPa 时的液体体积为 995 m^3,试求该液体的体积模量.【参考答案:1.98×10^9 MPa】

2.21　将温度为 10 ℃($\alpha_V = 0.14 \times 10^{-4}$ ℃$^{-1}$)、体积为 2.5 m^3 的水加热到 60 ℃,求水体积的增加量 ΔV.【参考答案:$\Delta V = 1.75$ L】

2.22　水暖系统为防止水温升高时体积膨胀将水管胀裂,需设置膨胀水箱,若水暖系

内水的总体积为 10 m³,加热前后温差为 50 ℃,在其温度范围内水的体积膨胀系数 $\alpha_V =$ 0.0005 (1/℃),求膨胀水箱的最小容积 V_{min}.【参考答案:$V_{min} = 0.25$ m³】

2.23　将一直径为 1.9 mm 的管子插入密度为 960 kg/m³ 的未知液体中,观察到管内液体上升了 5 mm,接触角为 15°.试确定液体的表面张力.【参考答案:$\sigma = 0.0231$ N/m】

2.24　如图 2.16 所示,气缸内壁直径 $D = 12$ cm,活塞直径 $d = 11.96$ cm,活塞长度 $l = 14$ cm,活塞往复运动的速度 $v = 1$ m/s,润滑油液的动力黏度 $\mu = 0.1$ Pa·s,试求作用在活塞上的黏性力 T.【参考答案:$T = 26.5$ N】

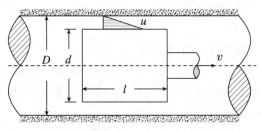

图 2.16　题 2.24

2.25　如图 2.17 所示,底面积为 40 cm×4 cm 的矩形木板,质量 $m = 5$ kg,以速度 $u = 1$ m/s 沿着与水平面成 $\theta = 30°$ 倾角的斜面向下做匀速运动,木板与斜面间的油层厚度 $\delta = 1$ mm,求油的动力黏性系数 μ.【参考答案:$\mu = 0.136$ Pa·s】

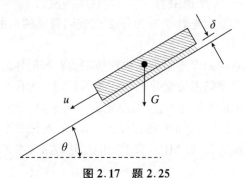

图 2.17　题 2.25

2.26　如图 2.18 所示,一长(l)、宽(w)、高(h)分别为 50 cm、20 cm、30 cm 的木块(重力为 150 N)在水平力 F 的作用下,沿着倾角 $\theta = 20°$、摩擦因数为 0.27 的斜坡表面向上做速度为 0.8 m/s 的匀速运动.① 确定维持该运动所需力 F 的大小;② 如果在木块和斜面之间涂抹一层厚度为0.4 mm、动力黏度为 0.012 Pa·s 的油膜,确定所需力减少的百分比.【参考答案:① $F = 105.5$ N;② 45.9%】

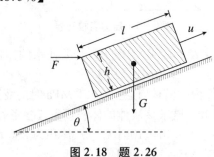

图 2.18　题 2.26

2.27　已知一明渠水流的流速分布函数为 $u = u_\mathrm{m}(y/H)^{2/3}$,式中 u_m 为液面流速,H 为水深,y 为距壁面的距离,试计算 $y/H = 0.25$ 及 0.5 处的流速梯度.【参考答案:$\mathrm{d}u/\mathrm{d}y|_{y/H=0.25} = 1.058u_\mathrm{m}/H,\mathrm{d}u/\mathrm{d}y|_{y/H=0.5} = 0.84u_\mathrm{m}/H$】

2.28　如图 2.19 所示,两平板间充满两种不同的液体,底板被牢牢固定,上平板在力 F 的作用下以速度 u 连续地做匀速运动并拖拽下面两层液体运动.上层流体对上平板施加一剪应力,下层流体对底板施加一剪应力.已知 $h_1 = h_2 = 0.02\ \mathrm{m}, \mu_1 = 0.4\ \mathrm{N \cdot s/m^2}, \mu_2 = 0.2\ \mathrm{N \cdot s/m^2}, u = 3\ \mathrm{m/s}, v = 2\ \mathrm{m/s}$.试确定这两个剪应力的比值.【参考答案:1.0】

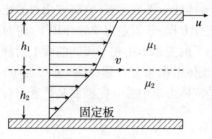

图 2.19　题 2.28

第 3 章 流体静力学

【内容提要】 本章介绍流体处于平衡状态(绝对或相对静止状态)下的压强分布规律及其实际应用.推导流体平衡微分方程,分析重力单独作用下(绝对静止)的流体平衡微分方程(压强分布规律),以及该状态下的流体作用在平板或曲面上的静水总压力,分析重力及惯性力共同作用下(相对静止)的流体平衡微分方程(压强分布规律),以及该状态下的流体作用在平板上的力.流体静力学是流体力学中独立完整而又严密符合实际的一部分内容,相关理论均不需要实验修正.

3.1 流体平衡微分方程及其积分

3.1.1 流体静压强及其特性

3.1.1.1 流体静压强

大量做无规则热运动的分子对器壁频繁、持续地碰撞产生了气体的压强.在容器底面、内壁面和液体内部,由液体本身的重力而形成液体压强.但和固体不同的是,因为液体具有易流动性,液体对任何方向的接触面都显示压力.静止或相对静止液体对其接触面上所作用的压力称为**流体静压力**(静水压力).静止流体的压力强度称为**流体静压强**.静压强的大小常用单位面积上的作用压力来表示.

如图 3.1 所示,在静止的流体中,取包含点 M 的微小面积 ΔA,作用其上的静压力为 ΔP,则 ΔA 面上单位面积所受的平均静压力即平均静压强(平均静水压强):

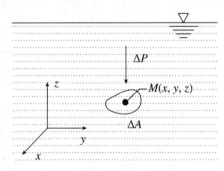

图 3.1 静止流体中的点压强

$$\bar{p} = \frac{\Delta P}{\Delta A}$$

式中，$\bar{p}$ 为平均静压强，单位为 Pa；ΔP 为流体静压力，单位为 N.

当微小面积 ΔA 无限缩小至 M 点时，比值 $\Delta P / \Delta A$ 的极限值定义为 M 点的流体静压强（M 点的静水压强），以 p_M 表示，公式为

$$p_M = \lim_{\Delta A \to M} \frac{\Delta P}{\Delta A}$$

式中，p_M 为 M 点的流体静压强，单位为 Pa.

可以看出，流体静压力和流体静压强（平均压强或点压强）都是压力的一种度量，其区别在于静压力是作用在某一面积上的总压力，而静压强则是作用在单位面积上的平均压力或某一点上的压力.

3.1.1.2 流体静压强的特性

1. 静压强的方向垂直指向受压面并与受压面的内法线方向一致

反证法证明 在平衡状态流体中任取一微元体作为研究对象，作用于该微元体表面上某点 O 处的静压强为 p. 假设 p 的方向不是垂直于作用面的，如图 3.2 所示，则此时可将 p 分解为法向应力 p_n 与切向应力 p_τ 两个分力. 根据流体的易流动性以及牛顿内摩擦定律，静止流体在任何微小切向应力作用下将会失去平衡而开始流动，这与平衡状态流体的前提相矛盾，因此流体静压强的方向只能是垂直于受压面. 此外，由于静止流体在拉应力作用下也会失衡而流动. 因此，静止流体微元体表面上仅存在

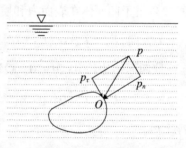

图 3.2 流体静压强的方向

法向应力即压强，其方向垂直并指向受压面. 总之，作用在微元体任何方位面上的流体静压强的方向总是垂直于受压面，并与受压面的内法线方向一致.

2. 任一点静压强的大小仅是坐标点的函数，与方向无关

证明 如图 3.3 所示，在平衡状态液体中，取出包含任意一点 $M(x,y,z)$ 的微元直角四面体 $OABC$，以 O 为原点作一直角坐标系 $O\text{-}xyz$. 取正交的三个边长分别为 dx、dy、dz，并分别与 x、y、z 坐标轴重合. 斜平面 ABC 的法线方向为 n，$\cos(n,x)$、$\cos(n,y)$、$\cos(n,z)$ 分别表示斜平面 ABC 的外法线方向 n 与 x、y、z 轴的方向余弦. 斜平面 ABC 和以 x、y、z 轴为法线方向的面的平均压强分别为 p_n、p_x、p_y、p_z，面积分别为 dA_n、dA_x、dA_y、dA_z. 其中，dA_x、dA_y、dA_z 是 dA_n 在各坐标面上的投影面积. 显然，$\cos(n,x) = dA_x/dA_n$，$\cos(n,y) = dA_y/dA_n$，$\cos(n,z) = dA_z/dA_n$；$dA_x = dydz$，$dA_y = dxdz$，$dA_z = dxdy$. 以直角四面体 $OABC$ 为隔离体，分析作用在四面体上的受力情况，建立力的平衡

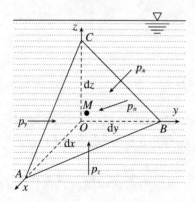

图 3.3 微元四面体

方程.

① 表面力（只有压力）：

$$P_x = p_x \mathrm{d}A_x = \frac{1}{2}p_x \mathrm{d}y\mathrm{d}z, \quad P_y = p_y \mathrm{d}A_y = \frac{1}{2}p_y \mathrm{d}x\mathrm{d}z$$

$$P_z = p_z \mathrm{d}A_z = \frac{1}{2}p_z \mathrm{d}x\mathrm{d}y, \quad P_n = p_n \mathrm{d}A_n$$

P_n 在三个坐标方向的投影分别为

$$P_n\cos(n,x) = p_n \mathrm{d}A_n \cdot \mathrm{d}A_x / \mathrm{d}A_n = p_n \mathrm{d}A_x = \frac{1}{2}p_n \mathrm{d}y\mathrm{d}z$$

$$P_n\cos(n,y) = \frac{1}{2}p_n \mathrm{d}x\mathrm{d}z$$

$$P_n\cos(n,z) = \frac{1}{2}p_n \mathrm{d}x\mathrm{d}y$$

② 质量力(只有重力)：

$$F_x = \frac{1}{6}\rho f_x \mathrm{d}x\mathrm{d}y\mathrm{d}z, \quad F_y = \frac{1}{6}\rho f_y \mathrm{d}x\mathrm{d}y\mathrm{d}z, \quad F_z = \frac{1}{6}\rho f_z \mathrm{d}x\mathrm{d}y\mathrm{d}z$$

式中，f_x、f_y、f_z 分别为质量力在三个坐标方向上的分量；ρ 为流体的密度.

③ 由于四面体在表面力和质量力的作用下处于平衡状态，则各方向上的作用力平衡：

x 方向：$P_x - P_n\cos(n,x) + F_x = 0$，即 $\frac{1}{2}p_x \mathrm{d}y\mathrm{d}z - \frac{1}{2}p_n \mathrm{d}y\mathrm{d}z + \frac{1}{6}\rho f_x \mathrm{d}x\mathrm{d}y\mathrm{d}z = 0$.

取四面体边长 $\mathrm{d}x$、$\mathrm{d}y$、$\mathrm{d}z$ 趋近于零时的极限，忽略质量力的三阶无穷小项，得 $p_x = p_n$.

y 方向：$P_y - P_n\cos(n,y) + F_y = 0$，即 $\frac{1}{2}p_y \mathrm{d}x\mathrm{d}z - \frac{1}{2}p_n \mathrm{d}x\mathrm{d}z + \frac{1}{6}\rho f_y \mathrm{d}x\mathrm{d}y\mathrm{d}z = 0$，得 $p_y = p_n$.

z 方向：$P_z - P_n\cos(n,z) + F_z = 0$，即 $\frac{1}{2}p_z \mathrm{d}x\mathrm{d}y - \frac{1}{2}p_n \mathrm{d}x\mathrm{d}y + \frac{1}{6}\rho f_z \mathrm{d}x\mathrm{d}y\mathrm{d}z = 0$，得 $p_z = p_n$.

结论：$p_x = p_y = p_z = p_n = p_M$.

由于四面体是任取的，静止流体中压强的大小与作用面的方向无关，仅为该坐标点的函数，即

$$p = p(x,y,z)$$

这一特性表明，位置不同，压强的大小不同；位置固定，无论什么方向，压强的大小不变.

3.1.2 流体平衡微分方程

3.1.2.1 流体平衡微分方程的推导

如图 3.4 所示，在平衡液体中，取一长、宽、高分别为 $\mathrm{d}x$、$\mathrm{d}y$、$\mathrm{d}z$ 的微分六面体 $abcd-a'b'c'd'$，其形心点为 $O(x,y,z)$，形心点的压强为 $p(x_0,y_0,z_0)$. 作用在微分六面体上的力：

1. 质量力

单位质量的质量力在三个方向的投影分别是 f_x、f_y、f_z，则作用力在该微分六面体上的质量力在三个方向的投影分别为

$$x \text{ 方向的质量力}：f_x \cdot \rho \mathrm{d}x\mathrm{d}y\mathrm{d}z$$

$$y \text{ 方向的质量力}：f_y \cdot \rho \mathrm{d}x\mathrm{d}y\mathrm{d}z$$

$$z \text{ 方向的质量力}：f_z \cdot \rho \mathrm{d}x\mathrm{d}y\mathrm{d}z$$

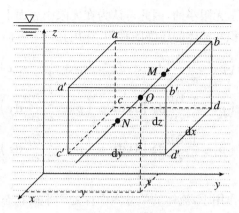

图 3.4　微分六面体

2. 表面力

表面力是周围液体对它的压力,为此先确定压强. 由于流体压强 p 是空间坐标的连续函数, O 点附近的压强 $p(x,y,z)$ 可由沿坐标轴向的泰勒级数展开:

$$
\begin{aligned}
p(x,y,z) = {} & p(x_0,y_0,z_0) + (x-x_0)p'_x(x_0,y_0,z_0) + (y-y_0)p'_y(x_0,y_0,z_0) \\
& + (z-z_0)p'_z(x_0,y_0,z_0) + \frac{1}{2!}(x-x_0)2p''_{xx}(x_0,y_0,z_0) \\
& + \frac{1}{2!}(x-x_0)(y-y_0)p''_{xy}(x_0,y_0,z_0) + \frac{1}{2!}(x-x_0)(z-z_0)p''_{xz}(x_0,y_0,z_0) \\
& + \frac{1}{2!}(y-y_0)(x-x_0)p''_{yx}(x_0,y_0,z_0) + \frac{1}{2!}(y-y_0)^2 p''_{yy}(x_0,y_0,z_0) \\
& + \frac{1}{2!}(y-y_0)(z-z_0)p''_{yz}(x_0,y_0,z_0) + \frac{1}{2!}(z-z_0)(x-x_0)p''_{zx}(x_0,y_0,z_0) \\
& + \frac{1}{2!}(z-z_0)(y-y_0)p''_{zy}(x_0,y_0,z_0) + \frac{1}{2!}(z-z_0)^2 p''_{zz}(x_0,y_0,z_0) \\
& + o(\xi^2) \quad (\xi \in (x_0,x), \xi \in (y_0,y), \xi \in (z_0,z))
\end{aligned}
$$

略去二阶及其以上阶的微量得

$$
\begin{aligned}
p(x,y,z) = {} & p(x_0,y_0,z_0) + (x-x_0)p'_x(x_0,y_0,z_0) + (y-y_0)p'_y(x_0,y_0,z_0) \\
& + (z-z_0)p'_z(x_0,y_0,z_0)
\end{aligned}
$$

则作用在 x、y、z 三个方向上的压强:

x 方向前、后面形心点 $M(x_0-\mathrm{d}x/2,y_0,z_0)$ 和 $N(x_0+\mathrm{d}x/2,y_0,z_0)$ 的压强分别为

$$
p - \frac{1}{2}\frac{\partial p}{\partial x}\mathrm{d}x, \quad p + \frac{1}{2}\frac{\partial p}{\partial x}\mathrm{d}x
$$

y 方向左、右面形心点 $(x_0,y_0-\mathrm{d}y/2,z_0)$ 和 $(x_0,y_0+\mathrm{d}y/2,z_0)$ 的压强分别为

$$
p - \frac{1}{2}\frac{\partial p}{\partial y}\mathrm{d}y, \quad p + \frac{1}{2}\frac{\partial p}{\partial y}\mathrm{d}y
$$

z 方向下、上面形心点 $(x_0,y_0,z_0-\mathrm{d}z/2)$ 和 $(x_0,y_0,z_0+\mathrm{d}z/2)$ 的压强分别为

$$
p - \frac{1}{2}\frac{\partial p}{\partial z}\mathrm{d}z, \quad p + \frac{1}{2}\frac{\partial p}{\partial z}\mathrm{d}z
$$

式中, $\dfrac{\partial p}{\partial x}$、$\dfrac{\partial p}{\partial y}$、$\dfrac{\partial p}{\partial z}$ 分别表示压强沿三个坐标轴方向的变化率.

由于所取微元六面体是无限小的,因此可认为在无限小表面上的压强是均匀分布的.表面力的大小等于作用面面积和流体静压强的乘积.作用在三个方向上的表面力分别为

$$x \text{ 方向的表面力}: P_x = \left(p - \frac{1}{2}\frac{\partial p}{\partial x}dx\right)dydz - \left(p + \frac{1}{2}\frac{\partial p}{\partial x}dx\right)dydz = -\frac{\partial p}{\partial x}dxdydz$$

$$y \text{ 方向的表面力}: P_y = \left(p - \frac{1}{2}\frac{\partial p}{\partial y}dy\right)dxdz - \left(p + \frac{1}{2}\frac{\partial p}{\partial y}dy\right)dxdz = -\frac{\partial p}{\partial y}dxdydz$$

$$z \text{ 方向的表面力}: P_z = \left(p - \frac{1}{2}\frac{\partial p}{\partial z}dz\right)dxdy - \left(p + \frac{1}{2}\frac{\partial p}{\partial z}dz\right)dxdy = -\frac{\partial p}{\partial z}dxdydz$$

3. 力平衡

在质量力和表面力的作用下,流体的微分六面体处于平衡状态,所有作用在其上的力在三个坐标轴方向的投影之和应等于零,即

$$\sum F_x = 0 : f_x \cdot \rho dxdydz - \frac{\partial p}{\partial x}dxdydz = 0$$

$$\sum F_y = 0 : f_y \cdot \rho dxdydz - \frac{\partial p}{\partial y}dxdydz = 0$$

$$\sum F_z = 0 : f_z \cdot \rho dxdydz - \frac{\partial p}{\partial z}dxdydz = 0$$

得微分方程组

$$\begin{cases} f_x - \dfrac{1}{\rho}\dfrac{\partial p}{\partial x} = 0 \\[2mm] f_y - \dfrac{1}{\rho}\dfrac{\partial p}{\partial y} = 0 \\[2mm] f_z - \dfrac{1}{\rho}\dfrac{\partial p}{\partial z} = 0 \end{cases}$$

该式即为**流体平衡微分方程**,又称**欧拉平衡微分方程**,表达了处于平衡状态下流体中表面力(如压力)与质量力(如重力、惯性力)的平衡,即质量力与该方向上表面力的合力应该大小相等,方向相反.平衡流体受哪个方向的质量分力,则流体静压强沿该方向必然发生变化;反之,如果哪个方向没有质量分力,则流体静压强在该方向上必然保持不变.此外,由于处于平衡状态下流体的质点之间没有相对运动,此时流体的黏性显示不出来,因而在研究液体静力学问题时,没有区分理想流体和实际流体的必要,流体静力学中的一切原理都适用于实际流体,分析与实验结果完全一致.

3.1.2.2 流体平衡微分方程的积分

将流体平衡微分方程组中的三个式子分别乘以 dx、dy、dz,然后相加得

$$f_x dx + f_y dy + f_z dz = \frac{1}{\rho}\left(\frac{\partial p}{\partial x}dx + \frac{\partial p}{\partial y}dy + \frac{\partial p}{\partial z}dz\right)$$

因为压强是坐标的连续函数,即 $p = p(x, y, z)$,所以上式右端括号内表示压强 p 的全微分 dp,即

$$dp = \rho(f_x dx + f_y dy + f_z dz)$$

该式称为**流体平衡微分方程的全微分形式**,只要已知平衡流体的单位质量力(f_x, f_y, f_z),代入即可导出平衡流体内的压强分布规律:

$$p = \int \rho(f_x \mathrm{d}x + f_y \mathrm{d}y + f_z \mathrm{d}z)$$

该式是曲线积分方程,一般其积分结果与积分路径有关,当被积函数满足一定条件时,其积分值与路径无关.

流体平衡微分方程全微分形式的左端 $\mathrm{d}p$ 是坐标函数 p 的全微分,对于不可压缩的均质流体,其 ρ 为常值,因而该式右端也是某一函数的全微分,即存在函数 $W = W(x, y, z)$ 使得

$$\mathrm{d}W = f_x \mathrm{d}x + f_y \mathrm{d}y + f_z \mathrm{d}z$$

而 $\mathrm{d}W = \dfrac{\partial W}{\partial x}\mathrm{d}x + \dfrac{\partial W}{\partial y}\mathrm{d}y + \dfrac{\partial W}{\partial z}\mathrm{d}z$,比较得

$$\begin{cases} f_x = \dfrac{\partial W}{\partial x} \\[2mm] f_y = \dfrac{\partial W}{\partial y} \\[2mm] f_z = \dfrac{\partial W}{\partial z} \end{cases}$$

满足此式的函数 $W(x, y, z)$ 称为**力势函数(或势函数)**,而具有这样力势函数的质量力称为**有势力(或保守力)**,如重力和惯性力等都是有势力.也就是说,流体只有在有势的质量力作用下才能维持平衡.

综合流体平衡微分方程的全微分形式和力势函数得

$$\mathrm{d}p = \rho(f_x \mathrm{d}x + f_y \mathrm{d}y + f_z \mathrm{d}z) = \rho \mathrm{d}W$$

积分得

$$p = \rho W + C$$

式中,C 为积分常数,可由已知条件确定.如果已知平衡流体边界或内部任意点处的压强 p_0 和力势函数 W_0,则 $C = p_0 - \rho W_0$. 将 C 值代入,得

$$p = p_0 + \rho(W - W_0)$$

上式即为**流体平衡微分方程的积分形式**.因力势函数仅为空间坐标的函数,所以 $W - W_0$ 也仅是空间坐标的函数,而与 p_0 无关.因此可得出结论(即帕斯卡定律):处于平衡状态的不可压缩流体,作用在其边界上的压强 p_0 将等值地传递到流体内的各点上,即当 p_0 增大或减小时,流体内任意点的压强也相应地增大或减小同样数值.该定律在水压机、水力起重机、蓄能机等简单水力机械的工作原理中有着广泛的应用.

3.1.3 等压面

等压面即液体中压强相等的空间点构成的面.显然,对于等压面 $\mathrm{d}p = 0$,根据流体平衡微分方程的全微分形式可得

$$\mathrm{d}p = \rho(f_x \mathrm{d}x + f_y \mathrm{d}y + f_z \mathrm{d}z) = 0$$

即

$$f_x \mathrm{d}x + f_y \mathrm{d}y + f_z \mathrm{d}z = 0$$

该式即为等压面的微分方程.根据该方程可得出等压面的两个重要性质:

1. 在平衡液体中等压面即是等势面

证明:因等压面上的压强 p 为常数,即 $\mathrm{d}p = 0$,根据 $\mathrm{d}p = \rho(f_x \mathrm{d}x + f_y \mathrm{d}y + f_z \mathrm{d}z) =$

$\rho dW = 0$ 且密度 $\rho \neq 0$，得 $dW = 0$，即 W 为常数，故在平衡液体中等压面同时也是等势面.

2. 等压面与质量力正交

在等压面的微分方程 $f_x dx + f_y dy + f_z dz = 0$ 中，dx、dy、dz 可视为液体质点在等压面上的任意微小位移 dl 在三个坐标轴上的投影，f_x、f_y、f_z 可视为液体质点单位质量力在三个坐标轴上的投影，于是方程可写为

$$\boldsymbol{f} \cdot \mathrm{d}\boldsymbol{l} = 0$$

从几何意义来说，若两个非零向量的点积（数量积、内积）为 0，则两向量相互垂直，即质量力垂直于等压面.从物理意义来说，当液体质点沿等压面移动 dl 距离时，质量力做的微功等于 0；但因质量力和 dl 均不为 0，故必然是等压面与质量力成正交关系.

根据等压面与质量力正交的这一重要性质，若已知质量力的方向，便可确定等压面的形状；反之，若已知等压面的形状，便可确定质量力的方向.例如，仅有重力作用下的静止液体，因重力为铅垂方向，其等压面必然是水平面.如果作用在液体上的力除重力外还有其他质量力，那么等压面就应与质量力的合力正交，此时，由于质量力的合力不一定是铅垂方向的，因而等压面也就不一定是水平面.因此根据分析，等压面既可能是平面也可能是曲面.

等压面的概念在分析和计算流体静压强时经常用到，因而应当正确判断等压面.通常，平衡液体与大气接触的自由表面为等压面；处于静止状态的不同液体的交界面为等压面.在应用等压面时，应当注意，质量力仅为重力的静止液体，等压面必为水平面；但反过来，水平面即是等压面的结论却只适用于同种、连续介质、质量力仅为重力的静止液体.如果不是同种液体或不连续介质，那么同一水平面上各点压强并不一定相等，即同一水平面并不一定是等压面.

这可利用流体平衡微分方程的积分形式来理解，在以上讨论等压面的过程中，均把密度 ρ 作为常数看待，把力势函数 W 视为空间坐标的连续函数.因此，在应用有关等压面的特性时，必须保证所讨论的流体介质是同种（ρ 相同）、连续介质（W 函数）.

以图 3.5 给出的不同情况等压面为例：(a) 容器中的流体是连通的，对于同种流体，任意一个水平面 1-1 都是等压面；而水平面 2-2 则通过两种不同的液体，因此不是等压面.(b) 容器内左右两支流体由于被阀门隔断，两者不连通、不连续，因此水平面 3-3 虽然是水平面，但也不是等压面.(c) 容器及其内部流体向右做匀加速直线运动，容器内左右两支流体是同种的、连通的，但显然水平面 5-5 和 6-6 均不是等压面.

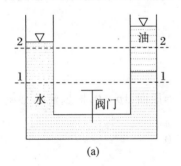 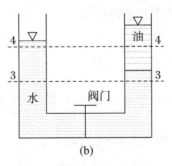 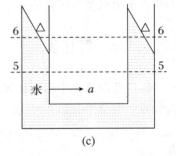

图 3.5　不同情况的等压面

3.2 重力单独作用下的(静止)流体平衡微分方程

3.2.1 静止流体中的压强分布规律

在实际工程中,经常遇到仅有重力作用下的静止液体平衡问题,液体此时所受的质量力只有重力,讨论重力作用下静止流体的压强分布规律更具实用意义.

1. 流体静压强公式

如图3.6所示容器中的静止液体,建立空间直角坐标系.作用在单位质量液体上的质量力(即重力)在各坐标轴上的投影分别为 $f_x = 0, f_y = 0, f_z = -g$,代入流体平衡微分方程,得

$$dp = \rho(f_x dx + f_y dy + f_z dz)$$
$$= \rho(0 \cdot dx + 0 \cdot dy - g dz) = -\rho g dz$$

即

$$dz + \frac{dp}{\rho g} = 0$$

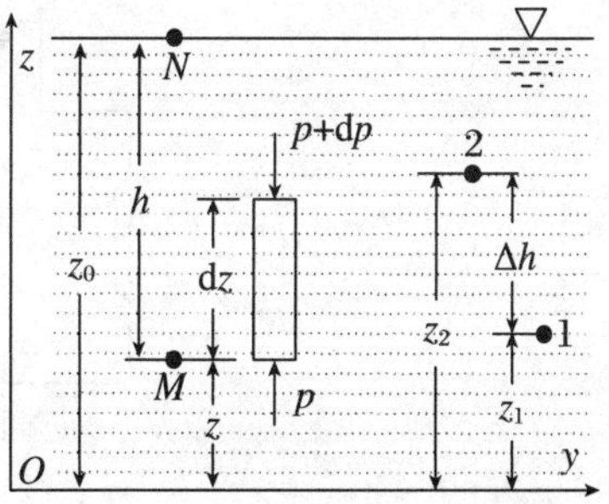

图3.6 流体静压强公式的推导

对于不可压缩的均质流体,ρ 为常数,积分得

$$z + \frac{p}{\rho g} = C \quad \text{或} \quad z + \frac{p}{\gamma} = C$$

式中,C 为常数,其值可根据已知条件确定.

该式表明:当质量力仅为重力时,静止液体中任一点的 $z + p/(\rho g)$ 均是同一个常数,即对于静止液体内任意两点1和2,其坐标分别为 z_1 和 z_2,压强分别为 p_1 和 p_2,有

$$z_1 + \frac{p_1}{\rho g} = z_2 + \frac{p_2}{\rho g}$$

对于液面上的已知点 $N(z_0, p_0)$,将其坐标代入 $z + \frac{p}{\rho g} = C$,得 $C = z_0 + p_0/(\rho g)$,于是存在如下公式:

$$p = p_0 + \rho g(z_0 - z)$$

令 $h = z_0 - z$ 表示 M 点在自由液面以下的淹没深度,或称为 M 点离自由液面的垂直距离或水深,则

$$p = p_0 + \rho g h \quad \text{或} \quad p = p_0 + \gamma h$$

该式即是计算**静止流体压强的基本公式**,亦称**流体静力学基本方程**.从该方程可推出重力作用下静止流体的几个性质:

(1) 静止液体内任意点的压强 p 由两部分组成,一部分是表面压强 p_0,它遵从帕斯卡定律,静止流体中任意点压强的变化将等值地传递到液体内部其他各点;另一部分是 $\rho g h$,即该点到液体表面的单位面积上的液体重量.

(2) 静止流体中的压强随水深成线性规律变化;在利用方程计算压强时,要注意该方程

适用于均质、连通的液体.

（3）静止流体中任意两点的压差仅与它们的垂直距离有关,但对于气体来说,因 ρ 较小,常忽略不计,故气体中任意两点的静压强在两点间相差不大时,可以认为相等.

若液面是与大气相通的自由表面,有 $p_0 = p_a$, p_a 为当地大气压强,则

$$p = p_a + \rho g h$$

若在同一连通的静止液体中,已知某点 1 的压强 p_1,则可推求任一点 2 的压强 p_2,即

$$p_2 = p_1 + \rho g \Delta h$$

式中,Δh 为两点间的深度差,即 $\Delta h = h_1 - h_2$,当点 1 高于点 2 时为正,反之为负.

【例题 3.1】 如图 3.7 所示,桌面上有一水箱,不计水箱的重量,试求水箱底面所受的总压力 P 和桌面所受的压力 N,并讨论总压力 P 与压力 N 不相等的原因.

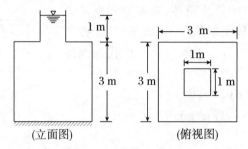

图 3.7　例题 3.1

解　根据压强的定义,总压力 $P = p \cdot A = \rho g h \cdot A = 1000 \times 9.8 \times (3+1) \times 3 \times 3 = 352.8 (\text{kN})$.

水箱内水的重量即为桌面所受的压力 $N = \rho g V_{水} = 1000 \times 9.8 \times (1 \times 1 \times 1 + 3 \times 3 \times 3) = 274.4 (\text{kN})$.

显然,当水箱为完整的长方体时,总压力 P 与压力 N 才会相等.两者不相等的原因为水箱内底所受总压力 P 为压力体体积与水的重度的乘积,而桌面所受压力 N 则为水箱内水体的实际重.通常,当水箱为"下窄上宽"的容器时,$P < N$;当水箱为"下宽上窄"的容器时,$P > N$.显然,当水箱为上下同尺寸的长方体时,P 和 N 才相等.

【例题 3.2】 如图 3.8 所示,一封闭容器内盛有水,水面压强为大气压,求容器自由下落时水中的静水压强分布规律.

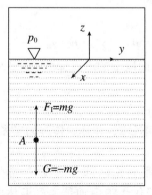

图 3.8　例题 3.2

解　水体内各质点在重力作用下做各自的自由落体运动;将坐标系建在水面上,此时水

体内任一质点 A 相对于坐标系都是静止的,即合力为 0;而实际上,质点受到重力的作用,故假定存在一个惯性力 $F_1 = mg$,确保合力为 0;此时根据流体静力学基本微分方程:

$$dp = \rho(Xdx + Ydy + Zdz)$$

其中,单位质量力在各轴向的分力为:$X = 0, Y = 0, Z = -g + g = 0$,代入得

$$dp = \rho(0dx + 0dy + 0dz) = 0$$

即封闭容器内部压强大小与位置无关,处处相等且等于原水面压强:

$$p = C = p_0$$

2. 位置水头、压强水头和测压管水头

下面以图 3.9 对该方程的物理意义进行说明.静止流体中任一点的 $z + p/(\rho g)$ 总是一个常数.其中,z 为该点的位置相对于基准面的高度,称为**位置水头**,其物理意义是单位重量流体具有的相对基准面的重力势能,简称**位能**.$p/(\rho g)$ 是该点在压强作用下流体沿测压管所能上升的高度,称为**压强水头**,其物理意义是单位重量流体具有的压强势能,简称**压能**.位置水头和压强水头之和 $z + p/(\rho g)$ 称为**测压管水头**,它表示测压管水面相对于基准面的高度,其物理意义是单位重量流体具有的**总势能**.方程 $z + p/(\rho g) = C$ 表示同容器静止液体中所有各点的测压管水头(或单位重量流体的总势能)均相等,即使各点的位置水头和压强水头互不相同,但各点的测压管水头必然相等.**测压管**是测量液体相对压强的一种细管状仪器,通常为两端开口的竖直向上的玻璃管.其上端开口与大气相通,下端开口与液体中被测压点相连接,管内液体便沿玻璃管上升至某一高度.

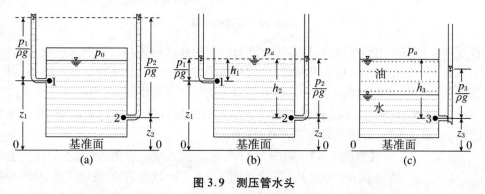

图 3.9　测压管水头

3.2.2　压强的计量基准、表示法和量测

3.2.2.1　压强的计量基准

压强有两种计量基准,即绝对压强和相对压强.以绝对真空压强为起算零点计量的压强称为**绝对压强**,以符号 p_{abs} 表示,通常所说的标准大气压 101.325 kPa 就是指大气的绝对压强.在微观上,大气压强是由气体分子的热运动导致气体分子对物体表面撞击而产生的.分子的微观运动是永恒的,只有在绝对零度(-273.15 ℃)条件下所有热运动才会停止,此时压强为 0.因此,**绝对压强**又可定义为以无物质分子存在的或虽存在但处于绝对静止状态下的压强为起算零点计量的压强.以当地同高程的大气压强为起算零点计量的压强为**相对压强**,以 p 表示.

绝对压强和相对压强是按两种不同基准计算的压强,它们之间相差一个当地大气压强. 若以 p_a 表示当地大气压强,则绝对压强 p_{abs} 和相对压强 p 的关系如下:

$$p_{abs} = p + p_a \quad 或 \quad p = p_{abs} - p_a$$

绝对压强总是正值,而相对压强是以大气压强为基准的,可正可负. 但在表示压强时,一般不希望出现负值,所以,相对压强的表示也有两个方法:当 $p_{abs} > p_a$ 时,表示为相对压强(压力表读数);当 $p_{abs} < p_a$ 时,相对压强 p 为负值,存在真空(负压),真空的大小即**真空压强**(**真空度**、**真空表读数**),其值为绝对压强与当地大气压强差值的绝对值,以 p_v 表示.

为了更直观地说明以上几种压强表示方法,现以图 3.10 中 A 点(大于当地大气压强)和 B 点(小于当地大气压强)为例,将它们的关系表示在图上.

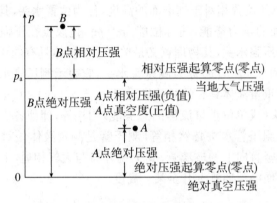

图 3.10　压强的度量

在实际工程中常用相对压强,这是由于在自然界中任何物体均放置在大气中,并且所感受到的压强大小也是以大气压为其基准,引起物体的力学效应只是相对压强的数值,而不是绝对压强. 因此,在计算物体的水压力时,不需考虑大气压强的作用,常用相对压强来表示.

目前,绝大部分测量压强的仪器所表示的压强均为相对压强,在讨论问题中,若不加说明,压强均指相对压强,若指绝对压强,则将注明.

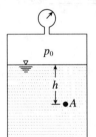

图 3.11　例题 3.3

【例题 3.3】　如图 3.11 所示的封闭盛水容器,水面上的压力表的读数为 $p_0 = 10000$ Pa,试求水面下 $h = 1$ m 处点 A 的绝对压强、相对压强和真空压强.(已知当地大气压强 $p_a = 98$ kN/m², $\rho = 1000$ kg/m³, $g = 9.8$ m/s²)

解　A 点的绝对压强: $p_{abs} = p_0 + \rho g h = 10000 + 1000 \times 9.8 \times 1 = 19800$ (Pa).

A 点的相对压强: $p = p_{abs} - p_a = 19800 - 98000 = -78200$ (Pa).

相对压强为负值,说明"A"点存在真空. 相对压强的绝对值等于真空压强,即 $p_v = 78200$ (Pa).

3.2.2.2　压强的表示法

压强有三种度量单位:

(1) 用应力单位表示. 即从压强的定义出发,用单位面积上的作用力来表示,国际单位制中为 N/m²,以符号 Pa 表示(在工程上有时用工程单位,kgf/m²、kgf/cm² 等,1 kgf ≈ 9.8 N).

（2）用大气压的倍数表示.国际上规定一个标准大气压（温度为 $0\,^\circ$C,纬度为 45° 的海平面上的压强）为 101.325 kPa,用 atm 表示,即 l atm = 101.325 kPa.在工程界,常用工程大气压来表示压强,1 个工程大气压等于 98 kPa,用 at 表示,即 l at = 98 kPa.

（3）用液柱高度表示.即以 $h = p/(\rho g)$ 为基础,将静压强 p 转换成密度为 ρ 的液体的液柱高度.常用水柱高度或汞柱高度表示,其单位为 mH_2O,mmH_2O 或 mmHg.

上述三种压强表示方法之间的关系为

$$98\ kN/m^2 = 1\ kgf/cm^2 = l\ at = 10\ mH_2O = 736\ mmHg$$

$$101.325\ kN/m^2 = 1\ atm = 10.33\ mH_2O = 760\ mmHg$$

【例题 3.4】　如图 3.12 所示,一开敞水箱,求水面下 $h = 0.68$ m 处 A 点的相对压强和绝对压强,并分别用应力单位、工程大气压和水柱高度来表示.（已知当地大气压强 $p_a = 98\ kN/m^2$,$\rho = 1000\ kg/m^3$,$g = 9.8\ m/s^2$）

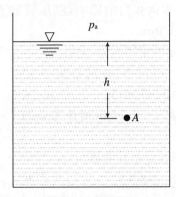

图 3.12　例题 3.4

解　A 点相对压强：

用应力单位表示：$p = \rho gh = 1000 \times 9.8 \times 0.68 = 6.664\ (kN/m^2)$.

用工程大气压表示：$p = 6664/98000 = 0.068\ (at)$.

用水柱高度表示：$h = p/(\rho g) = 6664/(1000 \times 9.8) = 0.68\ (mH_2O)$.

A 点绝对压强：

用应力单位表示：$p_{abs} = p_a + \rho gh = 98000 + 1000 \times 9.8 \times 0.68 = 104.664\ (kN/m^2)$.

用工程大气压表示：$p_{abs} = 104664/98000 = 1.068\ (at)$.

用水柱高度表示：$h = p_{abs}/(\rho g) = 104664/(1000 \times 9.8) = 10.68\ (mH_2O)$.

3.2.2.3　压强的量测

实际工程中经常需要量测流体的压强,如在水流模型实验中经常需要直接量测水流中某点的压强或两点的压强差;水泵、风机、压缩机、锅炉等均装有压力表和真空表,以便随时观测压强的大小来监测其工作状况.量测压强的仪器常用的有弹簧管式（如压力表、真空表等）、电测式（如应变电阻丝式压力传感器、电容式压力传感器等）和液柱式三类.弹簧管式压力表的工作原理是弹簧管的自由端在流体产生的压力的作用下发生位移,该位移量通过拉杆带动传动放大器,使指针偏转并在刻度盘上指示出被测压力值（相对压强）.电测式测压装置可将压力传感器连接在被测流体中,流体压力的作用使金属片变形,从而改变金属片的电阻,这样通过压力传感器将电压转变成电信号,达到测量压力的目的.本书只介绍利用流体静力学原理设计的液柱式测压计,这些测压计构造简单、直观、方便和经济,因此在工程上得到了广泛的应用.

1. 直接由同一液体引出的液柱高度来测量压强的测压管

简单的测压管即一根竖直的 L 形玻璃管,一端与被测点相连接,另一端开口和大气相

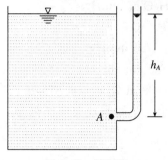

图 3.13 测压管

通.通过测出测压管的液柱高度,即可确定被测点的相对压强.如图 3.13 所示的测压管,在 A 点压强的作用下,测压管中液面升至某一高度 h_A,于是液体在 A 点的相对压强 $p_A = \rho g h_A$.

用测压管测量压强,被测点的相对压强一般不宜太大,因为如果相对压强为 0.1 个大气压,水柱的高度为 1 m,即需要 1 m 以上的测压管,这在使用上很不方便.此外,为避免表面张力的影响,测压管的直径不能过细,一般直径 $d \geqslant$ 5 mm.

【例题 3.5】 如图 3.14 所示的密闭容器,下层为 $\gamma_1 = 12250$ N/m³的甘油,中层为 $\gamma_2 = 8170$ N/m³的石油,上层为空气,高程$\nabla_1 = 1.52$ m,$\nabla_2 = 3.66$ m,$\nabla_3 = 7.62$ m.试求:当测压管中的甘油表面高程$\nabla_4 = 9.14$ m 时压力表的读数 p_G.

解 作等压面 2-2,则左侧容器内甘油液面:$p_2 = p_G + \gamma_2(\nabla_3 - \nabla_2)$,右侧测压管:$p_2 = \gamma_1(\nabla_4 - \nabla_2)$,两式联立得

$$p_G = \gamma_1(\nabla_4 - \nabla_2) - \gamma_2(\nabla_3 - \nabla_2)$$
$$= 12250 \times (9.14 - 3.66) - 8170 \times (7.62 - 3.66)$$
$$\approx 36.15 \text{ (kPa)}$$

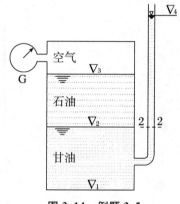

图 3.14 例题 3.5

2. U 形水银测压管

U 形水银测压管如图 3.15 所示,管内弯曲部分装有水银(或其他密度较大而又不会混合的工作液体).管的一端与被测点 A 连接,另一端开口与大气相通.在测点 A 压强的作用下,U 形管中水银的液面发生变化,右管中的水银柱面较左管的水银柱面高出 h_2,测点距左管液面的高度为 h_1.设容器中液体的密度为 ρ,水银的密度为 ρ_{Hg}.根据流体静力学基本方程,并应用等压面的概念可以求出 A 点压强 p_A.

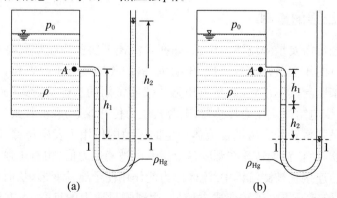

(a)　　　　　　　(b)

图 3.15 U 形水银测压管

U形管中1-1是在连通的同一液体(水银)的一水平面上,因而1-1是等压面.考虑到U形管左支 $p_1 = p_A + \rho g h_1$ 和右支 $p_1 = \rho_{Hg} g h_2$,故得 $p_A = \rho_{Hg} g h_2 - \rho g h_1$.当被测点 A 的压强为真空状态时,U形管左支 $p_1 = p_A + \rho g h_1 + \rho_{Hg} g h_2$ 和右支 $p_1 = 0$,故得 A 点的相对压强 $p_A = -(\rho g h_1 + \rho_{Hg} g h_2)$,$A$ 点的真空度 $p_A = \rho g h_1 + \rho_{Hg} g h_2$.可见,在量得 h_1 和 h_2 后,即可根据上式求出 A 点的压强.

应该指出,测压管可用来量测正压强或负压强(真空压强).还应指出,在观测精度要求较高或所用测压管较细的情况下,需要考虑毛细作用所产生的影响.因受毛细作用后,液体上升高度将因液体的种类、温度及管径等因素而不同.

【例题 3.6】 如图 3.16 所示,一盛有水的密闭容器,侧壁上装有 U 形管水银测压计,右支管开口通大气,$h_{Hg} = 20$ mm,求安装在水面下 $h = 4$ m 处的压力表的读数.(已知 $\rho_{H_2O} = 1000$ kg/m³,$\rho_{Hg} = 13600$ kg/m³,$g = 9.8$ m/s²)

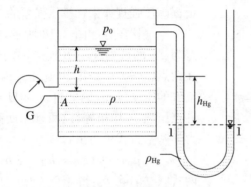

图 3.16 例题 3.6

解 根据静止流体的压强公式,有 $p_A = p_0 + \rho_{H_2O} g h$,又作等压面 1-1,有 $p_0 + \rho_{Hg} g h_{Hg} = 0$,联立两式得

$$p_A = \rho_{H_2O} g h - \rho_{Hg} g h_{Hg} = 1000 \times 9.8 \times 4 - 13600 \times 9.8 \times 0.02 = 36534.4 \text{ (Pa)}$$

【例题 3.7】 如图 3.17(a)所示,多管水银测压计用于测量水箱中的水面压强 p_1,图中高程的单位为 m,$\nabla_1 = 3.0$ m,$\nabla_2 = 1.4$ m,$\nabla_3 = 2.5$ m,$\nabla_4 = 1.2$ m,$\nabla_5 = 2.3$ m,当地大气压强 $p_0 = 98000$ Pa,试求水面的绝对压强 p_{1abs}.

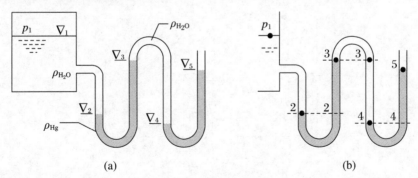

(a)   (b)

图 3.17 例题 3.7

解 ∇_5 处的压强为当地大气压强,为已知量,即 $p_5 = p_0$,在 U 形管上作等压线,于是依次计算点 4、3、2、1 的压强:

$$p_4 = p_0 + \rho_{Hg} g (\nabla_5 - \nabla_4), \quad p_3 = p_4 - \rho_{H_2O} g (\nabla_3 - \nabla_4)$$

$$p_2 = p_3 + \rho_{Hg}g(\nabla_3 - \nabla_2), \quad p_1 = p_2 - \rho_{H_2O}g(\nabla_1 - \nabla_2)$$

以上各式的左右分别对应相加得

$$p_1 = p_0 + \rho_{Hg}g(\nabla_5 - \nabla_4 + \nabla_3 - \nabla_2) - \rho_{H_2O}g(\nabla_3 - \nabla_4 + \nabla_1 - \nabla_2)$$

$$= 98000 + 13600 \times 9.8 \times (2.3 - 1.2 + 2.5 - 1.4)$$

$$- 1000 \times 9.8 \times (2.5 - 1.2 + 3.0 - 1.4)$$

$$\approx 362.8 \, (\text{kPa})$$

3. 比压计(压差计)

上述的 U 形管其实也是一种比压计,所不同的只是 U 形管测的是被测点与大气压的差值,即相对压强;比压计测的是两个被测点之间的压强差值. 比压计常采用 U 形管形状,常用的有空气比压计、水银比压计和斜式比压计等. 各种比压计多用 U 形管制成. 在用各种比压计量测压差时,都是根据静压强规律来计算压强差的.

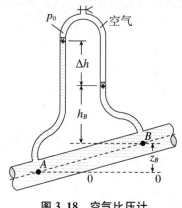

图 3.18 空气比压计

空气比压计如图 3.18 所示,左右两支管分别与高程差为 Δz 的被测点 A、B 连接,由于 A、B 两点的压强不等,在两点压强差的作用下,比压计内的液柱形成高差 Δh. 因空气的密度较小,因此可认为 U 形管中液面上空气段内各点压强 p_0 均相等,设两管水面高差为 Δh. 根据流体静力学基本方程可写出:

$$p_A = p_0 + \rho g(z_B + h_B + \Delta h), \quad p_B = p_0 + \rho g h_B$$

两式联立消除 p_0,得

$$p_A - p_B = \rho g(z_B + h_B + \Delta h) - \rho g h_B = \rho g(z_B + \Delta h)$$

若将水管水平放置,则 A、B 两点在同一水平面上,即 $z_B = 0$,则 $p_A - p_B = \rho g \Delta h$.

4. 水银比压计

当所测两点的压差较大时,使用水银比压计. 如图 3.19 所示为一水银比压计. 两点的相对位置与 U 形管中水银面的高差为 Δh. 设 A、B 两点处液体密度分别为 ρ_A、ρ_B,根据流体静力学基本方程:

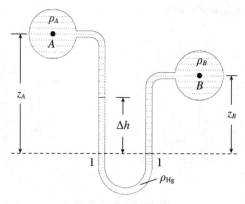

图 3.19 水银比压计

在 U 形管上作等压面 1-1,可得

$$左支:p_1 = p_A + \rho_A g(z_A - \Delta h) + \rho_{Hg} g \Delta h$$

$$右支:p_1 = p_B + \rho_B g z_B$$

联立得

$$p_B - p_A = \rho_A g(z_A - \Delta h) + \rho_{Hg} g \Delta h - \rho_B g z_B$$

讨论：

若 A、B 两点处为同一种液体，即 $\rho_A = \rho_B = \rho$，则 $p_B - p_A = \rho g(z_A - z_B - \Delta h) + \rho_{Hg} g \Delta h$.

若 A、B 两点处为同一种液体，且在同一高程，即 $z_A = z_B$，则 $p_B - p_A = (\rho_{Hg} - \rho) g \Delta h$.

若 A、B 两点处的液体都是水，且在同一高程，由于水银与水的密度之比 $\rho_{Hg}/\rho = 13.6$，则 $p_A - p_B = 12.6 \rho g \Delta h$.

此时，只需测读水银柱面的高差 Δh，即可求出两点的压强差.

【例题 3.8】　如图 3.20 所示的 U 形汞压差计，用于量测两水管中 A 和 B 两点的压差，已知 $h_m = 0.36$ m，A 和 B 两点高差 $\Delta z = 1$ m，试求 A 和 B 两点的压差.（已知 $\rho_{H_2O} = 1000$ kg/m^3，$\rho_{Hg} = 13600$ kg/m^3，$g = 9.8$ m/s^2）

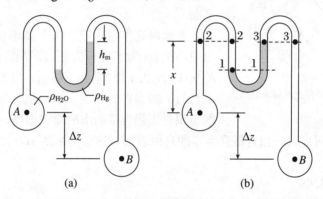

图 3.20　例题 3.8

解　在 U 形管上取等压面 $1-1$、$2-2$ 和 $3-3$，可得

左支：$p_1 = p_2 + \rho_{H_2O} g \cdot h_m = p_A - \rho_{H_2O} g \cdot x + \rho_{H_2O} g \cdot h_m$，其中 $p_2 = p_A - \rho_{H_2O} g \cdot x$.

右支：$p_1 = p_3 + \rho_{Hg} g \cdot h_m = p_B - \rho_{H_2O} g \cdot (x + \Delta z) + \rho_{Hg} g \cdot h_m$，其中 $p_3 = p_B - \rho_{H_2O} g \cdot (x + \Delta z)$.

对于等压面 $1-1$，有 $p_A - \rho_{H_2O} g \cdot x + \rho_{H_2O} g \cdot h_m = p_B - \rho_{H_2O} g \cdot (x + \Delta z) + \rho_{Hg} g \cdot h_m$，即

$$
\begin{aligned}
p_A + \rho_{H_2O} g \cdot h_m &= p_B - \rho_{H_2O} g \cdot \Delta z + \rho_{Hg} g \cdot h_m \\
&= 13600 \times 9.8 \times 0.36 - 1000 \times 9.8 \times (1 + 0.36) \\
&= 34652.8 \, (\text{Pa})
\end{aligned}
$$

根据上述分析，可以归纳出计算压强及压强差的基本方法，即以 $p = p_0 + \rho g h$ 作为基本计算公式，用等压面作为关联条件，逐次推算即可求解被测点的压强或两点的压差.

3.2.3　作用在平面上的静水总压力

上面讨论的都是静止液体内任一点的压强的计算方法.在工程实践中，常需确定静止液体作用于整个受压面上的静压力，即液体总压力.对于以水为代表的液体，习惯上称为静水总压力.例如闸门等结构设计，必须计算结构物所受的静水总压力，它是水工建筑物结构设计时必须考虑的主要荷载.静水总压力包括其大小、方向和作用点（总压力作用点也称压力

中心).求解作用在平面上的静水总压力有两种方法:解析法和图解法.这两种方法的原理都是以流体静压强的特性及静压强公式为依据的.

3.2.3.1 解析法

解析法是根据力学和数学分析法来求解作用于平面上的静水总压力.对于任意形状的受压面(无对称轴的不规则平面),常用解析法求解其静水总压力的大小和作用点位置.

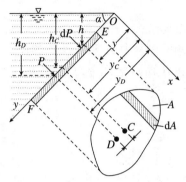

图 3.21 任意形状平面上的静水总压力

如图 3.21 所示的容器中盛有静止流体,有一任意形状的平板 EF 倾斜放置于水中(从侧面看),平板与水平面的夹角为 α,面积为 A,形心点为 C.因为在静止液体中只有压应力,不存在剪应力,所以作用在平板上是一垂直于平板的平行力系.平行力系的合力也垂直于该平面.

下面研究作用于该平板上静水总压力的大小和压力中心位置.为了分析方便,以平板 EF 延展面与水面的交线 Ox 为 x 轴(垂直于纸面),以平板平面上经过 O 点且与 x 轴垂直的线为 y 轴(注:y 轴的原点应在物面线与相对压强为零的水平面交点,若自由表面上的压强不为大气压,此时可虚设一相对压强为零的自由表面),建立坐标系 xOy,并将垂直于纸面的平板翻转 $90°$.

1. 总压力的大小

作用于平板上静水总压力的大小等于分布在平面上各点静水压强作用的压力总和,即静水总压力是由每一部分面积上的静水压力所构成的.先在 EF 平面上距离 x 轴为 y 的位置处任选一水平微元面积 $\mathrm{d}A$.设微元在液面下的淹没深度为 h,则其静水压强 $p = p_0 + \rho gh$,微元面 $\mathrm{d}A$ 上各点的压强可视为相等,故作用于 $\mathrm{d}A$ 面上的静水压力为 $\mathrm{d}P = p\mathrm{d}A = (p_0 + \rho gh)\mathrm{d}A$,则整个 EF 平面上的静水总压力为

$$P = \int_A p\mathrm{d}A = \int_A (p_0 + \rho gh)\mathrm{d}A = p_0 A + \rho g \int_A h\mathrm{d}A$$

对于微元,考虑到 $h = y\sin\alpha$,于是

$$P = p_0 A + \rho g\sin\alpha \int_A y\mathrm{d}A$$

式中,$\int_A y\mathrm{d}A$ 表示平板 EF 对 x 轴的静矩(平面图形的面积 A 与其形心到 x 坐标轴的距离 y 的乘积称为平面图形对 x 轴的静矩),并且 $\int_A y\mathrm{d}A = y_C A = \dfrac{h_C}{\sin\alpha}A$,其中 y_C、h_C 分别表示平板 EF 形心点 C 的 y 坐标和水深,代入得

$$P = (p_0 + \rho gh_C)A$$

其中,$p_0 + \rho gh_C$ 为形心点 C 的静水压强 p_C,故又可写为

$$P = p_C A$$

该式表明静止液体作用在任意平板上的静水总压力大小等于平板形心点 C 处静水压强 p_C 与平板面积 A 的乘积,而与平板的倾斜角 α 无关.形心点的压强 p_C 可理解为整个平面的平均静水压强.

2. 静水总压力的作用点位置

假设静水总压力的作用点为 D，其坐标为 (x_D, y_D)。由理论力学可知，合力 P 对任一轴的力矩等于各分力 $p \mathrm{d}A$ 对该轴力矩的代数和。按照这一原理，考察静水压力分别对 x 轴与 y 轴的力矩。

对 x 轴，可得 y_D 的表达式为

$$y_D P = \int_A y \cdot p \mathrm{d}A$$

因相对压强 $p = \rho g h = \rho g y \sin \alpha$，则 $\int_A y \cdot p \mathrm{d}A = \int_A y \cdot \rho g y \sin \alpha \mathrm{d}A = \rho g \sin \alpha \int_A y^2 \mathrm{d}A$，故可表达为

$$y_D P = \rho g \sin \alpha \int_A y^2 \mathrm{d}A$$

令 $\int_A y^2 \mathrm{d}A = I_x$，表示平板 EF 对 x 轴的惯性矩，且根据平行轴定理 $I_x = I_C + y_C^2 A$，其中，I_C 表示平板 EF 对通过其形心 C 且与 x 轴平行的轴线的惯性矩，代入得

$$y_D P = \rho g \sin \alpha \cdot \int_A y^2 \mathrm{d}A = \rho g \sin \alpha \cdot I_x = \rho g \sin \alpha \cdot (I_C + y_C^2 A)$$

$$y_D = \frac{\rho g \sin \alpha \cdot (I_C + y_C^2 A)}{P}$$

考虑到 $P = \rho g h_C A = \rho g y_C \sin \alpha A$，则

$$y_D = \frac{\rho g \sin \alpha \cdot (I_C + y_C^2 A)}{\rho g y_C \sin \alpha A} = \frac{I_C + y_C^2 A}{y_C A} = y_C + \frac{I_C}{y_C A}$$

由于 $I_C > 0, y_C > 0, A > 0$，从而 $I_C/(y_C A) > 0$，因此 $y_D > y_C$，即总压力作用点 D 的位置在平板形心点 C 的下方。在计算作用力时，一般以相对压强作为压强的计算值。

对 y 轴，可得 x_D 的表达式为

$$x_D = \frac{I_{xy}}{y_C A}$$

式中 $I_{xy} = \int_A xy \mathrm{d}A$，表示平面 EF 对 x 轴与 y 轴的惯性积。

只要根据公式求出 y_D 及 x_D，则压力中心 D 的位置即可确定。显然，若平面 EF 有纵向对称轴，则不必计算 x_D 的值，因为 D 点必在纵向对称轴上。几种常见几何形状平板的面积、形心点位置和绕 x 轴惯性矩的公式如表 3.1 所示。

表 3.1　不同温度下水的物理性质

平板几何形状	面积 A	形心 y_C	惯性矩 I_{Cx}
	bh	$h/2$	$bh^3/12$

平板几何形状	面积 A	形心 y_C	惯性矩 I_{Cx}
	$bh/2$	$2h/3$	$bh^3/36$
	$\dfrac{(a+b)h}{2}$	$\dfrac{1}{3}\dfrac{a+2b}{a+b}h$	$\dfrac{1}{36}\dfrac{a^2+4ab+b^2}{a+b}\cdot h^3$
	πr^2	r	$\dfrac{\pi r^4}{4}$
	$\dfrac{\pi}{4}bh$	$\dfrac{h}{2}$	$\dfrac{\pi}{64}bh^3$
	$\dfrac{\pi r^2}{2}$	$\dfrac{4}{3}\dfrac{r}{\pi}$	$\dfrac{9\pi^2-64}{72\pi}r^4$

3.2.3.2　图解法

1. 平板的静水压强分布图

静止流体的压强分布图是在流体的受压面上以一定的比例尺绘制压强(大小、方向)分布的图形.静压强分布图的绘制规则为:根据静压强公式 $p = p_0 + \rho g h$ 或 $p = \rho g h$,按一定比例用线段长度代表该点静压强的大小,用箭头表示静压强的方向并与受压面垂直;对于平板压强分布图的绘制,由于压强沿水深是线性变化的,只要标出平板起点和终点的压强,方向垂直于指向平板,以直线连接.下面举例说明不同情况下压强分布图的画法:

图 3.22 为一垂直平板闸门 EF. E 点在自由水面上,其相对压强 $p_E = 0$;F 点在水面下 h 位置,故其相对压强 $p_F = \rho g h$.作带箭头线段 GF,线段长度为 $\rho g h$,并垂直指向 EF.连接直线 EG,并在三角形 EFG 内作数条平行于 GF 带箭头的线段,则三角形 EFG 即表示 EF 面上的相对压强分布图.若闸门两边同时承受不同水深的静压力作用,此时由于闸门受力方向不同,可先分别绘出左右受压面的压强分布图,然后两图叠加,消去大小相同、方向相反的部分,余下的梯形即为静压强分布图.

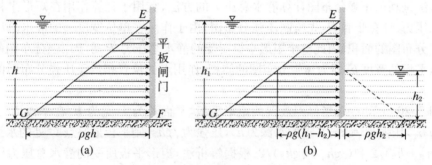

图 3.22　平板闸门静水压强分布图

图 3.23 为一折面的静压强分布图,作法同前.

图 3.24 中有上、下两种密度不同的液体作用在平面 EF 上,两种液体分界面在 B 点.B 点压强 $p_B = \rho_1 g h_1$,C 点压强 $p_C = \rho_1 g h_1 + \rho_2 g (h_2 - h_1)$.

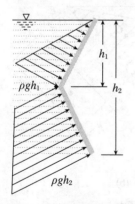

图 3.23　折面的静压强分布图

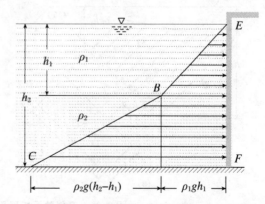

图 3.24　两种密度液体作用下受压面的静压强分布图

图 3.25 为作用在弧形闸门上的压强分布图. 因为闸门为一圆弧面, 所以面上各点压强只能逐点算出, 各点压强都沿半径方向, 指向圆弧的中心.

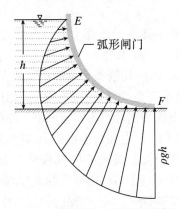

图 3.25　弧形闸门上的压强分布图

2. 矩形平板的图解法解题

图解法是利用压强分布图计算静水总压力的方法, 宜用于计算作用在矩形平板上所受的静水总压力. 计算步骤为: 先绘制压强分布图, 由于作用在单位宽度上的静水总压力等于静水压强分布图的面积, 因此整个矩形平板所受的静水总压力 P 等于压强分布图的面积 Ω 乘以受压平板的宽度 b, 即为压强分布图的体积; 作用点的位置相当于压强分布图的形心点位置.

如图 3.26 所示, 一任意倾斜放置的矩形平板, 平面长为 l, 宽为 b. 在平板 EF 上, E 点的水深为 h_1, 压强为 $\rho g h_1$, F 点的水深为 h_2, 压强为 $\rho g h_2$, 则平板形心点 C 处的水深和压强分别为 $(h_1 + h_2)/2$ 和 $(\rho g h_1 + \rho g h_2)/2$. 根据解析法, 矩形平板所受的静水总压力即为形心点 C 处的压强乘以平板的面积 bl:

$$P = \rho g h_C \cdot A = \left(\frac{\rho g h_1 + \rho g h_2}{2}\right) \cdot bl = \left(\frac{\rho g h_1 + \rho g h_2}{2}\right) l \cdot b = \Omega b$$

式中, $(\rho g h_1 + \rho g h_2) l/2 = \Omega$ 即为平板的压强分布图(梯形)的面积.

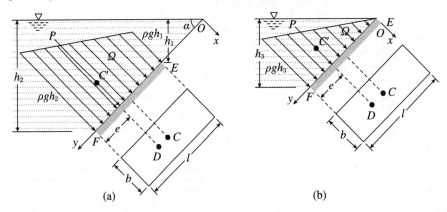

<table>
<tr><td>(a)</td><td>(b)</td></tr>
</table>

图 3.26　倾斜放置矩形平板静水总压力

矩形平板有纵向对称轴, P 的作用点 D 必位于纵向对称轴上, 同时, 总压力 P 的作用点还应通过压强分布图的形心点 C'. 当压强分布图为梯形时, 压力中心距底部距离 $e = (l/3)(2h_1 + h_2)/(h_1 + h_2)$; 当压强分布为三角形时, 压力中心 D 距底部距离 $e = l/3$. 值得注意的是,图解法计算作用力,仅适用于一边平行于水面的矩形平板.

【例题 3.9】　如图 3.27 所示,矩形平板一侧挡水,与水平面的夹角 $\alpha = 30°$,平板上边与水面齐平,水深 $h = 3$ m,平板宽 $b = 5$ m.试分别用解析法和图解法求作用在平板上的作用力.

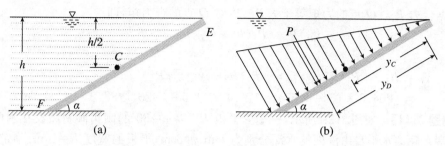

图 3.27　例题 3.9

解　① 解析法:

静水总压力大小: $P = p_C A = \rho g h_C A = \rho g (h/2)(h/\sin \alpha) b = 1000 \times 9.8 \times (3/2) \times (3/\sin 30°) \times 5 \approx 441$ (kN),方向为受压面内法线方向.

总压力作用点的位置: $y_D = y_C + I_C/(y_C A) = (l/2) + (bl^3/12)/(bl \times l/2) = 2l/3 = 2 \times 6/3 = 4$ (m).

② 图解法:

绘出矩形平板的压强分布图,如图 3.27(b)所示,作用力大小等于压强分布图的面积 Ω 乘以矩形平板的宽度,即 $P = \Omega \cdot b = (1/2) \cdot (h/\sin 30°)(\rho g h) \cdot b = \rho g h^2 b = 1000 \times 9.8 \times 3^2 \times 5 = 441$ (kN),方向为受压面内法线方向.

总压力作用点的位置为压强分布图的形心: $y_D = (2/3) \cdot (h/\sin \alpha) = (2/3) \cdot (3/\sin 30°) = 4$ (m).

【例题 3.10】　如图 3.28 所示的矩形闸门,门高 $h = 3$ m,门宽 $b = 2$ m(垂直于纸面方向),上游水深 $h_1 = 6$ m,下游水深 $h_2 = 4.5$ m.试求作用在闸门上的静水总压力 P.(已知 $\rho_{H_2O} = 1000$ kg/m³,$g = 9.8$ m/s²)

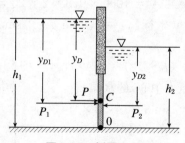

图 3.28　例题 3.10

解　左边受到的静水总压力:

$$P_1 = p_{C1} A = \rho g (h_1 - h/2) \cdot bh = 1000 \times 9.8 \times (6 - 3/2) \times 2 \times 3 = 264.6 \text{ (kN)}$$

$$y_{D1} = y_{C1} + I_C/(y_{C1} A) = (h_1 - h/2) + (bh^3/12)/[(h_1 - h/2)bh]$$
$$= (6 - 3/2) + (2 \times 3^3/12)/(4.5 \times 2 \times 3) \approx 4.67 \text{ (m)}$$

右边受到的静水总压力:

$$P_2 = p_{C2} A = \rho g (h_2 - h/2) \cdot bh = 1000 \times 9.8 \times (4.5 - 3/2) \times 2 \times 3 = 176.4 \text{ (kN)}$$

$$y_{D2} = y_{C2} + I_C/(y_{C2}A) = (h_2 - h/2) + (bh^3/12)/[(h_2 - h/2)bh]$$

$$= (4.5 - 3/2) + (2 \times 3^3/12)/(3 \times 2 \times 3) = 3.25 \, (\text{m})$$

所以合力:

$$P = P_1 - P_2 = 264.6 - 176.4 = 88.2 \, (\text{kN})$$

根据合力 P 对 O 点的力矩等于力 P_1、P_2 对 O 点的合力矩,即

$$(h_1 - y_D)P = P_1(h_1 - y_{D1}) - P_2(h_2 - y_{D2})$$

解得

$$y_D = h_1 - [P_1(h_1 - y_{D1}) - P_2(h_2 - y_{D2})]/P$$

$$= [264.6 \times (6 - 4.67) - 176.4 \times (4.5 - 3.25)]/88.2 \approx 4.51 \, (\text{m})$$

【例题 3.11】 如图 3.29 所示,一矩形平板 EF 以 $\alpha = 30°$ 的倾角倾斜浸没在水中,上端 E 和下端 F 距离水平自由液面的水深分别为 1 m 和 3 m,平板的宽度 $b = 5$ m. 确定作用在平板上的静水总压力 P 和压力中心的位置.(水的密度 $\rho_{H_2O} = 1000$ kg/m³,重力加速度 $g = 9.8$ m/s²)

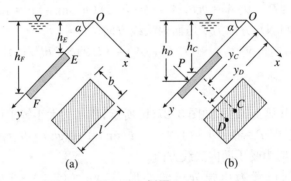

图 3.29 例题 3.11

解 根据几何计算,得矩形平板 EF 的长度:$l = (h_F - h_E)/\sin \alpha = (3-1)/\sin 30° = 4 \, (\text{m})$,矩形平板形心点的水深:$h_C = (h_F + h_E)/2 = (3+1)/2 = 2 \, (\text{m})$,矩形平板的面积:$A = bl = 5 \times 4 = 20 \, (\text{m}^2)$,则作用在平板上的静水总压力的大小:

$$P = \rho_{H_2O}gh_C \cdot A = 1000 \times 9.8 \times 2 \times 20 = 392 \, (\text{kN})$$

又因为矩形平板形心点的 y 坐标:$y_C = h_C/\sin \alpha = 2/\sin 30° = 4 \, (\text{m})$,则静水总压力作用点的 y 坐标:

$$y_D = y_C + I_C/(y_C A) = y_C + (bl^3/12)/(y_C A) = 4 + (5 \times 4^3/12)/(4 \times 20) = 4.33 \, (\text{m})$$

所以静水总压力作用点(压力中心)的水深:

$$h_D = y_D \sin \alpha = 4.33 \times \sin 30° = 2.17 \, (\text{m})$$

3.2.4 作用在曲面上的静水总压力

实际工程中遇到的受压面常为曲面,如弧形闸门、输水管壁面、储油罐、油罐车罐体、燃气球罐等,这些曲面一般为柱形曲面(有内外或上下或左右两个方向的二向曲面).下面着重讨论这种二向曲面上的静水总压力计算问题.在计算平面上静水总压力大小时,可以直接求各部分面积上所受压力的代数和,这相当于求各平行力系的合力.

然而,对于曲面,根据静压强的特性,作用于曲面上各点的静水压强的大小与水深成正

比,方向为曲面上各点的内法线方向.因此,曲面上各部分面积上所受压力的大小和方向各不相同,故不能用求代数和的方法计算总压力.为了把它变成一个求平行力系的合力问题,先分别计算作用在曲面上总压力的水平分力 P_x 和垂直分力 P_z,最后合成静水总压力 P.

如图 3.30 所示,水下一柱形曲面 AB(垂直于纸面的单位宽度),在曲面 AB 上取一面积为 $\mathrm{d}A$ 的微小曲面 EF(近似为平面),其形心在液面以下的深度为 h.作用在此微小曲面 $\mathrm{d}A$ 上的静水总压力为

$$\mathrm{d}P = h_C \cdot \mathrm{d}A = \rho g h \,\mathrm{d}A$$

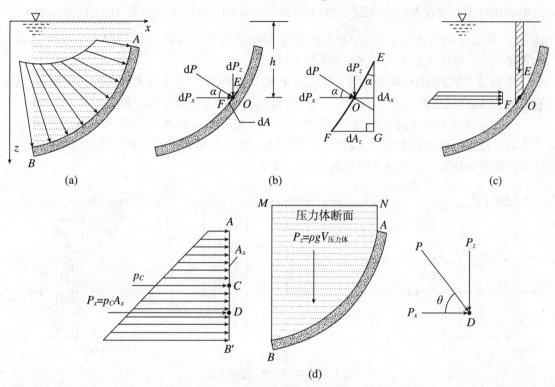

图 3.30　作用于柱形曲面上的静水压力

$\mathrm{d}P$ 垂直于平面 $\mathrm{d}A$,与水平面的夹角为 α.此微小静水总压力 $\mathrm{d}P$ 可分解为水平和垂直方向两个分力:

$$\mathrm{d}P_x = \mathrm{d}P \cdot \cos\alpha = \rho g h \,\mathrm{d}A \cdot \cos\alpha = \rho g h \cdot \mathrm{d}A \cos\alpha = \rho g h \cdot \mathrm{d}A_x$$

$$\mathrm{d}P_z = \mathrm{d}P \cdot \sin\alpha = \rho g h \,\mathrm{d}A \cdot \sin\alpha = \rho g h \cdot \mathrm{d}A \sin\alpha = \rho g h \cdot \mathrm{d}A_z$$

式中,$\mathrm{d}A\cos\alpha$ 为 $\mathrm{d}A$ 在铅垂平面上的投影面 EG,具有沿 x 向的法线,以 $\mathrm{d}A_x$ 表示,脚标 x 表示投影面的法向方向;$\mathrm{d}A\sin\alpha$ 为 $\mathrm{d}A$ 在水平面上的投影面 FG,具有沿 z 向的法线,以 $\mathrm{d}A_z$ 表示,脚标 z 表示投影面的法向方向.

对 $\mathrm{d}P_x$ 和 $\mathrm{d}P_z$ 分别进行积分,即可求得作用在 AB 面上静水总压力的水平分力 P_x 和铅直分力 P_z 以及静水总压力的方向.

1. 静水总压力的水平分力

$$P_x = \int_{A_x} \rho g h \,\mathrm{d}A_x = \rho g \int_{A_x} h \,\mathrm{d}A_x = \rho g h_C \cdot A_x$$

式中,h_C 为铅直投影面的形心点在液面下的淹没深度.

显然,求水平分力 P_x 即转化为求作用在铅直投影面 A_x 上的力,与流体作用在平板上的静水总压力的求解方法相同.水平分力 P_x 的作用线的位置与平板的求法一致,即通过 A_x 平面的压力中心、方向垂直指向该平面.作用在投影面 A_x 上的压强分布图为图 3.30(d)中的阴影梯形.

2. 静水总压力的铅直分力

$$P_z = \int_{A_z} \rho g h \, \mathrm{d}A_z = \rho g \int_{A_z} h \, \mathrm{d}A_z = \rho g V$$

式中,$h \mathrm{d}A_z$ 为作用在微小曲面 EF 上的水体积,$\int_{A_z} h \mathrm{d}A_z$ 为作用在曲面 AB 上的水体积 V.体积 V 乘以 ρg 即为作用于曲面 AB 上的液体 $ABMN$ 的重量 $\rho g V$.柱体 $ABMN$ 这种由于液体重量产生对物体表面压力的体积称为**压力体**.

P_z 的表达式表明,作用于曲面上总压力 P 的铅直分力 P_z 等于压力体内的水体重量.垂直分力 P_z 的作用线通过液体 $ABMN$ 的重心,相当于求压力体中流体的重心.

压力体由以下周界面围成,如图 3.31 所示:① 受压曲面本身,如 AB 和 BC;② 受压曲面在自由液面的延伸面上或自由液面上的投影,如 AB' 和 $B'C'$;③ 从曲面的边缘向自由液面的延展面或自由液面所作的铅直面,如 BB' 和 CC'.

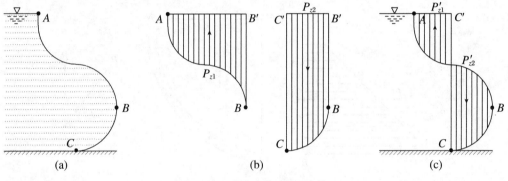

图 3.31 实压力体、虚压力体

压力体只是作为计算曲面上垂直分力的一个数值当量,它不一定由实际流体所构成.其中,产生的压力是垂直向下作用于物体表面的压力体称为**实压力体**,实压力体和流体位于曲面的同侧,实压力体内为实际流体所充实,如 $BCC'B'$,其垂直分力 P_z 方向向下,与重力方向一致.而产生的压力是铅垂向上作用于物体表面的压力体称为**虚压力体**,虚压力体和流体各在曲面一侧,虚压力体内并无流体或所包含的是虚设的流体,如 ABB',此时垂直分力 P_z 方向向上,与重力方向相反.

在实际问题中,如曲面为凹凸相间的复杂曲面,部分曲面的压力体是实的,部分曲面的压力体是虚的,即混合压力体.此时可在曲面与铅垂面相切处将曲面分开,分别绘出各部分的压力体,并定出其方向,然后将这两类压力体叠加.叠加后,若实压力体大于虚压力体,则垂直分力的方向向下;反之,则方向向上.如图 3.31(b)所示,B 点为曲面与铅垂面的相切点,曲面 ABC 可分成 AB 及 BC 两部分,其压力体及相应垂直压力的方向为 $P_{z1}\uparrow$ 和 $P_{z2}\downarrow$,合成后的压力体则如图 3.31(c)所示.曲面 ABC 所受静水总压力的铅直分力的大小即为 $P_{z2} - P_{z1}$ 或 $P'_{z2} - P'_{z1}$.

3. 静水总压力的大小和方向

在求得静水总压力 P 的水平分力 P_x 和铅直分力 P_z 后,作用在曲面上的静水总压力的大小：

$$P = \sqrt{P_x^2 + P_z^2}$$

静水总压力 P 的方向可通过求解 P 的作用线与水平面的夹角确定：

$$\theta = \arctan\frac{P_z}{P_x}$$

总压力的作用点即水平方向作用力 P_x 的作用线和垂直方向作用力 P_z 的作用线的交点，但这个交点不一定位于曲面上.

如曲面为球体，根据压强的作用方向垂直于表面，而垂直于表面的作用力必然通过球心，因此，可将一空间力系简化成一共点力系，此共点力系其合力也将通过球心.曲面为圆柱体表面的情况与球体相同，最终合力也将通过圆心.

值得注意的是，求解流体作用在曲面的作用力，关键在于理解受压曲面边界线的投影方法.水平分力是受压曲面边界线在垂直面上的投影面积上的流体压力；垂直方向的分力也要通过受压曲面的边界线，向压强为大气压的自由表面(如实际问题中自由表面压强不为大气压，可虚设一自由表面)延伸形成一体积，该体积为延伸面和自由表面及曲面包围的体积.

【例题 3.12】　如图 3.32(a)所示，封闭容器 $\theta = 45°$ 方孔，边长 $l = 0.4$ m，盖有半圆柱形盖，$H = 0.5$ m，压强为 $p_0 = 0.25$ atm.求：盖所受总压力的大小与方向.(水的密度 $\rho = 1000$ kg/m³，$g = 9.8$ m/s²)

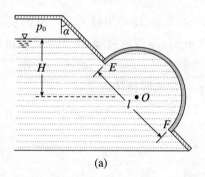

(a)

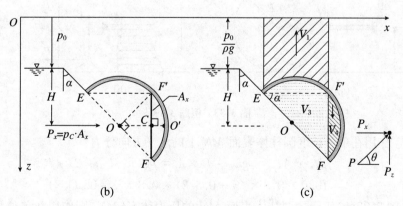

(b)　　　　　　　　　　(c)

图 3.32　例题 3.12

解　基准面离液面 $p_0/\rho g$，建立直角坐标系 Oxz.

如图 3.32(b)所示，过 O 点作水平线并在右侧与半圆弧相较于 O' 点，过 F 点作铅垂线并在上方与半圆弧相交于 F' 点，水平线 OO' 与铅直线 FF' 显然会相互垂直，可以证明过 E

点作的水平线与半圆弧的交点就是 F' 点.

① 盖 ABF 的水平投影面为 EF（顶部 AE 柱体的水平力左右抵消），其面积 $A_x = l^2 \cos \theta$，则水平方向分力：

$$P_x = p_{Cx} \cdot A_x = (p_0 + \rho g H) \cdot l^2 \cos \alpha$$
$$= (0.25 \times 1.013 \times 10^5 + 1000 \times 9.8 \times 0.5) \times 0.4^2 \times \cos 45° \approx 3419.1 \text{ (N)}$$

② 盖 ABF 为复杂曲面，在曲面与铅垂面相切的 B 点将曲面分开，分别绘出各部分的压力体，其中 BF 段曲面的压力体 $V_2 + V_4$ 是实的、AB 段曲面的压力体 $V_1 + V_2$ 是虚的，则合压力体：

$$V = (V_2 + V_4) - (V_1 + V_2) = V_4 - V_1 = (V_4 + V_3) - (V_1 + V_3)$$
$$= [(1/2) \cdot \pi \cdot (l/2)^2 - (p_0/\gamma + H) l \sin \alpha] l$$
$$= [(1/2) \times 3.14 \times (0.4/2)^2 - (0.25 \times 1.013 \times 10^5/9800 + 0.5) \times 0.4 \times \sin 45°] \times 0.4$$
$$\approx -0.3238 \text{ (m}^3)$$

$$P_z = \gamma V = 9800 \times (-0.3238) = -3172.24 \text{ (N)}（方向向上）$$

③ 总压力的大小与方向：

总压力的大小：$P = (P_x^2 + P_z^2)^{1/2} = (3419.1^2 + 3172.24^2)^{1/2} \approx 4664.05 \text{ (N)}$.

总压力的作用线方向：$\theta = \text{arctg}(P_z/P_x) = \text{arctg}(3172.24/3419.1) \approx 42.9°$，经过圆柱的圆心.

【例题 3.13】 如图 3.33(a) 所示，将一半径为 0.8 m 的长实心圆柱体铰接于 M 点用作自动闸门，当水位达到 $h_1 = 5$ m 时，闸门通过绕 M 点处的铰链旋转开启. 已知 M 点的高度 $h_2 = 0.8$ m，另假定铰链处的摩擦力可忽略不计. 确定：① 闸门开启时，作用在圆柱体上静水总压力的大小及作用线方向；② 每米圆柱体的重量.

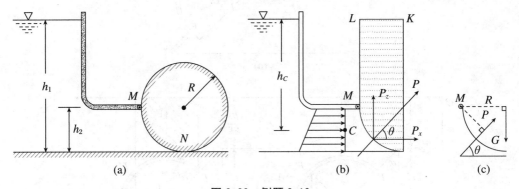

图 3.33　例题 3.13

解 ① 作用在单位长度圆柱体表面 MN 上的水平方向分力：

$$P_x = p_{Cx} \cdot A_x = \rho g h_C \cdot R \times 1 = \rho g (h_1 - h_2/2) \cdot R$$
$$= 1000 \times 9.8 \times (5 - 0.8/2) \times 0.8 = 36.06 \text{ (kN)}$$

绘制如图 3.33(b) 所示的圆柱体表面 MN 的压力体 $KLMN$，则作用在单位长度圆柱体表面 MN 上的垂直方向分力：

$$P_z = \rho g V = \rho g A_{KLMN} \times 1 = \rho g [R(h_1 - h_2) + \pi R^2/4]$$
$$= 1000 \times 9.8 \times [0.8 \times (5 - 0.8) + 3.14 \times 0.8^2/4] \approx 37.85 \text{ (kN)}$$

作用在单位长度圆柱体表面 MN 上的静水总压力的大小：

$$P = (P_x^2 + P_z^2)^{1/2} = (36.06^2 + 37.85^2)^{1/2} \approx 52.28 \; (\text{kN})$$

静水总压力作用线的方向:

$$\theta = \arctan(P_z/P_x) = \text{arctg}(37.85/36.06) \approx 46.39°$$

作用线通过圆柱体的中心,与水平方向成 46.39°.

② 当水位达到 h_1 时,闸门开启,此底板施加给圆柱体的反作用力为 0,根据静水总压力和圆柱体重力对 M 点的合力矩为 0,得

$$P \cdot R\sin\theta - G \cdot R = 0$$

化简并代入已知数据,得

$$G = P\sin\theta = 52.28 \times \sin 46.39° \approx 37.85 \; (\text{kN})$$

【例题 3.14】 如图 3.34(a)所示,一溢流坝上的弧形闸门 MN,已知 $h_0 = 4 \text{ m}, R = 10 \text{ m}$,闸门宽 $b = 8 \text{ m}, \alpha = 30°$.试求作用在该弧形闸门上的静水总压力及其作用线位置.

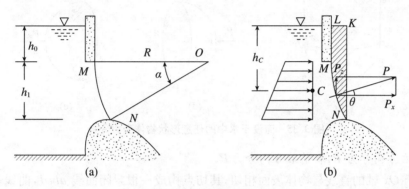

图 3.34 例题 3.14

解 绘制曲面所受水平分力的压强分布图和垂直分力的压力体图,如图 3.34(b)所示.

曲面 MN 水平投影面形心点的水深: $h_C = h_0 + h_1/2 = h_0 + (R\sin\alpha)/2 = 4 + (10 \times \sin 30°)/2 = 6.5 \; (\text{m})$.

水平投影面面积为 $A_x = bh_1 = bR\sin\alpha = 8 \times 10 \times \sin 30° = 40 \; (\text{m}^2)$.

则水平方向静水总压力为 $P_x = \rho g h_C A_x = 1000 \times 9.8 \times 6.5 \times 40 = 2548 \; (\text{kN})$,方向水平向右.

又因为压力体的横截面面积为

$$A_{KLMN} = [\pi R^2 \times 30/360 - (R\sin 30° \times R\cos 30°)/2] + h_0 \times (R - R\cos 30°)$$
$$= [3.14 \times 10^2/12 - (10/2 \times 10 \times 0.866)/2] + 4 \times (10 - 10 \times 0.866)$$
$$\approx 9.876 \; (\text{m}^2).$$

则铅直方向静水总压力为

$$P_z = \rho g V_{KLMN} = \rho g A_{KLMN} b = 1000 \times 9.8 \times 9.876 \times 8 \approx 774.3 \; (\text{kN})$$

所以静水总压力为

$$P = (P_x^2 + P_z^2)^{1/2} = (2548^2 + 774.3^2)^{1/2} \approx 2663 \; (\text{kN})$$

方向指向曲面,其作用线与水平方向的夹角为

$$\theta = \arctan(P_z/P_x) = \arctan(774.3/2548) \approx 16.9°$$

作用在曲面上的静水总压力的计算方法可用于分析浮体的浮力.漂浮在水面或淹没于水中的物体受到静水压力的作用,其值等于物体表面上各点静水压强的总和.如图 3.35 所

示,一任意形状物体淹没于水下.和计算曲面静水总压力一样,假设整个物体表面(三向曲面)上的静水总压力可分为 3 个方向的分力 P_x、P_y、P_z.

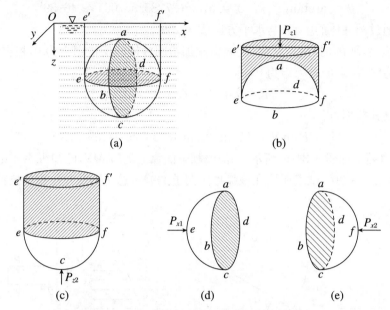

图 3.35　淹没于水中的任意形状物体受力分析

4. 左右方向分力 P_x 和前后方向分力 P_y

平行于 Ox 轴的直线与物体表面相切,其切点构成一根封闭曲线 $abcd$,曲线 $abcd$ 将物体表面分成左、右两半,作用于物体表面静水总压力的水平分力 P_x 是作用在左右两个半曲面上的水平分力 P_{x1} 和 P_{x2} 之和.显然,左半部曲面和右半部曲面在 yOz 平面上的投影面积相等,因而 P_{x1} 和 P_{x2} 大小相等、方向相反,合成后在 Ox 方向上的合力 P_x 为零.同理,整个表面所受 Oy 方向的静水压力 P_y 也等于零.

5. 垂直方向分力 P_z

与 Oz 轴平行的直线与物体表面相切,切点形成一条封闭曲线 $ebfd$,曲线把物体表面分成上、下两部分,则作用于物体上的垂直分力 P_z 是上、下两部分曲面的垂直分力的合力.分别画出两部分曲面的压力体,曲面 eaf 上的垂直分力 P_{z1},方向向下;曲面 ecf 的垂直分力 P_{z2},方向向上;抵消部分共同的压力体 $e'eaff'$ 后,得出的压力体的形状就是物体本身,其体积为 V,方向向上.因此,垂直分力 $P_z = \rho g V$.

以上讨论表明淹没物体上的静水总压力只有一个铅直向上的力,其大小等于该物体所排开的同体积的水重,即阿基米德原理.液体对淹没物体上的作用力称为浮力,浮力的作用点在物体被淹没部分体积的形心,该点称为浮心.在证明阿基米德原理的过程中,假定物体全部淹没于水下,但所得结论对部分淹没于水中的物体也完全适用.

根据以上分析:物体在静止液体中,除受重力作用外,还受到上浮力的作用.若物体在空气中的自重为 G,其体积为 V,则物体全部淹没于水下时,物体所受的浮力为 $\rho g V$.

① 如果 $G > \rho g V$,物体将会下沉直至底部,这样的物体称为沉体.

② 如果 $G < \rho g V$,物体将会上浮直至浮出水面,当物体所受浮力和自重刚好相等时,保持平衡状态,这样的物体称为浮体.

③ 如果 $G = \rho g V$，物体可以潜没于水中的任何位置而保持平衡，这样的物体称为潜体. 物体的沉浮是由它所受重力和上浮力的相互关系来决定的.

【例题 3.15】　如图 3.36 所示，一边长为 h 的立方体物体漂浮在水中，其垂直方向边的 $h/4$ 长度高出水面. 试确定该立方体的密度.

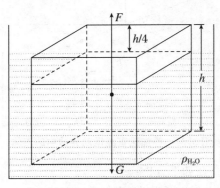

图 3.36　例题 3.15

解　根据阿基米德原理，得立方体受到的浮力 $F = (3/4)\rho_{H_2O} g h^3 = 3\rho_{H_2O} g h^3/4$. 由立方体的重量 $G = \rho_{正方体} g h^3$，且在静力平衡状态下，作用在立方体上的合力为 0，得

$$F - G = \rho_{H_2O} g \cdot 3h^3/4 - \rho_{正方体} g h^3 = 0$$

将已知数据代入，得立方体的密度：

$$\rho_{正方体} = 3\rho_{H_2O}/4$$

3.3　重力和惯性力共同作用下的（相对静止）流体平衡微分方程

平衡状态是指流体质点之间无相对运动，通常包括两种情况：一种是流体相对地球无相对运动，即处于绝对静止状态，如地面上固定不动的贮油罐内的石油、固定水池中不流动的水；另一种是流体随容器一起相对于地球运动，但流体质点之间无相对运动以及流体质点与容器之间都无相对运动，称为**相对平衡或相对静止状态**，如匀加速行驶的油罐车中的石油，此时流体的运动形式相当于刚体的运动，每个流体质点所受的质量力除重力外，还有惯性力.

3.3.1　等加速直线运动容器中流体的相对平衡

如图 3.37 所示，一盛有液体的敞口容器，以等加速度 a 向前做直线运动. 液体质点由于受牵连而随容器做等加速直线运动，则作用在液体质点上的单位质量的牵连惯性力为 $-a$，负号表示牵连惯性力的方向为 x 轴负向. 液体的自由面由原来静止时的水平面变成倾斜面. 以自由液面中心点为坐标原点、x 轴正向与运动方向相同、z 轴向上为正建立坐标系. 假如坐标系随容器而运动,则容器、液体和坐标系都没有运动,若以地球为参照物,则容器内的流体就像刚体一样运动.

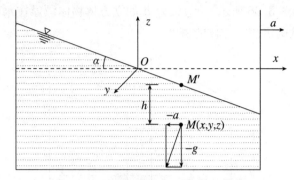

图 3.37 等加速直线运动容器中的流体

对于流体中任一质点,存在如下分析:

所受单位质量的重力在各轴向的分力:$f_{1x} = 0, f_{1y} = 0, f_{1z} = -g$.

所受单位质量的牵连惯性力在各轴向的分力:$f_{2x} = -a, f_{2y} = 0, f_{2z} = 0$.

则单位质量力在各轴向的分力:

$$\begin{cases} f_x = f_{1x} + f_{2x} = 0 + (-a) = -a \\ f_y = f_{1y} + f_{2y} = 0 + 0 = 0 \\ f_z = f_{1z} + f_{2z} = (-g) + 0 = -g \end{cases}$$

此时,流体平衡微分方程式的积分形式可写成

$$\mathrm{d}p = \rho(f_x\mathrm{d}x + f_y\mathrm{d}y + f_z\mathrm{d}z) = \rho\left[(-a)\mathrm{d}x + 0 \cdot \mathrm{d}y + (-g)\mathrm{d}z\right] = \rho(-a\mathrm{d}x - g\mathrm{d}z)$$

或

$$\mathrm{d}p = \rho(-a\mathrm{d}x - g\mathrm{d}z)$$

1. 等加速直线运动容器内液体相对平衡时内部压强分布规律

对 $\mathrm{d}p = \rho(-a\mathrm{d}x - g\mathrm{d}z)$ 积分,得

$$p = \rho(-ax - gz) + C_1$$

式中,C_1 为积分常数,由已知的边界条件确定.若以自由液面中心点为坐标原点,并将原点的坐标和相对压强 $x = 0, z = 0, p = 0$ 代入该式,得 $C_1 = 0$,则**液体内部任意一点 (x, z) 处的相对压强计算公式**:

$$p = \rho(-ax - gz)$$

2. 等压面方程和自由液面方程

令 $\mathrm{d}p = \rho(-a\mathrm{d}x - g\mathrm{d}z) = 0$,对于不可压缩流体,$\rho$ 为常值,得 $-a\mathrm{d}x - g\mathrm{d}z = 0$,积分得

$$z = -\frac{a}{g}x + C_2$$

该式即为**等压面方程**.显然,等压面是一簇平行斜面.对于通过原点 $(x = 0, z = 0)$ 的等压面方程(即自由液面方程),$C_2 = 0$,有

$$z_{\mathrm{s}} = -\frac{a}{g}x$$

该式即为等加速直线运动液体的**自由液面方程**.从方程可知,自由面是通过坐标原点的一个倾斜面,它与水平面的夹角为 α,则 $\tan\alpha = -a/g$.

3. 与流体静力学基本方程的联系

对 $dp = \rho(-adx - gdz)$ 积分,得

$$p = \rho(-ax - gz) + C_3$$

式中,C_3 为积分常数,由已知边界条件确定.将原点的坐标和相对压强 $x=0,z=0,p=p_0$ 代入该式,得 $C_3 = p_0$,则

$$p = p_0 + \rho(-ax - gz) = p_0 + \rho g\left(-\frac{a}{g}x - z\right) = p_0 + \rho g(z_s - z) = p_0 + \rho gh$$

该式表明,在自由面确定后,可通过找出该点对应的倾斜自由表面的位置(垂直向上与自由表面的交点),计算出该点在自由表面下的深度 h,从而计算出该点的压强.

相对静止流体也可用静力学方程求压强,是由于其所受水平方向惯性力与竖直方向重力相不干扰,其所受单位质量力在铅直轴向的分力与静止时完全一致,压强变化相同,都服从于同一形式的水静力学方程.只是由于 x 轴向的压强变化不同,因此等加速直线运动液体的等压面不再像静止液体那样是水平面,而是一倾斜的平面.

【例题 3.16】　如图 3.38 所示,用汽车搬运一玻璃鱼缸,鱼缸长 $l=0.6$ m,宽 $b=0.3$ m,高 $h=0.5$ m,静止时鱼缸内水位高 $h_0=0.4$ m.为确保搬运时水不溢出,试求:① 鱼缸沿汽车前进方向纵向放置时,汽车的最大加速度 a_1;② 鱼缸沿汽车前进方向横向放置时,汽车的最大加速度 a_2.

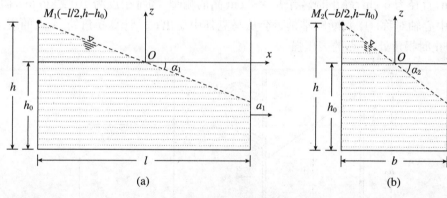

图 3.38　例题 3.16

解　建立坐标系 Oxz.

① 当鱼缸纵向放置时,根据自由液面方程 $z_s = -ax/g$,M_1 点的坐标为 $(-l/2, h-h_0)$,则其加速度:

$$a_1 = -g(z_s/x) = -g(h-h_0)/(-l/2) = 2g(h-h_0)/l$$
$$= 2 \times 9.8 \times (0.5 - 0.4)/0.6 \approx 3.27 \ (\text{m/s}^2)$$

② 当鱼缸横向放置时,根据自由液面方程 $z_s = -ax/g$,M_2 点的坐标为 $(-b/2, h-h_0)$,则其加速度:

$$a_2 = -gz_s/x = -g(h-h_0)/(-b/2) = 2g(h-h_0)/b$$
$$= 2 \times 9.8 \times (0.5 - 0.4)/0.3 = 6.53 \ (\text{m/s}^2)$$

可见,鱼缸纵向放置水不易溢出.

【例题 3.17】　如图 3.39(a)所示,为测定运动物体的加速度,在运动物体上装一 U 形

管,实测管中液面差 $\Delta h = 0.05$ m,两管轴线间的水平距离 $l = 0.3$ m,求加速度 a.

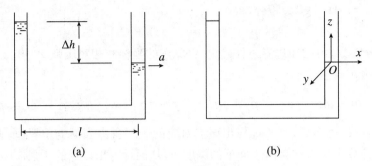

图 3.39　例题 3.17

解　以右支管自由液面中心为原点建立如图 3.39(b)所示坐标系,则 U 形管中液体内任意一点处的相对压强表达式为

$$p = \rho(-ax - gz)$$

对于左支管自由液面的中心点,其相对压强为 0,$x = -l$,$z = \Delta h$,$p = 0$,代入表达式得该点的加速度为

$$a = gz/(-x) = g\Delta h/l = 9.8 \times 0.05/0.3 \approx 1.63 \ (\text{m/s}^2)$$

【例题 3.18】　如图 3.40 所示,一装有咖啡的马克杯以 7 m/s² 的加速度做水平运动.杯深为 10 cm,直径为 6 cm,静止时盛有 $h_0 = 7$ cm 高的咖啡.咖啡密度为 1010 kg/m³,假定马克杯绕其中心轴对称.① 判断咖啡是否会从马克杯中溢出;② 计算拐角处 A 点的表压强;③ 计算静止时拐角处 A 点的表压强.

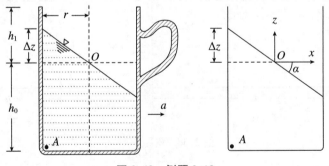

图 3.40　例题 3.18

解　① 假定自由液面以 α 角倾斜,根据匀加速直线运动容器中液体的自由表面方程,可得

$$\alpha = \arctan(a/g) = \arctan(7/9.8) \approx 35.5°$$

根据杯中咖啡体积守恒,初始时的静水表面与匀加速下的斜表面在中心线相交,杯子左边偏转高度:

$$\Delta z = r\tan\alpha = (6/2)\tan 35.5° \approx 2.14 \ (\text{cm})$$

显然,Δz 小于净空间($h_1 = 10 - 7 = 3$ (cm)),咖啡不会溢出.

② 以自由表面中心点 O 为坐标系原点,则 A 点的坐标为($x_A = -0.03$ m,$z_A = -0.07$ m).当杯子做直线加速运动时,A 点的表压强:

$$p_A = \rho(-ax - gz) = 1010 \times [-7 \times (-0.03) - 9.8 \times (-0.07)] = 904.96 \ (\text{Pa})$$

或

$$p_A = \rho g(h_0 + \Delta z) = 1010 \times 9.8 \times (0.07 + 0.0214) = 904.96\,(\text{Pa})$$

③ 静止时，A 点的表压强：

$$p'_A = \rho g h_0 = 1010 \times 9.8 \times 0.07 = 692.86\,(\text{Pa})$$

【例题 3.19】　如图 3.41 所示，油罐车内装着 $\gamma = 9807\ \text{N/m}^3$ 的液体，以水平直线速度 $u = 10\ \text{m/s}$ 行驶，油罐车的尺寸：直径 $d = 2\ \text{m}$，$h = 0.3\ \text{m}$，$l = 4\ \text{m}$. 在某一时刻开始减速运动，经 $s = 100\ \text{m}$ 距离后完全停下. 若为匀速制动，求作用在侧面 M 上的作用力.

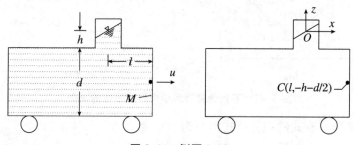

图 3.41　例题 3.19

解　根据匀减速直线运动的位移 s 与速度 u 关系式 $0 - u^2 = 2as$，得

$$a = -u^2/(2s) = -10^2/(2 \times 100) = -0.5\,(\text{m/s}^2)$$

取液体表面的中点为坐标系原点，则油罐车内液体压强的分布式为

$$p = \rho(-ax - gz)$$

由于侧面形心点的坐标为 $(l, -h - d/2)$，代入上式中得到该点的压强：

$$p_C = \rho[-al + g(d/2 + h)] = 1000 \times [0.5 \times 4 + 9.807 \times (2/2 + 0.3)] \approx 14749\,(\text{Pa})$$

所以作用在侧面 M 的作用力：

$$P_M = p_C A = p_C \cdot \pi d^2/4 = 14749 \times 3.14 \times 2^2/4 \approx 46.31\,(\text{kN})$$

3.3.2　等角速度旋转运动容器中流体的相对平衡

如图 3.42 所示，一内部盛有液体的圆柱体容器，绕其中心轴做等角速为 ω 的旋转运动. 由于液体的黏性作用，液体在器壁的带动下，最终也随容器以同一角速度 ω 旋转，液体的自由表面将由静止时的水平面变成绕中心轴的旋转抛物面. 将坐标设在旋转圆柱上，以旋转抛物体顶点为坐标原点、z 轴铅直向上为正建立坐标系. 假如坐标系随容器而运动，则容器、液体和坐标系都没有运动，所观察到的液体运动也是相对平衡运动，作用在每个液体质点上的质量力除重力外，还有牵连离心惯性力.

对于距离 z 轴半径为 r 处的任一质点 M，都有如下受力：

所受的单位质量的重力在各轴向的分力：$f_{1x} = 0$，$f_{1y} = 0$，$f_{1z} = -g$.

所受的单位质量的离心惯性力在各轴向的分力：$f_{2x} = \omega^2 x$，$f_{2y} = \omega^2 y$，$f_{2z} = 0$.

则单位质量力在各轴向的分力：

$$\begin{cases} f_x = f_{1x} + f_{2x} = 0 + \omega^2 x = \omega^2 x \\ f_y = f_{1y} + f_{2y} = 0 + \omega^2 y = \omega^2 y \\ f_z = f_{1z} + f_{2z} = (-g) + 0 = -g \end{cases}$$

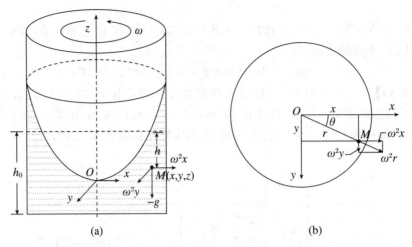

图 3.42　等角速旋转运动容器中流体的平衡

此时，流体平衡微分方程式的积分形式可写为

$$\mathrm{d}p = \rho(f_x\mathrm{d}x + f_y\mathrm{d}y + f_z\mathrm{d}z) = \rho[\omega^2 x \cdot \mathrm{d}x + \omega^2 y \cdot \mathrm{d}y + (-g)\mathrm{d}z]$$
$$= \rho(\omega^2 x\mathrm{d}x + \omega^2 y\mathrm{d}y - g\mathrm{d}z)$$

或

$$\mathrm{d}p = \rho(\omega^2 x\mathrm{d}x + \omega^2 y\mathrm{d}y - g\mathrm{d}z)$$

3.3.2.1　绕铅直轴做等角速度旋转的容器内液体相对平衡时内部压强的分布规律

对 $\mathrm{d}p = \rho(\omega^2 x\mathrm{d}x + \omega^2 y\mathrm{d}y - g\mathrm{d}z)$ 积分，得

$$p = \rho\left(\frac{1}{2}\omega^2 x^2 + \frac{1}{2}\omega^2 y^2 - gz\right) + C_1 = \rho\left(\frac{1}{2}\omega^2 r^2 - gz\right) + C_1$$

式中，C_1 为积分常数，由已知的边界条件确定. 若容器是敞口的，即自由表面的相对压强 $p = 0$，且以旋转抛物体顶点（自由表面中心点）为坐标原点（$x = 0, y = 0, z = 0$），将原点边界条件代入该式得 $C_1 = 0$，则液体内部任意一点 (x, y, z) 处的相对压强计算公式：

$$p = \rho\left(\frac{1}{2}\omega^2 r^2 - gz\right)$$

可见，在液体中同一平面上，旋转中心点的压强最低，外缘的压强最高. 值得注意的是，坐标原点可取在液体内转轴上的任一点，视解题需求而定.

3.3.2.2　等压面方程和自由液面方程

令 $\mathrm{d}p = \rho(\omega^2 x\mathrm{d}x + \omega^2 y\mathrm{d}y - g\mathrm{d}z) = 0$，对于不可压缩流体，$\rho$ 为常值，得 $\omega^2 x\mathrm{d}x + \omega^2 y\mathrm{d}y - g\mathrm{d}z = 0$，积分得

$$z = \frac{\omega^2}{2g}r^2 + C_2$$

该式即为**等压面方程**. 显然，等压面是一簇旋转抛物面，如图 3.43 所示. 对于通过原点 $(r = 0, z = 0, p = 0)$ 的等压面方程（即自由液面方程），$C_2 = 0$，有

$$z_s = \frac{\omega^2}{2g}r^2$$

该式即为等角速度旋转运动液体的自由液面方程. 由方程可知, 自由表面是绕铅直轴旋转的通过坐标原点的一个旋转抛物面.

若坐标系以圆柱体容器底面中心点为原点, 则自由液面方程为

$$z_s - z_0 = \frac{\omega^2}{2g}r^2$$

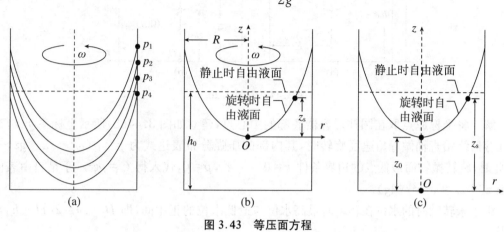

图 3.43　等压面方程

3.3.2.3 与流体静力学基本方程的联系

对 $\mathrm{d}p = \rho(\omega^2 x\mathrm{d}x + \omega^2 y\mathrm{d}y - g\mathrm{d}z)$ 积分, 得

$$p = \rho\left(\frac{1}{2}\omega^2 x^2 + \frac{1}{2}\omega^2 y^2 - gz\right) + C_3 = \rho\left(\frac{1}{2}\omega^2 r^2 - gz\right) + C_3$$

式中, C_3 为积分常数, 由已知边界条件确定. 将原点的坐标和相对压强 $r = 0$, $z = 0$, $p = p_0$ 代入该式, 得 $C_3 = p_0$, 则

$$p = p_0 + \rho\left(\frac{1}{2}\omega^2 r^2 - gz\right) = p_0 + \rho g\left(\frac{1}{2g}\omega^2 r^2 - z\right) = p_0 + \rho g(z_s - z) = p_0 + \rho gh$$

该式表明, 在自由表面确定后, 可根据点的坐标找出该点对应的旋转抛物表面的位置 (垂直向上与自由表面的交点), 计算出该点在自由表面下的深度 h, 然后用绝对静止的压强分布公式计算该点的压强.

绕铅直轴做等角速度旋转运动的液体也可用静力学方程求压强, 这是由于其所受水平方向惯性力与竖直方向重力相互垂直、互不干扰, 其所受单位质量力在铅直轴向的分力与静止时完全一致, 因此相对静止液体和静止液体的压强变化是相同的, 都服从于同一形式的静力学方程. 只是由于在垂直于 z 轴的水平面内的压强变化不同, 因此绝对静止液体在水平面内压强相等, 其水平面为等压面. 而绕铅直轴做等角速旋转运动的液体, 在水平面内压强递增率不为零, 其水平面不是等压面, 而是一个旋转抛物面, 并且在同一水平面上的轴心压强最低, 边缘的压强最高.

盛满水的圆柱形容器, 因盖板上开孔的位置不同导致其压强分布的差异. 常见液体等角速度旋转运动理论的应用可分为以下几类.

1. 敞口容器

【例题 3.20】 如图 3.44(a) 所示, 在半径 $R = 15$ cm、高 $H = 50$ cm 的圆柱形容器中盛水深至 $h_0 = 30$ cm, 当容器绕中心轴做等角速度旋转运动时, 求使水恰好上升至 H 的转速 n.

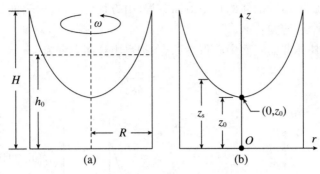

图 3.44　例题 3.20

解　将坐标原点取在圆柱形容器底部的中心点,建立如图 3.44(b)所示坐标系 r-z,当圆柱容器绕铅直轴做等角速度旋转时,其内部的压强分布表达式为 $p = \rho(\omega^2 r^2/2 - gz) + C$,此时,旋转抛物面最低点的边界条件 $r = 0$,$z = z_0$,$p = 0$,代入得 $C = \rho g z_0$,于是自由表面方程 $z_s - z_0 = \omega^2 r^2/(2g)$.

由于未转动时的水位在转动时最高水位与最低水位的正中间,即 $H - z_0 = 2(H - h_0)$,解得

$$z_0 = H - 2(H - h_0) = 50 - 2 \times (50 - 30) = 10 \ (\text{cm})$$

将自由表面方程 $z_s - z_0 = \omega^2 r^2/(2g)$ 整理成 ω 的表达式,并考虑到边界点 $r = R = 0.15$,$z_s = H = 0.5$ m,得

$$\omega = [2g(z_s - z_0)]^{1/2}/r = [2 \times 9.8 \times (0.5 - 0.1)]^{1/2}/0.15 \approx 18.67 \ (\text{s}^{-1})$$

根据 $\omega = 2\pi n$,有 $n = \omega/(2\pi) = 18.67/6.28 \approx 2.97 \ (\text{r/s}) = 178 \ (\text{r/min})$.

需要补充的是,$H - z_0 = 2(H - h_0)$ 的证明如下:

如图 3.45 所示,旋转容器中盛有液体,自由表面方程为 $z_s = \omega^2 r^2/(2g)$,当边缘水位刚到达顶部时,旋转抛物体的高度 $H - z_0 = \omega^2 R^2/(2g)$. 在 Oxy 坐标平面以上的旋转抛物体内气体的体积等于等底等高圆柱体体积的一半,即

$$V_{\text{抛}} = \int_0^R (H - z_0 - z_s) \cdot 2\pi r \mathrm{d}r = \int_0^R \frac{\omega^2}{2g}(R^2 - r^2) \cdot 2\pi r \mathrm{d}r = \frac{\pi \omega^2 R^4}{4g}$$

$$= \frac{1}{2}\left(\pi R^2 \cdot \frac{\omega^2 R^2}{2g}\right) = \frac{1}{2}\left[\pi R^2 \cdot (H - z_0)\right] = \frac{1}{2} V_{\text{圆柱}}$$

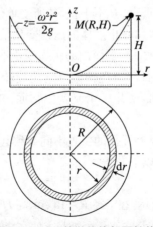

图 3.45　旋转抛物体与圆柱体

显然,当旋转后空气抛物体体积与旋转前圆柱体体积相等时,旋转抛物体的高 $H-z_0$ 必然是圆柱体高 $H-h_0$ 的 2 倍,即 $H-z_0=2(H-h_0)$.

【例题 3.21】　如图 3.46 所示,一直径为 20 cm、高 $H=60$ cm 的圆柱形容器中,装有 $h_0=50$ cm,密度为 850 kg/m³ 的液体.让该容器绕其中心轴匀速转动.假设容器的底面在旋转过程中一直会被液体覆盖(没有干点).试确定液体开始从容器边缘溢出的旋转速度.

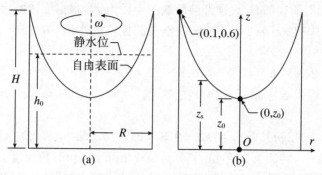

图 3.46　例题 3.21

解　以容器底面中心点为坐标系原点,则自由表面方程 $z_s=z_0+\omega^2 r^2/(2g)$.根据容器旋转前后其内部液体的体积守恒,有

$$\pi R^2 h_0=\int_0^R z_s\cdot 2\pi r\mathrm{d}r=\int_0^R\left[z_0+\omega^2 r^2/(2g)\right]\cdot 2\pi r\mathrm{d}r=\left[z_0+\omega^2 R^2/(4g)\right]\pi R^2$$

解得 $h_0=z_0+\omega^2 R^2/(4g)$ 或 $z_0=h_0-\omega^2 R^2/(4g)$,并将 z_0 代入自由表面方程的表达式中,有

$$z_s=z_0+\omega^2 r^2/(2g)=h_0-\omega^2 R^2/(4g)+\omega^2 r^2/(2g)=h_0-(R^2-2r^2)\omega^2/(4g)$$

在液体开始溢出之前,容器边缘处液体的高度等于容器高度,即 $r=R=0.1$ m, $z_s=H=0.6$ m,则转速为

$$\begin{aligned}\omega&=\left[4g(h_0-z_s)/(R^2-2r^2)\right]^{1/2}\\&=\left[4\times 9.8\times(0.5-0.6)/(0.1^2-2\times 0.1^2)\right]^{1/2}\\&\approx 19.8\ (\mathrm{s}^{-1})\end{aligned}$$

2. 封闭容器

【例题 3.22】　如图 3.47 所示,一高 $h=2$ m、半径 $R=0.5$ m 的封闭圆筒,注水高 $h_0=1.5$ m,上部空气的压强 $p_0=1000$ N/m².当圆筒开始旋转并逐渐加速时,求:① 当水面刚接触圆筒顶部时的 ω_1;② 当气体刚接触圆筒底部时的 ω_2.

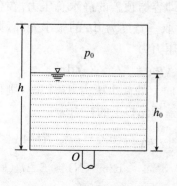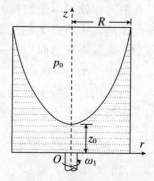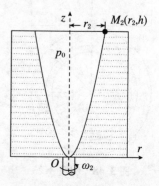

图 3.47　例题 3.22

解 以容器底面与转轴的交点为原点建立坐标系,则自由液面方程:$z_s = z_0 + \omega^2 r^2/(2g)$.

① 当边缘水位刚到达顶部时,$r = R = 0.5$ m.由于密闭容器内的空气容积不变,根据旋转抛物体的几何性质:旋转后空气抛物体的高 $z_s - z_0$ 是旋转前等底面圆柱体高 $h - h_0$ 的 2 倍,即 $z_s - z_0 = 2(h - h_0) = 2 \times (2 - 1.5) = 1$ (m).则

$$\omega_1 = [2g(z_s - z_0)]^{1/2}/r = [2 \times 9.8 \times 1]^{1/2}/0.5 \approx 8.85 \ (\text{s}^{-1})$$

② 当气体接触圆筒底部时,设顶部液面线的半径为 r_2,根据旋转抛物体的几何性质,旋转后空气抛物体的体积 $\pi r_2^2 h/2$ 等于旋转前空气圆柱体的体积 $\pi R^2 (h - h_0)$,即 $\pi r_2^2 h/2 = \pi R^2(h - h_0)$,则

$$r_2 = R[2(h - h_0)/h]^{1/2} = 0.5 \times [2 \times (2 - 1.5)/2]^{1/2} \approx 0.354 \ (\text{m})$$

根据自由面方程 $z_s = \omega^2 r^2/(2g)$,在 M_2 点 $r = r_2 = 0.354$ m,$z_s = h = 2$ m,$\omega = \omega_2$,有 $h = \omega_2^2 r_2^2/(2g)$,则

$$\omega_2 = (2gh)^{1/2}/r_2 = (2 \times 9.8 \times 2)^{1/2}/0.354 \approx 17.69 \ (\text{s}^{-1})$$

注:式中,$\omega = 2\pi n$,转速 n 的单位为转/分或 r/min 或 rpm;角速度 ω 的单位为 1/s 或 s^{-1} 或 rad/s.实际中,可根据旋转容器中液面高度变化来测定容器的旋转角速度 ω 的大小.

3. 盖板中心开一小孔的旋转容器

容器以旋转角速度 ω 绕铅直轴转动,等压面由静止时的水平面变成旋转抛物面(这是等角速度旋转液体的特性,与盖板开口方式无关).以容器盖板中心点为坐标原点、z 轴铅直向上为正建立坐标系.由于盖板四周封闭,液体中各坐标点的压强为

$$p = \rho\left(\frac{1}{2}\omega^2 r^2 - gz\right) + C_1$$

根据盖板中心点的边界条件($x = 0, y = 0, z = 0, p = 0$)得 $C_1 = 0$,且在盖板上 $z = 0$,则盖板上的压强分布为

$$p = \frac{1}{2}\rho\omega^2 r^2$$

相对压强为零的面即通过盖板中心点的旋转抛物面.可见,轴心压强最低,边缘压强最高.而压强与 ω^2 成正比,ω 增大,边缘压强 p 也增大.离心铸造机就是利用这个原理.

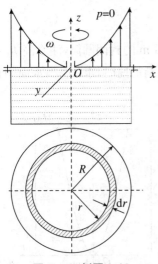

图 3.48 例题 3.23

【例题 3.23】 如图 3.48 所示,一半径 $R = 30$ cm 的圆柱形容器中盛满水,然后用螺栓连接的盖板封闭,盖板中心开有一圆形小孔.当容器以 $n = 300$ r/min 的转速旋转时,试求作用于盖板螺栓上的拉力,不计盖板的重力.(水的密度 $\rho = 1000$ kg/m³)

解 螺栓所承受的拉力即容器顶盖的静水总压力.在盖板上距离其中心点 r 的位置取一宽度为 $\mathrm{d}r$ 的微小元环,则作用在该微小环形面积上的压力为

$$\mathrm{d}P = p \cdot \mathrm{d}A = (\rho\omega^2 r^2/2) \cdot 2\pi r\mathrm{d}r$$

对作用在盖板上各铅直向上的微小压力 $\mathrm{d}P$ 积分,则作用于盖板上的静水总压力或盖板螺栓上的拉力为

$$P = \int_0^R (\rho\omega^2 r^2/2) \cdot 2\pi r\mathrm{d}r = \int_0^R \pi\rho\omega^2 r^3 \mathrm{d}r = \pi\rho\omega^2 R^4/4$$
$$= 3.14 \times 1000 \times 31.4^2 \times 0.3^4/4 \approx 6269 \ (\text{N}) \approx 6.27 \ (\text{kN})$$

式中, $\omega = 2\pi n = 2 \times 3.14 \times 300/60 \approx 31.4$ (s^{-1}).

4. 盖板上开一小孔的旋转容器

【例题 3.24】 如图 3.49(a)所示一带顶盖的圆柱形容器,半径 $R = 2$ m,容器内充满水,在顶盖上距中心为 r_0 处开一小孔通大气,容器绕其中心轴做等角速度 ω 旋转,求顶盖所受静水总压力为 0 时的 r_0 值.

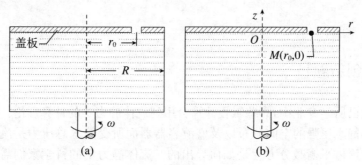

图 3.49　例题 3.24

解 容器做等角速度旋转时,容器内液体的压强分布式为 $p = \rho(\omega^2 r^2/2 - gz) + C$;在 M 点位置, $r = r_0, z = 0, p = 0$,代入 p 的表达式得 $C = -\rho\omega^2 r_0^2/2$,于是压强分布式变为 $p = \rho[\omega^2(r^2 - r_0^2)/2 - gz]$.在顶盖上, $z = 0$,则顶盖上的压强分布式 $p_{顶盖} = \rho\omega^2(r^2 - r_0^2)/2$,于是顶盖所受的静水总压力为

$$P_{顶盖} = \int_0^R p_{顶盖} \cdot 2\pi r \mathrm{d}r = \int_0^R [\rho\omega^2(r^2 - r_0^2)/2] \cdot 2\pi r \mathrm{d}r = \pi\rho\omega^2 \int_0^R (r^2 - r_0^2) r \mathrm{d}r$$

当 $P_{顶盖} = 0$ 时, $\int_0^R (r^2 - r_0^2) r \mathrm{d}r = 0$,解得 $r_0 = R/2^{1/2} = 2^{1/2} \approx 1.41$ (m).

5. 盖板边缘开一小孔的旋转容器

如图 3.50 所示,一容器以角速度 ω 绕其铅直轴转动,容器旋转后,液体虽未溢出,但压强分布发生了变化.以旋转抛物体顶点为坐标原点($x = 0, y = 0, z = 0$),液体中各点压强分布为

$$p = \rho\left(\frac{1}{2}\omega^2 r^2 - gz\right)$$

对于盖板上的点,根据盖板边缘点(R, z)的边界条件 $p = 0, r = R$,有 $z = \omega^2 R^2/(2g)$,则盖板上各点的压强为

$$p = \frac{1}{2}\rho\omega^2(r^2 - R^2)$$

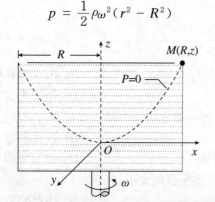

图 3.50　盖板边缘开一小孔的旋转容器

可见,盖板中心点($r=0$)的压强最小,边缘点($r=R$)的压强最大.离心式泵和风机就是利用这一原理使流体不断从中心点吸入经边缘点甩出而进行工作的.

习　题

【研究与创新题】

3.1　在自己所学专业中,哪些工程计算会用到流体静力学的计算理论?

3.2　流体静水压强的空间分布以及盛液容器器面所受静水总压力是流体静力学的核心内容,试思考流体平衡微分方程是如何导出的? 流体静力学的科学家们需具备什么样的知识结构以及什么样的创造性思维能力才能探索出这样适用于流体静力学领域的一般性方程?

3.3　液压千斤顶是如何利用帕斯卡定律设计的? 基于帕斯卡定律的液压传动机械还有哪些?

3.4　中学时学习的液体压强公式 $p = \rho g h$ 是基于什么原理导出的? 在本章又是如何导出的?

3.5　中学时学习的阿基米德浮力定律 $F = \rho g V$ 是如何导出的? 有没有其他导出方法?

【课前预习题】

3.6　试背诵和理解下列名词:流体静压力、等压面;位置水头、压强水头、测压管水头;绝对压强、相对压强、真空度;压力体、实压力体、虚压力体;相对平衡.

3.7　试写出以下重要公式并理解各物理量的含义:$\mathrm{d}p = \rho(f_x\,\mathrm{d}x + f_y\,\mathrm{d}y + f_z\,\mathrm{d}z)$,$p = p_0 + \rho g h$,$P = p_C A$,$y_D = y_C + I_C/(y_C A)$,$P_z = \rho g V$,$P = (P_x^2 + P_z^2)^{1/2}$,$\theta = \arctan(P_z/P_x)$,$p = \rho(-ax - gz)$,$z_s = -ax/g$,$p = \rho(\omega^2 r^2/2 - gz)$,$z_s = \omega^2 r^2/(2g)$.

【课后作业题】

3.8　静止流体中存在(　　).

(A) 压应力 　　　　　　　　　　　(B) 压应力和拉应力

(C) 压应力和剪应力 　　　　　　　(D) 压应力、拉应力和剪应力

3.9　根据静水压强的特性,静止液体中同一点各方向的压强(　　).

(A) 数值相等 　　　　　　　　　　(B) 数值不等

(C) 仅水平方向数值相等 　　　　　(D) 铅直方向数值最大

3.10　静止流体中,任一点压强的大小与(　　)无关.

(A) 受压面的方位 　　　　　　　　(B) 该点的位置

(C) 流体的种类 　　　　　　　　　(D) 重力加速度

3.11　欧拉液体平衡微分方程(　　).

(A) 只适用于静止液体　　　　　　　　(B) 只适用于相对平衡液体

(C) 不适用于理想液体　　　　　　　　(D) 理想液体和实际液体均适用

3.12　金属压力表的读数是(　　).

(A) 绝对压强　　　　　　　　　　　　(B) 相对压强

(C) 绝对压强加当地大气压　　　　　　(D) 相对压强加当地大气压

3.13　图 3.51 所示容器内盛有两种不同的液体,密度分别为 ρ_1、ρ_2,则有(　　).

(A) $z_A + p_A/(\rho_1 g) = z_B + p_B/(\rho_1 g)$　　　　(B) $z_A + p_A/(\rho_1 g) = z_C + p_C/(\rho_2 g)$

(C) $z_B + p_B/(\rho_1 g) = z_D + p_D/(\rho_2 g)$　　　　(D) $z_B + p_B/(\rho_1 g) = z_C + p_C/(\rho_2 g)$

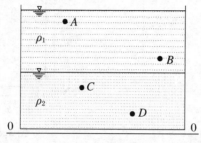

图 3.51　题 3.13

3.14　$z + p/\gamma = C$ 表明在静止液体中,所有各点(　　)均相等.

(A) 测压管高度　　　(B) 位置高度　　　(C) 测压管水头　　　(D) 位置水头

3.15　在均质连通的静止液体中,任一(　　)上各点压强必然相等.

(A) 平面　　　　　　(B) 水平面　　　　(C) 斜面　　　　　　(D) 以上都不对

3.16　垂直放置的矩形平板挡水,水深为 3 m,静水总压力 P 的作用点到水面的距离 y_D 为(　　).

(A) 1.25 m　　　　　(B) 1.5 m　　　　　(C) 2 m　　　　　　(D) 2.5 m

3.17　压力体内(　　).

(A) 必定充满液体　　　　　　　　　　(B) 肯定没有液体

(C) 至少部分有液体　　　　　　　　　(D) 可能有液体,也可能无液体

3.18　对于相对平衡液体,(　　).

(A) 等压面与质量力不正交　　　　　　(B) 等压面不可能为水平面

(C) 等压面的形状与液体密度有关　　　(D) 两种液体的交界面为等压面

3.19　对于相对平衡液体(　　).

(A) 等压面不一定是水平面

(B) 液体内部同一等压面上各点处在自由液面下同一深度的面上

(C) $z_1 + p_1/\gamma = z_2 + p_2/\gamma = C$(对于任意的 z_1、z_2)

(D) $\mathrm{d}p = \rho(f_x \mathrm{d}_x + f_y \mathrm{d}_y + f_z \mathrm{d}_z)$ 不成立

3.20　在等角速度旋转液体中(　　).

(A) 各点的测压管水头等于常数

(B) 各点的测压管水头不等于常数,但测压管高度等于常数

(C) 各点的压强随水深的变化呈线性关系

(D) 等压面与质量力不一定正交

3.21 如图3.52所示为内盛有液体、以等角速度 ω 旋转的容器,则旋转前后容器底压强分布( ),底部所受总压力( ).

(A) 相同,相等 (B) 相同,不相等

(C) 不相同,相等 (D) 不相同,不相等

3.22 如图3.53所示,一盛水 U 形管绕轴做等角速度旋转,$a>b$,测得左右支管水深分别为 h_1 和 h_2,则 O 点压强( ).

(A) 等于 $\rho g h_1$ (B) 等于 $\rho g h_2$

(C) 小于 $\rho g h_2$ (D) 介于 $\rho g h_1$ 和 $\rho g h_2$ 之间

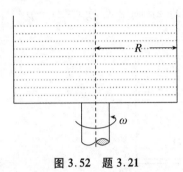
图 3.52 题 3.21

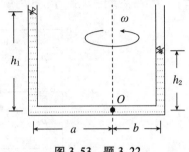
图 3.53 题 3.22

3.23 静水压强有哪些特性?

3.24 静止流体压强的表示方法有哪几种?它们之间有什么关系?

3.25 如图3.54所示,三个等底面积 A、等水深 h 但不同形状的敞口容器内盛有同种液体.根据 $p = \rho g h$ 和 $P = pA$ 可知,三个容器内底所受静水总压力均相等,但三个容器内所盛液体的重量显然不相等,试解释其原因.

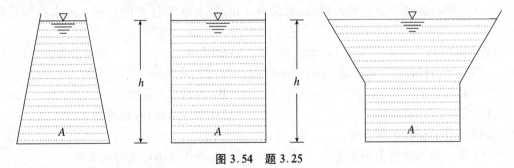
图 3.54 题 3.25

3.26 如图3.55所示为 a、b 两个容器,活塞面积 A 相等,当分别在两个活塞上增加相等的压力 F 时,试判断两个容器内各点压强的增值是否相等?为什么?

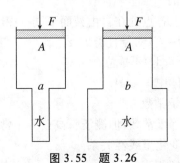
图 3.55 题 3.26

3.27　如图 3.56 所示，$z = 1\,\text{m}$，$h = 2\,\text{m}$，当地大气压 $p_0 = 9.8\,\text{KPa}$ 时，（本书默认 $\rho_水 = 1000\,\text{kg/m}^3$，$g = 9.8\,\text{m/s}^2$）求 A 点的相对压强 p_{re}、绝对压强 p_{abs} 和真空压强 p_{v}.【参考答案：$p_{\text{re}} = -9.8\,\text{kPa}$，$p_{\text{abs}} = 88.2\,\text{kPa}$，$p_{\text{v}} = 9.8\,\text{kPa}$】

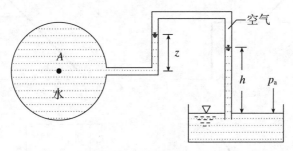

图 3.56　题 3.27

3.28　如图 3.57 所示，用倾斜式微压计测量烟道中烟气的真空度，已知测量管的倾角 $\alpha = 30°$，微压计所用的工作液体是密度 $\rho = 800\,\text{kg/m}^3$ 的酒精，测量管读值 $l = 200\,\text{mm}$，当地大气压 $p_0 = 10^5\,\text{Pa}$，试求该测点烟气的真空度 p_{v} 和绝对压强 p_{abs}.【参考答案：$p_{\text{v}} = 784\,\text{Pa}$，$p_{\text{abs}} = 99216\,\text{Pa}$】

3.29　如图 3.58 所示，一虹吸管用于将油（$\gamma = 8.5\,\text{kN/m}^3$）从容器 B 吸入容器 A. 已知 $h = 2\,\text{m}$，$z = 0.5\,\text{m}$，并假设最初油处于静止状态. 试确定油柱在点 1 和点 2 处的压强.【参考答案：$p_1 = -2.17\,\text{mH}_2\text{O}$；$p_2 = -0.43\,\text{mH}_2\text{O}$】

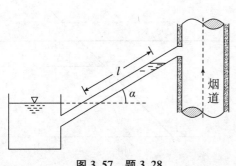

图 3.57　题 3.28

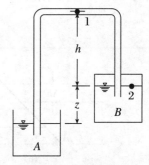

图 3.58　题 3.29

3.30　液体内部水平面是等压面的充要条件是什么？

3.31　如图 3.59 所示 U 形压差计，用以测量两水箱的水位差，测得 $\gamma_{\text{m}} = 8.82\,\text{kN/m}^3$，$h_{\text{m}} = 40\,\text{cm}$，试计算水位差 Δh.【参考答案：$\Delta h = 4\,\text{cm}$】

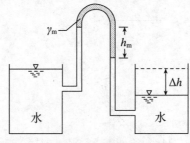

图 3.59　题 3.31

3.32　相对压强分布图的斜率等于什么？什么情况下相对压强分布图为矩形？

3.33 试绘制图 3.60 中**粗实线段**的压强分布图.

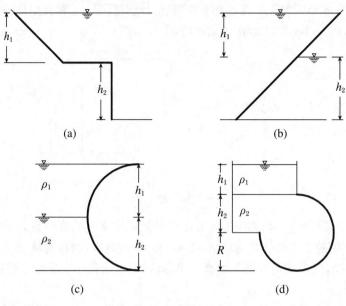

(a)

(b)

(c)

(d)

图 3.60 题 3.33

3.34 如图 3.61 所示,一平板闸门 AB 斜置于水中,当上、下游水位均上升 Δh(虚线位置)时,试问:图(a)、(b)中闸门 AB 上所受的静水总压力及作用点是否改变?

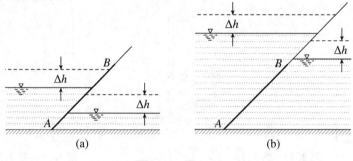

(a)

(b)

图 3.61 题 3.34

3.35 如图 3.62 所示,一单宽矩形闸门只在上游受静水压力作用,如果该闸门绕中心轴旋转某一角度 α,试问:① 闸门上任意一点的压强有无变化? 为什么? ② 板上的静水总压力有无变化? 为什么?

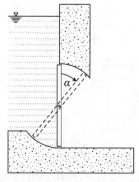

图 3.62 题 3.35

3.36　如图 3.63 所示安全闸门,闸门宽 $b = 0.6$ m(垂直于纸面方向),高 $h_1 = 1$ m,铰接点 O 距底 $h_2 = 0.4$ m,闸门可绕 O 点转动,求闸门自动打开的水深 h.【参考答案:$h > 4/3$ m】

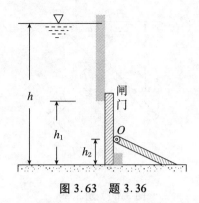

图 3.63　题 3.36

3.37　如图 3.64 所示矩形平板闸门,闸门宽 $b = 0.8$ m(垂直于纸面方向),高 $h = 1$ m,若要求在挡水深 h_1 超过 2 m 时,闸门即可自行开启,求铰链的位置高度 h_2.【参考答案:$h_2 = 4/9$ m】

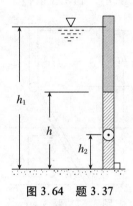

图 3.64　题 3.37

3.38　如图 3.65 所示金属矩形平板闸门,由两根工字钢横梁支撑,闸门宽 $b = 1$ m,高 $h = 3$ m,挡水面与闸门顶齐平,若要求两横梁所受的力相等,试计算横梁的位置 y_1 和 y_2.【参考答案:$y_1 = 1.414$ m,$y_2 = 2.586$ m】

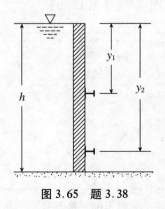

图 3.65　题 3.38

3.39　如图 3.66 所示,一长 $l = 2.0$ m、宽 $b = 1.0$ m 的矩形闸门 MN 位于容器的 45°斜面上,闸门形心 C 位于自由液面下 $h_c = 2.0$ m 处,闸门的顶部边缘由铰链铰接,并由垂直力

F 固定在位置上,忽略铰链处的摩擦和闸门的重量,确定所需力 F 的大小.【参考答案:F = 31.01 kN】

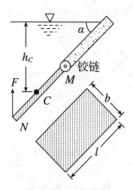

图 3.66 题 3.39

3.40 如图 3.67 所示矩形平板闸门 MN,门宽 $b = 3$ m,门重 $G = 9800$ N,$\alpha = 60°$,$h_1 = 1$ m,$h_2 = 1.73$ m,试求:① 下游无水时的启门力 T_1;② 下游水位 $h_3 = h_2/2$ 时的启门力 T_2.【参考答案:① $T_1 = 131.5$ kN;② $T_2 = 110.3$ kN】

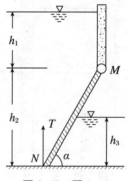

图 3.67 题 3.40

3.41 如图 3.68 所示为一上部盛油、下部盛水的容器,已知 $h_1 = 1$ m,$h_2 = 2$ m,$\alpha = 60°$,油的重度 $\gamma_{油} = 7.84$ kN/m³,求作用于容器侧壁 MN 单位宽度上的作用力及其作用点的位置.【参考答案:$P = 45.26$ kN,距离 N 点 1.12 m】

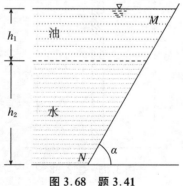

图 3.68 题 3.41

3.42　压力体由哪几个面围成？如何确定压力体的范围和方向？

3.43　绘制图3.69中各曲面段（粗实线）的压力体，并注明虚实.

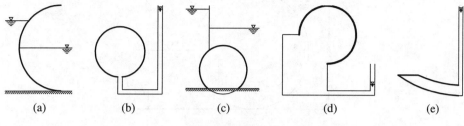

$$\text{(a)} \qquad \text{(b)} \qquad \text{(c)} \qquad \text{(d)} \qquad \text{(e)}$$

图3.69　题3.43

3.44　如图3.70所示，一断面形状为3/4个圆的圆柱半径 $R = 0.8$ m，宽度 $b = 1$ m（垂直于纸面方向），圆心位于液面以下 $h_2 = 2.58$ m 的水平面上；容器中，上方盛有密度 $\rho_1 = 816$ kg/m³ 的液体，其深度 $h_1 = 0.98$ m，下方盛有液体密度 $\rho_2 = 1000$ kg/m³；求作用于3/4圆曲面上的静水总压力的大小和方向.【参考答案：$P = 37.06$ kN，$\theta = 64.97°$】

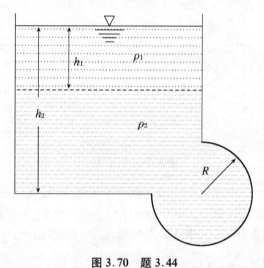

图3.70　题3.44

3.45　如图3.71所示，一弧形闸门 MN，闸门宽 $b = 2$ m（垂直于纸面方向），圆心角 $\alpha = 30°$，半径 $r = 3$ m，闸门转轴与水平面齐平，求水对闸门的静水总压力.【参考答案：$P = 23.46$ kN，$\theta = 19.86°$】

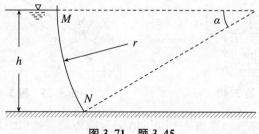

图3.71　题3.45

3.46　如图3.72所示，一长为 10 m、直径为 4 m 的圆柱形闸门（垂直于纸面放置），其上、下游水深分别为 $h_1 = 4$ m 和 $h_2 = 2$ m.确定作用在闸门上的静水总压力 P 及其方向.【参

考答案：$P = 1095.6\ \text{kN}, \theta = 57.5°$】

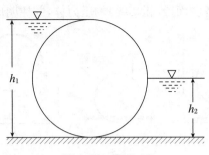

图 3.72　题 3.46

3.47　如图 3.73 所示,由上、下两半圆筒合成的圆柱形压力水罐,罐侧面半径 $R = 0.5\ \text{m}$,罐长 $l = 2\ \text{m}$,压力表读数 $p_m = 23.72\ \text{kN/m}^2$,水的容重 $\gamma = 9.8\ \text{kN/m}^3$,试求:① 端部平面盖板所受的水压力 P_x;② 上、下半圆筒所受水压力 $P_{z上}$ 和 $P_{z下}$.【参考答案:① $P_x = 22.47\ \text{kN}$;② $P_{z上} = 49.54\ \text{kN}, P_{z下} = 64.93\ \text{kN}$】

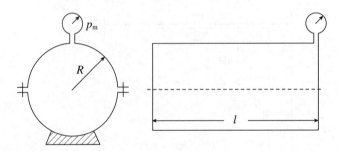

图 3.73　题 3.47

3.48　如图 3.74 所示,两水池间隔墙上装一半球堵头,已知球的半径 $R = 1\ \text{m}$,水池下方装有 U 形汞压差计,其液面差 $h_m = 200\ \text{mm}$,$\rho_{Hg} = 13600\ \text{kg/m}^3$.试求:① 两水池水位差 Δh;② 半球堵头上的静水总压力 ΔP.【参考答案:$\Delta h = 2.52\ \text{m}, \Delta P = \Delta P_x = 77.55\ \text{kN}$】

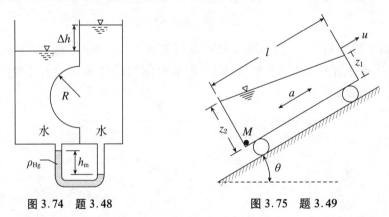

图 3.74　题 3.48　　　　　　　　图 3.75　题 3.49

3.49　如图 3.75 所示,一长为 $l = 100\ \text{cm}$ 装有液体的容器以恒定加速度在 $\theta = 30°$ 的斜面上运动.其上、下端的水深分别为 $z_1 = 15\ \text{cm}$ 和 $z_2 = 28\ \text{cm}$.试求:① 加速度 a 的大小;② 加速度方向是沿斜面向上还是沿斜面向下;③ 当液体为 $20\ ℃$ 的水银时 M 点的表压强($\rho_{Hg} = 13550\ \text{kg/m}^3$).【参考答案:① $a = -3.80\ \text{m/s}^2$;② 沿斜面向下;③ $p_M = 32.2\ \text{kPa}$】

3.50　如图 3.76 所示,一洒水车静止时 $x_A = -1.5$ m,水深 $h = 1$ m,求洒水车以等加速度 $a = 0.98$ m/s^2 在平地行驶时 A 点的静水压强 p.【参考答案:$p = 1.15$ mH$_2$O】

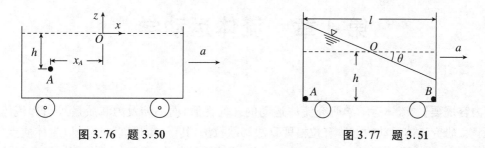

图 3.76　题 3.50　　　　　　　图 3.77　题 3.51

3.51　如图 3.77 所示,一盛有液体、车内长 $l = 3.0$ m 的小车,静止时水深 $h = 2.0$ m,当小车做加速度 $a = 4.0$ m/s^2 的水平等加速运动时,试计算水面倾斜角 θ 和 A、B 点的压强 p_A、p_B,取 $g = 9.8$ m/s^2.【参考答案:$\theta = 22.18°$;$p_A = 25.6$ kPa;$p_B = 13.6$ kPa】

3.52　如图 3.78 所示,一装有 20 ℃ 水银($\rho_{Hg} = 13550$ kg/m^3)的 U 形管绕轴 $O-O$ 匀速旋转,相关状态参数测量如下:$h_1 = 20$ cm,$h_2 = 12$ cm,$a = 10$ cm,$b = 5$ cm.试确定 U 形管的转速 ω.【参考答案:$\omega = 138$ r/min】

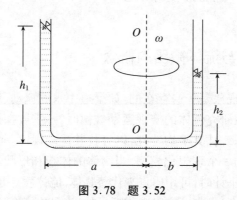

图 3.78　题 3.52

3.53　如图 3.79 所示,直径 $d = 600$ mm、高 $h = 500$ mm 的圆柱形容器,盛水深至 $h_0 = 0.4$ m,剩余部分装比重为 0.8 的油,封闭容器上部盖板中心有一小孔.假定容器绕中心轴等角速度旋转时,容器转轴和分界面的交点下降 0.4 m 直至容器底部.试求满足上述条件的旋转角速度 ω 及盖板和器底上最大压强与最小压强.【参考答案:$\omega = 16.5$ s^{-1};$p_{盖,min} = 0$,$p_{盖,max} = 11.27$ kPa $= 1.15$ mH$_2$O;$p_{底,min} = 3.92$ kPa $= 0.4$ mH$_2$O,$p_{底,max} = 16.17$ kPa $= 1.65$ mH$_2$O】

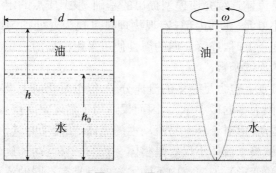

图 3.79　题 3.53

第 4 章 流体运动学

【内容提要】 流体运动学研究流体运动的几何性质,而不涉及力和质量等引起流体运动的因素.研究流体运动的方法有拉格朗日法和欧拉法,其中,拉格朗日法是以流体质点(或微团)为研究对象,欧拉法是以流场为研究对象.本章以流体微团运动分析为基础,将流体微团运动分解,进一步将流体运动分为有旋流动和无旋流动,以无旋流动方程的线性特征,引入势流叠加原理解决圆柱绕流等平面势流问题.重点讨论不可压缩流体平面无旋流动的速度势函数与流函数的关系以及求解势流问题的叠加方法.

4.1 流体质点与流体微团运动

4.1.1 流体质点与流体微团的概念

自然界中流体的运动现象是普遍存在的,如渠道中水的流动、输油管中油的流动、土壤孔隙介质中水的流动等.在研究流体的宏观运动规律时,不需要探讨流体的微观运动,但需要对流体进行模型化处理,统计其平均特性,以寻找其运动规律.质点是有质量但不存在体积或形状的点,是物理学的一个理想化模型.当物体的体积和形状不起作用,或者所起的作用并不显著甚至可以忽略不计时,可用质点来代替物体.**流体质点**是指流体中一个宏观尺寸非常小而微观尺寸又足够大,具有一定宏观物理量的、满足连续介质假定的任意形状的物理实体.该定义包括三方面的含义:① 流体质点的宏观尺寸非常小,小到所占据的宏观体积在数学上的极限为零;② 流体质点的微观尺寸足够大,远大于流体分子尺寸的数量级,任何时刻都包含足够多的流体分子,具有一定的宏观物理量(如质量、压强、密度、流速、动量、动能、温度等),质点大小和个别分子的行为不会影响质点总体的统计平均特性;③ 流体质点的形状可以任意划定,因而质点和质点之间可以没有间隙,流体所在的空间中,质点连续致密,因此流体质点的概念也是流体连续介质模型提出的基础.根据质点的定义,流体质点是可以忽略线性尺度效应的最小单元.在其内部,宏观物理量可视为处处均匀地分布.当把流体质点的平均属性规定到空间点上时,连续介质的属性便可采用流场的表示法,此时流体的属性便只是空间位置和时间的连续函数.

虽然流体质点在微观上包含足够多的流体分子,但也是几何上没有维数、线性尺度效应可以忽略、宏观体积极限为零的微小单元,因而仅适用于描述空间位置及方位发生变化而其形状保持不变的刚体运动.但对于具有易流动性的流体,在流动时其内部各质点间会发生任意的相对滑动变形运动,整个流体不仅仅是整体一致的平移运动和旋转运动,而且还存在变形运动(包括线变形和角变形),如河流中不同水深的点具有不同的流速.此时对于无线性尺度效应的流体质点无法进行研究.

为此引入一个具有尺度效应的研究对象,即流体微团.**流体微团**是由大量流体质点所组成的具有线性尺度效应的微小流体团.流体微团在几何上指的是某一质点的一个邻域,其运动是由于流场速度分布不均使得流体微团上各点的运动速度不相等,从而产生平移、旋转、线变形和角变形运动.流体微团不同于刚体之处在于除了平移和旋转运动外还有变形运动.以流体微团为研究对象,可深入了解某一个质点邻域内的运动状况或速度分布.流体的运动轨迹是讨论流体的质点的,而旋转角速度是讨论流体微团的运动的.

4.1.2　流体微团运动的分解

下面以二维运动情况为例分析流体微团的运动.在 xOy 平面内取一边长分别为 $\mathrm{d}x$ 和 $\mathrm{d}y$ 的平面流体微团 $ABCD$, A 点在 x 和 y 轴上的速度分量分别为 u_x 和 u_y, B、C、D 各点的速度分量假设都与 A 点不同,其间的变化可按泰勒级数表达,各点的速度分量如图 4.1 所示.

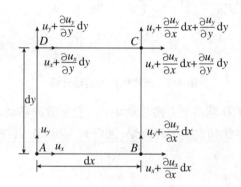

图 4.1　流体微团上各点的运动速度

如图 4.2 所示,由于矩形 $ABCD$ 各角点与边线垂直方向的分速度不同,各边线将发生偏转. B 点在 y 方向的分速度比 A 点在 y 方向的分速度大 $\dfrac{\partial u_y}{\partial x}\mathrm{d}x$,因此,经 $\mathrm{d}t$ 时段后 B 点将比 A 点向上多移动 $\dfrac{\partial u_y}{\partial x}\mathrm{d}x\mathrm{d}t$ 到 B_4,致使 AB 发生逆时针偏转,偏转角度 $\mathrm{d}\theta_1 \approx \tan(\mathrm{d}\theta_1) = \left(\dfrac{\partial u_y}{\partial x}\mathrm{d}x\mathrm{d}t\right)\Big/\left(\mathrm{d}x + \dfrac{\partial u_x}{\partial x}\mathrm{d}x\mathrm{d}t\right)$,略去分母中的高阶微量,得 $\mathrm{d}\theta_1 = \dfrac{\partial u_y}{\partial x}\mathrm{d}t$.同理, D 点比 A 点向右多移动了 $\dfrac{\partial u_x}{\partial y}\mathrm{d}y\mathrm{d}t$ 到 D_4,致使 AD 发生了顺时针偏转,偏转角度 $\mathrm{d}\theta_2 = \dfrac{\partial u_x}{\partial y}\mathrm{d}t$.最后,矩形 $ABCD$ 变成了平行四边形 $A_1B_4C_4D_4$,整个运动过程可看成平移运动、线变形运动、角变形运动和旋转运动的组合.

1. 平移运动

经 $\mathrm{d}t$ 时段后, $ABCD$ 变成 $A_1B_4C_4D_4$.若不考虑线变形、角变形和旋转影响,仅考虑单纯的平移,则可视为从 $ABCD$ 变成 $A_1B_1C_1D_1$,即微团的形状、各边边长及各边方位均不变,仅仅是微团位置的整体移动.在图中, A 点在 x、y 方向的速度分量 u_x、u_y 是微团矩形其他各点 B、C、D 相应分速度的组成部分.若暂不考虑 B、C、D 各点的分速度与 A 点的差值,则经

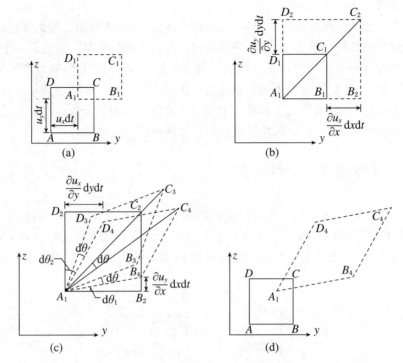

图 4.2　流体微团的运动分解

过 dt 时段后整个微团 $ABCD$ 将沿 x 方向移动 $u_x dt$,沿 y 方向移动 $u_y dt$,发生平移运动到达 $A_1 B_1 C_1 D_1$ 的位置,但其形状和大小没有改变.推广到三维,A 点在 x、y、z 方向的速度分量分别为 u_x、u_y、u_z.

2. 线变形运动

经 dt 时段后,$ABCD$ 变成 $A_1 B_4 C_4 D_4$.若不考虑平移、角变形和旋转影响,仅考虑单纯的线变形,则可视为从 $A_1 B_1 C_1 D_1$ 变成 $A_1 B_2 C_2 D_2$,即各边边长发生了变化但方位不变.由于流体微团 $ABCD$ 各角点在 x 方向的分速度不同,B 点比 A 点快 $\frac{\partial u_x}{\partial x} dx$,$C$ 点比 D 点也快 $\frac{\partial u_x}{\partial x} dx$,所以,经过 dt 时段后,边线 AB 和 DC 在 x 方向均伸长了 $\frac{\partial u_x}{\partial x} dx dt$(线变形).同理,边线 AD 和 BC 在 y 方向上均伸长了 $\frac{\partial u_y}{\partial y} dy dt$(线变形).因此,经过时段 dt 后,微团 $ABCD$ 因平移及线变形运动变成 $A_1 B_2 C_2 D_2$.流体微团沿各坐标轴方向单位时间、单位长度的线变形称为**线变形率**.因此,流体微团沿 x、y 方向的线变形率分别为

$$\varepsilon_{xx} = \frac{\frac{\partial u_x}{\partial x} dx dt}{dx dt} = \frac{\partial u_x}{\partial x}, \quad \varepsilon_{yy} = \frac{\frac{\partial u_y}{\partial y} dy dt}{dy dt} = \frac{\partial u_y}{\partial y}$$

推广到三维,x、y、z 方向的线变形率分别为 $\varepsilon_{xx} = \partial u_x / \partial x$,$\varepsilon_{yy} = \partial u_y / \partial y$,$\varepsilon_{zz} = \partial u_z / \partial z$.

3. 角变形运动和旋转运动

经 dt 时段后,$ABCD$ 变成 $A_1 B_4 C_4 D_4$.若不考虑平移和线变形影响,仅考虑角变形和旋转,则可视为从矩形 $A_1 B_2 C_2 D_2$ 变成平行四边形 $A_1 B_4 C_4 D_4$,即各边边长不变,但夹角有变化,对角线也发生了转动.其中,夹角变化属于角变形运动,即从 $A_1 B_2 C_2 D_2$ 变成 $A_1 B_3 C_3 D_3$,

各边边长不变,对角线方向不变,仅仅是相邻两边发生方向相反、转角大小相等的转动;对角线转动属于旋转运动,即从 $A_1B_3C_3D_3$ 变成 $A_1B_4C_4D_4$,各边边长不变,夹角不变,仅仅是对角线发生 $\mathrm{d}\theta$ 角的转动.

在 $A_1B_2C_2D_2$ 的基础上,保持对角线 A_1C_2 的位置不变,使边线 A_1D_2 顺时针偏转一个角度 $\mathrm{d}\theta_2 - \mathrm{d}\theta$ 后到 A_1D_3,边线 A_1B_2 逆时针偏转一个角度 $\mathrm{d}\theta_1 + \mathrm{d}\theta$ 后到 A_1B_3,并令这两个偏转角相等,即 $\mathrm{d}\theta_2 - \mathrm{d}\theta = \mathrm{d}\theta_1 + \mathrm{d}\theta$ 或 $\mathrm{d}\theta = (\mathrm{d}\theta_2 - \mathrm{d}\theta_1)/2$,此时 C_2 到达 C_3 的位置,A_1C_3 与 A_1C_2 重合.矩形只有直角纯变形,没有旋转运动发生.因此,经过时间 $\mathrm{d}t$ 后,矩形 $ABCD$ 经过平移、线变形及角变形变成了平行四边形 $A_1B_3C_3D_3$.每一直角边线的偏转角为

$$\mathrm{d}\theta_1 + \mathrm{d}\theta = \mathrm{d}\theta_1 + \frac{\mathrm{d}\theta_2 - \mathrm{d}\theta_1}{2} = \frac{\mathrm{d}\theta_1 + \mathrm{d}\theta_2}{2}$$

或

$$\mathrm{d}\theta_2 - \mathrm{d}\theta = \mathrm{d}\theta_2 - \frac{\mathrm{d}\theta_2 - \mathrm{d}\theta_1}{2} = \frac{\mathrm{d}\theta_1 + \mathrm{d}\theta_2}{2}$$

则 xOy 平面流体微团绕 z 轴的**角变形率**定义为单位时间矩形半角的变化:

$$\theta_z = \theta_{xy} = \frac{\mathrm{d}\theta_1 + \mathrm{d}\theta}{\mathrm{d}t} = \frac{1}{2}\left(\frac{\mathrm{d}\theta_1 + \mathrm{d}\theta_2}{\mathrm{d}t}\right) = \frac{1}{2}\left(\frac{\partial u_y}{\partial x} + \frac{\partial u_x}{\partial y}\right)$$

对于三维,垂直于 x、y、z 轴的平面的角变形率分别为

$$\theta_x = \frac{1}{2}\left(\frac{\partial u_z}{\partial y} + \frac{\partial u_y}{\partial z}\right), \quad \theta_y = \frac{1}{2}\left(\frac{\partial u_x}{\partial z} + \frac{\partial u_z}{\partial x}\right), \quad \theta_z = \frac{1}{2}\left(\frac{\partial u_y}{\partial x} + \frac{\partial u_x}{\partial y}\right)$$

接着,将整个平行四边形 $A_1B_3C_3D_3$ 绕 A_1 点顺时针旋转一个角度 $\mathrm{d}\theta$,此时 $A_1B_3C_3D_3$ 的对角线 A_1C_3 与 A_1C_4 重合,从而变成平行四边形 $A_1B_4C_4D_4$.因此,矩形 $ABCD$ 经过平移、线变形、角变形及旋转变成了平行四边形 $A_1B_4C_4D_4$.旋转是由 $\mathrm{d}\theta_1$ 与 $\mathrm{d}\theta_2$ 不等所产生的,矩形 $ABCD$ 的纯旋转角为 $\mathrm{d}\theta$,以逆时针方向为正,xOy 平面流体微团绕 z 轴的旋转角速度为

$$\omega_z = \frac{\mathrm{d}\theta}{\mathrm{d}t} = \frac{1}{2}\left(\frac{\mathrm{d}\theta_1 - \mathrm{d}\theta_2}{\mathrm{d}t}\right) = \frac{1}{2}\left(\frac{\partial u_y}{\partial x} - \frac{\partial u_x}{\partial y}\right)$$

推广到三维,垂直于 x、y、z 轴的平面的旋转角速度(右手定则)分别为

$$\omega_x = \frac{1}{2}\left(\frac{\partial u_z}{\partial y} - \frac{\partial u_y}{\partial z}\right), \quad \omega_y = \frac{1}{2}\left(\frac{\partial u_x}{\partial z} - \frac{\partial u_z}{\partial x}\right), \quad \omega_z = \frac{1}{2}\left(\frac{\partial u_y}{\partial x} - \frac{\partial u_x}{\partial y}\right)$$

可见,流体微团的运动通常由平移、线变形、角变形和旋转四种形式的运动组成.其中,线变形和角变形统称为变形.最简单的流体微团的运动形式可能只是这四种运动形式中的某一种,而较复杂的运动形式则总是这几种形式的合成.研究流体质点变形运动的根本问题是确定其角变形率;而流体质点旋转运动的根本问题是确定其旋转角速度.

4.1.3　流体微团运动的基本形式与速度变化

对于平面流动中相距 $(\mathrm{d}x, \mathrm{d}y)$ 的两点 O 和 M 的速度关系,对其在 x 方向的速度 $u_x(x, y)$ 进行全微分:

$$\mathrm{d}u_x = (u_M - u_O)_x = \frac{\partial u_x}{\partial x}\mathrm{d}x + \frac{\partial u_x}{\partial y}\mathrm{d}y$$

整理分解得

$$u_{Mx} = u_{Ox} + \frac{\partial u_x}{\partial x}\mathrm{d}x + \frac{1}{2}\left(\frac{\partial u_x}{\partial y} + \frac{\partial u_y}{\partial x}\right)\mathrm{d}y + \frac{1}{2}\left(\frac{\partial u_x}{\partial y} - \frac{\partial u_y}{\partial x}\right)\mathrm{d}y$$

$$= u_{Ox} + \varepsilon_x\mathrm{d}x + (\theta_z - \omega_z)\mathrm{d}y$$

对于空间流动,在流场中任取一微小正六面体微团,如图 4.3 所示,由于流体微团上各点的运动速度不同,经过 $\mathrm{d}t$ 时段后,该流体微团不仅空间位置及方位发生了变化,而且其形状也将发生变化,由原来的微小正六面体变成了斜六面体.

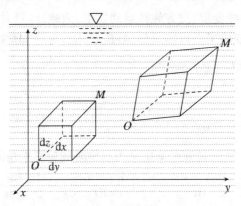

图 4.3 流体微团示意图

此时,流体流动空间中相距 $(\mathrm{d}x,\mathrm{d}y,\mathrm{d}z)$ 的两点 O 和 M 的速度差在 x、y、z 方向的分量分别表示如下:

$$\mathrm{d}u_x = (u_M - u_O)_x = \frac{\partial u_x}{\partial x}\mathrm{d}x + \frac{\partial u_x}{\partial y}\mathrm{d}y + \frac{\partial u_x}{\partial z}\mathrm{d}z$$

$$\mathrm{d}u_y = (u_M - u_O)_y = \frac{\partial u_y}{\partial x}\mathrm{d}x + \frac{\partial u_y}{\partial y}\mathrm{d}y + \frac{\partial u_y}{\partial z}\mathrm{d}z$$

$$\mathrm{d}u_z = (u_M - u_O)_z = \frac{\partial u_z}{\partial x}\mathrm{d}x + \frac{\partial u_z}{\partial y}\mathrm{d}y + \frac{\partial u_z}{\partial z}\mathrm{d}z$$

按流体微团运动形式分解得

$$u_{Mx} = u_{Ox} + \left(\frac{\partial u_x}{\partial x}\right)\mathrm{d}x + \frac{1}{2}\left(\frac{\partial u_y}{\partial x} + \frac{\partial u_x}{\partial y}\right)\mathrm{d}y + \frac{1}{2}\left(\frac{\partial u_x}{\partial z} + \frac{\partial u_z}{\partial x}\right)\mathrm{d}z$$

$$- \frac{1}{2}\left(\frac{\partial u_y}{\partial x} - \frac{\partial u_x}{\partial y}\right)\mathrm{d}y + \frac{1}{2}\left(\frac{\partial u_x}{\partial z} - \frac{\partial u_z}{\partial x}\right)\mathrm{d}z$$

$$u_{My} = u_{Oy} + \left(\frac{\partial u_y}{\partial y}\right)\mathrm{d}y + \frac{1}{2}\left(\frac{\partial u_y}{\partial x} + \frac{\partial u_x}{\partial y}\right)\mathrm{d}x + \frac{1}{2}\left(\frac{\partial u_z}{\partial y} + \frac{\partial u_y}{\partial z}\right)\mathrm{d}z$$

$$+ \frac{1}{2}\left(\frac{\partial u_y}{\partial x} - \frac{\partial u_x}{\partial y}\right)\mathrm{d}x - \frac{1}{2}\left(\frac{\partial u_z}{\partial y} - \frac{\partial u_y}{\partial z}\right)\mathrm{d}z$$

$$u_{Mz} = u_{Oz} + \left(\frac{\partial u_z}{\partial z}\right)\mathrm{d}z + \frac{1}{2}\left(\frac{\partial u_x}{\partial z} + \frac{\partial u_z}{\partial x}\right)\mathrm{d}x + \frac{1}{2}\left(\frac{\partial u_z}{\partial y} + \frac{\partial u_y}{\partial z}\right)\mathrm{d}y$$

$$- \frac{1}{2}\left(\frac{\partial u_x}{\partial z} - \frac{\partial u_z}{\partial x}\right)\mathrm{d}x + \frac{1}{2}\left(\frac{\partial u_z}{\partial y} - \frac{\partial u_y}{\partial z}\right)\mathrm{d}y$$

方程右边由四部分组成:第 1 项为平移运动;第 2 项为线变形运动;第 3、4 项为角变形运动;第 5、6 项为旋转运动.代入运动基本公式,得

$$u_{Mx} = u_{Ox} + \varepsilon_{xx}\mathrm{d}x + (\theta_z - \omega_z)\mathrm{d}y + (\theta_y + \omega_y)\mathrm{d}z$$

$$u_{My} = u_{Oy} + (\theta_z + \omega_z)\mathrm{d}x + \varepsilon_{yy}\mathrm{d}y + (\theta_x - \omega_x)\mathrm{d}z$$

$$u_{Mz} = u_{Oz} + (\theta_y - \omega_y)\mathrm{d}x + (\theta_x + \omega_x)\mathrm{d}y + \varepsilon_{zz}\mathrm{d}z$$

【例题 4.1】 当圆管中断面上流速分布为 $u_x = u_m(1 - r^2/r_0^2)$ 时,求旋转角速度 ω_x、ω_y、ω_z 和角变形率 θ_x、θ_y、θ_z,判断该流动是否为有旋流动.

解 以管轴线为 x 轴建立直角坐标系,则流速场为 $u_x = u_m(1 - r^2/r_0^2) = u_m[1 - (y^2 + z^2)/r_0^2]$,$u_y = 0$,$u_z = 0$.

旋转角速度:$\omega_x = (\partial u_z/\partial y - \partial u_y/\partial z)/2 = 0$,$\omega_y = (\partial u_x/\partial z - \partial u_z/\partial x)/2 = -zu_m/r_0^2$,$\omega_z = (\partial u_y/\partial x - \partial u_x/\partial y)/2 = yu_m/r_0^2$.

由于 $\omega_y \neq 0$,$\omega_z \neq 0$,故液体在流动时,液体质点为有旋运动.

角变形率:$\theta_x = (\partial u_z/\partial y + \partial u_y/\partial z)/2 = 0$,$\theta_y = (\partial u_x/\partial z + \partial u_z/\partial x)/2 = -zu_m/r_0^2$,$\theta_z = (\partial u_y/\partial x + \partial u_x/\partial y)/2 = -yu_m/r_0^2$.

4.2 描述流体运动的两种方法

在研究固体运动时,一般以质点或刚体为研究对象,分析其运动规律.但流体的运动是由无数质点(或微团)构成的连续介质的流动,描述流体运动的方法必须与这种运动相结合.常见的描述流动的方法有拉格朗日法和欧拉法.

4.2.1 拉格朗日法

拉格朗日法又叫质点系法,沿用了研究固体运动的方法,将流体的运动视为无数个质点运动的总和,通过对单个流体质点的运动规律进行分析研究,然后将质点运动汇总起来,得到整个流体的运动规律.

拉格朗日法是以质点为研究对象,为识别每个质点,将 $t = t_0$ 或初始状态时某流体质点在空间的位置坐标 (a, b, c) 作为该质点的标识.不同的流体质点在 t_0 时具有不同的位置坐标,如 (a', b', c')、(a'', b'', c'')…这样就把不同的质点区别开来.在此后的时刻 t_1,各质点分别运动到空间位置 (x_1, y_1, z_1)、(x_1', y_1', z_1')、(x_1'', y_1'', z_1'')…;在此后的时刻 t_2,各质点分别运动到空间位置 (x_2, y_2, z_2)、(x_2', y_2', z_2')、(x_2'', y_2'', z_2'')….即同一质点在不同时刻 t_1、t_2…处于不同位置;各个质点在同一时刻也位于不同的空间位置,如图 4.4 所示.因而,在任一时刻 t,质点 (a, b, c) 的空间点坐标 (x, y, z) 可表示为

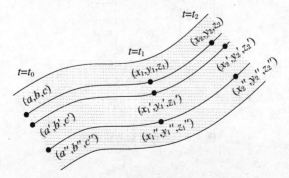

图 4.4 质点的运动轨迹

$$\begin{cases} x = x(a,b,c,t) \\ y = y(a,b,c,t) \\ z = z(a,b,c,t) \end{cases}$$

式中，a、b、c 称为拉格朗日变数. 若给定式中 a、b、c 的值，可得到某一特定质点的运动轨迹方程.

将轨迹对时间 t 取导数，可得任一流体质点在任意时刻的运动速度 u. 由于流体质点的初始坐标 (a,b,c) 与时间 t 无关，因此全导数与偏导数一致. u 在各坐标方向的投影分量为

$$\begin{cases} u_x = \dfrac{\mathrm{d}x}{\mathrm{d}t} = \dfrac{\partial x}{\partial t} = u_x(a,b,c,t) \\ u_y = \dfrac{\mathrm{d}y}{\mathrm{d}t} = \dfrac{\partial y}{\partial t} = u_y(a,b,c,t) \\ u_z = \dfrac{\mathrm{d}z}{\mathrm{d}t} = \dfrac{\partial z}{\partial t} = u_z(a,b,c,t) \end{cases}$$

同理，将轨迹对时间 t 取二阶导数，可得流体质点的加速度 a 在各坐标方向的投影分量为

$$\begin{cases} a_x = \dfrac{\mathrm{d}^2 x}{\mathrm{d}t^2} = \dfrac{\partial^2 x}{\partial t^2} = a_x(a,b,c,t) \\ a_y = \dfrac{\mathrm{d}^2 y}{\mathrm{d}t^2} = \dfrac{\partial^2 y}{\partial t^2} = a_y(a,b,c,t) \\ a_z = \dfrac{\mathrm{d}^2 z}{\mathrm{d}t^2} = \dfrac{\partial^2 z}{\partial t^2} = a_z(a,b,c,t) \end{cases}$$

对于某一特定质点，给定 a、b、c 的值，即可确定不同时刻流体质点的坐标、速度和加速度.

在用拉格朗日法研究流体流动时，常用迹线表示流动情况. 所谓迹线，即某一流体质点在运动过程中，不同时刻所流经的空间点连成的线，或流场中一个流体质点随着时间推移在空间中所勾画的轨迹线.

图 4.5 中的曲线 AB 代表某一流体质点 (a,b,c) 运动的轨迹线，在迹线 AB 上取一微分段 $\mathrm{d}s$ 代表流体质点在此时间内的位移. 因 $\mathrm{d}s$ 无限小，可视为直线，则位移 $\mathrm{d}s$ 在坐标轴上的投影 $\mathrm{d}x$、$\mathrm{d}y$、$\mathrm{d}z$ 可分别表示为

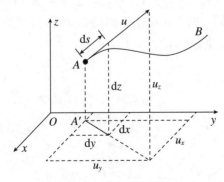

图 4.5　质点运动的轨迹线

$$
\begin{cases}
\mathrm{d}x = u_x(a,b,c,t)\mathrm{d}t \\
\mathrm{d}y = u_y(a,b,c,t)\mathrm{d}t \\
\mathrm{d}z = u_z(a,b,c,t)\mathrm{d}t
\end{cases}
$$

于是,迹线的微分方程为

$$
\frac{\mathrm{d}x}{u_x(a,b,c,t)} = \frac{\mathrm{d}y}{u_y(a,b,c,t)} = \frac{\mathrm{d}z}{u_z(a,b,c,t)} = \mathrm{d}t
$$

式中,u_x、u_y、u_z 都是 a、b、c、t 的函数.由于 a、b、c 是质点的标识,是不变的参数,自变量仅有时间 t.微分方程式对 t 积分即可得质点(a,b,c)的迹线方程.

　　拉格朗日法是以流体质点为考察对象,追踪单个质点的运动,流体质点的坐标或轨迹(x,y,z)是起始位置坐标(a,b,c)和时间 t 的函数,与研究固体运动的方法一致,物理概念清晰,在理论上能直接得出各质点的运动轨迹及其运动参数在运动过程中的变化.但由于流体质点的运动轨迹非常复杂,要寻求不同质点的运动规律,在数学上常常会遇到很大的困难.因而,除研究某些问题(如波浪运动等),一般不采用拉格朗日法.而且,在实际工程问题中,通常并不需要追踪每个流体质点的详细历程,而是着眼于各流动空间点或固定断面上流体物理量的变化及相互关系,例如扭开水龙头,水从管中流出,通常并不需要追踪某个水质点自管中流出到哪里去,只要求知道水从管中流出的流速、流量即可.这种着眼于空间点的描述方法称为欧拉法.

　　【例题 4.2】　在任意时刻 t,流体质点的位置是 $x = 5t^2$,其迹线为双曲线 $xy = 25$,求质点的速度和加速度在 x 和 y 方向的分量.

　　解　速度 u 和加速度 a 在 x 和 y 方向的分量为

$$u_x = \mathrm{d}x/\mathrm{d}t = \mathrm{d}(5t^2)/\mathrm{d}t = 10t$$
$$u_y = \mathrm{d}y/\mathrm{d}t = \mathrm{d}(25/x)/\mathrm{d}t = (-25/t^2)\cdot\mathrm{d}x/\mathrm{d}t = -10/t^3$$
$$a_x = \partial u_x/\partial t = 10 \text{ m/s}^2$$
$$a_y = \partial u_y/\partial t = 30/t^4$$

4.2.2　欧拉法

　　根据流体连续介质假定,可以把流体运动视作充满一定空间、由无数流体质点组成的连续介质运动.运动流体所占的空间称为**流场**.在流场内表征流体运动状态的物理量或运动要素有速度、加速度、动水压强、剪应力、密度等.研究流体运动的规律,就是分析流体的运动要素随空间和时间的变化而变化的规律.**欧拉法**又叫流场法,是以考察不同流体质点通过固定空间位置点的运动情况来了解整个流动空间内的流动情况,即着眼于研究各种运动要素的分布率.该方法注重流体质点不同时刻通过某个固定空间点时所体现的物理量(如速度、加速度等),而不关心该物理量是由哪个质点造成的.

　　采用欧拉法,流场中任何一个运动要素(如速度 u)可以表示为空间坐标(x,y,z)和时间 t 的函数.在直角坐标系中,流速 u 随空间坐标(x,y,z)和时间 t 而变化.因而,流体质点的流速在各坐标轴上的投影可表示为

$$
\begin{cases}
u_x = u_x(x,y,z,t) \\
u_y = u_y(x,y,z,t) \\
u_z = u_z(x,y,z,t)
\end{cases}
$$

该式表示某个流体质点在时间 t、空间位置为 (x,y,z) 时的速度. 该空间点速度的变化不是由一个流体质点引起的, 而是由无穷多个流体质点在不同时刻引起的. 式中 (x,y,z,t) 称为欧拉变数, 若令 x、y、z 为常数, t 为变数, 则可求得在某一固定空间点 (x,y,z) 上, 流体质点在不同时刻 t 通过该点的流速变化情况; 若令 t 为常数, x、y、z 为变数, 则可求得在同一时刻 t 通过不同空间点上的流体质点的流速分布情况 (即流速场). 同理, 流场中其他物理量如压力、密度等, 也可用欧拉变数表示.

在流场中, 同一空间点上不同流体质点通过该点时的流速是不同的, 即在同一空间点上流速随时间 t 而变化; 在同一瞬间不同空间点 (x,y,z) 上流速也是不同的. 这表明: ① 在求某一流体质点在空间定点上的加速度时, 应同时考虑这两种变化; ② 流速 u 及其投影分量 u_x、u_y、u_z 是时间 t 和空间点坐标 x、y、z 的连续函数, 又因为运动质点在不同时刻处于不同的空间点坐标, 即质点的空间点坐标 x、y、z 是时间 t 的连续函数.

流速矢量是空间点位置和时间的函数: $u(x,y,z,t) = u_x(x,y,z,t)\boldsymbol{i} + u_y(x,y,z,t)\boldsymbol{j} + u_z(x,y,z,t)\boldsymbol{k}$, 根据加速度的定义, 并考虑到复合函数的求导规则, 得加速度的矢量形式为

$$\boldsymbol{a} = \frac{\mathrm{d}\boldsymbol{u}}{\mathrm{d}t} = \frac{\partial \boldsymbol{u}}{\partial t} + \frac{\partial \boldsymbol{u}}{\partial x} \cdot \frac{\mathrm{d}x}{\mathrm{d}t} + \frac{\partial \boldsymbol{u}}{\partial y} \cdot \frac{\mathrm{d}y}{\mathrm{d}t} + \frac{\partial \boldsymbol{u}}{\partial z} \cdot \frac{\mathrm{d}z}{\mathrm{d}t} = \frac{\partial \boldsymbol{u}}{\partial t} + \left(u_x \frac{\partial \boldsymbol{u}}{\partial x} + u_y \frac{\partial \boldsymbol{u}}{\partial y} + u_z \frac{\partial \boldsymbol{u}}{\partial z}\right)$$

或

$$\boldsymbol{a} = \frac{\partial \boldsymbol{u}}{\partial t} + (\boldsymbol{u} \cdot \nabla)\boldsymbol{u}$$

式中, $u_x = \mathrm{d}x/\mathrm{d}t$, $u_y = \mathrm{d}y/\mathrm{d}t$, $u_z = \mathrm{d}z/\mathrm{d}t$ 分别为运动轨迹对时间的导数, 即速度在三个方向上的分量; $\mathrm{d}x$、$\mathrm{d}y$、$\mathrm{d}z$ 是由于流体质点随时间的变化在空间移动的距离即运动的轨迹; ∇ 为哈密顿算子:

$$\nabla = \frac{\partial}{\partial x}\boldsymbol{i} + \frac{\partial}{\partial y}\boldsymbol{j} + \frac{\partial}{\partial z}\boldsymbol{k}$$

其运算规则为

$$\boldsymbol{u} \cdot \nabla = (u_x \boldsymbol{i} + u_y \boldsymbol{j} + u_z \boldsymbol{k}) \cdot \left(\frac{\partial}{\partial x}\boldsymbol{i} + \frac{\partial}{\partial y}\boldsymbol{j} + \frac{\partial}{\partial z}\boldsymbol{k}\right) = u_x \frac{\partial}{\partial x} + u_y \frac{\partial}{\partial y} + u_z \frac{\partial}{\partial z}$$

$$\nabla \cdot \boldsymbol{u} = \left(\frac{\partial}{\partial x}\boldsymbol{i} + \frac{\partial}{\partial y}\boldsymbol{j} + \frac{\partial}{\partial z}\boldsymbol{k}\right)\boldsymbol{u} = \frac{\partial \boldsymbol{u}}{\partial x}\boldsymbol{i} + \frac{\partial \boldsymbol{u}}{\partial y}\boldsymbol{j} + \frac{\partial \boldsymbol{u}}{\partial z}\boldsymbol{k}$$

加速度在三个坐标轴上的投影, 即标量形式分别为

$$\begin{cases} a_x = \dfrac{\mathrm{d}u_x}{\mathrm{d}t} = \dfrac{\partial u_x}{\partial t} + u_x \dfrac{\partial u_x}{\partial x} + u_y \dfrac{\partial u_x}{\partial y} + u_z \dfrac{\partial u_x}{\partial z} \\[2mm] a_y = \dfrac{\mathrm{d}u_y}{\mathrm{d}t} = \dfrac{\partial u_y}{\partial t} + u_x \dfrac{\partial u_y}{\partial x} + u_y \dfrac{\partial u_y}{\partial y} + u_z \dfrac{\partial u_y}{\partial z} \\[2mm] a_z = \dfrac{\mathrm{d}u_z}{\mathrm{d}t} = \dfrac{\partial u_z}{\partial t} + u_x \dfrac{\partial u_z}{\partial x} + u_y \dfrac{\partial u_z}{\partial y} + u_z \dfrac{\partial u_z}{\partial z} \end{cases}$$

在 a_x、a_y、a_z 三式中, 等号右边第一项 $\partial u_x/\partial t$、$\partial u_y/\partial t$、$\partial u_z/\partial t$ 表示在每个固定空间点上流速对时间的变化率, 即由于时间变化而形成的加速度, 称为**当地加速度 (时变加速度)**. 等号右边的第二项至第四项之和是表示流速对坐标 (x,y,z) 的变化率, 即由空间点位置变化而形成的加速度, 称为**迁移加速度 (位变加速度)**. 因此, 一个流体质点在空间点上的全加速度等于时变加速度和位变加速度之和. 这两种加速度的具体含义可以通过下述例子加以说明.

如图 4.6 所示, 自水箱引出的变直径圆管, 在放水过程中, 若水箱有来水补充, 水箱水位

保持不变,则管内流动不随时间变化,管内所有点的时变加速度均为 0.

对于圆管流场中的 A、B 两点,当某流体质点从 A 点经 dt 时间后运动到 A' 点,由于 $u_A = u_{A'}$,因而 A 点的位变加速度为 0;而当某流体质点从管径改变处的 B 点经 dt 时间后运动到 B' 点,由于 $u_B \neq u_{B'}$,因而 B 点的位变加速度不为 0.

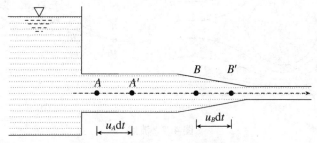

图 4.6　时变加速度与位变加速度

若水箱无来水补充,水位随放水过程逐渐下降,则管内所有点处的流速都会随时间逐渐减小,因而存在时变加速度.此外,对于管径不变的 A 点,其位变加速度为 0.对于管径改变的 B 点,由于管道收缩,流速沿流动方向逐渐增大,除了存在时变加速度,还存在位变加速度,B 点的加速度是这两部分的和.

【例题 4.3】　设液体的流速场为 $u_x = 6x$,$u_y = 6y$,$u_z = -7t$,t 为时间,试求:① 当地加速度;② 迁移加速度;③ 质点加速度.

解　① 当地加速度:

x 方向:$\partial u_x / \partial t = \partial(6x) / \partial t = 0$;$y$ 方向:$\partial u_y / \partial t = \partial(6y) / \partial t = 0$;$z$ 方向:$\partial u_z / \partial t = \partial(-7t) / \partial t = -7$.

② 迁移加速度:

x 方向:$u_x \cdot \partial u_x / \partial x + u_y \cdot \partial u_x / \partial y + u_z \cdot \partial u_x / \partial z = (6x) \cdot 6 + (6y) \cdot 0 + (-7t) \cdot 0 = 36x$.

y 方向:$u_x \cdot \partial u_y / \partial x + u_y \cdot \partial u_y / \partial y + u_z \cdot \partial u_y / \partial z = (6x) \cdot 0 + (6y) \cdot 6 + (-7t) \cdot 0 = 36y$.

z 方向:$u_x \cdot \partial u_z / \partial x + u_y \cdot \partial u_z / \partial y + u_z \cdot \partial u_z / \partial z = (6x) \cdot 0 + (6y) \cdot 0 + (-7t) \cdot 0 = 0$.

③ 质点加速度:

x 方向:$a_x = \partial u_x / \partial t + u_x \cdot \partial u_x / \partial x + u_y \cdot \partial u_x / \partial y + u_z \cdot \partial u_x / \partial z = 0 + 36x = 36x$.

y 方向:$a_y = \partial u_y / \partial t + u_x \cdot \partial u_y / \partial x + u_y \cdot \partial u_y / \partial y + u_z \cdot \partial u_y / \partial z = 0 + 36y = 36y$.

z 方向:$a_z = \partial u_z / \partial t + u_x \cdot \partial u_z / \partial x + u_y \cdot \partial u_z / \partial y + u_z \cdot \partial u_z / \partial z = -7 + 0 = -7$.

所以

$$a = a_x i + a_y j + a_z k = 36x i + 36y j - 7k$$

流线是某时刻在流场中绘出的由无限多个流体质点组成的曲线,在该曲线上各点的切线方向代表该点的流速方向.流线与欧拉法相对应,研究同一时刻不同质点的运动情况.流线是欧拉法分析流动的重要概念.

流线的绘制方法如下:如图 4.7 所示,在流场中任取一点 1,绘出在某时刻通过该点的流体质点的流速矢量 u_1,再在该矢量上取距点 1 很近的点 2,标出同一时刻通过该处的流体质点的流速矢量 u_2,如此继续下去,得一折线 123…若折线上相邻各点的间距无限接近,其极限就是某时刻流场中经过点 1 的流线.如果绘出在同一时刻各空间点的一簇流线,就可以清晰地表示出整个空间在该时刻的流动图像.可以看出,流线密处流速大,流线稀处流速小.

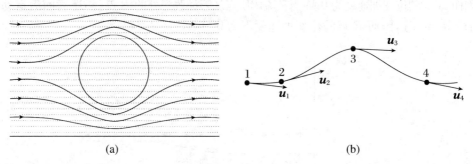

(a)   (b)

图 4.7　流线

若在一流线上沿流动方向取一微分段 ds,因其无限小,可看作直线,这样此流线微分段 ds 与流速向量 u 重合,ds 和 u 的方向余弦相等.根据矢量代数,速度 u 在各坐标轴上投影 u_x、u_y、u_z 和 ds 在各坐标轴上的投影 dx、dy、dz 成比例,即

$$\frac{\mathrm{d}x}{\mathrm{d}s} = \frac{u_x}{u}, \quad \frac{\mathrm{d}y}{\mathrm{d}s} = \frac{u_y}{u}, \quad \frac{\mathrm{d}z}{\mathrm{d}s} = \frac{u_z}{u}$$

改写为 ds/u 的形式,则得

$$\frac{\mathrm{d}x}{u_x} = \frac{\mathrm{d}y}{u_y} = \frac{\mathrm{d}z}{u_z} = \frac{\mathrm{d}s}{u}$$

该式即为流线的微分方程式.式中,u_x、u_y、u_z 都是变量 x、y、z 和 t 的函数,所以流线只是对某一时刻而言的.一般情况,t 的变化会引起流速的变化,因而流线的位置、形状也是时间 t 的函数.只有当流速不随时间变化时,流线才不随时间变化.

若已知流速分布,利用流线微分方程可求得流线方程.流线具有以下特性:

(1) 流线不能相交(驻点除外).如果流线相交,那么交点处的流速矢量应同时与这两条流线相切.显然,一个流体质点在同时刻只能有一个流动方向,而不能有两个流动方向,所以流线不能相交.

(2) 流线是一条光滑曲线或直线,不是折线.因为假定流体为连续介质,所以各运动要素在空间的变化是连续的,流速矢量在空间的变化亦应是连续的.若流线存在转折点,同样会出现有两个流速方向的矛盾现象.

(3) 流线表示瞬时的流动方向.流线簇可以表示出整个空间在某时刻的流动情况.由于流场中每一点都可以绘出一条光滑的流线,这样在整个流场中绘制出流线簇后,流体的运动状况就一目了然了,某点流速的方向便是流线在该点的切线方向.因流体质点沿流线的切线方向流动,在不同时刻,当流速改变时,流线即发生变化.

(4) 流速的大小可以由流线的疏密程度反映出来,流线越密处流速越大,流线越稀疏处流速越小.

(5) 恒定流(定常流动)时,流线的形状和位置不随时间变化,流线与迹线重合;而在非恒定流(非定常运动)中,流线和迹线一般不重合.

【例题 4.4】　已知在拉格朗日变数下的速度表达式为 $u_x = (a+1)\mathrm{e}^t - 1$,$u_y = (b+1)\mathrm{e}^t -1$,式中,a、b 为 t=0 时流体质点所在位置的坐标.试求:① t=2 时刻流体质点的位置;② a=1,b=2 时该质点的运动规律;③ 流体质点的加速度;④ 欧拉变数下的速度与加速度.

解 ① 根据位移和速度的定义，$dx/dt = u_x = (a+1)e^t - 1$，$dy/dt = u_y = (b+1)e^t - 1$；积分得 $x = (a+1)e^t - t + C_1$，$y = (b+1)e^t - t + C_2$.

根据题意，当 $t = 0$ 时，$x = a$，$y = b$；将该初始条件分别代入 x 和 y 的表达式，得

$x = (a+1)e^t - t + C_1 = (a+1)e^0 - 0 + C_1 = a + 1 + C_1 = a$，解得 $C_1 = -1$；

$y = (b+1)e^t - t + C_2 = (b+1)e^0 - 0 + C_2 = b + 1 + C_2 = b$，解得 $C_2 = -1$.

于是，流体质点的轨迹方程为 $x = (a+1)e^t - t - 1$，$y = (b+1)e^t - t - 1$；当 $t = 2$ 时，流体质点的位置：

$$x = (a+1)e^t - t - 1 = (a+1)e^2 - 2 - 1 = (a+1)e^2 - 3$$
$$y = (b+1)e^t - t - 1 = (b+1)e^2 - 2 - 1 = (b+1)e^2 - 3$$

② 初始位置为 $a = 1$、$b = 2$ 的质点，其运动规律：

$$x = (a+1)e^t - t - 1 = (1+1)e^t - t - 1 = 2e^t - t - 1$$
$$y = (b+1)e^t - t - 1 = (2+1)e^t - t - 1 = 3e^t - t - 1$$

③ 根据速度与加速度的关系，质点加速度：

$$a_x = du_x/dt = d[(a+1)e^t - 1]/dt = (a+1)e^t$$
$$a_y = du_y/dt = d[(b+1)e^t - 1]/dt = (b+1)e^t$$

④ 拉格朗日法关注质点及其起始位置，变数为 (a, b, t)；而欧拉法以流场为研究对象，变数为 (x, y, t). 由流体质点的轨迹方程 $x = (a+1)e^t - t - 1$，$y = (b+1)e^t - t - 1$，有 $a = (x + t + 1)e^{-t} - 1$，$b = (y + t + 1)e^{-t} - 1$，代入速度表达式，得

$$u_x = (a+1)e^t - 1 = [(x+t+1)e^{-t} - 1 + 1]e^t - 1 = x + t$$
$$u_y = (b+1)e^t - 1 = [(y+t+1)e^{-t} - 1 + 1]e^t - 1 = y + t$$

加速度：

$$a_x = \partial u_x/\partial t + u_x \cdot \partial u_x/\partial x + u_y \cdot \partial u_x/\partial y$$
$$= \partial(x+t)/\partial t + u_x \cdot (1 + 1/u_x) + u_y \cdot 0 = u_x + 1 + u_x + 1 = 2(x+t) + 2$$
$$a_y = \partial u_y/\partial t + u_x \cdot \partial u_y/\partial x + u_y \cdot \partial u_y/\partial y$$
$$= \partial(y+t)/\partial t + u_x \cdot 0 + u_y \cdot (1 + 1/u_y) = u_y + 1 + u_y + 1 = 2(y+t) + 2$$

【例题 4.5】 已知用欧拉法表示的流速场为 $u_x = 2x + t$，$u_y = -2y + t$，求 $t = 0$ 时的流线图.

解 根据流线方程 $dx/u_x = dy/u_y$，有 $dx/(2x+t) = dy/(-2y+t)$，积分得

$\ln(2x+t)/2 = -\ln(-2y+t)/2 + C_1$ 　 或 　 $(2x+t)(-2y+t) = C_2$

当 $t = 0$ 时，流线方程为 $xy = C$，显然，此流动的流线图为以 x、y 轴为渐近线的双曲线.

4.3 　欧拉法描述流体运动时的基本概念及连续性方程

4.3.1 　几组基本概念

4.3.1.1 　流管、元流和总流

在流场中，沿与流动方向相交的平面任取一非流线的微小封闭曲线（如图 4.8 中的曲线

c),通过该封闭曲线上的每个点作流场的流线,这些流线所构成的一个封闭管状曲面称为**流管**.充满流体的流管称为**流束**.过流断面为微元时的流束称为**元流**(或微小流束).由无数元流组成的流束(如通过河道、管道的水流)称为**总流**.由于元流的过流断面无限小,断面上各点的流体物理参数相等,而总流是由无数元流组成的流束,断面上各点的运动参数一般不相等.

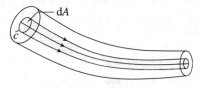

图 4.8　流管和流束

4.3.1.2　过流断面、流量和断面平均流速

垂直于流线簇(流速方向)所取的横断面称为**过流断面**,其面积用 A 表示.当流线簇为彼此平行的直线时,过流断面为一平面(图 4.9 中的断面 A_1),例如等直径管道中的流动,其过流断面为平面.当流线簇彼此不平行时,过流断面为曲面(图 4.9 中的断面 A_2).

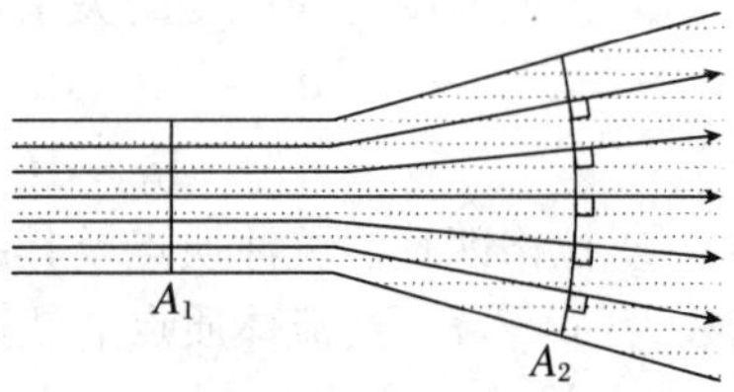

单位时间内通过某一过流断面的流体体积或质量称为该断面的**流量**,以 Q 表示,单位为 m^3/s.流量一般

图 4.9　过流断面

分为体积流量和质量流量.对于元流,其过流断面是一面积为 dA 的微元,流速为 u,面上各点流速可认为相等.因过流断面与流速矢量垂直,则元流的体积流量 $dQ = u dA$,质量流量 $dQ_m = \rho u dA$.

对于总流,流量 Q 应等于所有元流的流量之和,设总流过流断面面积为 A,则总流的体积流量和质量流量分别为

$$Q = \int_A dQ = \int_A u dA, \quad Q_m = \int_A dQ_m = \int_A \rho u dA$$

由于总流过流断面上各点的流速 u 一般是不等的,以管流为例,管壁附近流速较小,而管轴线上的流速最大,如图 4.10 所示.因此,为便于计算、分析,常用断面平均流速代替各点的实际流速.**断面平均流速**是一个假想的速度,其值 v 与过流断面面积 A 的乘积应等于实际不均匀分布流速通过的流量,即

$$Q = \int_A u dA = vA \quad \text{或} \quad v = \frac{Q}{A}$$

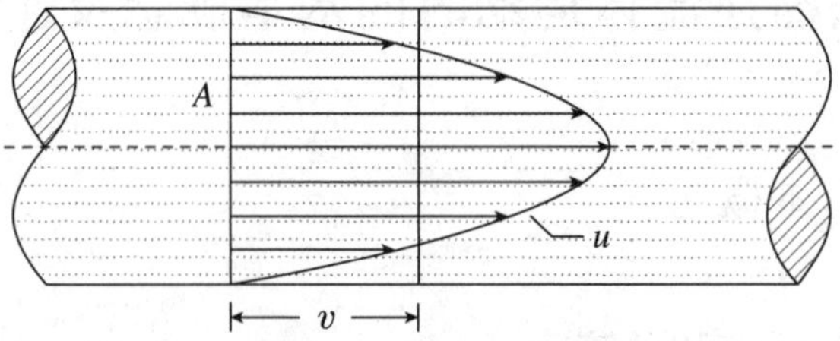

图 4.10　断面平均流速

总流的流量 Q 就是断面平均流速 v 与过流断面面积 A 的乘积. 引入断面平均流速的概念, 可以使流动的分析得到简化, 因为在实际应用中, 有时并不一定需要知道总流过流断面上的流速分布, 仅仅需要了解断面平均速度沿流程和时间的变化情况.

4.3.1.3　一元流、二元流和三元流

采用欧拉法描述流动时, 流场中的任何要素都可表示为空间坐标和时间的函数. 例如, 在直角坐标系中, 流速是空间坐标 x、y、z 和时间 t 的函数. 按运动要素随空间坐标变化的关系, 可把流动分为一元流、二元流和三元流(亦称一维流动、二维流动和三维流动). 流体的运动要素仅随空间一个坐标(包括曲线坐标流程)变化而变化的流动称为**一元流**. 运动要素随空间两个坐标变化而变化的流动称为**二元流**(即平面流动). 运动要素随空间三个坐标变化而变化的流动称为**三元流**(即空间流动).

严格地说, 实际流体运动都属于三元流动. 但按三元流分析, 需考虑运动要素在空间三个坐标方向的变化, 问题非常复杂, 还会遇到许多数学上的困难. 河渠、管道、闸、坝的水流属于三元流, 但有时可按一元流或二元流考虑. 例如, 不考虑河渠和管道中的流速在断面内的变化, 只考虑断面平均流速沿流程的变化, 此时河渠和管道中的流动可视为一元流. 显然, 元流就是一元流. 对于总流, 若把过流断面上各点的流速用断面平均流速代替, 这时总流可视为一元流. 又如, 矩形断面的顺直明渠, 当渠道宽度很大, 两侧边界影响可忽略不计时, 可以认为沿宽度方向每一剖面的水流情况是相同的, 水流中任一点的流速与两个坐标有关, 一个是决定断面位置的流程, 另一个是该点在断面上距渠底的铅直距离.

4.3.1.4　有压流与无压流

过流断面的全部周界与固体边壁接触、无自由表面的流动, 称为**有压流**(或有压管流). 如自来水管中的水流属于有压流. 在有压流中, 由于流体受到固体边界条件约束, 流量变化只会引起压强、流速的变化, 但过流断面的大小、形状不会改变.

具有自由表面的流动称为**无压流**(或明渠流). 如河渠中的水流属于无压流; 流体在管道中未充满整个管道断面的流动亦属于无压流, 如排水管道. 在无压流中, 自由表面的压强为大气压强, 其相对压强为零. 当流量变化时, 过流断面的大小、形状可随之改变, 故流速和压强的变化表现为流速和水深的变化.

4.3.1.5　恒定流与非恒定流

若在流场中, 任意空间点上所有的运动要素(如流速 u、压强 p 等)均不随时间变化而变化, 这种流动就称为**恒定流**. 也就是说, 在恒定流的情况下, 任一空间点上无论哪个流体质点通过, 其运动要素都是不变的, 运动要素仅仅是空间坐标的连续函数, 而与时间无关. 例如对流速 u 而言, 有

$$\begin{cases} u_x = u_x(x,y,z) \\ u_y = u_y(x,y,z) \\ u_z = u_z(x,y,z) \end{cases}$$

因此, 流速对时间的偏导数应等于零, 即

$$\frac{\partial u_x}{\partial t} = \frac{\partial u_y}{\partial t} = \frac{\partial u_z}{\partial t} = 0$$

显然,对恒定流来说,时变加速度(当地加速度)等于零.恒定流时,流线的形状和位置不随时间变化,这是因为整个流场内各点流速向量均不随时间改变.

迹线是由一个流体质点构成的,而流线是由无穷多个流体质点组成的,在一般的情况下,流线与迹线是不重合的.但在恒定流的情况下,由于流体的流速与时间无关,流场中的流线不随时间改变,流体质点将沿着这条流线运动而不离开,因此流体质点的运动轨迹(即迹线)与流线相重合.

若在流场中,任意空间点上只要存在任一运动要素是随时间而变化的,这种流动就称为**非恒定流**.例如对流速而言,有

$$\begin{cases} u_x = u_x(x, y, z, t) \\ u_y = u_y(x, y, z, t) \\ u_z = u_z(x, y, z, t) \end{cases}$$

此时,流速不仅仅是空间坐标的函数,亦是时间的函数,即 $\partial u / \partial t = 0$.实际上,大多数流动为非恒定流.但是,对于某些工程上所关心的流动,可以视为恒定流动.研究每个流动时,首先要分清流动属于恒定流还是非恒定流.在恒定流问题中,不包括时间变量,流动的分析比较简单;而在非恒定流问题中,由于增加了时间变量,流动的分析比较复杂.

4.3.1.6　均匀流与非均匀流

在流动过程中,运动要素(如流速)不随坐标位置(流程)变化而变化的流动称为**均匀流**.例如,直径不变的长直管道中的水流.基于定义,均匀流具有以下特性:

(1) 流线为相互平行的直线,过流断面为平面,且过流断面的形状和尺寸沿程不变.

(2) 同一流线上不同点的流速相等,各过流断面上的流速分布相同,断面平均流速相等,即流速沿程不变,位变加速度或迁移加速度一项等于零.

(3) 均匀流过流断面上的动水压强分布规律与静水压强分布规律相同,即在同一过流断面上各点的测压管水头为一常数,即 $z + p/(\rho g) = C$.如图 4.11 所示,在管道均匀流中,任意选择 1—1 及 2—2 两过流断面,分别在两过流断面上装上测压管,则同一断面上各测压管水面必上升至同一高程.

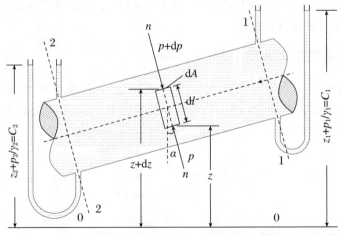

图 4.11　均匀流过流断面上微分柱体的平衡

证明　在均匀流过流断面上取一微分柱体,其轴线 $n-n$ 与流线正交,并与铅垂线成 α

角.微分柱体两端面形心点距基准面的高度分别为 z 及 $z+dz$,其动水压强分别为 p 及 $p+dp$.作用在微分柱体上的力在 n 方向的投影有柱体两端面上的动水压力 pdA 与 $(p+dp)dA$,以及柱体自重沿 n 方向的投影 $dG \cdot \cos\alpha = \rho g dA dl \cdot \cos\alpha = \rho g dA dz$.柱体侧面上的动水压力和水流的内摩擦力与 n 轴正交,故沿 n 方向投影为零.在均匀流中,与流线成正交的 n 方向无加速度,亦即无惯性力存在.上述诸力在 n 方向投影的代数和为零,于是 $pdA - (p+dp)dA - \rho g dA dz = 0$,简化后得 $\rho g dz + dp = 0$,积分得 $z + p/(\rho g) = C$.该式表明,均匀流过流断面上的动水压强分布规律与静水压强分布规律相同,因而过流断面上任一点动水压强或断面上动水总压力都可以按静水压强和静水总压力的公式来计算.

由于存在水头损失,不同断面上的测压管水面上升高程不同,即 $z + p/(\rho g)_1 \neq z + p/(\rho g)_2$.

流动过程中运动要素随坐标位置(流程)变化而变化的流动称为**非均匀流**.非均匀流的流线不是互相平行的直线.如果流线互相平行但不是直线(如管径不变的弯管中的水流),或者流线虽为直线但不互相平行(如管径沿程缓慢均匀扩散或收缩的渐变管中的水流),它们都属于非均匀流.按照流线不平行和弯曲程度,可将非均匀流分为以下两类:

1. 渐变流

从质点运动的角度定义:渐变流是指流体质点的运动速度沿流动方向变化比较缓慢,其迁移加速度(位变加速度)很小、近似为零的流动.从流线的角度定义:流线虽然不是互相平行的直线,但近似于平行直线时的流动称为**渐变流**(或缓变流).渐变流没有严格的定义标准,如果一个实际水流,其流线之间夹角很小,或流线曲率半径很大,则可将其视为渐变流.但究竟夹角要小到什么程度,曲率半径要大到什么程度才能视为渐变流,一般无定量标准.流动是否能按渐变流处理,视所得结果能否满足工程精度要求而定.

由于渐变流的流线近似于平行直线,在其过流断面上动水压强的分布规律,可近似地看作与静水压强分布规律相同.如果实际水流的流线不平行程度和弯曲程度太大,在过流断面上,垂直于流线方向就存在离心惯性力,这时,再把过流断面上的动水压强按静水压强分布规律处理所引起的偏差就会很大.显然,渐变流是从工程的近似角度来定义的一种流动,它是均匀流的近似,均匀流的一般性质可近似地应用到渐变流中.

流动是否可视为渐变流与流动的边界有密切的关系,当边界近似为平行的直线时,流动往往可看作渐变流.管道转弯、断面扩大或收缩,以及明渠中由于建筑物的存在使水面发生急剧变化的水流都是急变流的例子(图 4.12).

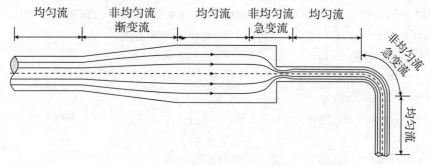

图 4.12　均匀流和非均匀流

2. 急变流

若流线之间夹角很大或者流线的曲率半径很小,这种流动称为**急变流**.如图 4.13 所示,在急变流中,由于流场中流线的显著弯曲,产生向心力或离心力,与静水压强相比,其压强沿离心力方向有一附加的增量.急变流过流断面上的动水压强分布特性分析如下:

对于流线为上凸的急变流,假定流线为一簇互相平行的同心圆弧曲线,采用分析均匀流过流断面上动水压强分布的方法,在过流断面上取一微分柱体,研究它的受力情况.显然,与渐变流相比,急变流的平衡方程式中多了一个离心惯性力,其方向与重力沿 n 轴方向的分力相反,从而使流线上凸的过流断面上的动水压强要比静水压强小.如图 4.13 所示,图中虚线表示静水压强分布,实线表示实际的动水压强分布.

对于流线为下凹的急变流,由于流体质点所受的离心惯性力方向与重力作用方向相同,因此过流断面上动水压强比按静水压强计算所得的数值要大.

综上所述,急变流时动水压强分布规律与静水压强分布规律不同.

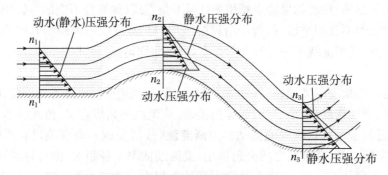

图 4.13　急变流过流断面上动水压强分布

【**例题 4.6**】 已知速度场 $u = (4y - 6x)t\,i + (6y - 9x)t\,j$.求:① 当 $t = 2$ 时,在 $(2,4)$ 点的加速度;② 判别该流动是否为恒定流? 是否为均匀流?

解　① 平面流动流速 $u_x = (4y - 6x)t$,$u_y = (6y - 9x)t$,根据任一流体质点在空间定点上 x 和 y 方向的加速度公式,并将 $t = 2$,$x = 2$,$y = 4$ 代入,得

$$a_x = \partial u_x / \partial t + u_x \cdot \partial u_x / \partial x + u_y \cdot \partial u_x / \partial y$$
$$= (4y - 6x) + (4y - 6x)t \cdot (-6t) + (6y - 9x)t \cdot 4t = 4 \text{ m/s}$$
$$a_y = \partial u_y / \partial t + u_x \cdot \partial u_y / \partial x + u_y \cdot \partial u_y / \partial y$$
$$= (6y - 9x) + (4y - 6x)t \cdot (-9t) + (6y - 9x)t \cdot 6t = 6 \text{ m/s}$$

则 $a = 4i + 6j$.

② 因时变加速度 $\partial u_x / \partial t = 4y - 6x \neq 0$,$\partial u_y / \partial t = 6y - 9x \neq 0$,即速度 u_x 和 u_y 随时间 t 改变,$\partial u / \partial t = (4y - 6x)i + (6y - 9x)j \neq 0$,此流动为非恒定流.

x 方向位变加速度

$$u_x \cdot \partial u_x / \partial x + u_y \cdot \partial u_x / \partial y = (4y - 6x)t \cdot (-6t) + (6y - 9x)t \cdot 4t = 0$$

y 方向位变加速度:

$$u_x \cdot \partial u_y / \partial x + u_y \cdot \partial u_y / \partial y = (4y - 6x)t \cdot (-9t) + (6y - 9x)t \cdot 6t = 0$$

$$(u \cdot \nabla)u = 0$$

故此流动为均匀流.

4.3.2　流体运动的连续性方程

因流体被视为连续介质,若在流场中任意划定一个封闭曲面,在某一给定时段中流入封

闭曲面的流体质量与流出的流体质量之差,应等于该封闭曲面内因密度变化而引起的质量总变化,即流动必须遵循质量守恒定律.上述结果的数学表达式即为流体运动的连续性方程,它是质量守恒定律在流体力学中的具体形式,不涉及力的影响,因此该方程在理想流体和黏性流体中均可使用.

4.3.2.1　流体运动的连续性微分方程

如图 4.14 所示,在流场中取一空间微分平行六面体,六面体的边长分别为 dx、dy、dz,其形心为 $O(x,y,z)$,O 点的流速在各坐标轴的投影分别为 u_x、u_y、u_z,O 点的密度为 ρ.下面研究六面体流体质量的变化.

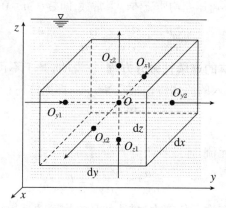

图 4.14　微分平行六面体

以 x 方向为例,后表面的密度和流速分别为 $\rho - \dfrac{\partial \rho}{\partial x}\dfrac{dx}{2}$,$u_x - \dfrac{\partial u_x}{\partial x}\dfrac{dx}{2}$,前表面的密度和流速分别为 $\rho + \dfrac{\partial \rho}{\partial x}\dfrac{dx}{2}$,$u_x + \dfrac{\partial u_x}{\partial x}\dfrac{dx}{2}$.经过一微小时段 dt,则自后面流入的流体质量为

$$\left(\rho - \frac{\partial \rho}{\partial x}\frac{dx}{2}\right)\left(u_x - \frac{\partial u_x}{\partial x}\frac{dx}{2}\right)dydzdt$$

自前面流出的流体质量为

$$\left(\rho + \frac{\partial \rho}{\partial x}\frac{dx}{2}\right)\left(u_x + \frac{\partial u_x}{\partial x}\frac{dx}{2}\right)dydzdt$$

故 dt 时段内沿 x 方向流入与流出六面体的流体质量差(净流入微元体的质量)为

$$-\left(u_x \frac{\partial \rho}{\partial x} + \rho \frac{\partial u_x}{\partial x}\right)dxdydzdt = -\frac{\partial(\rho u_x)}{\partial x}dxdydzdt$$

同理,在 dt 时段内沿 y 和 z 方向流入与流出六面体的流体质量之差分别为

$$-\frac{\partial(\rho u_y)}{\partial y}dxdydzdt \quad 和 \quad -\frac{\partial(\rho u_z)}{\partial z}dxdydzdt$$

因此,在 dt 时段内流入与流出六面体总的流体质量的变化(净流入微元体的质量)为

$$-\left[\frac{\partial(\rho u_x)}{\partial x} + \frac{\partial(\rho u_y)}{\partial y} + \frac{\partial(\rho u_z)}{\partial z}\right]dxdydzdt$$

因六面体内原来的平均密度为 ρ,总质量为 $\rho dxdydz$;经 dt 时段后平均密度变为 $\rho + (\partial\rho/\partial t)dt$,总质量变为 $[\rho + (\partial\rho/\partial t)dt]dxdydz$,故经过 dt 时段后,六面体内质量总变化为

$$\left(\rho + \frac{\partial \rho}{\partial t}dt\right)dxdydz - \rho dxdydz = \frac{\partial \rho}{\partial t}dxdydzdt$$

在同一时段内,流入与流出六面体总的流体质量的差值应与六面体内因密度变化所引起的总的质量变化相等,即

$$-\left[\frac{\partial(\rho u_x)}{\partial x} + \frac{\partial(\rho u_y)}{\partial y} + \frac{\partial(\rho u_z)}{\partial z}\right] \mathrm{d}x\mathrm{d}y\mathrm{d}z\mathrm{d}t = \frac{\partial \rho}{\partial t}\mathrm{d}x\mathrm{d}y\mathrm{d}z\mathrm{d}t$$

等式两边同除以 $\mathrm{d}x\mathrm{d}y\mathrm{d}z\mathrm{d}t$,得

$$\frac{\partial \rho}{\partial t} + \left[\frac{\partial(\rho u_x)}{\partial x} + \frac{\partial(\rho u_y)}{\partial y} + \frac{\partial(\rho u_z)}{\partial z}\right] = 0$$

该式即为**可压缩流体非恒定流的连续性微分方程**,表达了任何可实现的流体运动所必须满足的连续性条件.其物理意义是,流体在单位时间流经单位体积空间时,流出与流入的质量差与其内部质量变化的代数和为零.对于不可压缩均质流体,$\rho =$ 常数,即 $\partial \rho / \partial t = 0$,表达式可简化为

$$\frac{\partial u_x}{\partial x} + \frac{\partial u_y}{\partial y} + \frac{\partial u_z}{\partial z} = 0$$

该式即为**不可压缩均质流体的连续性微分方程**.它说明,对于不可压缩的流体,单位时间流经单位体积空间,流出和流入的流体体积之差等于零,即流体体积守恒.以矢量表示:

$$\mathrm{div}\boldsymbol{u} = 0$$

即速度 $\boldsymbol{u}$ 的散度为零.

对于不可压缩流体二元流,连续性微分方程可写为

$$\frac{\partial u_x}{\partial x} + \frac{\partial u_y}{\partial y} = 0$$

连续性微分方程中没有涉及任何力,描述的是流体运动学规律.它对理想流体与实际流体、恒定流与非恒定流、均匀流与非均匀流、渐变流与急变流、有压流与无压流等都适用.

【例题 4.7】 一不可压缩流体三维流动,其速度分布规律为 $u_x = 3(x + y^3)$,$u_y = 4y + z^2$,$u_z = x + y + 2z$,试分析该流动是否连续.

解 $\partial u_x/\partial x + \partial u_y/\partial y + \partial u_z/\partial z = 3 + 4 + 2 = 9 \neq 0$,不满足连续性条件,故此流动不连续.

【例题 4.8】 已知一恒定不可压缩三维流场的两个速度分量 $u_x = ax^2 + by^2 + cz^2$ 和 $u_z = axz + byz^2$,其中 a、b 和 c 为常数.求 y 方向速度分量 u_y 的表达式(x、y 和 z 的函数).

解 对于不可压缩流体,其速度分布必须满足质量守恒定律,即连续性方程 $\partial u_x/\partial x + \partial u_y/\partial y + \partial u_z/\partial z = 0$,则

$$\partial u_y/\partial y = -\partial u_x/\partial x - \partial u_z/\partial z = -2ax - (ax + 2byz) = -3ax - 2byz$$

对 y 积分得

$$u_y = -3axy - by^2z + f(x,z)$$

其中,$f(x,z)$ 是 x 和 z 的不定积分函数.

4.3.2.2 不可压缩流体恒定总流的连续性方程

1. 根据连续性微分方程推导

根据 $\mathrm{div}\boldsymbol{u} = 0$,可得

$$\iiint_V \mathrm{div}\boldsymbol{u}\,\mathrm{d}V = \iiint_V \left(\frac{\partial u_x}{\partial x} + \frac{\partial u_y}{\partial y} + \frac{\partial u_z}{\partial z}\right)\mathrm{d}x\mathrm{d}y\mathrm{d}z = 0$$

根据高斯定理,体积积分可用曲面积分来表示,即

$$\iiint_V \mathrm{div}\boldsymbol{u}\,\mathrm{d}V = \iint_S u_n\mathrm{d}S = 0$$

式中，S 为体积 V 的封闭表面；u_n 为封闭表面上各点处流速在其外法线方向的投影；$\iint_S u_n \mathrm{d}S$ 为通过封闭表面的速度通量.

恒定流时，流管的全部表面积 S 包括两端断面和四周侧表面.在流管的侧表面上 $u_n = 0$，于是曲面积分简化为

$$-\iint_{A_1} u_1 \mathrm{d}A_1 + \iint_{A_2} u_2 \mathrm{d}A_2 = 0$$

式中，A_1 为流管的流入断面面积；A_2 为流管的流出断面面积.上式第一项取负号是因为流速 u_1 的方向与 $\mathrm{d}A_1$ 的外法线的方向相反.由此可得

$$\iint_{A_1} u_1 \mathrm{d}A_1 = \iint_{A_2} u_2 \mathrm{d}A_2 \quad \text{或} \quad v_1 A_1 = v_2 A_2$$

该式即为**不可压缩均质流体恒定总流的连续性方程**，它建立起流体流速与流动面积的关系.式中 v_1 及 v_2 分别是总流过流断面 A_1 及 A_2 的断面平均流速.该式说明，在不可压缩流体总流中，任意两个过流断面所通过的流量相等.也就是说，上游断面流入多少流量，下游任何断面也必然流出多少流量.则改写为

$$\frac{v_2}{v_1} = \frac{A_1}{A_2}$$

上式说明：在不可压缩流体总流中，任意两个过流断面，其平均流速的大小与过流断面面积成反比；断面大的地方流速小，断面小的地方流速大.

2. 根据质量守恒定律推导

如图 4.15 所示，在恒定流中取流管作为讨论对象，四周均为流线，只有两端过水断面有质点流进流出，而且流管形状不随时间改变.进口过流断面面积为 A_1，平均流速为 u_1；出口过流断面面积为 A_2，平均流速为 u_2.在 $\mathrm{d}t$ 时段内，从 $\mathrm{d}A_1$ 流入的质量为 $\rho_1 u_1 \mathrm{d}A_1 \mathrm{d}t$，从 $\mathrm{d}A_2$ 流出的质量为 $\rho_2 u_2 \mathrm{d}A_2 \mathrm{d}t$，因为是恒定流，管内的质量不随时间变化，根据质量守恒定律，单位时间内流入的质量必与流出的质量相等，可得

$$\rho_1 u_1 \mathrm{d}A_1 \mathrm{d}t = \rho_2 u_2 \mathrm{d}A_2 \mathrm{d}t$$

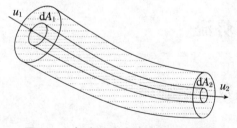

图 4.15　恒定总流连续性方程的推导

考虑流体不可压缩，即 $\rho_1 = \rho_2$，则

$$u_1 \mathrm{d}A_1 = u_2 \mathrm{d}A_2 \quad \text{或} \quad \mathrm{d}Q = u_1 \mathrm{d}A_1 = u_2 \mathrm{d}A_2 = \mathrm{const}$$

对于总流，将上式积分，得

$$\int_Q \mathrm{d}Q = \int_{A_1} u_1 \mathrm{d}A_1 = \int_{A_2} u_2 \mathrm{d}A_2$$

即 $Q = u_1 A_1 = u_2 A_2$.

但该连续性方程所讨论的只是简单的单进单出管道，从原理出发很容易将连续性方程推广到沿程有流量流入的三通合流管和有流量流出的三通分流管.如图 4.16 所示，根据质

量守恒定律,总流连续性方程可写为:分流时,$Q_1 = Q_2 + Q_3$ 或 $u_1 A_1 = u_2 A_2 + u_3 A_3$;合流时,$Q_2 + Q_3 = Q_1$ 或 $u_2 A_2 + u_3 A_3 = u_1 A_1$.

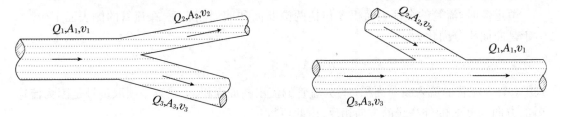

图 4.16 流动的分流与合流

【例题 4.9】 如图 4.17 所示,水流自水箱经管径 $d_1 = 200$ mm,$d_2 = 100$ mm,$d_3 = 50$ mm的管路后流入大气中,出口断面的流速 $v_3 = 4$ m/s.求流量及各管段断面的平均流速.

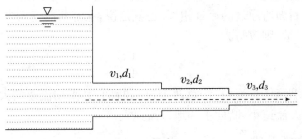

图 4.17 例题 4.9

解 $Q = v_3 A_3 = v_3 \times \pi d_3^2 / 4 = 4 \times 0.785 \times 0.05^2 = 0.00785$（$\text{m}^3/\text{s}$）,根据连续性方程,有

$$v_1 = v_3 A_3 / A_1 = v_3 \times d_3^2 / d_1^2 = 4 \times (0.05/0.2)^2 = 0.25 \ (\text{m/s})$$

$$v_2 = v_3 A_3 / A_2 = v_3 \times d_3^2 / d_2^2 = 4 \times (0.05/0.1)^2 = 1.0 \ (\text{m/s})$$

4.4 恒定平面势流

4.4.1 流速势函数与流函数

4.4.1.1 流速势函数

流场中各流体微团的旋转角速度都等于零的运动,称为**无旋流动**(无涡流动).对于无旋流动,流速场必须满足

$$\omega_x = \frac{1}{2}\left(\frac{\partial u_z}{\partial y} - \frac{\partial u_y}{\partial z}\right) = 0, \quad \omega_y = \frac{1}{2}\left(\frac{\partial u_x}{\partial z} - \frac{\partial u_z}{\partial x}\right) = 0, \quad \omega_z = \frac{1}{2}\left(\frac{\partial u_y}{\partial x} - \frac{\partial u_x}{\partial y}\right) = 0$$

即

$$\frac{\partial u_z}{\partial y} = \frac{\partial u_y}{\partial z}, \quad \frac{\partial u_x}{\partial z} = \frac{\partial u_z}{\partial x}, \quad \frac{\partial u_y}{\partial x} = \frac{\partial u_x}{\partial y}$$

由高等数学得知,该式是使表达式 $u_x\mathrm{d}x + u_y\mathrm{d}y + u_z\mathrm{d}z$ 为某一标量函数 $\varphi(x,y,z)$ 的全微分的充要条件,因此对无旋流动而言,必然存在下列关系:

$$u_x\mathrm{d}x + u_y\mathrm{d}y + u_z\mathrm{d}z = \mathrm{d}\varphi = \frac{\partial\varphi}{\partial x}\mathrm{d}x + \frac{\partial\varphi}{\partial y}\mathrm{d}y + \frac{\partial\varphi}{\partial z}\mathrm{d}z = 0$$

根据该式可知 φ 与流速 u 的关系式: $\partial\varphi/\partial x = u_x, \partial\varphi/\partial y = u_y, \partial\varphi/\partial z = u_z$,即 φ 对任何方向的导数为速度 u 在该方向上的分量.因此,若已知 φ,即可求得流速场(三个流速分量).若是非恒定流,这个标量场应为 $\varphi(x,y,z,t)$,其中 t 为时间参数.

势流是指一道速度场 (u_x,u_y,u_z) 是一标量函数 $\varphi(x,y,z)$ 的梯度的流动.势流中,梯度对应流速矢量的标量函数 $\varphi(x,y,z)$,称为**流速势函数**.因此,无旋流动必然是势流并存在流速势函数,故无旋流动又称为有势流动.无旋流动条件与存在势函数是等价的,无旋流动与有势流动是等价的.

按流体微团或流体质点是否绕自身轴旋转,将流体运动分为有旋流动(有涡流动)和无旋流动(无涡流动).若流场中有流体微团或流体质点绕自身轴旋转,即旋转角速度 ω_x、ω_y、ω_z 中至少有一个不为 0,则称这种流动为**有旋流动**(有涡流动);反之,若流场中所有流体微团或流体质点都不绕自身轴旋转,即所有流体微团或流体质点的旋转角速度 ω_x、ω_y、ω_z 均为 0,则称这种流动为无旋流动(无涡流动).

无旋流动(或势流)是一种理想流动.自然界中的实际流体流动由于黏滞性的作用,一般为有旋流动(不是势流).往往是一部分流场为有旋流(不是势流),另一部分为无旋流(势流).但势流理论在研究实际问题时可使分析流动的过程简化,故在很多流动问题的研究中得到了广泛的应用.例如闸孔出流、高坝溢流、波浪、渗流等问题都可以应用势流理论来求解,其正确性已得到了验证.

值得注意的是,流体微团运动的旋转角速度与流体的运动轨迹无直接关系.判断流动是无旋流动还是有旋流动,是根据流体微团是否绕其自身轴旋转而决定的,与流体微团的轨迹形状无关.如图 4.18(a)所示的流动,流体微团绕 O 点做圆周运动,其轨迹是一圆周,但流体微团本身并没有旋转运动,故仍为无旋流动;而图 4.18(b)所示的流动,流体微团除绕 O 点做圆周运动外,自身又有旋转运动,此时则属于有旋流动.

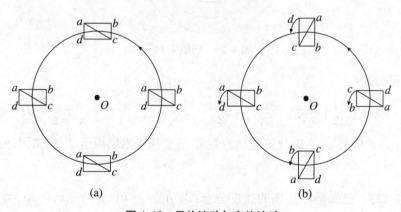

图 4.18　无旋流动与有旋流动

【例题 4.10】　如图 4.19 所示,设有两块平板,一块固定不动,一块在保持平行条件下做匀速直线运动.在两块平板之间装有黏性液体.此时液体流动称为简单剪切流动,其流速分布为 $u_x = cy$,$u_y = 0$,其中 $c \neq 0$.试判别这种流动是势流还是有涡流.

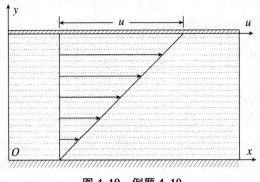

图 4.19　例题 4.10

解　根据公式：
$$\omega_z = (\partial u_y/\partial x - \partial u_x/\partial y)/2 = (0 - c)/2 = -c/2 \neq 0$$
可知该流动为有涡流动.

尽管质点或微团都做直线运动,轨迹线是直线,在表观上也看不出有旋转的迹象,但微团本身却在转动.

【**例题 4.11**】　如图 4.20 所示,容器底部小孔排水时容器内形成圆周运动,其流线为同心圆,流速分布可表示为 $u_x = -\dfrac{cy}{x^2 + y^2}$, $u_y = \dfrac{cx}{x^2 + y^2}$, $c \neq 0$. 试判断该流体运动是势流还是有涡流动.

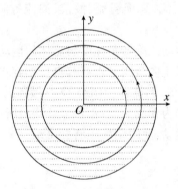

图 4.20　例题 4.11

解　根据公式：
$$\omega_z = \frac{1}{2}\left(\frac{\partial u_y}{\partial x} - \frac{\partial u_x}{\partial y}\right) = \frac{c}{2}\left[\frac{y^2 - x^2}{(x^2 + y^2)^2} - \frac{y^2 - x^2}{(x^2 + y^2)^2}\right] = 0$$
除原点 $(x = 0, y = 0)$ 外 $\omega_z = 0$,故该流动为势流.尽管质点沿圆周运动,但微团并无绕其自身轴的转动.

【**例题 4.12**】　已知平面流场的速度分布:① $u_x = -ky$, $u_y = kx$;② $u_x = -\dfrac{y}{x^2 + y^2}$, $u_y = \dfrac{x}{x^2 + y^2}$. 试分别求两个流场的旋转角速度、线变形率和角变形率.

解　① 根据公式,旋转角速度:$\omega_z = \dfrac{1}{2}\left(\dfrac{\partial u_y}{\partial x} - \dfrac{\partial u_x}{\partial y}\right) = \dfrac{1}{2}[k - (-k)] = k$.

线变形率：$\varepsilon_x = \partial u_x / \partial x = 0, \varepsilon_y = \partial u_y / \partial y = 0$.

角变形率：$\theta_z = \dfrac{1}{2}\left(\dfrac{\partial u_y}{\partial x} + \dfrac{\partial u_x}{\partial y}\right) = \dfrac{1}{2}[k + (-k)] = 0$.

这种流动是速度为 k 的旋转运动，由于不存在线变形率和角变形率，流体像刚体一样运动，该运动的流线方程为一同心圆.

② 根据公式，旋转角速度：$\omega_z = \dfrac{1}{2}\left(\dfrac{\partial u_y}{\partial x} - \dfrac{\partial u_x}{\partial y}\right) = 0$.

线变形率：$\varepsilon_x = \partial u_x / \partial x = 2xy/(x^2 + y^2)^2, \varepsilon_y = \partial u_y / \partial y = -2xy/(x^2 + y^2)^2$.

角变形率：$\theta_z = \dfrac{1}{2}\left(\dfrac{\partial u_y}{\partial x} + \dfrac{\partial u_x}{\partial y}\right) = \dfrac{y^2 - x^2}{(x^2 + y^2)^2}$.

该运动的流线方程也为一同心圆. 运动是无旋的，但轨迹是一做圆周运动的圆.

将流速势函数 φ 和速度场 u 的关系式 $\partial \varphi / \partial x = u_x, \partial \varphi / \partial y = u_y, \partial \varphi / \partial z = u_z$ 代入不可压缩流体的连续性方程式，得

$$\frac{\partial u_x}{\partial x} + \frac{\partial u_y}{\partial y} + \frac{\partial u_z}{\partial z} = \frac{\partial^2 \varphi}{\partial x^2} + \frac{\partial^2 \varphi}{\partial y^2} + \frac{\partial^2 \varphi}{\partial z^2} = 0 \quad \text{或} \quad \nabla^2 \varphi = 0$$

该方程称为**拉普拉斯方程**. 这样求解势函数就归结为求解特定边界条件下的拉普拉斯方程. 显然，满足不可压缩均质流体的连续性微分方程和满足拉普拉斯方程是等价的. 流速势函数 φ 满足拉普拉斯方程，因而是一个调和函数.

根据 $\mathrm{d}\varphi(x, y, z) = u_x \mathrm{d}x + u_y \mathrm{d}y + u_z \mathrm{d}z$ 可知，速度势函数 φ 为速度分量对坐标轴的第二类曲线积分，积分结果与积分路径有关. 但由于速度势函数满足拉普拉斯方程，该积分结果与路径无关，只取决于积分路径的起止点. 因此该积分可用配全微分方法进行积分. 即已知势流的流速场 u_x、u_y、u_z，流速势函数 $\varphi(x, y, z)$ 可通过下式求得：

直角坐标系：$\mathrm{d}\varphi = u_x \mathrm{d}x + u_y \mathrm{d}y + u_z \mathrm{d}z$.

柱坐标系：$\mathrm{d}\varphi = u_r \mathrm{d}r + u_\theta r \mathrm{d}\theta + u_z \mathrm{d}z$.

反过来，若已知流速势函数 φ，则可通过下式求得流速场：

直角坐标系：$u_x = \dfrac{\partial \varphi}{\partial x}, u_y = \dfrac{\partial \varphi}{\partial y}, u_z = \dfrac{\partial \varphi}{\partial z}$.

柱坐标系：$u_r = \dfrac{\partial \varphi}{\partial r}, u_\theta = \dfrac{1}{r} \cdot \dfrac{\partial \varphi}{\partial \theta}, u_z = \dfrac{\partial \varphi}{\partial z}$.

在恒定势流中，φ 是位置 (x, y, z) 的函数，在空间上每个点 (x, y, z) 都给出一个数值，把 φ 值相等的点连起来所得的曲线称为等势线. 因此，等势线方程为 $\varphi(x, y, z) = $ 常数或 $\mathrm{d}\varphi = 0$，给予不同的常数值就可得到一组等势线.

在流场中，某一方向的流速为 0（如 $u_z = 0$），而另外两个方向的流速与该方向（如 z 方向）的流速无关，该流动称为平面流动（二维流动）. 平面无旋流动是无旋流动的特例，该流场中不但存在速度势函数，在不可压缩流体中还存在与势函数相似的流函数.

【例题 4.13】 已知平面不可压缩流体的速度分量为 $u_x = x^2 - y^2, u_y = -2xy$. 判别流动是否满足连续性方程？ 是否是无旋流动？ 若无旋，求其势函数.

解 根据不可压缩流体的连续性方程式，得 $\partial u_x / \partial x + \partial u_y / \partial y = 2x - 2x = 0$，满足连续性方程.

根据旋转角速度公式，得 $\omega_z = (1/2)(\partial u_y / \partial x - \partial u_x / \partial y) = -2y - (-2y) = 0$，满足无旋流动条件，故存在势函数.

由速度势函数 φ 的定义式,得 $\mathrm{d}\varphi = u_x\mathrm{d}x + u_y\mathrm{d}y = (x^2 - y^2)\mathrm{d}x - 2xy\mathrm{d}y = \mathrm{d}(x^3/3 - xy^2)$, $\varphi = x^3/3 - xy^2$.

4.4.1.2　流函数

对于不可压缩均质流体的平面流动,若满足连续性方程 $\partial u_x/\partial x + \partial u_y/\partial y = 0$ 或 $\partial u_x/\partial x = -\partial u_y/\partial y$ 的条件,即存在一函数 $\psi(x,y)$,其与流速的关系为 $\partial\psi/\partial x = -u_y, \partial\psi/\partial y = u_x$,则其全微分方程为

$$\mathrm{d}\psi = \frac{\partial\psi}{\partial x}\mathrm{d}x + \frac{\partial\psi}{\partial y}\mathrm{d}y = -u_y\mathrm{d}x + u_x\mathrm{d}y$$

满足该条件的函数 $\psi(x,y)$ 称为平面流动的流函数.一切满足不可压缩均质流体连续性方程的平面运动,无论有旋或无旋,均存在流函数.

若已知流动的流速场 u_x、u_y,则流函数 $\psi(x,y)$ 或 $\psi(r,\varphi)$ 可通过下式求得:

直角坐标系: $\mathrm{d}\psi = -u_y\mathrm{d}x + u_x\mathrm{d}y$.

柱坐标系: $\mathrm{d}\psi = -u_\theta\mathrm{d}r + u_r r\mathrm{d}\theta$.

反过来,若已知流函数 ψ,则可通过下式求得流速场:

直角坐标系: $u_x = \dfrac{\partial\psi}{\partial y}, u_y = -\dfrac{\partial\psi}{\partial x}$.

柱坐标系: $u_r = \dfrac{1}{r}\cdot\dfrac{\partial\psi}{\partial\theta}, u_\theta = -\dfrac{\partial\psi}{\partial r}$.

流函数具有以下性质:

(1) 同一流线上各点的流函数为常数,或流函数相等的点连成的曲线就是流线.

证明　在某一确定时刻,ψ 是平面位置 (x,y) 的函数,在 x-y 平面内,每个点 (x,y) 都给出 ψ 的一个数值,把 ψ 相等的点连接起来所得的曲线即等流函数线,其方程为 $\psi(x,y) =$ 常数,即 $\mathrm{d}\psi = 0$ 或 $-u_y\mathrm{d}x + u_x\mathrm{d}y = 0$.整理得 $\mathrm{d}x/u_x = \mathrm{d}y/u_y$,该方程即为平面流动的流线方程.由此可知:流函数相等的点连接起来的曲线就是流线,流函数的名称由此而来.若流函数方程能找出,则令 $\psi =$ 常数,即可求得流线的方程式,不同的常数代表不同的流线.

(2) 任何两条流线之间通过的单宽流量 q 等于该两条流线的流函数值 ψ 之差.

证明　如图 4.21 所示,在平面流中任意两条流线上各取点 a 和 b,过两点连一曲线 ab,在该曲线上任意取一微元 $\mathrm{d}l$,其长度分量为 $\mathrm{d}x$、$\mathrm{d}y$,流速分量为 u_x、$-u_y$,则通过 $\mathrm{d}l$ 的微小流量为 $\mathrm{d}q = \boldsymbol{u}\cdot\mathrm{d}\boldsymbol{l} = u_x\mathrm{d}y - u_y\mathrm{d}x$.故通过曲线 ab 的流量 $q_{ab} = \int_a^b\mathrm{d}q = \int_a^b(u_x\mathrm{d}y - u_y\mathrm{d}x)$,考虑到 $u_x\mathrm{d}y - u_y\mathrm{d}x = \mathrm{d}\psi$,则

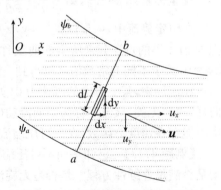

$$q_{ab} = \int_a^b\mathrm{d}\psi = \psi_b - \psi_a$$

图 4.21　单宽流量与流函数的关系

(3) 平面势流的流函数是一个调和函数.

性质(1)和(2)对有涡流动或势流都是适用的.当平面流为势流时,则

$$\omega_z = \frac{1}{2}\left(\frac{\partial u_y}{\partial x} - \frac{\partial u_x}{\partial y}\right) = 0 \quad 或 \quad \frac{\partial u_y}{\partial x} - \frac{\partial u_x}{\partial y} = 0$$

将流函数 $\psi(x,y)$ 与流速 u 的关系式($u_x = \partial\psi/\partial y, u_y = -\partial\psi/\partial x$)代入,得

$$\frac{\partial^2 \psi}{\partial x^2} + \frac{\partial^2 \psi}{\partial y^2} = 0$$

该式就是**拉普拉斯方程**.因此,平面势流的流函数与流速势函数一样也是一个调和函数.如流动为不可压缩无旋的平面流动,其流函数也满足拉普拉斯方程.

【例题 4.14】 已知流速场 $u_x = 3(x^2 - y^2)$,$u_y = -6xy$.① 证明此流动为不可压缩平面势流;② 求通过点(0,0)和点(1,1)之间的流量.

解　① 根据题意,流速场是 x 和 y 的函数,因此该流动为平面流动.又根据不可压缩流体的连续性方程式,得 $\partial u_x/\partial x + \partial u_y/\partial y = 6x - 6x = 0$,满足连续性方程,故此流体为不可压缩流体.

② 由于 $\partial u_x/\partial y = -6y$,$\partial u_y/\partial x = -6y$,即 $\partial u_x/\partial y = \partial u_y/\partial x$,满足无旋条件,为无旋流或有势流,存在势函数.根据流速与流函数的关系式,得 $\partial\psi/\partial x = -u_y = 6xy$,$\partial\psi/\partial y = u_x = 3(x^2 - y^2)$.其中,对 $\partial\psi/\partial y = 3(x^2 - y^2)$ 积分,得 $\psi = 3x^2 y - y^3 + f(x)$.将 ψ 对 x 求偏导数,得 $\partial\psi/\partial x = 6xy + f'(x) = -u_y = 6xy$,即 $f'(x) = 0$ 或 $f(x) = C$,代入得流函数 $\psi = 3x^2 y - y^3 + f(x) = 3x^2 y - y^3 + C$.于是,流量 $q = \psi(1,1) - \psi(0,0) = (3-1+C) - (0-0+C) = 2$（$\mathrm{m^2/s}$）.

4.4.1.3　流函数与流速势的关系

1. **流函数与流速势函数为共轭函数**

因流速势 φ 及流函数 ψ 分别满足式($u_x = \partial\varphi/\partial x, u_y = \partial\varphi/\partial y$)和式($u_x = \partial\psi/\partial y, u_y = -\partial\psi/\partial x$),则下式成立:

$$\begin{cases} u_x = \dfrac{\partial\varphi}{\partial x} = \dfrac{\partial\psi}{\partial y} \\ u_y = \dfrac{\partial\varphi}{\partial y} = -\dfrac{\partial\psi}{\partial x} \end{cases}$$

在高等数学中,满足这种关系的两个函数称为共轭函数.所以在平面势流中流函数 ψ 与流速势函数 φ 是共轭函数.利用该式,已知 u_x、u_y 可推求 ψ 及 φ;或已知其中一个函数,就可推导另一个函数.

2. **流线与等势线相正交**

等流函数线就是流线,其方程式为 $\mathrm{d}\psi = u_x\mathrm{d}y - u_y\mathrm{d}x = 0$,因此,流线上任意一定点的斜率为

$$m_1 = \frac{\mathrm{d}y}{\mathrm{d}x} = \frac{u_y}{u_x}$$

等流速势线就是等势线,其方程式为 $\mathrm{d}\varphi = u_x\mathrm{d}x + u_y\mathrm{d}y = 0$,因此,在同一定点上等势线的斜率为

$$m_2 = \frac{\mathrm{d}y}{\mathrm{d}x} = -\frac{u_x}{u_y}$$

所以 $m_1 m_2 = -1$,即流线与等势线在该定点上是相正交的.

【例题 4.15】 设平面流场中做匀速直线流动的速度为 $u_x = k$，$u_y = 0$，其中 k 为常数. 试判断该流动是否存在流函数和速度势函数；若存在，则求出它们的表达式，并绘出相应的流线和等势线.

解 ① 求流函数

因为 $\partial u_x / \partial x = 0$，$\partial u_y / \partial y = 0$，所以 $\partial u_x / \partial x + \partial u_y / \partial y = 0$，满足连续性方程，故存在流函数 ψ.

由 $\mathrm{d}\psi = u_x \mathrm{d}y - u_y \mathrm{d}x = k\mathrm{d}y$，积分得 $\psi = ky + c_1$.

流线 $\psi =$ 常数，即 $ky =$ 常数. 故流线是平行于 x 轴的直线，如图 4.22 所示.

② 求速度势函数

因为 $\partial u_y / \partial x = 0$，$\partial u_x / \partial y = 0$，所以 $\omega_z = \dfrac{1}{2}(\partial u_y / \partial x - \partial u_x / \partial y) = 0$，故存在速度势函数 φ.

由 $\mathrm{d}\varphi = u_x \mathrm{d}x + u_y \mathrm{d}y = k\mathrm{d}x$，积分得 $\varphi = kx + c_2$.

因为等势线 $\varphi =$ 常数，即 $kx =$ 常数，故等势线是平行于 y 轴的直线，如图 4.22 所示. 此流动即为平行于 Ox 轴的匀速直线流动.

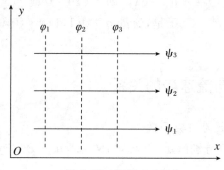

图 4.22　例题 4.15

【例题 4.16】 平面势流的流函数为 $\psi = ax + by$，其中，a、b 为常数. 试求流速 u_x、u_y 以及速度势函数 φ.

解 ① 求流速：

$$u_x = \frac{\partial \psi}{\partial y} = b, \quad u_y = -\frac{\partial \psi}{\partial x} = -a$$

② 求速度势函数：

$$\mathrm{d}\varphi = u_x \mathrm{d}x + u_y \mathrm{d}y = b\mathrm{d}x - a\mathrm{d}y$$

积分得 $\varphi = bx - ay + C$，其中，C 为积分常数.

【例题 4.17】 已知恒定不可压缩二维流场中的速度分量分别为 $u_x = 2y$，$u_y = 4x$，试确定其流函数.

解 根据流函数的定义，可建立如下关系：

$$u_x = \frac{\partial \psi}{\partial y} = 2y, \quad u_y = -\frac{\partial \psi}{\partial x} = 4x$$

将 u_x 对 y 积分，得

$$\psi = y^2 + f(x)$$

其中，$f(x)$ 是 x 的任意函数.

将 ψ 对 x 求偏导,并联立 u_y 的表达式,得

$$\frac{\partial \psi}{\partial x} = f'(x) = -u_y = -4x$$

将 $f'(x)$ 对 x 积分,得

$$f(x) = -2x^2 + C$$

其中,C 是任意积分常数.

将 $f(x)$ 代入 ψ 的表达式,则流函数的表达式为

$$\psi = y^2 + f(x) = y^2 - 2x^2 + C$$

【例题 4.18】　已知某二维流动的流函数 $\psi = ax^2 - ay^2$,其中,a 为常数且 $a \neq 0$.试确定该流动是有旋流动还是无旋流动;若是无旋流动,则确定其速度势函数 φ.

解　二维流动的速度场可由流函数确定:

$$u_x = \frac{\partial \psi}{\partial y} = -2ay, \quad u_y = -\frac{\partial \psi}{\partial x} = -2ax$$

则角速度为

$$\omega_z = \frac{1}{2}\left(\frac{\partial u_y}{\partial x} - \frac{\partial u_x}{\partial y}\right) = \frac{1}{2}[-2a - (-2a)] = 0$$

因此,该流动是无旋流动,存在速度势函数.

根据速度势函数的定义,在 x 方向有

$$\frac{\partial \varphi}{\partial x} = u_x = -2ay$$

积分得速度势函数为

$$\varphi = \int -2ay\mathrm{d}x = -2axy + f(y)$$

其中,$f(y)$ 是一个关于 y 的任意函数.

将 φ 对 y 求偏导数得 u_y 的表达式,再联立已知的 u_y 的表达式 $u_y = -2ax$,得

$$\partial \varphi / \partial y = \partial[-2axy + f(y)]/\partial y = -2ax + f'(y) = -2ax$$

解得 $f'(y) = 0$,积分得

$$f(y) = C$$

其中,C 为任意积分常数.将 $f(y) = C$ 代入 φ 的表达式中,得速度势函数

$$\varphi = -2axy + f(y) = -2axy + C$$

4.4.1.4　求解平面势流的方法

平面势流的求解问题,关键在于根据给定的边界条件,求解拉普拉斯方程的势函数或流函数.其求解方法有流网法、势流叠加法、复变函数法和数值计算法等.下面介绍流网法和势流叠加法的原理.

1. 流网法

在平面势流中,$\psi(x,y) = a_i$ 代表一簇流线,$\varphi(x,y) = b_i$ 代表一簇等势线.等势线簇与流线簇所围成的网状图形称为流网,如图 4.23 所示.

流网具有以下特征:

(1) 流网中的流线与等势线是相互正交的.

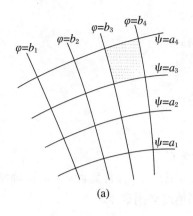 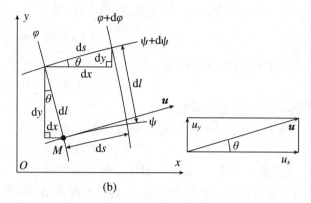

(a)　　　　　　　　　　　　　(b)

图 4.23　流网

（2）流网中流速势 φ 的增值方向与流速方向一致；将流速方向逆时针旋转 $90°$ 所得方向即为流函数 ψ 的增值方向．因此，只要知道流速方向，就可确定 φ 及 ψ 的增值方向．

在平面势流的流速场中任意选取一点 M，通过点 M 可作出一条等势线 φ 和一条流线 ψ，并绘出其相邻的等势线 $\varphi+\mathrm{d}\varphi$ 和流线 $\psi+\mathrm{d}\psi$，令两等势线之间的距离为 $\mathrm{d}s$，两流线之间的距离为 $\mathrm{d}l$．

点 M 流速 u 的方向必为该点流线的切线方向，也一定是该点的等势线的法线方向．若以流速 u 的方向作为 s 的增值方向，将 s 的增值方向逆时针旋转 $90°$ 作为 l 的增值方向，则

$$\mathrm{d}\varphi = u_x\mathrm{d}x + u_y\mathrm{d}y = u\cos\theta\cdot\mathrm{d}s\cos\theta + u\sin\theta\cdot\mathrm{d}s\sin\theta$$
$$= u\mathrm{d}s(\cos^2\theta + \sin^2\theta) = u\mathrm{d}s$$

由上式可知，当 $\mathrm{d}s$ 为正值时，$\mathrm{d}\varphi$ 也为正值，即流速势 φ 的增值方向与 s 的增值方向是相同的，流速势 φ 的增值方向与流速方向一致．

由于

$$\mathrm{d}\psi = u_x\mathrm{d}y - u_y\mathrm{d}x = u\cos\theta\cdot\mathrm{d}l\cos\theta - u\sin\theta(-\mathrm{d}l\sin\theta)$$
$$= u\mathrm{d}l(\cos^2\theta + \sin^2\theta) = u\mathrm{d}l$$

上式表明，流函数 ψ 的增值方向与 l 的增值方向是相同的，流函数 ψ 的增值方向即流速方向逆时针旋转 $90°$ 的方向．

（3）流网中每个网格的边长之比（$\mathrm{d}s/\mathrm{d}l$）等于 φ 与 ψ 的增值之比（$\mathrm{d}\varphi/\mathrm{d}\psi$）．

在绘制流网时，各等势线之间的 $\mathrm{d}\varphi$ 值和各流线之间的 $\mathrm{d}\psi$ 值各为一个固定的常数，因此，网格的边长 $\mathrm{d}s$ 与 $\mathrm{d}l$ 之比就应该不变．若取 $\mathrm{d}\varphi = \mathrm{d}\psi$，则 $\mathrm{d}s = \mathrm{d}l$．这样，所有的网格就都是正方形．在实际应用绘制流网时，不可能绘制无数的流线及等势线，因此上式可改为差分式，即

$$\frac{\Delta\varphi}{\Delta\psi} = \frac{\Delta s}{\Delta l}$$

若取所有的 $\Delta\varphi = \Delta\psi =$ 常数，则 $\Delta s = \Delta l$，即每个网格将成为各边顶点正交、各边长度近似相等的正交曲线方格．每个网格对边中点距离相等，所以 Δs 及 Δl 应看作网格对边中点的距离．

根据上述流网性质，若边界轮廓已知，使每个网格接近正交曲线方格，试绘几组就可画出流网，进而求得流场的速度分布．因为任何两条相邻流线之间的流量 Δq 是一常数，根据流函数的性质 $\Delta\psi = \Delta q$，所以任何网格中的速度为

$$u = \frac{\Delta \psi}{\Delta l} = \frac{\Delta q}{\Delta l}$$

在绘制流网时,各网格中的 Δq 为一常数,所以流速 u 与 Δl 成反比,即两处的流速之比为

$$\frac{u_1}{u_2} = \frac{\Delta l_2}{\Delta l_1}$$

在流网中可以直接量出各处的 Δl,根据上式,就可以得出速度的相对变化关系.如果一点的速度已知,就可按上式求得其他各点的速度.上式表明,两条流线的间距愈大,速度愈小;间距愈小,速度愈大.流网可以清晰地表示出速度分布的情况.

综上可知,流网可以解决恒定平面势流问题.流网之所以能给出恒定平面势流的流场情况,是因为流网就是拉普拉斯方程在一定边界条件下的图解.在特定边界条件下,拉普拉斯方程只能有一个解.根据流网特征,针对特定的边界条件,只能绘出一个流网,所以流网能给出正确的答案.根据流网,能较简捷地掌握流场中的流动情况,得出流速分布和压强分布的近似解.

绘制流网是解决平面势流问题的一种方法,也是数值计算方法普遍应用之前工程界比较通用的方法.流网理论是完全正确的,但流网法的精度依赖于流网的绘制.在工程需求中,流网法的精度是可以满足要求的.

2. 势流叠加法

可叠加性是势流的一个重要特性.设有两个势流,流速势分别为 φ_1、φ_2,流函数分别为 ψ_1、ψ_2,其连续性条件应分别满足拉普拉斯方程,即

流速势:$\dfrac{\partial^2 \varphi_1}{\partial x^2} + \dfrac{\partial^2 \varphi_1}{\partial y^2} = 0, \dfrac{\partial^2 \varphi_2}{\partial x^2} + \dfrac{\partial^2 \varphi_2}{\partial y^2} = 0.$

流函数:$\dfrac{\partial^2 \psi_1}{\partial x^2} + \dfrac{\partial^2 \psi_1}{\partial y^2} = 0, \dfrac{\partial^2 \psi_2}{\partial x^2} + \dfrac{\partial^2 \psi_2}{\partial y^2} = 0.$

而这两个势流的流速势之和 $\varphi = \varphi_1 + \varphi_2$,流函数之和 $\psi = \psi_1 + \psi_2$,得

两势流的流速势之和:$\dfrac{\partial^2 \varphi}{\partial x^2} = \dfrac{\partial^2 \varphi_1}{\partial x^2} + \dfrac{\partial^2 \varphi_2}{\partial x^2}, \dfrac{\partial^2 \varphi}{\partial y^2} = \dfrac{\partial^2 \varphi_1}{\partial y^2} + \dfrac{\partial^2 \varphi_2}{\partial y^2}.$

两势流的流函数之和:$\dfrac{\partial^2 \psi}{\partial x^2} = \dfrac{\partial^2 \psi_1}{\partial x^2} + \dfrac{\partial^2 \psi_2}{\partial x^2}, \dfrac{\partial^2 \psi}{\partial y^2} = \dfrac{\partial^2 \psi_1}{\partial y^2} + \dfrac{\partial^2 \psi_2}{\partial y^2}.$

所以

$$\frac{\partial^2 \varphi}{\partial x^2} + \frac{\partial^2 \varphi}{\partial y^2} = \frac{\partial^2 \varphi_1}{\partial x^2} + \frac{\partial^2 \varphi_1}{\partial y^2} + \frac{\partial^2 \varphi_2}{\partial x^2} + \frac{\partial^2 \varphi_2}{\partial y^2} = 0 \quad \text{或} \quad \frac{\partial^2 \varphi}{\partial x^2} + \frac{\partial^2 \varphi}{\partial y^2} = 0$$

$$\frac{\partial^2 \psi}{\partial x^2} + \frac{\partial^2 \psi}{\partial y^2} = \frac{\partial^2 \psi_1}{\partial x^2} + \frac{\partial^2 \psi_1}{\partial y^2} + \frac{\partial^2 \psi_2}{\partial x^2} + \frac{\partial^2 \psi_2}{\partial y^2} = 0 \quad \text{或} \quad \frac{\partial^2 \psi}{\partial x^2} + \frac{\partial^2 \psi}{\partial y^2} = 0$$

也就是说,两流速势之和形成新的流速势 φ,代表新的流动.考虑到 $\varphi = \varphi_1 + \varphi_2$,新流动的流速:

$$u_x = \frac{\partial \varphi}{\partial x} = \frac{\partial \varphi_1}{\partial x} + \frac{\partial \varphi_2}{\partial x} = u_{x1} + u_{x2}$$

$$u_y = \frac{\partial \varphi}{\partial y} = \frac{\partial \varphi_1}{\partial y} + \frac{\partial \varphi_2}{\partial y} = u_{y1} + u_{y2}$$

显然,新流速是原来两势流流速的叠加,即在平面点上将两流速几何相加的结果.显然,以上的结论可以推广到两个以上的流动.

【**例题 4.19**】 给定恒定二维不可压缩流动的速度分布：$u_x = Cx/(x^2 + y^2)$，$u_y = Cy/(x^2 + y^2)$，其中，C 为常数.确定该流动的流函数和速度势函数.

解 根据流函数和速度势函数的定义，ψ 和 φ 可通过对速度场的积分求得，即

$$\psi = \int -u_y\mathrm{d}x + u_x\mathrm{d}y = \int -Cy/(x^2 + y^2)\mathrm{d}x + Cx/(x^2 + y^2)\mathrm{d}y$$

$$= C\int(-y\mathrm{d}x + x\mathrm{d}y)/(x^2 + y^2) = C\arctan(y/x) = C\theta$$

$$\varphi = \int u_x\mathrm{d}x + u_y\mathrm{d}y = \int Cx/(x^2 + y^2)\mathrm{d}x + Cy/(x^2 + y^2)\mathrm{d}y$$

$$= C\int(x\mathrm{d}x + y\mathrm{d}y)/(x^2 + y^2) = C\ln(x^2 + y^2)^{1/2} = C\ln r$$

4.4.2 几种简单平面势流(无旋流)及其叠加

4.4.2.1 简单平面势流

1. 均匀直线流动

均匀直线流动是指流线相互平行且速度处处相等的流动.设一流速为 u 的均匀直线平面流动，与 x 轴的夹角为 α，如图 4.24 所示.

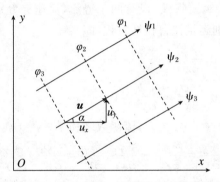

图 4.24 与 x 轴成 α 角的均匀直线流动

流速 u 在 x、y 轴方向的分量分别为 $u_x = u\cos\alpha$ 和 $u_y = u\sin\alpha$，并且保持不变.

流函数 ψ：由 $\mathrm{d}\psi = -u_y\mathrm{d}x + u_x\mathrm{d}y = -u\sin\alpha \cdot \mathrm{d}x + u\cos\alpha \cdot \mathrm{d}y$，积分得

$$\psi = -u\sin\alpha \cdot x + u\cos\alpha \cdot y + C_1$$

速度势 φ：由 $\mathrm{d}\varphi = u_x\mathrm{d}x + u_y\mathrm{d}y = u\cos\alpha \cdot \mathrm{d}x + u\sin\alpha \cdot \mathrm{d}y$，积分得

$$\varphi = u\cos\alpha \cdot x + u\sin\alpha \cdot y + C_2$$

令积分常数 $C_1 = C_2 = 0$，则得

$$\psi = -u\sin\alpha \cdot x + u\cos\alpha \cdot y = -u_y \cdot x + u_x \cdot y = -u_y \cdot r\cos\theta + u_x \cdot r\sin\theta$$

$$\varphi = u\cos\alpha \cdot x + u\sin\alpha \cdot y = u_x \cdot x + u_y \cdot y = u_x \cdot r\cos\theta + u_y \cdot r\sin\theta$$

显然，若均匀直线流流速平行于 x 轴，则 $\alpha = 0$，$u_x = u\cos\alpha = u$，$u_y = u\sin\alpha = 0$，此时

$$\psi = u_x y \quad 或 \quad \psi = u_x r\sin\theta，\quad \varphi = u_x x \quad 或 \quad \varphi = u_x r\cos\theta$$

即流线与 x 轴平行，等势线与 y 轴平行.

若均匀直线流流速平行于 y 轴，则 $\alpha = 90°$，$u_x = u\cos\alpha = 0$，$u_y = u\sin\alpha = u$，此时

$$\psi = - u_y x \quad 或 \quad \psi = - u_y \cdot r\cos\theta, \quad \varphi = u_y y \quad 或 \quad \varphi = u_y \cdot r\sin\theta$$

即流线与 y 轴平行,等势线与 x 轴平行.

2. 源流和汇流

设在水平的无限平面内,流体从某一点 O 沿径向 r 均匀地向四周流出(周向速度为零),并以 O 点为圆心的任何圆周上流出的流量 Q 相等,其流线是从源点 O 发出的一簇射线,这种流动称为**源流**,O 点称为源点,如图 4.25 所示.

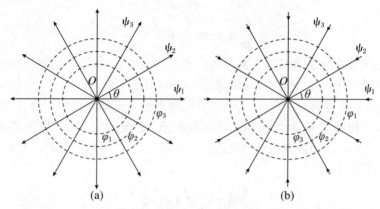

图 4.25　源流与汇流

根据源流的流动特点,源流中只有径向流速 u_r,无横向流速 u_θ,流场速度分布的极坐标系和直角坐标系方程分别为

$$\begin{cases} u_r = \dfrac{Q}{2\pi r} \\ u_\theta = 0 \end{cases} 或 \begin{cases} u_x = u_r\cos\theta = \dfrac{Q}{2\pi r}\cdot\dfrac{x}{r} = \dfrac{Qx}{2\pi(x^2+y^2)} \\ u_y = u_r\sin\theta = \dfrac{Q}{2\pi r}\cdot\dfrac{y}{r} = \dfrac{Qy}{2\pi(x^2+y^2)} \end{cases}$$

式中,Q 为沿源点流出的流量,称为源流强度.

当 $r\to0$ 时,$u_r\to\infty$,因此当 $r=0$(即源点)时该点为奇点.除奇点外,实际流动中有些流动与该流动类似,如泉水从泉眼向外均匀流出的情况,就与源流近似.源流这一概念的重要意义还在于,许多复杂的实际流型可通过源流和其他简单流型的组合得到.

由流场速度的性质,可知源流流场存在流函数和流速势函数,根据定义式可求出流函数和势函数:

$$\mathrm{d}\psi = -u_\theta\mathrm{d}r + u_r r\mathrm{d}\theta = -0\cdot\mathrm{d}r + \frac{Q}{2\pi r}r\mathrm{d}\theta = \frac{Q}{2\pi}\mathrm{d}\theta$$

$$\mathrm{d}\varphi = u_r\mathrm{d}r + u_\theta r\mathrm{d}\theta = \frac{Q}{2\pi r}\mathrm{d}r + 0\cdot r\mathrm{d}\theta = \frac{Q}{2\pi r}\mathrm{d}r$$

或根据流速分量与流函数、势函数的关系:

已知 $u_\theta = -\dfrac{\partial\psi}{\partial r} = 0$,可知流函数 ψ 仅为 θ 的函数;由 $u_r = \dfrac{1}{r}\cdot\dfrac{\partial\psi}{\partial\theta} = \dfrac{\mathrm{d}\psi}{r\mathrm{d}\theta}$,得 $\mathrm{d}\psi = u_r r\mathrm{d}\theta = \dfrac{Q}{2\pi}\mathrm{d}\theta$.

已知 $u_\theta = \dfrac{1}{r}\dfrac{\partial\varphi}{\partial\theta} = 0$,可知势函数 φ 仅为 r 的函数;由 $u_r = \dfrac{\partial\varphi}{\partial r} = \dfrac{\mathrm{d}\varphi}{\mathrm{d}r}$,得 $\mathrm{d}\varphi = u_r\mathrm{d}r = \dfrac{Q}{2\pi r}\mathrm{d}r$.

分别对以上两式积分,得

$$\psi = \frac{Q}{2\pi}\theta + C_1, \quad \varphi = \frac{Q}{2\pi}\ln r + C_2$$

因取积分常数 C_1 和 C_2 等于零并不改变流函数和流速势的性质,于是得到源流的流函数 ψ 及流速势 φ 的表达式:

$$\psi = \frac{Q}{2\pi}\theta = \frac{Q}{2\pi}\arctan\frac{y}{x}$$

$$\varphi = \frac{Q}{2\pi}\ln r = \frac{Q}{2\pi}\ln\sqrt{x^2 + y^2}$$

分析上述两式,可知源流的流线是一簇从源点出发的径向射线,等势线则是一簇以源点为中心的同心圆,两簇线相互正交,构成流网,如图 4.25(a)所示.

源流流线为从源点向外的射线.若将液体的源点改为汇集液体的汇聚点,四周液体均匀地流向 O 点,这种流动称为**汇流**,O 点称为**汇点**.汇流的流量 Q 称为**汇流强度**,如图 4.25(b)所示.汇流的流函数和流速势表达式与源流的形式一样,只是符号相反,将源流表达式前加一负号即可,即

$$\psi = -\frac{Q}{2\pi}\theta = -\frac{Q}{2\pi}\arctan\frac{y}{x}$$

$$\varphi = -\frac{Q}{2\pi}\ln r = -\frac{Q}{2\pi}\ln\sqrt{x^2 + y^2}$$

式中,Q 为自四周流入汇点的流量.

汇流和源流一样,原点也是一个奇点,若将原点附近除外,则实际流动中地下水从四周均匀流入水井的流动可以近似看作汇流.

3. 环流(点涡)

流场中各流体质点均绕某点做圆周运动,径向流速为零.如以该点为圆心作一系列同心圆,在各同心圆上的速度环量(速度沿路径积分)均为常数.这种流动称为**环流**,速度环量定义为**环流强度**,以 Γ 表示,如图 4.26 所示.从环流定义可以看出,其流动特征正好与源流相反,因此其速度分布为 $u_r = 0$,$u_\theta = \Gamma/(2\pi r)$.式中环流强度 Γ 的方向以逆时针为正(与极坐标 θ 的方向一致),环流方向为顺时针,则在上式前各加一负号即可.

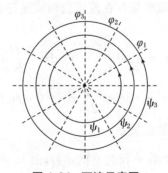

图 4.26 环流示意图

均匀直线流、源流、汇流、涡流等四种简单平面势流的流速分布式、极坐标或直角坐标形式的势函数、流函数及三者间的相互求解关系如表 4.1 所示.

表 4.1　平面势流的势函数和流函数

无旋流动	流速分布	势函数 φ		流函数 ψ	
		极坐标	直角坐标	极坐标	直角坐标
函数表达式		$\mathrm{d}\varphi = u_r\mathrm{d}r + u_\theta r\mathrm{d}\theta$ $u_r = \partial\varphi/\partial r$ $u_\theta = (1/r)\partial\varphi/\partial\theta$	$\mathrm{d}\varphi = u_x\mathrm{d}x + u_y\mathrm{d}y$ $u_x = \partial\varphi/\partial x$ $u_y = \partial\varphi/\partial y$	$\mathrm{d}\psi = -u_\theta\mathrm{d}r + u_r r\mathrm{d}\theta$ $u_r = (1/r)\partial\psi/\partial\theta$ $u_\theta = -\partial\psi/\partial r$	$\mathrm{d}\psi = -u_y\mathrm{d}x + u_x\mathrm{d}y$ $u_x = \partial\psi/\partial y$ $u_y = -\partial\psi/\partial x$
匀速直线运动	$u_r = u\cos(\theta-\alpha)$ $u_\theta = -u\cdot\sin(\theta-\alpha)$	$\varphi = ur\cos(\theta-\alpha)$	$\varphi = u_x x + u_y y$ $\begin{cases} u_x = u\cos\alpha \\ u_y = u\sin\alpha \end{cases}$	$\psi = ur\sin(\theta-\alpha)$	$\psi = -u_y x + u_x y$ $\begin{cases} u_x = u\cos\alpha \\ u_y = u\sin\alpha \end{cases}$
点源	$u_r = Q/(2\pi r)$ $u_\theta = 0$	$\varphi = \dfrac{Q}{2\pi}\ln r$	$\varphi = \dfrac{Q}{2\pi}\ln\sqrt{x^2+y^2}$	$\psi = \dfrac{Q}{2\pi}\theta$	$\psi = \dfrac{Q}{2\pi}\arctan\dfrac{y}{x}$
点汇	$u_r = -Q/(2\pi r)$ $u_\theta = 0$	$\varphi = -\dfrac{Q}{2\pi}\ln r$	$\varphi = -\dfrac{Q}{2\pi}\ln\sqrt{x^2+y^2}$	$\psi = -\dfrac{Q}{2\pi}\theta$	$\psi = -\dfrac{Q}{2\pi}\arctan\dfrac{y}{x}$
点涡	$u_r = 0$ $u_\theta = \Gamma/(2\pi r)$	$\varphi = \dfrac{\Gamma}{2\pi}\theta$	$\varphi = \dfrac{\Gamma}{2\pi}\arctan\dfrac{y}{x}$	$\psi = -\dfrac{\Gamma}{2\pi}\ln r$	$\psi = -\dfrac{\Gamma}{2\pi}\ln\sqrt{x^2+y^2}$

注:极坐标与直角坐标的换算关系为 $x = r\cos\theta, y = r\sin\theta, r = \sqrt{x^2+y^2}$.

4.4.2.2　平面势流叠加

均匀直线流、源流和汇流等简单无旋流动是复杂平面势流的基础,任何复杂边界的绕流问题均可通过有限个简单势流运动进行叠加.利用势流叠加原理,通过把已知的均匀直线流、源流和汇流等一些简单势流恰当地叠加,合成一种符合给定边界条件的复杂流动,得到其流速分布,进而利用势流的伯努利能量方程求得压强分布,如均匀流绕桥墩时的流动、圆柱绕流等.

1. 源流 + 汇流 = 偶极流

当等强度的源点和汇点无限接近($2a\to 0$),流量无限增大($Q\to\infty$)时,而两者的乘积维持有限值 M,偶极流的强度或偶极矩的极限情况下的流动成为**偶极流**.一般规定,由源流指向汇流的方向为偶极流的正方向.其中,$M = \lim\limits_{\substack{2a\to 0 \\ Q\to\infty}}(2aQ)$.从偶极流定义可以看出,求解偶极流的流函数和势函数是求极限的过程.如图 4.27 所示,将等强度的源点 $F_s(-a,0)$ 和汇点 $F_c(a,0)$ 在 x 轴上对称于 y 轴放置,以 $F_s F_c$ 所在的直线为 x 轴,以 $F_s F_c$ 的中点为坐标原点 O.源点 F_s 和汇点 F_c 叠加后,流场中任意一点 $P(x,y)$ 的流函数为

$$\psi = \frac{Q}{2\pi}\theta_1 - \frac{Q}{2\pi}\theta_2 = -\frac{Q}{2\pi}(\theta_2 - \theta_1)\quad\text{或}\quad\psi = \frac{Q}{2\pi}\alpha$$

式中,θ_1 为 $\angle PF_s x$;θ_2 为 $\angle PF_c x$;α 为 $\angle F_s P F_c$.

从 F_c 点向直线 $F_s P$ 作垂线 $F_c A = r_2\sin\alpha = 2a\sin\theta_1$.考虑到当 $F_s(F_c)\to O$ 时,$2a\to 0$,$r_1(r_2)\to r$,$\sin\alpha\to\alpha$,$\theta_1(\theta_2)\to\theta$,则 $r\alpha = 2a\sin\theta$ 或 $\alpha = 2a\sin\theta/r$,所以

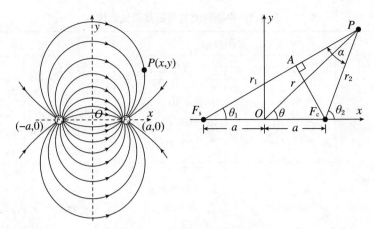

图 4.27 源流和汇流的叠加

$$\psi = \lim_{\substack{2a \to 0 \\ Q \to \infty}} \left(\frac{Q}{2\pi} \alpha \right) = \lim_{\substack{2a \to 0 \\ Q \to \infty}} \left(\frac{Q}{2\pi} \frac{2a\sin\theta}{r} \right) = \frac{M}{2\pi} \frac{r\sin\theta}{r^2} = \frac{M}{2\pi} \frac{y}{r^2} = \frac{M}{2\pi} \frac{y}{x^2+y^2}$$

等流函数线(流线)上的 $\psi =$ 常数,即 $\alpha = \theta_2 - \theta_1 =$ 常数. 由几何学知,该流线是圆心在 y 轴上通过 F_s 及 F_c 点的一组圆. 则等流函数线即偶极流流线方程为

$$\frac{M}{2\pi} \frac{y}{x^2+y^2} = C_1 \quad \text{或} \quad x^2 + \left(y + \frac{M}{4\pi C_1} \right)^2 = \left(\frac{M}{4\pi C_1} \right)^2$$

该式表明流线是一簇圆心在 y 轴 $\left(0, -\frac{M}{4\pi C_1} \right)$、半径为 $\frac{M}{4\pi C_1}$ 的圆簇,并在坐标原点与 x 轴相切,如图 4.28 实线所示. 流体由坐标原点流出,沿上述圆周重新又流入原点.

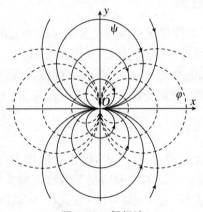

图 4.28 偶极流

偶极流速度势函数:

$$\varphi = \varphi_1 + \varphi_2 = \frac{Q}{2\pi}\ln r_1 - \frac{Q}{2\pi}\ln r_2 = \frac{Q}{2\pi}\ln\frac{r_1}{r_2} = \frac{Q}{2\pi}\ln\left(1 + \frac{r_1 - r_2}{r_2} \right)$$

根据图 4.27 可知 $r_1 - r_2 \approx 2a\cos\theta_1$. 考虑到当 $A_1(A_2) \to O$ 时,$2a \to 0$,$r_1(r_2) \to r$,$\theta_1(\theta_2) \to \theta$,则 $\ln[1 + (r_1 - r_2)/r_2] \approx (r_1 - r_2)/r_2 \approx (2a\cos\theta)/r$,得

$$\varphi = \lim_{\substack{2a \to 0 \\ Q \to \infty}} \left[\frac{Q}{2\pi}\ln\left(1 + \frac{r_1 - r_2}{r_2} \right) \right] = \lim_{\substack{2a \to 0 \\ Q \to \infty}} \left(\frac{Q}{2\pi} \frac{2a\cos\theta}{r} \right) = \frac{M}{2\pi} \frac{r\cos\theta}{r^2} = \frac{M}{2\pi} \frac{x}{x^2+y^2}$$

等势线方程为

$$\frac{M}{2\pi}\frac{x}{x^2+y^2} = C_2 \quad \text{或} \quad \left(x - \frac{M}{4\pi C_2}\right)^2 + y^2 = \left(\frac{M}{4\pi C_2}\right)^2$$

该式表明等势线是一簇圆心在 x 轴 $\left(\dfrac{M}{4\pi C_2},0\right)$、半径为 $\dfrac{M}{4\pi C_2}$ 的圆簇,并在坐标原点与 y 轴相切,如图 4.28 虚线所示.

【例题 4.20】 强度同为 60 m^2/s 的源流和汇流位于 x 轴,各距原点 $a = 3$ m,试计算:① 坐标原点的流速;② 通过 $(0,4)$ 点的流函数值及该点的流速.

解 任意一点的流函数 $\psi(x,y)$ 为源流和汇流在该点流函数的叠加,则

$$\psi(x,y) = Q/(2\pi)\arctan[y/(x+a)] - Q/(2\pi)\arctan[y/(x-a)]$$

① 原点 $(0,0)$ 的流速:

$$u_x = \partial\psi/\partial y = Q/(2\pi)\{(x+a)/[(x+a)^2+y^2] - (x-a)/[(x-a)^2+y^2]\}$$
$$= 60/(2\times3.14)\{(0+3)/[(0+3)^2+0^2] - (0-3)/[(0-3)^2+0^2]\} \approx 6.37 \ (\text{m/s})$$
$$u_y = -\partial\psi/\partial x = -Q/(2\pi)\{-y/[(x+a)^2+y^2] - (-y)/[(x-a)^2+y^2]\}$$
$$= -60/(2\times3.14)\{(-0)/[(0+3)^2+0^2] - (-0)/[(0-3)^2+0^2]\} = 0 \ (\text{m/s})$$

② 通过点 $(0,4)$ 的流线流函数值:

$$\psi(x,y) = Q/(2\pi)\{\arctan[y/(x+a)] - \arctan[y/(x-a)]\}$$
$$= 60/(2\times3.14)\{\arctan[4/(0+3)] - \arctan[4/(0-3)]\}$$
$$\approx -12.23$$

点 $(0,4)$ 的流速:

$$u_x = \partial\psi/\partial y = Q/(2\pi)\{(x+a)/[(x+a)^2+y^2] - (x-a)/[(x-a)^2+y^2]\}$$
$$= 60/(2\times3.14)\{(0+3)/[(0+3)^2+4^2] - (0-3)/[(0-3)^2+4^2]\} \approx 2.29 \ (\text{m/s})$$
$$u_y = -\partial\psi/\partial x = -Q/(2\pi)\{-y/[(x+a)^2+y^2] - (-y)/[(x-a)^2+y^2]\}$$
$$= -60/(2\times3.14)\{(-4)/[(0+3)^2+4^2] - (-4)/[(0-3)^2+4^2]\} = 0 \ (\text{m/s})$$

2. 均匀直线流 + 偶极流

均匀直线流和偶极流的叠加得到绕圆柱的流动.设均匀直线流沿 x 轴方向速度为 u,偶极流的偶极点置于坐标原点,如图 4.29 所示.

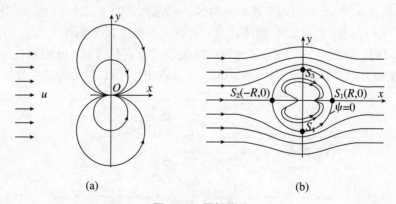

(a)　　　　　　　　　　　　(b)

图 4.29　圆柱绕流

均匀直线流和偶极流叠加所得新的势流的流函数和速度势为

$$\psi = ur\sin\theta - \frac{M}{2\pi}\frac{\sin\theta}{r} = \left(ur - \frac{M}{2\pi}\frac{1}{r}\right)\sin\theta$$

$$\varphi = ur\cos\theta + \frac{M}{2\pi}\frac{\cos\theta}{r} = \left(ur + \frac{M}{2\pi}\frac{1}{r}\right)\cos\theta$$

式中，M 为偶极流强度，其值要根据边界条件即圆柱体边界条件(圆柱的半径)确定.

若把零流线(过驻点的流线)作为物体的轮廓线，其零流线方程为

$$\left(ur - \frac{M}{2\pi}\frac{1}{r}\right)\sin\theta = 0$$

此方程的解为

(1) 若 $\sin\theta = 0$，则 $\theta = 0$ 或 $\theta = \pi$，即 x 轴为流线.

(2) 若 $ur - \frac{M}{2\pi}\frac{1}{r} = 0$，则 $r^2 = \frac{M}{2\pi u}$，即 $r = \sqrt{\frac{M}{2\pi u}} = R$ 的圆(圆柱)也是流线.以固体边界代替此流线时，其外部的流动图形不变，流场为一圆柱绕流.若以 $M/2\pi = R^2 u$ 代入流函数 ψ 和速度势 φ，则得半径为 R 的圆柱在绕流速度为 u 的均匀直线流中流场的流函数和流速势：

$$\psi = ur\sin\theta\left(1 - \frac{R^2}{r^2}\right)$$

$$\varphi = ur\cos\theta\left(1 + \frac{R^2}{r^2}\right)$$

流场的速度分布为

$$u_r = \frac{1}{r}\cdot\frac{\partial\psi}{\partial\theta} = u\cos\theta\left(1 - \frac{R^2}{r^2}\right)$$

$$u_\theta = -\frac{\partial\psi}{\partial r} = -u\sin\theta\left(1 + \frac{R^2}{r^2}\right)$$

由此可得圆柱表面上(轮廓线)的速度分布，即当 $r = R$ 时，得

$$u_r = 0$$

$$u_\theta = -2u\sin\theta$$

即圆柱表面的速度分布沿圆周的切线方向.

当 $r = R$ 和 $\theta = 0$，$\theta = \pi$ 时，$u_r = 0$，$u_\theta = 0$，表面流速为最小，即为驻点 S_1 和 S_2；当 $r = R$ 和 $\theta = \pm\pi/2$ 时，$\sin\theta = \pm 1$，表面流速的绝对值达到最大，即 $|u_{\theta\max}| = 2u$，为匀速直线流速的 2 倍，为 S_3 和 S_4；当 $\theta = \pi/6$ 时，物体表面上的速度为匀速直线流速.

【例题 4.21】 如图 4.30 所示，一均匀直线流绕过一直径 $d = 2$ m 的圆柱体，已知圆柱体位于坐标的原点，均匀直线流速 $v_0 = 3$ m/s，试求点 $P(-2,1.5)$ 处的速度分量.

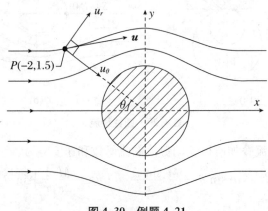

图 4.30 例题 4.21

解　绕圆柱流动的流函数为 $\psi = v_0[r - (d/2)^2/r]\sin\theta$，则点 $P(-2,1.5)$ 处的速度分量：

$$u_r = (1/r)\cdot\partial\psi/\partial\theta = v_0[1 - (d/2)^2/r^2]\cos\theta$$
$$= 3\times[1 - (2/2)^2/2.5^2]\cos 143.13° \approx -2.02\ (\text{m/s})$$
$$u_\theta = -\partial\psi/\partial r = -v_0[1 + (d/2)^2/r^2]\sin\theta$$
$$= -3\times[1 + (2/2)^2/2.5^2]\sin 143.13° = -2.09\ (\text{m/s})$$

式中，$r = (x^2 + y^2)^{1/2} = [(-2)^2 + 1.5^2]^{1/2} = 2.5\ (\text{m})$，$\theta = \arctan(y/x) = \arctan[1.5/(-2)] \approx 143.13°$.

3. 均匀直线流 + 源流

将布置在原点的源流与水平匀速直线流叠加，则其流函数（用极坐标表示）：

$$\psi = ur\sin\theta + \frac{Q}{2\pi}\theta$$

式中，u 是匀流流速，是已知的；Q 是源流强度，其值要根据边界条件确定. 由流函数可绘制如图 4.31 所示的流线.

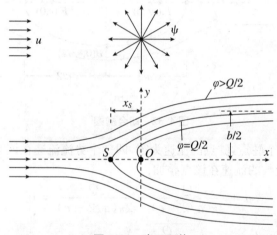

图 4.31　半无限体

在 x 轴的负向处，若不考虑匀流的影响，源流在源点速度为无穷大，离开源点速度迅速降低，离源点较远处，速度几乎为零. 如将水平匀速流动叠加，在 x 轴上必然存在一点 S，均匀流和源流在该点的流速 u 和 $Q/(2\pi x_S)$ 大小相等、方向相反，叠加后该点的流速为零，则这一点称为驻点. 根据流函数及驻点的性质可确定其位置：

$$u - \frac{Q}{2\pi x_S} = 0 \quad \text{或} \quad x_S = \frac{Q}{2\pi u}$$

根据流函数的性质，绘制经过驻点即极坐标点 (x_S,π) 的流线 $\psi = ur\sin\theta + [Q/(2\pi)]\theta = ux_S\sin\pi + [Q/(2\pi)]\pi = Q/2$. 该流线为上下对称的，一侧延伸至无限远，若用物体（半无限体）的轮廓线来代替过驻点的流线，则该流函数表示的流场为均匀流绕该轮廓线的流场. $\psi = Q/2$ 方程也为物体的轮廓线方程，其渐近线的方程为 $y = Q/(2u)$. 当半无限体的高度为 b 时，$Q = 2uy = 2ub/2 = ub$，代入流函数 $\psi = ur\sin\theta + (Q/2\pi)\theta = ur\sin\theta + (ub/2\pi)\theta$，该流动即为均匀来流绕该半无限体的流动.

4. 均匀直线流 + 等强度源流和汇流

若在半无线体绕流流场中再叠加一与源流强度相等的汇流，此时叠加的势流流场将转化为一有限物体的绕流流场.该有限封闭物体即朗金椭圆,如图 4.32 所示.源流在 F_s 点,汇流在 F_c 点,对于流场中的任意一点 $P(x,y)$,三个势函数在该点叠加:

$$\psi = uy + \frac{Q}{2\pi}\arctan\frac{y}{x+c} - \frac{Q}{2\pi}\arctan\frac{y}{x-c}$$

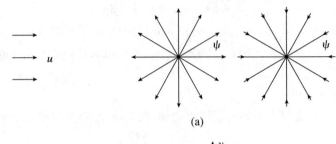

(a)

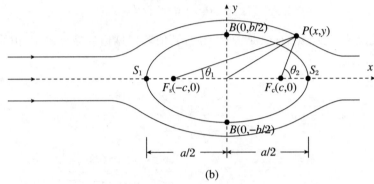

(b)

图 4.32 朗金椭圆

流场有 S_1 和 S_2 两个驻点,驻点的流速为零,即三个势流流速在该点处的叠加和为零.对于右驻点 S_2,三个势函数的流速在该点叠加:

$$u + \frac{Q}{2\pi(a/2+c)} - \frac{Q}{2\pi(a/2-c)} = 0$$

于是,朗金椭圆的长度为 $\dfrac{a}{2} = \pm c\sqrt{1+\dfrac{Q}{\pi cu}}$,驻点的坐标为 $x = \pm a/2, y=0$.

流函数值为零,即 $\psi=0$ 的流线为零流线.过驻点的流线(物体的轮廓线)为零流线.求解该零流线与 y 轴的交点即可确定朗金椭圆的宽度 b.把 $x=0, y=b/2$ 代入 $\psi=0$,得

$$u \cdot \frac{b}{2} + \frac{Q}{\pi}\arctan\frac{b}{2c} = 0$$

可求得椭圆的宽度为 $b/2$.

5. 源环流或汇环流

假设一中心位于坐标原点 $(0,0)$ 的源流,另一按逆时针方向运动的环流,则源流和环流叠加成的复合势流称为**源环流**,此时流体微团既做圆周运动又做径向运动,流函数和势函数分别为

$$\psi = \frac{Q}{2\pi}\theta - \frac{\Gamma}{2\pi}\ln r, \quad \varphi = \frac{Q}{2\pi}\ln r + \frac{\Gamma}{2\pi}\theta$$

等流函数线(令 $\psi=C, C$ 为常数)即流线方程为

$$\frac{Q}{2\pi}\theta - \frac{\Gamma}{2\pi}\ln r = C$$

求解得

$$r = C_1 \mathrm{e}^{\frac{Q}{\Gamma}\theta}$$

式中,C_1 为一常数.上式表明流线是一簇对数螺旋线,如图 4.33 所示.

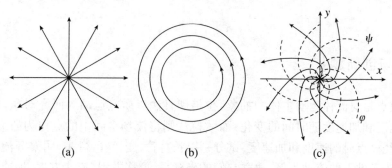

图 4.33 源环流的流线图

离心式水泵和风机叶轮内流体的流动符合 ψ 表达式的规律.当叶轮不转,供水管供水时,叶轮内的流体运动可视为源流;当叶轮转动,供水管不供水时,叶轮内的流体运动可视为环流.当叶轮转动,供水管供水时,叶轮内流体运动就是源流和环流的叠加.为了避免流体在叶轮内流动时与叶轮发生碰撞,离心式水泵的叶轮按理论上的设计应符合 r 表达式所示流线的形状,水泵的机壳也做成螺旋形状的.

假设有一中心位于坐标原点$(0,0)$的汇流和另一按逆时针方向运动的环流,则汇流和环流叠加成的复合势流称为**汇环流**,其流函数和势函数分别为

$$\psi = -\frac{Q}{2\pi}\theta - \frac{\Gamma}{2\pi}\ln r, \quad \varphi = -\frac{Q}{2\pi}\ln r + \frac{\Gamma}{2\pi}\theta$$

等流函数线(令 $\psi = C$,C 为常数)即流线方程为

$$-\frac{Q}{2\pi}\theta - \frac{\Gamma}{2\pi}\ln r = C$$

求解得

$$r = C_2 \mathrm{e}^{-\frac{Q}{\Gamma}\theta}$$

式中,C_2 为一常数.上式表明流线是一簇对数螺旋线,如图 4.34 所示.

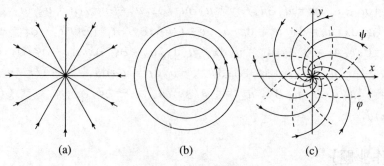

图 4.34 汇环流的流线图

在实际生活中,当水流由容器底部小孔旋转流出时,容器内的流动可近似地视为汇环流.在实际工程中,旋风式除尘器、旋风式燃烧室等设备中的气流,在理想情况下可视为一种汇环流.

习　题

【研究与创新题】

4.1　质点是对流体运动主体的抽象,拉格朗日法以质点运动为研究对象,描述大量质点的位移、速度和加速度随时间的变化;而欧拉法则将流场空间中的点作为研究对象,计算流体质点流经该点时的速度和加速度.试分别以长直管、变径管、弯头、明渠等流动边界在常水头和变水头条件下的流动为例,建立它们的坐标系、位移方程、流速方程、加速度方程以及迹线方程和流线方程.

【课前预习题】

4.2　试着背诵和理解下列名词:流体微团、线变形率、角变形率;拉格朗日法、迹线、欧拉法、流场、流线、当地加速度(时变加速度)、迁移加速度(位变加速度);流管、元流、总流、过流断面、流量、断面平均流速;一元流、二元流、三元流、有压流、无压流、恒定流、非恒定流、均匀流、非均匀流、渐变流、急变流;无旋流动、势流、有旋流动、流速势函数、等势线、流函数;均匀直线流动、源流、汇流、环流、偶极流.

4.3　试着写出以下重要公式并理解各物理量的含义:

$\varepsilon_{xx} = \partial u_x/\partial x$, $\varepsilon_{yy} = \partial u_y/\partial y$, $\varepsilon_{zz} = \partial u_z/\partial z$; $\theta_x = (\partial u_z/\partial y + \partial u_y/\partial z)/2$, $\theta_y = (\partial u_x/\partial z + \partial u_z/\partial x)/2$, $\theta_z = (\partial u_y/\partial x + \partial u_x/\partial y)/2$; $\omega_x = (\partial u_z/\partial y - \partial u_y/\partial z)/2$, $\omega_y = (\partial u_x/\partial z - \partial u_z/\partial x)/2$, $\omega_z = (\partial u_y/\partial x - \partial u_x/\partial y)/2$; $dx/u_x(a,b,c,t) = dy/u_y(a,b,c,t) = dz/u_z(a,b,c,t) = dt$; $u_x = u_x(a,b,c,t)$, $u_y = u_y(a,b,c,t)$, $u_z = u_z(a,b,c,t)$.

$a_x = a_x(a,b,c,t)$, $a_y = a_y(a,b,c,t)$, $a_z = a_z(a,b,c,t)$; $u_x = u_x(x,y,z,t)$, $u_y = u_y(x,y,z,t)$, $u_z = u_z(x,y,z,t)$; $a_x = \partial u_x/\partial t + u_x\partial u_x/\partial x + u_y\partial u_x/\partial y + u_z\partial u_x/\partial z$, $a_y = \partial u_y/\partial t + u_x\partial u_y/\partial x + u_y\partial u_y/\partial y + u_z\partial u_y/\partial z$, $a_z = \partial u_z/\partial t + u_x\partial u_z/\partial x + u_y\partial u_z/\partial y + u_z\partial u_z/\partial z$; $dx/u_x = dy/u_y = dz/u_z$; $v = Q/A$; $\partial\rho/\partial t + [\partial(\rho u_x)/\partial x + \partial(\rho u_y)/\partial y + \partial(\rho u_z)/\partial z] = 0$; $v_1A_1 = v_2A_2$; $d\varphi = u_x dx + u_y dy$, $u_x = \partial\varphi/\partial x$, $u_y = \partial\varphi/\partial y$; $d\varphi = u_r dr + u_\theta r d\theta$, $u_r = \partial\varphi/\partial r$, $u_\theta = (1/r)\partial\varphi/\partial\theta$; $d\psi = -u_\theta dr + u_r r d\theta$, $u_r = (1/r)\partial\psi/\partial\theta$, $u_\theta = -\partial\psi/\partial r$; $d\psi = -u_y dx + u_x dy$, $u_x = \partial\psi/\partial y$, $u_y = -\partial\psi/\partial x$; $\varphi = \pm(Q/2\pi)\ln r$, $\psi = \pm(Q/2\pi)\theta$.

【课后作业题】

4.4　变水头收缩管出流(　　).

(A) 有当地加速度和迁移加速度

(B) 有当地加速度,无迁移加速度

(C) 有迁移加速度,无当地加速度

(D) 无加速度

4.5　恒定流是(　　).

(A) 流动随时间按一定规律变化

(B) 流场中各空间点的运动参数不随时间变化

(C) 各过流断面的速度分布相同

(D) 各过流断面的压强相同

4.6　恒定流是指(　　).

(A) 当地加速度 $\partial u/\partial t \neq 0$　　　　　(B) 迁移加速度 $\partial u/\partial s = 0$

(C) 当地加速度 $\partial u/\partial t = 0$　　　　　(D) 迁移加速度 $\partial u/\partial s \neq 0$

4.7　在恒定流中,(　　).

(A) 流线一定互相平行　　　　　(B) 断面平均流速必定沿程不变

(C) 不同瞬时流线有可能相交　　　　　(D) 同一点处不同时刻的动水压强相等

4.8　恒定流液体质点的运动轨迹线与流线(　　).

(A) 重合　　　　　(B) 不重合

(C) 在某瞬时于某空间点相切　　　　　(D) 正交

4.9　恒定均匀流的正确实例为(　　).

(A) 湖面船行后所形成的流动　　　　　(B) 绕过桥墩处河流的流动

(C) 流量不变的等直径长直管道中的水流　(D) 暴雨后河中的水流

4.10　流线和迹线一般情况下是不重合的,若两者完全重合,则水流必为(　　).

(A) 均匀流　　　　(B) 非均匀流　　　　(C) 非恒定流　　　　(D) 恒定流

4.11　非均匀流就是(　　).

(A) 断面流速分布不均匀的液流　　　　　(B) 断面压强分布不均匀的液流

(C) 流速沿程变化的液流　　　　　(D) 压强沿程变化的液流

4.12　渐变流是(　　).

(A) 过流断面上速度均匀分布的流动　　　　(B) 流线近似为平行直线的流动

(C) 速度不随时间变化的流动　　　　(D) 沿程各断面流量相同的流动

4.13　渐变流可以是(　　).

(A) 恒定均匀流　　　　　(B) 非恒定均匀流

(D) 恒定非均匀流　　　　　(D) 恒定急变流

4.14　变径管的直径 $d_1 = 320$ mm, $d_2 = 160$ mm,流速 $v_1 = 1.5$ m/s,则 v_2 为(　　)

(A) 3 m/s　　　　(B) 4 m/s　　　　(C) 6 m/s　　　　(D) 9 m/s

4.15　适用于方程 $v_1 A_1 = v_2 A_2$ 的条件是(　　).

(A) 恒定元流　　　　　(B) 非恒定元流

(C) 恒定总流　　　　　(D) 非恒定总流

4.16　流体微团的旋转角速度与刚体的旋转角速度有什么不同?

4.17　在飞机底部安装一个固定的皮托管(空速管)探头用于测量飞机飞行时的相对风速.试问该测量流体流速的方法是拉格朗日法还是欧拉法? 给出解释.

4.18　流线有哪些性质? 流线和迹线有何区别与联系? 什么情况下,流线和迹线可以重合?

4.19　恒定流的流线与非恒定流的流线有什么不同?

4.20　恒定流和非恒定流、均匀流和非均匀流、渐变流和急变流的分类原则是什么? 试举各流动的例子.

4.21　均匀流一定是恒定流吗？急变流一定是非恒定流吗？

4.22　流体力学中引入渐变流概念的意义.

4.23　引入断面平均流速的意义是什么？过流断面上是否存在实际流速与断面平均流速相等的点？

4.24　均匀流的"均匀"与断面流速分布的"均匀"有无关系？

4.25　在下列流速场中,求出无旋流动的势函数(或有旋流动的旋转角速度),以及满足不可压缩连续性方程流场的流函数:① $u_x = 4$,$u_y = 3$;② $u_x = 4x$,$u_y = -3y$;③ $u_x = 4y$,$u_y = -4x$;④ $u_x = 4x$,$u_y = 0$;⑤ $u_x = 0$,$u_y = 4y$;⑥ $u_x = 4xy$,$u_y = 0$;⑦ $u_r = 1/r$,$u_\theta = 0$;⑧ $u_r = 0$,$u_\theta = 4/r$.【参考答案:① 无旋流动,$\varphi = 4x + 3y$,$\psi = -3x + 4y$;② 无旋流动,$\varphi = 2x^2 - 3y^2/2$,不满足;③ 有旋流动,$\omega_z = -4$,$\psi = 2x^2 + 2y^2$;④ 无旋流动,$\varphi = 2x^2$,不满足;⑤ 无旋流动,$\varphi = 2y^2$,不满足;⑥ 有旋流动,$\omega_z = -2x$,不满足;⑦ 无旋流动,$\varphi = \ln r$,$\psi = \theta$;⑧ 无旋流动,$\varphi = 4\theta$,$\psi = -4\ln r$】

4.26　已知速度场 $u_x = yz + t$,$u_y = xz + t$,$u_z = xy$,试求:① 当 $t = 2$ 时,点 $P(1,2,3)$ 处流体质点的加速度 a;② 该流场是否是无旋流场;③ 流场中的任意点流体微团的线变形速率和角变形速率各分量.【参考答案:① $a = 20i + 27j + 21k$;② $\omega_x = \omega_y = \omega_z = 0$,为无旋流场;③ $\varepsilon_{xx} = \varepsilon_{yy} = \varepsilon_{zz} = 0$,$\theta_x = x$,$\theta_y = y$,$\theta_z = z$】

4.27　流体质点运动表达式为 $x = 2 + 0.001t^{5/2}$,$y = 2 + 0.001t^{5/2}$,$z = 2$,求质点在 $x = 8$ m 处的加速度 a.【参考答案:$a = 0.0302$ m/s^2】

4.28　已知某流场的速度分布式 $u = xi + x^2 zj + yzk$,求其加速度在三个方向分量的表达式.【参考答案:$a_x = x$,$a_y = 2x^2 z + x^2 yz$,$a_z = x^2 z^2 + y^2 z$】

4.29　已知一平面流动的速度场 $u = (4y - 6x)ti + (6y - 9x)tj$ （m/s）.① 该流动是恒定流还是非恒定流? ② 该流动是均匀流还是非均匀流? ③ 计算 $t = 1$ s 时点 $(2,4)$ 处的加速度;④ 确定 $t = 1$ s 时的流线方程.【参考答案:① 非恒定流;② 均匀流;③ $a = 7.21$ m/s^2;④ $3x - 2y = C$】

4.30　已知一不可压缩平面流的速度场 $u = x^2 ti - 2xytj$.求 $t = 1$ s 时经过点 $(-2,1)$ 的流线方程和迹线方程.【参考答案:$y = 4/x^2$,$y = 4/x^2$ $(x < 0)$】

4.31　已知流速场 $u_x = xy^2$,$u_y = -y^3/3$,$u_z = xy$,试求:① 点 $(1,2,3)$ 的加速度.② 该流动是几维流动? ③ 该流动是恒定流还是非恒定流? ④ 该流动是均匀流还是非均匀流? 【参考答案:① $a = 13.06$ m/s^2;② 二维流动;③ 恒定流;④ 非均匀流】

4.32　三段管路串联,直径分别为 $d_1 = 100$ mm,$d_2 = 50$ mm 和 $d_3 = 25$ mm,已知管断 3 的流速 $v_3 = 10$ m/s,求 v_1、v_2 和 Q.【参考答案:$v_1 = 0.625$ m/s,$v_2 = 2.5$ m/s,$Q = 4.9$ L/s】

4.33　有两个不可压缩流体的二元流动,其流速:① $u_x = 2x$,$u_y = -2y$;② $u_x = 0$,$u_y = 3xy$,试检查流动是否符合连续性条件.【参考答案:① 符合连续性条件;② 不符合连续性条件】

4.34　已知直角坐标系下一恒定三维流动的速度场 $u = (axy^2 - b)i + cy^3 j + dxyk$,其中 a、b、c 和 d 为常数.在什么条件下该流场是不可压缩的?【参考答案:$a = -3c$】

4.35　一恒定不可压缩流动的流速场为 $u_x = ax^2 + by$,其中 a、b 为常数.当 $y = 0$ 时,$u_y = 0$.试求:① 速度分量 u_y 的表达式;② 判断该流动是否存在流函数? 若存在,请求之;

③ 判断该流动是否存在势函数? 若存在,请求之.【参考答案:① $u_y = -2axy$;② $\psi = 2ax^2y + by^2/2 + C$;③ $\omega_z \neq 0$,不存在势函数】

4.36　已知不可压缩流体平面流动的流函数 $\psi = xy + 2x - 3y + 10$,试判断该流动是否是无旋流? 若是无旋流,确定相应的流速势函数 φ.【参考答案:是无旋流,$\varphi = (x^2 - y^2)/2 - 3x - 2y + C$】

4.37　已知不可压缩流体平面势流,其流速势函数 $\varphi = xy$,试求相应的流速分量和流函数 ψ.【参考答案:$u_x = y$,$u_y = x$;$\psi = (y^2 - x^2)/2 + C$】

4.38　已知流速场 $u_x = kx$,$u_y = -ky$,其中 $y \geqslant 0$,k 为常数.求所给流场的流函数和势函数.【参考答案:$\psi = kxy + C$,$\varphi = k(x^2 - y^2)/2 + C$】

4.39　已知恒定二维不可压缩流场中有一流函数为 $\psi = ax^2 - by^2 + cx + dxy$,其中,$a$、$b$、$c$ 和 d 为常数.求:① 速度分量 u_x 和 u_y 的表达式;② 验证流场满足不可压缩连续性方程.【参考答案:① $u_x = -2by + dx$,$u_y = -2ax - c - dy$】

4.40　为在点 $(0,5)$ 处产生 10 的速度,求在坐标原点处应加的偶极矩强度 M 和通过该点的流函数值 ψ.【参考答案:$M = 500\pi$,$\psi = -50$】

第 5 章 流体动力学

【内容提要】 流动力学研究引起流体运动的原因和条件,探讨作用于流体质点上的力,研究因外力作用而引起的流体运动规律等.本章将推导理想流体和实际流体运动微分方程、恒定总流能量方程及动量方程.理想流体运动微分方程(欧拉运动微分方程)可以表达流体质点运动与作用在其上的力之间的关系.在恒定、不可压缩、质量力只有重力条件下对微分方程积分即得到伯努利方程式,方程式表明单位重量流体所具有的位能、压能和动能之和沿同一条流线保持不变,且三者之间可以相互转化.而实际流体恒定总流能量方程反映流体在流动过程中,断面上的位能、压能、动能和平均水头损失之间的能量转化与守恒关系.水头损失为沿程水头损失和局部水头损失之和.实际流体恒定总流动量方程能够建立运动流体作用在固体边界上的作用力与其动量变化之间的关系式.该式无需知道流动范围内部的流动情况,只需知道边界面上的流动状况,就可以解决水头损失难以确定但又不能忽略的流动问题.

5.1 流体运动微分方程

5.1.1 理想流体运动微分方程

理想流体不具有黏滞性,因此在运动时不产生剪应力,在作用表面上只有压应力,即动水压强.理想流体动水压强具有下述两个特性:① 动水压强的方向总是沿着作用面的内法线方向;② 理想流体中任一点动水压强的大小与其作用面的方位无关,即任一点动水压强的大小在各方向上均相等,只是位置坐标和时间的函数.这两个结论可用分析静水压强特性的方法得到证明.显然,理想流体动水压强的特性与静水压强的特性相同.

设在理想流体的流场中取以任意点 $O(x,y,z)$ 为中心的微分平行六面体,如图 5.1 所示,六面体的各边分别与直角坐标轴平行,边长分别为 $\mathrm{d}x$、$\mathrm{d}y$、$\mathrm{d}z$.设 O 点的动水压强为 p,速度分量分别为 u_x、u_y、u_z.下面分析作用于微分平行六面体上的力.

1. 表面力

表面力只有动水压力.沿 x 轴方向作用于六面体后表面上的动水压强为 $p - \dfrac{\partial p}{\partial x}\dfrac{\mathrm{d}x}{2}$,作用于前表面上的动水压强为 $p + \dfrac{\partial p}{\partial x}\dfrac{\mathrm{d}x}{2}$.由此得作用于微分六面体后、前表面上的动水压力分别为 $\left(p - \dfrac{\partial p}{\partial x}\dfrac{\mathrm{d}x}{2}\right)\mathrm{d}y\mathrm{d}z$ 和 $\left(p + \dfrac{\partial p}{\partial x}\dfrac{\mathrm{d}x}{2}\right)\mathrm{d}y\mathrm{d}z$.

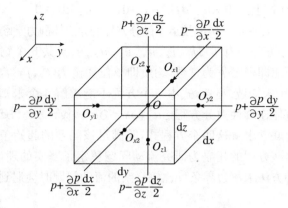

图 5.1 理想流体的微分平行六面体

同理,沿 y 轴方向作用于左、右表面上的动水压力分别为 $\left(p - \dfrac{\partial p}{\partial y}\dfrac{\mathrm{d}y}{2}\right)\mathrm{d}z\mathrm{d}x$ 和 $\left(p + \dfrac{\partial p}{\partial y}\dfrac{\mathrm{d}y}{2}\right)\mathrm{d}z\mathrm{d}x$.

沿 z 轴方向作用于下、上表面上的动水压力分别为 $\left(p - \dfrac{\partial p}{\partial z}\dfrac{\mathrm{d}z}{2}\right)\mathrm{d}x\mathrm{d}y$ 和 $\left(p + \dfrac{\partial p}{\partial z}\dfrac{\mathrm{d}z}{2}\right)\mathrm{d}x\mathrm{d}y$.

2. 质量力

作用于微分六面体上的质量力在 x、y、z 轴上的分量分别为 $f_x\rho\mathrm{d}x\mathrm{d}y\mathrm{d}z$、$f_y\rho\mathrm{d}x\mathrm{d}y\mathrm{d}z$、$f_z\rho\mathrm{d}x\mathrm{d}y\mathrm{d}z$. 其中 f_x、f_y、f_z 分别为沿 x、y、z 轴上的单位质量力.

3. 根据牛顿第二定律列平衡方程

作用于微分六面体上的力在各轴上的分量的代数和,应等于微分六面体的质量与加速度在该轴方向上分量的乘积,即

$$x \text{ 轴方向}: f_x\rho\mathrm{d}x\mathrm{d}y\mathrm{d}z + \left(p - \frac{\partial p}{\partial x}\frac{\mathrm{d}x}{2}\right)\mathrm{d}y\mathrm{d}z - \left(p + \frac{\partial p}{\partial x}\frac{\mathrm{d}x}{2}\right)\mathrm{d}y\mathrm{d}z = \rho\mathrm{d}x\mathrm{d}y\mathrm{d}z\frac{\mathrm{d}u_x}{\mathrm{d}t}$$

$$y \text{ 轴方向}: f_y\rho\mathrm{d}x\mathrm{d}y\mathrm{d}z + \left(p - \frac{\partial p}{\partial y}\frac{\mathrm{d}y}{2}\right)\mathrm{d}x\mathrm{d}z - \left(p + \frac{\partial p}{\partial y}\frac{\mathrm{d}y}{2}\right)\mathrm{d}x\mathrm{d}z = \rho\mathrm{d}x\mathrm{d}y\mathrm{d}z\frac{\mathrm{d}u_y}{\mathrm{d}t}$$

$$z \text{ 轴方向}: f_z\rho\mathrm{d}x\mathrm{d}y\mathrm{d}z + \left(p - \frac{\partial p}{\partial z}\frac{\mathrm{d}z}{2}\right)\mathrm{d}x\mathrm{d}y - \left(p + \frac{\partial p}{\partial z}\frac{\mathrm{d}z}{2}\right)\mathrm{d}x\mathrm{d}y = \rho\mathrm{d}x\mathrm{d}y\mathrm{d}z\frac{\mathrm{d}u_z}{\mathrm{d}t}$$

化简,由加速度为时变加速度与位变加速度之和,得

$$\begin{cases} f_x - \dfrac{1}{\rho}\dfrac{\partial p}{\partial x} = \dfrac{\mathrm{d}u_x}{\mathrm{d}t} \\[2mm] f_y - \dfrac{1}{\rho}\dfrac{\partial p}{\partial y} = \dfrac{\mathrm{d}u_y}{\mathrm{d}t} \\[2mm] f_z - \dfrac{1}{\rho}\dfrac{\partial p}{\partial z} = \dfrac{\mathrm{d}u_z}{\mathrm{d}t} \end{cases} \quad \text{或} \quad \begin{cases} f_x - \dfrac{1}{\rho}\dfrac{\partial p}{\partial x} = \dfrac{\partial u_x}{\partial t} + u_x\dfrac{\partial u_x}{\partial x} + u_y\dfrac{\partial u_x}{\partial y} + u_z\dfrac{\partial u_x}{\partial z} \\[2mm] f_y - \dfrac{1}{\rho}\dfrac{\partial p}{\partial y} = \dfrac{\partial u_y}{\partial t} + u_x\dfrac{\partial u_y}{\partial x} + u_y\dfrac{\partial u_y}{\partial y} + u_z\dfrac{\partial u_y}{\partial z} \\[2mm] f_z - \dfrac{1}{\rho}\dfrac{\partial p}{\partial z} = \dfrac{\partial u_z}{\partial t} + u_x\dfrac{\partial u_z}{\partial x} + u_y\dfrac{\partial u_z}{\partial y} + u_z\dfrac{\partial u_z}{\partial z} \end{cases}$$

该式即为**理想流体运动微分方程**,又称欧拉运动微分方程. 它表述了流体质点运动和作用在它本身的力的关系,适用于可压缩和不可压缩流体的恒定流和非恒定流、有势流和有涡流.

显然,当流动为恒定流时,上式中 $\partial u_x/\mathrm{d}t = \partial u_y/\mathrm{d}t = \partial u_z/\mathrm{d}t = 0$.

对于静止流体,$u_x = u_y = u_z = 0$,欧拉运动微分方程变为流体静力学**欧拉平衡微分方程**.

理想流体运动微分方程中有 f_x、f_y、f_z、u_x、u_y、u_z、ρ、p 共 8 个物理量.对于不可压缩均质流体来说,不可压缩即密度 ρ 为常数,均质即单位质量力 f_x、f_y、f_z 通常是已知的,所以只有 u_x、u_y、u_z、p 4 个未知数.显然,式中三个方程不能求解 4 个未知数,所以还需一个方程,即不可压缩均质流体连续性微分方程 $\partial u_x/\partial x + \partial u_y/\partial y + \partial u_z/\partial z = 0$.从理论上讲,任何一个流动问题,只要联立求解这四个方程式,并满足该问题的起始条件和边界条件,就可以求得该问题的解.这些方程的建立为研究流动问题奠定了坚实的理论基础.但是,由于数学上的困难,采用这种方法求解边界条件比较复杂的流动问题时会遇到很大的困难.

5.1.2 实际流体运动微分方程

实际流体具有黏滞性,在发生相对运动的流体内各流层之间会产生剪应力.因此,在运动的实际流体中,不但有压应力,而且有**剪应力**.剪应力的方向是任意的,如对于运动流体中任意一点 O_{z2},通过该点作一个垂直于 z 轴的平面,则在 O_{z2} 点上存在一个任意方向的表面应力 p_n,其在 x、y、z 三个轴向的分量分别为:与 z 平面呈切向的剪应力 τ_{zx} 及 τ_{zy},与 z 平面内法向平行的压应力 p_{zz},即动压强,如图 5.2 所示.压应力和剪应力的第一个下标表示作用面的法线方向,即表示应力作用面与对应轴垂直;第二个下标表示应力的作用方向,即表示应力作用方向与对应轴平行.

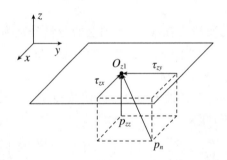

图 5.2　垂直于 z 轴的平面上 A 点的表面应力

同理,在垂直于 y 轴的平面上,作用的应力有 p_{yy}、τ_{yx}、τ_{yz},在垂直于 x 轴的平面上,作用的应力有 p_{xx}、τ_{xy}、τ_{xz}.这样,任一点在三个互相垂直的作用面上的应力共有 9 个分量,包括 3 个压应力 p_{xx}、p_{yy}、p_{zz} 和 6 个剪应力 τ_{xy}、τ_{xz}、τ_{yx}、τ_{yz}、τ_{zx}、τ_{zy}.其中,在相互垂直的平面上,剪应力成对存在且数值相等,两者都垂直于两个平面的交线,方向则共同指向或共同背离这一交线,即 $\tau_{xy} = \tau_{yx}$,$\tau_{yz} = \tau_{zy}$,$\tau_{zx} = \tau_{xz}$,这就是切(剪)应力互等定理.根据该定理,可以依次确定相邻共线平面上的剪应力的方向.压应力则垂直于各平面.

切应力互等定理推导的前提条件是认为单元体处于平衡状态,包括力的平衡和力矩的平衡.证明过程如下:在实际流体中取一微小六面体,其边长分别为 $\mathrm{d}x$、$\mathrm{d}y$、$\mathrm{d}z$,各表面的应力如图 5.3 所示.对通过六面体中心点 O 并平行于 x 轴的轴线取力矩,因质量力通过中心点 O,故质量力的力矩为 0,得

$$\tau_{zy}\mathrm{d}x\mathrm{d}y \cdot \frac{1}{2}\mathrm{d}z + \left(\tau_{zy} + \frac{\partial \tau_{zy}}{\partial z}\mathrm{d}z\right)\mathrm{d}x\mathrm{d}y \cdot \frac{1}{2}\mathrm{d}z - \tau_{yz}\mathrm{d}x\mathrm{d}z \cdot \frac{1}{2}\mathrm{d}y$$

$$- \left(\tau_{yz} + \frac{\partial \tau_{yz}}{\partial y} dy \right) dx dz \cdot \frac{1}{2} dy = 0$$

忽略三阶以上的微量,则 $\tau_{zy} dx dy dz - \tau_{yz} dx dz dy = 0$,即 $\tau_{zy} = \tau_{yz}$. 同理,可以证明 $\tau_{xy} = \tau_{yx}$ 及 $\tau_{zx} = \tau_{xz}$.

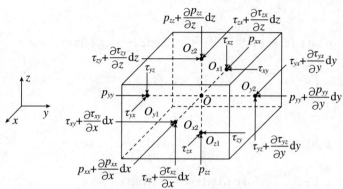

图 5.3 实际流体微小六面体各表面的应力分量

以图 5.3 所示的流体中的微小六面体作为隔离体进行分析. 微小六面体的质量为 $\rho dx dy dz$,作用在六面体上的表面力每面有 3 个:一个法向应力,两个切向应力. 法向应力都是沿内法线方向.

如图 5.4 所示,根据牛顿第二定律,分别列出 x、y、z 三个方向上的动力平衡方程式(质量力 + 2 个轴向正面上的法向应力 + 4 个侧面上的切向应力).

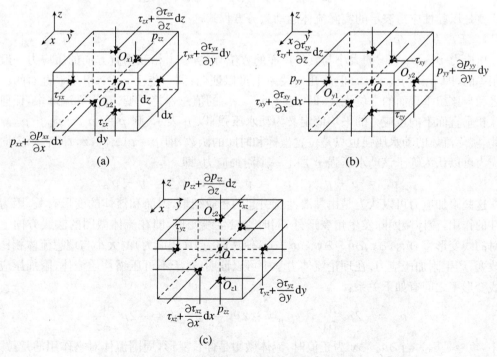

图 5.4 流体微小六面体在各轴向的力

x 轴方向:

$$\rho f_x dxdydz + p_{xx}dydz - \left(p_{xx} + \frac{\partial p_{xx}}{\partial x}dx\right)dydz - \tau_{yx}dxdz + \left(\tau_{yx} + \frac{\partial \tau_{yx}}{\partial y}dy\right)dxdz$$

$$- \tau_{zx}dxdy + \left(\tau_{zx} + \frac{\partial \tau_{zx}}{\partial z}dz\right)dxdy = \rho dxdydz \frac{du_x}{dt}$$

y 轴方向：

$$\rho f_y dxdydz + p_{yy}dxdz - \left(p_{yy} + \frac{\partial p_{yy}}{\partial y}dy\right)dxdz - \tau_{xy}dydz + \left(\tau_{xy} + \frac{\partial \tau_{xy}}{\partial x}dx\right)dydz$$

$$- \tau_{zy}dxdy + \left(\tau_{zy} + \frac{\partial \tau_{zy}}{\partial z}dz\right)dxdy = \rho dxdydz \frac{du_y}{dt}$$

z 轴方向：

$$\rho f_z dxdydz + p_{zz}dxdy - \left(p_{zz} + \frac{\partial p_{zz}}{\partial z}dz\right)dxdy - \tau_{yz}dxdz + \left(\tau_{yz} + \frac{\partial \tau_{yz}}{\partial y}dy\right)dxdz$$

$$- \tau_{xz}dydz + \left(\tau_{xz} + \frac{\partial \tau_{xz}}{\partial x}dx\right)dydz = \rho dxdydz \frac{du_z}{dt}$$

化简后得

$$\begin{cases} f_x - \dfrac{1}{\rho}\dfrac{\partial p_{xx}}{\partial x} + \dfrac{1}{\rho}\left(\dfrac{\partial \tau_{yx}}{\partial y} + \dfrac{\partial \tau_{zx}}{\partial z}\right) = \dfrac{du_x}{dt} \\[2mm] f_y - \dfrac{1}{\rho}\dfrac{\partial p_{yy}}{\partial y} + \dfrac{1}{\rho}\left(\dfrac{\partial \tau_{xy}}{\partial x} + \dfrac{\partial \tau_{zy}}{\partial z}\right) = \dfrac{du_y}{dt} \\[2mm] f_z - \dfrac{1}{\rho}\dfrac{\partial p_{zz}}{\partial z} + \dfrac{1}{\rho}\left(\dfrac{\partial \tau_{yz}}{\partial y} + \dfrac{\partial \tau_{xz}}{\partial x}\right) = \dfrac{du_z}{dt} \end{cases}$$

该式就是以黏性应力表示的实际流体运动微分方程式.

1. 压应力 p_{xx}、p_{yy}、p_{zz}

压应力 p_{xx}、p_{yy}、p_{zz} 的大小与其作用面的方位有关,三个相互垂直方向的压应力一般是不相等的,即 $p_{xx} \neq p_{yy} \neq p_{zz}$. 但从几何关系上可以证明:同一点上,三个相互垂直面的压应力之和与该组垂直面的方位无关,即 $p_{xx} + p_{yy} + p_{zz}$ 的值总保持不变. 在实际流体中,任何三个互相垂直面上的压应力的平均值定义为**动水压强**,以 p 表示,则 $p = (p_{xx} + p_{yy} + p_{zz})/3$. 因此,实际流体的动水压强也只是位置坐标和时间的函数,即 $p = p(x,y,z,t)$. 各个方向的压应力可以认为等于该动水压强 p 加上一个附加应力,即

$$p_{xx} = p + p'_{xx}, \quad p_{yy} = p + p'_{yy}, \quad p_{zz} = p + p'_{zz}$$

这些附加应力可以认为是由黏滞性所引起的相应结果,因而和流体的变形有关.因为黏滞性的作用,流体微团除发生角变形外,同时也发生线变形,即在流体微团的法线方向上有相对的线变形率 $\partial u_x/\partial x$、$\partial u_y/\partial y$、$\partial u_z/\partial z$,使法向应力(压应力)的大小与理想流体相比有所改变,产生附加压应力.在理论流体力学中可以证明,对于不可压缩均质流体,附加压应力与线变形率之间有如下关系：

$$p'_{xx} = -2\mu\frac{\partial u_x}{\partial x}, \quad p'_{yy} = -2\mu\frac{\partial u_y}{\partial y}, \quad p'_{zz} = -2\mu\frac{\partial u_z}{\partial z}$$

式中,负号是因为当 $\partial u_x/\partial x$ 为正值时,流体微团是伸长变形,周围流体对它作用的是拉力,p'_{xx} 应为负值;反之,当 $\partial u_x/\partial x$ 为负值时,p'_{xx} 应为正值.因此,在 $\partial u_x/\partial x$、$\partial u_y/\partial y$、$\partial u_z/\partial z$ 的前面须加负号,与流体微团的拉伸与压缩相适应.故压应力与线变形率的关系为

$$p_{xx} = p - 2\mu\frac{\partial u_x}{\partial x}, \quad p_{yy} = p - 2\mu\frac{\partial u_y}{\partial y}, \quad p_{zz} = p - 2\mu\frac{\partial u_z}{\partial z}$$

将上三式相加后平均,得

$$\frac{p_{xx} + p_{yy} + p_{zz}}{3} = p - \frac{2}{3}\mu\left(\frac{\partial u_x}{\partial x} + \frac{\partial u_y}{\partial y} + \frac{\partial u_z}{\partial z}\right)$$

考虑不可压缩均质流体的连续性方程式 $\partial u_x/\partial x + \partial u_y/\partial y + \partial u_z/\partial z = 0$,于是得

$$p = (p_{xx} + p_{yy} + p_{zz})/3$$

2. 切应力 τ_{yx}、τ_{xy}、τ_{zy}、τ_{yz}、τ_{xz}、τ_{zx}

因为变形和速度变化有关,所以剪应力与流速变化有关.根据牛顿内摩擦定律,在平行直线流动中,剪应力的大小为

$$\tau = \mu\frac{\mathrm{d}u}{\mathrm{d}y} = \mu\frac{\mathrm{d}\theta}{\mathrm{d}t}$$

即剪应力 τ 与速度梯度 $\mathrm{d}u/\mathrm{d}y$(或称剪切变形速率、角变形率、单位时间内角度的变化 $\mathrm{d}\theta/\mathrm{d}t$)成比例.这个结论可以推广到三维情况,根据流体微团运动的角变形,xOy 平面流体微团绕 z 轴的角变形率为

$$\theta_z = \frac{1}{2}\left(\frac{\partial u_y}{\partial x} + \frac{\partial u_x}{\partial y}\right)$$

这是微团的角变形率,而实际上的直角变形率应为上式的 2 倍,所以

$$\tau_{yx} = \mu\cdot\frac{\mathrm{d}\theta}{\mathrm{d}t} = \mu\cdot 2\theta_z = \mu\left(\frac{\partial u_y}{\partial x} + \frac{\partial u_x}{\partial y}\right)$$

同理,对三个互相垂直的平面上均可得出

$$\begin{cases} \tau_{yx} = \tau_{xy} = \mu\left(\dfrac{\partial u_y}{\partial x} + \dfrac{\partial u_x}{\partial y}\right) \\[2mm] \tau_{zy} = \tau_{yz} = \mu\left(\dfrac{\partial u_z}{\partial y} + \dfrac{\partial u_y}{\partial z}\right) \\[2mm] \tau_{xz} = \tau_{zx} = \mu\left(\dfrac{\partial u_x}{\partial z} + \dfrac{\partial u_z}{\partial x}\right) \end{cases}$$

这就是黏性流体中剪应力的普遍表达式,称为广义的牛顿内摩擦定律.

将压应力 p_{xx}、p_{yy}、p_{zz} 和剪应力 τ_{yx}、τ_{xy}、τ_{zy}、τ_{yz}、τ_{xz}、τ_{zx} 的表达式代入实际流体运动微分方程式,则在 x 方向,代入 $f_x - \dfrac{1}{\rho}\dfrac{\partial p_{xx}}{\partial x} + \dfrac{1}{\rho}\left(\dfrac{\partial \tau_{yx}}{\partial y} + \dfrac{\partial \tau_{zx}}{\partial z}\right) = \dfrac{\mathrm{d}u_x}{\mathrm{d}t}$ 后,得

$$f_x - \frac{1}{\rho}\frac{\partial}{\partial x}\left(p - 2\mu\frac{\partial u_x}{\partial x}\right) + \frac{1}{\rho}\left[\frac{\partial}{\partial y}\mu\left(\frac{\partial u_y}{\partial x} + \frac{\partial u_x}{\partial y}\right) + \frac{\partial}{\partial z}\mu\left(\frac{\partial u_x}{\partial z} + \frac{\partial u_z}{\partial x}\right)\right] = \frac{\mathrm{d}u_x}{\mathrm{d}t}$$

整理后得

$$f_x - \frac{1}{\rho}\frac{\partial p}{\partial x} + \frac{\mu}{\rho}\left(\frac{\partial^2 u_x}{\partial x^2} + \frac{\partial^2 u_x}{\partial y^2} + \frac{\partial^2 u_x}{\partial z^2}\right) + \frac{\mu}{\rho}\frac{\partial}{\partial x}\left(\frac{\partial u_x}{\partial x} + \frac{\partial u_y}{\partial y} + \frac{\partial u_z}{\partial z}\right) = \frac{\mathrm{d}u_x}{\mathrm{d}t}$$

考虑到拉普拉斯算符 $\nabla^2 = \partial^2/\partial x^2 + \partial^2/\partial y^2 + \partial^2/\partial z^2$,则 $\partial^2 u_x/\partial x^2 + \partial^2 u_x/\partial y^2 + \partial^2 u_x/\partial z^2 = \nabla^2 u_x$.另将不可压缩均质流体的连续性方程 $\partial u_x/\partial x + \partial u_y/\partial y + \partial u_z/\partial z = 0$ 代入上式,并将加速度项 $\mathrm{d}u_x/\mathrm{d}t$ 展开,得 x 方向的方程.同理可得 y、z 方向的方程.将液体动力黏滞系数 μ 换为运动黏滞系数 ν,则存在

$$\begin{cases} f_x - \dfrac{1}{\rho}\dfrac{\partial p}{\partial x} + \nu\,\nabla^2 u_x = \dfrac{\mathrm{d}u_x}{\mathrm{d}t} \\[2mm] f_y - \dfrac{1}{\rho}\dfrac{\partial p}{\partial y} + \nu\,\nabla^2 u_y = \dfrac{\mathrm{d}u_y}{\mathrm{d}t} \\[2mm] f_z - \dfrac{1}{\rho}\dfrac{\partial p}{\partial z} + \nu\,\nabla^2 u_z = \dfrac{\mathrm{d}u_z}{\mathrm{d}t} \end{cases}$$

该式即为不可压缩均质流体运动微分方程,称为纳维埃－斯托克斯(Navier-Stokes)方程,简称 N-S 方程.它表述了流体质点运动时,质量力、压力、黏滞力和惯性力的平衡关系.式中,若流体为理想流体,则运动黏性系数 $\nu = 0$,N-S 方程即成为理想流体的运动微分方程;如果流体为静止或相对静止流体($\mathrm{d}u_x/\mathrm{d}t = 0$),那么 N-S 方程即成为流体平衡微分方程.所以,N-S 方程是不可压缩均质流体的普遍方程.

N-S 方程中有 4 个未知数 p、u_x、u_y、u_z,因为 N-S 方程组和连续性方程 $\partial u_x/\partial x + \partial u_y/\partial y + \partial u_z/\partial z = 0$ 共有 4 个方程式,所以从理论上讲是可求解的,但实际上由于数学上的困难,N-S 方程尚不能求出普遍解.一般只能针对简单的边界条件,并略去一些次要因素,才能求得解析解.

5.2 能量方程

5.2.1 理想流体恒定元流/总流能量方程

5.2.1.1 基于理想流体运动微分方程的推导

思路:通过将理想流体运动微分方程(欧拉运动微分方程)进行变换,转化为葛罗米柯方程;对该方程在质量力是有势的条件下进行积分,得到理想流体恒定元流能量方程.

根据理想流体运动微分方程:

$$\begin{cases} f_x - \dfrac{1}{\rho}\dfrac{\partial p}{\partial x} = \dfrac{\mathrm{d}u_x}{\mathrm{d}t} \\[2mm] f_y - \dfrac{1}{\rho}\dfrac{\partial p}{\partial y} = \dfrac{\mathrm{d}u_y}{\mathrm{d}t} \\[2mm] f_z - \dfrac{1}{\rho}\dfrac{\partial p}{\partial z} = \dfrac{\mathrm{d}u_z}{\mathrm{d}t} \end{cases} \quad\text{或}\quad \begin{cases} f_x - \dfrac{1}{\rho}\dfrac{\partial p}{\partial x} = \dfrac{\partial u_x}{\partial t} + u_x\dfrac{\partial u_x}{\partial x} + u_y\dfrac{\partial u_x}{\partial y} + u_z\dfrac{\partial u_x}{\partial z} \\[2mm] f_y - \dfrac{1}{\rho}\dfrac{\partial p}{\partial y} = \dfrac{\partial u_y}{\partial t} + u_x\dfrac{\partial u_y}{\partial x} + u_y\dfrac{\partial u_y}{\partial y} + u_z\dfrac{\partial u_y}{\partial z} \\[2mm] f_z - \dfrac{1}{\rho}\dfrac{\partial p}{\partial z} = \dfrac{\partial u_z}{\partial t} + u_x\dfrac{\partial u_z}{\partial x} + u_y\dfrac{\partial u_z}{\partial y} + u_z\dfrac{\partial u_z}{\partial z} \end{cases}$$

考虑到流速 $u^2 = u_x^2 + u_y^2 + u_z^2$,左、右两边分别对 x、y、z 求偏导数,得

$$\begin{cases} \dfrac{\partial}{\partial x}\left(\dfrac{u^2}{2}\right) = u_x\dfrac{\partial u_x}{\partial x} + u_y\dfrac{\partial u_y}{\partial x} + u_z\dfrac{\partial u_z}{\partial x} \\[2mm] \dfrac{\partial}{\partial y}\left(\dfrac{u^2}{2}\right) = u_x\dfrac{\partial u_x}{\partial y} + u_y\dfrac{\partial u_y}{\partial y} + u_z\dfrac{\partial u_z}{\partial y} \\[2mm] \dfrac{\partial}{\partial z}\left(\dfrac{u^2}{2}\right) = u_x\dfrac{\partial u_x}{\partial z} + u_y\dfrac{\partial u_y}{\partial z} + u_z\dfrac{\partial u_z}{\partial z} \end{cases}$$

将理想流体运动微分方程中各方程与该方程组中各方程的左、右两边分别对应相减,可得

$$\begin{cases} f_x - \dfrac{1}{\rho}\dfrac{\partial p}{\partial x} - \dfrac{\partial}{\partial x}\left(\dfrac{u^2}{2}\right) = \dfrac{\partial u_x}{\partial t} + u_z\left(\dfrac{\partial u_x}{\partial z} - \dfrac{\partial u_z}{\partial x}\right) - u_y\left(\dfrac{\partial u_y}{\partial x} - \dfrac{\partial u_x}{\partial y}\right) \\[3mm] f_y - \dfrac{1}{\rho}\dfrac{\partial p}{\partial y} - \dfrac{\partial}{\partial y}\left(\dfrac{u^2}{2}\right) = \dfrac{\partial u_y}{\partial t} + u_x\left(\dfrac{\partial u_y}{\partial x} - \dfrac{\partial u_x}{\partial y}\right) - u_z\left(\dfrac{\partial u_z}{\partial y} - \dfrac{\partial u_y}{\partial z}\right) \\[3mm] f_z - \dfrac{1}{\rho}\dfrac{\partial p}{\partial z} - \dfrac{\partial}{\partial z}\left(\dfrac{u^2}{2}\right) = \dfrac{\partial u_z}{\partial t} + u_y\left(\dfrac{\partial u_z}{\partial y} - \dfrac{\partial u_y}{\partial z}\right) - u_x\left(\dfrac{\partial u_x}{\partial z} - \dfrac{\partial u_z}{\partial x}\right) \end{cases}$$

将旋转角速度表达式 $\omega_x = \dfrac{1}{2}\left(\dfrac{\partial u_z}{\partial y} - \dfrac{\partial u_y}{\partial z}\right)$，$\omega_y = \dfrac{1}{2}\left(\dfrac{\partial u_x}{\partial z} - \dfrac{\partial u_z}{\partial x}\right)$ 和 $\omega_z = \dfrac{1}{2}\left(\dfrac{\partial u_y}{\partial x} - \dfrac{\partial u_x}{\partial y}\right)$ 代入上式,得

$$\begin{cases} f_x - \dfrac{1}{\rho}\dfrac{\partial p}{\partial x} - \dfrac{\partial}{\partial x}\left(\dfrac{u^2}{2}\right) = \dfrac{\partial u_x}{\partial t} + 2u_z\omega_y - 2u_y\omega_z \\[3mm] f_y - \dfrac{1}{\rho}\dfrac{\partial p}{\partial y} - \dfrac{\partial}{\partial y}\left(\dfrac{u^2}{2}\right) = \dfrac{\partial u_y}{\partial t} + 2u_x\omega_z - 2u_z\omega_x \\[3mm] f_z - \dfrac{1}{\rho}\dfrac{\partial p}{\partial z} - \dfrac{\partial}{\partial z}\left(\dfrac{u^2}{2}\right) = \dfrac{\partial u_z}{\partial t} + 2u_y\omega_x - 2u_x\omega_y \end{cases}$$

该式是葛罗米柯在 1881 年推导出来的,它是欧拉运动微分方程的另一种数学表示式,在物理上并没有什么变化,仅把角速度引入方程式.对于无涡流(势流),令 ω_x、ω_y、ω_z 等于零.

若作用在流体上的质量力是有势的,则势场中的力在 x、y、z 三个轴上分量可用力势函数 $W(x,y,z)$ 的相应坐标轴的偏导数来表示:$f_x = \partial W/\partial x$,$f_y = \partial W/\partial y$,$f_z = \partial W/\partial z$.对不可压缩的均质流体,$\rho =$ 常数.将 f_x、f_y 和 f_z 的表达式代入,得

$$\begin{cases} \dfrac{\partial}{\partial x}\left(W - \dfrac{p}{\rho} - \dfrac{u^2}{2}\right) - \dfrac{\partial u_x}{\partial t} = 2(u_z\omega_y - u_y\omega_z) \\[3mm] \dfrac{\partial}{\partial y}\left(W - \dfrac{p}{\rho} - \dfrac{u^2}{2}\right) - \dfrac{\partial u_y}{\partial t} = 2(u_x\omega_z - u_z\omega_x) \\[3mm] \dfrac{\partial}{\partial z}\left(W - \dfrac{p}{\rho} - \dfrac{u^2}{2}\right) - \dfrac{\partial u_z}{\partial t} = 2(u_y\omega_x - u_x\omega_y) \end{cases}$$

该式即为作用于理想液体的质量力在有势的条件下的葛罗米柯方程,适用于理想液体的恒定流与非恒定流、有涡流与无涡流.

对葛罗米柯方程在恒定流条件下进行积分,得出恒定流的伯努利积分,即理想流体恒定流的能量方程.对于恒定流,$\partial u_x/\partial t = \partial u_y/\partial t = \partial u_z/\partial t = 0$,则上式简化为

$$\begin{cases} \dfrac{\partial}{\partial x}\left(W - \dfrac{p}{\rho} - \dfrac{u^2}{2}\right) = 2(u_z\omega_y - u_y\omega_z) \\[3mm] \dfrac{\partial}{\partial y}\left(W - \dfrac{p}{\rho} - \dfrac{u^2}{2}\right) = 2(u_x\omega_z - u_z\omega_x) \\[3mm] \dfrac{\partial}{\partial z}\left(W - \dfrac{p}{\rho} - \dfrac{u^2}{2}\right) = 2(u_y\omega_x - u_x\omega_y) \end{cases}$$

因恒定流时各运动要素与时间无关,故 $W - p/\rho - u^2/2$ 的全微分方程可写为

$$\mathrm{d}\left(W - \dfrac{p}{\rho} - \dfrac{u^2}{2}\right) = \dfrac{\partial}{\partial x}\left(W - \dfrac{p}{\rho} - \dfrac{u^2}{2}\right)\mathrm{d}x + \dfrac{\partial}{\partial y}\left(W - \dfrac{p}{\rho} - \dfrac{u^2}{2}\right)\mathrm{d}y$$

$$+ \dfrac{\partial}{\partial z}\left(W - \dfrac{p}{\rho} - \dfrac{u^2}{2}\right)\mathrm{d}z$$

将上式代入得

$$d\left(W - \frac{p}{\rho} - \frac{u^2}{2}\right) = 2(u_z\omega_y - u_y\omega_z)dx + 2(u_x\omega_z - u_z\omega_x)dy + 2(u_y\omega_x - u_x\omega_y)dz$$

用行列式的形式表示为

$$d\left(W - \frac{p}{\rho} - \frac{u^2}{2}\right) = 2 \begin{vmatrix} dx & dy & dz \\ \omega_x & \omega_y & \omega_z \\ u_x & u_y & u_z \end{vmatrix}$$

显然,当行列式为 0 时,上式是可积分的,积分后得

$$W - \frac{p}{\rho} - \frac{u^2}{2} = C \quad 或 \quad -W + \frac{p}{\rho} + \frac{u^2}{2} = C \quad (C 为常数)$$

该式称为伯努利积分.

根据上述讨论和推导过程可知,应用伯努利积分必须满足下列条件:

(1) 恒定流体.

(2) 流体是不可压缩的均质理想流体,即密度 $\rho =$ 常数.

(3) 作用于流体上的质量力是有势的,即质量力只有重力.

(4) 行列式 $\begin{vmatrix} dx & dy & dz \\ \omega_x & \omega_y & \omega_z \\ u_x & u_y & u_z \end{vmatrix} = 0.$

根据行列式的性质,具备下列条件的流体运动,均能满足上述行列式等于零的要求,即:

(1) $u_x = u_y = u_z = 0$,这是静止流体的条件,说明伯努利积分适用于静止流体.

(2) $\omega_x = \omega_y = \omega_z = 0$,这是无涡流(势流)的条件,说明伯努利积分适用于整个势流,不限于同一条流线.

(3) $dx/u_x = dy/u_y = dz/u_z$,这是流线方程,说明在有涡流中,伯努利积分适用于同一条流线.

(4) 由 $dx/\omega_x = dy/\omega_y = dz/\omega_z$,这是涡线方程,说明在有涡流中,伯努利积分适用于同一条涡线.

(5) $u_x/\omega_x = u_y/\omega_y = u_z/\omega_z$,这是指恒定流中以流线与涡线相重合为特征的螺旋流,即伯努利积分适用于恒定螺旋流.所谓螺旋流,是指液体质点既沿流线方向运动,在运动过程中又绕流线旋转.

当质量力只有重力时,$f_x = 0, f_y = 0, f_z = -g$,由式 $dW = f_x dx + f_y dy + f_z dz$,得 $dW = -g dz$,积分得 $W = -gz$(取积分常数等于零),代入伯努利积分,得

$$z + \frac{p}{\rho g} + \frac{u^2}{2g} = C$$

对于同一条流线上的任意两点 1 和 2,可写为

$$z_1 + \frac{p_1}{\rho g} + \frac{u_1^2}{2g} = z_2 + \frac{p_2}{\rho g} + \frac{u_2^2}{2g}$$

该式称为理想流体恒定元流能量方程,也叫元流伯努利方程、单位重量不可压缩恒定元流能量方程,是流体运动微分方程沿流线的积分.它是水力学中普遍应用的方程之一.该式仅适用于流体的固体边界对地球没有相对运动,即作用在流体上的质量力只有重力而没有其他

惯性力. 因为流线是元流的极限情况, 所以沿流线的伯努利方程式可视为理想流体元流能量方程.

5.2.1.2 利用牛顿第二定律推导

如图 5.5 所示, 在理想流体恒定流中取一微小流束, 研究 $1-1$ 及 $2-2$ 断面之间的 ds 微分流段, 微分流段 ds 的横断面积为 dA. 根据牛顿第二定律, 作用在 ds 流段上的外力沿 s 方向的合力, 应等于该流段质量 $\rho dA ds$ 与其加速度 du/dt 的乘积.

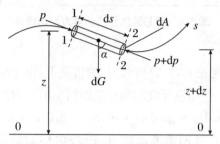

图 5.5 理想流体元流能量方程的推导

作用在微分流段上沿 s 方向的外力有: 过水断面 $1-1$ 及 $2-2$ 上的动水压力, 重力沿 s 方向的分力 $dG \cdot \cos\alpha$, 流段侧壁上的动水压力在 s 方向的分力 (为零), 以及对理想流体侧壁上的摩擦力 (为零).

令在 $1-1$ 断面上动水压强为 p, 其动水压力为 $p dA$; $2-2$ 断面上的动水压强为 $p + dp$, 其动水压力为 $(p + dp) dA$. 若以 $0-0$ 为基准面, 断面 $1-1$ 及 $2-2$ 的形心点距基准面高分别为 z 及 $z + dz$, 则 $\cos\alpha = -dz/ds$ (dz 与 ds 方向相反), 故重力沿 s 方向的分力为 $dG \cdot \cos\alpha = \rho g dA ds \cdot \cos\alpha = -\rho g dA ds \cdot dz/ds = -\rho g dA dz$.

对微分流段沿 s 方向 (正方向) 应用牛顿第二定律, 则有

$$p dA - (p + dp) dA - \rho g dA dz = \rho dA ds \frac{du}{dt}$$

对恒定一元流, $u = u(s)$, 则有 $\dfrac{du}{dt} = \dfrac{du}{ds}\dfrac{ds}{dt} = u\dfrac{du}{ds} = \dfrac{d}{ds}\left(\dfrac{u^2}{2}\right)$, 代入上式并整理得

$$d\left(z + \frac{p}{\rho g} + \frac{u^2}{2g}\right) = 0$$

即

$$z + \frac{p}{\rho g} + \frac{u^2}{2g} = C$$

5.2.1.3 利用能量守恒定理推导

如图 5.6 所示, 在恒定元流中任取一段元流或流束, 并截取其中断面 $1-1$ 与断面 $2-2$ 之间的流束段为研究对象. 设断面 $1-1$ 与断面 $2-2$ 的微面积分别为 dA_1 和 dA_2, 在某一时刻, 断面距基准面 $0-0$ 的垂直距离分别为 z_1 与 z_2, 两断面上压强分别为 p_1 与 p_2, 断面上的流速分别为 u_1 与 u_2. 经过一微小时段 dt 后, 元流段从 $1-1$ 与 $2-2$ 断面分别流动到 $1'-1'$ 与 $2'-2'$ 断面.

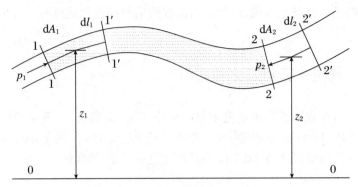

图 5.6 理想流体元流能量方程的推导

1. 元流段表面力做功

在元流段侧表面上,不考虑黏性力(剪切力)的情况下,由于压强的方向与流体运动的方向垂直,侧表面压力不做功.作用在元流的两过流断面上的压力所做的功为

$$p_1 dA_1 \cdot dl_1 - p_2 dA_2 \cdot dl_2 = p_1 dA_1 \cdot u_1 dt - p_2 dA_2 \cdot u_2 dt = (p_1 - p_2) dQ dt$$

式中,dl_1、dl_2 为 1-1 和 2-2 两微断面在 dt 时段内移动的距离,即 $dl_1 = u_1 dt$,$dl_2 = u_2 dt$;又由连续性方程,有 $dA_1 \cdot u_1 = dA_2 \cdot u_2 = dQ$.

2. 动能的增量

元流段动能的增量为元流段移动前后的动能差.由于是恒定流动,断面 $1'-1'$ 与 $2'-2'$ 之间的流动参数不随时间变化,因此,动能的增量仅为断面 2-2 与 $2'-2'$ 间的动能减去断面 1-1 与 $1'-1'$ 间的动能,即

$$\frac{1}{2} \cdot \rho dA_2 dl_2 \cdot u_2^2 - \frac{1}{2} \cdot \rho dA_1 dl_1 \cdot u_1^2 = \frac{1}{2} \cdot \rho (u_2^2 - u_1^2) dQ dt$$

3. 位能的增量

$$\rho \cdot dA_2 dl_2 \cdot g \cdot z_2 - \rho \cdot dA_1 dl_1 \cdot g \cdot z_1 = \rho g(z_2 - z_1) dQ dt$$

根据功能原理,外力对元流段所做的功等于元流段机械能(动能②与位能③)的增量,即

$$(p_1 - p_2) dQ dt = \frac{1}{2} \cdot \rho (u_2^2 - u_1^2) dQ dt + \rho g(z_2 - z_1) dQ dt$$

将等式两边同除以 $\rho g dQ dt$(单位重量)并整理得

$$z_1 + \frac{p_1}{\rho g} + \frac{u_1^2}{2g} = z_2 + \frac{p_2}{\rho g} + \frac{u_2^2}{2g}$$

该式即为理想流体单位重量不可压缩恒定元流的能量方程或元流伯努利方程.它反映恒定流中沿流各断面的能量关系,表明单位重量流体所具有的位能、压能和动能之和沿同一流线保持不变;或者,总水头沿流程保持不变,位能、压能、动能之间可以相互转化,在恒定流中能量是守恒的并且是可以相互转换的.

理想流体因不考虑黏滞性,将使问题大大简化.虽然实际上并不存在理想流体,但在有些流动问题中,当黏滞性的影响很小、可以忽略不计时,对理想流体运动研究所得的结果可用于实际流体.

5.2.1.4 恒定元流能量方程的应用

以皮托管为例.皮托管是用于测量液流和气流流速的一种仪器,如图 5.7 所示.管前端开口 a 正对液流或气流的来流方向.a 端内部有流体通路与上部 a' 端测压管相连.管侧面有多个小孔口 b,它的内部也有流体通路与上部 b' 测压管相连,这两个管道是独立的.当测定液流流速时,a'、b' 两管液面高差 Δh(测压管水面差)即反映 a、b 两处的压差;当测定气流时,a'、b' 两端接液柱差压计,以测定 a、b 两处的压差.根据该高差就可测定流速.

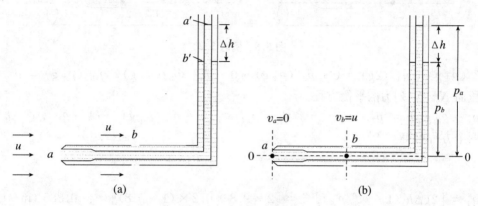

图 5.7　皮托管示意

当皮托管放入流体中,起初流体从端口 a 处逐步流入,并沿内部通路流入 a' 测压管,水位上升直至静止;同时,端口 a 处的压强因受上升水柱的作用而升高直至停止,压强为 p_a,该处流体流速降低到零,即静止.此后,由端口 a 分流后的流体流到 b 孔,从此孔口流入,并沿内部通道流入 b' 测压管,水位逐渐上升直至静止;同时,端口 b 处的流速恢复至原有流流速 u,压强也降至原有压强 p_b.分别选取通过 a 端口和 b 端口的断面,以通过皮托管轴线 0-0 的面为基准面,沿 ab 流线列元流能量方程:

$$0 + \frac{p_a}{\rho g} + 0 = 0 + \frac{p_b}{\rho g} + \frac{u^2}{2g}$$

解得

$$u = \sqrt{2g \frac{p_a - p_b}{\rho g}} = \sqrt{2g \Delta h}$$

式中,$(p_a - p_b)/(\rho g)$ 为 a'、b' 两测压管的水面差 Δh.引入实验校正流速系数 φ,得 $u = \varphi \sqrt{2g\Delta h}$,$\varphi$ 与管的构造和加工情况有关,其值近似等于 1.

【例题 5.1】　用皮托管测定水中的流速,测得水柱高差为 $\Delta h = 3$ cm.试求:① 水中的流速 u;② 若用压差计读出压差为 0.003 MPa,则流速为多少?

解　① $u = (2g\Delta h)^{1/2} = (2 \times 9.8 \times 0.03)^{1/2} \approx 0.767$ (m/s).

② $u = [2g(p_a - p_b)/(\rho g)] = [2 \times 9.8 \times 0.003 \times 10^6/(1.0 \times 10^3 \times 9.8)]^{1/2} \approx 2.45$ (m/s).

【例题 5.2】　如图 5.8 所示一倒置 U 形管,工作液体为密度 $\rho_{油} = 800$ kg/m³ 的油,用来测定水平放置管道中 1 点的流速 u_1.若读数 $\Delta h = 200$ mm,求流速 u_1.

解　对断面 1-1 和 2-2 列元流的伯努利方程:

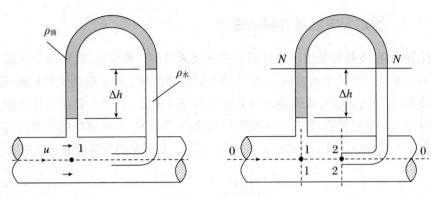

图 5.8　例题 5.2

$0 + p_1/(\rho_水 g) + u_1^2/(2g) = 0 + p_2/(\rho_水 g) + 0$　或　$p_2/(\rho_水 g) - p_1/(\rho_水 g) = u_1^2/(2g)$

取等压面 $N - N$,列力的平衡方程:

$p_1 - \rho_油 g \Delta h = p_2 - \rho_水 g \Delta h$　或　$p_2/(\rho_水 g) - p_1/(\rho_水 g) = (1 - \rho_油/\rho_水)\Delta h$

联立两个方程可得

$$u_1^2/(2g) = (1 - \rho_油/\rho_水)\Delta h$$

或

$$u_1 = [2g\Delta h\,(1 - \rho_油/\rho_水)]^{1/2} = [2 \times 9.8 \times 0.2 \times (1 - 0.8)]^{1/2} \approx 0.885\,(\text{m/s})$$

5.2.1.5　恒定总流能量方程的应用

理想流体恒定元流能量方程中的流速 u 为点的流速,而实际流动往往为过流断面的平均流速 v,此时引入一个动能修正系数 α,令 $\int_A u^2/(2g)\mathrm{d}Q = [\alpha v^2/(2g)]Q$,$\alpha$ 的大小取决于过流断面上的流速分布情况,于是有

$$z_1 + \frac{p_1}{\rho g} + \frac{\alpha_1 v_1^2}{2g} = z_2 + \frac{p_2}{\rho g} + \frac{\alpha_2 v_2^2}{2g}$$

该式是**不可压缩理想流体恒定总流能量方程**.

如图 5.9 所示的文丘里流量计是直接安装在管道上用于测量管道流量的一种装置.它由两段锥形管和一段较细的管相连接组成,各段分别称为收缩段、喉管、扩散段.在收缩段前部与喉管上分别安装一测压装置,用以测量该两断面(断面 1-1 和 2-2 符合渐变流条件)上的测压管水头差 Δh.在恒定流情况下,只要已知两断面的压差 Δh,就可运用能量方程计算出管道通过的流量.

一倾斜放置的文丘里管,在其安装压差装置的位置处分别为 1-1 和 2-2 断面,任取一水平面为基准面 0-0,对 1-1 和 2-2 断面列总流的能量方程式:

$$z_1 + \frac{p_1}{\rho g} + \frac{\alpha_1 v_1^2}{2g} = z_2 + \frac{p_2}{\rho g} + \frac{\alpha_2 v_2^2}{2g} + h_水$$

从图中可知 $[z_1 + p_1/(\rho g)] - [z_2 + p_2/(\rho g)] = \Delta h$;取 $\alpha_1 \approx 1$,$\alpha_2 \approx 1$;因断面 1-1 和 2-2 相距很近,忽略水头损失,即 $h_水 = 0$,此时总流的能量方程为

$$\Delta h = \frac{v_2^2 - v_1^2}{2g}$$

对断面 1-1 和 2-2 写连续性方程,可得 $\dfrac{v_2}{v_1} = \dfrac{A_1}{A_2} = \dfrac{d_1^2}{d_2^2}$,式中,$d_1$、$d_2$ 分别为 1-1 断面

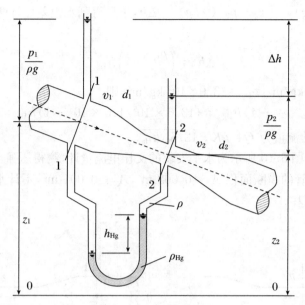

图 5.9　文丘里流量计

处管道的直径和 $2-2$ 断面处喉管的直径. 将 v_2/v_1 的表达式代入,得

$$\Delta h = \frac{v_2^2 - v_1^2}{2g} = \frac{v_1^2}{2g}\left[\left(\frac{v_2}{v_1}\right)^2 - 1\right] = \frac{v_1^2}{2g}\left[\left(\frac{d_1}{d_2}\right)^4 - 1\right] \quad 或 \quad v_1 = \sqrt{\frac{2g\Delta h}{\left(\frac{d_1}{d_2}\right)^4 - 1}}$$

因此,通过文丘里流量计的流量为

$$Q = A_1 v_1 = \frac{\pi d_1^2}{4}\sqrt{\frac{2g\Delta h}{\left(\frac{d_1}{d_2}\right)^4 - 1}}$$

令 $K = \dfrac{\pi d_1^2}{4}\sqrt{\dfrac{2g}{\left(\frac{d_1}{d_2}\right)^4 - 1}}$,则

$$Q = K\sqrt{\Delta h}$$

式中,K 为文丘里管系数,当管道直径 d_1 及喉管直径 d_2 确定后,K 为一定值. 可见,只要测得管道断面与喉部断面的测压管水位差 Δh,就可求得流量 Q 值.

值得注意的是,由于理论计算基于渐变流假设,忽略了水头损失,使得流量的实际值比理论值偏小. 在实际应用文丘里流量计时,需引入一个修正系数 μ(称为文丘里流量系数)对理论计算式进行修正,则实际流量:

$$Q = \mu K\sqrt{\Delta h}$$

文丘里流量系数 μ 一般取 $0.97\sim0.99$.

此外,也可以在文丘里流量计上安装 U 形汞差压计来测量 $1-1$ 和 $2-2$ 断面的测压管水位差. U 形汞差压计测得的液面差 h_{Hg} 与两测压管水面差 Δh 的换算关系计算如下:在 U 形汞差压计上,取通过低端汞液面为等压面,列平衡式 $p_1 + \rho_水 g(z_1 - z_2 + h_{Hg}) = p_2 + \rho_{Hg} g h_{Hg}$,左、右两边同时除以 $\rho_水 g$,整理得

$$\left(z_1 + \frac{p_1}{\rho_水 g}\right) - \left(z_2 + \frac{p_2}{\rho_水 g}\right) = \left(\frac{\rho_{Hg}}{\rho_水} - 1\right)h_{Hg}$$

其中，$[z_1 + p_1/(\rho_{水} g)] - [z_2 + p_2/(\rho_{水} g)] = \Delta h$，于是得到水银差压计两支水银面高差 h_{Hg} 与 Δh 的关系：

$$\Delta h = \left(\frac{\rho_{Hg}}{\rho_{水}} - 1\right) h_{Hg}$$

若取 $\rho_{水} = 1.0 \times 10^3 \text{ kg/m}^3$，$\rho_{Hg} = 13.6 \times 10^3 \text{ kg/m}^3$，则

$$\Delta h = (\rho_{Hg}/\rho_{水} - 1) h_{Hg} = (13.6 \times 10^3/1.0 \times 10^3 - 1) h_{Hg} = 12.6 h_{Hg}$$

此时文丘里流量计的流量为 $Q = \mu K \sqrt{12.6 \Delta h_{Hg}}$.

【例题 5.3】 如图 5.10 所示为水平安装的文丘里流量计，测得压强水头 $p_1/\gamma = 0.5$ m，$p_2/\gamma = -0.2$ m，水管的横断面积 $A_1 = 0.002$ m²，$A_2 = 0.001$ m²，不计水头损失，求通过文丘里流量计的流量 Q.

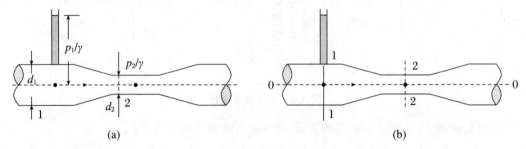

图 5.10 例题 5.3

解 在流量计上分别取 1—1 和 2—2 断面，并分别选取两断面的中心点为压强及位置的计算点；选取通过流量计轴线 0—0 的水平面为基准面，列能量方程：

$$0 + p_1/\gamma + \alpha_1 v_1^2/(2g) = 0 + p_2/\gamma + \alpha_2 v_2^2/(2g)$$

式中，$\alpha_1 \approx 1$，$\alpha_2 \approx 1$，移项得

$$v_2^2 - v_1^2 = 2g(p_1/\gamma - p_2/\gamma) = 2 \times 9.8 \times [0.5 - (-0.2)] = 13.72$$

根据连续性方程 $A_1 v_1 = A_2 v_2$，得 $v_2/v_1 = A_1/A_2 = 0.002/0.001 = 2$，即 $v_2 = 2v_1$，代入上式得

$$v_2^2 - v_1^2 = 4v_1^2 - v_1^2 = 3v_1^2 = 13.72$$

解得

$$v_1 = 2.14 \text{ m/s}, \quad Q = A_1 v_1 = 0.002 \times 2.14 = 0.00428 \text{ (m}^3\text{/s)}$$

【例题 5.4】 如图 5.11 所示的文丘里管，管路中通过流量 $Q = 10$ L/s，$d_1 = 5$ cm，$p_1 = 78.4$ Pa，不计水头损失，水的容重 $\gamma = 9800$ N/m³，若使断面 2 产生真空压强 $p_2 = -6.37$ kPa，试求喉管直径 d_2.

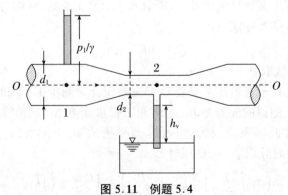

图 5.11 例题 5.4

解　在流量计上分别取 1-1 和 2-2 断面,并分别选取两断面的中心点为压强及位置的计算点;选取通过流量计轴线 0-0 的水平面为基准面,列能量方程:

$$0 + \frac{p_1}{\gamma} + \frac{\alpha_1 v_1^2}{2g} = 0 + \frac{p_2}{\gamma} + \frac{\alpha_2 v_2^2}{2g}$$

式中,$\alpha_1 \approx 1.0, \alpha_2 \approx 1.0, p_1/\gamma = 78.4/9800 = 0.008 (\mathrm{m}), p_2/\gamma = -6370/9800 = -0.65 (\mathrm{m})$,且有

$$v_1 = 4Q/(\pi d_1^2) = 4 \times 0.01/(3.14 \times 0.05^2) \approx 5.1 (\mathrm{m/s})$$

解得 $v_2 = 6.24$ m/s,又 $Q = v_2 \pi d_2^2/4$,则

$$d_2 = [4Q/(\pi v_2)]^{1/2} = [4 \times 0.01/(3.14 \times 6.24)]^{1/2} \approx 0.0452 (\mathrm{m}) = 4.52 (\mathrm{cm})$$

【**例题 5.5**】　如图 5.12 所示的吹风装置,进、排风口均直通大气,管径 $d_2 = d_3 = 1$ m,$d_4 = 0.5$ m.已知排风口风速 $v_4 = 40$ m/s,空气的密度 $\rho = 1.29$ kg/m³,不计压强损失.试求风扇前、后的压强 p_2 和 p_3.

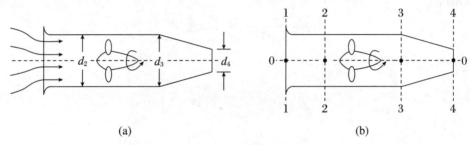

(a) 　　　　　　　　　　(b)

图 5.12　例题 5.5

解　根据连续性方程 $v_2 \cdot \pi d_2^2/4 = v_4 \cdot \pi d_4^2/4$,有 $v_2 = v_4 \cdot d_4^2/d_2^2 = 40 \times 0.5^2/1^2 = 10 (\mathrm{m/s})$.同理,$v_3 = 10$ m/s.

以过轴线的水平面为基准面 0-0,列断面 1-1 和断面 2-2 的伯努利方程:

$$0 + 0 + 0 = 0 + \frac{p_2}{\gamma} + \frac{v_2^2}{2g}$$

解得

$$p_2 = -\rho \frac{v_2^2}{2} = \frac{-1.29 \times 10^2}{2} = -64.5 (\mathrm{Pa})$$

列断面 3-3 和断面 4-4 的伯努利方程:

$$0 + \frac{p_3}{\gamma} + \frac{v_3^2}{2g} = 0 + 0 + \frac{v_4^2}{2g}$$

解得

$$p_3 = \rho \left(\frac{v_4^2 - v_3^2}{2} \right) = \frac{1.29 \times (40^2 - 10^2)}{2} = 967.5 (\mathrm{Pa})$$

【**例题 5.6**】　如图 5.13 所示的圆形水管,取图中的 0-0 面为基准面.已知流速 $v_1 = 8$ m/s,直径 $d_1 = 50$ mm,$d_2 = 100$ mm,1 和 2 两点的位置高度分别为 $z_1 = 20$ cm 和 $z_2 = 150$ cm,同时量得断面处测压管水面高程$\nabla_2 = 220$ cm(以 0-0 面为基准面),不计水头损失,试求断面 1-1 处的压强 p_1.

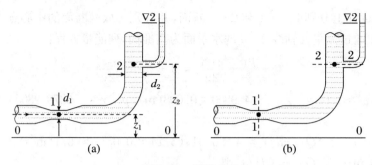

图 5.13 例题 5.6

解 列 $1-1$ 断面和 $2-2$ 断面的能量方程:

$$z_1 + \frac{p_1}{(\rho g)} + \alpha_1 \frac{v_1^2}{2g} = \nabla_2 + \alpha_2 \frac{v_2^2}{2g}$$

代入数据得

$$0.2 + \frac{p_1}{(\rho g)} + \frac{v_1^2}{2g} = 2.2 + \frac{v_2^2}{2g}$$

根据连续性方程 $\dfrac{v_1 \pi d_1^2}{4} = \dfrac{v_2 \pi d_2^2}{4}$,得

$$v_2 = \frac{v_1 d_1^2}{d_2^2} = 8 \times 0.05^2 / 0.1^2 = 2 \ (\text{m/s})$$

解得

$$p_1 = \rho g \left(2 + \frac{v_2^2}{2g} - \frac{v_1^2}{2g} \right) = \left(2\rho g + \frac{2^2}{2 \times 9.8} - \frac{8^2}{2 \times 9.8} \right)$$

$$= -1.06 \,(\text{mH}_2\text{O}) = -1.06 \times 10^3 \times 9.8 \,(\text{Pa}) = -10388 \,(\text{Pa})$$

【例题 5.7】 如图 5.14 所示,离心式通风机用集流器从大气中吸入空气,在直径 $d = 200$ mm 处,接一根细玻璃管,管的下端插入水槽中.已知管中的水上升 $H = 150$ mm,试求每秒吸入的空气量 Q(空气的密度 ρ 为 1.29 kg/m³).

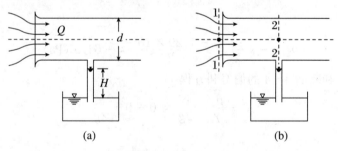

图 5.14 例题 5.7

解 在集流器中取渐变流断面 $1-1$ 和 $2-2$,并分别选取两断面的中心点为压强及位置的计算点;选取通过器轴线 $0-0$ 的水平面为基准面,列能量方程:

$$0 + 0 + \frac{\alpha_1 v_1^2}{2g} = 0 + \frac{p_2}{\gamma_{\text{气}}} + \frac{\alpha_2 v_2^2}{2g}$$

化简得

$$\frac{-p_2}{\gamma_{\text{气}}} = \frac{v_2^2}{2g}$$

代入数据得 $\alpha_1 \approx 1$, $\alpha_2 \approx 1$, $v_1 = 0$（入口前断面的面积无穷大）.

对细玻璃管,列压强平衡方程,有 $0 = p_2 + \gamma_水 H$. 联立两式得

$$v_2 = (2gH\gamma_水 / \gamma_气)^{1/2} = (2 \times 9.8 \times 0.15 \times 1000/1.29)^{1/2} \approx 47.74 \ (\text{m/s})$$

$$Q = A_2 v_2 = v_2 \pi d_2^2 / 4 = 47.74 \times 3.14 \times 0.2^2 / 4 \approx 1.5 \ (\text{m}^3/\text{s})$$

5.2.2　实际流体恒定元流/总流能量方程

5.2.2.1　利用实际流体运动微分方程(N-S 方程)的推导

根据不可压缩实际流体运动微分方程

$$\begin{cases} f_x - \dfrac{1}{\rho}\dfrac{\partial p}{\partial x} + \nu \nabla^2 u_x = \dfrac{\mathrm{d}u_x}{\mathrm{d}t} \\[2mm] f_y - \dfrac{1}{\rho}\dfrac{\partial p}{\partial y} + \nu \nabla^2 u_y = \dfrac{\mathrm{d}u_y}{\mathrm{d}t} \\[2mm] f_z - \dfrac{1}{\rho}\dfrac{\partial p}{\partial z} + \nu \nabla^2 u_z = \dfrac{\mathrm{d}u_z}{\mathrm{d}t} \end{cases}$$

得

$$\begin{cases} f_x - \dfrac{1}{\rho}\dfrac{\partial p}{\partial x} + \nu \nabla^2 u_x = \dfrac{\partial u_x}{\partial t} + u_x \dfrac{\partial u_x}{\partial x} + u_y \dfrac{\partial u_x}{\partial y} + u_z \dfrac{\partial u_x}{\partial z} \\[2mm] f_y - \dfrac{1}{\rho}\dfrac{\partial p}{\partial y} + \nu \nabla^2 u_y = \dfrac{\partial u_y}{\partial t} + u_x \dfrac{\partial u_y}{\partial x} + u_y \dfrac{\partial u_y}{\partial y} + u_z \dfrac{\partial u_y}{\partial z} \\[2mm] f_z - \dfrac{1}{\rho}\dfrac{\partial p}{\partial z} + \nu \nabla^2 u_z = \dfrac{\partial u_z}{\partial t} + u_x \dfrac{\partial u_z}{\partial x} + u_y \dfrac{\partial u_z}{\partial y} + u_z \dfrac{\partial u_z}{\partial z} \end{cases}$$

考虑到流速 $u^2 = u_x^2 + u_y^2 + u_z^2$,并在该式左右两边分别对 x、y、z 求偏导数,得

$$\begin{cases} \dfrac{\partial}{\partial x}\left(\dfrac{u^2}{2}\right) = u_x \dfrac{\partial u_x}{\partial x} + u_y \dfrac{\partial u_y}{\partial x} + u_z \dfrac{\partial u_z}{\partial x} \\[2mm] \dfrac{\partial}{\partial y}\left(\dfrac{u^2}{2}\right) = u_x \dfrac{\partial u_x}{\partial y} + u_y \dfrac{\partial u_y}{\partial y} + u_z \dfrac{\partial u_z}{\partial y} \\[2mm] \dfrac{\partial}{\partial z}\left(\dfrac{u^2}{2}\right) = u_x \dfrac{\partial u_x}{\partial z} + u_y \dfrac{\partial u_y}{\partial z} + u_z \dfrac{\partial u_z}{\partial z} \end{cases}$$

将实际流体运动微分方程在 x、y、z 方向上的方程与该组对应等式的左、右两边分别相减,得

$$\begin{cases} f_x - \dfrac{1}{\rho}\dfrac{\partial p}{\partial x} + \nu \nabla^2 u_x - \dfrac{\partial}{\partial x}\left(\dfrac{u^2}{2}\right) = \dfrac{\partial u_x}{\partial t} + u_z\left(\dfrac{\partial u_x}{\partial z} - \dfrac{\partial u_z}{\partial x}\right) - u_y\left(\dfrac{\partial u_y}{\partial x} - \dfrac{\partial u_x}{\partial y}\right) \\[2mm] f_y - \dfrac{1}{\rho}\dfrac{\partial p}{\partial y} + \nu \nabla^2 u_y - \dfrac{\partial}{\partial y}\left(\dfrac{u^2}{2}\right) = \dfrac{\partial u_y}{\partial t} + u_x\left(\dfrac{\partial u_y}{\partial x} - \dfrac{\partial u_x}{\partial y}\right) - u_z\left(\dfrac{\partial u_z}{\partial y} - \dfrac{\partial u_y}{\partial z}\right) \\[2mm] f_z - \dfrac{1}{\rho}\dfrac{\partial p}{\partial z} + \nu \nabla^2 u_z - \dfrac{\partial}{\partial z}\left(\dfrac{u^2}{2}\right) = \dfrac{\partial u_z}{\partial t} + u_y\left(\dfrac{\partial u_z}{\partial y} - \dfrac{\partial u_y}{\partial z}\right) - u_x\left(\dfrac{\partial u_x}{\partial z} - \dfrac{\partial u_z}{\partial x}\right) \end{cases}$$

将旋转角速度表达式 $\omega_x = \dfrac{1}{2}\left(\dfrac{\partial u_z}{\partial y} - \dfrac{\partial u_y}{\partial z}\right)$, $\omega_y = \dfrac{1}{2}\left(\dfrac{\partial u_x}{\partial z} - \dfrac{\partial u_z}{\partial x}\right)$ 和 $\omega_z = \dfrac{1}{2}\left(\dfrac{\partial u_y}{\partial x} - \dfrac{\partial u_x}{\partial y}\right)$ 代入,得

$$\begin{cases} f_x - \dfrac{1}{\rho}\dfrac{\partial p}{\partial x} + \nu\,\nabla^2 u_x - \dfrac{\partial}{\partial x}\left(\dfrac{u^2}{2}\right) - \dfrac{\partial u_x}{\partial t} = 2(u_z\omega_y - u_y\omega_z) \\[3mm] f_y - \dfrac{1}{\rho}\dfrac{\partial p}{\partial y} + \nu\,\nabla^2 u_y - \dfrac{\partial}{\partial y}\left(\dfrac{u^2}{2}\right) - \dfrac{\partial u_y}{\partial t} = 2(u_x\omega_z - u_z\omega_x) \\[3mm] f_z - \dfrac{1}{\rho}\dfrac{\partial p}{\partial z} + \nu\,\nabla^2 u_z - \dfrac{\partial}{\partial z}\left(\dfrac{u^2}{2}\right) - \dfrac{\partial u_z}{\partial t} = 2(u_y\omega_x - u_x\omega_y) \end{cases}$$

若作用在流体上的质量力是有势的,则势场中的力在 x、y、z 三个轴上的分量可用力势函数 $W(x,y,z)$ 的相应坐标轴的偏导数来表示:$f_x = \partial W/\partial x$,$f_y = \partial W/\partial y$,$f_z = \partial W/\partial z$. 对不可压缩的均质流体,$\rho = $ 常数. 将 f_x、f_y 和 f_z 的表达式代入,得

$$\begin{cases} \dfrac{\partial}{\partial x}\left(W - \dfrac{p}{\rho} - \dfrac{u^2}{2}\right) + \nu\,\nabla^2 u_x - \dfrac{\partial u_x}{\partial t} = 2(u_z\omega_y - u_y\omega_z) \\[3mm] \dfrac{\partial}{\partial y}\left(W - \dfrac{p}{\rho} - \dfrac{u^2}{2}\right) + \nu\,\nabla^2 u_y - \dfrac{\partial u_y}{\partial t} = 2(u_x\omega_z - u_z\omega_x) \\[3mm] \dfrac{\partial}{\partial z}\left(W - \dfrac{p}{\rho} - \dfrac{u^2}{2}\right) + \nu\,\nabla^2 u_z - \dfrac{\partial u_z}{\partial t} = 2(u_y\omega_x - u_x\omega_y) \end{cases}$$

将该式沿流线积分. 为此,将该方程的左端分别乘以 $\mathrm{d}x$、$\mathrm{d}y$、$\mathrm{d}z$,右端分别乘以和它们相等的值 $u_x\mathrm{d}t$、$u_y\mathrm{d}t$、$u_z\mathrm{d}t$,并把它们加起来,配等式右端的总和恰好等于零:

$$\dfrac{\partial}{\partial x}\left(W - \dfrac{p}{\rho} - \dfrac{u^2}{2}\right)\mathrm{d}x + \dfrac{\partial}{\partial y}\left(W - \dfrac{p}{\rho} - \dfrac{u^2}{2}\right)\mathrm{d}y + \dfrac{\partial}{\partial z}\left(W - \dfrac{p}{\rho} - \dfrac{u^2}{2}\right)\mathrm{d}z$$

$$+ \nu(\nabla^2 u_x\mathrm{d}x + \nabla^2 u_y\mathrm{d}y + \nabla^2 u_z\mathrm{d}z) - \left(\dfrac{\partial u_x}{\partial t}\mathrm{d}x + \dfrac{\partial u_y}{\partial t}\mathrm{d}y + \dfrac{\partial u_z}{\partial t}\mathrm{d}z\right) = 0$$

式中存在如下关系:

① $\dfrac{\partial}{\partial x}\left(W - \dfrac{p}{\rho} - \dfrac{u^2}{2}\right)\mathrm{d}x + \dfrac{\partial}{\partial y}\left(W - \dfrac{p}{\rho} - \dfrac{u^2}{2}\right)\mathrm{d}y + \dfrac{\partial}{\partial z}\left(W - \dfrac{p}{\rho} - \dfrac{u^2}{2}\right)\mathrm{d}z =$

$\dfrac{\partial}{\partial s}\left(W - \dfrac{p}{\rho} - \dfrac{u^2}{2}\right)\mathrm{d}s$;

② $\nu(\nabla^2 u_x\mathrm{d}x + \nabla^2 u_y\mathrm{d}y + \nabla^2 u_z\mathrm{d}z)$ 表示单位质量液体的剪应力在相应坐标轴上的投影在液体中做微小位移所做的功. 由于在黏性液体运动中,这些剪应力的合力总是和液体流动的方向相反,并且总是表现为阻止液体运动的摩阻力. 因此有

$$\nu(\nabla^2 u_x\mathrm{d}x + \nabla^2 u_y\mathrm{d}y + \nabla^2 u_z\mathrm{d}z) = -\dfrac{\partial R_w}{\partial s}\mathrm{d}s$$

式中,R_w 为对单位质量液体剪应力(摩阻力)所做的功.

液体在运动过程中要克服阻力,就有一部分机械能转变为热能. 这部分机械能称为能量损失.

③ 由于 $u_x = u\cos(\boldsymbol{u},\boldsymbol{x})$,$u_y = u\cos(\boldsymbol{u},\boldsymbol{y})$,$u_z = u\cos(\boldsymbol{u},\boldsymbol{z})$,$\mathrm{d}x = \mathrm{d}s\cos(\boldsymbol{u},\boldsymbol{x})$,$\mathrm{d}y = \mathrm{d}s\cos(\boldsymbol{u},\boldsymbol{y})$,$\mathrm{d}z = \mathrm{d}s\cos(\boldsymbol{u},\boldsymbol{z})$,将 u_x、u_y、u_z 和 $\mathrm{d}x$、$\mathrm{d}y$、$\mathrm{d}z$ 的表达式代入,得

$$\dfrac{\partial u_x}{\partial t}\mathrm{d}x + \dfrac{\partial u_y}{\partial t}\mathrm{d}y + \dfrac{\partial u_z}{\partial t}\mathrm{d}z = \left[\cos^2(\boldsymbol{u},\boldsymbol{x}) + \cos^2(\boldsymbol{u},\boldsymbol{y}) + \cos^2(\boldsymbol{u},\boldsymbol{z})\right]\dfrac{\partial u}{\partial t}\mathrm{d}s = \dfrac{\partial u}{\partial t}\mathrm{d}s$$

综合①②③,得

$$\dfrac{\partial}{\partial s}\left(W - \dfrac{p}{\rho} - \dfrac{u^2}{2}\right)\mathrm{d}s - \dfrac{\partial R_w}{\partial s}\mathrm{d}s - \dfrac{\partial u}{\partial t}\mathrm{d}s = \dfrac{\partial}{\partial s}\left(W - \dfrac{p}{\rho} - \dfrac{u^2}{2} - R_w\right)\mathrm{d}s - \dfrac{\partial u}{\partial t}\mathrm{d}s = 0$$

若作用在流体上的质量力只有重力,即 $W = -gz$,将其代入上式,并用 g 除等号两端各项,得

$$\frac{\partial}{\partial s}\left(z + \frac{p}{\rho g} + \frac{u^2}{2g} + \frac{R_w}{g}\right)\mathrm{d}s + \frac{1}{g}\frac{\partial u}{\partial t}\mathrm{d}s = 0$$

式中,R_w/g 表示对单位质量液体剪应力(摩阻力)所做的功,即单位质量液体在运动过程中为克服阻力所消耗的能量,用符号 h'_w 表示,即 $h'_w = R_w/g$. 则上式可写为

$$\frac{\partial}{\partial s}\left(z + \frac{p}{\rho g} + \frac{u^2}{2g} + h'_w\right)\mathrm{d}s + \frac{1}{g}\frac{\partial u}{\partial t}\mathrm{d}s = 0$$

该式称为实际流体非恒定流的运动方程.

对于流线上任意两点 1 和 2,将实际流体非恒定流的运动方程沿流线积分,得

$$z_1 + \frac{p_1}{\rho g} + \frac{u_1^2}{2g} = z_2 + \frac{p_2}{\rho g} + \frac{u_2^2}{2g} + h'_w + h_i$$

该式即实际流体非恒定流动沿流线的能量方程. 式中,h'_w 为单位重量流体沿流线从断面 1 运动至断面 2 所损失的能量(或称水头损失),包括因流体黏性造成的损失和两断面间由流速大小或方向变化等造成的能量损失,单位为长度单位. $h_i = \frac{1}{g}\int_1^2 \frac{\partial u}{\partial t}\mathrm{d}s$ 称为惯性水头,对于恒定流,$\partial u/\partial t = 0$,因此 $h_i = 0$,则实际流体非恒定流动沿流线的能量方程变为

$$z_1 + \frac{p_1}{\rho g} + \frac{u_1^2}{2g} = z_2 + \frac{p_2}{\rho g} + \frac{u_2^2}{2g} + h'_w$$

因为流线是元流的极限情况,所以沿流线的实际流体恒定流动能量方程可视为实际流体恒定元流能量方程. 对于理想流体,水头损失 $h'_w = 0$,变为 $z_1 + p_1/(\rho g) + u_1^2/(2g) = z_2 + p_2/(\rho g) + u_2^2/(2g)$,即理想流体恒定元流能量方程,亦即元流伯努利方程.

5.2.2.2　利用实际流体恒定元流能量方程推导

在实际应用中所考虑的流动一般是指总流. 要把能量方程用于解决实际问题,还必须将沿流线的能量方程对总流过流断面积分,从而推广为总流的能量方程式.

设一恒定总流,过流断面 1—1、2—2 为渐变流断面,其面积分别为 A_1、A_2. 在总流中任取一元流,两个过流断面的微元面积、位置高度、压强和流速分别为 $\mathrm{d}A_1$、z_1、p_1、u_1;$\mathrm{d}A_2$、z_2、p_2、u_2. 假设元流流量为 $\mathrm{d}Q$,则单位时间通过元流过流断面的流体重量为 $\rho g \mathrm{d}Q$,将元流能量方程 $z_1 + p_1/(\rho g) + u_1^2/(2g) = z_2 + p_2/(\rho g) + u_2^2/(2g) + h'_w$ 的各项乘以 $\rho g \mathrm{d}Q$,得

$$\left(z_1 + \frac{p_1}{\rho g} + \frac{u_1^2}{2g}\right)\rho g \mathrm{d}Q = \left(z_2 + \frac{p_2}{\rho g} + \frac{u_2^2}{2g}\right)\rho g \mathrm{d}Q + h'_w \rho g \mathrm{d}Q$$

考虑连续性方程 $\rho g \mathrm{d}Q = \rho g u_1 \mathrm{d}A_1 = \rho g u_2 \mathrm{d}A_2$,有

$$\left(z_1 + \frac{p_1}{\rho g} + \frac{u_1^2}{2g}\right)\rho g \cdot u_1 \mathrm{d}A_1 = \left(z_2 + \frac{p_2}{\rho g} + \frac{u_2^2}{2g}\right)\rho g \cdot u_2 \mathrm{d}A_2 + h'_w \rho g \mathrm{d}Q$$

由于元流能量方程是单位重量流体的能量方程,则将元流能量方程的各项乘以 $\rho g \mathrm{d}Q$ 后存在如下情况:

(1) 若是对单一元流两过流断面进行积分,则方程变为单位时间通过元流中两过流断面的能量的关系.

(2) 若是对由无数元流组成的总流的两过流断面 A_1 和 A_2 进行积分,则方程变为单位时间通过总流中两过流断面的总能量的关系:

$$\int_{A_1} \left(z_1 + \frac{p_1}{\rho g} \right) \rho g \cdot u_1 dA_1 + \int_{A_1} \frac{u_1^2}{2g} \rho g \cdot u_1 dA_1$$

$$= \int_{A_2} \left(z_2 + \frac{p_2}{\rho g} \right) \rho g \cdot u_2 dA_2 + \int_{A_2} \frac{u_2^2}{2g} \rho g \cdot u_2 dA_2 + \int_Q h'_w \rho g dQ$$

该式含有三种类型的积分,现分别讨论:

① $\int_A \left(z + \frac{p}{\rho g} \right) \rho g \cdot u dA$

若所取过流断面为渐变流断面,则断面上的压强分布满足静压分布规律,即断面上 $z + p/(\rho g) = $ 常数,得

$$\int_A \left(z + \frac{p}{\rho g} \right) \rho g \cdot u dA = \left(z + \frac{p}{\rho g} \right) \rho g \int_A u dA = \left(z + \frac{p}{\rho g} \right) \rho g Q$$

② $\int_A \frac{u^2}{2g} \rho g \cdot u dA$

显然, $\int_A \frac{u^2}{2g} \rho g \cdot u dA = \frac{\rho}{2} \int_A u^3 dA$,其物理意义是每秒通过过流断面面积为 A 的流体动能的总和. 由于恒定总流过流断面中各点的流速 u 不同,为简化该项,通常采用断面平均流速 v 代替 u. 但由于 u 的立方和大于 v 的立方,即 $\int_A u^3 dA > \int_A v^3 dA$,故不能把动能积分符号内的 u 直接换成 v,而需引入一个修正系数 α 使之相等. 定义 $\int_A u^3 dA = \alpha \int_A v^3 dA = \alpha v^3 A$,则 $\alpha = \dfrac{\int_A u^3 dA}{v^3 A} = \dfrac{\int_A \frac{u^2}{2g} \cdot u dA}{\frac{v^2}{2g} \cdot vA} = \dfrac{\int_A \frac{u^2}{2g} dQ}{\frac{v^2}{2g} Q}$. 其中,$\alpha$ 称为**动能修正系数**,其大小取决于过流断面上的流速分布情况. 流速分布愈均匀,α 愈接近于 1;不均匀分布时,$\alpha > 1$;在渐变流时,一般 $\alpha = 1.05 \sim 1.1$,通常取 $\alpha \approx 1$. 于是 $\int_A \frac{u^2}{2g} \rho g \cdot u dA = \rho g \int_A \frac{u^2}{2g} \cdot dQ = \frac{\alpha v^2}{2g} \rho g Q$.

③ $\int_Q h'_w \rho g dQ$

该积分是单位时间总流由断面 1—1 流至断面 2—2 的能量损失. 为了简化,现定义 h_w 为总流的单位重量流体由断面 1—1 至断面 2—2 的平均能量损失,称总流的能量损失. 假定各个元流单位重量流体所损失的能量 h'_w 都用某一个平均值 h_w 来代替,则有 $\int_Q h'_w \rho g dQ = \rho g h_w \int_Q dQ = \rho g Q h_w$.

将①②③三类积分结果代入单位时间通过总流中两过流断面的总能量的关系式,得

$$\left(z_1 + \frac{p_1}{\rho g} \right) \rho g Q_1 + \frac{\alpha_1 v_1^2}{2g} \rho g Q_1 = \left(z_2 + \frac{p_2}{\rho g} \right) \rho g Q_2 + \frac{\alpha_2 v_2^2}{2g} \rho g Q_2 + h_w \rho g Q$$

由于两断面间无流量汇入或流出,则 $Q_1 = Q_2 = Q$,将左、右两边各项同除以单位时间流体重量 $\rho g Q$,整理得

$$z_1 + \frac{p_1}{\rho g} + \frac{\alpha_1 v_1^2}{2g} = z_2 + \frac{p_2}{\rho g} + \frac{\alpha_2 v_2^2}{2g} + h_w$$

该式是**不可压缩实际流体恒定总流能量方程**,是能量守恒定律在流体运动中的应用,揭示了流场中压强与流速的关系. 式中各项的物理意义和几何意义如下:

① z 为某点距选定基准面的高度,称为**位置水头**,表示单位重量流体所具有的**位置势能**
(**位能**),z_1、z_2 为 1、2 过流断面上选定点相对于选定基准面的高程,所取点不同,其值也
不同.

② $p/(\rho g)$ 为某点压强的作用使流体沿测压管所能上升的高度,称为**压强水头**,即总流
过流断面上单位重量流体所具有的**压强势能**(**压能**),p_1、p_2 为相应断面选定点的压强,所取
点不同,其值也不同,列方程时,要同时用相对压强或绝对压强.

③ $\alpha v^2/(2g)$ 为以点流速 u 为初速度的铅直上升射流所能达到的理论高度,称为**流速水
头**,即总流过流断面上单位重量流体所具有的**动能**,v_1、v_2 为相应断面的平均流速,α_1、α_2 为
相应断面的动能修正系数.

④ $z + p/(\rho g)$ 为某点测压管水面相对于基准面的高度,称为**测压管水头**(**测压管高度**),
表示单位重量流体在过流断面上所具有的**势能**.

⑤ $z + p/(\rho g) + u^2/(2g)$ 为**总水头**,表示单位重量流体的总能量或总机械能.

⑥ h_w 为 1、2 两断面间单位重量流体的平均能量损失(或水头损失).

⑦ 能量损失一般分为沿流程均匀发生的损失(称为沿程能量损失)和因局部障碍(如弯
头、闸阀等)引起的损失(称为局部能量损失).两种能量损失均表示为速度水头倍数.

恒定总流能量方程表明,总流各过流断面上单位流体所具有的总机械能平均值沿流程
逐渐减小,各项能量之间可以相互转化.或者总流各过流断面上平均总水头线沿程下降,所
下降的高度即为平均水头损失.各项水头之间可以相互转化.

【例题 5.8】　如图 5.15,所示一变直径的管段 $1-2$,$d_1 = 0.2$ m,$d_2 = 0.4$ m,高差 $\Delta h =$
1.5 m,测得 $p_1 = 30$ kN/m^2,$p_2 = 40$ kN/m^2,点 2 处断面平均流速 $v_2 = 1.5$ m/s,试判断管
中水流方向,并求 $1-1$、$2-2$ 两断面间的水头损失 h_{w1-2}.

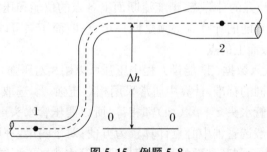

图 5.15　例题 5.8

解　根据连续性方程 $v_1 \cdot \pi d_1^2/4 = v_2 \cdot \pi d_2^2/4$ 或 $v_1 = v_2 d_2^2/d_1^2 = 1.5 \times (0.4/0.2)^2 = 6$ (m/s).

选取通过 $1-1$ 断面形心的水平面 $0-0$ 为基准面,则点 1 的总水头(或单位重量的机械
能)H_1:
$$H_1 = z_1 + p_1/\gamma + v_1^2/(2g) = 0 + 30000/9800 + 6^2/(2 \times 9.8) \approx 4.9 \text{ (m)}$$
点 2 的总水头(或单位重量的机械能)H_2:
$$H_2 = z_2 + p_2/\gamma + v_2^2/(2g) = 1.5 + 40000/9800 + 1.5^2/(2 \times 9.8) \approx 5.7 \text{ (m)}$$
由于 $H_1 < H_2$,所以水在管中的流动方向为 $2 \to 1$.

断面 $2-2$ 至断面 $1-1$ 间的水头损失:$h_{w2-1} = H_2 - H_1 = 5.7 - 4.9 = 0.8$ (m).

5.2.2.3　恒定总流能量方程的适用条件和解题步骤

1. 适用条件

将元流能量方程推广总流能量方程过程中,引入了一些限制条件,也是恒定总流能量方程的适用条件,因此在应用时应注意:

(1) 流体是不可压缩均质流体,即 ρ 为常值。

(2) 流体流动是恒定流。

(3) 作用于流体上的质量力只有重力。

(4) 所选取的两个过流断面应符合渐变流或均匀流条件,即符合断面上各点测压管水头等于常数的条件,符合推导时作为整体从积分号内提出来的要求.但所取两断面之间的流动无任何限制,可以不是渐变流,可以存在急变流.但应当指出,在实际应用中,有时对不符合渐变流条件的过流断面也建立能量方程,这时要对该断面上的动水压强分布进行讨论.

(5) 断面间无分流和汇流,并且无能量输入和输出.

2. 恒定总流能量方程的解题步骤

能量方程与连续性方程联立,可计算总流断面的压强、流速或流量,应用能量方程的步骤:

(1) 选取过流断面.所选取的断面必须为渐变流或均匀流断面,否则计算将复杂化;尽量选择能使方程未知量最少的过流断面,如水箱水面、管道出口等,因为这些地方相对压强等于零,可简化能量方程.

(2) 选取基准面.基准面是计算位能(位置水头)的基础;基准面可以任意选择,但在一个能量方程中,等式两边位能的基准面只能是同一个.基准面的选择要便于问题的求解,如以通过管道出口断面中心的平面作为基准面,则出口断面的 $z = 0$,这样可以简化能量方程.

(3) 选取计算断面压强的计算点.渐变流断面上各点的位能和压能之和为常数,因此压强势能的计算点和位置势能的计算点必须是同一个点;断面压强可以是该断面形心点的压强,也可以是该断面的液面上的点.

(4) 列能量方程,代入数据.① 能量方程中压强可以用相对压强,也可以用绝对压强,但对同一问题必须采用相同的标准.计算中通常采用相对压强.② 选取计算点,因渐变流同过流断面上任何点的测压管水头 $z + p/(\rho g)$ 都相等,所以测压管水头可以选取过流断面上任意点来计算.对管道,一般选管轴中心点计算较为方便;对于明渠,一般选在自由表面上,此处相对压强为零,自由表面到基准面的高度就是测压管水头.③ 不同过流断面上的动能修正系数 α_1 与 α_2 严格来讲是不相等的,且不等于1,实用上对渐变流的多数情况,可令 $\alpha_1 = \alpha_2 = 1$.对流速分布特别不均匀的流动,α 需根据具体情况确定.④ 两断面间的水头损失 h_w(即单位重量的液体自一断面流至另一断面所损失的机械能)要正确计算,它应包括沿程水头损失和局部水头损失.而且,要注意水头损失项 h_w 在能量方程式中的位置,如流体从 1 断面流向 2 断面,则 h_w 应与 2 断面的量一起写在方程的一端;如流体反过来从 2 断面流向 1 断面,则 h_w 应与 1 断面的量一起写在方程的一端.

(5) 计算出未知量.恒定总流能量方程通常与恒定总流的连续性方程联合运用.

5.2.2.4　两断面间有流量汇入或分出的能量方程

由于总流能量方程建立的是两渐变流断面上单位重量能量的关系,方程中每一项都是单位重量流体所具有的能量,沿程中汇流或分流不会改变单位重量流体所具有的能量,因此两断面间有流量汇入(或分出)情况下的能量方程形式与无流量汇入(或分出)情况下的能量方程形式一致,仅仅是两断面间能量损失的表达式不同.对于两断面间有流量汇入(或分出)的流动,如图 5.16 所示,可分别对每支流动建立能量方程.

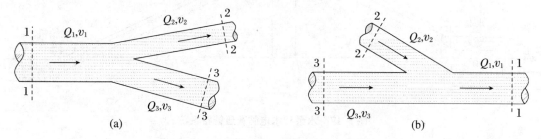

图 5.16　两断面间有流量汇入或分出的流动

对于有流量分出的情况:$1-1$ 断面和 $2-2$ 断面的能量方程为 $z_1 + \dfrac{p_1}{\rho g} + \dfrac{\alpha_1 v_1^2}{2g} = z_2 +$
$\dfrac{p_2}{\rho g} + \dfrac{\alpha_2 v_2^2}{2g} + h_{\text{w}1-2}$;$1-1$ 断面和 $3-3$ 断面的能量方程为 $z_1 + \dfrac{p_1}{\rho g} + \dfrac{\alpha_1 v_1^2}{2g} = z_3 + \dfrac{p_3}{\rho g} + \dfrac{\alpha_3 v_3^2}{2g} +$
$h_{\text{w}1-3}$.或以总能量的概念建立能量方程:

$$\left(z_1 + \frac{p_1}{\rho g} + \frac{\alpha_1 v_1^2}{2g} \right)\rho g Q_1 = \left(z_2 + \frac{p_2}{\rho g} + \frac{\alpha_2 v_2^2}{2g} \right)\rho g Q_2 + \left(z_3 + \frac{p_3}{\rho g} + \frac{\alpha_3 v_3^2}{2g} \right)\rho g Q_3$$
$$+ h_{\text{w}1-2}\rho g Q_2 + h_{\text{w}1-3}\rho g Q_3$$

对于有流量汇入的情况:$2-2$ 断面和 $1-1$ 断面的能量方程为 $z_2 + \dfrac{p_2}{\rho g} + \dfrac{\alpha_2 v_2^2}{2g} = z_1 +$
$\dfrac{p_1}{\rho g} + \dfrac{\alpha_1 v_1^2}{2g} + h_{\text{w}2-1}$;$3-3$ 断面和 $1-1$ 断面的能量方程为 $z_3 + \dfrac{p_3}{\rho g} + \dfrac{\alpha_3 v_3^2}{2g} = z_1 + \dfrac{p_1}{\rho g} +$
$\dfrac{\alpha_1 v_1^2}{2g} + h_{\text{w}3-1}$.

可见,两断面间虽有分出或汇入流量,但写能量方程时,只考虑断面间各支流的能量损失,而不考虑分出流量的能量损失.

5.2.2.5　两断面间有能量输入或输出的能量方程

总流能量方程在推导时没有考虑两断面间能量输入或输出情况.

如果两断面间有能量输入,则可将输入的单位能量 H 直接加到能量方程式中.即

$$z_1 + \frac{p_1}{\rho g} + \frac{\alpha_1 v_1^2}{2g} + H = z_2 + \frac{p_2}{\rho g} + \frac{\alpha_2 v_2^2}{2g} + h_{\text{w}1-2}$$

以水泵管路系统为例,如图 5.17(a)所示,通过水泵向水流提供能量把水扬到高处.断面 $1-1$ 和 $2-2$ 间的能量方程则为有能量输入时的方程.H 是单位重量的水流通过水泵后增加的能量,称为管路所需要的水泵扬程.取低处水面为基准面,则 $z_1 + p_1/(\rho g) = 0$,$z_2 + p_2/(\rho g) = z$.相对于管路中的流速来说,v_1 和 v_2 均较小,流速水头可以忽略,即 $\alpha_1 v_1^2/(2g)$ $\approx \alpha_2 v_2^2/(2g) \approx 0$,代入能量方程式得

$$H = z + h_{\text{w}1-2}$$

式中,z 为上、下游水面高差,称为水泵的提水高度;$h_{\text{w}1-2}$ 为整个管路中的水头损失,但不包

括水泵内的水头损失.

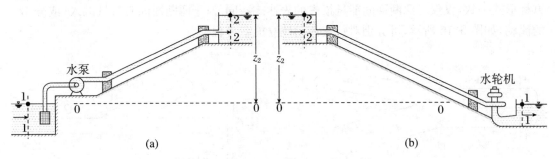

图 5.17　水泵和水电站有压管路系统

如水泵的抽水量为 Q，则单位时间内通过水泵的水流重量为 $\rho g Q$，所以，单位时间内水流从泵中获得总能量为 $\rho g Q H$. 因为水泵本身的各种损失，如漏损、水头损失、机械摩擦损失等，所以水泵所做的功大于水流实际获得的能量. 用一个小于 1 的水泵效率 η_p 来反映这些影响，则单位时间原动机给予水泵的功，即水泵的轴功率 N_p 为

$$N_\mathrm{p} = \frac{\rho g Q H}{\eta_\mathrm{p}}$$

式中，ρ 的单位为 $\mathrm{kg/m^3}$，g 的单位为 $\mathrm{m/s^2}$，Q 的单位为 $\mathrm{m^3/s}$，H 的单位为 m，N_p 的单位为 $\mathrm{N \cdot m/s}$ 或 W（瓦）.

如果两断面间有能量输出，如图 5.17(b)所示，则可以将输出的单位能量 H 直接加到能量方程式中，即

$$z_2 + \frac{p_2}{\rho g} + \frac{\alpha_2 v_2^2}{2g} = z_1 + \frac{p_1}{\rho g} + \frac{\alpha_1 v_1^2}{2g} + H + h_{\mathrm{w}2\text{-}1}$$

应用能量方程时应考虑能量输出.

【例题 5.9】　如图 5.18(a)所示，利用一直径 0.15 m 的管道将水从较低的水库泵送到较高的水库. 假设流动是恒定且不可压缩的. 上库自由水面比下库自由水面高 15 m. 测得水的流量为 0.03 $\mathrm{m^3/s}$，泵送系统(不含泵机组)的水头损失为 $10v^2/(2g)$（其中，v 为管道内断面平均流速）. 假定水的密度 $\rho = 1000 \mathrm{~kg/m^3}$，泵的效率 $\eta_\mathrm{p} = 0.76$，试确定此过程中泵的轴功率 N_p.

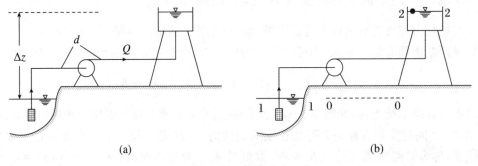

图 5.18　例题 5.9

解　如图 5.18(b)所示，取下水库自由水面为参考基准面. 在上、下水库的自由水面上选取计算点 1、2，则 $z_1 = 0$，$z_2 = 15$ m；由于点 1 和点 2 敞口面向大气，则有 $p_1 = p_2 = 0$；又由于上、下水库的自由水面要远大于管道横断面，有 $v_1 \approx 0$，$v_2 \approx 0$. 对 1-1 和 2-2 断面列不

可压缩流体恒定总流能量方程：

$$0 + 0 + 0 + H = 15 + 0 + 0 + 10v^2/(2g) \quad 或 \quad H = 15 + 10v^2/(2g)$$

考虑到管道内水流流速为

$$v = Q/A = 4Q/(\pi d^2) = 4 \times 0.03/(3.14 \times 0.15^2) \approx 1.70 \ (\text{m/s})$$

得泵的扬程为

$$H = 15 + 10v^2/(2g) = 15 + 10 \times 1.70^2/(2 \times 9.8) \approx 16.47 \ (\text{m})$$

所以将水从下水库泵送到上水库所需泵的轴功率为

$$N_{\text{p}} = \rho g Q H / \eta_{\text{p}} = 1000 \times 9.8 \times 0.03 \times 16.47/0.76 \approx 6.38 \ (\text{kW})$$

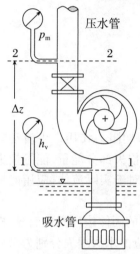

图 5.19   例题 5.10

【例题 5.10】 图 5.19 所示为测定水泵扬程的装置,已知水泵吸水管直径 $d_{\text{in}} = 200$ mm,压水管直径 $d_{\text{ex}} = 150$ mm,测得流量 $Q = 60$ L/s,水泵进口真空表读数 $h_{\text{v}} = 4$ m,水泵出口压力表读数 $p_{\text{m}} = 2$ at (工程大气压,1 at $= 98000$ Pa),两表连接的测压孔位置高差 $\Delta z = 0.5$ m,求此时水泵扬程 H.(注:水泵进出口间的能量损失已考虑在水泵效率内,计算时不计水头损失)

解 选取真空表所在的管道断面为 1—1,压力表所在的管道断面为 2—2,均符合渐变流条件.选 1—1 断面为基准面,列断面 1—1 和断面 2—2 的能量方程:

$$0 + (-4) + \alpha_{\text{in}} v_{\text{in}}^2/(2g) + H = 0.5 + p_{\text{m}}/(\rho g) + \alpha_{\text{ex}} v_{\text{ex}}^2/(2g)$$

得

$$H = 0.5 + p_{\text{m}}/(\rho g) + \alpha_{\text{ex}} v_{\text{ex}}^2/(2g) + 4 - \alpha_{\text{in}} v_{\text{in}}^2/(2g)$$

式中,$\alpha_{\text{in}} \approx 1.0$,$\alpha_{\text{ex}} \approx 1.0$,$p_{\text{m}}/(\rho g) = 2 \times 98000/(1000 \times 9.8) = 20 \ (\text{m})$.

又因为

$$v_{\text{in}} = 4Q/(\pi d_{\text{in}}^2) = 4 \times 0.06/(3.14 \times 0.2^2) \approx 1.91 \ (\text{m/s})$$
$$v_{\text{in}}^2/(2g) = 1.91^2/(2 \times 9.8) \approx 0.19 \ (\text{m})$$
$$v_{\text{ex}} = 4Q/(\pi d_{\text{ex}}^2) = 4 \times 0.06/(3.14 \times 0.15^2) \approx 3.40 \ (\text{m/s})$$
$$v_{\text{ex}}^2/(2g) = 3.40^2/(2 \times 9.8) \approx 0.59 \ (\text{m})$$

故水泵扬程为

$$H = 0.5 + 20 + 0.59 + 4 - 0.19 = 24.9 \ (\text{m})$$

【例题 5.11】 如图 5.20(a)所示,一水力发电厂中流速为 100 m³/s 的水流从海拔 120 m(Δz)的高度流向水轮机发电.点 1 到点 2(不包括水轮机组)的管路系统的总水头损失 h_{w} 为 35 m,水的密度取 $\rho = 1000$ kg/m³.如果水轮发电机的总效率 $\eta_{\text{T-G}}$ 为 80%,试估算输出电力.

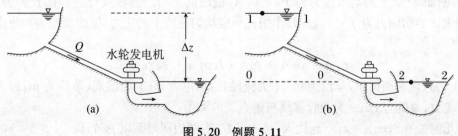

图 5.20   例题 5.11

解 如图 5.20(b)所示,取下水库的自由水面为基准面,计算点 1 和 2 分别取在上、下水库的自由表面,则 $z_1 = 120$ m, $z_2 = 0$, $p_1 = 0$, $p_2 = 0$, $v_1 \approx 0$, $v_2 \approx 0$,对两点列恒定不可压缩流动能量方程:

$$120 + 0 + 0 = 0 + 0 + 0 + H + 35$$

则水轮机水头为

$$H = 120 - 35 = 85 \text{ (m)}$$

水轮机输出的电力为

$$N_T = \eta_{T-G} \rho g Q H = 0.80 \times 1000 \times 9.8 \times 100 \times 85 = 66.64 \text{ (MW)}$$

5.3 水头损失

实际流体具有黏滞性,因而在流动过程中,流体内部会由于剪切阻力作用产生流动阻力,流体与固体相接触的边界也会因相互作用而产生流动阻力,并损失部分能量. 能量损失的多少可用液柱高度表示,故能量损失亦称水头损失,用 h_w 表示. 对于实际流体,应用能量方程时,应先确定水头损失.

流动阻力和水头损失的规律,因流体的流动状态和流动过程中的固体边界变化而异. 按流动边界变化的不同,将流动阻力分为沿程阻力和局部阻力,相对应的水头损失分别为沿程水头损失和局部水头损失. 沿程水头损失用 h_f 表示,计算公式为 $h_f = \lambda (l/d) v^2 / (2g)$;局部水头损失用 h_j 表示,计算公式为 $h_j = \zeta v^2 / (2g)$. 整个管道的水头损失 h_w 等于各段的沿程损失和各处的局部损失的总和,即 $h_w = \sum h_f + \sum h_j$. 其中,沿程阻力系数的变化规律与液流形态(由 Re 判断,包含流动介质的特性 ν)和管道的特性即管壁粗糙度 Δ/d 密切相关. 本小节叙述流体阻力存在的原因、流动阻力与流态的关系以及从分析流动阻力和水头损失的关系出发,得出不同的流态下流体的流动阻力规律,最终解决能量方程中的水头损失计算项.

5.3.1 水头损失公式

1. 均匀流基本方程

均匀流中流层间的黏性阻力(剪应力)是沿程水头损失的直接原因,因此,需要先建立沿程水头损失与剪应力的关系式. 如图 5.21 所示为圆管恒定流均匀流段.

首先,对断面 1-1 和 2-2 间的整体流段进行受力分析. 断面 1-1 上的动水压力为 $P_1 = p_1 A$,断面 2-2 上的动水压力为 $P_2 = p_2 A$,流段的重力沿管轴线(流向)的投影为 $G\cos \alpha$,流段表面的切向力为 $T = \tau_0 \chi l$. 列作用在恒定均匀流段上的压力、壁面剪应力和重力平衡方程,得

$$p_1 A - p_2 A + \rho g A \cdot l \cos \alpha - \tau_0 \chi l = 0$$

式中,A 为过流断面面积,单位为 m^2;l 为流段长,单位为 m;χ 为湿周,单位为 m;τ_0 为管壁上的剪应力,单位为 Pa;α 为圆管轴线与铅直线的夹角.

将几何关系 $l\cos \alpha = z_1 - z_2$ 代入,且式子左、右两边同时除以 $\rho g A$,得

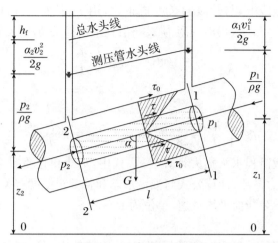

图 5.21 圆管均匀流动

$$\left(z_1 + \frac{p_1}{\rho g}\right) - \left(z_2 + \frac{p_2}{\rho g}\right) = \frac{\tau_0}{\rho g} \cdot \frac{\chi}{A} \cdot l = \frac{\tau_0}{\rho g} \cdot \frac{l}{R}$$

式中, R 为圆管水力半径, 单位为 m.

注: 流体与固体边界在过流断面上的接触周界线长度叫**湿周**, 用 χ 表示. 过流断面面积 A 与其湿周 χ 的比值称为水力半径, 即 $R = A/\chi$. 对于圆管满管流, 水力半径 $R = (\pi d^2/4)/(\pi d) = d/4$, 水力半径既反映了管道过流断面的几何特征, 又反映了断面的流动特征.

其次, 选定基准面 $0-0$, 对于两过流断面 $1-1$ 和 $2-2$ 列能量方程, 则

$$z_1 + \frac{p_1}{\rho g} + \frac{\alpha_1 v_1^2}{2g} = z_2 + \frac{p_2}{\rho g} + \frac{\alpha_2 v_2^2}{2g} + h_{\text{w}1-2}$$

根据均匀流定义有 $v_1 = v_2, \alpha_1 = \alpha_2$. 在均匀流的情况下只存在沿程水头损失, 即 $h_{\text{w}1-2} = h_{\text{f}}$, 得

$$\left(z_1 + \frac{p_1}{\rho g}\right) - \left(z_2 + \frac{p_2}{\rho g}\right) = h_{\text{f}}$$

该式表明, 对于均匀流, 两过流断面间的沿程水头损失等于两过流断面测压管水头差. 联立①和②, 得

$$h_{\text{f}} = \frac{\tau_0}{\rho g} \cdot \frac{l}{R} \quad \text{或} \quad \tau_0 = \rho g R J$$

式中, $J = h_{\text{f}}/l$ 为水力坡度或单位长度的沿程水头损失. 该式给出了圆管均匀流沿程水头损失 h_{f} 与壁面剪应力 τ_0 的关系, 它是研究沿程水头损失的基本公式, 亦称为**均匀流基本方程**. 在均匀流方程式的推导过程中并没有涉及产生损失的原因, 因此该方程既适用于层流, 也适用于紊流, 当然也适用于有压管流和明渠流.

均匀流基本方程也可这么理解, 即重量为 mg 的水流经管道损失的能量为 $mg \cdot h_{\text{f}}$ (或 $\rho A l g \cdot h_{\text{f}}$), 等于水流通过管道过程中内摩擦力 $\tau_0 \cdot \chi l$ 所做的功 $\tau_0 \chi l \cdot l$, 即

$$\rho A l g \cdot h_{\text{f}} = \tau_0 \chi l \cdot l \quad \text{或} \quad \rho A g \cdot h_{\text{f}} = \tau_0 \chi \cdot l \quad \text{或} \quad \tau_0 = \rho g (A/\chi) h_{\text{f}}/l = \rho g R J$$

2. 沿程水头损失公式

流体在流动的过程中, 在固体边界沿流程无变化 (流动的方向、壁面的性质、过流断面的形状、尺寸等) 的均匀流流段上, 产生的流动阻力 (流体与边界之间、流体内部各流层间) 称为**沿程阻力**, 流体流动过程中克服沿程阻力造成的能量损失称为**沿程水头损失**. 沿程阻力均匀

地分布在整个均匀流流段上,与管段的长度成正比,用 h_f 表示.根据均匀流基本方程 $\tau_0 = \rho g R J$,以及 $J = h_f/l$,$R = d/4$,得沿程阻力 τ_0 与沿程水头损失 h_f 的关系:

$$\tau_0 = \rho g R J = \rho g \frac{d}{4} \frac{h_f}{l}$$

联立 $\tau_0 = \frac{\lambda}{8} \rho v^2$,得

$$\rho g \frac{d}{4} \frac{h_f}{l} = \frac{\lambda}{8} \rho v^2 \quad \text{或} \quad h_f = \lambda \frac{l}{d} \frac{v^2}{2g}$$

该式亦称为达西公式或沿程水头损失计算公式.式中,h_f 为单位重量流体的沿程水头损失,单位为 m;λ 为沿程阻力系数,计算公式与液流形态和管壁粗糙度有关;l 为管长,单位为 m;d 为管径,单位为 m;v 为断面平均流速,单位为 m/s.

3. 局部水头损失公式

在固体边界形状或尺寸发生突变的局部流域,因流体内部流速分布发生急剧变化并产生漩涡区,在局部区域出现集中的流动阻力称为**局部阻力**;克服局部阻力造成的能量损失称为**局部水头损失**,以 h_j 表示.

实际工程中的管路通常不是长直的,或是存在固体边界(断面)突然扩大、突然缩小,或是存在由不同管径管段串联并联的管路,或是存在变径、流动方向突变(弯头或弯管)、分岔、阀门;在渠道中也常有弯道、闸门、渐变段、拦污栅等.当流体流经这些局部突变处时,流体在惯性作用下将不再沿壁面流动而产生分离现象,水流内部的流速分布、压强会发生改变,即水流内部结构会发生改变,并在此局部处形成漩涡区,造成形状阻力(压差阻力),并伴随着能量损失,即局部水头损失.

局部水头损失产生的主要原因是漩涡的存在,漩涡形成是需要能量的,这部分能量是流动所提供的,在漩涡区内,流体在摩擦阻力的作用下不断消耗能量,而流体流动不断地提供能量.另外,流动中漩涡的存在使流动的紊流度(紊流强度)增加,从而加大了能量的损失.实验结果表明,流动突变处漩涡区越大,漩涡的强度越强,局部水头损失就越大.

局部水头损失产生的边界条件各种各样,相当复杂,目前还没有理论计算公式,工程上通常用流速水头的倍数来表示,即

$$h_j = \zeta \frac{v^2}{2g}$$

式中,h_j 为单位重量流体的局部水头损失,单位为 m;ζ 为对应于断面平均流速的局部阻力系数;v 为断面平均流速,单位为 m/s.

水头损失计算的核心问题是各种流动条件下沿程阻力系数 λ 和局部阻力系数 ζ 的计算,这两个系数并不是常数,不同的流动状态、不同的边界及其变化对其都有影响.

5.3.2 层流运动和紊流运动

5.3.2.1 雷诺实验及液流形态的判别

1. 雷诺实验

人们在长期的工程实践中发现管道的沿程阻力与流速之间的关系具有特殊性:当流速较小时,沿程损失与流速一次方成正比;当流速较大时,沿程损失与流速平方成正比,并且流

速由小变大和由大变小时沿程阻力的变化规律不一致,在这个区域存在一个不稳定区.促使英国物理学家雷诺在 1883 年进行对这一现象进行了实验.

雷诺实验装置如图 5.22 所示,恒定水位水箱(使流动处于恒定流状态)中的自来水经光滑玻璃管流出,玻璃管上的阀门 V_2 控制自来水出流流量或流速.小容器盛有的与自来水密度相近的颜色水经细管在玻璃管轴线位置流入玻璃管,细管上的阀门 V_3 控制颜色水出流流量.在玻璃管上相距一定长度的 1 点和 2 点处设有测压管 1 和 2.从层流过渡到紊流的实验过程如下:

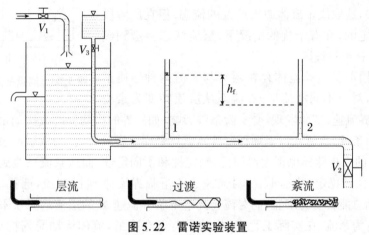

图 5.22　雷诺实验装置

(1) 缓慢开启阀门 V_2,确保玻璃管内流速不过大;然后打开阀门 V_3,此时可以看到玻璃管内颜色水形成一股纤细的直线状流束,它与水流不相混合.表明当管中流速较小时,各层流体质点均沿管轴方向做平行运动,水流层与层之间互不掺混,除了微观上的分子间干扰外,没有宏观上的干扰,这种液流形态称为**层流**.(记录玻璃管的流量及 1、2 点处测压管的读数)

(2) 随后继续缓慢增加阀门 V_2 的开度,使管中流速持续增加,当流速增加至某一值时,颜色水由直线运动轨迹开始出现波动,线条逐渐变粗,此时的流速被称为从层流向紊流过渡的**上临界流速** v_c'.

(3) 继续增加阀门 V_2 的开度,管中流速继续增加,则颜色水迅速与周围的清水掺混,此时流体质点的运动轨迹极不规则,各层流体相互剧烈碰撞、掺混,产生随机的脉动,这种液流形态称为**紊流**.

(4) 若管中水流已处于紊流状态,则按相反顺序进行实验,即缓慢关闭阀门 V_2,使管中流速缓慢下降,流体流态则由紊流运动过渡到层流运动.由紊流转变为层流时的流速称为**下临界流速** v_c.显然,由紊流转变为层流的流速(下称临界流速 v_c)要小于由层流转变为紊流的流速(上临界流速 v_c').

对断面 1 和断面 2 间的流动列恒定总流的能量方程,有 $z_1 + p_1/(\rho g) + \alpha_1 v_1/(2g) = z_2 + p_2/(\rho g) + \alpha_2 v_2/(2g) + h_f$ (管路为等直径圆管,则 $\alpha_1 v_1/(2g) = \alpha_2 v_2/(2g)$),于是沿程水头损失 $h_f = [z_1 + p_1/(\rho g)] - [z_2 + p_2/(\rho g)]$,即为两测压管的液面高差.

整理玻璃管中流速和 1、2 点测压管水头的实验数据,即可以得出 h_f 和 v 的变化过程,在双对数坐标上点绘曲线,如图 5.23 所示.BCE 表示流速由小向大变化时的实验曲线,EDB 表示流速由大向小变化时的实验曲线.AB 和 EF 段表明,不管是从层流过渡到紊流还是从紊流过渡到层流,其实验曲线是重合的.

在层流状态,实验点形成与横坐标轴呈 45°角的斜线 AB,表明层流状态下,能量损失 h_f 与流速 v 的 1 次方成正比,即 $h_\mathrm{f} \propto v$. 在紊流状态时,实验点分布在斜率范围为 $1.75 \sim 2.0$ 的曲线 EF 上,表明紊流形态下,能量损失 h_f 与流速 v 的 $1.75 \sim 2.0$ 次方成正比,即 $h_\mathrm{f} \propto v^{1.75 \sim 2.0}$. 在 B 与 E 之间液流形态不稳定,可能是层流(如 BCE 段),也可能是紊流(如 EDB 段),这取决于流体原来所处的流态. 但在此阶段的层流是不稳定的,在有干扰的情况下,层流状态会遭到破坏,故区间 BE 称为过渡区.

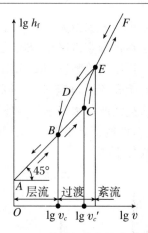

图 5.23　能量损失与流态关系

雷诺实验揭示了运动流体存在层流与紊流两种性质不同的液流形态,对应不同液流形态. 流态从层流转变为紊流的流速称为临界流速. 实验发现,受实验条件影响(如外界的扰动程度或扰动量、管壁光滑程度、流动的起始条件、水流入口平顺程度等),就算是同一实验装置,当从层流过渡到紊流时,上临界流速 v_c' 的大小差异也很大,具有不确定性和不固定性;而从紊流过渡到层流时,下临界流速 v_c 相对比较稳定,基本不变. 对流速小于下临界流速 v_c 的层流,遇扰动可能变为紊流,但解除扰动总能转变为层流;而对流速高于下临界流速 v_c 的层流均属于不稳定层流,稍有扰动,即转变为紊流. 在实际工程中,扰动是普遍存在的,流体运动受到扰动是不可避免的,上临界流速没有实际意义,通常把下临界流速 v_c 作为判断流态的流速界限. 这些实验现象不仅在圆管中存在,对于任何形状的边界、任何流体(包括气体),其流动都有类似的情况.

2. 液流形态的判别

雷诺通过实验观察到流体运动的两种不同流态,以及流态与管道流速之间的关系,而进一步实验表明,流态不仅与断面平均流速 v 有关,还与管径 d、流体动力黏滞系数 μ 和流体密度 ρ 有关,即流态既反映管道中流动的特性,同时也反映管道的特性. 或者说,除了一定流速范围下偶然的外界扰动会影响临界流速外,管径 d、流体动力黏滞系数 μ 和流体密度 ρ 也会影响临界流速 v_c,即临界流速值是在一定条件下得出的值,若条件改变,则临界流速也会变,不具有常值性. 因此,通常采用流速 v、管径 d 和运动黏滞系数 ν 组合的一无量纲数,即**雷诺数**(Re)来判别液流形态,其表达式为

$$Re = \frac{vd}{\nu}$$

式中,ν 为流体的运动黏滞系数或运动黏度,单位为 m^2/s. 该式表明,雷诺数的大小与流速、特征长度管径及流体的运动黏滞系数 ν 有关.

管道流速 v 等于临界流速 v_c 时的雷诺数,称为临界雷诺数,用 Re_c 表示. 当圆管中的流动雷诺数 Re 大于临界雷诺数 Re_c 时,流动处于紊流状态;反之,小于临界雷诺数 Re_c 时,流动处于层流状态.

实验表明:尽管不同管道、不同流体和不同外界条件,其临界雷诺数有所不同,但通常情况下,管流的临界雷诺数 Re_c 约为 2300,即 $Re_\mathrm{c} = v_\mathrm{c} d/\nu = 2300$;对于明渠、天然河道及非圆管管道,其特征长度为水力半径 R,临界雷诺数 $Re_\mathrm{c} = v_\mathrm{c} R/\nu = 575$.

雷诺数之所以能判别液流形态,是因为它反映了流体惯性力和黏滞力的对比关系(见第 1 章量纲分析). 当黏滞力起主导作用时,扰动就受到黏性的阻滞而衰减,流体质点有序运

动,流体呈层流状态.当惯性力起主导作用时,黏性的作用无法使扰动衰减下来,流体质点无序随机运动,流动失去稳定性,发展为紊流.

当流速变化时,流态也在变化.由于流速与水头损失的数学表达式或增量关系随流速在变化,因而液流形态与水头损失密切相关.

【例题 5.12】　水温为 $T = 15\ ℃$(该温度下的运动黏滞系数 $\nu = 0.0114\ cm^2/s$),管径 $d = 20\ mm$ 的输水管,水流平均流速 $v = 8.0\ cm/s$,试计算:① 确定管中水流形态;② 若水温 $T = 15\ ℃$ 不变,求水流形态转化时的临界流速;③ 若水流平均流速 $v = 8.0\ cm/s$ 不变,求水流形态转化时的临界水温.

解　① 水流雷诺数:$Re = vd/\nu = 8 \times 2/0.0114 \approx 1403 < 2300$,为层流.

② 临界流速 $v_c = Re_c\nu/d = 2300 \times 0.0114/2 = 13.11\ (cm/s)$,即水温在 15 ℃时,流速若大于 13.11 cm/s,水流形态将由层流转变为紊流.

③ 临界雷诺数下的运动黏滞系数 $\nu_c = vd/Re_c = 8 \times 2/2300 \approx 0.007\ (cm^2/s)$.查表得,水温为 30 ℃时的 $\nu_{30} = 0.007\ cm^2/s$,即水温为 30 ℃时,水流形态将由层流转变为紊流.

【例题 5.13】　水流在 0.2 m 宽的矩形渠道内以 0.1 m 深、0.12 m/s 的速度流动.设水温为 20 ℃(20 ℃时水的运动黏度 $\nu = 1.004 \times 10^{-6}\ m^2/s$).试判断该流动是层流还是紊流.

解　渠道的水力半径:
$$R = A/\chi = bh/(b + 2h) = 0.2 \times 0.1/(0.2 + 2 \times 0.1) = 0.05\ (m)$$
水流的雷诺数:
$$Re = vR/\nu = 0.12 \times 0.05/(1.004 \times 10^{-6}) \approx 5976 > Re_c = 575$$
因此,渠道中的水流为紊流.

5.3.2.2　层流运动

1. 剪应力分布

在推导均匀流基本方程时,考虑的是断面 1−1 和 2−2 间整体流段.若在圆管恒定均匀流段中,只取轴线与管轴重合、半径为 r 的流束为研究对象,用推导均匀流方程式相同的步骤,即可得出流束的均匀流方程,即作用于流束表面的剪应力为

$$\tau = \rho g \frac{r}{2} J$$

式中,J 为流束的水力坡度,由于管流为恒定均匀流,断面上的压强分布满足静压分布,因此,流束的水力坡度与管流的水力坡度相等.

由式 $\tau_0 = \rho g R J$,得管壁上的剪应力可表示为

$$\tau_0 = \rho g \frac{r_0}{2} J$$

比较 τ 和 τ_0 的表达式,得

$$\frac{\tau}{\tau_0} = \frac{r}{r_0}$$

式中,r_0 为圆管的半径,r 为流束的半径.该式表明,对于圆管均匀流,过流断面上的剪应力与半径呈线性关系,管壁处的剪应力最大($\tau = \tau_0$),管轴线处的剪应力最小($\tau = 0$).该关系式既适用于层流,也适用于紊流.

对于无压均匀流,按上面的方法列力的平衡方程,可得出与 $\tau_0 = \rho g R J$ 相同的结果.所以 $\tau_0 = \rho g R J$ 对有压流和无压流均适用.

对于水深为 h 的宽浅明渠均匀流,距渠底为 y 处的剪应力 τ 的分布规律为

$$\tau = \left(1 - \frac{y}{h}\right)\tau_0$$

该式表明,宽浅明渠均匀流过流断面上剪应力的分布仍为线性分布,水面上的剪应力为零,渠底处的剪应力为 τ_0.

【例题 5.14】 输水管直径 $d = 250 \text{ mm}$,管长 $l = 200 \text{ m}$,测得管壁剪应力 $\tau_0 = 40 \text{ N/m}^2$. 试求:① 在 200 m 管长上的水头损失;② 在圆管半径 $r = 100 \text{ mm}$ 处的剪应力.

解 ① 由沿程阻力 τ_0 与沿程水头损失 h_f 的关系,得 $h_f = 4\tau_0 l/(\rho g d) = 4 \times 40 \times 200/(1000 \times 9.8 \times 0.25) = 13.06 \text{ (m)}$.

② 由过流断面上的剪应力呈直线分布原理得 $\tau = \tau_0 r/r_0 = 40 \times 0.1/0.125 = 32 \text{ (N/m}^2)$.

2. 层流速度分布

由均匀流基本方程建立沿程水头损失的计算公式,就必须研究剪应力与速度之间的关系.如图 5.24 所示,对于层流和牛顿流体,各流层间剪应力满足牛顿内摩擦定律,即 $\tau = \mu \dfrac{\mathrm{d}u}{\mathrm{d}y}$,作 $y = r_0 - r$ 的变换(y 为某点距管壁的距离),得

$$\tau = -\mu \frac{\mathrm{d}u}{\mathrm{d}r}$$

将该式代入均匀流基本方程

$$\tau = \rho g \frac{r}{2} J$$

整理后得

$$\mathrm{d}u = -\frac{\rho g J}{2\mu} r \, \mathrm{d}r$$

式中,μ、ρ 和 g 均为常数,在均匀流情况下的水力坡度 J 也为常数.

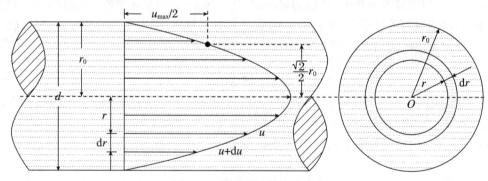

图 5.24 圆管层流的流速分布

对上式积分得

$$u = -\frac{\rho g J}{4\mu} r^2 + C$$

式中的积分常数 C 由边界条件确定.由于流体具有黏性,流体在圆管壁上处于静止状态,即流速要满足的边界条件为:当 $r = r_0$ 时,$u = 0$. 代入得 $C = \dfrac{\rho g J}{4\mu} r_0^2$,则

$$u = \frac{\rho g J}{4\mu}(r_0^2 - r^2)$$

该式就是圆管均匀流断面上**层流运动的流速分布式**.该式表明,圆管中层流的纵断面流速为抛物线形分布.由表达式及抛物面的性质可知,在管壁上 $r = r_0$,流速为零;在管轴线上 $r = 0$,流速取得最大值:

$$u_{max} = \frac{\rho g J}{4\mu}r_0^2$$

圆管中层流的断面平均流速为

$$v = \frac{Q}{A} = \frac{\int_A u \mathrm{d}A}{A} = \frac{\int_0^{r_0} u 2\pi r \mathrm{d}r}{A} = \frac{\rho g J}{8\mu}r_0^2 = \frac{\rho g J}{32\mu}d^2 = \frac{u_{max}}{2}$$

从上述关系式可知:最大流速值发生在管轴线上,并且最大流速为平均流速的 2 倍,这是圆管层流的流速特性,也是抛物面的特性.

对于平均流速的位置,由于 $u = \frac{\rho g J}{4\mu}(r_0^2 - r^2)$, $v = \frac{\rho g J}{32\mu}d^2$,令 $u = v$,则有 $\frac{\rho g J}{4\mu}(r_0^2 - r^2) = \frac{\rho g J}{32\mu}d^2$,解得 $r = \frac{\sqrt{2}}{2}r_0$.

【例题 5.15】　如图 5.25(a)所示,油管直径 $d = 75$ mm,已知油的密度 $\rho_{油} = 901$ kg/m³,运动黏度 $\nu = 0.9$ cm²/s, $\rho_{Hg} = 13600$ kg/m³,在管轴线位置安放连接水银压差计的皮托管,水银面高差 $\Delta h = 20$ mm,试求油的流量.

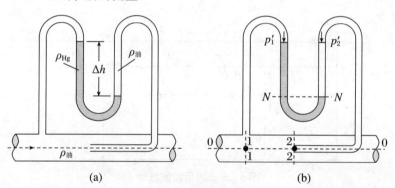

图 5.25　例题 5.15

解　如图 5.25(b)所示,在油管中取断面 1-1 和断面 2-2,并分别选取两断面的中心点为压强水头及位置水头的计算点;选取通过油管轴线的水平面 0-0 为基准面,列断面 1-1 和断面 2-2 的能量方程:

$$0 + p_1/(\rho_{油}g) + \alpha_1 u_1^2/(2g) = 0 + p_2/(\rho_{油}g) + 0 + h_{w1-2}$$

式中, $\alpha_1 \approx 1$, $\alpha_2 \approx 1$, $h_{w1-2} = 0$(断面 1-1 和 2-2 间的长度很短).

在皮托管中取等压面 $N - N$,列力的平衡方程:

$$p_1 + \rho_{Hg}g\Delta h = p_2 + \rho_{油}g\Delta h$$

联立两式得

$$\rho_{油}u_1^2/2 = (\rho_{Hg} - \rho_{油})g\Delta h$$

解得

$$u_1 = [2g\Delta h(\rho_{Hg}/\rho_{油} - 1)]^{1/2} = [2 \times 9.8 \times 0.02 \times (13600/901 - 1)]^{1/2} \approx 2.35 \ (\mathrm{m/s})$$

管轴处的雷诺数：

$$Re = u_1 d/\nu = 2.35 \times 0.075/(0.9 \times 10^{-4}) \approx 1958 < 2300 \quad （为层流）$$

层流的平均流速为最大流速的一半：$v = u_1/2 = 2.35/2 = 1.175$（m/s）.

流量：$Q = v \cdot \pi d^2/4 = 1.175 \times 3.14 \times 0.075^2/4 \approx 0.00519$（m³/s）$= 5.19$（L/s）.

5.3.2.3 紊流运动

1. 紊流的处理方法

层流中各流层间质点互不干扰，而紊流与层流不同，紊流中的流体质点以一种随机脉动的形式运动，各流层间的流体质点相互掺混、碰撞，致使流体的速度、轨迹等运动要素在空间和时间上都呈现一种随机性的脉动.与之相关的，流动中的压强等物理量也形成这种紊流的脉动特征.紊流运动要素随时间发生的波动称为运动要素的脉动.从定义上讲，紊流是非恒定流的.

随机的脉动，如以严格的处理方式是很难解决的，因为它是一种不确定的变化过程.对随机的脉动，数学的处理方法有两种：一种为空间平均法，另一种为时间平均法.空间平均法是针对物理量随空间变化是随机的；而时间平均法主要是为物理量随时间具有脉动性而提出的.紊流的最显著的特性即为脉动，因此，本节着重讨论时间平均法.

紊流中的各个物理量均显示紊流脉动的变化规律.以速度为例，如图 5.26 所示，通过采用现代测量和显示技术（如激光测速仪）实测紊流运动中一个空间点（或流体质点通过某固定空间点）上沿某一方向的（x 方向）瞬时流速 u_x 随时间 t 的变化规律曲线 $u_x(t)$.

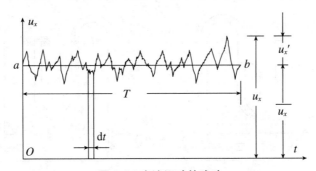

图 5.26 紊流运动的脉动

由图可知，流速随时间的变化是无规则的，是无法用简单的数学规律进行描述的，但从变化规律中可以看出，在一足够长的时段内，流速值始终围绕某一平均值不断上下波动，这种波动叫作**脉动**.上下脉动的值 u_x' 叫作脉动流速.图中直线 ab 即在 T 时段内，质点沿 x 方向的时均流速$\overline{u_x}$（即瞬时流速对某一时间段 T 平均），用数学关系式可表示为

$$\overline{u_x} = \frac{1}{T} \int_0^T u_x(t)\mathrm{d}t$$

只要所取的时间 T 不是很短（比脉动周期长，但从理论上讲，紊流脉动是没有周期的，这里的脉动周期是指一个比较长的时间段），流速的时均值基本不随积分时间 T 变化.

瞬时运动要素的值可表示为时均值与脉动值之和，如瞬时流速 $u_x(t)$ 表示时均流速$\overline{u_x}$与脉动流速u_x'之和，在三维空间中为

$$\begin{cases} u_x = \overline{u_x} + u'_x \\ u_y = \overline{u_y} + u'_y \\ u_z = \overline{u_z} + u'_z \end{cases}$$

式中，u'_x 为该点在 x 方向上的脉动流速，脉动流速随时间变化，时正时负，时大时小.

显然，瞬时流速与时均流速之差为脉动流速，对于 x 向，即 $u'_x = u_x - \overline{u_x}$.

现在讨论脉动流速 u'_x 的时均值，对式 $u'_x = u_x - \overline{u_x}$ 两边进行时均化，可得脉动流速在时段 T 内的时均值等于零：

$$\overline{u'_x} = \frac{1}{T}\int_0^T u'_x \mathrm{d}t = \frac{1}{T}\int_0^T u_x \mathrm{d}t - \frac{1}{T}\int_0^T \overline{u_x}\,\mathrm{d}t$$

由于 $\dfrac{1}{T}\displaystyle\int_0^T u_x \mathrm{d}t = \overline{u_x}$，而 $\overline{u_x}$ 为常数，即 $\dfrac{1}{T}\displaystyle\int_0^T \overline{u_x}\,\mathrm{d}t = \overline{u_x} \cdot \dfrac{1}{T}\displaystyle\int_0^t \mathrm{d}t = \overline{u_x}$，故上式可写为

$$\overline{u'_x} = \frac{1}{T}\int_0^T u'_x \mathrm{d}t = \overline{u_x} - \overline{u_x} = 0$$

该式表明紊流运动脉动流速 u'_x 的时均值为零，同理 $\overline{u'_y} = 0$，$\overline{u'_z} = 0$. 推广至其他物理量，即在紊流中任意物理量其脉动值的时均值均为零. 如此得到分离时均流速和脉动流速的方法被称为时均法. 时均法是研究紊流运动和化简紊流瞬时运动方程的主要手段.

同理，紊流中的其他物理量在流速的脉动影响下也会引起脉动现象，其脉动的处理方式也用时均法处理. 如脉动压强可以表示为 $p' = p - \bar{p}$，其性质参考脉动流速，则瞬时压强的时均值为

$$\bar{p} = \frac{1}{T}\int_0^T p\,\mathrm{d}t$$

脉动压强的时均值为

$$\overline{p'} = \frac{1}{T}\int_0^T p'\,\mathrm{d}t = 0$$

只要时均流速和时均压强不随时间变化，则可按时均意义上的恒定流动处理. 紊流流动的恒定性是建立在时均化的前提下引出的；流动的均匀性同样也是建立在时均化的概念下的.

2. 紊流附加剪应力公式

层流内部仅有黏性引起的剪应力，而紊流内部剪应力由两项组成. 基于时均法的研究思路，紊流运动的瞬时剪应力 τ 也可以表示为因时均化流层间相对运动（时均流速）引起的黏性剪应力 $\overline{\tau_1}$（类似于层流中的剪应力），与因紊流脉动中流层间流体质点互相掺混或互相碰撞造成的流体质点间动量变换（脉动流速）引起的附加剪应力（惯性剪应力或雷诺应力）$\overline{\tau_2}$ 之和，即 $\tau = \overline{\tau_1} + \overline{\tau_2}$. 其中，黏性剪应力 $\overline{\tau_1}$ 由牛顿内摩擦定律确定：

$$\overline{\tau_1} = \mu\,\frac{\mathrm{d}\overline{u_x}}{\mathrm{d}y}$$

对于附加剪应力可用普朗特动量传递学说：流体质点在横向脉动过程中瞬时流速保持不变，其动量也保持不变，而到达新位置后，其动量突然改变为和新位置上流体质点相同的动量. 这样，在流层之间就发生了质量交换，从而产生了动量的改变. 由动量定理，这种流体质点动量的变化，在流层分界面上产生了附加剪应力 $\overline{\tau_2}$：

$$\overline{\tau_2} = -\overline{\rho u'_x u'_y}$$

证明　如图 5.27 所示为明渠二维均匀流中流体质点 P 沿 y 方向的脉动.

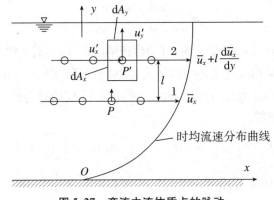

图 5.27　紊流中流体质点的脉动

在空间 P 点处,流体质点具有脉动流速 u_y',在 $\mathrm{d}t$ 时段内,通过微小面积 $\mathrm{d}A_y$ 的脉动质量为

$$\Delta m = \rho \mathrm{d}A_y u_y' \mathrm{d}t$$

处于 1 层的流体质点具有 x 方向的瞬时流速 u_x,若运移过程中 u_x 保持不变,当它进入 2 层就显示出脉动流速 u_x'(脉动流速 u_x' 的大小等于 u_x 与原层流体质点的时均流速 $\overline{u_x}$ 的差),则这些流体质点到达 2 层的动量变化为

$$\Delta m \cdot u_x' = \rho \mathrm{d}A_y u_y' u_x' \mathrm{d}t$$

此动量等于紊流附加剪应力的冲量,即

$$\Delta T \cdot \mathrm{d}t = \rho \mathrm{d}A_y u_y' u_x' \mathrm{d}t$$

所以,紊流附加剪应力 $\tau_2 = \dfrac{\Delta T}{\mathrm{d}A_y} = \rho u_y' u_x'$,取时均值得

$$\overline{\tau_2} = \rho \, \overline{u_x' u_y'}$$

现在取基元体,分析横向脉动流速 u_x' 和纵向脉动流速 u_y' 的关系.

根据连续性原理,在 $\mathrm{d}t$ 时段内,$\mathrm{d}A_x$ 面流入的质量为 $\rho \mathrm{d}A_x u_x' \mathrm{d}t$,则必有质量 $\rho \mathrm{d}A_y u_y' \mathrm{d}t$ 从 $\mathrm{d}A_y$ 面流出,即 $\rho \mathrm{d}A_x u_x' \mathrm{d}t + \rho \mathrm{d}A_y u_y' \mathrm{d}t = 0$,$u_x'$ 可以表示为

$$u_x' = -\frac{\mathrm{d}A_y}{\mathrm{d}A_x} u_y'$$

可知,横向(x 方向)脉动流速 u_x' 和纵向(y 方向)脉动流速 u_y' 成比例,$\mathrm{d}A_x$ 与 $\mathrm{d}A_y$ 为正值,因此,由平面连续性方程可得,平面相垂直的两个方向上的脉动速度是异号的,即 u_x' 与 u_y' 符号相反.为使紊流附加剪应力以正值出现,在 $\overline{\tau_2}$ 表达式中加负号得

$$\overline{\tau_2} = -\rho \, \overline{u_x' u_y'}$$

该式即为用脉动流速表示的紊流附加剪应力基本表达式.它表明附加剪应力与黏性剪应力不同,它与流体的黏性无直接关系,只与流体密度和脉动强度有关,是由流体微团惯性引起的,因此又称 $\overline{\tau_2}$ 为惯性剪应力或雷诺应力.

牛顿黏性应力有明确的表达式,紊流附加剪应力只表示脉动流速乘积的时均值,而脉动流速本身又是一个很复杂的物理量,如能找到 $\overline{u_x' u_y'}$ 与时均流速的关系,紊流应力就完全可表示成与时均流速的关系.1925 年,德国科学家普朗特用比拟的方法,假设紊流脉动中流体

质点的脉动可比拟成流体分子的微观运动,用分子的微观运动和平均自由程概念提出了普朗特的混合长度理论.

普朗特设想流体质点的紊流运动与气体分子运动相类似,即流体质点由某流速的流层脉动到另一流速的流层,也需运行一段与时均流速垂直的距离 l_1 后才与周围的质点发生动量交换,l_1 被称为混合长度.处于 1 层的流体质点具有 x 方向的时均流速 $\overline{u_x}$,当它进入 2 层时,就显示出脉动流速 u_x',脉动流速 u_x' 的大小与 1、2 两层流体质点时均流速的差有关,且与两层流体质点时均流速的差成比例,即

$$u_x' = \pm c_1 l_1 \frac{\mathrm{d}\,\overline{u_x}}{\mathrm{d}y}$$

由于 u_x' 和 u_y' 具有同一量级,且符号相反,故

$$u_y' = \mp c_2 l_1 \frac{\mathrm{d}\,\overline{u_x}}{\mathrm{d}y}$$

所以

$$\tau_2 = -\rho\,\overline{u_x'u_y'} = \rho c_1 c_2 l_1^2 \left(\frac{\mathrm{d}\,\overline{u_x}}{\mathrm{d}y}\right)^2$$

令 $c_1 c_2 l_1^2 = l^2$,得紊流附加剪应力的表达式为

$$\tau_2 = \rho l^2 \left(\frac{\mathrm{d}\,\overline{u_x}}{\mathrm{d}y}\right)^2$$

式中,l 称为混合长度,它正比于质点到壁面的距离 y,即 $l = ky$,k 为一常数,称为卡门通用常数,实验得出 $k \approx 0.4$.为方便,以后时均值不再加上横杠,同时略去下标,则紊流状态下,紊流剪应力为黏性剪应力与附加剪应力之和:

$$\overline{\tau} = \overline{\tau_1} + \overline{\tau_2} = \mu \frac{\mathrm{d}\,\overline{u_x}}{\mathrm{d}y} + \rho l^2 \left(\frac{\mathrm{d}\,\overline{u_x}}{\mathrm{d}y}\right)^2 \quad \text{或} \quad \tau = \mu \frac{\mathrm{d}u}{\mathrm{d}y} + \rho l^2 \left(\frac{\mathrm{d}u}{\mathrm{d}y}\right)^2$$

紊流剪应力是由两部分组成的,但在流动中所占的比重是随流动情况而变的.当雷诺数较小时,紊流脉动较弱,附加剪应力的作用很小,牛顿黏性应力占主导,黏性剪应力占主要地位;当雷诺数增大时,紊流脉动加剧,附加剪应力的作用远大于牛顿黏性应力,充分紊流时的牛顿黏性应力可忽略不计.

3. 紊流速度分布

紊流过流断面上的流速分布是推导紊流的阻力系数计算公式的理论基础,现根据紊流混合长度理论推导紊流的流速分布,求解方式与层流一致,利用均匀流的基本方程和紊流的剪应力公式.但紊流的剪应力公式即便用普朗特的混合长度理论也是很困难的,因为在紊流剪应力公式中,混合长度 l 是未知的,并且该方程是非线性的.

根据公式 $\tau = \mu \mathrm{d}u/\mathrm{d}y + \rho l^2 (\mathrm{d}u/\mathrm{d}y)^2$ 可知,当充分紊流、雷诺数足够大时,附加剪应力占主导地位,黏性剪应力可略去不计,即 $\mu \mathrm{d}u/\mathrm{d}y = 0$,得 $\tau = \rho l^2 (\mathrm{d}u/\mathrm{d}y)^2$.

根据普朗特做的两个假设:① 壁面附近的剪应力值保持不变,并等于壁面上的剪应力,即 $\tau = \tau_0$;② 附加紊流剪应力中的混合长度 l 与离壁面的距离 y 成正比,即圆管混合长度公式 $l = ky\sqrt{1 - y/r_0}$(k 为卡门通用常数,一般取 0.4).于是,可得 $\tau = \rho l^2 (\mathrm{d}u/\mathrm{d}y)^2 = \rho(ky)^2 (1 - y/r_0)(\mathrm{d}u/\mathrm{d}y)^2$.

又由 $\tau = \tau_0 r/r_0 = \tau_0 (r_0 - y)/r_0 = \tau_0 (1 - y/\tau_0)$,得

$$\tau_0 \left(1 - \frac{y}{r_0}\right) = \rho(ky)^2 \left(1 - \frac{y}{r_0}\right)\left(\frac{\mathrm{d}u}{\mathrm{d}y}\right)^2$$

经整理,得$\dfrac{\mathrm{d}u}{\mathrm{d}y}=\dfrac{1}{ky}\sqrt{\dfrac{\tau_0}{\rho}}$,并令$\sqrt{\dfrac{\tau_0}{\rho}}=u^*$($u^*$称为阻力流速,在恒定的紊流中为常数),得

$$\mathrm{d}u=\frac{u^*}{k}\frac{\mathrm{d}y}{y}$$

积分后得

$$u=\frac{u^*}{k}\ln y+c_0 \qquad \text{或} \qquad \frac{u}{u^*}=\frac{1}{k}\ln y+c_0$$

该式称为普朗特-卡门对数分布规律.式中,c_0为积分常数,一般要根据具体流动情况确定.

注:在层流底层,流速满足线性分布式;在紊流区域中,流速满足该对数分布式.如忽略过渡区,或认为过渡区的流速也为紊流流速分布,则在两流速分布的交换处满足流速连续性.这样,紊流流速中的常数c_0可根据这一条件确定.

将$k=0.4$和$\ln y=\lg y/\lg \mathrm{e}$代入上式,得

$$u=5.75u^*\lg y+c_1$$

该式表明,紊流过流断面上的流速分布是按对数曲线规律分布的,如图 5.28 所示.因为紊流中流体质点相互掺混、碰撞,从而产生流体质点动量的传递,动量传递的结果使得流体质点的动量趋于一致,从而使紊流流速分布均匀化了,这也是在工程中动能修正系数 α、动量修正系数 β 取 1.0 的原因.

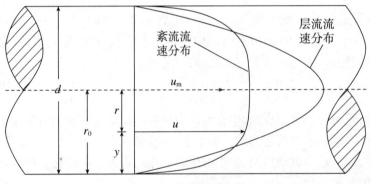

图 5.28 紊流流速分布

此外,紊流流速对数分布式显然有一个奇点,不符合 $y=0$ 的边界条件(此时流速为无穷大,对数分布式无意义)及 $y=r_0$ 的零速度梯度条件(此时 $\tau=0$),无法用边界条件确定待定常数 c_1,这些缺陷将引入层流底层的概念加以解决.但该分布式变化趋势与大量实验结果符合良好,说明混合长度理论是一个"半假设"的经验理论,对工程实践具有重要意义.

4. 紊流黏性底层厚度公式

在固体壁面附近,紊流的发生总是有区域性的.以圆管为例,在雷诺流态实验中发现,当雷诺数达到临界雷诺数时,紊流首先发生的区域是圆管的中心区域,如图 5.29 所示.随着雷诺数增加,紊流区域逐渐向固体壁面扩展,但无论雷诺数增加到多大,在紧靠固体边界附近总存在一层流区域,称为**黏性底层**(或层流底层),其厚度为 δ_0.层流底层的厚度通常不到 1 mm,且随雷诺数的增大而减小.黏性底层以外区域为紊流区,在黏性底层与紊流区之间存在一个界限不明显、很薄的过渡层,因其意义不大,可不考虑.

黏性底层的存在是由于流体具有黏滞性,无论黏性大小,总存在一极薄的流体层附着在固体边壁上且具有无滑移现象,于是在紧靠壁面的流层内,流速从零很快达到一定的值,在

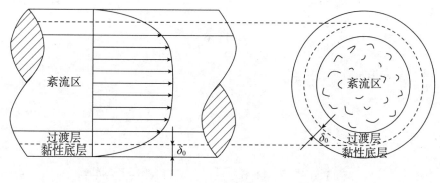

图 5.29　黏性底层

这一很薄的流层内,流速梯度很大.

在紧靠固体边界附近的地方,由于壁面限制流体质点的横向掺混,逼近壁面,脉动流速很小,趋近于消失,附加剪应力也很小,趋近于消失,由公式 $\tau = \mu\,\mathrm{d}u/\mathrm{d}y + \rho l^2(\mathrm{d}u/\mathrm{d}y)^2$ 可知,混合长度 l 很小时,附加剪应力很小.因此在管壁附近区域,黏性应力起主导地位,流速梯度却很大,其流态属于层流,该区域即为层流底层.黏性底层厚度 δ_0 的计算公式推导如下:

在层流底层内,剪应力保持不变,大小等于壁面应力 $\tau = \tau_0$(这与普朗特的假设相吻合),由牛顿内摩擦定律可知 $\tau_0 = \mu\,\mathrm{d}u/\mathrm{d}y$ 或 $\mathrm{d}u/\mathrm{d}y = \mu/\tau_0$,积分得

$$u = \frac{\tau_0}{\mu}y + c$$

由边界条件:在固体边壁,当 $y = 0$ 时,$u = 0$,得 $c = 0$,代入得

$$u = \frac{\tau_0}{\mu}y \quad \text{或} \quad u = \frac{\tau_0}{\rho}\cdot\frac{\rho}{\mu}y$$

与紊流的流速分布规律一样,引入阻力流速 $\sqrt{\dfrac{\tau_0}{\rho}} = u^*$,整理得

$$\frac{u}{u^*} = u^*\cdot\frac{\rho}{\mu}y \quad \text{或} \quad \frac{u}{u^*} = \frac{u^* y}{\nu}$$

注:该公式也可由层流流速分布和牛顿内摩擦定律及实验资料求得.由层流运动的流速分布式 $u = \rho gJ(r_0^2 - r^2)/(4\mu)$ 可知,当 $r \to r_0$ 时,并令 $y = r_0 - r$(y 是某点到固体边界的距离),得

$$u = \frac{\rho gJ}{4\mu}(r_0^2 - r^2) = \frac{\rho gJ}{4\mu}(r_0 + r)(r_0 - r) \approx \frac{\rho gJ}{4\mu}(r_0 + r_0)y = \frac{\rho gJr_0}{2\mu}y$$

该式表明厚度很小($r \approx r_0$ 时)的黏性底层中流速近似为直线分布.由牛顿内摩擦定律,知固体边壁上的剪应力为 $\tau_0 = \mu\dfrac{\mathrm{d}u}{\mathrm{d}y} \approx \mu\dfrac{u}{y}$,考虑到 $\mu = \rho\nu$,有

$$\frac{\tau_0}{\rho} = \nu\frac{u}{y}$$

由于 $\sqrt{\dfrac{\tau_0}{\rho}} = u^*$ 的量纲与速度的量纲相同,所以 u^* 被称为摩阻流速.则上式可写为

$$\frac{u}{u^*} = \frac{u^* y}{\nu}$$

式中,$\dfrac{u^* y}{\nu}$ 为雷诺数,当 $y \to \delta_0$ 时,$\dfrac{u^*\delta_0}{\nu}$ 为临界雷诺数.由尼古拉兹实验资料,知 $\dfrac{u^*\delta_0}{\nu} =$

11.6,所以

$$\delta_0 = 11.6 \frac{\nu}{u^*}$$

因为 $\tau_0 = \frac{\lambda}{8} \rho v^2$,将其代入 $\sqrt{\frac{\tau_0}{\rho}} = u^*$,得

$$u^* = \sqrt{\frac{\lambda}{8}} v$$

故

$$\delta_0 = 11.6 \frac{\nu}{u^*} = 11.6 \frac{\nu}{\sqrt{\lambda/8}\, v} = 11.6 \frac{\nu \cdot d}{\sqrt{\lambda/8}\, v \cdot d}$$

$$= 11.6 \frac{d}{\sqrt{\lambda/8}\, Re} = \frac{32.8d}{Re\sqrt{\lambda}}$$

该式即为黏性底层厚度的公式.黏性底层的厚度虽很薄,一般仅有十分之几毫米,但它对水流阻力有重大影响.因为任何固体边界受加工条件和水流运动的影响,总会粗糙不平,粗糙表面平均凸起高度叫作绝对粗糙度 Δ.由 δ_0 的表达式可知,黏性底层的厚度 δ_0 与 Re 有关,即与液流形态有关.

5.3.3 沿程阻力系数

5.3.3.1 层流的沿程阻力系数

对于内径为 r_0 的圆管,其断面流速分布为 $u = \frac{\rho g J}{4\mu}(r_0^2 - r^2)$,则其断面平均流速为

$$v = \frac{Q}{A} = \frac{\int_A u \cdot \mathrm{d}A}{A} = \frac{\int_0^{r_0} u \cdot 2\pi r\, \mathrm{d}r}{\pi r_0^2} = \frac{\rho g J}{8\mu} r_0^2 = \frac{\rho g J}{32\mu} d^2$$

整理得

$$J = \frac{32\mu v}{\rho g d^2} \quad \text{或} \quad h_f = \frac{32\mu l v}{\rho g d^2}$$

该式即为计算圆管层流沿程水头损失的公式,表明圆管层流的沿程水头损失 h_f 与管流平均流速 v 的一次方成正比,与雷诺实验完全一致.

若用达西公式 $h_f = \lambda \frac{l}{d} \frac{v^2}{2g}$ 的形式来表示,则

$$h_f = \frac{32\mu l v}{\rho g d^2} = \frac{64\mu}{\rho v d} \frac{l}{d} \frac{v^2}{2g} = \frac{64}{Re} \frac{l}{d} \frac{v^2}{2g}$$

对照即 $\lambda = \frac{64}{Re}$,表明圆管均匀层流中的沿程阻力系数 λ 与 Re 成反比,即 λ 只是雷诺数的函数,与管壁粗糙程度无关.

【例题 5.16】 如图 5.30 所示,细管式黏度计用于测定油的黏度,已知细管直径 $d = 8$ mm,测量段长 $l = 2$ m,实测油的流量 $Q = 70$ cm^3/s,水银压差计读数 $\Delta h = 30$ cm,油的密度 $\rho_{\text{油}} = 901$ kg/m^3,$\rho_{\text{Hg}} = 13600$ kg/m^3,试求油的运动黏度 ν 和动力黏度 μ.

解 列 1−1 断面和 2−2 断面的能量方程:

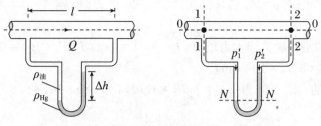

图 5.30　例题 5.16

$$0 + p_1/(\rho_{油}\, g) + \alpha_1 v_1^2/(2g) = 0 + p_2/(\rho_{油}\, g) + \alpha_2 v_2^2/(2g) + h_{\mathrm{f}}$$

式中，$v_1 = v_2$.

取等压面 $N - N$，列力的平衡方程：

$$p_1 + \rho_{油}\, g\Delta h = p_2 + \rho_{\mathrm{Hg}} g\Delta h$$

联立两式得

$$h_{\mathrm{f}} = (\rho_{\mathrm{Hg}}/\rho_{油} - 1)\Delta h = (13600/901 - 1) \times 0.3 \approx 4.23\ (\mathrm{m})$$

流速：$v = 4Q/(\pi d^2) = 4 \times 70 \times 10^{-6}/(3.14 \times 0.008^2) \approx 1.39\ (\mathrm{m/s})$.

沿程水头损失：$h_{\mathrm{f}} = \lambda(l/d)\, v^2/(2g)$ 或 $\lambda = 2gh_{\mathrm{f}}d/(lv^2) = 2 \times 9.8 \times 4.23 \times 0.008/(2 \times 1.39^2) = 0.1716$.

假定流动为层流，则根据层流的沿程阻力系数公式 $\lambda = 64/Re$，有

$$Re = 64/\lambda = 64/0.1716 \approx 373 < 2300$$

层流成立！

运动黏度：$\nu = vd/Re = 1.39 \times 0.008/373 \approx 2.96 \times 10^{-5}\ (\mathrm{m}^2/\mathrm{s})$.

动力黏度：$\mu = \rho_{油}\, \nu = 901 \times 2.96 \times 10^{-5} \approx 0.027\ (\mathrm{Pa \cdot s})$.

【例题 5.17】　10 ℃ 的水（$\rho = 999.7\ \mathrm{kg/m}^3$，$\mu = 1.307 \times 10^{-3}\ \mathrm{Pa \cdot s}$）以平均流速 0.9 m/s 恒定流过直径为 0.28 cm、长为 10 m、不含任何管件的水平管道. 确定：① 损失 h_{f}；② 压降 Δp；③ 克服压降所需的泵的功率.

解　① 水流的雷诺数：$Re = \rho vd/\mu = 999.7 \times 0.9 \times 0.0028/(1.307 \times 10^{-3}) \approx 1928 < 2300$. 因此，该流动为层流.

水头损失：

$$h_{\mathrm{f}} = \lambda(l/d)\, v^2/(2g) = (64/Re)(l/d)\, v^2/(2g)$$
$$= (64/1928) \times (10/0.0028) \times 0.9^2/(2 \times 9.8) \approx 4.899\ (\mathrm{m})$$

② 由于管道是水平的，沿途也没有局部损失，因此压降水头完全等于沿程水头损失，则压降：

$$\Delta p = \rho gh_{\mathrm{f}} = 999.7 \times 9.8 \times 4.899 \approx 47996\ (\mathrm{Pa}) \approx 48\ (\mathrm{kPa})$$

③ 所需泵功率：

$$N_{\mathrm{p}} = \rho Qgh_{\mathrm{f}} = \rho gh_{\mathrm{f}} \cdot Q = \Delta p \cdot (v\pi d^2/4)$$
$$= 47996 \times (0.9 \times 3.14 \times 0.0028^2/4) = 0.266\ (\mathrm{W})$$

【例题 5.18】　运动黏度 $\nu = 0.18\ \mathrm{cm}^2/\mathrm{s}$、密度 $\rho = 0.85\ \mathrm{g/cm}^3$ 的油，在管径 $d = 100\ \mathrm{mm}$ 的管内以平均流速 $v = 6.35\ \mathrm{cm/s}$ 做层流运动. 求：① 管中心处的流速；② 沿程阻力系数 λ；③ 每米管长的沿程水头损失；④ 管壁的剪应力 τ_0；⑤ $r = 2\ \mathrm{cm}$ 处的流速.

解　① 管中心流速为 $u_{\max} = 2v = 2 \times 6.35 = 12.7\ (\mathrm{cm/s})$.

② 雷诺数：$Re = vd/\nu = 6.35 \times 10/0.18 = 353$，沿程阻力系数：$\lambda = 64/Re = 64/353 \approx 0.181$.

③ 每米管长的沿程损失即水力坡度：$J = h_f/l = \lambda(1/d)v^2/(2g) = 0.181 \times (1/0.1) \times 0.0635^2/(2 \times 9.8) \approx 3.72 \times 10^{-4}$ (m).

④ 管壁的剪应力 $\tau_0 = \rho gJR = \rho gJd/4 = 0.85 \times 10^3 \times 9.8 \times 0.000372 \times 0.1/4 \approx 0.077$ (N/m²).

⑤ 动力黏度 $\mu = \rho\nu = 0.85 \times 10^3 \times 0.18 \times 10^{-4} = 0.0153$ (Pa·s).

$$u_{r=2\,cm} = \rho gJ(r_0^2 - r^2)/(4\mu)$$
$$= 0.85 \times 10^3 \times 9.8 \times 0.000372 \times (0.05^2 - 0.02^2)/(4 \times 0.0153)$$
$$\approx 0.1063 \text{ (m/s)} = 10.63 \text{ (m/s)}$$

5.3.3.2 紊流的沿程阻力系数变化规律

1. 尼古拉兹实验及沿程阻力系数半经验公式

为探索沿程阻力系数 λ 的影响因素和变化规律，德国科学家尼古拉兹于 1932—1933 年进行了著名的尼古拉兹实验，将不同粒径的砂粒分别粘贴在不同管径的光滑管内壁上制成人工模拟的粗糙管，进行了管道沿程阻力系数的测定，全面揭示了不同流态下沿程阻力系数的变化规律.

对于人工粗糙管，可用砂粒粒径 Δ（或 k_s）来表示管壁的粗糙程度，称为绝对粗糙度，而用 Δ/d 表示相对粗糙度，d/Δ 则称为相对光滑度，如图 5.31 所示.实验表明：沿程阻力系数 λ 与雷诺数 Re（流动及流动介质的特性）和圆管管壁相对粗糙度 Δ/d（管道的特性）有关，即 $\lambda = f(Re, \Delta/d)$.实验结果得到了 $\Delta/d = 1/1014 \sim 1/30$（或 $\Delta/r_0 = 1/507 \sim 1/15$)六种不同相对粗糙度的实验管道数据.

图 5.31 管壁的尼古拉兹粗糙度

尼古拉兹实验是在类似雷诺实验的装置中进行的，实测每种管道不同流量时的断面平均流速 v、沿程水头损失 h_f 及水温.根据 $Re = vd/\nu$ 和 $\lambda = (d/l)(2g/v^2)h_f$ 两式，即可计算出 Re 和 λ.把实验结果点绘在双对数坐标纸上，绘制成的双对数曲线图，如图 5.32(a)所示.根据 Re-λ 的变化特征，图中曲线可分为以下五个区：

第 Ⅰ 区为**层流区（直线 Ⅰ）**，当 $Re < 2300$ 时，流动处于层流状态，所有的实验点，不论其相对粗糙度如何（或者说不论采用哪种 Δ/d 的人工粗糙管），均落在同一根直线上，且 $\lambda = 64/Re$，表明本区的 λ 仅随 Re 变化，而与相对粗糙度 Δ/d 无关，即 $\lambda = f_1(Re)$.证明了由理论分析得到的层流沿程水头损失计算公式.

第 Ⅱ 区为**临界区**，也称层流向紊流过渡的过渡区或水力过渡区.在 $2300 < Re < 4000$ 时，从实验曲线上表明实验点也近似落在一曲线上，近似认为 λ 随 Re 的增大而增大，与相对粗糙度 Δ/d 无关，即 $\lambda = f_2(Re)$.但该区域雷诺数范围很窄，流动也最不稳定，从流态分析是层流向紊流的过渡过程，造成实验数据重复性很差，实用意义不大.

第 Ⅲ 区为**光滑区**，也称水力光滑区或紊流光滑区（直线 Ⅲ）.当雷诺数 $Re > 4000$ 时，不同相对粗糙度的实验点，起初都集中在直线 Ⅲ 上，然后随着 Re 的增加而逐步离开，并且相对粗糙度较大的粗糙管的实验点率先在较低 Re 时就离开直线 Ⅲ，而相对粗糙度较小的实

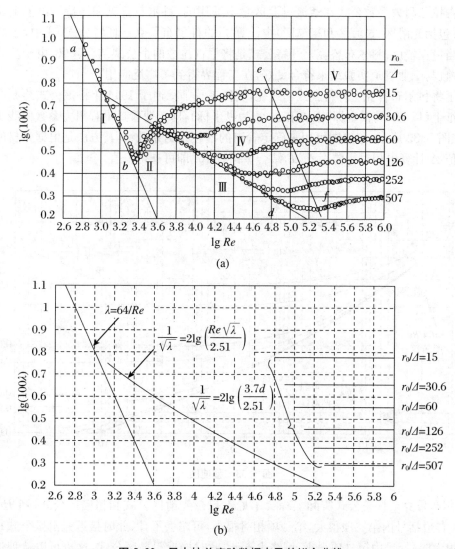

图 5.32　尼古拉兹实验数据点及其拟合曲线

验点则要在较大的 Re 时才离开光滑区,即不同相对粗糙度的管道,其水力光滑的区域不同.从曲线图可知,在水力光滑区,λ 只与 Re 有关,而与相对粗糙度 Δ/d 无关,即 $\lambda = f_3(Re)$.在双对数坐标纸上,将实验结果点用一曲线连接,即得如图 5.32(b)所示曲线,该曲线可用一近似函数来拟合,即尼古拉兹光滑管公式:

$$\frac{1}{\sqrt{\lambda}} = 2\lg\left(\frac{Re\sqrt{\lambda}}{2.51}\right)$$

该式是关于 λ 的隐式函数,通过试算法可求得 λ 值.

第 IV 区为**过渡区**,也称过渡粗糙区,水力光滑区向粗糙区过渡的紊流过渡区.在直线 III 与虚线之间的范围内,不同相对粗糙度管道的实验点随着雷诺数的增加逐渐从水力光滑区(直线 III)离开,各自分散成一条波状的曲线.从曲线图可知,该区的 λ 既与 Re 有关,又与相对粗糙度 Δ/d 有关,即 $\lambda = f_4(Re, \Delta/d)$.拟合实验点后,得科尔布鲁克-怀特公式:

$$\frac{1}{\sqrt{\lambda}} = -2\lg\left(\frac{\Delta}{3.7d} + \frac{2.51}{Re\sqrt{\lambda}}\right)$$

尼古拉兹阻力系数公式在紊流过渡区是不适用的,科尔布鲁克和怀特给出了工业管道紊流区(包括光滑区、过渡区和粗糙区)中计算 λ 的科尔布鲁克－怀特公式.式中,Δ 为工业管道的当量粗糙度.科尔布鲁克－怀特公式是将尼古拉兹两个公式结合起来.由于公式适用性广,并且与工业管道实验结果符合良好,在工程界得到了广泛应用.

为了将科尔布鲁克－怀特公式曲线化,美国工程师穆迪于 1944 年将该公式绘制在双对数坐标纸上(以 Re 为横坐标、以 λ 和 Δ/d 为纵坐标),即工业管道沿程阻力系数曲线图或穆迪图,如图 5.33 所示.穆迪图可用来确定管道的沿程阻力系数 λ,其方法是根据管材的当量粗糙度值 Δ 计算出相对粗糙度 Δ/d,结合雷诺数 Re 即可查得 λ 值.

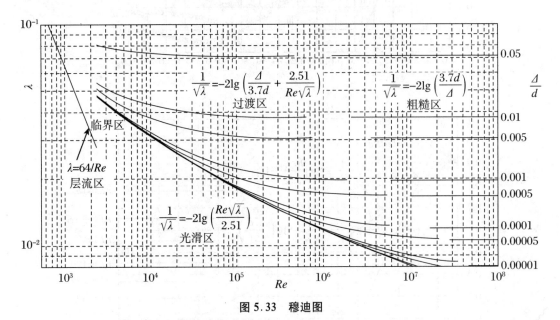

图 5.33　穆迪图

科尔布鲁克－怀特公式实际上综合了尼古拉兹光滑区公式和粗糙区公式.当 Re 较小时,公式右边括号内第二项很大,第一项相对很小,可略去不计,此时接近光滑区公式;反之,当 Re 很大时,括号内第二项很小,可略去不计,此时接近粗糙区公式,这也可以从穆迪图中看出,过渡区末端的曲线与粗糙区的曲线吻合度较高.

第Ⅴ区为**粗糙区**,也称为阻力平方区.在虚线 ef 以右的范围,不同相对粗糙度管道的实验点,分别落在与横坐标平行的水平直线上.从曲线图可知,λ 只与相对粗糙度 Δ/d 有关,而与 Re 无关,即 $\lambda = f_5(\Delta/d)$.同样地,在双对数坐标纸上将实验结果点用多条曲线拟合,如图 5.32(b)所示,这些曲线的函数式即为尼古拉兹粗糙管公式:

$$\frac{1}{\sqrt{\lambda}} = 2\lg\left(\frac{3.7d}{\Delta}\right)$$

显然,当雷诺数很大,即大于 10^5 时,流动基本处于粗糙区.在该区,对于给定相对粗糙度 Δ/d 的管道,λ 为常数.由达西公式可知,沿程水头损失与流速的平方成正比,故该粗糙区又称为阻力平方区.

管道沿程损失系数的变化规律分成 5 个区域,从层流向紊流的过渡,是由流动流态发生变化造成的.而紊流区又分为紊流光滑区、紊流过渡区和紊流粗糙区,如图 5.34 所示,各区的 λ 变化规律不同,这是管道中层流底层的缘故.

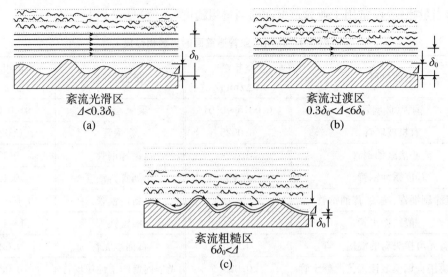

图 5.34　紊流的分区

当 Re 较小时,黏性底层的厚度 δ_0 可以大于壁面的绝对粗糙度 Δ 若干倍,粗糙凸起高度完全被黏性底层(或层流底层)掩盖,粗糙度对紊流不起作用,从水力学观点看,水流像在光滑面上运动一样,光滑的概念就是从这里引出的,此种情况称为"水力光滑面"(通常 $\Delta<0.3\delta_0$),因而 λ 只与 Re 有关,与 Δ/d 无关,如图 5.34(a)所示.

随着 Re 的增加,层流底层的厚度变薄,粗糙度对紊流起作用,因而 λ 与 Re 和 Δ/d 两个因素有关,称为紊流过渡区(通常 $0.3\delta_0<\Delta<6\delta_0$),如图 5.34(b)所示.

随着 Re 的进一步增加,层流底层的厚度已充分变薄,壁面粗糙已充分暴露在紊流中,再增加 Re 其厚度也不会进一步减小.所以 λ 与 Re 无关,只取决于 Δ/d.显然,粗糙凸起高度 Δ 对紊流有重大影响,当紊流流核绕过凸起高度时将形成小漩涡,从而加剧紊流的脉动作用,水流阻力增大,这种情况称为"水力粗糙面"(通常 $\Delta>6\delta_0$),如图 5.34(c)所示.

值得注意的是,所谓水力光滑、水力粗糙并非完全取决于固体边界的几何光滑或粗糙,而是取决于绝对粗糙度与黏性底层厚度两者的相对关系.

尼古拉兹的实验曲线及光滑区、粗糙区经验公式是依托人工粗糙管实验得出的.但人工粗糙与实际工业管道的粗糙有很大的差异:人工粗糙管的砂粒直径是相同的;而工业管道壁面的粗糙是凹凸不平的,分布上也是不均匀的,不像人工粗糙那样有明显的凸起高度.这可以解释两类管在光滑区和粗糙区的差异:

(1) 人工粗糙管的紊流有明显的光滑区,这是由于人工粗糙砂粒的直径一致,只要层流底层的厚度大于砂粒直径,流动就处于光滑区;而工业管道受工业加工工艺的限至,不可能制造出粗糙完全一致的管道,在微观上,其壁面粗糙度是高低不均的,因此其没有明显的光滑区.

(2) 在粗糙区,无论是人工粗糙管还是工业管道,由于壁面的粗糙完全暴露在紊流中,其水头损失的变化规律都一致.

如何将人工管和粗糙管的不同粗糙形式联系起来,使尼古拉兹经验公式能用于工业管道? 由于工业管道的粗糙度是高低不均的,因而很难用具体数值表示,这就需要引入当量粗糙度来表征实际工业管道的粗糙度.对于管径相同且均处在紊流粗糙区的工业管道和人工粗糙管,当两者的沿程阻力系数 λ 相等时,人工粗糙管的粗糙度 Δ 定义为该工业管道的粗糙度,即当量粗糙度.常用工业管道壁面的当量粗糙度(Δ 值)见表5.1.

表 5.1　常用工业管道壁面的当量粗糙度

壁面材料	当量粗糙度 (Δ/mm)	壁面材料	当量粗糙度 (Δ/mm)
铜管、玻璃管	0.0015~0.01	聚氯乙烯管	0~0.002
有机玻璃管	0.0025	新钢管	0.025
离心法涂釉钢管	0.025	镀锌钢管	0.15
轻度锈蚀钢管	0.25	涂沥青铸铁管	0.12
大量涂刷沥青、珐琅、焦油钢管	0.5	新铸铁管	0.15~0.5
一般结垢水管	1.2	旧铸铁管	1~1.5
具有光滑接头新的混凝土管	0.025	石棉水泥管	0.025
具有光滑接头钢模最佳工艺混凝土管	0.025	光华内壁的柔性橡皮管	0.025

　　工程上也会用到非圆管道输送流体的情况,如通风系统中的风管大多是矩形断面管道.怎样将已有圆管的研究结果用到非圆管沿程水头损失的计算呢?1938 年蔡克斯达在矩形水槽中进行了沿程阻力实验,得出了与尼古拉兹实验类似的实验曲线,表明圆管断面管道沿程阻力系数经验公式也适用于非圆管断面管道.在沿程阻力系数经验公式中,圆管在公式中体现的几何特征是直径 d.对于非圆管,就以其当量直径 d_e 代替 d,这对于所有圆形管道的公式、图表均适用.当量直径是指在圆管与非圆管水力半径相等的条件下,将圆管的直径 d 定义为非圆管的当量直径 d_e.由于圆管管径 d 与其水力半径 R 的关系为 $d=4R$,而 $R=A/\chi$(A 为圆管断面面积,χ 为圆管断面湿周),故 $d=4A/\chi$.因此,根据当量直径的定义,非圆管的当量直径 $d_e=4A'/\chi'$(A' 为非圆管断面的面积,χ' 为非圆管断面的湿周).

　　必须指出的是,应用当量直径计算非圆管流动的沿程水头损失是一种近似的方法,并不适合所有的情况,表现在以下两个方面:① 实验表明,形状与圆管差异很大的非圆管,如长缝形、狭环形等,应用当量直径计算存在较大的误差;② 因为层流的流速分布不同于紊流,这样单纯用湿周大小作为影响能量损失的主要外部条件是不充分的,所以在层流中应用当量直径计算,将会造成较大误差.

　　【例题 5.19】　如图 5.35 所示实验装置,用来测定管路的沿程阻力系数 λ 和当量粗糙度 Δ,已知管径 $d=200$ mm,管长 $l=10$ m,水温 $T=20$ ℃(运动黏度 $\nu=1.007\times10^{-6}$ m²/s),测得流量 $Q=150$ L/s,汞压差计读数 $\Delta h=0.1$ m,$\rho_{汞}=13600$ kg/m³,$\rho_{水}=1000$ kg/m³.试求:① 沿程阻力系数 λ;② 管壁的当量粗糙度 Δ.

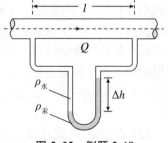

图 5.35　例题 5.19

　　解　联立能量方程和力平衡方程,得

$$h_f=(\rho_{汞}/\rho_{水}-1)\Delta h=(13600/1000-1)\times0.1$$
$$=1.26\ (\mathrm{m})$$

流速:$v=4Q/(\pi d^2)=4\times0.15/(3.14\times0.2^2)\approx4.78$ (m/s).

沿程水头损失:$h_f=\lambda(l/d)v^2/(2g)$,或 $\lambda=2gh_fd/(lv^2)=2\times9.8\times1.26\times0.2/(10\times4.78^2)\approx0.0216$ (m).

管路雷诺数：$Re = vd/\nu = 4.78 \times 0.2/(1.007 \times 10^{-6}) \approx 9.49 \times 10^{5} > 10^{5}$，为粗糙区.

根据尼古拉兹粗糙管公式：$1/\lambda^{1/2} = 2\lg(3.7d/\Delta)$ 或 $1/0.0216^{1/2} = 2\lg(3.7 \times 0.2/\Delta)$，解得 $\Delta \approx 0.2932$ mm.

【例题 5.20】　管径 $d = 300$ mm 的管道输水，相对粗糙度 $\Delta/d = 0.002$，管中平均流速为 3 m/s，其运动黏滞系数 $\nu = 10^{-6}$ m²/s，密度 $\rho = 999.23$ kg/m³. 试求：① 管长 $l = 300$ m 的沿程水头损失 h_f；② 管壁剪应力 τ_0；③ 黏性底层厚度 δ；④ 距管壁 $y = 50$ mm 处的剪应力.

解　① $Re = vd/\nu = 3 \times 0.3/10^{-6} = 9 \times 10^{5} > 10^{5}$，流动处于粗糙区，由 Re 和 Δ/d 查莫迪图或尼古拉兹粗糙管公式：

$$1/\lambda^{1/2} = 2\lg(3.7d/\Delta)$$

得 $\lambda \approx 0.02342$.

根据科尔布鲁克-怀特公式：

$$1/\lambda^{1/2} = -2\lg[\Delta/(3.7d) + 2.51/(Re\lambda^{1/2})]$$

得 $\lambda \approx 0.02363$

本题试着取平均值计算：

$$\lambda = (0.02342 + 0.02363)/2 = 0.0235$$

$$h_f = \lambda(l/d)v^2/(2g) = 0.0235 \times (300/0.3) \times 3^2/(2 \times 9.8) \approx 10.79 \text{ (m)}$$

② 水力坡度：$J = h_f/l = 10.79/300 \approx 0.036$. 管壁剪应力：$\tau_0 = \rho gRJ = 999.23 \times 9.8 \times (0.3/4) \times 0.036 \approx 26.44$ (N/m²).

③ 黏性底层厚度：$\delta = 32.8d/(Re\lambda^{1/2}) = 32.8 \times 0.3/(9 \times 10^{5} \times 0.0235^{1/2}) \approx 7.13 \times 10^{-5}$ (m) $= 0.0713$ (mm).

④ 剪应力：$\tau_{y=50\text{ mm}} = \tau_0 r/r_0 = \tau_0(d/2 - y)/r_0 = 26.44 \times (0.3/2 - 0.05)/0.15 \approx 17.63$ (N/m²).

2. 其他沿程阻力系数经验公式

根据实验资料整理而成的经验公式，即用数学公式来逼近实验曲线.

(1) 舍维列夫公式

舍维列夫根据对旧钢管和旧铸铁管的水力实验，提出了计算紊流过渡区和粗糙区的经验公式.

① 紊流过渡区中管道流速 $v < 1.2$ m/s 时，存在

$$\lambda = \frac{0.0179}{d^{0.3}}\left(1 + \frac{0.867}{v}\right)^{0.3}$$

② 粗糙区中管道流速 $v > 1.2$ m/s 时，存在

$$\lambda = \frac{0.021}{d^{0.3}}$$

以上公式中等管径 d 均以 m 为单位计，流速 v 以 m/s 为单位计.

(2) 谢才公式

1769 年，法国工程师谢才根据明渠恒定均匀流大量实测数据，归纳出断面平均流速与水力半径和水力坡度的关系式，即谢才公式：

$$v = C\sqrt{RJ}$$

式中，C 为谢才系数，单位为 m$^{1/2}$/s；R 为水力半径，$R = d/4$，单位为 m；J 为水力坡度，$J = h_f/l$.

对谢才公式等号两边平方,得 $v^2 = C^2 RJ = C^2(d/4)h_f/l$,整理得

$$h_f = \frac{4}{C^2}\frac{l}{d}v^2 = \frac{8g}{C^2}\frac{l}{d}\frac{v^2}{2g} = \lambda\frac{l}{d}\frac{v^2}{2g}$$

则 $\lambda = \dfrac{8g}{C^2}$. 显然,谢才系数也有阻力的概念,但 C 与 λ 成反比,因此流动阻力越大,谢才系数越小,反之亦然. 谢才公式既适用于明渠均匀流,也适用于管流的水力计算. 谢才系数计算公式是在紊流粗糙区大量实测数据基础上总结出来的,因而谢才公式只适用于紊流粗糙区的流动.

计算 C 值的常用经验公式有如下几种:

① 曼宁公式

1895 年,爱尔兰工程师曼宁提出了计算谢才系数的经验公式:

$$C = \frac{1}{n}R^{1/6}$$

式中,R 为水力半径,以 m 为单位;n 为壁面粗糙系数或糙率,是一个表征影响流动阻力的各种因素的综合系数,它只反映壁面的粗糙性质,与流动性质无关. 对于不同材质的管道和明渠的 n 值见表 5.2.

表 5.2 各种不同粗糙面的粗糙系数 n

分类项	槽壁种类	n
1	涂有珐琅质或釉质的表面	0.009
2	精细刨光的木板、纯水泥精致抹面、清洁(新)的瓦管	0.010
3	铺设、安装、接合良好的铸铁管、钢管	0.011
4	拼接良好的未刨木板、未显著生锈的热铁管、清洁排水管、极好的混凝土面	0.012
5	优良确石、极好砌体、正常排水管、略有积污的输水管	0.013
6	积污的输水管、排水管,一般情况的混凝土面、一般砖砌体	0.014
7	中等砖砌体、中等砌石面,积污很多的排水管	0.015
8	普通块石砌体,旧的(不规则)砖砌体,较粗糙的混凝土面,开凿极为良好的、光滑的崖面	0.017
9	覆盖有固定的厚淤泥层的渠道,在坚实黄土、细小砾石中附有整片薄淤泥的渠道(并无不良情况)	0.018
10	很粗糙的块石砌体,大块石干物体,卵石砌面,岩石中开挖的清洁的渠道,在黄土、密实砾石、坚实泥土中附有薄淤泥层的渠道(情况正常)	0.020
11	尖角大块石铺筑,表面经过处理的崖面渠槽,在黄土、砾石和泥土中附有非整片(有断裂)的薄淤泥层的渠道,养护条件中等以上的大型土渠	0.0225
12	养护条件中等的大型土渠和养护条件良好的小型土渠,极好条件的河道(河床顺直、水流顺畅、没有塌岸和深潭)	0.025
13	养护条件中等以下的大型土渠和养护条件中等的小型土渠	0.0275
14	条件较坏的渠道(部分渠底有杂草、卵石或砾石),边坡局部塌陷、水流条件较好的河道	0.030

续表

分类项	槽壁种类	n
15	条件极坏的渠道(具有不规则断面、显著受石块和杂草淤阻),条件较好但有少许石子和杂草的河道	0.035
16	条件特别差的渠道(有崩崖巨石,芦草丛生,很多深潭和塌坡),水草和石块数量多、深潭和浅滩为数不多的弯曲河道	>0.040

② 巴甫洛夫斯基(巴氏)公式

$$C = \frac{1}{n}R^y$$

式中,$y = 2.5\sqrt{n} - 0.13 - 0.75\sqrt{R}(\sqrt{n} - 0.1)$,公式通用范围为 $0.1\ \text{m} \leqslant R \leqslant 3.0\ \text{m}$, $0.011 \leqslant n \leqslant 0.04$.

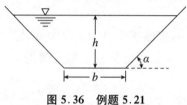

图 5.36　例题 5.21

【例题 5.21】　如图 5.36 所示,一混凝土衬砌的等腰梯形断面渠道,已知底宽 $b = 10$ m,水深 $h = 3$ m,渠道边坡为 $1:1(\alpha = 45°)$,水流为均匀流,流动处于紊流粗糙区,混凝土衬砌面的糙率 $n = 0.014$,试分别用曼宁公式和巴氏公式求谢才系数 C.

解　梯形断面的腰长为 $2^{1/2}h$.

过流断面面积:$A = [(b + 2 \times 2^{1/2}h\cos\alpha) + b]h/2 = [(10 + 2 \times 2^{1/2} \times 3 \times \cos 45°) + 10] \times 3/2 \approx 39\ (\text{m}^2)$.

湿周:$\chi = b + 2 \times 2^{1/2}h = 10 + 2 \times 2^{1/2} \times 3 \approx 18.49\ (\text{m})$.

水力半径:$R = A/\chi = 39/18.49 = 2.11\ (\text{m})$.

根据曼宁公式:

$$C = R^{1/6}/n = 2.11^{1/6}/0.014 \approx 80.89\ (\text{m}^{1/2}/\text{s})$$

根据巴氏公式:

$$y = 2.5n^{1/2} - 0.13 - 0.75R^{1/2}(n^{1/2} - 0.1)$$
$$= 2.5 \times 0.014^{1/2} - 0.13 - 0.75 \times 2.11^{1/2} \times (0.014^{1/2} - 0.1) \approx 0.1458$$

所以

$$C = R^y/n = 2.11^{0.1458}/0.014 \approx 79.64\ (\text{m}^{1/2}/\text{s})$$

【例题 5.22】　一矩形断面混凝土明渠,渠中水流为均匀流,水力坡度 $J = 0.0009$,渠底宽 $b = 2$ m,水深 $h = 1$ m,粗糙系数 $n = 0.014$,分别用曼宁公式和巴氏公式计算明渠中通过的流量.

解　水力半径:$R = A/\chi = bh/(b + 2h) = 2 \times 1/(2 + 2 \times 1) = 0.5\ (\text{m})$.

① 根据曼宁公式:

$$C = R^{1/6}/n = 0.5^{1/6}/0.014 \approx 63.64\ (\text{m}^{1/2}/\text{s})$$

由谢才公式得流速:

$$v = C(RJ)^{1/2} = 63.64 \times (0.5 \times 0.0009)^{1/2} \approx 1.35\ (\text{m/s})$$

所以

$$Q = Av = bhv = 2 \times 1 \times 1.35 = 2.7\ (\text{m}^3/\text{s})$$

② 根据巴氏公式:

$$y = 2.5n^{1/2} - 0.13 - 0.75R^{1/2}(n^{1/2} - 0.1)$$
$$= 2.5 \times 0.014^{1/2} - 0.13 - 0.75 \times 0.5^{1/2} \times (0.014^{1/2} - 0.1) \approx 0.1561$$
$$C = R^y/n = 0.5^{0.1561}/0.014 \approx 64.1 \ (\mathrm{m}^{1/2}/\mathrm{s})$$

由谢才公式得流速:
$$v = C(RJ)^{1/2} = 64.1 \times (0.5 \times 0.0009)^{1/2} \approx 1.36 \ (\mathrm{m/s})$$
$$Q = Av = bhv = 2 \times 1 \times 1.36 = 2.72 \ (\mathrm{m}^3/\mathrm{s})$$

5.3.4 局部阻力系数

实际水流条件复杂,构成局部阻力的边界条件多种多样,固体边界上的动水压强不好确定,局部水头损失通常需要通过实验数据或经验公式确定,仅有少数几种情况可以应用能量方程、动量方程和连续性方程等理论作近似分析,如圆管突然扩大处的局部阻力系数.

1. 突然扩大处的局部阻力系数

如图 5.37 所示,一圆管突然扩大处的流动,其直径从 d_1 突然扩大到 d_2,在突变处形成漩涡.以 $0-0$ 为基准面,对扩大前的 $1-1$ 断面和扩大后流速分布已接近于渐变流的 $2-2$ 断面列能量方程,若忽略两断面间的沿程水头损失,则有

$$z_1 + \frac{p_1}{\rho g} + \frac{\alpha_1 v_1^2}{2g} = z_2 + \frac{p_2}{\rho g} + \frac{\alpha_2 v_2^2}{2g} + h_j$$

则

$$h_j = \left(z_1 + \frac{p_1}{\rho g}\right) - \left(z_2 + \frac{p_2}{\rho g}\right) + \left(\frac{\alpha_1 v_1^2}{2g} - \frac{\alpha_2 v_2^2}{2g}\right)$$

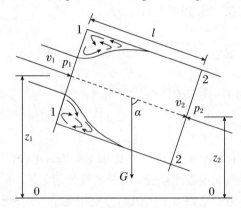

图 5.37 圆管突然扩大处的流动

再以 $1-1$、$2-2$ 断面和管壁所包围的封闭体为控制体(包含漩涡区)建立沿流动方向的动量方程:

$$\rho Q(\beta_2 v_2 - \beta_1 v_1) = \sum F$$

其中,$\sum F$ 为作用在 $1-1$、$2-2$ 断面间流体上的全部轴向外力之和,其中包括:

(1) 作用在 $1-1$ 断面上的动水压力 P_1.值得注意的是,$1-1$ 断面不是严格的渐变流断面,该断面上作用力的计算比较复杂,根据实验分析,可假设 $1-1$ 断面上的压强分布基本满足静压分布;此外,$1-1$ 断面的受压面积不是 A_1,而是 A_2.其中环形部分 $A_2 - A_1$ 位于旋涡

区,实验表明该环形面上的压强基本等于 A_1 面上的压强 p_1,故 $P_1 = p_1 A_2$.

(2) 在 2-2 断面上的动水压力 $P_2 = p_2 A_2$.

(3) 重力在管轴上的投影(重力沿流动方向的分力)$G\cos \alpha = \rho g A_2 l \cdot (z_1 - z_2)/l = \rho g A_2 (z_1 - z_2)$.

(4) 管壁的摩擦阻力忽略不计.将各作用力代入动量方程式,得

$$\rho Q(\beta_2 v_2 - \beta_1 v_1) = p_1 A_2 - p_2 A_2 + \rho g A_2 (z_1 - z_2)$$

将 $Q = v_2 A_2$ 代入,移项,左、右两边同时除以 $\rho g A_2$,得

$$\left(z_1 + \frac{p_1}{\rho g}\right) - \left(z_2 + \frac{p_2}{\rho g}\right) = \frac{v_2}{g}(\beta_2 v_2 - \beta_1 v_1)$$

联立能量方程式和动量方程式,得

$$h_{\mathrm{j}} = \frac{v_2}{g}(\beta_2 v_2 - \beta_1 v_1) + \left(\frac{\alpha_1 v_1^2}{2g} - \frac{\alpha_2 v_2^2}{2g}\right)$$

式中,$\alpha_1 \approx \alpha_2 \approx 1$,$\beta_1 \approx \beta_2 \approx 1$,则上式简化为

$$h_{\mathrm{j}} = \frac{(v_1 - v_2)^2}{2g}$$

该式表明,突然扩大处的局部水头损失等于以平均流速差计算的流速水头.将连续性方程 $A_1 v_1 = A_2 v_2$ 代入,上式变为局部水头损失的一般表达式:

$$h_{\mathrm{j}} = \left(1 - \frac{A_1}{A_2}\right)^2 \frac{v_1^2}{2g} = \zeta_1 \frac{v_1^2}{2g} \quad \text{或} \quad h_{\mathrm{j}} = \left(\frac{A_2}{A_1} - 1\right)^2 \frac{v_2^2}{2g} = \zeta_2 \frac{v_2^2}{2g}$$

突然扩大的 2 个局部阻力系数表示为

$$\zeta_1 = \left(1 - \frac{A_1}{A_2}\right)^2 \quad (\text{对应于上游断面的流速 } v_1)$$

$$\zeta_2 = \left(\frac{A_2}{A_1} - 1\right)^2 \quad (\text{对应于下游断面的流速 } v_2)$$

突然扩大前后断面有不同的断面平均流速,因此,有相应的局部阻力系数.计算时选用的阻力系数必须与流速相对应.当流体在淹没出流情况下,即流体从管道流入一很大的容器或水域时,是突扩的特例:$A_1/A_2 \approx 0$,$\zeta_1 = 1$,一般称为管道出口水头损失系数.

大量实验表明,ζ 与流动的雷诺数及产生局部阻力处的几何形状有关.但由于局部阻力处的流动受到漩涡的干扰,致使流动在较小雷诺数下就已进入阻力平方区,因此 ζ 往往只决定于几何形状,而与 Re 无关,也就是说,计算局部水头损失时一般无需判断流态.

2. 突然缩小处的局部阻力系数

突然缩小管道的水头损失,由于其漩涡区及漩涡的个数与突然扩大管道不同,因此其局部水头损失也不同.突然缩小管的局部水头损失取决于面积收缩比,根据大量的实验结果,突然缩小的损失系数可按下列经验公式计算:

$$h_{\mathrm{j}} = 0.5\left(1 - \frac{A_2}{A_1}\right)\frac{v_2^2}{2g} = \zeta_2 \frac{v_2^2}{2g}$$

式中,ζ_2 对应收缩后的流速.

当流体从一很大容器流入管道时,则 $A_2/A_1 \approx 0$,$\zeta_2 = 0.5$,一般称为管道进口水头损失系数.不同的进口形式对应的损失系数有很大的差异.

至此,已完成了实际流体恒定总流能量方程的推导,以及水头损失计算公式的推导与介绍,介绍或推导了沿程阻力系数和局部阻力系数的计算公式.在实际问题中,应用恒定总流

能量方程进行工程计算的步骤如下:① 明确待求未知量,选取相应的均匀流或渐变流断面为计算断面;② 基于计算方便,选取使未知量最少的水平面作为两断面共同的基准面;③ 在断面上选取能使计算简便的点为计算点;④ 列能量方程,其中,沿程水头损失的计算公式为 $h_f = \lambda (l/d) v^2/(2g)$,$\lambda$ 的计算公式取决于流动所属分区;局部水头损失计算公式为 $h_j = \zeta v^2/(2g)$,ζ 的取值对应于流速水头.

【例题 5.23】 如图 5.38 所示的实验装置,输水管道中设有阀门,已知管道直径 $d = 50$ mm,通过流量 $Q = 3.34$ L/s,水银压差计读值 $\Delta h = 150$ mm,沿程水头损失不计,试求阀门的局部阻力系数 ζ.($\rho_汞 = 13600$ kg/m³,$\rho_水 = 1000$ kg/m³,$g = 9.8$ m/s²)

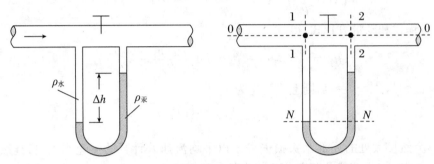

图 5.38 例题 5.23

解 以通过输水管管轴的水平面为基准面,列断面 1-1 和 2-2 的能量方程:
$$0 + p_1/(\rho_水 g) + v^2/(2g) = 0 + p_2/(\rho_水 g) + v^2/(2g) + \zeta_阀 v^2/(2g)$$
取等压面 N-N,列力的平衡方程:
$$p_1 + \rho_水 g \Delta h = p_2 + \rho_汞 g \Delta h$$
联立得
$$\rho_水 \zeta_阀 v^2/2 = (\rho_汞 - \rho_水) g \Delta h$$
考虑到流速 $v = 4Q/(\pi d^2) = 4 \times 3.34 \times 10^{-3}/(3.14 \times 0.05^2) \approx 1.7 (\text{m}^3/\text{s})$,有
$$\zeta_阀 = (\rho_汞/\rho_水 - 1) 2g \Delta h/v^2 = (13.6/1 - 1) \times 2 \times 9.8 \times 0.15/1.7^2 = 12.82$$

【例题 5.24】 如图 5.39 所示,测定 90° 弯头局部阻力系数的装置,在 1 和 2 两断面接测压管,已知管径 $d = 50$ mm,沿程阻力系数 $\lambda = 0.03$,1-2 段管长 $l = 10$ m,流量 $Q = 2.74$ L/s,测压管水头差 $\Delta h = 0.629$ m,求弯头的 ζ 值.

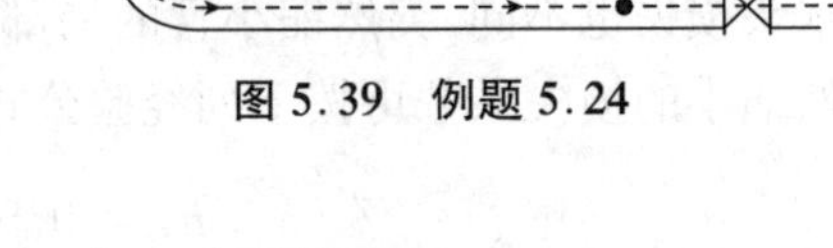

解 列 1-1 断面和 2-2 断面的能量方程:
$$z_1 + p_1/\gamma + v_1^2/(2g)$$
$$= z_2 + p_2/\gamma + v_2^2/(2g) + h_{w1-2}$$

图 5.39 例题 5.24

由于管径不变,有 $v_1 = v_2 = v$,则
$$h_{w1-2} = (z_1 + p_1/\gamma) - (z_2 + p_2/\gamma) = \Delta h = 0.629 \text{ (m)}$$
$$v = 4Q/(\pi d^2) = 4 \times 0.00274/(3.14 \times 0.05^2) \approx 1.396 \text{ (m/s)}$$
总水头损失:$h_{w1-2} = h_j + h_f = \zeta v^2/(2g) + \lambda (l/d) v^2/(2g) = [\zeta + \lambda (l/d)] v^2/(2g)$.
于是,弯头的局部阻力系数:
$$\zeta = 2gh_{w1-2}/v^2 - \lambda (l/d) = 2 \times 9.8 \times 0.629/1.396^2 - 0.03 \times 10/0.05 \approx 0.326$$

【例题 5.25】 如图 5.40 所示,水箱中的水经管道流出,已知管道直径 $d = 25$ mm,长度

$l = 6$ m,水位 $H = 13$ m,沿程阻力系数 $\lambda = 0.02$,试求流量及壁面应力 τ_0.

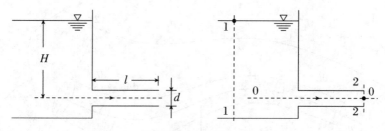

图 5.40 例题 5.25

解 ① 取渐变流断面 $1-1$ 和出口断面 $2-2$,并在两断面上分别选取压强及位置的计算点,选取通过水管轴线的水平面为位能计算的基准面 $0-0$,列能量方程:
$$H + 0 + 0 = 0 + 0 + \alpha_2 v_2^2/(2g) + h_{w1-2}$$
式中,$\alpha_2 \approx 1$,h_{w1-2} 包括沿程水损和局部水损,即 $h_{w1-2} = h_f + h_j = [\lambda(l/d) + 0.5(1 - A_2/A_1)]v_2^2/(2g) = [\lambda l/d + 0.5]v_2^2/(2g)$,其中 $A_2/A_1 \approx 0$,于是
$$v_2 = [2gH/(1 + \lambda l/d + 0.5)]^{1/2} = [2 \times 9.8 \times 13/(1 + 0.02 \times 6/0.025 + 0.5)]^{1/2}$$
$$\approx 6.36 \ (\text{m/s})$$
$$Q = v_2 \cdot \pi d^2/4 = 6.36 \times 3.14 \times 0.025^2/4 \approx 0.00312 \ (\text{m}^3/\text{s}) = 3.12 \ (\text{L/s})$$
② 管道的水力坡度或单位管长的沿程水头损失:
$$J = h_f/l = \lambda(1/d)v^2/(2g) = 0.02 \times (1/0.025) \times 6.36^2/(2 \times 9.8) \approx 1.651$$
根据均匀流基本方程,壁面所受应力:
$$\tau_0 = \rho g R J = \rho g(d/4)J = 1000 \times 9.8 \times (0.025/4) \times 1.651 \approx 101.12 \ (\text{N/m}^2).$$

5.4 动量方程

对于流体与固体的相互作用力问题,利用能量方程求得流体与固体相接触面压强分布,然后对面积积分,似乎也能得到相互作用力,但是计算过程非常复杂.为求解此类作用力问题,引入一考虑总体效果的方法,即利用动量方程可以有效地解决此类问题.流体力学中的动量方程是动量守恒定律在流体运动中的具体表现,反映了流体在运动过程中动量的改变与作用力之间的关系,即在被考虑的控制体中流体的动量变化等于外力的冲量.

5.4.1 实际流体恒定总流动量方程的推导

动量定律是指单位时间 $\mathrm{d}t$ 内物体的动量变化 $m\Delta v$ 等于作用于该物体上各外力的合力 $\sum F$.动量 I 等于物体的质量 m 乘以它的速度 v,即 $I = mv$,因此,动量定律可写为 $\sum F = \mathrm{d}I/\mathrm{d}t$.下面推导恒定流的动量方程.

如图 5.41 所示,在恒定总流中取出某一流段,两渐变流体流断面为 $1-1$ 和 $2-2$,断面面积分别为 A_1、A_2,断面上的点速度分别为 u_1、u_2,以两断面及总流的侧表面所围成的空间为控制体.分析它的动量变化和作用于其上的外力之间的关系.

1. 该流段的动量变化

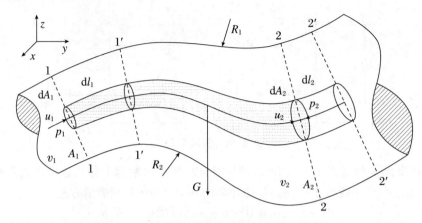

图 5.41 流段的动量变化和作用于其上的外力

在外力的作用下,经过微小时段 $\mathrm{d}t$,两过流断面间的流段由 $1-2$ 位置移动到 $1'-2'$ 位置,在流动的同时,流段的动量发生改变.这个动量的改变应等于流段在 $1'-2'$ 位置和 $1-2$ 位置所有的动量之差.然而,由于流动是不可压缩恒定流,处于流段 $1'-2$ 间的流体,其质量和流速均保持不变,即动量不变.所以,在 $\mathrm{d}t$ 时段内,动量增量实际上为 $2-2'$ 段和 $1-1'$ 段流体动量之差.

在断面 $1-1$ 上取一微小面积 $\mathrm{d}A_1$,其流速为 $\boldsymbol{u}_1$,则 $1-1'$ 段的长度为 $u_1\mathrm{d}t$. $1-1'$ 段微小体积的质量为 $\rho u_1\mathrm{d}t\mathrm{d}A_1$,动量为 $\rho u_1\mathrm{d}t\mathrm{d}A_1\cdot\boldsymbol{u}_1$.对整个 $1-1$ 断面 A_1 积分,得 $1-1'$ 段的动量为

$$I_{1-1'} = \int_{A_1}\rho u_1\boldsymbol{u}_1\mathrm{d}t\mathrm{d}A_1 = \rho\mathrm{d}t\int_{A_1}u_1\boldsymbol{u}_1\mathrm{d}A_1$$

因为断面上的流速分布一般是未知的,所以需用断面平均流速 $\boldsymbol{v}$ 代替 $\boldsymbol{u}_1$,所造成的误差以动量修正系数 β 来修正,则

$$I_{1-1'} = \rho\mathrm{d}t\beta_1\boldsymbol{v}_1\int_{A_1}u_1\mathrm{d}A_1 = \rho\mathrm{d}t\beta_1\boldsymbol{v}_1Q$$

联立两式得

$$\rho\mathrm{d}t\int_{A_1}u_1\boldsymbol{u}_1\mathrm{d}A_1 = \rho\mathrm{d}t\beta_1\boldsymbol{v}_1Q$$

则 $\beta_1 = \dfrac{\displaystyle\int_{A_1}u_1\boldsymbol{u}_1\mathrm{d}A_1}{\boldsymbol{v}_1Q}$,更普遍地 $\beta = \dfrac{\displaystyle\int_A\boldsymbol{u}\boldsymbol{u}\mathrm{d}A}{\boldsymbol{v}Q}$.

若过流断面为渐变流,断面上点流速 $\boldsymbol{u}$ 与断面平均流速 $\boldsymbol{v}$ 基本平行,则

$$\beta = \frac{\displaystyle\int_A u^2\mathrm{d}A}{v^2A}$$

动量修正系数 β 表示单位时间内通过断面的实际动量与单位时间内以相应的断面平均流速通过的动量的比值,其值取决于断面流速分布的均匀程度,流速分布越不均匀,修正系数越大,实际工程中 β 一般取 $1.01\sim1.05$,为计算方便,通常取 $\beta=1.0$.

同理,$2-2'$ 流段的动量为

$$I_{2-2'} = \rho\mathrm{d}t\beta_2\boldsymbol{v}_2Q$$

则该流段的动量增量为

$$I_{2-2'} - I_{1-1'} = \rho Q(\beta_2 v_2 - \beta_1 v_1)\mathrm{d}t$$

2. 作用于该流段上的力

作用在断面 1—1 至断面 2—2 流段上的外力包括：上游流体作用在断面 1—1 上的动水压力 P_1；下游流体作用在断面 2—2 上的动水压力 P_2；重力 G；四周边界对这段流体的总作用力 R。所有这些外力的合力以 $\sum F$ 表示。

3. 动量方程

根据动量定律，控制体动量的变化量等于作用于其上的外力的冲量，得恒定总流动量方程：

$$\rho Q(\beta_2 v_2 - \beta_1 v_1) \cdot \mathrm{d}t = \sum F \cdot \mathrm{d}t$$

则 $\rho Q(\beta_2 v_2 - \beta_1 v_1) = \sum F$。

式中，左端代表单位时间内所研究流段通过下游断面流出的动量和通过上游断面流入的动量之差，右端则代表作用于总流流段上所有外力的代数和。

在直角坐标系中，恒定总流的动量方程式可以写成以下三个投影表达式：

$$\begin{cases} \rho Q(\beta_2 v_{2x} - \beta_1 v_{1x}) = \sum F_x \\ \rho Q(\beta_2 v_{2y} - \beta_1 v_{1y}) = \sum F_y \\ \rho Q(\beta_2 v_{2z} - \beta_1 v_{1z}) = \sum F_z \end{cases}$$

式中，v_{2x}、v_{2y}、v_{2z} 为下游过流断面 2—2 的断面平均流速在三个坐标方向的投影；v_{1x}、v_{1y}、v_{1z} 为上游过流断面 1—1 的断面平均流速在三个坐标方向的投影；$\sum F_x$、$\sum F_y$、$\sum F_z$ 为作用在 1—1 与 2—2 断面间流体上的所有外力在三个坐标方向的投影代数和。注意：

(1) 动量方程是一矢量方程，方程中的流速和作用力都是有方向的矢量，即是有方向的物理量，因此需选定坐标轴并标明其正方向，然后将流速和作用力向该坐标轴投影，凡是和坐标轴指向一致的流速和作用力均为正值，反之为负值。正方向的选择以方便计算为宜。

(2) 动量方程式的左端是单位时间内所取流段的动量变化值，必须是流出控制体的动量减去流入控制体的动量，不可颠倒。

(3) 所选取的两个过流断面应为渐变流断面，而两断面之间的流动则不作要求。虽然在推导方程过程中没有用到渐变流的概念，但动量方程一般要与能量方程联合应用，在计算断面动水压强的作用力时，要用到渐变流的概念，渐变流概念是为能量方程及断面压力计算而设立的。

(4) 根据问题的要求，选定两个渐变流断面间的流体作为隔离体，作用在隔离体上的外力应包括：两断面上的流体压力、固体边界对流体的作用力以及流体本身的重力。

(5) 方程中的外力包括控制体的质量力（如重力）和表面力。若问题不计重力，即可忽略；表面力即压强所产生的作用力，运动流体及固体边界均受当地大气压强的作用，因此压强通常采用相对压强。当所求未知作用力的方向不能事先确定时，可任意假定一个方向，若计算结果其值为正，说明假定方向正确；若其值为负，说明与假定方向相反。

(6) 动量方程只能求解一个未知数，若方程中未知数多于一个时，必须借助于能量方程或（和）连续性方程联合求解。

(7) 虽然动量方程的推导是在管流中无汇流和分流条件下进行的，但它可以应用于有流量汇入与流出的情况,此时,动量方程表示为:所有流出的动量减去所有流入的动量,其差值等于控制体所受到的所有的外力,即 $\sum F = \rho(\beta_2 Q_2 v_2 + \beta_3 Q_3 v_3 - \beta_1 Q_1 v_1)$.

5.4.2 恒定总流动量方程应用举例

应用恒定总流动量方程计算流动流体对固体边界的作用力的解题步骤如下:

(1) 在作用力发生区域附近选择均匀流或渐变流断面,联合总流边界,围取控制体.

(2) 分析并标出流入和流出控制体的流速;分析并标出作用于控制体上的所有外力,对于未知的固体边界对流体的作用力 R,可先假设一个方向,若解出的结果为正值,则说明假设方向正确,若为负值,则表示方向与假设的相反;建立坐标系,规定坐标轴 x 轴和 y 轴的正方向,x 轴是否水平以计算方便为宜.

(3) 写出 x 或 y 方向的合力,写出 x 或 y 方向上流出动量与流入动量的差值,列出动量方程.

(4) 分析动量方程中的未知量,若未知量数多于一个,则应联立连续性方程、能量方程、静水压强公式.

(5) 求解边界对流体的作用力 R,根据作用力与反作用力大小相等、方向相反的原则,确定流体对固体边界的作用力 R'.

应用1 泄流时水流对闸门或溢流坝或堰的作用力

水流经闸门或溢流坝或堰附近时,流线弯曲较剧烈,故作用在面上的动水压强分布不符合静水压强分布规律,不能按静水压强计算方法来确定面上的动水总压力,因此需用动量方程求解.

【例题 5.26】 如图 5.42(a)所示,平板闸门宽 $b = 2$ m,闸前水深 $h_1 = 4$ m,闸后水深 $h_2 = 0.5$ m,出流量 $Q = 8$ m^3/s,若不计摩擦阻力.试求水流对闸门的作用力,并与按静水压强分布计算的结果相比较.

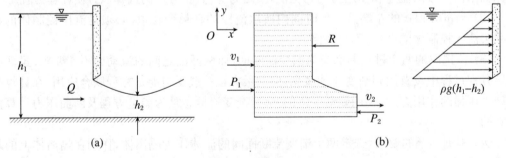

图 5.42 例题 5.26

解 如图 5.42(b)所示,取 1-1 断面、2-2 断面、闸门和渠底包围的封闭体为控制体,该控制体在水平方向的受力分析:压力 P_1、P_2,以及闸门的作用力 R.在 x 轴方向建立动量方程:

$$P_1 - P_2 - R = \rho Q \beta_2 v_2 - \rho Q \beta_1 v_1$$

式中,$\beta_1 \approx 1$,$\beta_2 \approx 1$.

根据连续性方程 $Q = bh_1 v_1 = bh_2 v_2$,得 1-1 和 2-2 断面的流速为

$$v_1 = Q/(bh_1) = 8/(2 \times 4) = 1 \text{ (m/s)}$$
$$v_2 = Q/(bh_2) = 8/(2 \times 0.5) = 8 \text{ (m/s)}$$

1-1 和 2-2 断面的压力分别为

$$P_1 = bh_1\rho gh_1/2 = 2 \times 4 \times 1000 \times 9.8 \times 4/2 = 156800 \text{ (N)} = 156.8 \text{ (kN)}$$
$$P_2 = bh_2\rho gh_2/2 = 2 \times 0.5 \times 1000 \times 9.8 \times 0.5/2 = 2450 \text{ (N)} = 2.45 \text{ (kN)}$$

将 v_1、v_2、P_1、P_2 和 Q 代入动量方程,得闸门对水流的作用力 R 为

$$R = P_1 - P_2 - \rho Q(v_2 - v_1) = 156800 - 2450 - 1000 \times 8 \times (8 - 1)$$
$$= 98350 \text{ (N)} = 98.35 \text{ (kN)}$$

闸门所受的作用力:$R' = -R = -98.35$ kN.

闸门所受的静水压力:

$$P = b(h_1 - h_2) \cdot \rho g(h_1 - h_2)/2 = 2 \times (4 - 0.5) \times 1000 \times 9.8 \times (4 - 0.5)/2$$
$$= 120050 \text{ (N)} = 120.05 \text{ (kN)}$$

【例题 5.27】　如图 5.43(a)所示,一拦河滚水坝的纵断面,当通过流量 $Q = 40 \text{ m}^3/\text{s}$ 时,坝上游水深 $H = 10$ m,坝后收缩断面处水深 $h_c = 0.5$ m,已知坝长 $l = 7$ m,求水流对坝体的水平总作用力 R'.

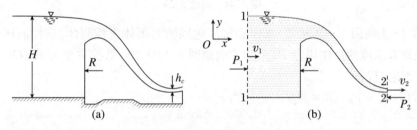

图 5.43　例题 5.27

解　取渐变流断面 1-1、2-2、水流自由表面、渠底、上下游部分河床边界包围的水体为控制体.该控制体受到压力 P_1、P_2 及坝体对水流的作用合力 R 的作用,流入控制体的断面 1-1 的平均流速为 v_1,流出控制体的断面 2-2 的平均流速为 v_2,坐标系 xOy 的 x、y 轴正方向规定如图 5.43(b)所示,由于到 1-1 和 2-2 两断面上的水流仅有沿 x 方向的流动,因此应用动量方程式时只考虑沿 x 轴方向的动量变化.

① 列 x 方向的动量方程:

$$P_1 - P_2 - R = \rho Q(\beta_2 v_2 - \beta_1 v_1)$$

则

$$R = P_1 - P_2 - \rho Q(\beta_2 v_2 - \beta_1 v_1)$$

式中,$\beta_1 \approx 1$,$\beta_2 \approx 1$,v_1、v_2、P_1、P_2 为未知量.

② v_1、v_2 的计算:

根据连续性方程有 $Q = lHv_1 = lh_c v_c$(矩形横断面),得 $10 \times v_1 = 0.5 \times v_2$,即 $v_2 = 20v_1$,所以

$$v_1 = Q/(lH) = 40/(7 \times 10) = 0.57 \text{ (m/s)}, \quad v_2 = 20v_1 = 20 \times 0.57 = 11.4 \text{ (m/s)}$$

③ 断面动水压力 P_1、P_2 的计算(渐变流断面上的动水压力计算同静水压强计算):

$$P_1 = \rho gH/2 \cdot lH = 1.0 \times 9.8 \times 10/2 \times 7 \times 10 = 3430 \text{ (kN)}$$
$$P_2 = \rho gh_c/2 \cdot lh_c = 1.0 \times 9.8 \times 0.5/2 \times 7 \times 0.5 = 8.58 \text{ (kN)}$$

④ 水流对坝的作用力:

$$R = P_1 - P_2 - \rho Q(\beta_2 v_2 - \beta_1 v_1)$$
$$= 3430 - 8.58 - 1.0 \times 40 \times (1.0 \times 11.4 - 1.0 \times 0.57) = 2988.2 \text{ (kN)}$$

水流对坝体在水平方向的总作用力 R' 的大小与 R 大小相等,它包括上游坝面和下游坝面水平作用力的总和,而方向与之相反.

【例题 5.28】 如图 5.44(a)所示,一矩形断面平坡棱柱形渠道,渠宽 $b = 2.7$ m,河床在某处抬高 $\Delta z = 0.3$ m,坝前水深 $h_1 = 1.8$ m,而后水面又降落 0.12 m,若局部水头损失 h_j 为渠尾流速水头的 $1/2$.求:① 通过流量 Q;② 水流对坝的作用力.

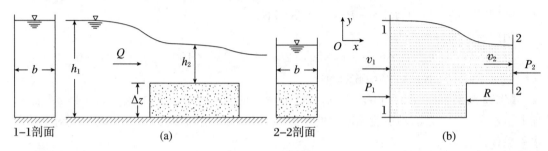

图 5.44 例题 5.28

解 取 1-1 断面、2-2 断面、水面和渠底包围的封闭体为控制体.该控制体受到压力 P_1、P_2 以及坎对水流的反作用力 R,受力方向如图 5.44(b)所示.建立坐标系 xOy.

① 列动量方程:

x 轴方向: $P_1 - P_2 - R = \rho Q(\beta_2 v_2 - \beta_1 v_1)$

则

$$R = P_1 - P_2 - \rho Q(\beta_2 v_2 - \beta_1 v_1)$$

式中,$\beta_1 \approx 1$,$\beta_2 \approx 1$,v_1、v_2、Q、P_1、P_2 为未知量.

② v_1、v_2、Q 的计算:

根据连续性方程:$Q = bh_1 v_1 = bh_2 v_2$,其中,$h_2 = h_1 - \Delta z - 0.12 = 1.8 - 0.3 - 0.12 = 1.38$ (m),得 $1.8 \times v_1 = 1.38 \times v_2$,即 $v_2 = 1.3 v_1$.

分别选取 1-1 和 2-2 断面上的水面为其压强及位置水头的计算点,选取坝前渠底所在平面为基准面.列能量方程:

$$h_1 + 0 + \alpha_1 v_1^2/(2g) = \Delta z + h_2 + 0 + \alpha_2 v_2^2/(2g) + 0.5 v_2^2/(2g)$$

考虑到 $\alpha_1 \approx 1$,$\alpha_2 \approx 1$,得

$$v_1^2 - 1.5 v_2^2 = 2g(\Delta z + h_2 - h_1) = 2 \times 9.8 \times (0.3 + 1.38 - 1.8) = -2.35$$

联立两式,解得

$$v_1 = 1.24 \text{ m/s}, \quad v_2 = 1.61 \text{ m/s}$$
$$Q = bh_1 v_1 = 2.7 \times 1.8 \times 1.24 = 6.03 \text{ (m}^3/\text{s)}$$

③ 断面动水压力 P_1,P_2 分别为

$$P_1 = bh_1 \rho g h_1/2 = 2.7 \times 1.8 \times 1.0 \times 9.8 \times 1.8/2 = 42.87 \text{ (kN)}$$
$$P_2 = bh_2 \rho g h_2/2 = 2.7 \times 1.38 \times 1.0 \times 9.8 \times 1.38/2 = 25.2 \text{ (kN)}$$

④ 水流对坝的作用力为

$$R = P_1 - P_2 - \rho Q(\beta_2 v_2 - \beta_1 v_1)$$

$$= 42.87 - 25.2 - 1.0 \times 6.03 \times (1.0 \times 1.61 - 1.0 \times 1.24) \approx 15.44 \ (\mathrm{kN})$$

水流对坝的作用力与 R 大小相等、方向相反.

应用 2　通过弯管的水流对弯管的作用力

弯管内水流是急变流,不能用静水压强的计算方法求管内水流对管壁的作用力,须应用动量方程求解.

【**例题 5.29**】　如图 5.45(a)所示,一水平放置的管道,其有一直径由 $d_1 = 30$ cm 渐变到 $d_2 = 20$ cm 的弯段,弯角 $\theta = 60°$,已知弯段首端断面 1—1 中心点动水压强 $p_1 = 35000$ N/m^2.当通过管道的流量 $Q = 0.15$ m^3/s 时,忽略弯段的水头损失,求水流对弯段管壁的水平作用力 R' 及其方向.

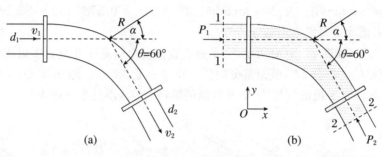

图 5.45　例题 5.29

解　取渐变流断面 1—1、2—2 和管壁包围的封闭体为控制体.该控制体受动水压力 P_1、P_2 及弯头对水流的反作用力 R(假定 R 与水平方向的夹角为 α,分解成 x 方向的 R_x 和 y 方向的 R_y)等外力的作用,流入和流出控制体的两断面平均流速分别为 v_1 和 v_2,坐标系 xOy 的 x、y 轴正方向规定如图 5.45(b)所示.

① 列 x 轴和 y 轴方向的动量方程:

x 轴方向:$P_1 - P_2 \cos\theta - R_x = \rho Q(\beta_2 v_2 \cos\theta - \beta_1 v_1)$,则
$$R_x = P_1 - P_2 \cos\theta - \rho Q(\beta_2 v_2 \cos\theta - \beta_1 v_1)$$

y 轴方向:$P_2 \sin\theta - R_y = \rho Q(-\beta_2 v_2 \sin\theta - 0)$,则
$$R_y = P_2 \sin\theta + \rho Q\beta_2 v_2 \sin\theta$$

式中,$\beta_1 \approx 1$,$\beta_2 \approx 1$,v_1、v_2、P_1、P_2 为未知量.

② v_1、v_2 的计算:

根据连续性方程 $Q_1 = Q_2 = Q$,有
$$v_1 = Q/A_1 = 4Q/(\pi d_1^2) = 4 \times 0.15/(3.14 \times 0.3^2) \approx 2.12 \ (\mathrm{m/s})$$
$$v_2 = Q/A_2 = 4Q/(\pi d_2^2) = 4 \times 0.15/(3.14 \times 0.2^2) \approx 4.78 \ (\mathrm{m/s})$$

③ 断面中心处动水压力 P_1、P_2:
$$P_1 = p_1 \cdot \pi d_1^2/4 = 35 \times 3.14 \times 0.3^2/4 \approx 2.47 \ (\mathrm{kN})$$

又取渐变流断面 1—1 和 2—2,并分别选取各自的中心点为其压强及位置水头的计算点;选取通过弯头轴心的水平面为基准面,列能量方程:
$$0 + p_1/(\rho g) + \alpha_1 v_1^2/(2g) = 0 + p_2/(\rho g) + \alpha_2 v_2^2/(2g) + h_{\mathrm{w}}$$

考虑到 $\alpha_1 \approx 1$,$\alpha_2 \approx 1$,$h_{\mathrm{w}} = 0$,得
$$p_2 = p_1 + \rho(v_1^2 - v_2^2)/2 = 35 + 1.0 \times (2.12^2 - 4.78^2)/2 \approx 25.82 \ (\mathrm{kPa})$$
$$P_2 = p_2 \cdot \pi d_2^2/4 = 25.82 \times 3.14 \times 0.2^2/4 \approx 0.81 \ (\mathrm{kN})$$

④ 弯头对水流的反作用力 R：

$$R_x = P_1 - P_2\cos\theta - \rho Q(\beta_2 v_2\cos\theta - \beta_1 v_1)$$
$$= 2.47 - 0.81\times\cos 60° - 1.0\times 0.15\times(1.0\times 4.78\times\cos 60° - 1.0\times 2.12)$$
$$\approx 2.02 \text{ (kN)}$$

$$R_y = P_2\sin\theta + \rho Q\beta_2 v_2\sin\theta$$
$$= 0.81\times\sin 60° + 1.0\times 0.15\times 1.0\times 4.78\times\sin 60° \approx 1.32 \text{ (kN)}$$

所以

$$R = (R_x^2 + R_y^2)^{1/2} = (2.02^2 + 1.32^2)^{1/2} \approx 2.41 \text{ (kN)}$$

水流对弯头的作用力 R' 与 R 大小相等、方向相反，与 x 轴正向夹角为 α，则有

$$\alpha = \arctan(R_y/R_x) = \arctan(1.32/2.02) = 0.5788 \text{ rad} \approx 33.16°$$

应用 3　射流冲击固定表面的冲击力

【例题 5.30】　如图 5.46(a)所示，一平板放置在自由射流中并垂直于射流的轴线，该平板截去射流流量的一部分 Q_3，其余部分偏转一角度 θ。已知 $v_1 = 30$ m/s，$Q_1 = 36$ L/s，$Q_3 = 12$ L/s。试求：射流对平板的作用力 R' 及射流的偏转角 θ。（不计水头损失）

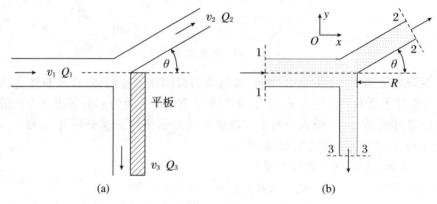

图 5.46　例题 5.30

解　取均匀流断面 1-1、2-2 和 3-3 围成的封闭体为控制体，设射流对平板的作用力为 R'，平板对射流的反作用力为 R，流入和流出控制体的三断面平均流速分别为 v_1、v_2 和 v_3，坐标系 xOy 的 x、y 轴正方向规定如图 5.46(b)所示。

① 列出 x、y 轴方向的动量方程：

x 轴方向：$-R = \rho Q_2\beta_2 v_2\cos\theta - \rho Q_1\beta_1 v_1$。

y 轴方向：$0 = -\rho Q_3\beta_3 v_3 + \rho Q_2\beta_2 v_2\sin\theta - 0$。

式中，$\beta_1\approx 1$，$\beta_2\approx 1$，$\beta_3\approx 1$，v_1，v_2，v_3，Q_2 为未知量。

② v_1、v_2、v_3 的计算：

列均匀流断面 1-1 和 3-3 的伯努利方程：

$$z_1 + p_1/(\rho g) + \alpha_1 v_1^2/(2g) = z_3 + p_3/(\rho g) + \alpha_3 v_3^2/(2g) + h_{w1-3}$$

即

$$0 + 0 + v_1^2/(2g) = 0 + 0 + v_3^2/(2g) + 0$$

解得 $v_3 = v_1 = 30$ m/s。

列均匀流断面 1-1 和 2-2 的伯努利方程：

$$z_1 + p_1/(\rho g) + \alpha_1 v_1^2/(2g) = z_2 + p_2/(\rho g) + \alpha_2 v_2^2/(2g) + h_{w1-2}$$

即

$$0 + 0 + v_1^2/(2g) = 0 + 0 + v_2^2/(2g) + 0$$

解得 $v_2 = v_1 = 30$ m/s.

③ Q_2 的计算:

根据连续性方程: $Q_2 = Q_1 - Q_3 = 36 - 12 = 24$ (L/s).

④ 弯头对水流的反作用力 R:

将以上已知数据代入动量方程,得

x 轴方向: $-R = \rho Q_2 \beta_2 v_2 \cos\theta - \rho Q_1 \beta_1 v_1 = 1000 \times 0.024 \times 30 \times \cos\theta - 1000 \times 0.036 \times 30$.

y 轴方向: $0 = -\rho Q_3 \beta_3 v_3 + \rho Q_2 \beta_2 v_2 \sin\theta - 0 = -1000 \times 0.012 \times 30 + 1000 \times 0.024 \times 30 \times \sin\theta$.

解得 $\theta = 30°$, $R = -456.48$ N.

应用4 分叉管中水流对分叉管的冲击力

【例题 5.31】 如图 5.47(a)所示一水平放置的分叉管路,干管直径 $d_1 = 600$ mm,支管直径 $d_2 = d_3 = 400$ mm,$\theta = 30°$,干管流量 $Q_1 = 0.5$ m³/s,压力表读数 $p_1 = 70$ kPa,略去分叉段的水头损失,试求墩座所受的水平推力 R'.($\rho_{\text{水}} = 1000$ kg/m³)

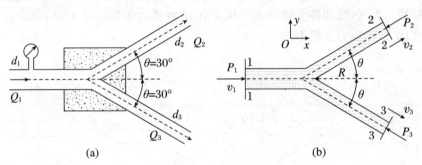

(a)   (b)

图 5.47 例题 5.31

解 取均匀流断面 $1-1$、$2-2$、$3-3$ 和管道侧表面包围的叉管段封闭体为控制体,该控制体受到压力 P_1、P_2、P_3 以及分叉管对水流的作用力 R,流入和流出控制体的三断面平均流速分别为 v_1、v_2 和 v_3,坐标系 xOy 的 x 轴正方向规定如图 5.47(b)所示.

① 列 x 轴方向的动量方程.

根据单位时间内叉流段总流的动量变化等于流出控制体的动量与流入控制体的动量之差:

$$P_1 - P_2 \cos 30° - P_3 \cos 30° - R = \rho Q_2 \beta_2 v_2 \cos 30° + \rho Q_3 \beta_3 v_3 \cos 30° - \rho Q_1 \beta_1 v_1$$

式中 $\beta_1 \approx 1$, $\beta_2 \approx 1$, $\beta_3 \approx 1$, $P_2 = P_3$, Q_2、Q_3、v_1、v_2、v_3、P_1、P_2、P_3 为未知量,即

$$R = P_1 - 2P_2 \cos 30° - 2\rho Q_2 v_2 \cos 30° + \rho Q_1 v_1$$

② v_1、v_2、v_3 的计算:

根据 $d_2 = d_3 = 0.4$ m 和 $Q_1 = Q_2 + Q_3$,有 $Q_2 = Q_3 = Q_1/2 = 0.25$ m³/s.所以

$$v_1 = 4Q_1/(\pi d_1^2) = 4 \times 0.5/(3.14 \times 0.6^2) = 1.77 \ (\text{m/s})$$

$$v_2 = v_3 = 4Q_2/(\pi d_2^2) = 4 \times 0.25/(3.14 \times 0.4^2) = 1.99 \ (\text{m/s})$$

③ 断面中心处动水压力 P_1、P_2、P_3:

取 $1-1$ 断面,$2-2$ 断面或 $3-3$ 断面,并分别选取各断面的中心点为压强及位置的计算

点;选取通过水管轴线的水平面为基准面,列能量方程:

$$z_1 + p_1/(\rho g) + \alpha_1 v_1^2/(2g) = z_2 + p_2/(\rho g) + \alpha_2 v_2^2/(2g) + h_{\text{w}1-2}$$

式中 $z_1 = z_2 = 0, \alpha_1 \approx 1, \alpha_2 \approx 1, h_{\text{w}1-2} \approx 0$,得

$$\begin{aligned} p_2 &= p_1 + \rho v_1^2/2 - \rho v_2^2/2 \\ &= 70000 + 1000 \times 1.7693^2/2 - 1000 \times 1.9904^2/2 \approx 69585 \ (\text{Pa}) \end{aligned}$$

同理可得 $p_3 = 69585$ Pa. 于是有

$$P_1 = p_1 \pi d_1^2/4 = 70000 \times 3.14 \times 0.6^2/4 = 19782 \ (\text{N})$$

$$P_2 = P_3 = p_3 A_3 = p_3 \pi d_3^2/4 = 69585 \times 3.14 \times 0.4^2/4 \approx 8740 \ (\text{N})$$

④ 墩座对水流的水平推力 R:

将 P_1、P_2、P_3、Q_1、Q_2、Q_3、v_1、v_2、v_3 代入动量方程得

$$R = P_1 - 2P_2 \cos 30° - 2\rho Q_2 v_2 \cos 30° + \rho Q_1 v_1$$

$$= 19782 - 2 \times 8740 \times 0.866 - 2 \times 1000 \times 0.25 \times 1.9904 \times 0.866 + 1000 \times 0.5 \times 1.7693$$

$$\approx 4667 \ (\text{N}) = 4.667 \ (\text{kN})$$

墩座所受的水平推力 R' 与 R 大小相等、方向相反.

【例题 5.32】 如图 5.48(a)所示,一四通叉管,其轴线均位于同一水平面内,两端输入流量 $Q_1 = 0.2 \ \text{m}^3/\text{s}, Q_3 = 0.1 \ \text{m}^3/\text{s}$,相应断面动水压强 $p_1 = 20 \ \text{kN/m}^2, p_3 = 15 \ \text{kN/m}^2$,两侧叉管直接喷入大气,已知各管管径 $d_1 = 0.3 \ \text{m}, d_2 = d_3 = 0.2 \ \text{m}, \theta = 30°$,试求交叉处水流对管壁的作用力(摩擦力忽略不计).

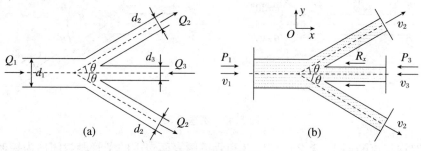

图 5.48 例题 5.32

解 取 1-1 断面、2-2 断面、3-3 断面和管壁包围的封闭体为控制体. 该控制体受到压力 P_1、P_3,弯头对水流的反作用力 R_x,受力方向如图 5.48(b)所示. 建立坐标系 xOy.

① 列动量方程:

x 轴方向:

$$P_1 - P_3 - R_x = \rho[2Q_2 \beta_2 v_2 \cos \theta - (Q_1 \beta_1 v_1 - Q_3 \beta_3 v_3)]$$

则

$$R_x = P_1 - P_3 - \rho(2Q_2 \beta_2 v_2 \cos \theta - Q_1 \beta_1 v_1 + Q_3 \beta_3 v_3)$$

式中,$\beta_1 \approx 1, \beta_2 \approx 1, \beta_3 \approx 1, Q_2$、$v_1$、$v_2$、$v_3$、$P_1$、$P_3$ 为未知量.

② Q_2、v_1、v_2、v_3 的计算:

根据连续性方程 $Q_1 + Q_3 = 2Q_2$,则

$$Q_2 = (Q_1 + Q_3)/2 = (0.2 + 0.1)/2 = 0.15 \ (\text{m}^3/\text{s})$$

$$v_1 = 4Q_1/(\pi d_1^2) = 4 \times 0.2/(3.14 \times 0.3^2) \approx 2.83 \ (\text{m/s})$$

$$v_2 = 4Q_2/(\pi d_2^2) = 4 \times 0.15/(3.14 \times 0.2^2) \approx 4.78 \ (\text{m/s})$$

$$v_3 = 4Q_3/(\pi d_3^2) = 4 \times 0.1/(3.14 \times 0.2^2) \approx 3.18 \,(\text{m/s})$$

③ 断面中心处动水压力 P_1、P_3：

$$P_1 = p_1 \cdot \pi d_1^2/4 = 20 \times 3.14 \times 0.3^2/4 \approx 1.41 \,(\text{kN})$$

$$P_3 = p_3 \cdot \pi d_3^2/4 = 15 \times 3.14 \times 0.2^2/4 \approx 0.47 \,(\text{kN})$$

④ 交叉处对水流的反作用力 R_x：

$$R_x = P_1 - P_3 - \rho(2Q_2\beta_2 v_2\cos\theta - Q_1\beta_1 v_1 + Q_3\beta_3 v_3)$$

$$= 1.41 - 0.47 - 1.0 \times (2 \times 0.15 \times 1.0 \times 4.78 \times \cos 30° - 0.2 \times 1.0$$

$$\times 2.83 + 0.1 \times 1.0 \times 3.18)$$

$$\approx -0.054 \,(\text{kN})$$

水流对弯头的作用力与 R_x 大小相等，方向相反．

应用 5　水流对喷嘴的作用力

【例题 5.33】　如图 5.49(a)所示为一水平管路，直径 $d_1 = 7.5$ cm，末端连接一渐缩喷嘴通大气，喷嘴出口直径 $d_2 = 2.0$ cm．用压力表测得管路与喷嘴接头处的压强 $p_1 = 49$ kN/m²，管路内流速 $v_1 = 0.706$ m/s．求水流对喷嘴的水平作用力 R'．

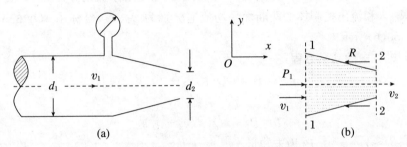

图 5.49　例题 5.33

解　取断面 1-1、2-2 和管壁包围的封闭体为控制体．该控制体受到压力 P_1 和收缩段管壁对水流的反作用力 R 的作用，流入和流出控制体的两断面平均流速分别为 v_1、v_2，坐标系 xOy 的 x 轴正方向规定如图 5.49(b)所示．

① 列 x 轴方向的动量方程：

$$P_1 - R = \rho Q(\beta_2 v_2 - \beta_1 v_1)$$

则

$$R = P_1 - \rho Q(\beta_2 v_2 - \beta_1 v_1)$$

式中 $\beta_1 \approx 1$，$\beta_2 \approx 1$，Q、v_2、P_1 为未知量．

② Q、v_2 的计算：

$$Q = v_1 \cdot \pi d_1^2/4 = 0.706 \times 3.14 \times 0.075^2/4 = 0.00312 \,(\text{m}^3/\text{s})$$

根据连续性方程 $v_1 A_1 = v_2 A_2 = Q$，即 $v_1 \cdot \pi d_1^2/4 = v_2 \cdot \pi d_2^2/4$，则

$$v_2 = v_1 \cdot (d_1/d_2)^2 = 0.706 \times (0.075/0.02)^2 = 9.93 \,(\text{m/s})$$

③ 断面中心处动水压力 P_1：

$$P_1 = p_1 \cdot \pi d_1^2/4 = 49 \times 3.14 \times 0.075^2/4 = 0.216 \,(\text{kN})$$

④ 收缩段管壁对水流的反作用力 R：

$$R = P_1 - \rho Q(\beta_2 v_2 - \beta_1 v_1) = 0.216 - 1.0 \times 0.00312 \times (1.0 \times 9.93 - 1.0 \times 0.706)$$

$$= 0.187 \,(\text{kN})$$

水流对收缩段管壁的作用力 R' 与 R 大小相等、方向相反,方向与 x 轴正方向相同.

应用6　水流对螺栓的作用力

【例题5.34】　如图5.50(a)所示,一水平放置的180°弯管,已知管径 $d_1 = 150$ mm,喷嘴直径 $d_2 = 50$ mm,管中流量 $Q = 0.05$ m³/s,忽略水头损失,求作用在螺栓上的拉力 T.

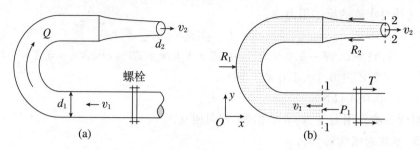

图5.50　例题5.34

解　取法兰盘断面1-1、喷嘴出口2-2和管壁包围的弯曲流段封闭体为控制体.该控制体受到压力 P_1、弯管管壁对水流的作用力 R_1 以及喷嘴对水流的作用力 R_2 的合力 R(大小等于 T),流入和流出控制体的两断面平均流速分别为 v_1、v_2,坐标系 xOy 的 x 轴正方向规定如图5.50(b)所示.

① 列 x 轴方向的动量方程:

$$- P_1 + T = \rho Q [\beta_2 v_2 - (- \beta_1 v_1)]$$

则

$$T = P_1 + \rho Q(\beta_2 v_2 + \beta_1 v_1)$$

式中,$\beta_1 \approx 1$,$\beta_2 \approx 1$,v_1、v_2、P_1 为未知量.

② v_1、v_2 的计算:

对1-1断面和2-2断面列连续性方程:$Q = v_1 \pi d_1^2/4 = v_2 \pi d_2^2/4$,则

$$v_1 = 4Q/(\pi d_1^2) = 4 \times 0.05/(3.14 \times 0.15^2) \approx 2.83 \text{ (m/s)}$$

$$v_2 = 4Q/(\pi d_2^2) = 4 \times 0.05/(3.14 \times 0.05^2) \approx 25.48 \text{ (m/s)}$$

③ 断面中心处动水压力 P_1:

取1-1和2-2断面,并分别选取各断面的中心点为压强及位置的计算点;选取通过水管轴线的水平面为基准面,列能量方程

$$z_1 + p_1/(\rho g) + \alpha_1 v_1^2/(2g) = z_2 + p_2/(\rho g) + \alpha_2 v_2^2/(2g) + h_{w1-2}$$

其中 $\alpha_1 \approx 1$,$\alpha_1 \approx 2$,代入数据后,得

$$0 + p_1/(\rho g) + 2.83^2/(2g) = 0 + 0 + 25.48^2/(2g) + 0$$

解得 $p_1 = 320640$ Pa,则动水压力为

$$P_1 = p_1 \pi d_1^2/4 = 320640 \times 3.14 \times 0.15^2/4 = 5663.304 \text{ (N)}$$

④ 作用在螺栓上的拉力 T 为

$$T = P_1 + \rho Q(\beta_2 v_2 + \beta_1 v_1) = 5663.304 + 1000 \times 0.05 \times (1.0 \times 25.48 + 1.0 \times 2.83)$$
$$= 7.08 \text{ (kN)}$$

方向与 x 轴正方向相同.

应用7　自由射流

【例题5.35】　如图5.51(a)所示,一自由水射流以速度 $v_1 = 19.8$ m/s 从直径 $d = 100$ mm 的

喷嘴中射出,冲击一附近的叶片转角 $\theta = 45°$ 的圆形对称叶片.试求:① 当叶片固定时,射流对叶片的冲击力;② 当叶片以大小为 12 m/s,方向与喷嘴出口水流同向的速度后退而喷嘴仍固定不动时,射流对叶片的冲击力.(自由射流指不受边壁限制的射流;边壁对射流没有反作用力;射流是靠惯性运动、流体内部无压强;冲击前后的流速不变.)

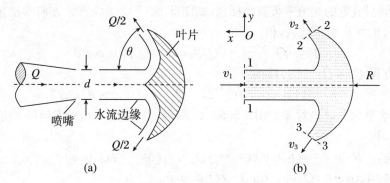

图 5.51　例题 5.35

解　① 取断面 1-1、2-2 和 3-3 围成的封闭体为控制体,坐标系如图 5.51(b)所示,设叶片对射流的作用力为 R,$Q_1 = v_1 A = 19.8 \times 3.14 \times 0.1^2/4 = 0.15543$ (m³/s),$Q_3 = Q_2 = Q_1/2 = 0.07772$ (m³/s),$v_3 = v_2 = v_1$,列 x 方向的动量方程,则

$$R_1 = -\rho Q_1 \beta_1 v_1 - \rho Q_3 \beta_3 v_3 \cos 45° - \rho Q_2 \beta_2 v_2 \cos 45° = -\rho Q_1 \beta_1 v_1 - 2\rho Q_3 \beta_3 v_1 \cos 45°$$

$$= -1000 \times 0.15543 \times 1.0 \times 19.8 - 2 \times 1000 \times 0.07772 \times 1.0 \times 19.8 \times 0.7071$$

$$\approx -5.254 \text{ (kN)}$$

射流对叶片的冲击力 $F_1 = -R_1 = 5.254$ kN,方向为 x 轴正向.

② 若叶片以 12 m/s 的速度后退,喷口固定不动,此时 $v_1 = 19.8 - 12 = 7.8$ (m/s),$v_1 = v_2 = v_3$,$Q_1 = v_1 A = 7.8 \times 3.14 \times 0.1^2/4 = 0.06123$ (m³/s),$Q_3 = Q_2 = Q_1/2 = 0.03062$ m³/s,取控制体,列 x 方向的动量方程,则

$$R_2 = -\rho Q_1 \beta_1 v_1 - 2\rho Q_3 \beta_3 v_1 \cos 45°$$

$$= -1000 \times 0.06123 \times 1.0 \times 7.8 - 2 \times 1000 \times 0.03062 \times 1.0 \times 7.8 \times 0.7071$$

$$\approx -0.815 \text{ (kN)}$$

射流对叶片的冲击力 $F_2 = -R_2 = -0.815$ kN,方向为 x 轴正向.

【例题 5.36】　如图 5.52(a)所示为一平面自由水射流,喷射向倾斜放置(倾斜角为 θ)的光滑平板,若不计重力作用和水头损失,试求 Q_1、Q_2 和 Q_0 之间的关系.

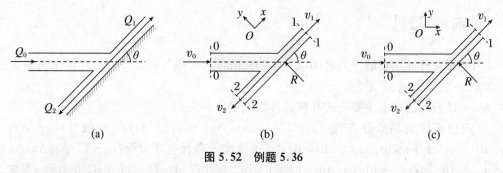

图 5.52　例题 5.36

解　对于水平面上的自由水射流,列能量方程:

$0-0$ 断面和 $1-1$ 断面：$0+0+\alpha_0 v_0^2/(2g)=0+0+\alpha_1 v_1^2/(2g)$

$0-0$ 断面和 $2-2$ 断面：$0+0+\alpha_0 v_0^2/(2g)=0+0+\alpha_2 v_2^2/(2g)$

考虑到 $\alpha_0\approx1,\alpha_1\approx1,\alpha_2\approx1$，则 $v_0=v_1=v_2$.

取断面 $0-0$、$1-1$ 和 $2-2$ 围成的封闭流体为控制体，平板对射流的反作用力为 R.

① 若沿倾斜放置的光滑平板取坐标系，如图 5.52(b) 所示，列 x 方向的动量方程，并将 $\beta_1\approx1,\beta_2\approx1,v_0=v_1=v_2$ 代入，得

$$0=\rho Q_1\beta_1 v_1-\rho Q_2\beta_2 v_2-\rho Q_0\beta_0 v_0\cos\theta$$

联立连续性方程 $Q_0=Q_1+Q_2$，解得

$$Q_1=(1+\cos\theta)Q_0/2,\quad Q_2=(1-\cos\theta)Q_0/2$$

② 若沿水平方向取坐标系，如图 5.52(c) 所示，分别列 x 和 y 方向的动量方程，并令 $\beta_1\approx1,\beta_2\approx1$，则

x 轴方向：$-R\sin\theta=\rho Q_1\beta_1 v_1\cos\theta-\rho Q_2\beta_2 v_2\cos\theta-\rho Q_0\beta_0 v_0$

y 轴方向：$R\cos\theta=\rho Q_1\beta_1 v_1\sin\theta-\rho Q_2\beta_2 v_2\sin\theta-0$

两边交叉相乘，并联立连续性方程 $Q_0=Q_1+Q_2$，解得

$$Q_1=(1+\cos\theta)Q_0/2,\quad Q_2=(1-\cos\theta)Q_0/2$$

习　题

【研究与创新题】

5.1　文丘里流量计需要安装到管路上才能测得所在管路的流量，因此这种直接与被测流体接触的流量计操作起来非常麻烦，能否设计出测量简便的非接触式流量计？

5.2　仿照水轮机的能量利用原理，尝试设计可发电的管道式水轮机组，用于给远程控制终端供电.

5.3　仿照突扩管局部阻力系数的推导方法，尝试推导弯头、渐缩管或渐扩管、正三通和分叉管等管件的局部阻力系数理论公式.

【课前预习题】

5.4　试着背诵和理解下列名词：沿程阻力、沿程水头损失、局部阻力、局部水头损失、层流、紊流、下临界流速、雷诺数.

5.5　试着写出以下重要公式并理解各物理量的含义：

① 理想流体运动微分方程：$f_x-(1/\rho)(\partial p/\partial x)=\mathrm{d}u_x/\mathrm{d}t,f_y-(1/\rho)(\partial p/\partial y)=\mathrm{d}u_y/\mathrm{d}t,f_z-(1/\rho)(\partial p/\partial z)=\mathrm{d}u_z/\mathrm{d}t$；② 纳维埃-斯托克斯方程：$f_x-(1/\rho)(\partial p/\partial x)+\nu\nabla^2 u_x=\mathrm{d}u_x/\mathrm{d}t,f_y-(1/\rho)(\partial p/\partial y)+\nu\nabla^2 u_y=\mathrm{d}u_y/\mathrm{d}t,fz-(1/\rho)(\partial p/\partial z)+\nu\nabla^2 u_z=\mathrm{d}u_z/\mathrm{d}t$；③ 理想流体恒定元流能量方程：$z_1+p_1/(\rho g)+u_1^2/(2g)=z_2+p_2/(\rho g)+$

$u_2^2/(2g)$；④ 不可压缩实际流体恒定总流能量方程：$z_1 + p_1/(\rho g) + \alpha_1 v_1^2/(2g) = z_2 + p_2/(\rho g) + \alpha_2 v_2^2/(2g) + h_w$；⑤ 两断面间有能量输入或输出的能量方程：$z_1 + p_1/(\rho g) + \alpha_1 v_1^2/(2g) \pm H = z_2 + p_2/(\rho g) + \alpha_2 v_2^2/(2g) + h_{w1-2}$；⑥ 皮托管测量液流流速：$u = (2g\Delta h)^{1/2}$；⑦ 文丘里流量计测量管道内流量：$Q = (\pi d_1^2/4)\{2g\Delta h/[(d_1/d_2)^4 - 1]\}^{1/2}$；⑧ 均匀流基本方程：$\tau_0 = \rho g R J$；⑨ 沿程水头损失计算公式：$h_f = \lambda(l/d)v^2/(2g)$；⑩ 局部水头损失计算公式：$h_j = \zeta v^2/(2g)$；⑪ 雷诺数：$Re = vd/\nu$；⑫ 圆管均匀流过流断面上切应力与半径关系：$\tau = \tau_0 r/r_0$；⑬ 水深为 h 的宽浅明渠均匀流中距渠底为 y 处的切应力：$\tau = (1 - y/h)\tau_0$；⑭ 圆管均匀层流断面流速分布式：$u = \rho g J(r_0^2 - r^2)/(4\mu)$；⑮ 圆管层流断面平均流速：$v = u_{max}/2$；⑯ 紊流切应力：$\tau = \mu du/dy + \rho l^2(du/dy)^2$；⑰ 圆管均匀层流沿程阻力系数：$\lambda = 64/Re$；⑱ 尼古拉兹光滑管公式：$1/\lambda^{1/2} = 2\lg(Re\lambda^{1/2}/2.51)$；⑲ 尼古拉兹粗糙管公式：$1/\lambda^{1/2} = 2\lg(3.7d/\Delta)$；⑳ 科尔布鲁克 - 怀特公式：$1/\lambda^{1/2} = - 2\lg[\Delta/(3.7d) + 2.51/(Re\lambda^{1/2})]$；㉑ 谢才公式：$v = C(RJ)^{1/2}$；㉒ 谢才系数与沿程阻力系数的关系：$\lambda = 8g/C^2$；㉓ 曼宁公式：$C = R^{1/6}/n$；㉔ 巴甫洛夫斯基公式：$C = R^y/n$；㉕ 突扩处局部阻力系数：$\zeta_{se} = (1 - A_1/A_2)^2$；㉖ 突缩处局部阻力系数：$\zeta_{sc} = 0.5(1 - A_2/A_1)$；㉗ 恒定总流动量方程的投影式：$\rho Q(\beta_2 v_{2x} - \beta_1 v_{1x}) = \Sigma F_x$，$\rho Q(\beta_2 v_{2y} - \beta_1 v_{1y}) = \Sigma F_y$，$\rho Q(\beta_2 v_{2z} - \beta_1 v_{1z}) = \Sigma F_z$；㉘ 动量修正系数：$\beta = \int_A u^2 dA/(v^2 A)$；㉙ 动能修正系数：$\alpha = \int_A u^3 dA/(v^3 A)$.

【课后作业题】

5.6　如图 5.53 所示，水在垂直管内由上向下流动，相距 l 的两断面间，测压管水头差 h，两断面间沿程水头损失 h_f，则（　　）.

(A) $h_f = h$　　　　(B) $h_f = h + l$　　　　(C) $h_f = l - h$　　　　(D) $h_f = l$

5.7　如图 5.54 所示，一等直径水管，$A - A$ 为过流断面，$B - B$ 为水平面，1、2、3、4 为面上各点，各点的运动参数有以下关系：（　　）.

(A) $p_1 = p_2$

(B) $p_3 = p_4$

(C) $z_1 + p_1/(\rho g) = z_2 + p_2/(\rho g)$

(D) $z_3 + p_3/(\rho g) = z_4 + p_4/(\rho g)$

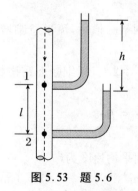

图 5.53　题 5.6

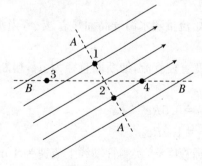

图 5.54　题 5.7

5.8　水平放置的渐扩管如图 5.55 所示，若忽略水头损失，断面形心点的压强有以下关系：（　　）.

(A) $p_1 > p_2$　　　　(B) $p_1 = p_2$　　　　(C) $p_1 < p_2$　　　　(D) 不定

5.9　如图 5.56 所示，半圆形明渠半径 $r_0 = 4$ m，水力半径为（　　）.

(A) 4 m　　　　　(B) 3 m　　　　　(C) 2 m　　　　　(D) 1 m

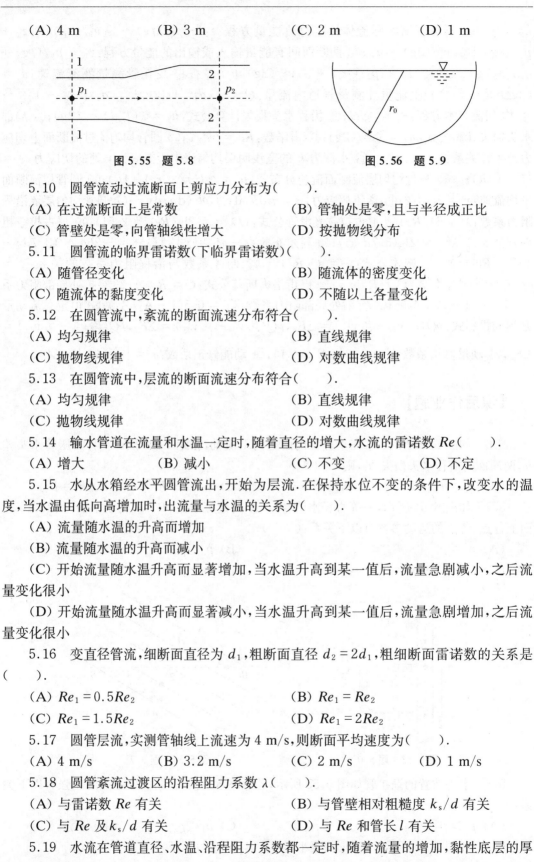

图 5.55　题 5.8　　　　　　　　　　图 5.56　题 5.9

5.10　圆管流动过流断面上剪应力分布为(　　　).

(A) 在过流断面上是常数　　　　　　(B) 管轴处是零,且与半径成正比

(C) 管壁处是零,向管轴线性增大　　　(D) 按抛物线分布

5.11　圆管流的临界雷诺数(下临界雷诺数)(　　　).

(A) 随管径变化　　　　　　　　　　(B) 随流体的密度变化

(C) 随流体的黏度变化　　　　　　　(D) 不随以上各量变化

5.12　在圆管流中,紊流的断面流速分布符合(　　　).

(A) 均匀规律　　　　　　　　　　　(B) 直线规律

(C) 抛物线规律　　　　　　　　　　(D) 对数曲线规律

5.13　在圆管流中,层流的断面流速分布符合(　　　).

(A) 均匀规律　　　　　　　　　　　(B) 直线规律

(C) 抛物线规律　　　　　　　　　　(D) 对数曲线规律

5.14　输水管道在流量和水温一定时,随着直径的增大,水流的雷诺数 Re(　　　).

(A) 增大　　　　(B) 减小　　　　(C) 不变　　　　(D) 不定

5.15　水从水箱经水平圆管流出,开始为层流.在保持水位不变的条件下,改变水的温度,当水温由低向高增加时,出流量与水温的关系为(　　　).

(A) 流量随水温的升高而增加

(B) 流量随水温的升高而减小

(C) 开始流量随水温升高而显著增加,当水温升高到某一值后,流量急剧减小,之后流量变化很小

(D) 开始流量随水温升高而显著减小,当水温升高到某一值后,流量急剧增加,之后流量变化很小

5.16　变直径管流,细断面直径为 d_1,粗断面直径 $d_2=2d_1$,粗细断面雷诺数的关系是(　　　).

(A) $Re_1=0.5Re_2$　　　　　　　　(B) $Re_1=Re_2$

(C) $Re_1=1.5Re_2$　　　　　　　　(D) $Re_1=2Re_2$

5.17　圆管层流,实测管轴线上流速为 4 m/s,则断面平均速度为(　　　).

(A) 4 m/s　　　　(B) 3.2 m/s　　　　(C) 2 m/s　　　　(D) 1 m/s

5.18　圆管紊流过渡区的沿程阻力系数 λ(　　　).

(A) 与雷诺数 Re 有关　　　　　　　(B) 与管壁相对粗糙度 k_s/d 有关

(C) 与 Re 及 k_s/d 有关　　　　　　(D) 与 Re 和管长 l 有关

5.19　水流在管道直径、水温、沿程阻力系数都一定时,随着流量的增加,黏性底层的厚

度(   ).

(A) 增加   (B) 减小   (C) 不变   (D) 不定

5.20   若不改变管道的绝对粗糙度,仅改变管中流动参数,也能使管道由水力粗糙管变为水力光滑管,这是(   ).

(A) 因为加大流速后,黏性底层变厚了

(B) 减小管中雷诺数,黏性底层变厚影响了绝对粗糙度

(C) 流速加大后,把管壁冲得光滑了

(D) 其他原因

5.21   用皮托管测速时,比压计中的水头差是(   ).

(A) 单位动能与单位压能之差   (B) 单位动能与单位势能之差

(C) 测压管水头与流速水头之差   (D) 总水头与测压管水头之差

5.22   测量水槽中某点水流流速的仪器是(   ).

(A) 文丘里计   (B) 皮托管   (C) 测压管   (D) 薄壁堰

5.23   水流流动的方向应该是(   ).

(A) 从高处向低处流

(B) 从压强大处向压强小处流

(C) 从流速大的地方向流速小的地方流

(D) 从高的地方向单位重量流体机械能低的地方流

5.24   动能修正系数是反映过流断面上实际流速分布不均匀性的系数,流速分布(   ),系数值(   );当流速分布(   )时,则动能修正系数的值接近于(   ).

(A) 越不均匀,越小;均匀,1   (B) 越均匀,越小;均匀,1

(C) 越不均匀,越小;均匀,0   (D) 越均匀,越小;均匀,0

5.25   当动能修正系数 $\alpha = 1.0$ 时,意味着过水断面上(   ).

(A) 点流速均相等   (B) 流速呈抛物线分布

(C) 流速呈对数分布   (D) 过水断面上各点流速大小不等

5.26   在同一管流断面上,动能修正系数 α 与动量修正系数 β 的比较是(   ).

(A) $\alpha > \beta$ (B) $\alpha = \beta$ (C) $\alpha < \beta$ (D) 不定

5.27   如图 5.57 所示,装有文丘里管的倾斜管路,通过的流量保持不变.文丘里管的入口及喉部与汞压差计连接,其读数为 Δh.试问:当管路改变倾斜角度时,其读数 Δh 是否会变?

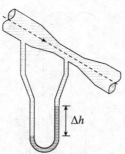

图 5.57   题 5.27

5.28   总流伯努利方程与元流伯努利方程有什么不同点?

5.29 雷诺数的物理意义是什么？为什么能用来判别流态？

5.30 取两个不同管径的管道,当通过不同黏度的液体时,它们的临界雷诺数是否相同？

5.31 为何不能直接用临界流速作为判别流态(层流和紊流)的标准？

5.32 绝对粗糙度为一定值的管道,为什么当 Re 较小时,可能是水力光滑管,而当 Re 较大时,又可能是水力粗糙管？管壁光滑/粗糙与水力光滑/粗糙有什么关系？

5.33 流体流动时产生能量损失的物理原因是什么？

5.34 根据圆管层流中 $\lambda = 64/Re$,水力光滑区中 $\lambda = 0.3164/Re^{0.25}$,水力粗糙区中 $\lambda = 0.11(\Delta/d)^{0.25}$,分析沿程水头损失 h_f 与流速 v 之间的线性关系、1.75 次方关系、2 次方关系.

5.35 壁面的当量粗糙度 Δ、粗糙系数 n、沿程阻力系数 λ、谢才系数 C 各表示什么意思？它们之间有什么区别和联系？

5.36 如图 5.58 所示,比较液流方向由小管到大管(a)与由大管到小管(b)的局部阻力系数的大小.【参考答案:当 $A_1/A_2 = 0.5$ 时,$\zeta_{se} = \zeta_{sc}$；当 $A_1/A_2 < 0.5$ 时,$\zeta_{se} > \zeta_{sc}$；当 $A_1/A_2 > 0.5$ 时,$\zeta_{se} < \zeta_{sc}$】

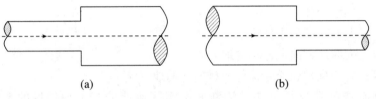

图 5.58 题 5.36

5.37 如图 5.59 所示,两个突然扩大管,粗管直径均为 d_2,但两细管直径不相等,$d_1 > d_1'$,若两者通过的流量 Q 相等,试比较两者局部阻力系数的大小.【参考答案:$\zeta < \zeta'$】

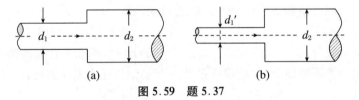

图 5.59 题 5.37

5.38 如图 5.60 所示,水在变直径竖管中流动,水头损失不计,已知粗管直径 $d_1 = 300$ mm,流速 $v_1 = 6$ m/s,$\Delta z = 3$ m.为使两断面的压力表读数相同,试求细管直径 d_2.【参考答案:$d_2 = 235$ mm】

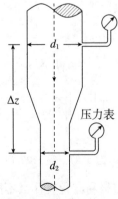

图 5.60 题 5.38

5.39　如图 5.61 所示,油($S_G = 0.9$)向下流入一垂直放置的收缩管道.已知 $d_1 = 300$ mm,$d_2 = 100$ mm,$\Delta z = 0.6$ m.若水银压力计读数为 $\Delta h = 100$ mm,不计水头损失,试计算体积流量.【参考答案:$Q = 0.042$ m³/s】

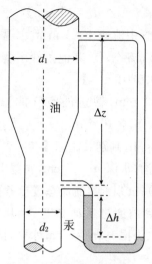

图 5.61　题 5.39

5.40　如图 5.62 所示,用皮托管原理测量水管中某点的流速 u,已知读值 $\Delta h = 60$ mm,$\rho_水 = 1.0 \times 10^3$ kg/m³,$\rho_汞 = 13.6 \times 10^3$ kg/m³,不计水头损失,试求该点的流速.【参考答案:$u = 3.85$ m/s】

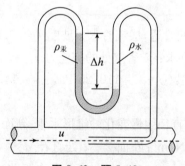

图 5.62　题 5.40

5.41　如图 5.63 所示,水管直径 $d = 50$ mm,末端的阀门关闭时,压力表读值 $p_{m1} = 21$ kN/m²,阀门打开后读值降至 $p_{m2} = 5.5$ kN/m²,若不计水头损失,试求通过的流量 Q.【参考答案:$Q = 10.9$ L/s】

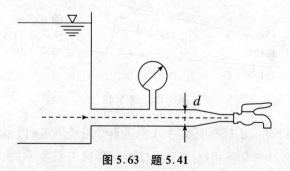

图 5.63　题 5.41

5.42 ① 水管直径 $d_1 = 10$ mm,管中流速 $v = 0.2$ m/s,水温 $T = 10$ ℃(水的运动黏性系数 $\nu = 1.31 \times 10^{-6}$ m²/s),试判别其流态;② 若流速和水温均不变,而管径改为 $d_2 = 30$ mm,试判别此时的流态;③ 若流速和水温均不变,求当管流由层流转变为紊流时的水管直径 d_c.【参考答案:① 层流;② 紊流;③ $d_c = 15$ mm】

5.43 水管直径 $d = 10$ cm,管中流速 $v = 1$ m/s,水温为 10 ℃(水的运动黏性系数 $\nu = 1.31 \times 10^{-6}$ m²/s).① 试判别水流流态;② 其他条件不变,求流态发生变化时的临界流速 v_c.【参考答案:① 紊流;② $v_c = 0.0301$ m/s】

5.44 通风管直径 $d = 250$ mm,输送的空气的温度 $T = 20$ ℃(空气密度 $\rho = 1.205$ kg/m³、运动黏性系数 $\nu = 1.57 \times 10^{-5}$ m²/s).① 试求保持层流的最大流量 Q_v;② 若输送空气的质量流量 $Q_m = 200$ kg/h,判别其流态.【参考答案:① $Q_v = 7.09$ L/s;② 紊流】

5.45 一矩形断面的小排水沟,水深 $h = 15$ cm,底宽 $b = 20$ cm,流速 $v = 0.15$ m/s,水温为 10 ℃($\nu = 1.31 \times 10^{-6}$ m²/s),试判别水流流态.【参考答案:紊流】

5.46 为测定圆管内径,在管内通过运动黏度 $\nu = 0.013$ cm²/s 的水,实测流量 $Q = 35$ cm³/s,长 $l = 15$ m 管段上的水头损失 $h_f = 2$ cm 水柱,试求该圆管的内径 d.【参考答案:$d = 0.0194$ m,流态为层流】

5.47 管道直径 $d = 15$ mm,测量段长 $l = 4$ m,水温 $T = 5$ ℃(水的运动黏性系数 $\nu = 1.52 \times 10^{-6}$ m²/s).试求:① 当流量 $Q = 0.03$ L/s 时,管中的流态;② 此时的沿程阻力系数 λ;③ 测量段的沿程水头损失 h_f;④ 为保持管中为层流,测量段的最大测压管水头差 $(p_1 - p_2)/\gamma$.【参考答案:① 层流;② $\lambda = 0.0382$;③ $h_f = 0.015$ m;④ $(p_1 - p_2)/\gamma = 0.0206$ m】

5.48 直径 $d = 300$ mm 的管道,层流时水力坡度 $J_L = 0.15$,紊流时水力坡度 $J_T = 0.2$.试分层流和紊流两种情况,分别求:① 管壁处的剪应力 τ_{0L} 和 τ_{0T};② 离管轴 $r = 100$ mm 处的剪应力 τ_{rL} 和 τ_{rT}.【参考答案:① $\tau_{0L} = 110.25$ Pa,$\tau_{0T} = 147$ Pa;② $\tau_{rL} = 73.5$ Pa,$\tau_{rT} = 98$ Pa】

5.49 如图 5.64 所示,一直径缓慢变化的锥形水管.断面 1-1 处直径 $d_1 = 0.15$ m,中心点处的相对压强 $p_1 = 7.2$ kN/m²;断面 2-2 处直径 $d_2 = 0.3$ m,中心点处的相对压强 $p_2 = 6.1$ kN/m²,断面平均流速 $v_2 = 1.5$ m/s,1、2 两点高差 $\Delta z = 1$ m.试判别管中水流方向,并求 1-1、2-2 两断面间的水头损失 h_{w1-2}.【参考答案:管中水流为 1→2,$h_{w1-2} = 0.83$ m】

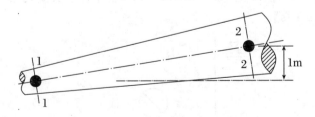

图 5.64 题 5.49

5.50 如图 5.65 所示,水从密闭水箱 A 沿垂直管路被压送到上面的敞口水箱 B 中,已知 $d = 25$ mm,$l = 3$ m,$h = 0.5$ m,$Q = 1.5$ L/s,局部损失系数 $\zeta_{进} = 0.5$,$\zeta_{阀} = 9.3$,$\zeta_{出} =$

1.0,壁面当量粗糙度 $k_s = 0.2$ mm,流体在粗糙区的 $\lambda = 0.11(k_s/d)^{0.25}$.求压力表读数.【参考答案:$p_m = 106.3$ kPa】

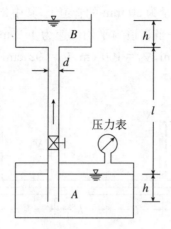

图 5.65　题 5.50

5.51　如图 5.66 所示,一敞口水箱由一带加压空气的封闭水箱供水,两个水箱间水位差 $\Delta = 15$ m,连接管直径 $d = 80$ mm.假设整个管道系统的水头损失为 $20v^2/(2g)$(其中,v 为管道内平均流速),管道内所需流量为 0.012 m³/s,试确定封闭水箱内所需空气压强 p_1.【参考答案:$p_1 = 2.04 \times 10^5$ N/m²】

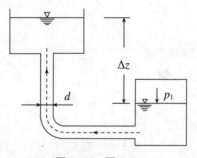

图 5.66　题 5.51

5.52　如图 5.67 所示,从压强 $p_1 = 0.549$ MPa 的水管处接出一根长 $l = 18$ m、直径 $d_1 = 12$ mm 的橡皮管,橡皮管的沿程阻力系数 $\lambda = 0.025$,阀门的局部阻力系数 $\zeta_v = 7.5$.试求下列两种情况下的出口流速 v_3 和 v_2 及其出口动能之比:① 末端装有直径为 $d_3 = 3$ mm、阻力系数 $\zeta_n = 0.1$ 的喷嘴 3;② 末端无喷嘴 3.【参考答案:① $v_3 = 29.34$ m/s;② $v_2 = 4.89$ m/s;$[v_3^2/(2g)]/[v_2^2/(2g)] = 36$】

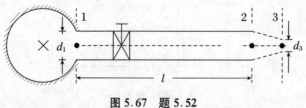

图 5.67　题 5.52

5.53　钢筋混凝土输水管(粗糙系数 $n = 0.012$),直径 $d = 300$ mm,长度 $l = 500$ m,沿

程水头损失 $h_\mathrm{f}=1$ m,试用谢才公式求管道中流速 v.【参考答案:$v=0.66$ m/s】

5.54 如图 5.68 所示,用一简单装置测量阀门的局部阻力系数.为消除沿程水头损失的影响,将 4 根测压管组装到直径为 50 mm 的管道上,其中 2 根在阀门前,另 2 根在阀门后.管子之间的距离分别为 l_1 和 l_2.当管道内平均流速为 1.2 m/s 时,测压管内的水位如图所示,已知 $\nabla_1=165$ cm,$\nabla_2=160$ cm,$\nabla_3=100$ cm,$\nabla_4=92$ cm.试确定阀门的局部阻力系数.【参考答案:$\zeta_v=6.4$】

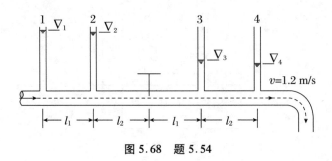

图 5.68 题 5.54

5.55 如图 5.69 所示,矩形断面渠道中有一平板闸门,渠宽 $b=3$ m.闸前水深 $H=4$ m,闸下收缩断面水深 $h_\mathrm{c}=0.8$ m,已知渠道流量 $Q=18$ m³/s.取动能和动量校正系数均为 1.求水流作用于闸门上的作用力.【参考答案:$R=117.79$ kN,方向向右】

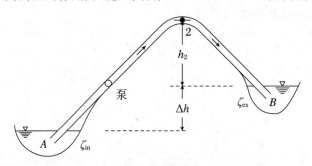

图 5.69 题 5.55

5.56 如图 5.70 所示,一矩形明渠宽 $b=4$ m,渠中设有薄壁堰,堰顶水深 $H_1=1$ m,堰高 $P_1=2$ m,下游水深 $H_2=0.8$ m,已知通过堰的流量 $Q=6.8$ m³/s,堰后水舌内外均为大气.试求堰壁上所受的水平总压力(上、下游河底为平底,河底摩擦力可以忽略).【参考答案:$R=153.18$ kN,方向向右】

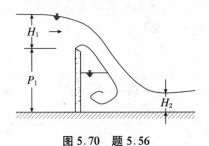

图 5.70 题 5.56

5.57 如图 5.71 所示,有一沿铅锤直立墙壁敷设的弯管,弯头转角为 90°,起始断面 1－1

与终止断面 2-2 间的轴线长度 $L = 3.14$ m,两断面中心高差 $\Delta z = 2$ m,已知 1-1 断面中心处动水压强 $p_1 = 117.6$ kPa,两断面之间水头损失 $h_w = 0.1$ m,已知管径 $d = 0.2$ m,试求当管中通过流量 $Q = 0.06$ m³/s 时,水流对弯头的作用力.【参考答案:$R = 5.12$ kN,与水平轴正向夹角为 $\theta = 41.83°$】

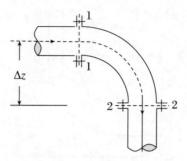

图 5.71　题 5.57

5.58　如图 5.72 所示,引水管的渐变弯段的管道中心线在水平面上,转角为 $90°$,入口断面 1-1 管径 $d_1 = 25$ cm,相对压强 $p_1 = 200$ kN/m²,出口断面 2-2 管径 $d_2 = 20$ cm,流量 $Q = 150$ L/s,忽略水头损失,求固定此弯管所需的力.【参考答案:$R = 12.31$ kN,与水平轴正向夹角 $\theta = 33.47°$】

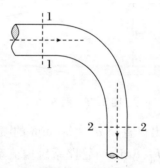

图 5.72　题 5.58

5.59　如图 5.73 所示,水平放置的弯头将管中流速为 1.57 m³/s 的水流偏转 $60°$,并加速.弯头入口直径为 1.0 m,出口直径为 0.75 m.弯头入口处的表压强为 5.05×10^4 Pa.假设弯头中的水头损失可忽略不计,试确定偏转水流对弯头的推力.【参考答案:$R = 37.3$ kN,$\theta = 37.1°$】

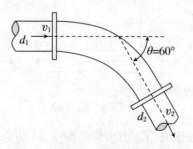

图 5.73　题 5.59

5.60 如图 5.74 所示,有一水平放置的 90°弯道压力管.已知 $d = 15$ cm,流速 $v = 2.5$ m/s,断面 1-1 和 2-2 的动水压强 $p_1/\gamma = p_2/\gamma = 14$ cm(水柱),为了防止弯道在动水总作用力作用下移动,用混凝土镇墩将弯道固定.镇墩与地面的摩擦因数 $f = 0.3$,混凝土容重 $\gamma = 23.62$ kN/m^3.试求修建镇墩所需的混凝土体积 V.【参考答案:$V = 0.027$ m^3】

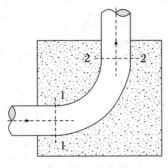

图 5.74 题 5.60

5.61 如图 5.75 所示为一消防管路及喷嘴,管路直径 $d_1 = 200$ mm,喷嘴出口直径 $d_2 = 50$ mm,喷嘴和管路通过法兰盘用四个螺栓连接,略去水头损失,若通流量 $Q = 0.1$ m^3/s,试求每个螺栓上所受的拉力.【参考答案:$f = 8.96$ kN,方向水平向左】

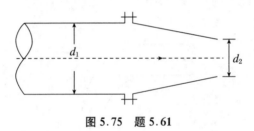

图 5.75 题 5.61

5.62 如图 5.76 所示,一出口直径 $d_3 = 50$ mm 的喷嘴通过法兰螺栓连接到一直径 $d_2 = 150$ mm 的管道上.已知 $H = 8$ m,当管路系统内流动恒定时,等径管内的水头损失 $h_{w1,2} = 5v_2^2/(2g)$(其中 v_2 为管内平均流速),喷嘴的水头损失 $h_{w2,3} = 0.05v_3^2/2g$(其中 v_3 为喷嘴出口平均流速).试求:① 射流流量;② 断面 2-2 的压强;③ 法兰螺栓所受合力.【参考答案:① $Q = 0.023$ m^3/s;② $p_2 = 73.2$ kPa;③ $R = 1.05$ kN】

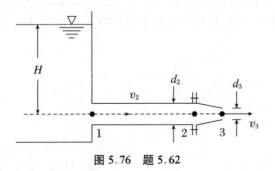

图 5.76 题 5.62

5.63 如图 5.77 所示,一水电站压力水管的渐变段,渐变段起点的直径 $d_1 = 1.5$ m,压强 $p_1 = 400$ kN/m^2(相对压强),渐变段终点的直径 $d_2 = 1.0$ m,流量 $Q = 1.8$ m^3/s,若不计水头损失,动能修正系数和动量修正系数均取 1.0,求渐变段镇墩所受的轴向推力.【参考答案:$R_x = 391.86$ kN,方向水平向右】

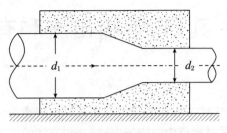

图 5.77　题 5.63

5.64　如图 5.78 所示,射流以速度 v_1 向上射入一半球曲面板内,随后均匀地沿曲面四周射出.已知射流直径 $d_1 = 3$ cm,半球曲面板重量 $G = 100$ N,若不计摩阻力,不计向上射流水体的重量,水的密度 $\rho = 1000$ kg/m³,求将半球曲面板顶托于空中所需的射流速度 v_1.【参考答案:$v_1 = 8.41$ m/s】

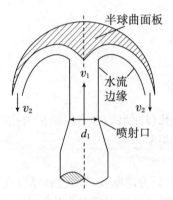

图 5.78　题 5.64

第6章　孔口、管嘴出流和有压管流

【内容提要】本章介绍连续方程和能量方程在孔口恒定或非恒定出流、管嘴恒定出流和有压管恒定或非恒定流等水流现象中的应用,分析这些流动的水力特征,推导其流量计算公式,最后介绍水击的传播过程及水击压强的计算方法.

6.1　孔口出流

6.1.1　孔口恒定出流

6.1.1.1　孔口出流分类

若在水箱壁上开孔,流体经孔口流出的水力现象称为孔口出流.根据孔口出流的水力特征,可将孔口出流分为以下4种类型:

1. 薄壁孔口出流和厚壁孔口出流

按孔壁厚度对出流的影响可分为薄壁孔口出流和厚壁孔口出流.若孔口有锐缘,流经孔口的流体与孔口周界只有线的接触,孔壁厚度对水流没有影响,则此孔口出流称为薄壁孔口出流.若流经孔口的流体与孔壁接触的是面而不是线,孔壁厚度促使流体先收缩后扩张,称为厚壁孔口出流.当孔壁厚度达到孔径或孔口高度的3～4倍时,出流充满孔壁的全部边界,则为管嘴出流.

2. 小孔口出流和大孔口出流

水箱侧壁上孔口的上、下缘在上游水面以下的淹没深度不同,孔口断面上高程不同点的作用水头有差别,导致孔口出流时其断面上的流速存在差异.但当孔口形心的淹没深度 H（或孔口形心以上的作用水头 H）远大于孔口的直径 d（或非圆管的孔口高度 e）时,就可认为孔口断面上各点的作用水头近似相等,孔口断面上各点的流速差异可忽略不计.按 H/d 比值的大小,可将孔口出流分为小孔口出流和大孔口出流两种. $H/d \geqslant 10$ 的孔口称为小孔口,可认为孔口断面上各点的作用水头相等; $H/d < 10$ 的孔口称为大孔口.显然,对于同一孔,当作用水头不同时,可能是小孔口,也可能是大孔口.

3. 恒定出流和非恒定出流

当孔口出流时,水箱内的水量若能得到不断补充并维持水位不变,从而使孔口的作用水头不变,这种出流就称为恒定出流;反之,若水箱内的水位随时间变化(升高或降低),从而使孔口的作用水头变化,孔口的流量亦随时间变化,称为非恒定出流或变水头出流.

4. 自由式出流和淹没式出流

若水箱中的流体自孔口出流到大气中,称为自由式出流;若水箱中的流体自孔口出流到同种流体中,称为淹没式出流(孔口淹没在下游水面以下).

6.1.1.2　薄壁锐缘小孔口恒定自由式出流

水箱壁较薄且孔口四周的水箱壁边缘锐尖、$H/d \geqslant 10$、水箱水位不变时的出流,就是薄壁锐缘小孔口的恒定出流.

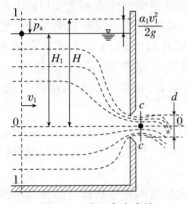

图 6.1　孔口自由出流

如图 6.1 所示,一开敞的水箱边壁上开一孔口,形成薄壁小孔口恒定自由出流.水箱中的水流流线自上游从各个方向趋近孔口,由于水流运动存在惯性,水流不可能在孔口附近做直角拐弯,其流线只能连续光滑地渐渐弯曲,流经孔口时水股断面缩小,流经孔口后继续收缩.实验方向在距水箱内壁约 $d/2$ 的 $c-c$ 断面处收缩完毕,随后扩散. $c-c$ 断面称为收缩断面(contractive),其面积用 A_c 表示,该断面上的流线近似相互平行,符合渐变流条件.

为导出孔口自由式出流流量公式,取水箱内符合渐变流条件的 $1-1$ 断面以及距离孔口内壁约 $d/2$ 处的收缩断面 $c-c$;取经过孔口形心点的水平面 $0-0$ 作为基准面;为简化压强,在 $1-1$ 断面上取其与水面相交线上的一点作为计算点,为简化位能,在 $c-c$ 断面上取其中心点作为计算点;考虑小孔口自由出流,则 $c-c$ 断面上的压强 $p_c = p_a$,采用相对压强;对 $1-1$ 断面和 $c-c$ 断面列能量方程:

$$H_1 + 0 + \frac{\alpha_1 v_1^2}{2g} = 0 + 0 + \frac{\alpha_c v_c^2}{2g} + h_w$$

水箱内的沿程水头损失很小,可忽略不计,故 h_w 仅为水流经孔口的局部水头损失,即 $h_w = h_j = \zeta_c v_c^2/(2g)$,又令 $H = H_1 + \alpha_1 v_1^2/(2g)$,得

$$H = (\alpha_c + \zeta_c) \frac{v_c^2}{2g}, \quad v_c = \frac{1}{\sqrt{\alpha_c + \zeta_c}} \sqrt{2gH} = \varphi \sqrt{2gH}$$

式中,H 为包含行近流速 v_1 在内的作用水头(全水头),若水箱水体很大,则 $v_1 \approx 0$,$H_1 \approx H$;ζ_c 为孔口的局部阻力系数;φ 为孔口流速系数,$\varphi = \dfrac{1}{\sqrt{\alpha_c + \zeta_c}}$.对于圆形孔口,实验测得 $\varphi = 0.97$,考虑到一般情况下收缩断面的动能修正系数 $\alpha_c = 1.0$,则水流经孔口的局部阻力系数 $\zeta_c = 1/\varphi^2 - \alpha_c = 1/0.97^2 - 1 = 0.06$.若令 $\zeta_c = 0$,即不计损失时,$\varphi = 1$,可见 φ 是收缩断面 $c-c$ 的实际流体流速 v_c 对理想流体流速 $\sqrt{2gH}$ 的比值.

设孔口断面面积为 A,收缩断面面积为 A_c,则薄壁小孔口恒定自由式出流流量的计算公式:

$$Q = A_c \cdot v_c = \varepsilon A \cdot \varphi \sqrt{2gH} = \varepsilon \varphi \cdot A \sqrt{2gH} = \mu A \sqrt{2gH}$$

式中,ε 为孔口收缩系数,$\varepsilon = A_c/A$,对于薄壁小孔口,实验测得 $d_c/d = 0.8$,故收缩系数 $\varepsilon = 0.64$;μ 为孔口流量系数,$\mu = \varepsilon \varphi$,对于薄壁小孔口,$\mu = \varepsilon \varphi = 0.64 \times 0.97 = 0.62$.

流量系数 μ 的大小取决于收缩系数 ε 和流速系数 φ(即局部阻力系数 ζ_c).通常,收缩系

数 ε 和局部阻力系数 ζ_c 均与边界条件和 Re 有关,但考虑到孔口出流流速较大即雷诺数 Re 足够大,可认为水流处在阻力平方区,ζ_c 与 Re 无关,视为常数,因此可认为 μ 仅仅受边界条件的影响.孔口边界条件是指孔口所在壁面上的位置.孔口在壁面上的位置对收缩系数 ε 有直接影响.

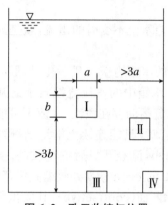

图 6.2　孔口收缩与位置

若孔口的全部边界都不与相邻侧(底)壁重合,则孔口四周流线均发生收缩,此种孔口称为全部收缩孔口,如图 6.2 中的孔 I 和孔 II.全部收缩孔口又分为完善收缩和不完善收缩.若孔口全部边界与相邻侧(底)壁的距离大于孔口同方向尺寸的 3 倍(即 $l>3a$ 或 $l>3b$),则其出流的收缩不受距壁面远近的影响,称为完善收缩孔口(如孔 I);若孔口与相邻侧壁距离不满足上述条件,则为不完善收缩孔口(如孔 II).

若孔口与相邻侧(底)壁重合,则称为部分收缩孔口(如孔 III 和孔 IV).

不完善收缩孔口、部分收缩孔口的流量系数大于完善收缩孔口的流量系数(如 $\mu_{II}>\mu_{I}$),可查水力计算手册或按经验公式估算.

此外,孔口的形状可以是圆形、方形、三角形等,但经实验发现不同形状孔口的流量系数差别很小.

6.1.1.3　薄壁小孔口恒定淹没式出流

如图 6.3 所示,若孔口下游水位高于孔口或孔口淹没在下游水面以下,使从孔口流出的水流不是流入空气,而是流进下游水体,则这种出流形式称为孔口淹没式出流.出流口的水流与小孔口自由式出流相同,由于惯性作用,水流经孔口时流线会先收缩后扩大.

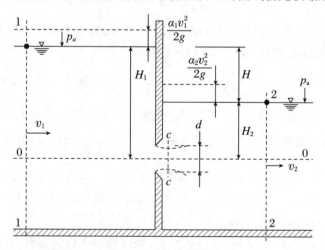

图 6.3　孔口淹没出流

为导出孔口淹没式出流流量公式,取上游水箱内符合渐变流条件的 1-1 断面以及下游水箱内符合渐变流条件的 2-2 断面;取经过孔口形心点的水平面 0-0 为基准面;为简化压强,在 1-1 断面上取其与水面相交线上的一点为计算点,在 2-2 断面上取其与水面相交线上的一点为计算点;采用相对压强;对 1-1 断面和 2-2 断面列能量方程:

$$H_1 + 0 + \frac{\alpha_1 v_1^2}{2g} = H_2 + 0 + \frac{\alpha_2 v_2^2}{2g} + h_w$$

令 $H = [H_1 + \alpha_1 v_1^2/(2g)] - [H_2 + \alpha_2 v_2^2/(2g)]$,则 H 称为孔口作用水头或上、下游水位差,当上、下游水体较大时,行近流速 $v_1 \approx 0$, $v_2 \approx 0$;水头损失 h_w 即局部水头损失 h_j,包括渐变流断面 1-1 经孔口至孔口收缩断面 $c-c$ 的突缩局部水头损失(其中 $\zeta_c = 0.06$),以及孔口收缩断面 $c-c$ 至渐变流断面 2-2 的突扩(sudden expansion)局部水头损失(其中,$\zeta_{se} = (1 - A_c/A_2)^2 = 1.0$,由于 $A_2 \gg A_c$),于是得

$$H = h_w = \zeta_c \frac{v_c^2}{2g} + \zeta_{se} \frac{v_c^2}{2g}$$

则

$$v_c = \frac{1}{\sqrt{\zeta_c + \zeta_{se}}} \sqrt{2gH} = \varphi \sqrt{2gH}$$

将淹没式出流的流速系数 $\varphi_{淹没} = 1/\sqrt{\zeta_c + \zeta_{se}}$ 与自由式出流的流速系数 $\varphi_{自由} = 1/\sqrt{\alpha_c + \zeta_c}$ 进行数学上的比较可知,因为突扩局部阻力系数 $\zeta_{se} = 1.0$,收缩断面的动能修正系数 $\alpha_c = 1.0$,所以两个流速系数相等.在机理上,自由式出流时出口保留一个流速水头 $\alpha_c v_c^2/(2g)$;而淹没式出流时,该流速水头转化为水流突扩时的局部水头损失 $\zeta_{se} v_c^2/(2g)$.

薄壁小孔口恒定淹没式出流流量的计算公式:

$$Q = A_c \cdot v_c = \varepsilon A \cdot \varphi \sqrt{2gH} = \varepsilon \varphi A \sqrt{2gH} = \mu A \sqrt{2gH}$$

将淹没式出流和自由式出流的流量公式进行比较,可以看出两者的形式相同、流量系数相等,仅仅是作用水头的算法不同:在忽略上、下游断面行近流速的情况下,自由式出流的孔口作用水头 H 为孔口形心点的淹没深度,而淹没式出流的孔口作用水头 H 为孔口上、下游水面高差.也正因为孔口作用水头 H 为孔口上、下游水面高差,孔口淹没出流的流速和流量均与孔口离液面的距离无关,而且由于淹没出流孔口断面上各点作用水头相同(均为 H),因此,淹没出流也就没有大小孔口之分.

【例题 6.1】 如图 6.4 所示,容器 A 水面上的压强 $p_1 = 9.8 \times 10^4$ Pa,容器 B 水面上的压强 $p_2 = 19.6 \times 10^4$ Pa,两水面高差 $\Delta h = 0.5$ m,隔板上有一直径 $d = 0.5$ m 的孔口,设两容器中的水为恒定,且水面上压强不变,求流经孔口的流量.(注:水的密度 $\rho = 1000$ kg/m³,$g = 9.8$ m/s²)

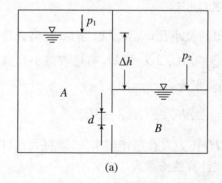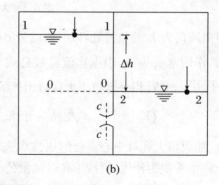

(a)　　　　　　　　　　　　　　(b)

图 6.4　例题 6.1

解 选取 2-2 断面为位能计算基准面,则

容器 A 水面的总水头：$H_A = \Delta h + p_1/(\rho g) = 0.5 + 9.8 \times 10^4/(1000 \times 9.8) = 10.5$（m）.

容器 B 水面的总水头：$H_B = p_2/(\rho g) = 19.6 \times 10^4/(1000 \times 9.8) = 20$（m）.

因为 $H_A < H_B$，所以水是从容器 B 流向容器 A 的.

取 A 容器水面为断面 $1-1$ 和 B 容器水面为断面 $2-2$，并在两断面上分别选取压强及位置的计算点；并选取 $2-2$ 断面为位能计算基准面，列能量方程：

$$0 + p_2/(\rho g) + \alpha_2 v_2^2/(2g) = \Delta h + p_1/(\rho g) + \alpha_1 v_1^2/(2g) + h_{w2-1}$$

式中，$\alpha_1 \approx 1, \alpha_2 \approx 1, v_1 \approx 0, v_2 \approx 0$，得

$$0 + 19.6 \times 10^4/(1000 \times 9.8) + 0 = 0.5 + 9.8 \times 10^4/(1000 \times 9.8) + 0 + h_{w2-1}$$

解得 $h_{w2-1} = 9.5$ m，又

$$h_{w2-1} = (\zeta_c + 1) v_c^2/(2g) = 1.06\, v_c^2/(2g) = 9.5$$

式中，$\zeta_c = 0.06$，则

$$v_c = (2 \times 9.8 \times 9.5/1.06)^{0.5} \approx 13.25 \text{（m/s）}$$

$$A_c = \varepsilon A = \varepsilon \pi d^2/4 = 0.64 \times 3.14 \times 0.005^2/4 \approx 1.26 \times 10^{-5}\text{（m}^3\text{/s）}$$

$$Q = v_c A_c = 13.25 \times 1.25 \times 10^{-5} \approx 1.66 \times 10^{-4}\text{（m}^3\text{/s）} = 0.166\text{（L/s）}$$

6.1.1.4　薄壁大孔口恒定出流

在大孔口断面上，位于不同高度的点的作用水头不同. 如图 6.5 所示，薄壁大孔口恒定自由式出流，矩形孔口的宽为 b，高为 e，孔口上缘压强水头为 H_{top}，渐渐增大到孔口下缘的 H_{bot}.

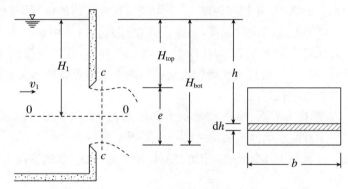

图 6.5　大孔口出流

在距离液面为 h 的位置处，取一高度为 $\mathrm{d}h$ 的微小孔口，其面积为 $b\mathrm{d}h$. 略去行近流速水头，则其作用水头为 h，根据出流流量公式 $Q = \mu A \sqrt{2gh}$ 可知，通过该微小孔口的流量 $\mathrm{d}Q = \mu \sqrt{2gh} \cdot b\mathrm{d}h$，积分得整个大孔口出流的流量为

$$Q_{\text{大}} = \int_{H_{\text{top}}}^{H_{\text{bot}}} \mu \sqrt{2gh} \cdot b\mathrm{d}h = \frac{2}{3} \mu b \sqrt{2g}\,(H_{\text{bot}}^{3/2} - H_{\text{top}}^{3/2})$$

此外，如果将大孔口中心点处的压强水头 H_1 作为大孔口作用水头，即将大孔口断面上各点的压强水头视为相等，则按小孔口流量公式计算的流量为

$$Q_{\text{小}} = \mu A \sqrt{2gH_1} = \mu b e \sqrt{2gH_1}$$

分别用上面两式计算同一大孔口的流量，将计算结果进行比较. 可以发现，当孔口上缘水头 H_{top} 等于孔口竖直高度 e 时，采用相同的 μ 值，用公式 $Q_{\text{小}}$ 计算出的值比用公式 $Q_{\text{大}}$ 计

算出的值大 1% 左右；当 $H_{\text{top}} = 2e$ 时，用公式 $Q_{\text{小}}$ 计算出的值比用公式 $Q_{\text{大}}$ 计算出的值大 0.3% 左右. 因此，在实用上，大孔口流量公式仍采用公式 $Q_{\text{小}}$. 水利工程上的闸孔可按大孔口计算，其流量系数如表 6.1 所示.

表 6.1　大孔口的流量系数 μ

孔口形状和水流收缩情况	流量系数 μ
全部不完善收缩	0.70
底部无收缩，侧向收缩较大	0.65～0.70
底部无收缩，侧向收缩较小	0.70～0.75
底部无收缩，侧向收缩极小	0.80～0.85

6.1.2　孔口非恒定出流

在孔口出流过程中，若水箱内水位随时间变化（上升或下降），导致孔口出流流量也随着时间的变化而变化的流动，称为孔口非恒定出流或变水头出流. 通常水箱的泄流时间、水池的流量调节等问题，都可以按孔口非恒定出流来计算. 在实际工程计算中，考虑到工程上一般水体很大，水位变化缓慢，在微小时段内可视为恒定流，即认为水位恒定，可以用恒定流公式计算流量，把非恒定流转化为恒定流处理. 如沉淀池放空，船坞、船闸灌泄水，水库流量调节等.

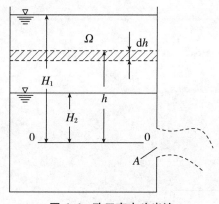

图 6.6　孔口变水头出流

如图 6.6 所示，一横截面积为 Ω 的柱形水箱，初始时刻孔口淹没深度为 H_1，水箱内水流经孔口流出，水箱内不再补水，因而为孔口变水头出流或非恒定出流. 当孔口面积 A 远小于水箱横截面面积 Ω 时，水箱内惯性水头可忽略不计，所以，在每一微小时段内，认为水位不变，孔口出流的基本公式仍然适用. 下面求解水位降至孔口淹没深度为 H_2 或水箱放空的时间.

设某时刻水箱内水面的高度为 h（孔口的水头），经过微小时段 $\mathrm{d}t$，孔口流出的水量：

$$\mathrm{d}V = Q\mathrm{d}t = \mu A \sqrt{2gh}\,\mathrm{d}t$$

与此同时，水箱内水面下降了 $\mathrm{d}h$，水箱内水体的减少量为 $\mathrm{d}V = -\Omega\mathrm{d}h$，水箱内流出的水体也就是水箱内水体减少的体积，即两者相等：

$$\mu A \sqrt{2gh}\,\mathrm{d}t = -\Omega\mathrm{d}h$$

则

$$\mathrm{d}t = -\frac{\Omega}{\mu A \sqrt{2g}} \cdot \frac{\mathrm{d}h}{\sqrt{h}}$$

对上式积分，则可得出水箱水面水位由 H_1 降至 H_2 所需的时间为

$$t = \int_{H_1}^{H_2} -\frac{\Omega\mathrm{d}h}{\mu A \sqrt{2gh}} = \frac{2\Omega}{\mu A \sqrt{2g}}(\sqrt{H_1} - \sqrt{H_2})$$

水箱放空($H_2 = 0$)时所需时间：

$$t = \frac{2\Omega}{\mu A\sqrt{2g}}(\sqrt{H_1} - \sqrt{H_2}) = \frac{2\Omega}{\mu A\sqrt{2g}}\sqrt{H_1} = \frac{2\Omega H_1}{\mu A\sqrt{2gH_1}} = \frac{2V}{Q_{max}}$$

式中，V 为水箱放空时排出的水体体积；Q_{max} 为孔口开始出流时的最大流量.

该式表明，非恒定出流水箱放空所需时间等于在初始水头 H_1 作用下，流出同样水量所需时间的 2 倍，或者说水箱泄空所需时间是在水位为 H_1 恒定流情况下流出相同水体体积所需时间的 2 倍.

6.2 管嘴恒定出流

1. 管嘴恒定出流流量公式

在孔口断面处接一根直径与孔口相同、长度为 3~4 倍孔径的圆柱形短管，形成圆柱形外伸管嘴. 当水流进入管嘴后形成收缩断面 $c-c$，在该断面上水流与边壁脱离形成旋涡区而后扩散，并在出口断面满管流入大气中的水力现象，称为**管嘴自由出流**.

为导出圆柱形外延管嘴恒定自由出流的流量公式，如图 6.7 所示，取水箱内符合渐变流条件的 1-1 断面为计算断面，管嘴出口处的 2-2 断面为计算断面；取经过管嘴轴线的水平面 0-0 为基准面；为简化压强，在 1-1 断面上取其与水面相交线上的一点为计算点，为简化位置水头，在 2-2 断面上取断面形心点为计算点；采用相对压强；对 1-1 断面和 2-2 断面列能量方程：

$$H_1 + 0 + \frac{\alpha_1 v_1^2}{2g} = 0 + 0 + \frac{\alpha_2 v_2^2}{2g} + h_w$$

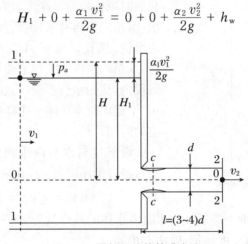

图 6.7 圆柱形外伸管嘴出流

管嘴的沿程水头损失很小，可忽略不计，故 h_w 仅为水流经管嘴的突缩局部水头损失，即 $h_w = h_j = \zeta_2 v_2^2/(2g)$，又令 $H = H_1 + \alpha_1 v_1^2/(2g)$，得

$$H = \frac{\alpha_2 v_2^2}{2g} + \frac{\zeta_2 v_2^2}{2g}$$

则

$$v_2 = \frac{1}{\sqrt{\alpha_2 + \zeta_2}}\sqrt{2gH} = \varphi\sqrt{2gH}$$

式中，ζ_2 为管嘴的局部阻力系数，$\zeta_2 = 0.5(1 - A_2/A_1)$，当 $A_2 \ll A_1$ 时，$\zeta_2 = 0.5$.注意：ζ_2 不是 $1-1$ 断面突缩到 $c-c$ 断面的局部水损系数和 $c-c$ 断面突扩到 $2-2$ 断面的局部水损系数的组合；φ 为管嘴流速系数，$\varphi = 1/\sqrt{\alpha_2 + \zeta_2} = 1/\sqrt{1 + 0.5} \approx 0.82$.

管嘴出流流量公式：

$$Q = A_2 v_2 = A_2 \varphi\sqrt{2gH} = \mu A_2\sqrt{2gH}$$

式中，μ 为流量系数，$\mu = \varepsilon\varphi = 1.0 \times 0.82 = 0.82$，即 $\mu = \varphi$.管嘴出流流量公式与薄壁孔口出流流量公式相比，两者的公式形式完全相同，但流量系数大小不同，$\mu_{管嘴}/\mu_{孔口} = 0.82/0.62 = 1.32$，即 $\mu_{管嘴} = 1.32\mu_{孔口}$.可见，在相同水头 H 作用下，相同管（孔）径的管嘴出流流量是孔口出流流量的 1.32 倍.管嘴出流的流量要大于孔口出流的流量，管嘴常用作泄水设施.

2. 管嘴收缩断面处的真空度计算

由于管嘴水平放置，$2-2$ 断面和 $c-c$ 断面相应点的位置高度相同，但收缩断面 $c-c$ 的断面积要比出口断面 $2-2$ 的断面积小，因而收缩断面 $c-c$ 的流速要大些.根据能量方程可知，$c-c$ 断面的压强必然小于出口断面的压强（大气压强），即 $c-c$ 断面出现真空.正是这个真空的作用，变相提高了管嘴出流的作用水头，使得孔口接管嘴后虽然增加了局部阻力，但出流流量却增加了32%.为求该 $c-c$ 断面的真空度，以管轴线所在的水平面为基准面，对收缩断面 $c-c$ 至出口断面 $2-2$（或 $1-1$ 断面至 $c-c$ 断面）列能量方程：

$$0 + \frac{p_c}{\rho g} + \frac{\alpha_c v_c^2}{2g} = 0 + \frac{p_a}{\rho g} + \frac{\alpha_2 v_2^2}{2g} + h_w$$

① 由于沿程水头损失很小可忽略不计，故 h_w 仅为水流从 $c-c$ 收缩断面向 $2-2$ 断面的满管流扩大局部水头损失，即 $h_w = h_j = \zeta_2 v_2^2/(2g)$；② $\zeta_2 = (A_2/A_c - 1)^2 = (1/\varepsilon - 1)^2$；③ 连续性方程 $A_c v_c = A_2 v_2$，有 $v_c = (A_2/A_c)v_2 = (1/\varepsilon)v_2$ 或 $v_c^2 = (1/\varepsilon^2)v_2^2$；④ 管嘴出口流速公式：$v_2 = \varphi\sqrt{2gH}$，即 $v_2^2/(2g) = \varphi^2 H$.

将 h_w 的表达式代入上式并移项，得收缩断面处的真空度：

$$\frac{p_v}{\rho g} = \frac{p_a}{\rho g} - \frac{p_c}{\rho g} = \frac{\alpha_c v_c^2}{2g} - (\alpha_2 + \zeta_2)\frac{v_2^2}{2g}$$

将 v_c^2、ζ_2 和 $v_2^2/(2g)$ 的表达式代入上式，并令收缩断面 $c-c$ 的动能修正系数 $\alpha_c = 1.0$，出口断面 $2-2$ 的动能修正系数 $\alpha_2 = 1.0$，收缩断面 $c-c$ 的收缩系数 $\varepsilon = 0.64$，将管嘴流速系数 $\varphi = 0.82$ 代入，得圆柱形外延管嘴收缩断面处的真空度为

$$\frac{p_v}{\rho g} = \left[\frac{\alpha_c}{\varepsilon^2} - \alpha_2 - \left(\frac{1}{\varepsilon} - 1\right)^2\right]\varphi^2 H = \left[\frac{1.0}{0.64^2} - 1.0 - \left(\frac{1}{0.64} - 1\right)^2\right] \times 0.82^2 H$$

$$= 0.75\,H$$

该式表明：圆柱形外伸管嘴水流在收缩断面处出现真空，其真空值为 $0.75H$，即圆柱形管嘴收缩断面处的真空值可达作用水头的 0.75，相当于把管嘴的作用水头增加了 75%，这就是同等条件下管嘴比孔口出流流量增大的原因.

3. 圆柱形外伸管嘴正常工作的条件

作用水头愈大，收缩断面处的真空度也愈大.然而，当流体内部压强低于饱和蒸气压（收缩断面真空度达 7 m 水柱以上）时，会发生汽化现象，大量的气体释放，使水流不稳定；同时，

当收缩断面处的真空度过大时,管嘴也会从管嘴出口处吸入空气,从而使收缩断面处的真空被破坏,水股脱离管壁,不再保持满流,从而失去管嘴作用.因此,为了保证管嘴出流的正常,需对收缩断面的真空度或作用水头进行限制,此极限值为 $H = 7/0.75 = 9$(m),即作用水头 $H \leqslant 9$ m(水柱).

若管嘴长度过短,水流收缩后来不及扩大到整个管道断面,使出口不能形成满管出流,从而在收缩断面处不能形成真空而无法发挥管嘴作用;若管嘴长度过长,则会增加沿程水头损失,降低出流量,使管嘴出流变为短管流动.因此,管嘴长度 $l = (3 \sim 4)d$.

4. 其他形式的管嘴

在实际工程上,管嘴也分为自由出流与淹没出流,其计算方法与孔口出流相同.由于不同的使用目的和要求,管嘴的形式各异,但出流流量计算公式都与圆柱形外伸管嘴的相同,唯一的区别仅是流量系数 μ 的不同.现将几种常用类型的管嘴列于表6.2中.

表 6.2　常用类型的管嘴

类型	薄壁锐缘小孔口	圆柱形外伸管嘴	流线形管嘴	圆锥形扩散管嘴	圆锥形收缩管嘴
系数					
局部阻力系数 ζ	0.06 (实验测得)	$\zeta_2 = 0.5(1 - A_2/A_1)$ $= 0.5 (A_2 \ll A_1)$	0.04	3.0~4.0	0.09
断面收缩系数 ε	0.64 (实验测得)	1.0(无收缩)	1.0	1.0	0.98
流速系数 φ	0.97 (实验测得)	$\varphi = 1/(\alpha_2 + \zeta_2)^{1/2}$ $= 1/(1 + 0.5)^{1/2}$ ≈ 0.82	0.98	0.45~0.5	0.96
流量系数 μ	$\mu = \varepsilon\varphi$ $= 0.64 \times 0.97$ ≈ 0.62	$\mu = \varepsilon\varphi$ $= 1.0 \times 0.82$ $= 0.82$	0.98	0.45~0.5	0.94
水力特征	自由出流的局损系数 $\zeta_c = 0.06$,水流在距器壁 $d/2$ 处存在符合渐变流条件的收缩断面;淹没出流包括突缩局损 $\zeta_c = 0.06$ 和突扩局损 $\zeta = 1.0$	$l = (3 \sim 4)d$,作用水头小于9 m;出口为满管出流,收缩断面处存在真空	水流在管嘴内无收缩及扩散;局部阻力很小;适用于涵洞或泄水管	水头损失大;过水能力较大;出口流速较低;不同 θ 值对应不同的 μ 值;适用于要求形成较大真空的地方,如水轮机尾管	不同 θ 值对应不同的 μ 值;适用于出口流速较大的地方,如消防龙头、冲洗水枪、采矿用水力机械

【例题 6.2】　如图 6.8 所示,混凝土坝身上设一泄水管,管长 $l = 4$ m,在管轴线上的压强水头 $H = 6$ m(略去行近流速),现需通过设计流量 $Q = 10$ m³/s,试确定管径 d,并求管中收缩断面的真空度.(可先按外圆柱形管嘴计算,然后核算结果是否符合管嘴条件)

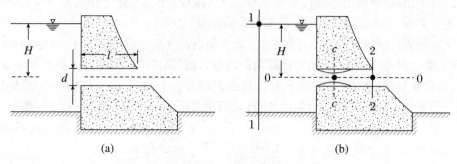

图 6.8　例题 6.2

解　假设该流动为管嘴出流,则根据管嘴出流流量计算公式,得

$$\begin{aligned}
Q &= \mu (2gH)^{1/2} \cdot A = \mu (2gH)^{1/2} \cdot \pi d^2/4 \\
&= 0.82 \times (2 \times 9.8 \times 6)^{1/2} \times 3.14 \times d^2/4 \\
&= 10
\end{aligned}$$

解得 $d = 1.2$ m.

考虑到 $l/d = 4/1.2 = 3.33$,即 $3 < l/d < 4$,因此该泄水管出流可视为管嘴出流,公式应用正确!

又根据管嘴出流真空断面水头公式,得

$$h_{\mathrm{v}} = 0.75H = 0.75 \times 6 = 4.5 \, (\mathrm{m})$$

6.3　有压管流

6.3.1　有压管恒定流

6.3.1.1　短管水力计算

实际工程中常用管道输送流体,如自来水管、输油管、输水廊道等.液体在管道内充满管道、无自由液面、为满管流动,其管内压强一般不等于大气压强,故称这种水力现象为有压管流.短管是指在管路的总水头损失中,水流的流速水头和局部水头损失均占有相当比例,在进行水力计算时均须考虑管路.从数量上估算:根据沿程水头损失公式 $h_{\mathrm{f}} = \lambda (l/d) v^2/(2g)$,其中 $v^2/(2g)$ 为流速水头,$\lambda (l/d)$ 为流速水头的倍数,假设某管道的沿程阻力系数 $\lambda = 0.03$,$l/d = 500$,则 $\lambda (l/d) = 15$,即 15 倍流速水头,这个损失与局部损失相当,因而不可忽略.通常,将管长、管径比为 $4 < l/d \leqslant 1000$ 的管路称为短管.在实际工程中,经常见的短管如有压涵管、虹吸管和倒虹管、水泵的吸水管和较短压水管等.根据短管出流的形式不同,可将其分为自由出流和淹没出流两种.

1. 自由出流

若短管中的液体经出口流入大气,水流四周受大气压作用,则此流动称为自由出流.

如图 6.9 所示,一水位恒定的水箱连接一带阀门的管路,水从水箱经管路流入大气,即短管恒定自由出流.管路中各管段的长度分别为 $l_1,l_2,\cdots,l_m$,管径分别为 $d_1,d_2,\cdots,d_m$,管路中还有突缩、弯头、阀门等 n 个局部水头损失点.

为导出短管恒定自由出流的流量公式,取水箱内符合渐变流条件的 $s-s$ 断面为计算断面、管路末端出口处的 $t-t$ 断面为计算断面;取经过管路出口断面中心点的水平面 $0-0$ 为基准面;为简化压强,在 $s-s$ 断面上取其与水面相交线上的一点为计算点,为简化位置水头,在 $t-t$ 断面上取断面形心点为计算点;采用相对压强;对 $s-s$ 断面和 $t-t$ 断面列能量方程:

$$H_s + 0 + \frac{\alpha_s v_s^2}{2g} = 0 + 0 + \frac{\alpha_t v_t^2}{2g} + h_{\mathrm{w}}$$

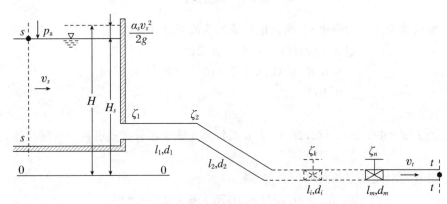

图 6.9　短管自由出流

式中,h_{w} 为管路沿程水头损失与局部水头损失之和,即 $h_{\mathrm{w}} = h_{\mathrm{f}} + h_{\mathrm{j}}$,其中,$h_{\mathrm{f}} = \sum \lambda_i (l_i/d_i) v_i^2/(2g)$,$h_{\mathrm{j}} = \sum \zeta_k v_k^2/(2g)$;并令 $H = H_s + \alpha_s v_s^2/(2g)$,得

$$H = \frac{\alpha_t v_t^2}{2g} + \left(\sum_{i=1}^{m} \lambda_i \frac{l_i}{d_i} \frac{v_i^2}{2g} + \sum_{k=1}^{n} \zeta_k \frac{v_k^2}{2g} \right)$$

该式说明短管水流在自由出流的情况下,其作用水头 H 除了克服水流阻力而引起的能量损失(包括局部和沿程两种水头损失)外,还有一部分变成动能 $\alpha_t v^2/(2g)$ 被水流带到大气中去.这样,就可求得管中流速 v 和通过的流量 Q.

若管路中所有管段的管径均相等,即 $d_1 = d_2 = \cdots = d_i = \cdots = d_m = d$,则 $v_1 = v_2 = \cdots = v_i = \cdots = v_m = v$,得

$$H = \left(\alpha_t + \sum_{i=1}^{m} \lambda_i \frac{l_i}{d_i} + \sum_{k=1}^{n} \zeta_k \right) \frac{v^2}{2g}$$

则

$$v = \frac{1}{\sqrt{\alpha_t + \sum\limits_{i=1}^{m} \lambda_i \dfrac{l_i}{d_i} + \sum\limits_{k=1}^{n} \zeta_k}} \sqrt{2gH} = \varphi \sqrt{2gH}$$

式中,φ 为管路的流速系数,由于断面收缩系数 $\varepsilon = 1.0$,故管路流速系数与管路流量系数相等,即 $\varphi = \mu$.则短管出流流量为

$$Q = Av = \frac{\pi d^2}{4} \cdot \varphi \sqrt{2gH} = \mu A \sqrt{2gH}$$

【例题 6.3】　如图 6.10 所示,水池中的水经弯管流入大气中,已知管道直径 $d = 100$ mm,水平段 1-2 和倾斜段 2-3 的长度均为 $l = 50$ m,高差 $h_1 = 2$ m, $h_2 = 25$ m, 2-3 段设有阀门,沿程阻力系数 $\lambda = 0.035$,管道入口及转弯局部阻力不计.试求:为使 1-2 段末端 2 处的真空高度不超过 7 m,阀门的局部阻力系数 ζ_v 最小值,以及此时的流量.

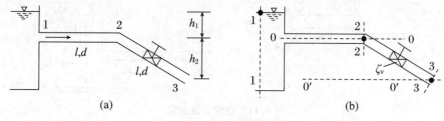

图 6.10　例题 6.3

解　在容器中选取 1-1 断面,在管道上选取通过点 2 的 2-2 断面,并在两断面上分别选取压强水头及位置水头的计算点;选取通过 2-2 断面中心点的水平面为位置水头的计算基准面 0-0,列能量方程:

$$h_1 + 0 + 0 = 0 - p_v/(\rho g) + v^2/(2g) + (\lambda l/d)[v^2/(2g)]$$

则

$$h_1 = -h_v + (1 + \lambda l/d)[v^2/(2g)]$$

整理得

$$\begin{aligned}
v &= [2g(h_1 + h_v)/(1 + \lambda l/d)]^{1/2} \\
&= [2 \times 9.8 \times (2 + 7)/(1 + 0.035 \times 50/0.1)]^{1/2} \\
&\approx 3.09 \, (\text{m/s})
\end{aligned}$$

$$Q = v\pi d^2/4 = 3.09 \times 3.14 \times 0.1^2/4 \approx 0.0243 \, (\text{m}^3/\text{s})$$

取管道出口断面为 3-3 断面,并选取通过出口断面中心点的水平面为位置水头的计算基准面 $0'-0'$,列 1-1 和 3-3 断面的能量方程:

$$h_1 + h_2 + 0 + 0 = 0 + 0 + v^2/(2g) + (2\lambda l/d + \zeta_v)[v^2/(2g)]$$

则

$$h_1 + h_2 = (1 + 2\lambda l/d + \zeta_v)[v^2/(2g)]$$

整理得

$$\begin{aligned}
\zeta_v &= 2g(h_1 + h_2)/v^2 - 1 - 2\lambda l/d \\
&= 2 \times 9.8 \times (2 + 25)/3.09^2 - 1 - 2 \times 0.035 \times 50/0.1 = 19.42
\end{aligned}$$

2. 淹没出流

若短管中的液体经出口流入下游自由液面以下的液体中,则称为**淹没出流**.

为导出短管恒定淹没出流的流量公式,如图 6.11 所示,取上游水箱内符合渐变流条件的 $s-s$ 断面为计算断面;取下游水箱内符合渐变流条件的 $t-t$ 断面为计算断面;取下游水箱水面 0-0 为基准面;为简化压强,在 $s-s$ 断面上取其与水面相交线上的一点为计算点,为简化位置水头,在 $t-t$ 断面上取其与水面相交线上的一点为计算点;采用相对压强;对 $s-s$ 断面和 $t-t$ 断面列能量方程:

$$H_s + 0 + \frac{\alpha_s v_s^2}{2g} = 0 + 0 + \frac{\alpha_t v_t^2}{2g} + h_w$$

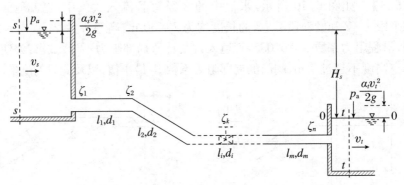

图 6.11 短管淹没出流

考虑到上、下游水箱内的水体断面大,因而流速 v_s、v_t 相比短管中流速 v 很小,即 $v_s \approx 0$, $v_t \approx 0$,可忽略不计,得

$$H_s = h_w = \left(\sum_{i=1}^{m} \lambda_i \frac{l_i}{d_i} + \sum_{k=1}^{n} \zeta_k \right) \frac{v^2}{2g}$$

该式表示短管水流在淹没出流的情况下,两断面间的水位差(即作用水头 H)全部消耗在克服水流的沿程阻力和局部阻力上.同理,也可求出淹没出流时的流速和流量.

出流流速:

$$v = \frac{1}{\sqrt{\sum_{i=1}^{m} \lambda_i \frac{l_i}{d_i} + \sum_{k=1}^{n} \zeta_k}} \sqrt{2gH_s} = \varphi \sqrt{2gH_s} = \mu \sqrt{2gH_s}$$

出流流量:

$$Q = Av = \mu A \sqrt{2gH_s}$$

比较短管自由出流和淹没出流的流量计算公式可知,两者的形式相同,差别在于:① 对于忽略上、下游水域行近流速的情况,自由出流时的作用水头为上游水箱液面至管道出口断面中心点的高差,而淹没出流时的作用水头则为上、下游两水箱的水面高差;② 对于同一个管路系统,若作用水头相同,则自由出流与淹没出流的流量系数也相同,这是由于虽然淹没出流中少一个自由出流的流速水头($\alpha_s = 1.0$),但在出口处多了一个突扩局部阻力系数($\zeta_n = 1.0$).

【例题 6.4】 如图 6.12(a)所示为两水位恒定的水池,已知管道直径 $d = 10$ cm,管长 $l = 20$ m,沿程阻力系数 $\lambda = 0.042$,弯头局损系数 $\zeta_b = 0.8$,阀门局损系数 $\zeta_v = 0.26$,通过流量 $Q = 65$ L/s.试求水池水面高差 H.

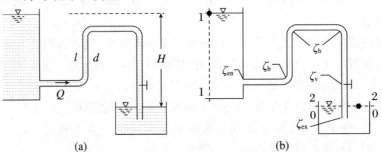

(a)　　　　　　　　　　(b)

图 6.12 例题 6.4

解　在两容器中分别选取 1-1 和 2-2 断面,并在两断面上分别选取压强水头及位置水头的计算点;选取通过 2-2 断面的水平面为位置水头计算基准面,则两断面上计算点的相对压强均为 0,流速近似为 0,管道中的流速 $v = Q/A = 4Q/(\pi d^2)$,列能量方程:

$$H + 0 + 0 = 0 + 0 + 0 + h_{w1-2}$$

即

$$H = h_{w1-2} = h_f + h_j = (\lambda l/d)\ v^2/(2g) + (\zeta_{en} + 3\zeta_b + \zeta_v + \zeta_{ex})v^2/(2g)$$

$$= (\lambda l/d + \zeta_{en} + 3\zeta_b + \zeta_v + \zeta_{ex}) \times 8Q^2/(g\pi^2 d^4)$$

$$= (0.042 \times 20/0.1 + 0.5 + 3 \times 0.8 + 0.26 + 1.0) \times 8 \times 0.065^2/(9.8 \times 3.14^2 \times 0.1^4)$$

$$\approx 43.94\ (\text{m})$$

3. 短管水力计算题型

(1) 短距离输水管

【例题 6.5】　如图 6.13 所示,两水箱通过两段不同直径的管道串联起来,其中 1~3 段管长 $l_1 = 10$ m,直径 $d_1 = 200$ mm,$\lambda_1 = 0.019$;3~6 段管长 $l_2 = 10$ m,$d_2 = 100$ mm,$\lambda_2 = 0.018$.管路中的局部阻力系数有 6 处:管道进口 $\zeta_1 = 0.5$,90°弯头 $\zeta_2 = 0.5$,渐缩管($\theta = 8°$) $\zeta_3 = \lambda_2[1 - (A_2/A_1)^2]/[8\sin(\theta/2)]$,闸阀 $\zeta_4 = 0.5$,90°弯头 $\zeta_5 = 0.5$,管道出口 $\zeta_6 = 1.0$.若输送流量 $Q = 20$ L/s,求:水箱水面的高差 H 应为多少.

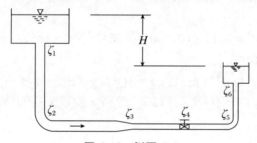

图 6.13　例题 6.5

解　两管段中的流速为

$$v_1 = 4Q/(\pi d_1^2) = 4 \times 0.02/(3.14 \times 0.2^2) = 0.64\ (\text{m/s})$$

$$v_2 = 4Q/(\pi d_2^2) = 4 \times 0.02/(3.14 \times 0.1^2) = 2.56\ (\text{m/s})$$

相应的流速水头分别为

$$v_1^2/(2g) = 0.64^2/(2 \times 9.8) = 0.02\ (\text{m})$$

$$v_2^2/(2g) = 2.56^2/(2 \times 9.8) = 0.33\ (\text{m})$$

渐缩管的局部损失系数:

$$\zeta_3 = \lambda_2[1 - (A_2/A_1)^2]/[8\sin(\theta/2)]$$

$$= 0.018 \times [1 - (100/200)^2]/[8\sin(8/2)] = 0.024$$

以右端水箱水面为基准面 0-0,列两水箱水面的能量方程,得两水箱水面的高差为

$$H = [\lambda_1(l_1/d_1) + \zeta_1 + \zeta_2]v_1^2/(2g) + [\lambda_2(l_2/d_2) + \zeta_3 + \zeta_4 + \zeta_5 + \zeta_6]v_2^2/(2g)$$

$$= [0.019 \times (10/0.2) + 0.5 + 0.5] \times 0.02 + [0.018 \times (10/0.1) + 0.024$$

$$+ 0.5 + 0.5 + 1.0] \times 0.33$$

$$\approx 1.3\ (\text{m})$$

【例题 6.6】　如图 6.14 所示,A、B、C 三个水箱由两段钢管相连接,经过调节使管中产生恒定流动.已知 A 箱和 C 箱的水位差 $H = 10$ m,$l_1 = 50$ m,$l_2 = 40$ m,$d_1 = 250$ mm,$d_2 =$

200 mm,弯头的局部损失系数 $\zeta_b = 0.25$;设流动处在粗糙区,用 $\lambda = 0.11(\Delta/d)^{0.25}$ 计算,管壁当量粗糙度 $\Delta = 0.2$ mm.试求:① 管中流量 Q;② h_1 和 h_2.

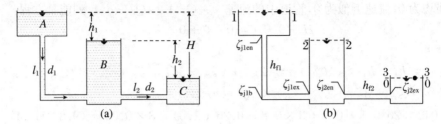

图 6.14 例题 6.6

解 ① 分别选取容器 A 和 C 的水面为 1-1 断面和 3-3 断面,并在两断面上分别选取压强水头及位置水头的计算点;选取通过 3-3 断面的水平面为位置水头计算基准面,则两断面上计算点的相对压强均为 0,流速近似为 0,列能量方程:

$$H + 0 + 0 = 0 + 0 + 0 + h_{w1-3}$$

则

$$
\begin{aligned}
h_{w1-3} &= h_{w1} + h_{w2} = (h_{f1} + h_{j1}) + (h_{f2} + h_{j2}) \\
&= [\lambda_1(l_1/d_1) + \zeta_{jlen} + \zeta_{j1b} + \zeta_{jlex}]v_1^2/(2g) + [\lambda_2(l_2/d_2) + \zeta_{j2en} + \zeta_{j2ex}]v_2^2/(2g) \\
&= H
\end{aligned}
$$

式中,$\lambda_1 = 0.11(\Delta/d_1)^{0.25} = 0.11 \times (0.0002/0.25)^{0.25} = 0.0185$,$\lambda_2 = 0.11(\Delta/d_2)^{0.25} = 0.11 \times (0.0002/0.2)^{0.25} \approx 0.0196$.

对于管段 1:$v_1 = 4Q/(\pi d_1^2)$,$v_1^2/(2g) = 8Q^2/(g\pi^2 d_1^4) = 8Q^2/(9.8 \times 3.14^2 \times 0.25^4) = 21.1955Q^2$;对于管段 2:$v_2 = 4Q/(\pi d_2^2)$,$v_2^2/(2g) = 8Q^2/(g\pi^2 d_2^4) = 8Q^2/(9.8 \times 3.14^2 \times 0.2^4) = 51.7469Q^2$.则

$$
\begin{aligned}
h_{w1-3} &= h_{w1} + h_{w2} \\
&= [\lambda_1(l_1/d_1) + \zeta_{jlen} + \zeta_{j1b} + \zeta_{jlex}]v_1^2/(2g) + [\lambda_2(l_2/d_2) + \zeta_{j2en} + \zeta_{j2ex}]v_2^2/(2g) \\
&= [0.0185 \times (50/0.25) + 0.5 + 0.25 + 1.0] \times 21.1955Q^2 \\
&\quad + [0.0196 \times (40/0.2) + 0.5 + 1.0] \times 51.7469Q^2 \\
&= 115.5155Q^2 + 280.4682Q^2 = 395.9837Q^2 = H = 10
\end{aligned}
$$

解得 $Q = 0.159$ m³/s.

② 由于管中是恒定流,则 A、B 和 C 三个容器的液面高度不变,液面上计算点的流速也均为 0.因此,1-1 断面和 2-2 断面间的水头差 h_1 全部转化为水头损失 h_{w1-2},2-2 断面和 3-3 断面间的水头差 h_2 全部转化为水头损失 h_{w2-3},有

$$h_1 = h_{w1} = 115.5155Q^2 = 115.5155 \times 0.159^2 \approx 2.92 \text{ (m)}$$

$$h_2 = h_{w2} = 280.4682Q^2 = 280.4682 \times 0.159^2 \approx 7.09 \text{ (m)}$$

(2) 虹吸管

虹吸管是一种跨越高地的输水管路.虹吸管上、下游水位高差 H 是虹吸管水流的原动力.为使虹吸管工作,首先将虹吸管进、出口均淹没在水下(用水封闭);在虹吸管顶部装有真空泵,工作时开启真空泵抽出管中空气,形成真空,在负压的作用下,水在管内徐徐上升;待水升至管顶后,管内无空气时关闭真空泵,水在重力作用下开始从下游管道出口流出.正常工作时,水流充满整个虹吸管,但管道内仍为负压,水流在上、下游水位差的作用下通过管道

连续流出,这种管道称为虹吸管.

由于虹吸管中存在真空,而真空会使溶解在水中的空气分离出来,如果真空水头超过某一最大允许值$[h_v]$,还可能会造成管内水的汽化(压强下降,水的沸点相应下降).这会使虹吸管顶部经常积累气体,阻碍或破坏水流的连续性,甚至发生气蚀,造成管道破坏.因此为了使虹吸管正常工作,保证工程安全,必须限制虹吸管内的最大真空压强或真空水头,$[h_v]$一般不超过7~8 m(水柱).

虹吸管水力计算的内容:

已知:作用水头H、管长l、管径d、管材(管壁粗糙情况)、管路布置(局部阻力).

求解:管内通过的流量Q,确定管顶最大真空度或真空压强或最大安装高度.

【例题 6.7】 如图 6.15(a)所示,用一根直径$d = 600$ mm 的钢管从河流中取水至水库,河水位和水库水位高差$H = 1.5$ m,虹吸管全长$l = 100$ m,管道粗糙系数$n = 0.0125$,管道带有滤头的进口$\zeta_\text{进} = 2.0$,90°弯头两个,$\zeta_{90°} = 0.6$,45°弯头两个,$\zeta_{45°} = 0.4$,$\zeta_\text{出} = 1.0$,进口断面至断面 2 间的管长$l_1 = 96$ m,断面 2 的管轴线高出上游水面$z = 1.5$ m.求:① 通过虹吸管的流量Q;② 断面 2 的真空度.

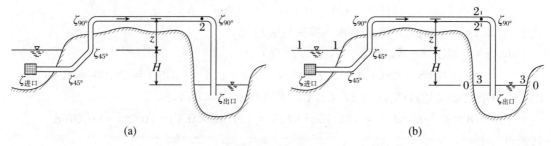

图 6.15 例题 6.7

解 ① 如图 6.15(b)所示,取河流水面为 1-1 断面,水库水面 3-3 为断面,并以水库水面 0-0 为基准面,列能量方程:$H + 0 + 0 = 0 + 0 + 0 + h_{w1-3}$.其中,水头损失包括沿程损失和局部损失,即$H = h_{w1-3} = (\lambda l/d + \zeta_\text{进} + 2\zeta_{90°} + 2\zeta_{45°} + \zeta_\text{出})v^2/(2g)$.又联立$\lambda = 8g/C^2$,$C = R^{1/6}/n$ 和$R = d/4$,有$\lambda = 124.45n^2/d^{1/3} = 124.45 \times 0.0125^2/0.6^{1/3} \approx 0.023$,代入得

$$H = (\lambda l/d + \zeta_\text{进} + 2\zeta_{90°} + 2\zeta_{45°} + \zeta_\text{出})v^2/(2g)$$

$$= (0.023 \times 100/0.6 + 2.0 + 2 \times 0.6 + 2 \times 0.4 + 1.0) \times v^2/(2 \times 9.8) = 1.5$$

解得$v = 1.82$ m/s,$Q = v \cdot \pi d^2/4 = 1.82 \times 3.14 \times 0.6^2/4 \approx 0.514$ (m³/s).

② 以水库水面为基准面 0-0,列断面 2-2 和水库水面 3-3 的能量方程:

$$(H + z) + [0 - p_v/(\rho g)] + v^2/(2g) = 0 + 0 + 0 + h_{w2-3}$$

其中,$h_{w2-3} = (\zeta_{90°} + \zeta_\text{出})v^2/(2g)$,则断面 2 处的真空压强水头:

$$[0 - p_v/(\rho g)] = (\zeta_{90°} + \zeta_\text{出} - 1)v^2/(2g) - (H + z)$$

$$= (0.6 + 1.0 - 1) \times 1.82^2/(2 \times 9.8) - (1.5 + 1.5) \approx -2.9 \text{ (m)}$$

即断面 2 的真空度$p_v = 2.9$ mH₂O,在最大允许真空压强范围内.

【例题 6.8】 如图 6.16(a)所示,用一直径为 0.2 m 的铆接钢管作虹吸管从河流中输水至灌溉水渠.虹吸管的安装高度为$h_2 = 4.5$ m,河流水位与出口的高差$H = 1.6$ m.虹吸管向上、向下长度分别为$l_{12} = 30$ m 和$l_{23} = 40$ m.虹吸管入口、第一个弯头和第二个弯头的局部阻力系数分别为$\zeta_\text{in} = 0.5$,$\zeta_\text{b1} = 0.3$ 和$\zeta_\text{b2} = 0.4$.虹吸管在出口处有一个自由喷射口.试求:

① 虹吸管内流量 Q；② 核查安装高度 h_v 的可用性.【铆接钢管的粗糙度 $n = 0.019$，虹吸管的允许真空高度 $[h_v] = 7 \sim 8$ m】

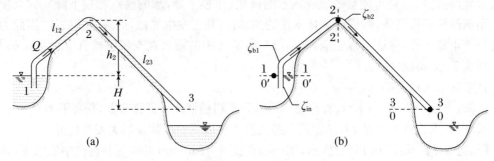

图 6.16　例题 6.8

解　① 虹吸管可视为简单短管.河流中水流的行近流速可忽略不计,即 $v_1 \approx 0$. 如图 6.16(b)所示,以通过管道出口中心点的水平基准线为参考线 $0-0$,列河流自由表面 $1-1$ 与管道出口断面 $3-3$ 之间的能量方程:

$$H + 0 + 0 = 0 + 0 + v^2/(2g) + h_{w1-3}$$

式中,断面 $1-1$ 至断面 $3-3$ 的总水头损失可表示为

$$h_{w1-3} = (\lambda l_{13}/d + \zeta_{in} + \zeta_{b1} + \zeta_{b2}) v^2/(2g)$$
$$= [0.0768 \times (30 + 40)/0.2 + 0.5 + 0.3 + 0.4] v^2/(2g) = 28.08 v^2/(2g)$$

沿程阻力系数 λ 可通过联立 $\lambda = 8g/C^2$，$C = R^{1/6}/n$ 和 $R = d/4$,得

$$\lambda = 8 \times 4^{1/3} gn^2/d^{1/3} = 124.45 n^2/d^{1/3} = 124.45 \times 0.019^2/0.2^{1/3} \approx 0.0768$$

代入得

$$H = v^2/(2g) + h_{w1-3} = 29.08 v^2/(2g)$$

解得虹吸管中的流速为

$$v = (2gH/29.08)^{1/2} = (2 \times 9.8 \times 1.6/29.08)^{1/2} \approx 1.038 \ (\text{m/s})$$

虹吸管内流量为

$$Q = v \cdot \pi d^2/4 = 1.038 \times 3.14 \times 0.2^2/4 \approx 0.0326 \ (\text{m}^3/\text{s})$$

② 以河流自由水面 $1-1$ 为参考面,列河流自由水面 $1-1$ 和虹吸管顶点断面 $2-2$ 的能量方程:

$$0 + 0 + 0 = h_2 + (0 - h_v) + v^2/(2g) + h_{w1-2}$$

式中,断面 $1-1$ 至断面 $2-2$ 的总水头损失 $h_{w1-2} = (\zeta_{90°} + \zeta_{出}) v^2/(2g)$,代入得

$$h_v = h_2 + v^2/(2g) + h_{w1-2} = h_2 + v^2/(2g) + (\lambda l_{12}/d + \zeta_{in} + \zeta_{b1} + \zeta_{b2}) v^2/(2g)$$
$$= h_2 + (1 + \lambda l_{12}/d + \zeta_{in} + \zeta_{b1} + \zeta_{b2}) v^2/(2g)$$
$$= 4.5 + (1 + 0.0768 \times 30/0.2 + 0.5 + 0.3 + 0.4) \times 1.038^2/(2 \times 9.8)$$
$$\approx 5.254 \ (\text{m}) < [h_v]$$

因此,虹吸管在该安装高度可正常工作.

(3) 倒虹管

当过流管道(如输水管道、排水管道等)需横穿河道时,若从河底下穿越,需在河道下敷设中间比进出口端都低的管道,这种形式的管道称为倒虹吸管,简称倒虹管.

倒虹管水力计算的内容:

已知：上下游水位差 H、设计流量 Q、管长 l、管材、管路布置(局部阻力).

求解：设计管道断面，即设计管径 d.

【例题 6.9】　如图 6.17 所示，用一长 200 m 的钢筋混凝土圆形倒虹吸管连接河堤两侧的河流.倒虹吸管的出口端淹没在下游水体中.倒虹吸管的沿程阻力系数 $\lambda = 0.02$.上、下游河流的水位差 $H = 8$ m.入口、第一个弯头、第二个弯头和出口的局部阻力系数分别为 $\zeta_{en} = 0.5$，$\zeta_{b1} = 0.1$，$\zeta_{b2} = 0.1$ 和 $\zeta_{ex} = 1.0$.假设通过倒虹吸管的流量为 25 m³/s，确定倒虹吸管的直径.

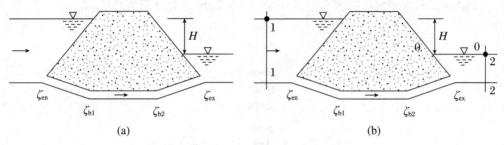

图 6.17　例题 6.9

解　以下游河流的自由水面为参考线 $0-0$，列断面 $1-1$ 和断面 $2-2$ 之间的能量方程：
$$H + 0 + 0 = 0 + 0 + 0 + h_{w1-2}$$

整理得
$$H = h_{w1-2} = (\lambda l/d + \zeta_{en} + \zeta_{b1} + \zeta_{b2} + \zeta_{ex})v^2/(2g)$$
$$= (0.02 \times 200/d + 0.5 + 0.1 + 0.1 + 1.0)v^2/(2g) = (4/d + 1.7)v^2/(2g)$$

将 $v = 4Q/(\pi d^2)$ 代入，得
$$H = (4/d + 1.7)v^2/(2g) = (4/d + 1.7) \times [4Q/(\pi d^2)]^2/(2g)$$
$$= (4/d + 1.7) \times [4 \times 25/(3.14 \times d^2)]^2/(2 \times 9.8) = 8$$

化简得
$$d^5 - 10.996d - 25.873 = 0$$

经多次试算或通过计算编程，解得倒虹吸管的直径 $d = 2.186$ m.

(4) 水泵吸水管

取水点至水泵进口的管道称为**吸水管**.吸水管长度一般较短，且管路配件多，局部水头损失所占比例较大，不能忽略，吸水管通常按短管计算.

水泵进水口有滤网，起拦污作用.工作前先往水泵吸水管内充水，待水面淹没蜗壳后启动电机带动水泵叶轮高速运转.(水泵工作时，由于前面的水流被甩出蜗壳，后续必须有新的水流来填补蜗壳空间，因而会在进口处和吸水管内产生真空.)河流中的水在大气压力的作用下经滤网、吸水管进入水泵叶轮叶槽内，随后水流在高速旋转叶轮产生的离心力的作用下甩出蜗壳，进入压水管，将机械能转化为压能，把水送到水箱(高位水池、水塔).

水泵进口处的真空水头有一定限制，由厂家提供，一般允许吸水真空水头为 $[h_v] \leqslant 4 \sim 7$ m(水柱)，真空水头大于该值，水则发生汽化，破坏水流的连续性，甚至发生气蚀.

水泵吸水管水力计算的内容：

已知：流量 Q、管长 l、管径 d、管材、管路布置(局部阻力)、水泵进口断面的允许真空高度 $[h_v]$.

求解:作用水头 H,以确定水箱、水塔水位标高或水泵扬程 H 以及水泵的允许安装高度 H_s(控制真空水头在允许范围).

求解公式如下:

$$H_s = [h_v] - \left(\alpha + \lambda \frac{l}{d} + \sum \zeta\right)\frac{v^2}{2g}$$

【例题 6.10】 如图 6.18 所示,离心泵流量 $Q = 0.0081$ m³/s,吸水管长度 $l = 7.5$ m,直径 $d = 100$ mm,沿程阻力系数 $\lambda = 0.045$,带底阀的进水口和弯管的局部阻力系数分别为 $\zeta_{进} = 7.0$,$\zeta_{弯} = 0.25$,假设允许吸水真空高度 $[h_v] = 5.7$ m,求允许安装高度 H_s.

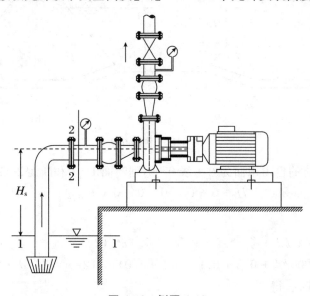

图 6.18 例题 6.10

解 吸水管中流速 $v = 4Q/(\pi d^2) = 4 \times 0.0081/(3.14 \times 0.1^2) \approx 1.03$ (m/s),水泵允许安装高度:

$$H_s = [h_v] - (\alpha + \lambda l/d + \sum \zeta)v^2/(2g)$$

$$= 5.7 - (1.0 + 0.045 \times 7.5/0.1 + 7.0 + 0.25) \times 1.03^2/(2 \times 9.8) \approx 5.07 \text{ (m)}$$

【例题 6.11】 如图 6.19(a)所示,用水泵将集水井中的水抽至水塔,水泵设计流量 $Q = 35$ L/s,各高程分别为 $\nabla_1 = 0.0$ m,$\nabla_2 = 10.0$ m,$\nabla_3 = 32.0$ m,$\nabla_4 = 27.0$ m,$\nabla_5 = 29.0$ m;吸水管管径 $d_1 = 200$ mm,压水管管径 $d_2 = 150$ mm,$l_1 = 10$ m,$l_2 = l_3 = l_4 = 5$ m,铸铁管沿程阻力系数 $\lambda = 0.02$,$\zeta_{底阀} = 7.0$,$\zeta_{弯} = 0.5$.求:① 按允许真空值 $[h_v] = 7$ m,计算水泵安装高度 H_s 和集水井内水位 ∇_6;② 确定水泵扬程 H;③ 计算断面 A 处压强 p_A.

解 ① 如图 6.19(b)所示,以集水井水面 6-6 为基准面 0-0,列断面 6-6 和水泵进口断面 2-2 的能量方程:

$$0 + 0 + 0 = (\nabla_2 - \nabla_6) + p_2/\gamma + \alpha_2 v_2^2/(2g) + h_{w6-2}$$

则

$$(\nabla_2 - \nabla_6) = (0 - p_2/\gamma) - \alpha_2 v_2^2/(2g) - h_{w6-2}$$

式中:

$$v_{1-2} = 4Q/(\pi d_1^2) = 4 \times 0.035/(3.14 \times 0.2^2) \approx 1.115 \text{ (m/s)}$$

$$v_{1-2}^2/(2g) = 0.063 \text{ m}$$

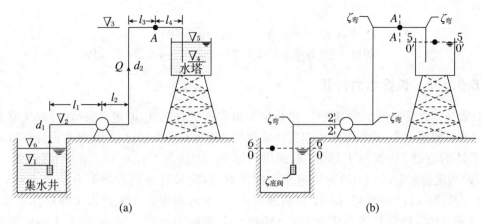

(a)　　　　　　　　　　　　　　　　(b)

图 6.19　例题 6.11

$$h_{\text{w6-2}} = (\zeta_{\text{底阀}} + \zeta_{\text{弯}} + \lambda l_{1-2}/d_1)\ v_{1-2}^2/(2g)$$

$$= (7.0 + 0.5 + 0.02 \times 20/0.2) \times 1.115^2/(2 \times 9.8) \approx 0.602\ (\text{m})$$

代入得水泵安装高度为

$$H_s = \nabla_2 - \nabla_6 = (0 - p_2/\gamma) - \alpha_2 v_2^2/(2g) - h_{\text{w6-2}} = 7 - 0.063 - 0.602 = 6.335\ (\text{m})$$

集水井内水位为

$$\nabla_6 = \nabla_2 - H_s = 10.0 - 6.335 = 3.665\ (\text{m})$$

②　以集水井水面 6-6 为基准面 0-0，列集水井水面 6-6 和水塔水面 5-5 的能量方程：

$$0 + 0 + 0 + H = (\nabla_5 - \nabla_6) + 0 + 0 + h_{\text{w6-5}}$$

则

$$H = (\nabla_5 - \nabla_6) + h_{\text{w6-5}}$$

式中

$$v_{2-4} = 4Q/(\pi d_2^2) = 4 \times 0.035/(3.14 \times 0.15^2) \approx 1.982\ (\text{m/s})$$

$$h_{\text{w2-5}} = (3\zeta_{\text{弯}} + \zeta_{\text{出口}} + \lambda l_{2-4}/d_2) v_2^2/(2g)$$

$$= (3 \times 0.5 + 1 + 0.02 \times 42/0.15) \times 1.9816^2/(2 \times 9.8)$$

$$\approx 1.623\ (\text{m})$$

于是

$$h_{\text{w6-5}} = h_{\text{w6-2}} + h_{\text{w2-5}} = 0.602 + 1.623 = 2.225\ (\text{m})$$

所以水泵扬程为

$$H = (\nabla_5 - \nabla_6) + h_{\text{w6-5}} = 29.0 - 3.665 + 2.225 = 27.56\ (\text{m})$$

③　取断面 $A-A$ 和水塔水面 5-5，以水塔水面为基准 $0'-0'$，列能量方程：

$$(\nabla_3 - \nabla_5) + p_A/\gamma + \alpha_A v_{2-4}^2/(2g) = 0 + 0 + 0 + h_{\text{w}A-5}$$

则

$$p_A/\gamma = h_{\text{w}A-5} - (\nabla_3 - \nabla_5) - \alpha_A v_{2-4}^2/(2g)$$

其中：

$$v_{2-4}^2/(2g) = 1.982^2/(2 \times 9.8) \approx 0.2\ \text{m}$$

$$h_{\text{w}A-5} = (\zeta_{\text{弯}} + \zeta_{\text{出口}} + \lambda l_{A-4}/d_2)\ v_{2-4}^2/(2g)$$

$$= (0.5 + 1 + 0.02 \times 10/0.15) \times 1.982^2/(2 \times 9.8) = 0.568\ (\text{m})$$

代入得

$$p_A = \gamma\left[\, h_{\mathrm{wA\text{-}5}} - (\nabla_3 - \nabla_5) - \alpha_A v_{2\text{-}4}^2/(2g)\right]$$
$$= 9800 \times \left[0.568 - (32 - 29) - 0.2\right] \approx -25.8\,(\mathrm{kPa})$$

6.3.1.2 长管水力计算

长管是指在管路的水头损失中,沿程水头损失占绝对比重,流速水头(含行近流速水头和管路出口流速水头)和局部水头损失的总和与沿程水头损失相比很小,在水力计算时可以忽略不计的管路.从数量上估算:根据沿程水头损失公式 $h_f = \lambda(l/d)v^2/(2g)$,其中 $v^2/(2g)$ 为流速水头,$\lambda(l/d)$ 为流速水头的倍数,假设某管道的沿程阻力系数 $\lambda = 0.03$,$l/d = 1500$,则 $\lambda(l/d) = 45$,即 45 倍流速水头,这个水损远大于流速水头与局部水损,占主导部分.通常,将管长管径比为 $l/d > 1000$ 的管路称为长管.忽略流速水头和局部水损(按沿程水头损失的某一百分数进行估算)不仅使水力计算大为简化,而且几乎不影响计算精度.

长管管路布置一般比较复杂,根据长管组合情况,在计算时可把长管分为简单管路、串联管路、并联管路、沿程均匀泄流管路、树状管网和环状管网等类型.

1. 简单管路

简单管路是指管径沿程不变,没有分支管,因而流量也沿程不变的长管管路.如图 6.20 所示,一水位恒定的水箱引出一管长为 l、直径为 d 的简单管路.水箱水面距管道出口中心点的高差为 H_1.由于是长管,行近流速水头为 $\alpha_1 v_1^2/(2g)$,出口流速水头为 $\alpha_2 v_2^2/(2g)$,弯头和阀门的局部损失忽略不计.以管道出口断面形心点所在的水平面为基准面,列断面 $1-1$ 和 $2-2$ 之间的能量方程:

$$H_1 + 0 + 0 = 0 + 0 + 0 + \lambda\,\frac{l}{d}\,\frac{v_2^2}{2g}$$

则

$$H_1 = \lambda\,\frac{l}{d}\,\frac{v_2^2}{2g}$$

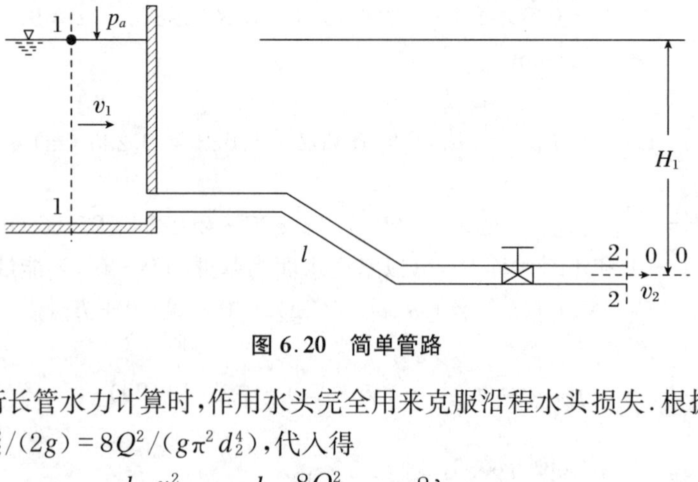

图 6.20 简单管路

该式表示在进行长管水力计算时,作用水头完全用来克服沿程水头损失.根据 $v_2 = Q/A_2 = 4Q/(\pi d_2^2)$ 或 $v_2^2/(2g) = 8Q^2/(g\pi^2 d_2^4)$,代入得

$$H_1 = \lambda\,\frac{l}{d_2}\,\frac{v_2^2}{2g} = \lambda\,\frac{l}{d_2}\,\frac{8Q^2}{g\pi^2 d_2^4} = \frac{8\lambda}{g\pi^2 d_2^5}\cdot lQ^2 = S_0 \cdot lQ^2$$

式中,S_0 为管道的比阻,$S_0 = 8\lambda/(g\pi^2 d_2^5)$.

一般地,简单管路的水力计算公式为

$$H = S_0 l Q^2$$

式中, H 为水箱水面距管路出口中心点的高差,单位为 m; S_0 为管路的比阻, $S_0 = \dfrac{8\lambda}{g\pi^2 d^5}$,单位为 $\mathrm{s}^2/\mathrm{m}^6$.

根据公式 $S_0 = H/(lQ^2)$ 可知,比阻的物理意义为单位流量通过单位长度管道所需的水头,其值取决于沿程阻力系数 λ 和管径 d ,而沿程阻力系数 λ 与流态流区有关,因此比阻的取值也与流态流区有关.计算 λ 的公式有谢才公式和舍维列夫公式等.

(1) 利用谢才公式计算比阻 S_0 (适用于粗糙区)

联立第 5 章推导的沿程阻力系数 λ 与谢才系数 C 的关系 $\lambda = \dfrac{8g}{C^2}$ 以及曼宁公式 $C = \dfrac{1}{n}R^{\frac{1}{6}}$,并将 $R = d/4$ 代入,得

$$\lambda = \frac{8g}{C^2} = \frac{8gn^2}{R^{1/3}} = \frac{8\sqrt[3]{4}\,gn^2}{d^{1/3}}$$

将该 λ 表达式代入 S_0 表达式,并取 $\pi = 3.14$,得

$$S_0 = \frac{8\lambda}{g\pi^2 d^5} = \frac{8}{g\pi^2 d^5} \cdot \frac{8\sqrt[3]{4}\,gn^2}{d^{1/3}} = \frac{64\sqrt[3]{4}\,n^2}{\pi^2 d^{16/3}} = \frac{10.2936 n^2}{d^{16/3}}$$

式中, d 为管路的直径,单位为 m.此时, S_0 为粗糙系数 n 和管径 d 的函数.

对于新旧铸铁管:

当 $n = 0.012$ 时, $S_0 = 0.00148/d^{16/3}$;

当 $n = 0.013$ 时, $S_0 = 0.00174/d^{16/3}$;

当 $n = 0.014$ 时, $S_0 = 0.00202/d^{16/3}$.

应用时值得注意的是,由于谢才公式仅适用于紊流粗糙区,该式也仅适用于紊流粗糙区.当然该式也适用于非圆管管道的水力计算,只需将 d 换成当量直径 d_e 即可.

(2) 利用舍维列夫公式计算比阻 S_0 (适用于旧钢管和旧铸铁管)

第 5 章的舍维列夫公式:对于粗糙区(管道流速 $v \geqslant 1.2$ m/s), $\lambda = \dfrac{0.021}{d^{0.3}}$;对于紊流过渡区(管道流速 $v < 1.2$ m/s), $\lambda = \dfrac{0.0179}{d^{0.3}}\left(1 + \dfrac{0.867}{v}\right)^{0.3}$.

舍维列夫公式是舍维列夫对旧钢管和旧铸铁管进行水力实验得出的计算紊流过渡区和粗糙区的经验公式.将其代入管路比阻表达式 $S_0 = 8\lambda/(g\pi^2 d^5)$,并取 $g = 9.8$ m/s², $\pi = 3.14$,相应地得到:

对于粗糙区(管道流速 $v \geqslant 1.2$ m/s):

$$S_0 = \frac{8\lambda}{g\pi^2 d^5} = \frac{8}{g\pi^2 d^5} \cdot \frac{0.021}{d^{0.3}} = \frac{0.001739}{d^{5.3}}$$

对于紊流过渡区(管道流速 $v < 1.2$ m/s):

$$S_0 = \frac{8\lambda}{g\pi^2 d^5} = \frac{8}{g\pi^2 d^5} \cdot \left[\frac{0.0179}{d^{0.3}}\left(1 + \frac{0.867}{v}\right)^{0.3}\right] = \frac{0.001482}{d^{5.3}}\left(1 + \frac{0.867}{v}\right)^{0.3}$$

$$= \frac{0.001739}{d^{5.3}} \times 0.852\left(1 + \frac{0.867}{v}\right)^{0.3} = k\,\frac{0.001739}{d^{5.3}}$$

式中，k 为修正系数，$k = 0.852\left(1 + \dfrac{0.867}{v}\right)^{0.3}$. 此时，$S_0$ 为管径 d 和管道内流速 v 的函数.

在求解时，若已知管径 d，则先根据流速 v 判断水流流态是在粗糙区还是在紊流过渡区，选用相应的公式计算 S_0；若管径 d 是待求的未知量，则先假定水流流态是在粗糙区，待用粗糙区的 S_0 公式求得管径 d 后，计算流速 v，若发现流态是在紊流过渡区（$v < 1.2$ m/s），则将粗糙区的 S_0 再乘以修正系数 k.

简单管路水力计算的内容：

（1）已知：水箱水面距管路出口中心点的高差 H、管径 d、管长 l、管壁材料. 求解：设计流量 Q.

（2）已知：设计流量 Q、管径 d、管长 l、管壁材料. 求解：水箱水面距管路出口中心点的高差 H.

（3）已知：水箱水面距管路出口中心点的高差 H、设计流量 Q、管长 l、管壁材料. 求解：管径 d.

【例题 6.12】　如图 6.21 所示，利用管长 $l = 3500$ m、管径 $d = 300$ m 的旧铸铁管，由水塔向用户供水，水塔所在地标高 $z_1 = 130$ m，地面至水塔水面距离为 17 m，工厂地面标高 $z_2 = 110$ m，用户要求的自由水头（即管路末端所需要的水压）为 $H_z = 15$ m，求：① 通过管路的流量 Q；② 若设计供水量 $Q = 85$ L/s，其他条件不变，确定水塔高度 H_t.

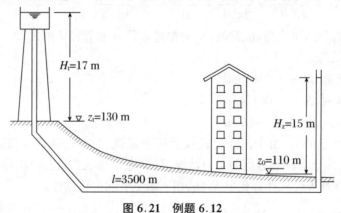

图 6.21　例题 6.12

解　① 通过管路的流量

水塔水面与用户点总水头的高差为

$$H = (z_t + H_t) - (z_0 + H_z) = (130 + 17) - (110 + 15) = 22\ (\text{m})$$

根据长管公式 $H = S_0 l Q^2$，其中，对于旧铸铁管，采用舍维列夫公式：

$$S_0 = 0.001739/d^{5.3} = 0.001739/0.3^{5.3} \approx 1.027\ (\text{s}^2/\text{m}^6) = 1.027 \times 10^{-6}\ (\text{s}^2/\text{L}^2)$$

于是

$$Q = [H/(S_0 l)]^{1/2} = [22/(1.027 \times 3500)]^{1/2} \approx 0.0782\ (\text{m}^3/\text{s}) = 78.2\ (\text{L/s})$$

此时，流速为

$$v = 4Q/(\pi d^2) = 4 \times 0.0782/(3.14 \times 0.3^2) \approx 1.11\ (\text{m/s}) < 1.2\ (\text{m/s})$$

水流在过渡区，S_0 需要修正.

（a）粗略修正法

修正系数：

$$k = 0.852(1 + 0.867/v)^{0.3} = 0.852 \times (1 + 0.867/1.11)^{0.3} = 1.0131$$

则

$$Q' = [H/(kS_0 l)]^{1/2} = [1.0131 \times 22/(1.027 \times 3500)]^{1/2} \approx 0.0787 \ (\text{m}^3/\text{s}) = 78.7 \ (\text{L/s})$$

管路流量:误差大! 改用迭代修正法.

(b) 迭代修正法

$$\begin{aligned} H &= k \cdot S_0 lQ^2 = 0.852(1 + 0.867/v)^{0.3} \cdot S_0 lQ^2 \\ &= 0.852\{1 + 0.867/[4Q/(\pi d^2)]\}^{0.3} \cdot S_0 lQ^2 \\ &= 3062.514 \times [1 + 0.06125355/Q]^{0.3} \times Q^2 = 22 \end{aligned}$$

解得 $Q = 77.68$ L/s,即为该管路上实际通过的流量.

```
%＊＊＊＊＊＊＊＊＊＊＊＊MATLAB 编程求解代码＊＊＊＊＊＊＊＊＊＊＊＊＊＊
clc; clear all
Q = 75:0.0001:79;　%大致确定 Q 的取值范围及计算步长
Q = Q/1000;　%L/s 换算成 m³/s
Error = 3062.514 * ((1 + 0.06125355./Q).^0.3).*(Q.^2) - 22;　%误差
abs_Error = abs(Error);　%对误差数列取绝对值
min_Error = min(abs_Error);　%找出绝对值最小的误差值
[row,column] = find(abs_Error == min_Error);　%找出最小误差值在数组中的列标
Q_solution = 1000 * Q(column)%在 Q 数组中,列标对应的流量 Q_solution 即为解,L/s
%＊＊＊＊＊＊＊＊＊＊＊＊＊＊＊＊＊＊＊＊＊＊＊＊＊＊＊＊＊＊＊＊＊＊＊＊
程序运行结果:Q_solution = 77.6778 L/s.
```

② 水塔高度

当 $Q = 85$ L/s 时,流速为

$$v = 4Q/(\pi d^2) = 4 \times 0.085/(3.14 \times 0.3^2) \approx 1.203 \ (\text{m/s}) > 1.2 \ (\text{m/s})$$

水流在粗糙区,S_0 无须修正.

根据长管公式 $H = S_0 lQ^2 = 1.027 \times 3500 \times 0.085^2 = 25.97$ (m),可得水塔高度为

$$H_t = H + (z_0 + H_z) - z_t = 25.97 + (110 + 15) - 130 = 20.97 \ (\text{m})$$

2. 串联管路

当用水户不止一处时,供水管路沿途就有流量分出,管径就有变化;或虽然用水户只有一处,但为了充分利用水头、节约管材,也可以采用不同管径、管段组成的管路. 由管径不同的多根管段首尾顺次连接组成的长管管路称为串联管路. 如图 6.22 所示,串联管路中不同

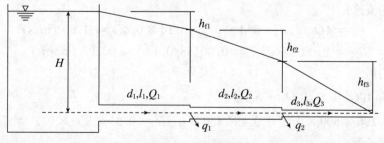

图 6.22　串联管路

管径管段的连接处叫作节点.串联管路各管段的管径、流量、流速均不相同,所以应分段计算其沿程水头损失.

串联管路的总水头损失应等于各段水头损失之和:

$$H = \sum h_{fi} = \sum S_{0i} l_i Q_i^2$$

对每个节点,流量都应满足连续性方程,即流向节点的流量等于流出节点的流量.

$$Q_i = q_i + Q_{i+1}$$

若中途没有流量泄出时,则各管段中的流量为常数为 $Q_1 = Q_2 = \cdots = Q$,得 $H = \sum h_{fi} = \sum S_{0i} l_i Q_i^2 = Q^2 \sum S_{0i} l_i$.

【例题 6.13】 如图 6.23 所示,由 3 根管段组成的供水系统,已知 $l_1 = 500$ m,$d_1 = 400$ mm;$l_2 = 450$ m,$d_2 = 350$ mm;$l_3 = 350$ m,$d_3 = 300$ mm.管道为铸铁管($n = 0.012$),$Q_3 = 0.1$ m³/s,转输流量 $q_1 = 0.05$ m³/s,$q_2 = 0.05$ m³/s.管路水平布置,管道末端高程 $\nabla = 0.0$ m,服务水头(剩余水头)$H_z = 10.0$ m,求水塔水面的高度.

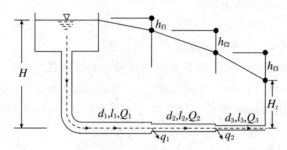

图 6.23 例题 6.13

解 管段 3 的流速:

$$v_3 = 4Q_3/(\pi d_3^2) = 4 \times 0.1/(3.14 \times 0.3^2) \approx 1.42 \ (\text{m/s})$$
$$S_{03} = 0.00148/d_3^{16/3} = 0.00148/0.3^{16/3} \approx 0.91 \ (\text{s}^2/\text{m}^6)$$

管段 2 的流量:

$$Q_2 = Q_3 + q_2 = 0.1 + 0.05 = 0.15 \ (\text{m}^3/\text{s})$$

管段 2 的流速:

$$v_2 = 4Q_2/(\pi d_2^2) = 4 \times 0.15/(3.14 \times 0.35^2) \approx 1.56 \ (\text{m/s})$$
$$S_{02} = 0.00148/d_2^{16/3} = 0.00148/0.35^{16/3} \approx 0.4 \ (\text{s}^2/\text{m}^6)$$

管段 1 的流量:

$$Q_1 = Q_2 + q_1 = 0.15 + 0.05 = 0.2 \ (\text{m}^3/\text{s})$$

管段 1 的流速:

$$v_1 = 4Q_1/(\pi d_1^2) = 4 \times 0.2/(3.14 \times 0.4^2) \approx 1.59 \ (\text{m/s})$$
$$S_{01} = 0.00148/d_1^{16/3} = 0.00148/0.4^{16/3} \approx 0.196 \ (\text{s}^2/\text{m}^6)$$

总水头的损失:

$$\sum h_f = S_{01} l_1 Q_1^2 + S_{02} l_2 Q_2^2 + S_{03} l_3 Q_3^2$$
$$= 0.196 \times 500 \times 0.2^2 + 0.4 \times 450 \times 0.15^2 + 0.91 \times 350 \times 0.1^2 = 11.16 \ (\text{m})$$

水塔水面高度:

$$H_t = H_z + \sum h_f = 10.0 + 11.16 = 21.16 \ \text{m}$$

【例题 6.14】 用内壁涂水泥砂浆的铸铁管 ($n = 0.012$) 输水,已知作用水头 $H = 25$ m,管长 $l = 2500$ m,设计通过流量 $Q = 250$ L/s,试在保证供水、充分利用水头、节约管材的基础上,确定管道直径 d.

解 由长管水力计算公式 $H = S_0 l Q^2$,得比阻

$$S_0 = H/(lQ^2) = 25/(2500 \times 0.25^2) = 0.16 \ (\text{s}^2/\text{m}^6) = 0.16 \times 10^{-6} (\text{s}^2/\text{L}^2)$$

根据谢才公式和曼宁公式,当 $n = 0.012$ 时:

$$S_0 = 0.00148/d^{16/3} = 0.16$$

解得

$$d \approx 0.416 \ \text{m} = 416 \ \text{mm}$$

大小接近市售管径 $d_{01} = 400$ mm 和 $d_{02} = 450$ mm. 相应的比阻分别为

$$S_{01} = 0.00148/d_{01}^{16/3} = 0.00148/0.4^{16/3} \approx 0.196 \ (\text{s}^2/\text{m}^6)$$

$$S_{02} = 0.00148/d_{02}^{16/3} = 0.00148/0.45^{16/3} \approx 0.105 \ (\text{s}^2/\text{m}^6)$$

为了充分利用水头,保证供水,并节约管材,拟考虑用两段不同管径的管道串联起来供水. 设 400 mm 管的长度为 l_1;450 mm 管的长度为 l_2.

联立方程:

$$l_1 + l_2 = 2500 \quad \text{和} \quad H = (S_{01} l_1 + S_{02} l_2)Q^2 = (0.196 l_1 + 0.105 l_2) \times 0.25^2 = 25$$

解得

$$l_1 = 1511 \ \text{m}, \quad l_2 = 989 \ \text{m}$$

3. 并联管路

串联管路节省管材,但供水可靠性低,若某条管段发生故障,则不能正常供水. 为了提高供水可靠度或增加管道供水能力,可在节点处并联几条管道,组成并联管路. **并联管路** 是指两根或两根以上管段的两端都连接在公共节点上的管路系统. 并联管段一般按长管计算,每条管段均为简单管路. 如图 6.24 中的 AB 段就是用三根管子组成的并联管路.

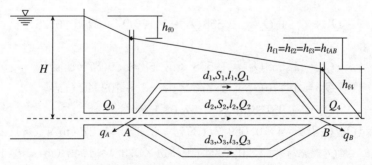

图 6.24 并联管路

并联管路水力计算的基本公式:

液体通过所并联的任何管段时其水头损失都相等,即 $h_{f1} = h_{f2} = h_{f3} = h_{fAB}$ 或 $S_{01} l_1 Q_1^2 = S_{02} l_2 Q_2^2 = S_{03} l_3 Q_3^2$,因为如果在 A 和 B 点各安装一根测压管,则各测压管只可能各有一个测压管水头,这两个测压管水头之差也只有一个差值,所以对于并联的每根管段,单位重量流体从 A 点流到 B 点沿程水头损失是相等的.

并联管路中各管段的管径、管长、管材或粗糙度有可能不同,这使得各管道的通流量也不同,但节点流量必须满足连续性条件:流入节点的流量等于流出该节点的流量,即对于 A 点,$Q_0 = Q_A + Q_1 + Q_2 + Q_3$.

联立后可解出各管段中的流量分配和水头损失.若计算整个管路的水头损失,并联管路段中只能计算其中的一路.即 $H = h_{f0} + h_{f1} + h_{f4}$ 或 $H = h_{f0} + h_{f2} + h_{f4}$ 或 $H = h_{f0} + h_{f3} + h_{f4}$.

【例题 6.15】 如图 6.25 所示,以旧铸铁管从 A 点分成三路向 B 点供水,各管的管长和管径分别为 $l_1 = 130 \text{ m}, d_1 = 300 \text{ mm}; l_2 = 100 \text{ m}, d_2 = 300 \text{ mm}; l_3 = 120 \text{ m}, d_3 = 250 \text{ mm};$ 总流量 $Q = 250 \text{ L/s}$,求 Q_1、Q_2、Q_3.

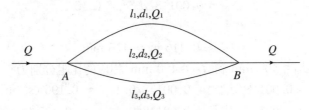

图 6.25　例题 6.15

解 假定各段内的流动均处于粗糙区,对于旧铸铁管,根据舍维列夫公式,得

$$S_{01} = S_{02} = 0.001739/d_1^{5.3} = 0.001739/0.3^{5.3} = 1.027 \ (\text{s}^2/\text{m}^6)$$

$$S_{03} = 0.001739/d_3^{5.3}$$
$$= 0.001739/0.25^{5.3} \approx 2.7 \ (\text{s}^2/\text{m}^6)$$

根据 $S_{01} l_1 Q_1^2 = S_{02} l_2 Q_2^2 = S_{03} l_3 Q_3^2$ 和 $Q = Q_1 + Q_2 + Q_3$,有

$$1.027 \times 130 \times Q_1^2 = 1.027 \times 100 \times Q_2^2 = 2.7 \times 120 \times Q_3^2$$

则

$$133.51 Q_1^2 = 102.7 Q_2^2 = 324 Q_3^2$$

解得

$$Q_1 = 1.558 Q_3, \quad Q_2 = 1.776 Q_3$$

又因为

$$Q_1 + Q_2 + Q_3 = 1.558 Q_3 + 1.776 Q_3 + Q_3 = 0.25$$

解得

$$Q_1 = 1.558 Q_3 = 1.558 \times 57.68 \approx 89.87 \ (\text{L/s})$$
$$Q_2 = 1.776 Q_3 = 1.776 \times 57.68 \approx 102.45 \ (\text{L/s})$$
$$Q_3 = 0.05768 \ \text{m}^3/\text{s} = 57.68 \ \text{L/s}$$

校核:$v_1 = 4Q_1/(\pi d_1^2) = 4 \times 0.08987/(3.14 \times 0.3^2) \approx 1.27 \ (\text{m/s}) > 1.2 \ \text{m/s}$,为粗糙区,假定正确;$v_2 = 4Q_2/(\pi d_2^2) = 4 \times 0.10245/(3.14 \times 0.3^2) \approx 1.45 \ (\text{m/s}) > 1.2 \ \text{m/s}$,为粗糙区,假定正确;$v_3 = 4Q_3/(\pi d_3^2) = 4 \times 0.05768/(3.14 \times 0.25^2) \approx 1.18 \ (\text{m/s}) < 1.2 \ \text{m/s}$,为过渡区,与假定不符,需要修正.

AB 两点的水头损失 $H = S_{01} l_1 Q_1^2 = 1.027 \times 130 \times 0.08987^2 \approx 1.078 \ (\text{m})$.长管公式引入修正系数得

$$H = k \cdot S_{03} l Q_3^2 = 0.852(1 + 0.867/v_3)^{0.3} \cdot S_{03} l Q_3^2$$

则

$$276.05 \times (1 + 0.04/Q_3)^{0.3} \times Q_3^2 = 1.078$$

解得

$$Q_3 = 57.7 \ \text{L/s}$$

相应地可得

$$Q_1 = 1.558Q_3 = 1.558 \times 57.7 \approx 89.9 \text{ (L/s)}$$
$$Q_2 = 1.776Q_3 = 1.776 \times 57.7 \approx 102.4 \text{ (L/s)}$$

【例题 6.16】 如图 6.26 所示,由水塔供水的铸铁管路,$n = 0.012$,如要保证 C 点出流时自由水头 $H_z = 5$ m,B 点流量外流 $q_B = 5$ L/s,其余数据见表 6.3,试确定并联管路内流量分配,并计算需要的水塔高度 H_t.

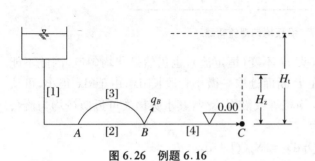

图 6.26 例题 6.16

表 6.3 例题 6.16

管段编号	管长 l (m)	管径 d (mm)	流量 Q (L/s)
[1]	500	200	15
[2]	300	150	
[3]	400	100	
[4]	500	150	10

解 $S_{02} = 0.00148/d_2^{16/3} = 0.00148/0.15^{16/3} \approx 36.68$ (s^2/m^6),$S_{03} = 0.00148/d_3^{16/3} = 0.00148/0.1^{16/3} = 318.86$ (s^2/m^6).

根据 $S_{02} l_2 Q_2^2 = S_{03} l_3 Q_3^2$ 和 $Q = Q_2 + Q_3$,有

$$36.68 \times 300 \times Q_2^2 = 318.86 \times 400 \times Q_3^2$$

则

$$11004 Q_2^2 = 127544 Q_3^2$$

则

$$Q_3 = 0.294 Q_2$$

又 $Q_2 + Q_3 = Q_2 + 0.294 Q_2 = 0.015$,解得

$$Q_2 = 0.01159 \text{ m}^3/\text{s} = 11.59 \text{ L/s}, \quad Q_3 = 0.294 Q_2 = 0.294 \times 11.59 = 3.41 \text{ L/s}$$

另 $S_{01} = 0.00148/d_1^{16/3} = 0.00148/0.2^{16/3} \approx 7.91$ (s^2/m^6),$S_{04} = 36.68$ s^2/m^6,得水头损失为

$$\sum h_f = S_{01} l_1 Q_1^2 + S_{02} l_2 Q_2^2 + S_{04} l_4 Q_4^2$$

$$= 7.91 \times 500 \times 0.015^2 + 36.68 \times 300 \times 0.01159^2 + 36.68 \times 500 \times 0.01^2 \approx 4.2 \text{ (m)}$$

水塔高度为

$$H_t = \sum h_f + H_z = 4.2 + 5 = 9.2 \text{ (m)}$$

4. 沿程均匀泄流管路

在管段范围内沿程不变,然后在该管段末端集中泄出(或继续向下游管段输送)的流量称为转输流量.除转输流量外,在管道侧面还存在沿途连续均匀的途泄流量的管路称为沿程均匀泄流管路.如人工降雨的管路、沉淀池中的冲洗管、冷却塔的配水管、船闸灌水廊道、给水工程中的配水管和冲洗管等.

如图 6.27 所示,从一水箱引出一沿程均匀泄流管路 AB.管路的长度为 l,作用水头为 H,进口流量为 $Q + ql$,管路出口的转输流量为 Q,单位长度管路上泄出的流量(途泄流量)为 q[单位:$\text{m}^3/(\text{m} \cdot \text{s})$].

假设距管道出口 x 处的 P 过流断面上,其流量为 $Q_P = Q + qx$,由于流量沿管路在不断

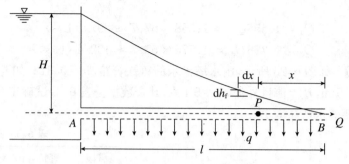

图 6.27　沿程均匀泄流管路

变化(非满管流、非均匀流),即使作用水头 H 不变(恒定流),也仍然是非均匀流,因此不能应用均匀流计算公式 $H = S_0 l Q^2$. 但若在 P 断面处取一微小管段长 $\mathrm{d}x$,由于 $\mathrm{d}x$ 很小,可认为通过 $\mathrm{d}x$ 微段上各过流断面的流量 Q_P 均相等或沿程不变,其水头损失可近似按均匀流公式来计算,即得 $\mathrm{d}x$ 段的沿程水头损失为

$$\mathrm{d}h_f = S_0 Q_P^2 \mathrm{d}x = S_0 (Q + qx)^2 d$$

沿管长积分,得全管路的沿程水头损失为

$$H = h_f = S_0 \int_0^l (Q + qx)^2 \mathrm{d}x = S_0 l \left(Q^2 + Qql + \frac{1}{3} q^2 l^2 \right) \approx S_0 l (Q + 0.55 ql)^2$$

该式表明,初始 $Q + ql$ 的进口流量通过沿程均匀泄流管路(非均匀流)产生的水头损失,等效于 $Q + 0.55 ql$ 的折算流量以均匀流通过同管径管路产生的水头损失.

当转输流量 $Q = 0$,即沿程均匀泄流管路的所有进口流量全部为途泄流量时,水头损失为

$$H = S_0 l \left(Q^2 + Qql + \frac{1}{3} q^2 l^2 \right) = \frac{1}{3} S_0 l (q^2 l^2)$$

该式表明,初始 ql 的进口流量通过沿程均匀泄流管路(非均匀流)产生的水头损失,为 ql 的流量以均匀流通过同管径管路产生的水头损失的 1/3.

【例题 6.17】　如图 6.28 所示,由水塔供水的输水管为三段铸铁管($n = 0.012$)组成,中段为均匀泄流管段,每米泄出的流量为 $q = 0.10$ L/s. 已知:$q_1 = 15$ L/s,$Q_3 = 10$ L/s;$l_1 = 300$ m,$d_1 = 200$ mm;$l_2 = 200$ m,$d_2 = 150$ mm;$l_3 = 100$ m,$d_3 = 100$ mm. 求所需水塔高度(作用水头).

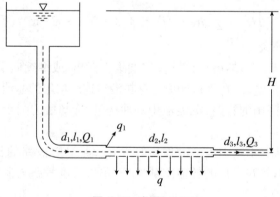

图 6.28　例题 6.17

解　管段 2 的水头损失等效流量

$$Q_2 = Q_3 + 0.55ql_2 = 10 + 0.55 \times 0.1 \times 200 = 21 \text{ (L/s)}$$

管段 1 的流量：

$$Q_1 = q_1 + ql_2 + Q_3 = 15 + 0.1 \times 200 + 10 = 45 \text{ (L/s)}$$

当 $n = 0.012$ 时，有

$$S_{01} = 0.00148/d_1^{16/3} = 0.00148/0.2^{16/3} \approx 7.91 \text{ (s}^2/\text{m}^6)$$

$$S_{02} = 0.00148/d_2^{16/3} = 0.00148/0.15^{16/3} \approx 36.68 \text{ (s}^2/\text{m}^6)$$

$$S_{03} = 0.00148/d_3^{16/3} = 0.00148/0.1^{16/3} \approx 318.86 \text{ (s}^2/\text{m}^6)$$

所需作用水头：

$$H = \sum h_f = S_{01} l_1 Q_1^2 + S_{02} l_2 Q_2^2 + S_{03} l_4 Q_3^2$$

$$= 7.91 \times 300 \times 0.045^2 + 36.68 \times 200 \times 0.021^2 + 318.86 \times 100 \times 0.01^2$$

$$\approx 11.23 \text{ (m)}$$

6.3.1.3　树状管网水力计算

为了向更多的用户供水，在给水工程上往往将许多管路组成管网. 管网按其形状可分为树状管网（或枝状管网）和环状管网两种，如图 6.29 所示. 树状管网的水力计算可分为新建给水管网的设计和扩建原有给水系管网的设计两种.

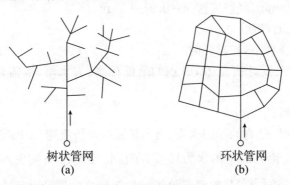

树状管网　　　　　　　　　　环状管网
(a)　　　　　　　　　　　　　(b)

图 6.29　管网的形状

1. 新建给水系统的设计

已知：管网拓扑结构，节点的需水量 q_i、地面标高 z、所需自由水头 H_z，各管段的长度 l、管材，如图 6.30 所示.

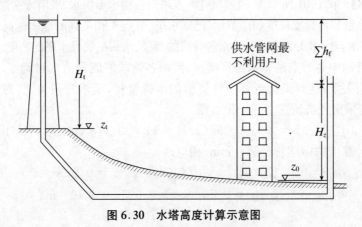

图 6.30　水塔高度计算示意图

求解:各管段的管径 d、水塔水面高度 H_t 及水泵扬程.

方法:从各管段末端开始,向水塔方向求出各管段的流量 q_{ij};依据流量选用匹配的经济流速 v 及相应的管径 d;利用公式 $h_f = S_0 l Q^2$ 计算出各管段水头损失 h_{ij};计算出从水塔到控制点(管网的控制点是指在管网中水塔至该点的水头损失、地面标高和要求作用水头三项之和最大的点)的总水头损失 $\sum h_f$,于是可得水塔高度:

$$H_t = z_0 + H_z + \sum h_f - z_t$$

式中,H_z 为控制点的自由水头,单位为 m;z_0 为控制点地形标高,单位为 m;z_t 为水塔处的地形标高,单位为 m;$\sum h_f$ 为从水塔到管网控制点的总水头损失,单位为 m.

管网内各管段的管径是根据流量 Q 和速度 v 来决定的.由 $Q = vA = v\pi d^2/4$ 可知,当流量 Q 一定时,若选用较小的管径 d,虽然管路造价可以降低,但管内流速 v 较大,会导致水头损失 h_f 增加,需要较高的水塔或水泵扬程,电费增加.反之,若选用较大的管径 d,虽然管路造价增加了,但管内流速 v 减小了,水头损失 h_f 也相应减小,只需较低的水塔和水泵扬程,电费降低.因此,在确定管路流速时,使总成本(包括管网、泵站/水塔建造费和供水电费之和)最小的流速为经济流速.流量一定时,经济流速对应的管径称为经济管径.

值得注意的是,经济流速的影响因素很多,不同经济时期其经济流速也有变化.但综合实际的设计经验,对于一般的中、小直径的管路,直径 $d = 100 \sim 400$ mm,经济流速 $v = 0.6 \sim 0.9$ m/s;直径 $d \geqslant 400$ mm,经济流速 $v = 0.9 \sim 1.4$ m/s.

2. 扩建给水系统的设计

在水塔已建成的条件下,扩建管网.

已知:作用水头 H、设计流量 Q,节点的地面标高、需水量、所需自由水头,管路长度、管材.

求解:确定扩建管段管径 d.

计算原则:充分利用已有的作用水头(而不是通过经济流速)来确定管径 d.

方法与步骤:计算管路的平均水力坡度(单位长度的水头损失):$J = \sum h_f / \sum l = [(H_t + z_t) - (H_z + z_0)] / \sum l$;根据公式 $J = S_0 Q^2$ 计算管路的平均比阻 S_0,并计算平均管径 d(计算出来的管径不可能恰好等于市售标准管径);将需设计的管路分成两段,一段采用大于平均管径 d 的市售管径,另一段采用小于平均管径 d 的市售管径;通过串联管路计算,使这些管段的组合恰好在给定水头下通过指定的流量.

【例题 6.18】 图 6.31 所示为一枝状管网,水塔向各用水点供水.采用铸铁管(粗糙系数 $n = 0.013$),节点需水量和各管段长度如图所示,已知水塔、节点 4 和 7 处的地面标高均为 70.0 m,节点 4 和 7 点处要求自由水头 $H_z = 12$ m.求各管段的直径、水头损失及水塔的高度.

解 树状管网中各节点的供水路径唯一,因而各管段的流量值也可确定.根据输流量-经济流速的对应关系,选择最接近管径计算值的市售管径,反求管段流速.对于 3-4 管段,$q_{34} = 25$ L/s,若采用经济流速 $v = 1$ m/s,则

$$d = 4q_{34}/(\pi v) = 4 \times 0.025/(3.14 \times 1) = 0.178 \text{ (m)} = 178 \text{ (mm)}$$

采用最接近该计算值的标准管径 200 mm,相应地

$$S_{034} = 0.00174/d_{34}^{16/3} = 0.00174/0.2^{16/3} = 9.3 \text{ (s}^2/\text{m}^6)$$
$$h_{f34} = S_{034} l_{34} q_{34}^2 = 9.3 \times 350 \times 0.025^2 = 2.03 \text{ (m)}$$

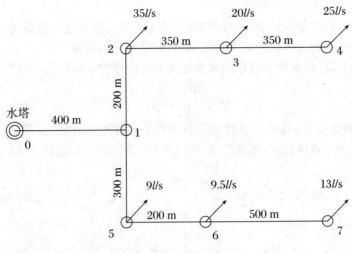

图 6.31 例题 6.18

其他各管段的计算方法类似,结果见表 6.4.

表 6.4

管段		管长 l_{ij} (m)	流量 q_{ij} (L/s)	管径 d_{ij} (mm)	比阻 S_{0ij} (s^2/m^6)	水损 h_{fij} (m)
上支	3 - 4	350	25	200	9.30	2.03
	2 - 3	350	45	250	2.83	2.00
	1 - 2	200	80	300	1.07	1.37
下支	6 - 7	500	13	150	43.13	3.64
	5 - 6	200	22.5	200	9.30	0.94
	1 - 5	300	31.5	250	2.83	0.84
主干	0 - 1	400	111.5	350	0.47	2.34

管网中的控制点,即管网中水压最难保障的点.从水塔到管网最远的用水点 4 和点 7 的水头损失:

$$\sum h_{f04} = h_{f01} + h_{f12} + h_{f23} + h_{f34} = 2.34 + 1.37 + 2.00 + 2.03 = 7.74 \text{ (m)}$$

$$\sum h_{f07} = h_{f01} + h_{f15} + h_{f56} + h_{f67} = 2.34 + 0.84 + 0.94 + 3.64 = 7.76 \text{ (m)}$$

由于 $\sum h_{f07} > \sum h_{f04}$,且节点 4 和 7 的自由水头、地面标高均相同,因此节点 7 为控制点,于是水塔的高度:

$$H_t = H_z + \sum h_f = 12 + 7.76 = 19.76 \text{ (m)}$$

6.3.1.4 环状管网水力计算

给水管线纵横接连,形成闭合的环状管网.环状网中,任一管道都可由其余管道替换供水,从而提高了供水的可靠性.环状管网的水力计算问题:

已知:环状管网的拓扑结构,各节点 i 的需水量 q_i 和地面标高 z_i,各管段 ij 的管径 d_{ij}、

比阻 S_{0ij} 和管长 l_{ij}，如图 6.32 所示.

求解：各水源节点（如泵站、水塔等）的供水量 Q_0、各管段通过的流量 q_{ij}（P 个未知量），从而求出各段的水头损失 h_{ij}、全部节点的水压，确定水塔的高度.

值得注意的是，环状管网中管段的水头损失通常用海曾－威廉公式计算，即

$$h = \frac{10.67 q^{1.852} l}{C^{1.852} d^{4.87}}$$

其中，C 为海曾威廉系数，其值与管材及其新旧有关.管段水头损失公式的一般形式为 $h = S_0 l q^n$，若采用海曾－威廉公式，则比阻 $S_0 = 10.67/(C^{1.852} d^{4.87})$，指数 $n = 1.852$.

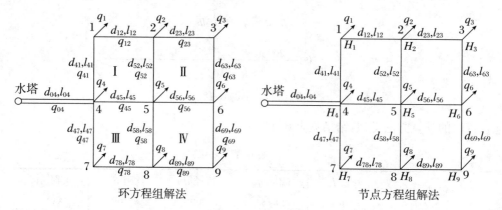

图 6.32　环状管网

环状管网水力计算实质就求解 $J-1$ 个节点线性连续性方程组和 L 个非线性环能量方程组，求出 P 根管段的流量 q_{ij}.

1. 节点连续性方程组

任一节点 i 的流量包括该节点的节点流量 q_i、流离该节点的若干管段 $\sum q_{ij}$ 流量和流向该节点的若干管段 $\sum q_{ji}$ 流量.对于管网中的各个节点 i，流向该节点的流量等于从该节点流出的流量.对于 $q_{ij}(i \rightarrow j)$，通常以离开节点 i 的流量 $\sum q_{ij}$ 为正，流向节点 i 的流量 $\sum q_{ji}$ 为负，则两者的总和应等于零，即对每个节点 i 都应满足 $q_i + \sum q_{ij} = 0$. $J-1$ 个节点就有 $J-1$ 个独立方程（其中任一方程可从其余方程导出），组成线性方程组：

$$\begin{cases} \left(q_i + \sum q_{ij}\right)_1 = 0 \\ \left(q_i + \sum q_{ij}\right)_2 = 0 \\ \quad \cdots\cdots \\ \left(q_i + \sum q_{ij}\right)_{J-1} = 0 \end{cases}$$

2. 环能量方程组

每个环中各管段 ij 的水头损失总和等于零.水流沿环为顺时针方向的管段的水头损失为正，为逆时针方向的管段的水头损失为负. L 个基环对应 L 个独立方程，组成非线性方程组：

$$\begin{cases} \sum (h_{ij})_1 = 0 \\ \sum (h_{ij})_2 = 0 \\ \cdots\cdots \\ \sum (h_{ij})_L = 0 \end{cases} \text{或} \begin{cases} \sum (S_{0ij}l_{ij}q_{ij}^n)_1 = 0 \\ \sum (S_{0ij}l_{ij}q_{ij}^n)_2 = 0 \\ \cdots\cdots \\ \sum (S_{0ij}l_{ij}q_{ij}^n)_L = 0 \end{cases}$$

对于任何环状管网,其管段数 P 和基环数 L 以及节点数 J(包括泵站、水塔等水源节点),满足关系: $P = L + J - 1$.环状管网水力计算的目标是求解 P 根管段通过的流量 q_{ij},即有 P 个未知量.显然,联立节点连续性方程组和环能量方程组即可求解.求解方法有解环方程组法和解节点方程组法.

1. 解环方程组法的计算步骤

解环方程组法即管网平差,是指在按初步分配流量并确定管径的基础上,重新分配各管段的流量,反复计算,直至同时满足节点连续性方程组和环能量方程组.

思路:先初步分配各管段的流量 q_{ij}(满足节点连续性方程组),然后以各环的水损闭合差满足精度要求(满足环能量方程组)为目标,反复调整各管段的流量 q_{ij},最后得到各管段的流量 q_{ij}.具体步骤如下:

(1) 已知管网拓扑结构、管材或海曾-威廉系数 C、各管段长度 l_{ij}、各节点 i 的需水量 q_i 以及地面标高 z_i.

(2) 拟定环状管网各管段的水流方向,按每个节点 i 满足连续性方程 $q_i + \sum q_{ij} = 0$ (管段流量 q_{ij} 的符号以水流离开节点 i 取正,水流流向节点 i 取负,用户用水量 q_i 取正),并考虑供水经济性和可靠性的要求为每一管段分配流量,得到初步分配的管段流量 $q_{ij}^{(0)}$(注:经济性是指流量分配后得到的管径,应使一定年限内的管网建造费用和管理费用最小;可靠性是指能向用户不间断地供水,并且保证应有的水量、水压和水质);拟定各管段的管径值 d_{ij}.

(3) 计算各管段的比阻 $S_{0ij} = 10.67/(C_{ij}^{1.852}d_{ij}^{4.87})$ 和水头损失 $h_{ij}^{(0)} = S_{0ij}l_{ij}(q_{ij}^{(0)})^n$.

(4) 对于管网中的各基环分别列环能量方程,各管段的水头损失符号规定:管段内水流方向若为顺时针方向则取正,反之,则取负.如管段 ij 的水头损失 $h_{ij}^{(0)} = S_{0ij}l_{ij}(q_{ij}^{(0)})^n$,则基环 loop 内各管段的水头损失的代数和即第一次水损闭合差 $\sum h_{ij}^{(0)}$ 或 $\Delta h_{loop}^{(0)}$.若 $\Delta h_{loop}^{(0)} > 0$,说明顺时针方向各管段中初步分配的流量多了些(使得水头损失偏大),逆时针方向管段中分配的流量少了些;反之,则顺时针方向管段中初步分配的流量少了些,逆时针方向管段中分配的流量多了些.因此,校正流量 $\Delta q_{loop}^{(0)}$ 的符号必然与闭合差 $\Delta h_{loop}^{(0)}$ 的符号相反.最后找出管网中最大的环闭合差 $\Delta h_{max}^{(0)}$.

(5) 计算基环 loop 内各管段的 $|nS_{0ij}l_{ij}q_{ij}^{(0)n-1}|$ 及其代数和 $\sum |nS_{0ij}l_{ij}q_{ij}^{(0)n-1}|$.

(6) 计算基环 loop 的校正流量 $\Delta q_{loop}^{(0)} = -\Delta h_{loop}^{(0)}/(\sum |nS_{0ij}l_{ij}q_{ij}^{(0)n-1}|)$.符号表示:若水损闭合差为正,则校正流量为负,反之,则校正流量为正.

(7) 调整基环 loop 内各管段的流量,得第一次校正的管段流量: $q_{ij}^{(1)} = q_{ij}^{(0)} + \Delta q_{loop}^{(0)} - \Delta q_{loop-n}^{(0)}$(式中, $\Delta q_{loop}^{(0)}$ 为本环的校正流量, $\Delta q_{loop-n}^{(0)}$ 为邻环的校正流量).

至此,完成了管段流量的第一次重新分配.接着,判断管网中最大的环闭合差 $\Delta h_{max}^{(0)}$ 是否在精度允许值 ε 范围内.若最大环水损闭合差尚未达到允许的精度,再重复第(4)~(7)步,按每次调正后的流量反复计算,直到最大环水损闭合差达到精度要求为止.通常,手工计算时,环水损闭合差要求小于 0.5 m.电算时,环水损闭合差可以达到任何要求的精度,但可考虑采用 0.01~0.05 m.环方程组法的计算流程如图 6.33 所示.

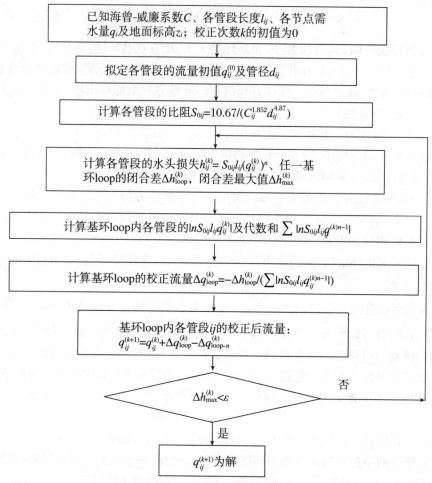

图 6.33 环方程组法的流程图

【例题 6.19】 如图 6.34 所示为一环状管网,最高用水时的流量 $Q_0 = 219.8$ L/s,所有

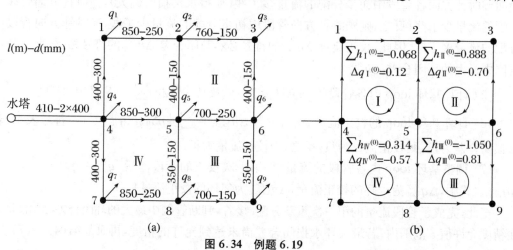

图 6.34 例题 6.19

节点的地面标高均为 0,最不利点自由水头取 24 m,节点流量(或用户需水量)和各管段初始分配流量见表 6.5,各管段的管长、管径如图 6.34(a)所示,海曾-威廉系数 C 取 120.计算水塔高度.

表 6.5

节点编号	节点流量 q_i(L/s)	假定流向	管段流量 q_{ij}(L/s)	连续性 $q_i+\sum q_{ij}=0$	节点编号	节点流量 q_i(L/s)	假定流向	管段流量 q_{ij}(L/s)	连续性 $q_i+\sum q_{ij}=0$
1	20.0	4→1	−59.6	0	6	23.6	5→6	−33.6	0
		1→2	39.6				6→9	5	
2	31.6	1→2	−39.6	0			6→3	5	
		5→2	−3		7	19.2	4→7	−58.2	0
		2→3	11				7→8	39	
3	16.0	2→3	−11	0			7→8	−39	0
		6→3	−5		8	30.2	5→8	−3	
4	25.6	0→4	−219.8	0					
		4→7	58.2				8→9	11.8	
		4→5	76.4						
		4→1	59.6						
5	36.8	4→5	−76.4	0	9	16.8	8→9	−11.8	0
		5→8	3						
		5→6	33.6				6→9	−5	
		5→2	3						

注:分配管段流量 q_{ij} 时,符号规定:相对于节点 i,水流离开节点 i 取正,流向节点 i 取负;节点流量或用户需水量 q_i 取正.

解　平差计算过程见表 6.6,其中,水头损失用海曾－威廉公式计算,故比阻计算如下:

$$S_0 = 10.67/(C^{1.852} d^{4.87})$$

各环管段流量 q_{ij} 的符号规定:管段流量流向与所在环的顺时针方向相同为"正",反之为"负".在求各环闭合差时,管段水头损失 h_{ij} 的符号规定:若管段内水流方向与本环顺时针方向相同则取"正",反之取"负".因此,管段水头损失的符号总是与该管段流量的符号一致.环校正流量 Δq_{loop} 的符号总是与闭合差 Δh_{loop} 的符号相反.

计算时应注意,两相邻环之间公共管段(如管段 5-2、4-5、5-6 和 5-8)同时受到相邻两环校正流量的影响.以管段 5-2 为例:在环 I 中,初步分配流量为 −3 L/s,属于逆时针方向的流量,而环 I 的闭合差:

$$\sum h_{\mathrm{I}} = -0.068 < 0$$

说明在环 I 中,流向为顺时针方向的管段的流量偏小,或者说逆时针方向的流量偏大,因此,预期是减小管段 5-2 的流量,经反向校正,校正值为

$$\Delta q_{\mathrm{I}} = 0.12 \text{ L/s}$$

校正后流量:

$$-3 + 0.12 = -2.88 \text{ (L/s)}$$

绝对值比校正前小,符合预期! 同理,环Ⅱ的闭合差:

$$\sum h_{\text{Ⅱ}} = 0.888 > 0$$

说明在环Ⅱ中,流向为顺时针方向的管段的流量偏大,应反向校正,校正值为

$$\Delta q_{\text{Ⅱ}} = -0.70 \text{ L/s}$$

管段5-2校正后的流量:

$$3 - 0.70 = 2.3 \text{ (L/s)}$$

绝对值比校正前的小,符合预期! 当叠加校正后,在环Ⅰ中,管段5-2校正后的流量为

$$-3\Delta q_{\text{Ⅰ}} - \Delta q_{\text{Ⅱ}} = -3 + 0.12 - (-0.70) = -2.18 \text{ (L/s)}$$

绝对值比校正前的小,符合预期! 因此,叠加校正会使收敛速度加快.

用 Excel 表计算的数据见表6.6.

表 6.6

环号	管段	管径 (mm)	管长 (m)	比阻 S_0	初值			需校正的流量 $\Delta q^{(0)}$			第一次校正	
					$q^{(0)}$ (L/s)	$h^{(0)} = S_0 l q^n$ (m)	$\lvert n S_0 q^{n-1} \rvert$	本环	邻环	校正值	$q^{(1)}$ (L/s)	$h^{(1)} = S_0 l q^n$ (m)
Ⅰ	1→2	250	850	1.29	39.6	2.766	0.152	0.12	0.00	0.12	39.72	2.782
	5→2	150	400	15.49	−3	−0.132	0.203	0.12	0.70	0.82	−2.18	−0.073
	4→5	300	850	0.53	−76.4	−3.845	0.110	0.12	0.57	0.69	−75.71	−3.780
	4→1	300	400	0.53	59.6	1.142	0.089	0.12	0.00	0.12	59.72	1.147
	闭合差$\sum h_{ij} = -0.068$						0.554			闭合差$\sum h_{ij} = 0.076$		
Ⅱ	2→3	150	760	15.49	11	2.776	0.615	−0.70	0.00	−0.70	10.30	2.457
	6→3	150	400	15.49	−5	−0.339	0.314	−0.70	0.00	−0.70	−5.70	−0.433
	5→6	250	700	1.29	−33.6	−1.680	0.132	−0.70	−0.81	−1.51	−35.11	−1.823
	5→2	150	400	15.49	3	0.132	0.203	−0.70	−0.12	−0.82	2.18	0.073
	闭合差$\sum h_{ij} = 0.888$						1.265			闭合差$\sum h_{ij} = 0.274$		
Ⅲ	5→6	250	700	1.29	33.6	1.680	0.132	0.81	0.70	1.51	35.11	1.823
	6→9	150	350	15.49	5	0.297	0.314	0.81	0.00	0.81	5.81	0.391
	8→9	150	700	15.49	−11.8	−2.912	0.653	0.81	0.00	0.81	−10.99	−2.554
	5→8	150	350	15.49	−3	−0.115	0.203	0.81	0.57	1.38	−1.62	−0.037
	闭合差$\sum h_{ij} = -1.050$						1.303			闭合差$\sum h_{ij} = -0.377$		
Ⅳ	4→5	300	850	0.53	76.4	3.845	0.110	−0.57	−0.12	−0.69	75.71	3.780
	5→8	150	350	15.49	3	0.115	0.203	−0.57	−0.81	−1.38	1.62	0.037
	7→8	250	850	1.29	−39	−2.689	0.150	−0.57	0.00	−0.57	−39.57	−2.763
	4→7	300	350	0.53	−58.2	−0.956	0.087	−0.57	0.00	−0.57	−58.77	−0.974
	闭合差$\sum h_{ij} = 0.314$						0.550			闭合差$\sum h_{ij} = 0.081$		

经过一次校正后,各环闭合差均小于 0.5 m. 考察大环 $4-1-2-3-6-9-8-7-4$, 其管段 $4\rightarrow1、1\rightarrow2、2\rightarrow3$ 和 $6\rightarrow9$ 的水流方向与顺时针方向相同,水损取正,其余管段水损取负,则大环闭合差:

$$\sum h = h_{41} + h_{12} + h_{23} + h_{36} + h_{69} + h_{98} + h_{87} + h_{74}$$

$$= 1.147 + 2.782 + 2.457 - 0.433 + 0.391 - 2.554 - 2.763 - 0.974 = 0.053 \,(\text{m})$$

小于允许值,可满足要求.

此外,从水塔到管网的输水管计两条,每条计算流量为 $219.8/2 = 109.9$ (L/s),选定管径 DN400,水头损失 $h_{04} = 0.896$ m. 水塔高度由距水塔较远的控制点 3 确定,从水塔到控制点 3 的水头损失:

$$h_{03} = h_{04} + h_{41} + h_{12} + h_{23} = 0.896 + 1.147 + 2.782 + 2.457 = 7.282 \,(\text{m})$$

水塔高度:$h_t = h_{0t} + h_{z3} = 7.282 + 24 = 31.282$ (m).(经过 4 次校正后,高度值约为 31.07 m.)

2. 解节点方程组法的计算步骤

节点方程是用节点水压 H_i(或管段水头损失)表示管段流量 q_{ij} 的管网计算方法.

思路:先拟定各节点的水头 H_i 或 H_j(满足环能量方程组 $\sum h_{ij} = 0$),然后以各节点的流量闭合差满足精度要求(满足节点连续性方程组)为目标,反复调整各节点的水头 H_i 或 H_j,最后得到各节点的水头.

(1) 已知管网拓扑结构、管材或海曾-威廉系数 C、各管段长度 l_{ij} 及管径 d_{ij}、各节点的需水量 q_i 及地面标高 z_i.

(2) 计算各管段的比阻 $S_{0ij} = 10.67/(C_{ij}^{1.852} d_{ij}^{4.87})$.

(3) 根据泵站和控制点的水压标高,拟定各节点的初始水头 $H_i^{(0)}$ 或 $H_j^{(0)}$(满足环能量方程组 $\sum h_{ij} = 0$),所拟定的水头越符合实际情况则计算时收敛越快.

(4) 由 $h_{ij}^{(0)} = H_i^{(0)} - H_j^{(0)}$ 求得各管段的水头损失,由 $q_{ij}^{(0)} = (h_{ij}^{(0)}/l_{ij}S_{0ij})^{1/n}$ 求得各管段的流量.

(5) 以流离节点的管段流量(或水头损失)为正,流向节点的管段流量(或水头损失)为负. 验算:对于每个节点 i,流向和流离该节点 i 的流量代数和(或称节点流量闭合差 $\Delta q_i^{(0)} = q_i + \sum q_{ij}^{(0)}$ 或 $\Delta q_i^{(0)} = q_i + \sum [(H_i^{(0)} - H_j^{(0)})/(S_{0ij}l_{ij})]^{1/n}$)是否等于零,以确保连接在节点 i 的各管段流量满足连续性方程. 若 $\Delta q_i^{(0)} \neq 0$,则按式

$$\Delta H_i^{(0)} = -n(q_i + \sum q_{ij}^{(0)})/\sum (S_{0ij}^{(-1/n)} l_{ij}^{(-1/n)} h_{ij}^{(0)(-1/n)})_i$$

求出各节点的水压校正值 $\Delta H_i^{(0)}$. 式中的负号表示初步拟定的节点水压使正向管段的流量过大.

(6) 除了水压已定的节点,按各节点的水压校正值 $\Delta H_i^{(0)}$ 校正相应节点的水压:

$$H_i^{(1)} = H_i^{(0)} + \Delta H_i^{(0)}$$

根据校正后各节点的新水压值,重复(4)~(6),直至所有节点的进出流量代数和达到预定精度(满足节点连续性方程组). 节点方程组法的计算流程如图 6.35 所示.

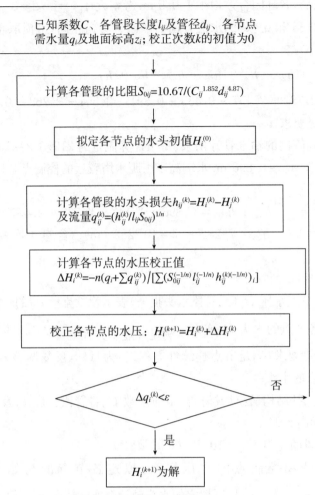

图 6.35 解节点方程组法的流程图

6.3.2 有压管非恒定流

长距离输水管阀门、水电站水轮机等在开启或关闭过程中,管中的水流属非恒定流.本节以有压管路中水击(水锤)为对象介绍有压管非恒定流.

1. 水击现象

在有压管路中流动的液体,由于外界原因(如阀门突然关闭、水泵突然停机、水轮机增甩负荷等)使其流速发生突然变化(即动量发生变化),从而引起压强急剧升降交替变化的水力现象称为**水击**.由于升压压强可达正常工作时压强的几十倍甚至上百倍,升压和降压交替进行对于管壁或阀门等部件的作用犹如锤击,因此水击也称为水锤.水击发生时,增压和减压的频率很高,往往会引起管道系统强烈振动,严重时甚至会造成阀门破坏和管道开焊、爆裂、接头脱落等重大事故.

实践证明,在山区枝状管网中,因突然停电而引起的停泵水击次数较多,导致泵站和管路设备损坏.另外,在水电站的有压管路中,由于水轮机每次丢弃负荷而把压力管阀门关闭,也会造成很高的压力.所以,在一般高速、高压管道的计算中,都应验算水击压强,从而考虑防止水击的技术措施.

2. 水击的产生原因

如图 6.36 所示,从水箱中接一根管长为 l、管径为 d、壁厚为 δ 的简单管道,管道的 M 点与水箱相接,管道的末端 N 点上设一阀门控制出流流量.起初管中压强为 p_0,管中水流以 v_0 的恒定流流速正常出流,某时刻突然将阀门关闭,则首先紧靠阀门的那一层水突然停止流动,其流速由 v_0 瞬变为 0.由动量定律可知,由此产生的动量变化应等于外界对其作用力的冲量,管中动量的改变必然伴随着管中压强的急剧变化.此作用力即为阀门对水的力.因此,紧靠阀门这一层水的压强 p_0 也就突然升高至 $p_0 + \Delta p$,升高的压强 Δp 即为水击压强.为使问题简化,略去沿程水头损失及流速水头,恒定流时测压管水头线与静水头线重合.

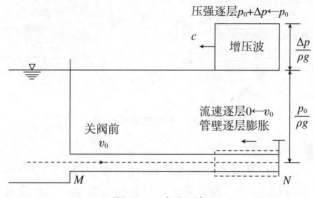

图 6.36 水击现象

若水和管道都是刚体,则当阀门突然关闭时,整个管道中水的流速 v_0 会立刻变为 0,整个管道的压强会升至无穷大.而实际上,由于水具有可压缩性(弹性),管道管壁也是弹性体,因而在水击压强作用下会发生水的压缩和管壁的膨胀两种变形.这种变形的存在使得突然关闭阀门时(完全关闭需要一定的时间),管道内的所有水不会在同一时刻全部停止流动,相应地,管内各断面的压强也不会在同一时刻全部升高.而是当紧靠阀门的第一层水停止流动后,压强增加 Δp,水被压缩,管壁膨胀;随后与之相邻的第二层及其后续各层水相继逐层停止流动,同时压强逐层升高,并以弹性波的形式从阀门处往上游迅速传向管道进口,此时整个管道的压强都增加了 Δp.这种水击产生的弹性波也称为水击波,有增压和减压两种.从以上分析可以看出,管道水流速度突然改变是水击产生的原因,水流本身具有的惯性和压缩性则是发生水击的内在原因.

3. 水击的传播过程

水击波的传播速度很快,相当于水中声波的传播速度,所以水击的发生及传播过程是在瞬间完成的.为了讨论问题方便,将其一个周期划分为四个阶段,如图 6.37 所示.以有压管道上的阀门突然关闭为例,分析发生水击时的压强变化及传播情况.

阶段 I($0 < t \leqslant l/c$,减速增压过程,惯性驱动,$v_0 \to 0$,$p_0 \to p_0 + \Delta p$):由于阀门突然关闭,紧靠阀门的一层水体速度由 v_0 立刻变为 0,但是上游水流仍然以 v_0 继续向下游流动,使得紧靠阀门处的水体受到压缩,与此同时,因压缩而造成的升压将此段管壁膨胀.然后紧接这一层的另一层水体也停止流动,再受到挤压,造成升压,使管壁膨胀.以此类推,水流的停止连同由此而产生的水击波以波速 c 自阀门向管道进口传播,波的方向与来流方向相反.当 $t = l/c$ 时,水击波传到管道的进口处.此时,整个管道内的液体都停止不动,全管道流体处

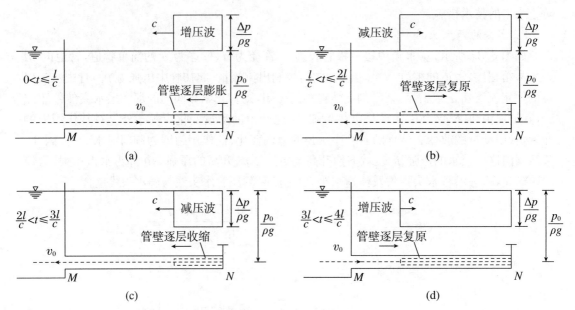

图 6.37　水击的传播过程

于被压缩的升压状态.

阶段 II($l/c < t \leqslant 2l/c$,解压反向增速过程,压差驱动,$p_0 + \Delta p \rightarrow p_0$,$0 \rightarrow -v_0$):因为上游水箱的面积很大,水位基本不变,所以管道进口处的压强 $p_0 + \Delta p$ 不可能保持在比水箱静压强 p_0 大 Δp(水击压强).相反,正是在这个压强差 Δp 的作用下(管道储存的弹性能开始释放),管道进口处的液体开始以 $-v_0$ 向水箱倒流,并形成一个减压波从管道进口逐层向阀门处传播,层层解压.降压波的所到之处,被压缩的水体和膨胀的管壁也就恢复原状(称为减速减压过程).当 $t = 2l/c$ 时,整个管道中水流压强为 p_0,水体和管道恢复原状,同时具有向水池方向的流速 v_0.$t = 2l/c$ 是水击波由阀门至水库来回所需时间,在水击计算中称为相长.以 T 表示,即 $T = 2l/c$.

阶段 III($2l/c < t \leqslant 3l/c$,反向减速负压过程,惯性驱动,$-v_0 \rightarrow 0$,$p_0 \rightarrow p_0 - \Delta p$):虽然在 $t = 2l/c$ 时,被压缩的水体和膨胀的管壁已经恢复原状,然而由于水流的惯性作用,当水击波传播到阀门时,水流运动并不会停止,而是继续以 $-v_0$ 速度向水池倒流.由于此时阀门已被关闭,所在阀门处无水体补充,以至此处的水体停止运动,速度由 $-v_0$ 变为 0,从而引起压强又降低 Δp,并使水体膨胀,密度减小,管壁收缩.这个减压波由阀门逐层向管道进口传播,层层降压,减压波所到之处,流速变为 0.当 $t = 3l/c$ 时,水击波传到管道进口处,全管道流体膨胀,管道收缩,整个管道中水流压强为 $p_0 - \Delta p$,速度为 0.

阶段 IV($3l/c < t \leqslant 4l/c$,复压增速过程,压差驱动,$p_0 - \Delta p \rightarrow p_0$,$0 \rightarrow v_0$):在 $t = 3l/c$ 瞬间,虽然管道中液流速度为 0,但在水箱液面 p_0 与管道进口处 $p_0 - \Delta p$ 的压强有压强差 $p_0 - (p_0 - \Delta p) = \Delta p$.在这个压强差的作用下,液流运动不会停止,又会以速度 v_0 向阀门方向流动,水击波自进口逐层向阀门传播,层层解压.管道中的水体得到了补充,从而水体的密度、压强以及管壁都相应恢复正常.当 $t = 4l/c$ 时,该增压波传播至阀门处,全管道水体和管道恢复至起始状态.

在 $t > 4l/c$ 之后,由于阀门仍处于关闭状态,流动受阻,情况与阶段 I 相同,水击现象又重复上述四个阶段,周期性地重复下去.

从阀门关闭时($t=0$)起,管内经过四个阶段,历时 $t=4l/c$,称为一个周期.在一个周期里,水击波在阀门和管道进口之间往返了两次,其中往返一次为一个相,则一个周期为两个相.$t=2l/c$ 时,为第一相;由 $t=2l/c$ 至 $t=4l/c$ 为第二相;$t=0$ 至 $t=4l/c$ 称为一个周期.需要指出的是,水击波传播速度极快,所以一个周期四个阶段是在很短的时间内连续完成的.

在水击波传播过程中,管道各断面的流速 v 和压强 p 都随时间周期性地升高或降低.对于理想液体和无弹性形变的管路(即没有能量损失),水击波一旦产生,就会一直周期性地传播下去.但对于有黏滞性、弹性形变的实际液体和能发生弹性形变的管壁,由于流动阻力的存在,在流动过程中会有很大的能量损失,导致水击压强会迅速衰减,图 6.38 所示为阀门处实测的水击压强随时间的变化.

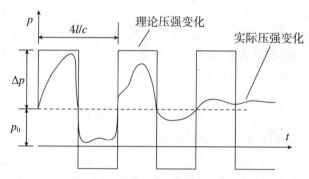

图 6.38　阀门处压强随时间的变化

4. 水击压强的计算

(1) 直接水击

前面是基于阀门瞬间完成关闭的假定来分析水击波传播过程的.实际上,关闭阀门总有一个过程,需要一定时间才能完成,关阀时长用 T_s 表示.

若关阀时长 $T_s=0$,即阀门突然关闭,则全管道的压强瞬间增加 $\Delta p/(\rho g)$.

若关阀时长 $0<T_s\leqslant l/c$,即关阀过程在阶段 I 期间完成,则自阀门处起的部分管道压强增加 $\Delta p/(\rho g)$.

若关阀时长 $l/c<T_s\leqslant 2l/c$,即关阀过程在阶段 II 期间完成,由于阶段 I 产生的水击波的反射波(减压波)在从管道进口传播返回阀门的途中,会不断地在阶段 II 关阀期间产生,并与向管道进口传播的水击波(增压波)叠加,因此自阀门处起的部分管道压强增加 $\Delta p/(\rho g)$.

以上三种情况,由于最早产生的水击波的反射波(减压波)在到达阀门之前,阀门均已关闭完毕,对阀门处来说,产生的水击压强都相同,都达到水击压强最大值.因此,把关阀时长 T_s 小于或等于一个相长($2l/c$)时产生的水击称为直接水击.

液流运动状态的改变是外力作用的结果,因此水击引起的水击压强也可用动量方程来推求.但由于水击发生时,管中液流为非恒定流,不能直接用恒定流的动量方程推导.为此改用动量定理推求水击压强的计算公式.

如图 6.39 所示,以阶段 I 为研究对象,在产生水击的管道上取断面 $m-m$ 和断面 $n-n$ 之间的水体进行分析.若水击波的传播速度为 c,则经过 Δt 时间后水击波从断面 $m-m$ 传播至断面 $n-n$,两断面间间距 $\Delta l=c\Delta t$.此时流段内的液流速度由 v_0 减为 v,密度由 ρ

变至 $\rho + \Delta\rho$,管壁膨胀、过水断面面积由 A 变至 $A + \Delta A$,压强由 p_0 增为 $p_0 + \Delta p$.

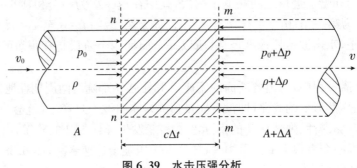

图 6.39 水击压强分析

动量计算如下:

水击发生前,该水体的动量为 $\rho A c \Delta t \cdot v_0$,$\Delta t$ 时间后,动量为 $(\rho + \Delta\rho)(A + \Delta A)c\Delta t \cdot v$.
则该管段水体在 Δt 时段内沿管轴的动量变化(略去量小项 $\rho\Delta A$、$\Delta\rho A$、$\Delta\rho\Delta A$)为

$$(\rho + \Delta\rho)(A + \Delta A)c\Delta t \cdot v - \rho A c \Delta t \cdot v_0 = \rho A c \Delta t (v - v_0)$$

冲量计算如下:

在 Δt 时间内,外力(断面 $m - m$ 和断面 $n - n$ 之间的压力差)在管轴方向的冲量变化(略去 $\Delta p\Delta A$,并考虑到 $p_0\Delta A \ll \Delta pA$,略去)为

$$[p_0(A + \Delta A) - (p_0 + \Delta p)(A + \Delta A)]\Delta t = -(\Delta pA + \Delta p\Delta A)\Delta t = -\Delta pA\Delta t$$

$m - n$ 段水体在 Δt 时段内动量的增量(或变化量)等于所受合外力在同一时段内的冲量,得

$$\rho A c \Delta t (v - v_0) = -\Delta pA\Delta t$$

于是,水击压强增量为

$$\Delta p = \rho c(v_0 - v) \quad \text{或} \quad \Delta H = \Delta p/\gamma = c(v_0 - v)/g$$

该式即为当流速从 v_0 减至 v,且时间小于 $T < 2l/c$ 时的水击压强计算公式.

若阀门在该时段内完全关闭,即 $v = 0$,则水击压强的计算公式为

$$\Delta p = \rho cv_0 \quad \text{或} \quad \Delta H = \Delta p/\gamma = cv_0/g$$

该式可计算阀门突然关闭或突然开启时的水击压强.

水击波传播速度 c 的计算如下:

为了计算水击压强或者分析各阶段水击波的动力特征,都需知道水击波的传播速度 c.当水击发生时,流体被压缩,管壁膨胀,考虑到液体的可压缩性和管壁的弹性变形,应用质量守恒原理可推导出水击波传播速度 c 的计算公式(推导过程从略)为

$$c = \frac{c_0}{\sqrt{1 + \dfrac{E_0}{E} \cdot \dfrac{d}{\delta}}}$$

该式只适用于薄壁均匀圆管,式中,c_0 为声波或声音在水中的传播速度,液体在常温或一定压强范围内取 1440 m/s;E_0 为水的弹性模量(体积模量),常温、常压下取 2.07×10^5 N/cm^2;E 为管壁的弹性模量,常用管壁材料的弹性模量见表 6.7;d 为管道直径;δ 为管壁厚度.

表 6.7　常用管壁材料的弹性模量 E

管壁材料	E（N/cm²）
钢管	206×10^5
铸铁管	88×10^5
混凝土管	20.6×10^5
木管	6.9×10^5

对于一般钢管，$d/\delta \approx 100$，$E/E_0 \approx 0.01$，代入 c 的表达式，得 $c \approx 1000$ m/s，可见水击波的传播速度非常快. 若管内恒定流时流速 $v_0 = 1$ m/s，则阀门突然关闭引起的直接水击压强为 $\Delta p/\gamma \approx 100$ mH₂O，相当于管道内压强突增了 10 个大气压，若设计时未考虑水击问题，则后果非常严重.

【例题 6.20】　直径 $d = 300$ mm、壁厚 $\delta = 5$ mm 的钢管，在输水时突然瞬时关闭出口处阀门，要求产生的水击压强 $\Delta p \leqslant 1000$ kN/m²，求此时最大允许流量.（已知：水的弹性模量 $E_0 = 2.07 \times 10^5$ N/cm²，钢管管壁弹性模量 $E = 206 \times 10^5$ N/cm²，声音在水中的传播速度 $c_0 = 1440$ m/s.）

解　水击波的传播速度为

$$c = \frac{c_0}{\sqrt{1 + \dfrac{E_0}{E} \cdot \dfrac{d}{\delta}}} = \frac{1440}{\sqrt{1 + \dfrac{2.07 \times 10^5 \times 300}{206 \times 10^5 \times 5}}} \approx 1138.3 \ (\text{m/s})$$

水击压强最大值计算公式为 $\Delta p = \rho c v_0$，整理得管中最大流速为 $v_0 = \Delta p/(\rho c) = 10^6/(1000 \times 1138.3) \approx 0.88 \ (\text{m/s})$.

最大允许流量为 $Q = v_0 \cdot \pi d^2/4 = 0.88 \times 3.14 \times 0.3^2/4 \approx 0.062 \ (\text{m}^3/\text{s})$.

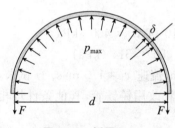

图 6.40　例题 6.21

【例题 6.21】　如图 6.40 所示的电站引水管道，阀门全开时的动水压强 $p_0 = 1000$ kPa，管长 $l = 600$ m，阀门从全开到全关的时间为 1.0 s，拟铺设管径 $d = 250$ mm，管壁厚 $\delta = 3$ mm，允许拉应力 $[\sigma] = 80$ MPa 的管道，阀门全开时管中的流速 $v_0 = 4$ m/s，试校核管道管壁强度.

解　水击波速

$$c = \frac{c_0}{\sqrt{1 + \dfrac{E_0}{E} \cdot \dfrac{d}{\delta}}} = \frac{1440}{\sqrt{1 + \dfrac{2.07 \times 10^5}{206 \times 10^5} \cdot \dfrac{250}{3}}}$$
$$\approx 1062.34 \ (\text{m/s})$$

判断水击类型：
$$2l/c = 2 \times 600/1062.34 \approx 1.13 \ (\text{s}) > 1.0 \ (\text{s})$$

可知，发生直接水击，管中最大压强为

$$p_{\max} = p_0 + \Delta p = p_0 + \rho c v_0 = 10^6 + 1000 \times 1062.34 \times 4 \approx 5.25 \ (\text{MPa})$$

校核强度：

由如图所示的受力状况得 $2F = p_{\max} d$，又 $F = \delta[\sigma]$，则管壁最小厚度应为

$$\delta = p_{\max} d/(2[\sigma]) = 5.25 \times 250/(2 \times 80) \approx 8.2 \ (\text{mm}) > 3 \ \text{mm}$$

故该规格管道不能满足强度要求.

(2) 间接水击

如果管道长度较短或阀门关闭时间较长,以致 $T_s > 2l/c$,即大于一个相长,那么阀门开始关闭时发出的水击波(增压波)的反射波(减压波)到达阀门时,阀门仍在继续关闭,则增压和减压相互叠加后会抵消,使这种水击在阀门处的水击压强小于直接水击的水击压强. 因此,把关阀时长 T_s 大于一个相长($2l/c$)时产生的水击称为**间接水击**.

间接水击存在增压波和减压波的叠加或相互作用,计算复杂,通常认为水击在阀门处最大升压的近似值为最大升压和关闭时间的乘积,即间接水击的最大升压 Δp 为

$$\Delta p = \rho c v_0 T_z / T_s = 2\rho v_0 l / T_s$$

式中,T_s 为阀门关闭时间;T_z 为水击波的相长,其值为 $T_z = 2l/c$.

值得注意的是,对于复杂的水击问题的求解,通常求解水击基本微分方程组,包括水击的运动方程和水击的连续方程,其求解方法比较复杂.

【例题 6.22】 水平钢管从水库引水. 已知钢管管长 $l = 2000$ m,管径 $d = 300$ mm,水库水面高出钢管出口 40 m,管中流速 $v_0 = 1$ m/s,钢管壁厚 $\delta = 8$ mm. 试计算:① 若钢管出口端阀门在 10 s 内关闭完毕,求阀门处的水击压强 Δp_1;② 如果管中流速从恒定状态 $v_0 = 1$ m/s 瞬时减小到 0.5 m/s,求阀门处的最大水击压强 Δp_2.(已知:水的弹性模量 $E_0 = 2.07 \times 10^5$ N/cm²,钢管管壁弹性模量 $E = 206 \times 10^5$ N/cm²,声音在水中的传播速度 $c_0 = 1440$ m/s.)

解 水击波的传播速度为

$$c = \frac{c_0}{\sqrt{1 + \dfrac{E_0}{E} \cdot \dfrac{d}{\delta}}} = \frac{1440}{\sqrt{1 + \dfrac{2.07 \times 10^5 \times 10^4}{206 \times 10^5 \times 10^4} \cdot \dfrac{300 \times 10^{-3}}{8 \times 10^{-3}}}} \approx 1227 \text{ (m/s)}$$

① 阀门在 10 s 内关闭,即 $T = 10$ s,考虑到相长:

$$2l/c = 2 \times 2000/1227 \approx 3.26 \text{ (s)} < T$$

为间接水击,根据间接水击公式:

$$\Delta p_1 = 2\rho v_0 l / T = 2 \times 1000 \times 1 \times 2000/10 = 4 \times 10^5 (\text{Pa}) = 400 \text{ (kPa)}$$

② $\Delta p_2 = \rho c (v_0 - v) = 1000 \times 1227 \times (1 - 0.5) = 613500 \text{ (Pa)} \approx 614 \text{ (kPa)}$

【例题 6.23】 输水钢管直径 $d = 100$ mm,壁厚 $\delta = 7$ mm,流速 $v_0 = 1.0$ m/s. ① 试求阀门突然关闭时,水击波的传播速度和压强升高值;② 若钢管改用铸铁管,其他条件均相同,水击压强如何变化?

解 ① 阀门突然关闭,为直接水击. 根据水击波的传播速度公式:当采用钢管输水时,水击波的传播速度为

$$c_1 = \frac{c_0}{\sqrt{1 + \dfrac{E_0}{E_1} \cdot \dfrac{d}{\delta}}} = \frac{1440}{\sqrt{1 + \dfrac{2.07 \times 10^5}{206 \times 10^5} \cdot \dfrac{100}{7}}} \approx 1346.6 (\text{m/s})$$

压强升高值为

$$\Delta p_1 = \rho c_1 v_0 = 1000 \times 1346.6 \times 1.0 \approx 1347 \text{ (kPa)}$$

② 当改用铸铁管输水后,水击波的传播速度为

$$c_2 = \frac{c_0}{\sqrt{1 + \dfrac{E_0}{E_2} \cdot \dfrac{d}{\delta}}} = \frac{1440}{\sqrt{1 + \dfrac{2.07 \times 10^5}{88 \times 10^5} \cdot \dfrac{100}{7}}} \approx 1245.8 \text{ (m/s)}$$

压强升高值为

$$\Delta p_2 = \rho c_2 v_0 = 1000 \times 1245.8 \times 1.0 \approx 1246\,(\text{kPa})$$

5. 水击的预防与利用

综上分析可知,水击压强非常大,虽然水击传播过程中有能量损失,水击压强衰减迅速,但仅仅在水击发生的初始瞬间也足以造成严重破坏,如水管变形、接缝裂开甚至爆裂等. 为了防止水击压强给管道带来的危害,在管道设计及运行管理上应尽量避免发生直接水击,并设法减小间接水击的压强.减小水击压强的措施一般有:

(1) 限制管中流速或选用较大管径的管道.采用较小的流速,使阀门在突然关闭时引起的动量变化较小,因而在其他条件都相同的情况下,水击压强减小.无论是直接水击还是间接水击,水击压强 Δp 均与 v_0 成正比($\Delta p = \rho c v_0$).而限制流速,可通过采用较大的管径来实现.

(2) 延长阀门关闭时间,可以避免产生直接水击,也可使间接水击压强减小.

(3) 管道上设置安全阀、水击消除阀等装置.在水击发生时,这些旁通阀门在水击压强作用下被打开,有一部分液体就会从这些阀门中流出,减小了由水击引起的水击压强.

(4) 在管道上设置空气室、调压塔等装置.这些空气室、调压塔可减小水击压强及水击的影响范围.如在水电站的压力管上经常设有调压塔,当阀门关闭时,水击的升压波使调压塔内的水位向上抬升,以此缓解了调压塔上游压力管段的水击作用.此后调压塔中水位上下振荡,直至完全衰减.如图 6.41 所示.

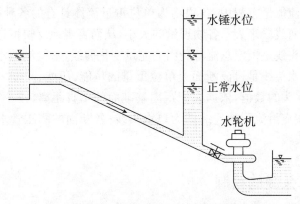

图 6.41　调压塔缓解水击作用图

水击会产生巨大的冲击力,破坏管路系统.但水击也可加以利用,制成可自动泵水的水锤泵.水锤泵是一种利用流动中的水突然被制动时所产生的能量,使其中一部分水压升到一定高度的一种泵,其工作示意图如图 6.42 所示.水流沿动力水管向下流至单向阀 A 附近

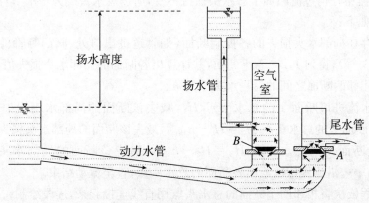

图 6.42　水锤泵利用水锤抽水

时,水流冲力使阀 A 迅速关闭,水流突然停止流动,水流的动能即转换成压力能,于是管内水的压力升高,将单向阀 B 冲开,一部分水进入空气室中并沿扬水管上升到一定的高度.随后,由于动力水管中压力降低,阀 A 在静重作用下自动落下,恢复到开启状态.同时空气室中的压缩空气促使阀 B 关闭,整个过程又重复进行.利用水锤泵可以将动力水管中流动水的大约 15% 压升至相当于 5 倍动力水管落差的高度.

水锤泵没有运动的工作元件,结构简单,而且不需要外部动力源,也无须专人看管,平时维护费用低,适用于低水头水资源充足且有一定落差的地区,用于向高处供应生活用水或灌溉用水.

6.4 总水头线和测压管水头线的绘制

在恒定总流能量方程 $z_1 + p_1/(\rho g) + v_1^2/(2g) = z_2 + p_2/(\rho g) + v_2^2/(2g) + h_w$ 中,z 为位置水头或位能,$p/(\rho g)$ 为压强水头或压能,$\alpha v^2/(2g)$ 为流速水头或动能,$z + p/(\rho g)$ 为测压管水头或总势能,$z + p/(\rho g) + \alpha v^2/(2g)$ 为总水头或总机械能,h_w 为水头损失或能量损失.实际流体恒定总流能量方程中,各项均为单位重量流体具有的各种机械能,都具有长度的量纲,因此可用几何线段来表示各物理量的大小,从而直观地反映恒定总流沿程各断面上能量的变化规律.水头线是恒定总流各断面的能量变化曲线,常绘制的水头线包括总水头线和测压管水头线.总水头线是过流断面上单位重量的位能、压能、动能之和.绘制时,各断面的总水头和测压管水头的数值,依据它们距离基准面的铅直距离,按一定比例在图中标出.各断面的总水头的端点沿流程的连线即为总水头线;各断面的测压管水头的端点沿流程的连线即为测压管水头线.

6.4.1 总水头线的绘制

绘制依据两个断面间的总水头关系:$H_i = H_j + h_{wi-j}$ 或 $H_j = H_i - h_{wi-j}$,即每一过流断面的总水头 H_j 是上游断面总水头 H_i 减去两断面之间的水头损失 h_{wi-j}(两断面间的沿程水头损失 h_{fi-j} 和局部水头损失 $\sum h_j$ 之和).特殊地,对于理想流体,由于水头损失为零,$H_i = H_j$,即总流中任何过流断面上总水头保持不变,所以总水头线为一水平直线.

绘制步骤如下:

(1)标明存在局部水头损失的各控制断面(如管道进出口处、阀门等管件处、管径变化处/大小头、弯头等),得到 1,2⋯若干断面,并计算出各断面的局部水头损失值 h_j.

(2)计算相邻两断面之间的沿程水头损失 h_{wi-j}.

(3)点绘水流进口断面 1 的总水头点 H_1,减去该断面的局部水头损失 h_{j1},即 $H_1' = H_1 - h_{j1}$;点绘断面 2 的总水头点 $H_2 = H_1' - h_{f1-2}$,减去该断面的局部水头损失 h_{j2},即 $H_2' = H_2 - h_{j2}$;点绘断面 3 的总水头点 $H_3 = H_2' - h_{f2-3}$,减去该断面的局部水头损失 h_{j3},即 $H_3' = H_3 - h_{j3}$;⋯⋯沿流程依次绘出各断面的总水头点,直至流动结束.

(4)沿流程依次将相邻两个断面的总水头点用直线连接起来,逐段绘制.

6.4.2　测压管水头线的绘制

绘制依据 j 同一断面的测压管水头 H_p 与总水头 H 的关系: $H_p = H - \alpha v^2/(2g)$, 即某断面的总水头 H 减去本断面的流速水头 $v^2/(2g)$, 即得该断面的测压管水头 H_p.

测压管水头线可以根据总水头线逐断面减去流速水头逐段绘制.

值得注意的是, 总的能量损失是沿程水头损失和局部水头损失之和, 表示为 $h_w = \sum h_f + \sum h_j$. 沿程水头损失反映了流程的影响; 局部水头损失反映了边界突变的影响. 沿程水头损失沿流程均匀发生, 表现为沿流程倾斜下降的直线; 局部水头损失视作集中发生在边界突变处, 表现为在突变处呈阶梯跌落的铅直直线形状. 因为水头损失是沿流累积增大的, 所以在无能量输入的情况下, 总水头线总是沿流下倾的直线或曲线. 测压管水头线是压能与位能之和点绘并连成的线, 若以总水头线为基准, 则是同一断面总水头减去流速水头, 根据这一关系, 测压管水头线与总水头线之间相距流速水头. 如果各管段是等径直管, 则总水头线是几条阶梯折线, 测压管水头线则是几条与前者平行的直线.

6.4.3　绘制举例

1. 短管

短管包括自由出流和淹没出流, 如图 6.43 所示. 在自由出流管道中, 12 和 24 管段存在

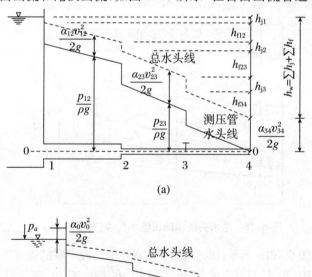

(a)

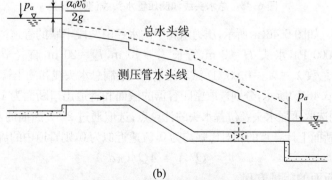

(b)

图 6.43　总水头线和测压管水头线 (短管)

沿程水头损失,1 处存在进口突然收缩的局部水头损失,2 处存在管道突然收缩的局部水头损失,3 处存在阀门引起的局部水头损失.自由出流的测压管末端落在短管末端管中心点上;而对于淹没出流,如果取下游水池断面的流速为零,则测压管水头线与池壁水面齐平.

2. 长管

长管不计流速水头和局部水头损失,只考虑沿程水头损失,所以水箱水面至管道出口断面中心点的连线即为总水头线.因为略去了流速水头,所以在管道进口处没有突降,而且测压管水头线和总水头线重合,如图 6.44 所示.

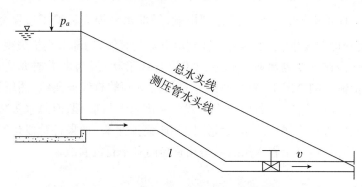

图 6.44　总水头线和测压管水头线(长管)

3. 变径管

变径管的管径沿流程有变化.当管径沿程增大时,流速水头 $\alpha v^2/(2g)$ 减小,水头损失 h_w 减小,因此测压管水头线沿程上升,如图 6.45 所示.

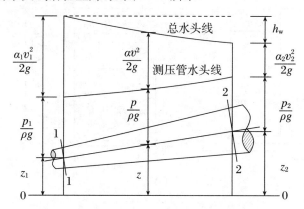

图 6.45　总水头线和测压管水头线(变径管)

【例题 6.24】　如图 6.46(a)所示,压力水箱中的水经由两段串联的管道恒定出流,已知压力表的读值 $p_M = 98000$ Pa,水头 $H = 2$ m,管长 $l_1 = 10$ m,$l_2 = 20$ m,直径 $d_1 = 100$ mm,$d_2 = 200$ mm,沿程阻力系数 $\lambda_1 = \lambda_2 = 0.03$.① 试求流量;② 绘制总水头线和测压管水头线.

解　① 如图 6.46(b)所示,分别选取密闭容器的液面和管道出口断面为 1-1 和 2-2 断面,并在两断面上分别选取压强水头及位置水头的计算点;选取通过 2-2 断面的水平面为位置水头计算基准面,则两断面上计算点的相对压强均为 0,流速近似为 0,则管道中的流速:
$$v = Q/A = 4Q/(\pi d^2)$$
列 1-1 和 2-2 断面的能量方程:
$$H + p_M/(\rho g) + 0 = 0 + 0 + v_2^2/(2g) + h_{w1-2}$$

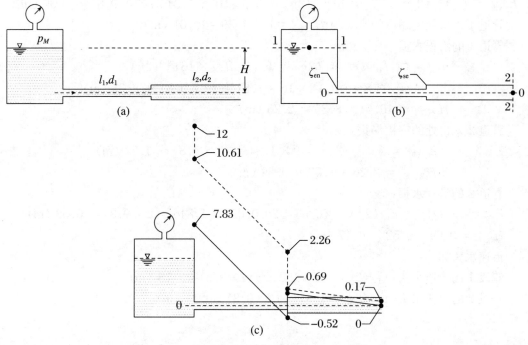

图 6.46　例题 6.24

式中存在：
$$h_{w1-2} = \zeta_{en} v_1^2/(2g) + (\lambda_1 l_1/d_1) v_1^2/(2g) + \zeta_{se} v_2^2/(2g) + (\lambda_2 l_2/d_2) v_2^2/(2g)$$
根据连续性方程，有
$$(\pi d_1^2/4) v_1 = (\pi d_2^2/4) v_2$$
则
$$v_1 = (d_2^2/d_1^2) v_2 = (0.2^2/0.1^2) v_2 = 4 v_2$$
根据突扩的局部损失系数公式，有
$$\zeta_{se} = (A_2/A_1 - 1)^2 = (d_2^2/d_1^2 - 1)^2 = (0.2^2/0.1^2 - 1)^2 = 9$$
于是水头损失：
$$\begin{aligned} h_{w1-2} &= (\zeta_{en} + \lambda_1 l_1/d_1) v_1^2/(2g) + (\zeta_{se} + \lambda_2 l_2/d_2) v_2^2/(2g) \\ &= (0.5 + 0.03 \times 10/0.1) \times 16 v_2^2/(2g) + (9 + 0.03 \times 20/0.2) v_2^2/(2g) \\ &= 68 v_2^2/(2g) \end{aligned}$$
能量方程变成
$$H + p_M/(\rho g) = v_2^2/(2g) + h_{w1-2} = v_2^2/(2g) + 68 v_2^2/(2g) = 69 v_2^2/(2g)$$
流速：
$$\begin{aligned} v_2 &= \{2g[H + p_M/(\rho g)]/69\}^{1/2} = \{2 \times 9.8 \times [2 + 98000/(1000 \times 9.8)]/69\}^{1/2} \\ &\approx 1.846 \ (\text{m/s}) \end{aligned}$$
流量：
$$Q = (\pi d_2^2/4) v_2 = (3.14 \times 0.2^2/4) \times 1.846 = 0.058 \ \text{m}^3/\text{s}$$
② 总水头线：

初始水头：$H_{初} = H + p_M/(\rho g) = 2 + 98000/9800 = 12$ (m).

管道入口突缩处局损：

$$h_{\mathrm{j}\text{突缩}} = \zeta_{\mathrm{en}} v_1^2/(2g) = \zeta_{\mathrm{en}} \times 16 v_2^2/(2g) = 0.5 \times 16 \times 1.846^2/(2 \times 9.8) \approx 1.39 \,(\mathrm{m})$$

管道 1 入口处突缩后的水头为 $H_{\text{突缩后}} = 12 - 1.39 = 10.61 \,(\mathrm{m})$.

管道 1 的沿程水损：

$$\begin{aligned} h_{l1} &= (\lambda_1 l_1/d_1)\, v_1^2/(2g) = (\lambda_1 l_1/d_1) \times 16 v_2^2/(2g) \\ &= (0.03 \times 10/0.1) \times 16 \times 1.846^2/(2 \times 9.8) \approx 8.35 \,(\mathrm{m}) \end{aligned}$$

$$H_{\text{突扩前}} = 10.61 - 8.35 = 2.26 \,(\mathrm{m})$$

管道 2 入口处的突扩局损：

$$h_{\mathrm{j}\text{突扩}} = \zeta_{\mathrm{se}} v_2^2/(2g) = 9 \times 1.846^2/(2 \times 9.8) \approx 1.57 \,(\mathrm{m})$$

$$H_{\text{突扩后}} = 2.26 - 1.57 = 0.69 \,(\mathrm{m})$$

管道 2 的沿程水损：

$$h_{l2} = (\lambda_2 l_2/d_2)\, v_2^2/(2g) = (0.03 \times 20/0.02) \times 1.846^2/(2 \times 9.8) \approx 0.52 \,(\mathrm{m})$$

$$H_{\text{出口}} = 0.69 - 0.52 = 0.17 \,(\mathrm{m})$$

流速水头如下：

管段 1 的流速水头：$v_1^2/(2g) = 16 \times 1.846^2/(2 \times 9.8) \approx 2.78 \,(\mathrm{m})$.

管段 2 的流速水头：$v_2^2/(2g) = 1.846^2/(2 \times 9.8) \approx 0.17 \,(\mathrm{m})$.

习　　题

【研究与创新题】

6.1　实验研究全部收缩孔口和部分收缩孔口的流量系数变化规律.

6.2　以例题 6.19 为例，分别按照解节点方程组法、解环方程组法的计算步骤，编制求解的 MATLAB 程序.

6.3　对简单树状管网进行水击实验研究，若增加一两根管段使其成为环状管网后，水击压强有何变化？

【课前预习题】

6.4　试着背诵和理解下列名词：孔口出流、自由式出流、薄壁孔口、小孔口、全部收缩孔口；管嘴自由出流；有压管流、短管、长管、简单管路、串联管路、并联管路、沿程均匀泄流管路；水击、直接水击.

6.5　试着写出以下重要公式并理解各物理量的含义：

$Q = \varepsilon\varphi A (2gH)^{1/2} = \mu A (2gH)^{1/2}$；$Q = (2/3)\mu b (2g)^{1/2}\,(H_{\mathrm{bot}}^{3/2} - H_{\mathrm{top}}^{3/2})$；$t = 2V/Q_{\max}$；$p_{\mathrm{v}}/(\rho g) = 0.75H$；$H = S_0 lQ^2$；$S_0 = 8\lambda/(g\pi^2 d^5)$；$S_0 = 10.2936 n^2/d^{16/3}$；$S_0 = 0.852(1 + 0.867/v)^{0.3} \cdot 0.001739/d^{5.3}$；$c = c_0/[1 + (E_0/E) \cdot (d/\delta)]^{1/2}$；$\Delta p = \rho c (v_0 - v)$；$\Delta p = \rho c v_0 T_{\mathrm{z}}/T_{\mathrm{s}}$.

6.6　完成表 6.8.

表6.8

流动类型	薄壁锐缘小孔口 （自由、淹没出流）	圆柱形外伸管嘴 （自由、淹没出流）	有压短管 （自由、淹没出流）	有压长管 （自由、淹没出流）
l/d				
水力特征				
计算任务				
计算原理	能量方程、连续性方程、局部水头损失公式和沿程水头损失公式			
选取的计算断面和基准面				
局部阻力系数 ζ				
沿程阻力系数 λ				
流速系数 φ				
断面收缩系数 ε				
流量系数 μ				
流量计算公式				

【课后作业题】

6.7 圆柱形外伸管嘴的正常工作条件是（ ）.
(A) $H_0 \geqslant 9$ m, $l = (3 \sim 4)d$ (B) $H_0 \leqslant 9$ m, $l = (3 \sim 4)d$
(C) $H_0 \geqslant 9$ m, $l > (3 \sim 4)d$ (D) $H_0 \leqslant 9$ m, $l < (3 \sim 4)d$

6.8 长度相等、管道比阻分别为 S_{01} 和 $S_{02} = 4S_{01}$ 的两条管段并联, 如果用一条长度相同的管段替换并联管道, 要保证总流量相等时水头损失相等, 等效管段的比阻等于（ ）.
(A) $2.5S_{02}$ (B) $0.8S_{02}$
(C) $0.44S_{01}$ (D) $0.4S_{01}$

6.9 在如图6.47所示的管路系统中, 从1/4管长的1点到3/4管长的2点并联一条长度等于原管总长度一半的相同管段, 如果按长管计算, 系统的总流量增加（ ）.
(A) 15.4%   (B) 25.0%   (C) 26.5%   (D) 33.3%

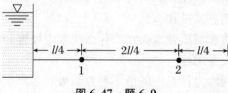

图6.47 题6.9

6.10 理想流体流经管道突然放大断面时, 其测压管水头线（ ）.
(A) 只可能上升   (B) 只可能下降
(C) 只可能水平   (D) 以上三种情况均有可能

6.11 渐变流的总水头线与测压管水头线的关系是（ ）.

(A) 互相平行的直线 　　　　(B) 互相平行的曲线

(C) 互不平行的直线 　　　　(D) 互不平行的曲线

6.12 管流的负压区是指测管水头线( )．

(A) 在基准面以下的部分 　　　　(B) 在下游自由水面以下的部分

(C) 在管轴线以下的部分 　　　　(D) 在基准面以上的部分

6.13 静止的水仅受重力作用时，其测压管水头线必为( )．

(A) 水平线 　　　　(B) 直线

(C) 斜线 　　　　(D) 以上都不对

6.14 下列水击防护措施中，不属于减小水击压强的一项是( )．

(A) 采用较小的管内流速 　　　　(B) 增加管道长度

(C) 延长阀门启闭时间 　　　　(D) 选用直径 d 较大、管壁 δ 较薄的水管

6.15 下列关阀时间中，会产生间接水击的一项是( )．

(A) $T = 0$ 　　　　(B) $0 < T \leqslant l/c$

(C) $l/c < T < 2l/c$ 　　　　(D) $2l/c < T < 3l/c$

6.16 水击波的传播速度与下列哪项因素无关？( )

(A) 水的弹性模量 　　　　(B) 管壁的弹性模量

(C) 管道长度 　　　　(D) 管道直径

6.17 为什么在计算孔口淹没出流流量时无须校验孔口是大孔口还是小孔口？

6.18 如图 6.48 所示，等厚的隔墙上设有两根管径、管材均相同的短管 A、B，若上游水位不变，试比较下游水位分别为∇_1、∇_2和∇_3时两管出流量的大小．

6.19 如图 6.49 所示的虹吸管，当虹吸管正常工作时，其最大真空值出现在什么位置？h_1、h_2和 H 的取值有哪些限定条件？

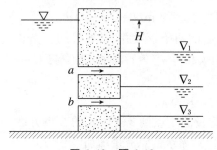
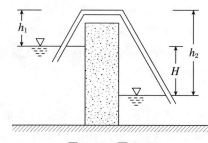

图 6.48 题 6.18 　　　　　　　　图 6.49 题 6.19

6.20 短管的测压管水头线在什么情况下会沿流程上升？长管的测压管水头线呢？

6.21 绘制水头线图的意义是什么？

6.22 什么叫总水头线和测压管水头线？什么叫水力坡度和测压管坡度？均匀流的测压管水头线和总水头线的关系怎样？

6.23 枝状和环状管网水力计算中的最不利点是否就是离水塔最远的点？

6.24 间接水击压强为什么会小于直接水击压强？

6.25 简述在管道设计和运行管理上减少水击压强的措施．

6.26 如图 6.50 所示，一容器由隔板分成两部分，隔板和一器壁上分别设有一锐缘圆孔，两个小孔具有相同的流量系数 $\mu = 0.62$，$d_1 = 0.1$ m，$d_2 = 0.125$ m．假设上游容器的水位恒定，其水深 $H_1 = 4.8$ m，试确定下游容器的水深 H_2 和自由出流小孔的流量．【参考答案：

$H_2 = 1.39\ \text{m}, Q_2 = 0.04\ \text{m}^3/\text{s}$】

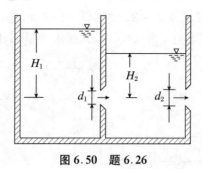

图 6.50 题 6.26

6.27 如图 6.51 所示,某水库通过一宽 $w = 0.7$ m、高 $h = 1.5$ m 的矩形大孔泄洪. 假设水流恒定,$H_{\text{bot}} = 2.0$ m,$H_{\text{top}} = 0.5$ m,孔口的流量系数为 0.62,分别用小孔口和大孔口的流量公式计算通过该大孔口的流量.【参考答案:$Q_{\text{小}} = 3.222\ \text{m}^3/\text{s}, Q_{\text{大}} = 3.172\ \text{m}^3/\text{s}$】

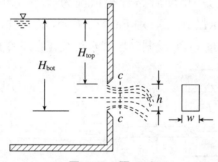

图 6.51 题 6.27

6.28 如图 6.52 所示,水库通过管长 $l_1 = 5$ m、管径 $d_1 = 50$ mm 的管道向水箱供水. 水库和水箱水位差 $H = 4$ m,水箱后又接一 $d_2 = d_1$ 的水平管道,且 $l_2 = l_1$,管道沿程阻力系数 $\lambda = 0.03$,水流为恒定流.① 求管内流量 Q,并绘制全管道的测压管水头线;② 如果 l_2 管倾斜 30°,水库内水位不变,求管内流量 Q' 和此时的两水位差 H'.【参考答案:$Q = 8.18$ L/s,$Q' = 9.38$ L/s,$H' = 5.25$ m】

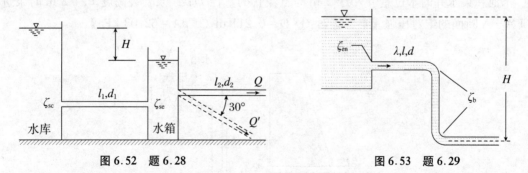

图 6.52 题 6.28　　　　　　　　图 6.53 题 6.29

6.29 如图 6.53 所示,一水池通过一根长 $l = 800$ m、直径 $d = 100$ mm 的管道恒定地放水,水池水面和管道出口断面轴线高差 $H = 20$ m,管道上有两个弯头,弯头的局部水头损失系数 $\zeta_{\text{b}} = 0.3$,管道进口直角的局部水头损失系数 $\zeta_{\text{sc}} = 0.5$,管道全长的沿程水头损失系数 $\lambda = 0.025$,试求通过管道的流量 Q.【参考答案:$Q = 10.9$ L/s】

6.30 如图 6.54 所示,封闭水箱 A 通过长 $l=10$ m、直径 $d=25$ mm 的管道向水箱 B 供水,已知水箱 A 水面的相对压强 $p_1=20$ mH$_2$O,$H=4$ m,进口局部阻力系数 $\zeta_{en}=0.5$,阀门 $\zeta_v=3$,弯头 $\zeta_b=0.3$,沿程阻力系数 $\lambda=0.025$,试求流量 Q.【参考答案:$Q=2.2$ L/s】

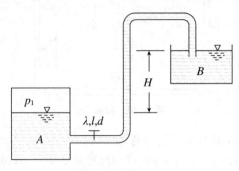

图 6.54 题 6.30

6.31 如图 6.55 所示,一串联管路管径依次为 $d_1=100$ mm,$d_2=150$ mm,$d_3=125$ mm,$d_4=75$ mm,绝对压强 $p_0=245$ kPa,$H=5$ m,水头损失不计,当地大气压强 $p=98$ kN/m^2,求通过管路的流量 Q,并绘制测压管水头线.【参考答案:$Q=87.4$ L/s】

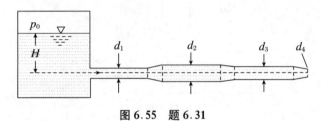

图 6.55 题 6.31

6.32 如图 6.56 所示,水池水通过一长 $L=50$ m 的自流管流向泵站集水井,然后由水泵提升至水塔.水泵有一长 $l=6$ m、直径 $d=200$ mm 的吸水管,自流管入口滤网及出口、吸水管入口滤网及弯头的局部阻力系数分别为 $\zeta_{IN}=6.0$、$\zeta_{EX}=1.0$、$\zeta_{in}=6.0$ 和 $\zeta_{be}=0.3$.自流管和水泵吸水管的沿程阻力系数均为 0.02.当抽水流量恒定为 $Q=0.064$ m^3/s 时,计算:① 水池和集水井的水位差 h 小于 2 m 时自流管的直径 D;② 泵安装高度 $h_s=2$ m 时泵进口 A-A 断面的绝对压强.【参考答案:① $D=0.211$ m,② $pA=62.03$ kPa】

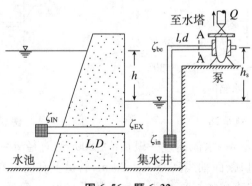

图 6.56 题 6.32

6.33 如图 6.57 所示,$Q=90$ m^3/h 的水泵自集水井中吸水,集水井通过一直径为 200

mm、管长为 20 m 的自流管自河中引水.自流管端设有滤网($\zeta_{in} = 7.0$)及两个 90°弯头($\zeta_b = 0.5$),管道 $n = 0.012$.① 试求集水井水位和河流水位的差 H;② 若拆去自流管上两个 90°弯头及长 4 m 的竖管(如虚线所示),H 不变,求自流管流量 Q'(假设水泵流量相应变化,以维持液面不变).【参考答案:① $H = 0.39$ m;② $Q' = 96.67$ m³/h】

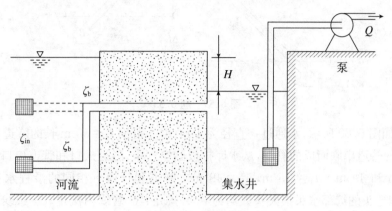

图 6.57　题 6.33

6.34　如图 6.58 所示,离心泵有一直径为 0.3 m、长为 12 m 的吸水管,设计流量为 306 m³/h.吸水管的沿程水损系数 $\lambda = 0.016$,吸入口和弯头的局损系数分别为 $\zeta_{in} = 5.5$ 和 $\zeta_{be} = 0.3$,吸水管的允许真空高度$[h_v] = 6$ m.确定该泵的允许安装高度.【参考答案:$H_s = 5.45$ m】

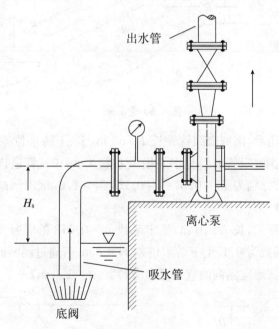

图 6.58　题 6.34

6.35　如图 6.59 所示,用水泵自水库 A 向水库 B 作恒定流输水,已知水泵扬程 $H = 10$ m,管道管径 $d = 100$ mm,管长 $l = 100$ m,管壁谢才系数 $C = 62.6$ m$^{1/2}$/s,进、出口局部损失系数分别为 $\zeta_{in} = 0.8$ 和 $\zeta_{ex} = 1.0$,略去弯头损失,两水库的水位差 $\Delta h = 7.82$ m,管最高处中心点 2 与水库 B 水面高差 $h_2 = 3$ m,点 2 至水库 A 的管长为 60 m.求管内流量 Q 和点

2 的真空水头 h_v.【参考答案：$Q = 11$ L/s, $h_v = -2.2$ m】

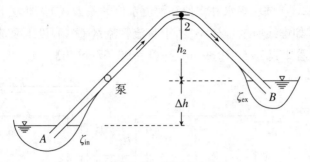

图 6.59　题 6.35

6.36　如图 6.60 所示,水通过一直径为 1 m、由一条长 $l_1 = 50$ m 长的隧道和一根长 $l_2 = 200$ m 长的管道串联而成的管线,从水库排放到空气中.隧道入口和管道出口分别比水库水位低 15 m 和 49 m（$h_1 = 15$ m, $h_2 = 49$ m）.隧道和管道有相同的沿程水头损失系数 0.02,入口和弯头的局部水头损失系数均为 0.5.确定:① 管线内流量;② 管线内的最小压强及其位置.【参考答案:① $Q = 9.19$ m³/s; ② $p_v = -58.7$ kPa】

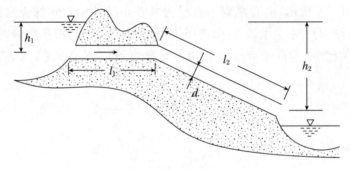

图 6.60 题 6.36

6.37　如图 6.61 所示,倒虹吸圆管管长 $l = 50$ m,上、下游水位差 $H = 2.24$ m,设计通流量 $Q = 3$ m³/s.现设倒虹吸管的沿程水头损失系数 $\lambda = 0.02$,管道进口、两个弯头以及出口的局部水头损失系数分别为 $\zeta_1 = 0.5, \zeta_2 = 0.25, \zeta_3 = 1.0$,试求倒虹吸管的设计管径 d.【参考答案:$d = 1.0$ m】

6.38　如图 6.62 所示,长 $l = 10$ m、曼宁系数 $n = 0.013$ 的混凝土压力圆形涵洞,涵洞入口的局部水头损失系数为 0.1,上下游水位差 $H = 2$ m.若通过涵洞的流量为 4.3 m³/s,忽略水库中的行近流速,试确定涵洞的直径.【参考答案:$d = 1.0$ m】

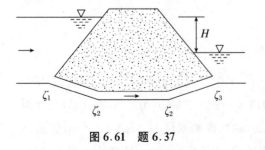

图 6.61　题 6.37

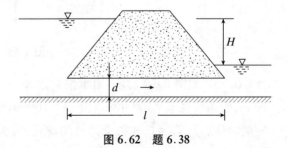

图 6.62　题 6.38

6.39　如图 6.63 所示,一建筑工地的供水塔内水面高于地面 $h_t = 8$ m,用管长 $l = 1000$ m、管径 $d = 400$ mm 的旧铸铁管输水到用水点.用水点高出地面 $z_0 = 2$ m,要求自由水头 $h_z = 2$ m,求管中流量 Q(采用舍维列夫公式,按长管计算).【参考答案:$Q = 132.565$ L/s】

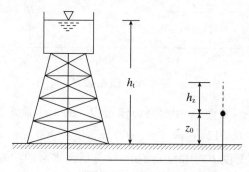

图 6.63　题 6.39

6.40　如图 6.64 所示,一铸铁管($n = 0.013$)供水管路 $H_s = 4$ m,泵前管长 $l_{12} = 30$ m,$d_{12} = 200$ mm;泵后管长 $l_{23} = 100$ m,$d_{23} = 200$ mm;$l_{34} = 150$ m,$d_{34} = 150$ mm;$l_{45} = 150$ m,$d_{45} = 100$ mm;供水点 $Q_3 = 10$ L/s,$Q_4 = 5$ L/s,$Q_5 = 10$ L/s 的流量如图所示,各点要求自由水头 $h_z = 5$ m.求水泵所需扬程.【参考答案:$H = 16.83$ m】

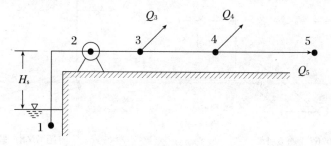

图 6.64　题 6.40

6.41　如图 6.65 所示,容器 A 和容器 B 通过沿程水损系数为 0.02 的串联管道连接.已知 $l_1 = 20$ m,$d_1 = 75$ mm;$l_2 = 10$ m,$d_2 = 50$ mm;$H = 2.5$ m.两管段之间突缩的局部水损系数为 0.6(对应小管径管段内的流速).考虑系统中所有损失,试确定管道中的流量,并沿管线定量绘制总水头线和测压管水头线.【参考答案:$Q = 0.0053$ m³/s】

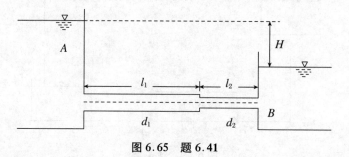

图 6.65　题 6.41

6.42　如图 6.66 所示,水流从具有恒定水位 $H = 15$ m 的水箱,经管长 $l = 150$ m、管径 $d = 50$ mm 的输水管($\lambda = 0.025$)流入大气,为使流量增加 20%,加一根长为 x 的管(图中虚

线所示).其余条件不变,求管长 x.【参考答案:$x=61.1$ m】

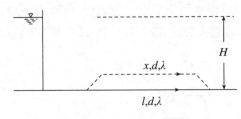

图 6.66 题 6.42

6.43 如图 6.67 所示,水池 A 用水泵以流量 $Q=60$ L/s 输水至水池 B,两水池水面高差 $H=30$ m,输水管 $n=0.012$,管段 $l_{12}=100$ m,$d_{12}=300$ mm,管段 $l_{23}=l_{24}=400$ m,$d_{23}=d_{24}=200$ mm,水的密度 $\rho=1000$ kg/m^3,计算所需水泵的功率 N.【参考答案:$N=19.51$ kW】

6.44 如图 6.68 所示,两水库由一根直径为 300 mm、长 $l_1=3000$ m 的管道连接,两水相间的水位差 $H=75$ m.现在原管道的下游半段并联安装一根直径为 300 mm、长 $l_2=1500$ m 的新管道.所有管道具有相同的沿程水头损失系数 0.02.若所有的局部水损均可忽略不计,试确定增设新并联管段后的流量增量.【参考答案:$Q=0.05$ m^3/s】

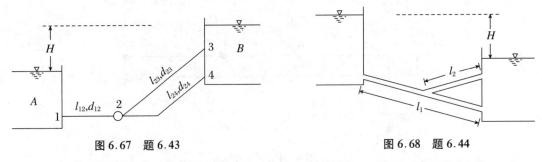

图 6.67 题 6.43   图 6.68 题 6.44

6.45 如图 6.69 所示的管路系统,$l_{01}=100$ m,$l_{12}=l_{34}=15$ m,$l_{14}=l_{23}=40$ m,$l_{45}=50$ m,各管管径 $d=100$ mm,粗糙系数 $n=0.012$,$Q_{01}=20$ L/s.求:① 管段 1-4 的流量 Q_{14}、管段 2-3 的流量 Q_{23}、水塔水头 H;② 若 H 不变,关闭管段 1-4 上的阀门后的管内流量 Q.【参考答案:① $Q_{14}=11.38$ L/s,$Q_{23}=8.62$ L/s,$H=20.82$ m;② $Q=17.21$ L/s】

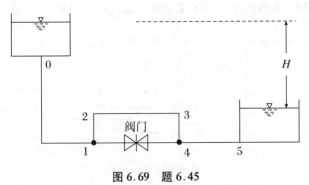

图 6.69 题 6.45

6.46 如图 6.70 所示为一包含串、并联管道,末端 D 为自由射流的管路系统.所有管道参数如下:$l_{AB}=500$ m,$d_{AB}=0.35$ m;$l_1=1000$ m,$d_1=0.2$ m;$l_2=600$ m,$d_2=0.2$ m;

$l_3 = 800$ m, $d_3 = 0.25$ m; $l_{CD} = 300$ m, $d_{CD} = 0.25$ m. 管道 AB 内流量 $Q = 0.2$ m³/s, 节点 B 和节点 C 的流出流量分别为 $q_B = 0.0295$ m³/s 和 $q_C = 0.0705$ m³/s. 所有管道内的流动都为完全紊流流动. 所有管道的曼宁粗糙度 $n = 0.013$. 确定：① 并联管道中各管道的流量 Q_1、Q_2、Q_3；② 节点 B 与节点 C 之间的水头损失 h_{fBC}；③ 管路系统进口所需总扬程 H. 【参考答案：① $Q_1 = 0.0395$ m³/s, $Q_2 = 0.051$ m³/s, $Q_3 = 0.08$ m³/s；② $h_{fBC} = 14.49$ m；③ $H = 32.38$】

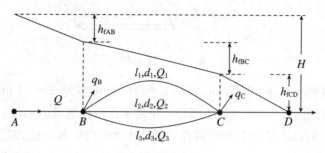

图 6.70　题 6.46

6.47　如图 6.71 所示，一等径的串联铸铁管路 1-2-3-4, $n = 0.013$, 其中 $l = 500$ m, 其中 $l_{23} = 60$ m, $l_{34} = 50$ m, $d = 250$ mm. 配水点处 $Q_2 = 20$ L/s, $Q_3 = 45$ L/s, $Q_4 = 50$ L/s, 2-3 段的均匀泄流量 $q_{23} = 0.30$ L/(s·m), 3-4 段的均匀泄流量 $q_{34} = 0.40$ L/(s·m). 求水池的水头 H. 【参考答案：$H = 28.98$ m】

6.48　如图 6.72 所示为一栋主干管装有压力表的三层建筑给水管网系统. 每层的垂直管和水平支管的直径均为 $d = 60$ mm, 长度均为 $l = 4$ m. 水龙头之间的高差 $\Delta h = 3.5$ m. 所有支管都有相同的沿程水损系数 0.03. 每个完全打开的水龙头的局部水损系数为 3.0. 忽略其他局部损失, 试确定当每层楼每个完全打开的水龙头的出流量至少为 3 L/s 时, 压力表断面处所需最小水压 p_m. 【参考答案：$p_m = 122$ kPa】

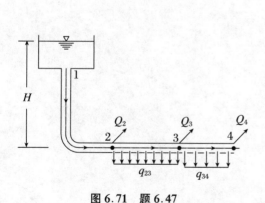

图 6.71　题 6.47

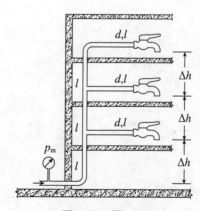

图 6.72　题 6.48

6.49　如图 6.73 所示的环状管网, 流入节点 0 的流量 $Q_0 = 10$ m³/s, 流出节点 1、2、3 和 4 的流量分别为 $Q_1 = 0$, $Q_2 = 3$ m³/s, $Q_3 = 4$ m³/s 和 $Q_4 = 3$ m³/s. 各管段的流量模数 $K(= S_0 l)$ 分别为：$K_{01} = 2$ s²/m⁵, $K_{04} = 3$ s²/m⁵, $K_{14} = 4$ s²/m⁵, $K_{12} = 4$ s²/m⁵, $K_{23} = 2$ s²/m⁵, $K_{34} = 5$ s²/m⁵. 试确定各管道的流量, 并在图中画出各管道的水流方向(提示：$h_f = S_0 l Q^2 =$

KQ^2).【参考答案:$q_{01}=5.322\ \mathrm{m^3/s}$,$q_{04}=4.678\ \mathrm{m^3/s}$,$q_{14}=1.501\ \mathrm{m^3/s}$,$q_{12}=3.821\ \mathrm{m^3/s}$,$q_{23}=0.821\ \mathrm{m^3/s}$,$q_{34}=3.179\ \mathrm{m^3/s}$】

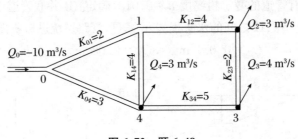

图 6.73 题 6.49

6.50 设一钢管全长 $l=1000\ \mathrm{m}$,管径 $d=300\ \mathrm{mm}$,壁厚 $\delta=10\ \mathrm{mm}$,管中水流速度 $v_0=1.2\ \mathrm{m/s}$.试求阀门在 $1\ \mathrm{s}$ 内完成关闭而产生的水击压强增量值 Δp.(已知:水的弹性模量 $E_0=2.07\times10^5\ \mathrm{N/cm^2}$,钢管管壁的弹性模量 $E=206\times10^5\ \mathrm{N/cm^2}$,声音在水中的传播速度 $c_0=1440\ \mathrm{m/s}$,水的密度 $\rho=1000\ \mathrm{kg/m^3}$.)【参考答案:$\Delta p=1515\ \mathrm{kPa}$】

6.51 水泵站出水钢管长 $l=3000\ \mathrm{m}$,阀门全开时管中流速 $v_0=1.83\ \mathrm{m/s}$,水击波在管中传播速度 $c=1000\ \mathrm{m/s}$,因故突然停机,试求当止回阀在 $T_1=2.5\ \mathrm{s}$ 和 $T_2=8\ \mathrm{s}$ 内完全关闭时,管道所受的最大水击压强.【参考答案:$\Delta p_1=1830\ \mathrm{kPa}$,$\Delta p_2=1372.5\ \mathrm{kPa}$】

第 7 章　明渠恒定流

【内容提要】　本章介绍恒定流情况下的均匀流和非均匀流,包括流的形成条件、水力特征及输水能力计算.在一条非均匀流渠道中,可能同时存在缓流、临界流和急流 3 种均匀流状态,以及渐变流和急变流 2 种非均匀流过渡状态.利用棱柱形渠道非均匀渐变流微分方程,表征明渠流中水深的沿流程变化规律,是水面曲面定性分析和定量计算的基本方程.随后对底坡,即顺坡(缓坡/临界坡/陡坡)、平坡、逆坡中可能出现的 12 种水面曲线沿程变化规律进行分析,并对底坡发生变化后的非均匀流水面曲线的连接进行定性分析,定量计算非均匀流存在而引起的上、下游水位变化幅度及范围,确定构筑物上游的壅水范围.

7.1　明渠的类型

明渠是指天然形成的河道或人工修建的渠道,如天然河流、人工河渠和不满流的排水管渠等.明渠流是液体在明渠中的流动,而且液体存在自由表面,自由表面上各点压强均为大气压强,相对压强为零,故明渠流又称为无压流.天然河道、输水渠道、无压隧洞、渡槽、涵洞中的水流都属于明渠流.明渠流具有自由水面,明渠中的水流在重力作用下流动,因此明渠流也称为重力流.

若明渠中水流的运动要素不随时间变化,称其为明渠恒定流,否则称为明渠非恒定流.在明渠恒定流中,如果水流运动要素不随流程变化,称为明渠恒定均匀流,否则称为明渠恒定非均匀流.在明渠非均匀流中,若流线接近于相互平行的直线,称为渐变流,否则称为急变流.流动分类中的“恒定流与非恒定流”和“均匀流与非均匀流”的分类标准不同,通常这两种分类方法没什么联系.但由于明渠流的过流断面面积会随流量的变化而变化,所以当明渠流动为非恒定流时,同时也必然是非均匀流,即不可能发生非恒定的均匀流动.

由于过流断面形状、尺寸以及底坡的变化都对明渠水流运动有着重要的影响,因此通常把明渠分成以下类型:

1. 棱柱形渠道和非棱柱形渠道

凡断面形状、尺寸及底坡沿程不变,过流断面面积仅随水深变化而变化的长直渠道,称为棱柱形渠道;否则,称为非棱柱形渠道.对于棱柱形渠道,过流断面面积是水深的函数,即 $A = f(h)$;对于非棱柱形渠道,过流断面面积是水深和沿流程的函数,即 $A = f(h,s)$.

断面规则的长直人工渠道、渡槽、管径沿程不变的排水管道和涵洞等都是典型的棱柱形渠道.而连接两条在断面形状和尺寸不同的渠道的过渡段,则是典型的非棱柱形渠道.但对于断面形状尺寸变化不大的顺直河段,在进行水力计算时往往按棱柱形渠道处理.

2. 梯形断面渠道和圆形断面渠道

人工明渠的横断面通常是对称的几何形状.断面形状有很多种,常见的有梯形、矩形、圆形等,依次称为梯形断面渠道、矩形断面渠道、圆形断面渠道等.矩形断面渠道通常是在岩石上开凿或两侧用条石砌成(或是混凝土渠道).圆形断面通常是指无压隧洞、涵洞或排水管道.另外,天然河道断面一般是不规则的,可近似用规则图形组合,称为复式断面渠道.各断面的水力要素如图7.1所示,图中 b 为底宽,h 为水深,B 为水面宽度.

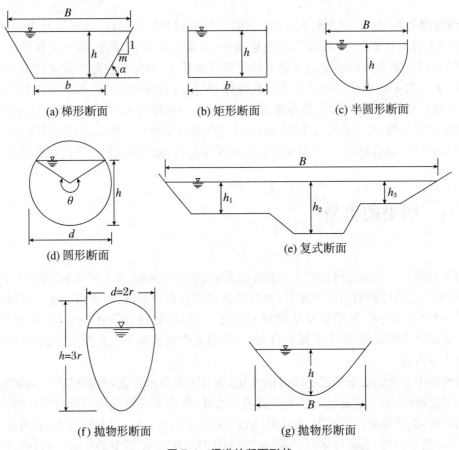

(a) 梯形断面　　　　　(b) 矩形断面　　　　　(c) 半圆形断面

(d) 圆形断面　　　　　　　　(e) 复式断面

(f) 抛物形断面　　　　　　(g) 抛物形断面

图 7.1　渠道的断面形状

3. 顺坡、平坡和逆坡渠道

明渠的底为一斜面,在纵剖面上,渠底为一长斜线,其纵向的倾斜程度(即渠道底面的坡度)称为**底坡**,用符号 i 表示.i 的大小用底坡线与水平面夹角的正弦表示,因为单位渠长 l' 上的渠底高差为 Δz,则 $i = \Delta z/l' = \sin\theta$,式中,$\theta$ 为渠底坡线与水平面的夹角,如图7.2所示.通常土渠的底坡 i 不大,即 θ 很小,$i = \Delta z/l' \approx \Delta z/l = \tan\theta$,式中,$l$ 为渠底坡线的水平投影长度.所以常用 $\tan\theta$ 代替 $\sin\theta$ 或用水平渠长 l 代替沿水流方向的渠长 $l'(=l/\cos\theta)$.同理,可用铅垂水深 h 代替垂直于底坡的水深 $h'(=$

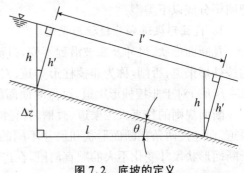

图 7.2　底坡的定义

$h\cos\theta$).在实际误差较小的情况下,能比较容易地量测渠长 l 和水深 h.

渠道底坡按沿流程的不同变化分为顺坡、平坡和逆坡,如图 7.3 所示.其中,渠底沿程降低的底坡称为顺坡($i>0$);渠底水平的底坡称为平坡($i=0$);渠底沿程升高的底坡称为逆坡($i<0$).

底坡 i 反映了重力在流动方向的分力 $G\sin\theta=Gi$,表征水流推动力的大小.i 愈大,流速愈快.

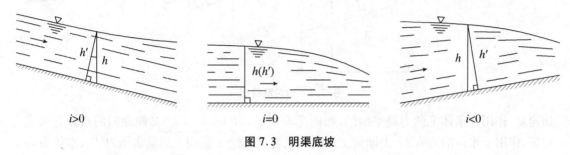

$i>0$　　　　　　　　　$i=0$　　　　　　　　　$i<0$

图 7.3　明渠底坡

应当指出的是,明渠水流的水深应在垂直于底坡线的过流断面上量取 h',对于底坡较小的渠道,水流水深可近似取其铅锤方向的水深 h.对于顺坡渠道,当 $i=\sin\theta<0.17$(即 $\theta<10°$)时,水深的相对误差为$(h-h')/h'=(h-h\cos10°)/(h\cos10°)=(1-\cos10°)/\cos10°\approx0.0154$,即小于 1.54%.本章仅讨论底坡较小的渠道,对于底坡较大的渠道,其误差明显,应引起注意.

7.2　明渠均匀流

7.2.1　明渠均匀流的水力特征及形成条件

1. 明渠均匀流的水力特征

根据明渠均匀流的定义,明渠均匀流的流线是与底坡线平行的一簇相互平行的直线,其过流断面面积或水深沿程不变,故渠底和水面线平行;明渠均匀流液面的相对压强为零,故水面线即为测压管水头线;明渠均匀流过流断面上的平均流速或流速分布沿程不变,即流速水头沿程不变,故总水头线与水面线相平行.因此,对于明渠均匀流,渠底线、水面线(测压管水头线)、总水头线三线相互平行;底坡 i、测压管水头线坡度 J_p、总水头线坡度 J 三线坡度均相等,即 $i=J_p=J$.

在明渠均匀流中,过水断面上的动水压强符合静水压分布规律,因此对于任一断面 $A-A$ 上的 1、2 两点,有 $z_1+p_1/\gamma=z_2+0$,假定点 1 的铅直方向水深为 h,则其压强水头 $p_1/\gamma=h\cos^2\theta$,如图 7.4 所示.

就物理意义而言,底坡 i 表示单位渠长的位能减少,水力坡度 J 表示单位渠长的能量损失.$i=J$ 表示能量损失由位能的减少来支付,即明渠均匀流是阻碍水流运动的阻力与水体重力沿水流方向分力达到平衡的一种流动.证明如下:

明渠均匀流(必然也是恒定流,即 Q 不变)是等深 h、等速 v 的直线流动,因此水体没有

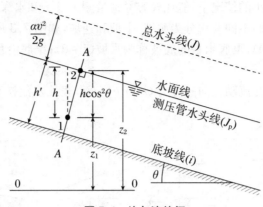

图 7.4　均匀流特征

加速度,作用在水体上的力是平衡的.如图 7.5 所示,取 1-1 和 2-2 断面间的水体为研究对象,作用于水体的力有 1-1 断面上的动水压力 P_1、2-2 断面上的动水压力 P_2、水体重力沿水流方向的分力 $G\sin\theta$ 以及摩阻力 f,根据力的平衡原理有 $P_1 + G\sin\theta - P_2 - f = 0$.考虑到明渠均匀流水深沿程不变,其过水断面上的动水压强符合静水压分布规律,所以 $P_1 = P_2$,又因为二力方向相反,互相抵消,得 $f = G\sin\theta$,得证!

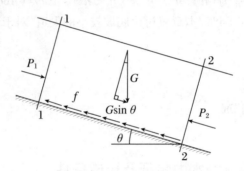

图 7.5　均匀流水体受力

2. 明渠均匀流的形成条件

明渠均匀流的水力特征是水深、断面平均流速沿程不变.该流动只能在一定条件下才能形成,包括:

(1) 渠道必须是长直棱柱形渠道,且无各种产生局部阻力的水工构筑物,如闸门、坝、桥、涵、弯道等影响水流的障碍物.局部阻力处会使流线发生弯曲,流线不再与底坡线平行;也会导致力不均衡,从而形成非均匀流.

(2) 渠道必须是底坡沿程不变的顺坡(即 $i > 0$),且其粗糙系数 n 沿程不变.明渠流是重力流,流动依靠重力的分力来驱使.要保证产生均匀流,必须有沿程不变的作用力,确保作用在水流的重力沿水流方向的分力与水流的摩擦阻力相等,使水流做流速沿程不变的匀速流动,同时又是水深沿程不变的等深流.平坡和逆坡渠道中不可能产生均匀流.若 n 发生变化,阻力也会发生变化,变成非均匀流.

(3) 渠道中的水流必须是恒定流,即流量 Q 沿程不变.若是非恒定流或途中有支流汇入流出,则沿程水深和流速会有变化,流线不可能为平行直线,必然形成非均匀流.

实际工程中的渠道很难严格满足上述条件,而且渠道一般建有水工建筑物.因此,明渠水流多为非均匀流.但是,对于顺直的棱柱形渠道,只要有足够的长度,在离开进口、出口或建筑物一定距离后,总是有形成均匀流的趋势,所以在实际工程中,考虑到均匀流的水力计算方法简便,相当多的明渠问题都按均匀流处理.人工明渠一般都是顺直的,基本上可满足均匀流形成的条件.对于天然河道,因为其断面形状、尺寸、坡度、粗糙系数一般是沿程变化的,所以形成非均匀流.对于较为顺直、整齐的河段,也常按均匀流进行近似计算.

7.2.2 梯形断面明渠的水力最优断面及水力计算类型

1. 明渠均匀流的流量公式

明渠流动流态基本属于紊流粗糙区或阻力平方区,明渠均匀流水力计算中的流速公式通常采用谢才公式.考虑到明渠均匀流中单位渠长的高差和水头损失相等,即底坡与水力坡度相等($i = J$),于是,流速和流量计算公式分别为

$$v = C\sqrt{RJ} = C\sqrt{Ri}$$

$$Q = A \cdot v = A \cdot C\sqrt{Ri} = AC\sqrt{R} \cdot \sqrt{i} = K\sqrt{i}$$

式中,K 为明渠水流的流量模数,单位为 m^3/s,其值相当于 $i = 1$ 时的流量,综合反映明渠的断面形状尺寸和粗糙系数对过流能力的影响.

谢才系数 C 与明渠的断面形状、尺寸、粗糙系数 n 有关,即 $C = f(R, n)$,通常采用曼宁公式 $C = R^{1/6}/n$,代入得

$$v = C\sqrt{Ri} = \left(\frac{1}{n}R^{1/6}\right)R^{1/2}i^{1/2} = \frac{1}{n}R^{2/3}i^{1/2}$$

$$Q = A \cdot v = A \cdot \frac{1}{n}R^{2/3}i^{1/2}$$

式中,n 为粗糙系数,它的大小综合反映了河、渠壁面对水流阻力的大小.

值得注意的是,水力半径 R 对谢才系数 C 影响要比粗糙系数 n 对 C 的影响小得多,所以在设计渠道的断面尺寸、计算明渠输水能力时,准确选用合适的 n 值十分重要.若 n 估值偏小,即设计水流阻力偏小,但实际水流阻力要大,则流量或过水能力就达不到设计要求,而且因实际流速小于设计流速,会造成渠道泥沙淤积或水流漫溢.反之,若 n 估值偏大,即设计水流阻力偏大,但实际水流阻力要小,导致设计断面尺寸偏大,将增加不必要的渠道断面积,增加渠道造价,浪费建造费,还可能因实际流速大于设计流速而引起渠道冲刷.

对于人工渠道,粗糙系数 n 通常与渠道表面材料、施工质量以及渠道修成以后的运行管理情况等因素有关;对于天然河道,粗糙系数 n 取决于河床泥沙、砾石等颗粒的大小和光滑程度(细小而光滑的颗粒会使 n 变小)、河道断面的不规则、河身的弯曲、滩地上的植物种类及数量,以及河床中被水流冲刷程度等因素.

粗糙系数不仅沿河流会发生改变,而且随不同流量而改变,所以天然河道的粗糙系数 n 的确定是较困难的,在工程实际中,可根据河道实测水文资料,由流量或流速、断面面积等来求出谢才系数,再按曼宁公式计算出 n 值.在缺乏实测资料时,也可查表 7.1 中所列天然河道的 n 值作为参考.

表 7.1　各种人工渠道的粗糙系数 n

类别	n
混凝土和钢筋混凝土的雨水管	0.013
混凝土和钢筋混凝土的污水管	0.014
铸铁管	0.013
钢管	0.012
水泥砂浆抹面渠道	0.013
干砌块石渠道	0.020～0.025
情况极坏的土渠(断面不规则、有块石、杂草、水流不畅等)	0.035～0.045

2. 水力最优断面的几何条件

根据明渠均匀流流量公式 $Q = A(1/n)R^{2/3}i^{1/2}$ 可知,明渠的输水能力大小取决于底坡 i、渠壁的粗糙系数 n、过水断面的大小 A 及形状.在设计渠道时,底坡 i 的大小依当地地形条件而定,粗糙系数 n 则取决于所选渠壁土质、护面材料及维护情况.因此,渠道的输水能力 Q 仅取决于过水断面的大小 A 及形状.当底坡 i、粗糙系数 n 和过水断面积 A 一定时,渠道输水能力最大的断面称为水力最优断面.由明渠均匀流流量公式,并考虑到 $R = A/\chi$,有

$$Q = A\frac{1}{n}R^{2/3}i^{1/2} = A\frac{1}{n}\left(\frac{A}{\chi}\right)^{2/3}i^{1/2} = \frac{i^{1/2}}{n}\frac{A^{5/3}}{\chi^{2/3}}$$

该式表明:在 i、n、A 已给定的条件下,要使输水能力 Q 越大,则要求水力半径 R 越大或湿周 χ 越小,故水力最优断面实际就是湿周最小的断面形状.对于相同的渠壁剪应力,湿周 χ 越小,阻力越小,输水能力就越大.同时,湿周 χ 越小,渠道护壁材料就越省,渠道渗水量损失也越少.

如果不受条件的限制,渠道断面可以有梯形、矩形、三角形、半圆形等.在断面面积 A 一定时,圆形断面具有最小湿周(边界),是水力最优断面.对于明渠,半圆形断面是水力最优的.但半圆形断面不易施工,而且土壤需要有一定的边坡才能保证不塌方,因此半圆形断面仅在混凝土制作的渡槽等水工建筑物中使用.输水工程中明渠多采用梯形断面.三角形断面经泥沙淤积后也会变成梯形断面,而其他断面形状则需要木材、石材、混凝土等材料做护面,才可稳定.

如图 7.6 所示,底宽为 b,水面宽为 B,水深为 h 的梯形断面,边坡系数(梯形渠道两侧边坡的斜倾程度)$m = \cot\alpha$,式中,α 为边坡角,边坡系数 m 取决于土的种类或护面材料以及维护情况,见表 7.2.

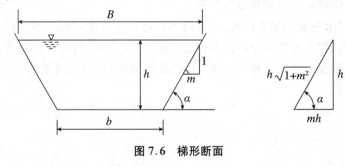

图 7.6　梯形断面

表 7.2　梯形渠道的边坡系数 m

土壤种类	m
细粒砂土	3.0～3.5
砂壤土或松散土壤	2.0～2.5
密实砂壤土、轻黏壤土	1.5～2.0
密实重黏土	1.0
砾石、砂砾石土	1.5
重壤土、密实黄土	1.0～1.5
各种不同硬度的岩石	0.5～1.0

对于梯形断面,湿周表达式为

$$\chi = b + 2h\sqrt{1 + m^2}$$

已知梯形断面面积 $A = (b + mh)h$ 或变形后 $b = A/h - mh$,代入得

$$\chi = A/h - mh + 2h\sqrt{1 + m^2}$$

当过水断面面积 A 一定时,χ 为水深 h 的函数. 为求 $\chi(h)$ 的极小值,对 h 求导,有

$$\frac{\mathrm{d}\chi}{\mathrm{d}h} = -\frac{A}{h^2} - m + 2\sqrt{1 + m^2} = 0$$

由于 $\mathrm{d}^2\chi/\mathrm{d}h^2 = 2A/h^3 > 0$,说明 $\chi(h)$ 存在极小值. 将 $A = (b + mh)h$ 代入,得梯形断面的宽深比 b/h 为

$$\frac{b}{h} = 2(\sqrt{1 + m^2} - m)$$

该宽深比的条件即为确保梯形断面为水力最优断面的条件. 从该式也可以看出,水力最优断面的宽深比 b/h 仅为边坡系数 m 的函数,且随着 m 的增大,b/h 减小. 边坡系数取决于边坡稳定和施工条件,可根据土质条件确定,当 m 确定后,即可得出宽深比的值,按此值设计的渠道断面是水力最优断面.

根据最优断面的条件 $b/h = -2m + 2\sqrt{1 + m^2}$,两边同乘以 h,得 $2h\sqrt{1 + m^2} = b + 2mh$,梯形断面水力最优时断面的水力半径为

$$R = \frac{A}{\chi} = \frac{(b + mh)h}{b + 2h\sqrt{1 + m^2}} = \frac{(b + mh)h}{b + b + 2mh} = \frac{h}{2}$$

即水力半径为水深的 $1/2$.

当 $m = 0$ 时,根据 $m = \cot\alpha$,可知 $\alpha = 90°$,即为矩形断面,此时宽深比 $b/h = 2$,则 $b = 2h$. 说明矩形断面渠道的水力最优断面的底宽 b 是水深 h 的 2 倍.

水力最优断面仅仅是从水力学角度单纯依靠水力计算来考虑的,从使用、施工以及造价等方面来说未必最优. 因为渠道断面是水力最优断面时,$R = h/2$,$f(m) = b/h = 2[(1 + m^2)^{1/2} - m]$,则 $h = b/f(m)$,式中,$f(m)$ 是 m 的减函数的流量公式. 则

$$Q = A(1/n)R^{2/3}i^{1/2} = [(b + mh)h](1/n)(h/2)^{2/3}i^{1/2} \propto (b + mh)h^{5/3}$$
$$= [b + mb/f(m)][b/f(m)]^{5/3}$$

显然,对于给定的底宽 b,若要增大 Q,则要求增大 m(根据水力最优断面的条件即减小宽深比 b/h),即梯形渠道的水力最优断面是又窄又深的.

对于中、小型渠道,施工容易,挖土不深,造价基本上由土方工程量来决定,此时按水力最优断面设计的渠道断面也是最经济的断面;但对于大型渠道,采用水力最优断面设计的断面又窄又深,施工时挖土过深,土方单价增高,施工、养护不便,此时水力最优不一定是经济最优.此外,渠道断面形状的设计不应仅考虑输水要求,还要考虑通航对水深及水面宽度的要求,以及工程造价、施工技术和维护等各方面的工程实际因素,如渠道边坡系数和粗糙系数是由土质条件决定的,设计渠道底坡时,应尽量与当地地形吻合,使土方工程最经济.

3. 允许流速

对于设计合理的渠道,除了要考虑过流能力和工程造价等因素,还须对渠道的最大和最小流速进行校核,保证流速在允许流速范围内,以免渠道不被冲刷或淤积.允许流速是指对渠身不会产生冲刷,也不会使水中悬浮的固体颗粒在渠道中发生淤积现象的断面平均流速.因此在设计中,要求渠道的流速在免遭冲刷的最大允许流速(不冲流速)和免遭淤积的最小允许流速(不淤流速)范围内,即 $v_{min} < v < v_{max}$.

渠道中的不冲流速 v_{max} 的大小取决于渠壁衬砌材料、土壤种类、颗粒大小和密实程度,以及渠中流量等因素,设计时可查有关水力手册.均质黏性土质渠道的 v_{max} 值见表 7.3.

表 7.3　均质黏性土质渠道的不冲流速 v_{max}

土质	不冲流速(m/s)
轻壤土	0.6~0.8
中壤土	0.65~0.85
重壤土	0.75~1.0
黏土	0.75~0.95

渠道中的不淤流速 v_{min} 的大小与水中的悬浮物有关,有时为了防止植物在渠道中滋生,也要考虑流速不能太小.一般情况下,不淤流速 v_{min} 为 0.3~0.4 m/s.

4. 水力计算类型

梯形断面明渠均匀流水力计算公式如下:

流速/流量: $v = C\sqrt{Ri}$, $Q = Av = AC\sqrt{Ri} = K\sqrt{i}$.

过水断面面积: $A = (b + mh)h$.

湿周: $\chi = b + 2h\sqrt{1 + m^2}$.

谢才系数: $C = (1/n)R^{1/6}$.

水力半径: $R = A/\chi$.

水力最优断面的条件: $b/h = 2(\sqrt{1 + m^2} - m)$.

梯形断面各水力要素的关系:

$$Q = A \cdot \frac{1}{n}R^{2/3}i^{1/2} = (b + mh)h \cdot \left(\frac{(b + mh)h}{b + 2h\sqrt{1 + m^2}}\right)^{2/3}\frac{i^{1/2}}{n} = f(i, n, b, h, m)$$

在明渠均匀流流量公式 $Q = K\sqrt{i}$ 中,有 Q、K、i 三个量,只要知道其中的任意两个,就可求出另一个.因此渠道的水力计算,通常可分成三类问题:

(1) 校核已建成渠道的过水能力 Q

已知渠道断面形状水力要素尺寸(梯形,b、h、m)、大小 A、粗糙系数 n 及渠道的底坡 i,

求渠道过流量 Q 或断面平均流速 v.

【例题 7.1】　某渠道断面为矩形,按水力最优断面设计,底宽 $b = 8$ m,渠道粗糙系数 $n = 0.028$,底坡 $i = 1/8000$,试校核是否满足 20 m³/s 的设计流量要求.

解　按水力最优断面设计,正常水深:

$$h_0 = b/2 = 8/2 = 4 \text{ (m)}$$

过流断面面积:

$$A = bh_0 = 8 \times 4 = 32 \text{ (m}^2)$$

湿周:

$$\chi = b + 2h_0 = 8 + 2 \times 4 = 16 \text{ (m)}$$

水力半径:

$$R = A/\chi = 32/16 = 2 \text{ (m)}$$

谢才系数:

$$C = R^{1/6}/n = 2^{1/6}/0.028 = 40.09 \text{ (m}^{1/2}/\text{s)}$$

则流量为

$$Q = A(Ri)^{1/2} = 32 \times 40.09 \times (2 \times 1/8000)^{1/2} = 20.28 \text{ (m}^3/\text{s)} > 20 \text{ (m}^3/\text{s)}$$

满足设计流量要求.

【例题 7.2】　如图 7.7 所示,水在杂草开挖的梯形断面土渠中流动.梯形断面的底宽

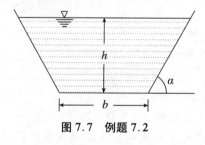

图 7.7　例题 7.2

$b = 0.8$ m,边坡角 $\alpha = 60°$,渠底坡倾角 $\theta = 0.3°$.对于表面有杂草的明渠,粗糙系数 n 取 0.030.试确定:水深 $h = 0.52$ m 时该明渠的通流量,以及倾角 $\theta = 1°$ 时的通流量.

解　根据边坡和底坡的定义,有

边坡:$m = \cot \alpha = \cot 60° = 0.5773$.

底坡:$i = \tan \theta = \tan 0.3° = 0.005236$.

渠道的横断面面积、湿周和水力半径如下:

$$A = h(b + mh) = 0.52 \times (0.8 + 0.5773 \times 0.52)$$
$$\approx 0.572 \text{ (m}^2)$$
$$\chi = b + 2h(1 + m^2)^{1/2}$$
$$= 0.8 + 2 \times 0.52 \times (1 + 0.5773^2)^{1/2} \approx 2.001 \text{ (m)}$$
$$R_h = A/\chi = 0.572/2.001 \approx 0.286 \text{ (m)}$$

渠道的通流量:

$$Q = AR_h^{2/3}i^{1/2}/n = 0.572 \times 0.286^{2/3} \times 0.005236^{1/2}/0.030 \approx 0.60 \text{ (m}^3/\text{s)}$$

当渠底坡倾角为 1° 时,底坡 $i' = \tan \theta = \tan 1° = 0.01746$,则渠道的通流量为

$$Q' = AR_h^{2/3}i'^{1/2}/n = 0.572 \times 0.286^{2/3} \times 0.01746^{1/2}/0.030 = 1.09 \text{ (m}^3/\text{s)}$$

(2) 确定渠道底坡 i

已知渠道断面形状水力要素尺寸(梯形,b、h、m)、粗糙系数 n、设计流量 Q 或流速 v,求渠道底坡 i.一定的坡度可避免沉积淤塞或可控制流速满足通航要求.(6 个变量中已知 5 个求 1 个).

【例题 7.3】　渠道全长为 588 m,矩形断面,采用钢筋混凝土($n = 0.014$),通过流量为 $Q = 25$ m³/s,底宽 $b = 5.1$ m,水深 $h_0 = 3.08$ m,问此渠道底坡应为多少?并校核渠道流速

是否满足通航要求(通航允许流速 $v \leqslant 1.8$ m/s).

解

$$A = bh_0 = 5.1 \times 3.08 = 15.708 \, (\text{m}^2)$$

$$\chi = b + 2h_0 = 5.1 + 2 \times 3.08 = 11.26 \, (\text{m})$$

$$R = A/\chi = 15.708/11.26 \approx 1.395 \, (\text{m})$$

$$C = R^{1/6}/n = 1.395^{1/6}/0.014 \approx 75.504 \, (\text{m}^{1/2}/\text{s})$$

由 $Q = AC(Ri)^{1/2}$,则渠道底坡有

$$i = Q^2/(A^2 C^2 R) = 25^2/(15.708^2 \times 75.504^2 \times 1.395) = 0.0003185$$

渠中的流速 $v = Q/A = 25/15.708 \approx 1.592$ (m/s) < 1.8 (m/s),满足通航要求.

(3) 确定渠道的断面尺寸

已知渠道输水量 Q、渠道底坡 i、粗糙系数 n 及边坡系数 m,求渠道断面尺寸 b 或 h.可补充水力最优断面条件或补充不冲流速 $v_{\max}$ 或不淤流速 $v_{\min}$ 作为渠道中的实际流速.(6 个变量中已知 4 个求 2 个,根据工程条件先确定 b 或 h_0.)

【例题 7.4】 均匀流条件下,沥青内衬梯形渠道以 8.1 m³/s 的流量输水.底宽 $b = 1.8$ m,渠底坡度 $i = 0.0015$,边坡系数 $m = 0.839$,沥青内衬渠道的粗糙系数 $n = 0.016$.试确定均匀流时的正常水深.

解 断面面积和水力半径是正常水深 h_0 的函数,根据均匀流流量公式:

$$Q = A \cdot (1/n) R^{2/3} i^{1/2}$$

$$= (b + mh_0)h_0 \cdot \{(b + mh_0)h_0/[b + 2h_0(1 + m^2)^{1/2}]\}^{2/3} \cdot i^{1/2}/n$$

$$= (1.8 + 0.839h_0)h_0 \times \{(1.8 + 0.839h_0)h_0/[1.8 + 2h_0(1 + 0.839^2)^{1/2}]\}^{2/3}$$

$$\times 0.0015^{1/2}/0.016 = 8.1$$

通过多次迭代或计算机编程,可解得正常水深 $h_0 = 1.372$ m.

【例题 7.5】 一梯形断面土渠,通过流量 $Q = 1.0$ m³/s,底坡 $i = 0.005$,边坡系数 $m = 1.5$,粗糙系数 $n = 0.025$,不冲流速 $v_{\max} = 1.2$ m/s,试分别按不冲流速和水力最优条件设计断面尺寸.

解 ① 按不冲流速设计:

$$A = Q/v_{\max} = 1.0/1.2 = 0.83 \, (\text{m}^2)$$

又有

$$Q = AC(Ri)^{1/2} = A(R^{1/6}/n)(Ri)^{1/2} = AR^{2/3}i^{1/2}/n = A(A/\chi)^{2/3}i^{1/2}/n$$

$$= A^{5/3}\chi^{-2/3}i^{1/2}/n = 0.83^{5/3}\chi^{-2/3}0.005^{1/2}/0.025 = 1.0$$

解得 $\chi = 2.99$ m.

联立方程

$$A = h(b + mh) = h(b + 1.5h) = 0.83$$

和

$$\chi = b + 2h(1 + m^2)^{1/2} = b + 2h(1 + 1.5^2)^{1/2} = b + 3.61h = 2.99$$

解得 $h = 0.38$ m, $b = 1.62$ m.

② 按水力最优条件进行设计:

梯形断面的水力最优的条件是宽深比为

$$b/h = 2[(1 + m^2)^{1/2} - m] = 2[(1 + 1.5^2)^{1/2} - 1.5] = 0.61$$

则

$$A = h(b + mh) = h(b + 1.5h) = h(0.61h + 1.5h) = 2.11h^2$$
$$\chi = b + 2h(1 + m^2)^{1/2} = b + 2h(1 + 1.5^2)^{1/2} = b + 3.61h = 0.61h + 3.61h = 4.22h$$

所以

$$R = A/\chi = 2.11h^2/4.22h = h/2$$

$$\begin{aligned}Q &= AC(Ri)^{1/2} = A(R^{1/6}/n)(Ri)^{1/2} = AR^{2/3}i^{1/2}/n = (2.11h^2)\cdot(h/2)^{2/3}i^{1/2}/n\\ &= (2.11\times h^2)\times(h/2)^{2/3}\times i^{1/2}/n = (2.11\times h^2)\times(h/2)^{2/3}\times 0.005^{1/2}/0.025\\ &= 1.0\end{aligned}$$

解得 $h = 0.61$ m，$b = 0.61h = 0.61\times 0.61 = 0.37$（m）.

流速校核，有

$$v = Q/A = Q/(2.11h^2) = 1.0/(2.11\times 0.61^2) = 1.27\text{（m/s）} > v_{\max} = 1.20\text{ m/s}$$

需采取适当的加固措施，否则会造成冲刷.

5. 复式断面渠道的水力计算

在实际工程中，常因为地形地质条件或便于施工养护经济等，将渠道断面设计成两个或两个以上单式断面组成的复式断面.在进行复式断面明渠均匀流的水力计算时，通常根据不同边界的粗糙系数 n，将复式断面分割成若干个单一断面，然后分别求出这些断面的流量，最后将各断面流量叠加得到整个复式断面的流量.

假设复式断面可分成 M 个单一断面，根据均匀流流量公式：

$$Q = AC\sqrt{Ri} = A\cdot(R^{1/6}/n)\cdot\sqrt{Ri} = AR^{2/3}i^{1/2}/n$$

则复式断面的总流量为

$$\begin{aligned}Q &= Q_1 + Q_2 + \cdots + Q_M = \frac{1}{n_1}A_1R_1^{2/3}i_1^{1/2} + \frac{1}{n_2}A_2R_2^{2/3}i_2^{1/2} + \cdots + \frac{1}{n_M}A_MR_M^{2/3}i_M^{1/2}\\ &= \sum_{j=1}^{M}\frac{1}{n_j}A_jR_j^{2/3}i_j^{1/2}\end{aligned}$$

【例题 7.6】　如图 7.8 所示的复式断面渠道，渠底坡 $i = 0.00064$，$n_1 = 0.025$，$n_2 = n_3 = 0.04$，$m_1 = 1.0$，$m_2 = m_3 = 2.0$，$b_1 = 97$ m，$b_2 = 66$ m，$b_3 = 77$ m，$h_1 = 1.5$ m，$h_2 = 2.0$，其他尺寸如图所示.

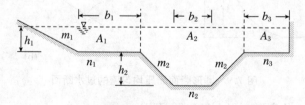

图 7.8　例题 7.6

解　将复式渠道断面分成三部分，面积分别为 A_1、A_2、A_3，则

$$A_1 = (b_1 + b_1 + m_1h_1)h_1/2 = (97 + 97 + 1.0\times 1.5)\times 1.5/2 \approx 146.63\text{（m}^2\text{）}$$

$$\begin{aligned}A_2 &= (b_2 + b_2 + 2m_2h_2)h_2/2 + (b_2 + 2m_2h_2)h_1\\ &= (66 + 66 + 2\times 2.0\times 2.0)\times 2.0/2 + (66 + 2\times 2.0\times 2.0)\times 1.5 = 251\text{（m}^2\text{）}\end{aligned}$$

$$A_3 = b_3h_1 = 77\times 1.5 = 115.5\text{（m}^2\text{）}$$

$$\chi_1 = b_1 + h_1(1 + m_1^2)^{1/2} = 97 + 1.5\times(1 + 1.0^2)^{1/2} = 99.12\text{（m）}$$

$$\chi_2 = b_2 + h_2(1 + m_2^2)^{1/2} = 66 + 2.0\times(1 + 2.0^2)^{1/2} = 70.47\text{（m）}$$

$$\chi_3 = b_3 + h_1 = 77 + 1.5 = 78.5 \ (\mathrm{m})$$

所以

$$R_1 = A_1/\chi_1 = 146.63/99.12 \approx 1.48 \ (\mathrm{m})$$

$$R_2 = A_2/\chi_2 = 251/70.47 \approx 3.56 \ (\mathrm{m})$$

$$R_3 = A_3/\chi_3 = 115.5/78.5 \approx 1.47 \ (\mathrm{m})$$

则通过复式断面的总流量为

$$Q = Q_1 + Q_2 + Q_3 = \left[(1/n_1)A_1R_1^{2/3} + (1/n_2)A_2R_2^{2/3} + (1/n_3)A_3R_3^{2/3} \right] \cdot i^{1/2}$$

$$= \left[(1/0.025) \times 146.63 \times 1.48^{2/3} + (1/0.04) \times 251 \times 3.56^{2/3} \right.$$

$$\left. + (1/0.04) \times 115.5 \times 1.47^{2/3} \right] \cdot 0.00064^{1/2}$$

$$= 657.26 \ (\mathrm{m}^3/\mathrm{s})$$

7.2.3 圆形断面明渠的流速、流量特征

圆形断面是面积一定时周长最短的几何断面,因此圆形断面是水力最优断面,被广泛应用于实际输水、排水工程中.圆形断面明渠(或无压圆管)是指非满流的圆形管道,如城市排水管道中的污水管道、雨水管道以及无压涵管等.这些非满管流动具有自由液面,属明渠水流,若管道足够长、管径不变、底坡沿程不变、流量恒定,也能产生均匀流,具有明渠均匀流的特征,可用明渠均匀流公式进行计算.

圆形断面无压均匀流的过水断面如图 7.9 所示,设其管径为 d,水深为 h,定义充满度 α 为水深与管径的比值 h/d,所对应的圆心角 θ 称为充满角,则 $\cos(\pi - \theta/2) = [h - d/2]/(d/2)$,则 $\alpha = h/d = (1 - \cos \theta/2)/2 = \sin^2(\theta/4)$.由几何关系可得水力要素之间的关系为

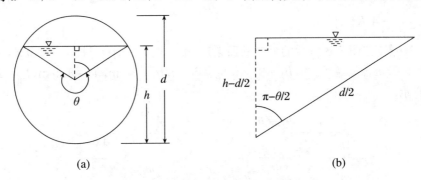

(a) (b)

图 7.9 圆形断面无压均匀流的过水断面

过水断面面积(θ 角扇形面积+三角形面积):

$$A = \frac{1}{2} \cdot \frac{d}{2} \cdot \frac{d}{2}\theta + \frac{1}{2} \cdot \frac{d}{2} \cdot \frac{d}{2}\sin(2\pi - \theta) = \frac{d^2}{8}(\theta - \sin \theta).$$

湿周:$\chi = \dfrac{d}{2}\theta.$

水力半径:$R = \dfrac{A}{\chi} = \dfrac{(d^2/8)(\theta - \sin \theta)}{(d/2)\theta} = \dfrac{d}{4}\left(1 - \dfrac{\sin \theta}{\theta}\right).$

从而得流速和流量公式.流速:$v = \dfrac{1}{n}R^{2/3}i^{1/2} = \dfrac{1}{n}\left[\dfrac{d}{4}\left(1 - \dfrac{\sin \theta}{\theta}\right)\right]^{2/3}i^{1/2}$,式中,$\theta =$ $4\arcsin\sqrt{\alpha}$.流量:$Q = A \cdot v = \dfrac{d^2}{8}(\theta - \sin \theta) \cdot \dfrac{1}{n}\left[\dfrac{d}{4}\left(1 - \dfrac{\sin \theta}{\theta}\right)\right]^{2/3}i^{1/2}$,式中,$\theta =$

$4\arcsin\sqrt{\alpha}$.

即充满度 α(或充满角 θ)是圆管各水力要素的函数,且不同的充满度对应一个流量和流速.

对于流速 v 的极值,令 $\mathrm{d}v/\mathrm{d}\theta=0$,有 $\theta=\arctan\theta$,解得 $\theta\approx4.49341\ \mathrm{rad}$(或 $257.4534°$);

对于流量 Q 的极值,令 $\mathrm{d}Q/\mathrm{d}\theta=0$,有 $3\theta=5\theta\cos\theta-2\sin\theta$,解得 $\theta\approx5.278105\ \mathrm{rad}$(或 $302.4131°$).

为判断圆管流在未达到满管流之前,流速 v、流量 Q 是否已达到极值,现引入满管流时的流速 v_0、流量 Q_0 与非满管流时的流速 v、流量 Q 进行比较.采用无纲量的结合量,直观展示充满度 α 与流速 v、流量 Q 的关系.对于 Q_0 和 v_0,令 $\theta=2\pi$,代入得 $v_0=\dfrac{1}{n}\left(\dfrac{d}{4}\right)^{2/3}i^{1/2}$,

$Q=\dfrac{\pi d^2}{4}\cdot\dfrac{1}{n}\left(\dfrac{d}{4}\right)^{2/3}i^{1/2}$.于是非满管流与满管流的流速、流量之比分别为

$$\frac{v}{v_0}=\frac{\dfrac{1}{n}\left[\dfrac{d}{4}\left(1-\dfrac{\sin\theta}{\theta}\right)\right]^{2/3}i^{1/2}}{\dfrac{1}{n}\left(\dfrac{d}{4}\right)^{2/3}i^{1/2}}=\left(1-\frac{\sin\theta}{\theta}\right)^{2/3}$$

$$\frac{Q}{Q_0}=\frac{\dfrac{d^2}{8}(\theta-\sin\theta)\cdot\dfrac{1}{n}\left[\dfrac{d}{4}\left(1-\dfrac{\sin\theta}{\theta}\right)\right]^{2/3}i^{1/2}}{\dfrac{\pi d^2}{4}\cdot\dfrac{1}{n}\left(\dfrac{d}{4}\right)^{2/3}i^{1/2}}$$

$$=\frac{(\theta-\sin\theta)^{5/3}}{2\pi\cdot\theta^{2/3}}$$

当非满管流速 v 取极大值时,令 $\theta=4.49341\ \mathrm{rad}$(或 $\alpha=h/d=\sin^2(\theta/4)\approx0.81$),解得 $v/v_0=1.14>1$,此时管中的流速最大,为恰好满管流时流速的 1.14 倍.

当非满管流速 Q 取极大值时,令 $\theta=5.278105\ \mathrm{rad}$(或 $\alpha=h/d=\sin^2(\theta/4)\approx0.94$),解得 $Q/Q_0=1.076>1$,此时通过的流量最大,为恰好满管流时流量的 1.076 倍.

以充满度 α 为自变量,流速比 v/v_0 或流量比 Q/Q_0 为因变量,绘制函数关系曲线,如图 7.10 所示.

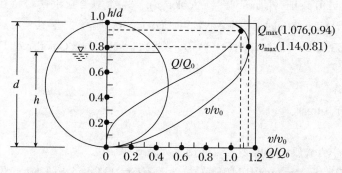

图 7.10 流量和流速取最大值时分别对应的管道充满度

产生上述结果的原因是:在水深超过半径($\alpha=h/d>0.5$)后,过水断面的面积随水深增长缓慢,而湿周相对增加要快些;在 $\alpha=0.81$ 时,水力半径 R 达到最大值,流速 $v=(1/n)R^{2/3}i^{1/2}$ 也达到最大值;其后,随着 α 的进一步增大($\alpha>0.81$),虽然流速减小,但过水断面面积 A 却在继

续增加,当 $\alpha = 0.94$ 时,流量 $Q(Q = vA)$ 达到最大值;之后,随着 α 继续增大($\alpha > 0.94$),虽然过水断面面积 A 还在继续增大,但湿周 χ 增加的相对更多,以致水力半径 R(或流速 v)减小,因而过流量也相对减小.

```
%* * * * * * * MATLAB 编程绘制曲线 Q/Q₀~ α 和曲线 v/v₀~ α* * * * * * * *
clc; clear all; clf;
alpha= 0.001:0.001:1;   % 充满度
theta= 4* asin((alpha).^(1/2));   % 充满角
Q_Q0= ((theta-sin(theta)).^(5/3))./(2* pi* theta.^(2/3));   % 非满管流量 Q/满管流量 Q0
plot(Q_Q0,alpha,'b- - ','Linewidth',2)   % 绘制 Q/Q0~ α 曲线
[max_Q,ind_Q]= max(Q_Q0);   % 找出最大流量值及其位置
alpha_Q= alpha(ind_Q);   % 最大流量值对应的充满度
line([max_Q,max_Q],[0,alpha_Q],'linestyle','- - ','color','b');   % 绘制垂直于横轴的直线
line([- 0.5,max_Q],[alpha_Q,alpha_Q],'linestyle','- - ','color','b');   % 绘制垂直于纵轴的直线
h1= text(0.63,0.55,'$ $    {\it{Q}}/{\it{Q}}_0$ $ ','FontSize',12,'Color','blue','Fontname','Times New Roman');
% 标注曲线名称
set(h1,'Interpreter','latex');
hold on
plot(max_Q,alpha_Q,'bo','Linewidth',2)   % 绘制最大流量的点
h11= text(1.1,0.96,'$ $    Q_{max}(1.0757,0.938)   $ $ ','FontSize',13,'Color','blue','Fontname','
Times New Roman');   % 标注点坐标
set(h11,'Interpreter','latex');
hold on
v_v0= (1- sin(theta)./theta).^(2/3);   % 非满管流速 v/满管流速 v₀
plot(v_v0,alpha,'r','Linewidth',2)   % 绘制 v/v0~ α 曲线
[max_v,ind_v]= max(v_v0);   % 找出最大流速值及其位置
alpha_v= alpha(ind_v);   % 最大流速值对应的充满度
line([max_v,max_v],[0,alpha_v],'linestyle','- .','color','r');   % 绘制垂直于横轴的直线
line([- 0.5,max_v],[alpha_v,alpha_v],'linestyle','- .','color','r');   % 绘制垂直于纵轴的直线
h2= text(0.84,0.33,'$ $    {\it{v}}/{\it{v}}_0   $ $ ','FontSize',16,'Color','red','Fontname','Times
New Roman');
% 标注曲线名称
set(h2,'Interpreter','latex');
hold on
plot(max_v,alpha_v,'ro','Linewidth',2)   % 绘制最大流速的点
h22= text(1.16,0.82,'$ $    v_{max}(1.14,0.813)   $ $ ','FontSize',13,'Color','red','Fontname','Times New Ro -
man');
% 标注点坐标
set(h22,'Interpreter','latex');
```

```
hold on
clear alpha
alpha= 0.5;
v_v0= 0;
r= 0.5;    % 圆的半径
beta= 0:2* pi/3600:2* pi;
Circle1= v_v0+ r*cos(beta);
Circle2= alpha+ r*sin(beta);
plot(Circle1,Circle2,'k','Linewidth',1.5);    % 绘制圆管
axis equal % 确保为圆形
% grid on  % 标注格栅
title '流量和流速取最大值时分别对应的管道充满度';
pos= axis;% 取得当前坐标轴的范围,即[xmin xmax ymin ymax]
xlabel('{\ it{Q}}/{\ it{Q}}_0,{\ it{v}}/{\ it{v}}_0','position',[0.94*pos(2)   0.55*pos(3)],'FontSize',
13,'FontName','Times New Roman');    % x 轴说明
ylabel('{\ it{h}}/{\ it{d}}','position',[1.15*pos(1)   0.83*pos(4)],'FontSize',16,'FontName','Times
new roman');
% y 轴说明
line([0,0],[0,1],'linestyle','- ','color','k');    % 绘制垂直于横轴的直线
axis([- 0.5 1.2  0  1.0])    % 指定横纵坐标轴的范围
set(gca,'XTick',0:0.2:1.2);    % 调整 x 坐标轴的刻度,设置范围和刻度间隔.
set(gca,'YTick',0:0.1:1.0);    % 调整 y 坐标轴的刻度,设置范围和刻度间隔.
%* * * * * * * * * * * * * * * * * * * * * * * * * * * * * * * * * * * * * *
```

非满流管道的水力计算通常是已知充满度 α 等水力要素,再求通流流量 Q 和流速 v. 在设计城市污水管道的实际工程中,设计流量 Q 和粗糙系数 n 一般是已知量,首先选择最小设计坡度 i_{min},然后尝试选择最大设计充满度 α_{max} 及其对应范围内的最小设计管径值 d_{min},最后校核设计流速 v 是否在允许的不淤流速 v_{min} 和不冲流速 v_{max} 之间.

在进行无压管道水力计算时,还要根据《室外排水设计标准》中的规定:

(1)雨水管道和合流管道应按满管流计算.重力流污水管道应按非满管流计算,其最大设计充满度应按表 7.4 的规定取值.

表 7.4　排水管渠的最大设计充满度

管径 d(mm)	最大设计充满度(h/d)
200～300	0.55
350～450	0.65
500～900	0.70
≥1000	0.75

(2)排水管渠的最小设计流速应符合下列规定:污水管道在设计充满度下应为 0.6 m/s;

雨水管道和合流管道在满流时应为 0.75 m/s;明渠应为 0.4 m/s;设计流速不满足最小设计流速时,应增设防淤积或清淤措施.

(3) 排水管道的最小管径和相应最小设计坡度,相关参数设定宜按表 7.5 的规定取值.

表 7.5 最小管径和相应最小设计坡度

管道类别	最小管径(mm)	相应最小设计坡度
污水管、合流管	300	0.003
雨水管	300	塑料管 0.002,其他管 0.003
雨水口连接管	200	0.010
重力输泥管	200	0.010

【例题 7.7】 圆形污水管道的管径 $d = 600$ mm,管壁粗糙系数 $n = 0.014$,管道底坡 $i = 0.0024$,求最大设计充满度时的流速和流量.(注:管径 $d = 600$ mm 的污水管的最大设计充满度 h/d 为 0.70)

解 满管流时的流速:$v_0 = R^{2/3} i^{1/2}/n = (d/4)^{2/3} i^{1/2}/n = (0.6/4)^{2/3} 0.0024^{1/2}/0.014 = 0.99$（m/s）.

按最大充满度设计,令 $\alpha = h/d = 0.70$,则充满角:$\theta = 4 \arcsin \alpha^{1/2} = 4 \times \arcsin 0.70^{1/2} \approx 227.16° \approx 3.965$ rad.

流速:$v_{\alpha=0.7} = v_0 [1 - (\sin\theta)/\theta]^{2/3} = 0.99 \times (1 - \sin 3.965/3.965)^{2/3} \approx 1.11$（m/s）.

过水断面面积:$A_{\alpha=0.7} = (\theta - \sin\theta) d^2/8 = (3.965 - \sin 3.965) \times 0.6^2/8 \approx 0.211$（m²）.

流量:$Q_{\alpha=0.7} = A_{\alpha=0.7} v_{\alpha=0.7} = 0.211 \times 1.11 \approx 0.234$（m³/s）.

7.3 明渠非均匀流

天然河道中不存在棱柱形渠道;而人工渠道中的均匀流动,若受到某种因素的变化,如过水断面的几何形状或尺寸沿程的变化、渠道底坡的变化、壁面粗糙程度的变化、流量的变化,或在长直棱柱形渠道上修建水工构筑物(闸门、桥梁、坝、堰、涵洞等),都会破坏形成均匀流的条件而变成非均匀流动.因此,天然河道或人工渠道中的明渠水流很难满足均匀流的形成条件,绝大多数为非均匀流.

与明渠均匀流相同的是:明渠非均匀流自由水面上的相对压强处处为零,故其测压管水头线即是水面线;总水头线则为各断面的测压管水头加上其流速水头,点绘连线而成.与明渠均匀流不同的是,由于存在水头损失,实际流体总流的总水头线必定是一条逐渐下降的直线或曲线;测压管水头线(即水面线)则可能是一条下降的直线或曲线,也可能是一条上升的直线或曲线,甚至可能是一条水平线,视总流的几何边界变化情况而具体分析.总水头线沿流程 s 的降低值 h_w 与流程长度 s 之比,即单位流程上的水头损失,称为总水头线坡度或水力坡度,以 J 表示.当总水头线为直线时,$J = h_w/s$;当总水头线为曲线时,其坡度为变值,在某一断面处坡度可表示为 $J = -\mathrm{d}h_w/\mathrm{d}s$(沿程 $\mathrm{d}s$ 为正,总水头增量 $\mathrm{d}h_w$ 始终为负,为使 J 为正值,式前加"-"号).如图 7.11 所示,明渠非均匀流有以下水力特征:

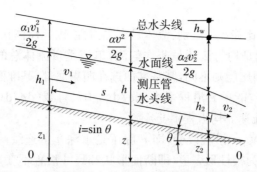

图 7.11　明渠非均匀流的测压管水头线和总水头线

(1) 流线互不平行，同一条流线上各点的流速（包括大小和方向）不同.

(2) 明渠的底坡线、水面线（测压管水头线）、总水头线彼此互不平行，即渠道底坡 i、水面线（测压管坡度）J_p、水力坡度 J 三者不相等.

(3) 各断面水深 h、断面平均流速均沿程 s 变化，即 $h = f(s)$，$A = f(h, s)$.

根据明渠流动水深和流速的沿流程变化大小或流线、水面曲线的弯曲程度，可将明渠非均匀流分为渐变流和急变流.在同一条渠道中，由于各种不同的边界条件，渐变流和急变流可同时存在，即在某一段渠道中出现渐变流，而在另一段渠道中则出现急变流.

7.3.1　急流、缓流、临界流的判别方法

1. 断面比能法

如图 7.12 所示，对于明渠缓变流的任一过水断面 1-1，以水平面 0-0 为基准面，则单位重量液体的总机械能 E 为

$$E = z + h + \frac{p}{\rho g} + \frac{\alpha v^2}{2g} = z + h + \frac{\alpha v^2}{2g}$$

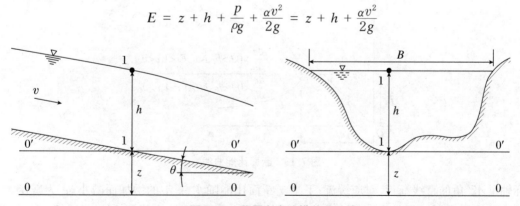

图 7.12　明渠渐变流横断面

式中，z 为过流断面最低点到基准面 0-0 的铅垂距离，单位为 m；h 为过流断面的水深，单位为 m.

因为 z 的大小取决于基准面的位置，所以若将基准面 0-0 移至过流断面的最低点即 $0'-0'$ 位置，令 $z = 0$，$v = Q/A$，则过水断面上单位重量液体具有的总机械能为

$$e = h + \frac{\alpha v^2}{2g} = h + \frac{\alpha Q^2}{2gA^2}$$

式中，e 为以渠底为基准面，过水断面上单位重量液体具有的总机械能，即**断面比能**或断面

单位能量.

总机械能 E 与断面比能 e 的区别:流体具有黏滞性,因此流体在流动时产生流动阻力并造成沿程水头损失.不论是均匀流还是非均匀流,单位重量流体总的机械能 E 总是沿程减少,即 $dE/ds<0$.而断面比能则不同,其基准面选在明渠底部,基准面是变化的(没有完全反映势能的变化),断面单位能量 e 沿程可增($de/ds>0$)、可减($de/ds<0$)、可不变($de/ds=0$)(均匀流中水深 h 及流速 v 均沿程不变).

引入断面比能的意义:e 沿程改变,即 e 除了是水深 h 的连续函数,也是流程 s 的连续函数,即 $e=f(h,s)$.若为棱柱形渠道(即断面形状和尺寸沿程不变),则 e 仅仅是水深 h 的连续函数,研究断面单位能量沿程变化,就可分析水面曲线的变化规律.

在渠道通过的流量 Q 不变,断面形状和尺寸(b 和 m)确定的棱柱形断面的情况下,断面比能是水深的连续函数,即 $e=f(h)$,对于梯形断面,有

$$e = h + \frac{\alpha Q^2}{2gA^2} = h + \frac{\alpha Q^2}{2g\left[h(b+mh)\right]^2}$$

从该函数式可以看出,在流量 Q 和断面形状及尺寸不变的情况下,当 $h \to \infty$ 时,$A \to \infty$,$\alpha Q^2/(2gA^2) \to 0$,此时 $e \approx h \to \infty$,比能函数曲线以 45° 线为渐近线;当 $h \to 0$ 时,$A \to 0$,$\alpha Q^2/(2gA^2) \to \infty$,此时 $e \to \infty$,比能曲线以 e 坐标轴为渐近线.因为 $e=f(h)$ 是连续函数,所以水深从零至无穷大,对应于某个水深比能函数必有极小值存在.

如果把断面比能 e 随水深 h 的变化情况用曲线来表示,则此曲线称为**断面比能曲线**.以 e 为横坐标,h 为纵坐标,绘制断面单位能量曲线(比能函数曲线),如图 7.13 所示.曲线 $e=f(h)$ 具有两条渐近线和一个极小值.曲线的断面比能极小值 $e_{\min}$(对应 C 点)将曲线分为上、下两半支.上半支断面比能随水深 h 的增加而增大,e 为增函数,即 $de/dh>0$,并以与坐

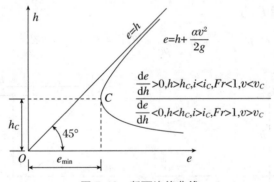

图 7.13 断面比能曲线

标轴呈 45° 角的直线渐近,对应缓流;下半支断面比能随水深 h 的增加而减小,e 为减函数,即 $de/dh<0$,并以横轴为渐近线,对应急流;最小断面比能最小值 $e_{\min}$ 处,$de/dh=0$,是断面比能 e 变化的分界点,对应临界流.

2. 临界水深法

临界水深是指在流量、断面形状及尺寸给定的条件下,相应于断面比能最小时的水深,以 h_C 表示,下标 C 取自"critical"的首字母.根据该定义,临界水深 h_C 可通过求极值计算出来.将断面比能函数式 $e=h+\alpha Q^2/(2gA^2)$ 对水深 h 求导取极值,并令 $dA/dh=B$(B 为水面宽度,如图 7.14 所示),得

$$\frac{\mathrm{d}e}{\mathrm{d}h} = \frac{\mathrm{d}}{\mathrm{d}h}\left(h + \frac{\alpha Q^2}{2gA^2}\right) = 1 - \frac{\alpha Q^2}{gA^3}\frac{\mathrm{d}A}{\mathrm{d}h} = 1 - \frac{\alpha Q^2}{gA^3}B = 0$$

整理得

$$\frac{\alpha Q^2}{g} = \frac{A^3}{B} \quad 或 \quad \frac{\alpha Q^2}{g} = \frac{A_C^3}{B_C}$$

由于 e 取最小值的水深为临界水深 h_C,故该式为求临界水深的隐函数公式,式中 B 和 A 都是 h_C 的函数.对于断面尺寸给定的任意形状的渠道,当通过的流量 Q 一定时,可应用此式求临界水深 h_C.

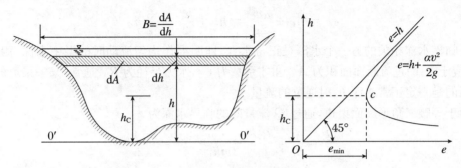

图 7.14　水面宽度

显然,根据断面比能曲线图可知,临界水深将比能函数曲线分成上、下两半支,因此临界水深 h_C 也是一个判别急流、缓流的标准:当 $h > h_C$ 时,为缓流;当 $h = h_C$ 时,为临界流;当 $h < h_C$ 时,为急流.

对于梯形断面渠道,有 $B_C = b + 2mh_C$,$A_C = h(b + mh_C)$,则

$$\frac{\alpha Q^2}{g} = \frac{A_C^3}{B_C} = \frac{[h_C(b + mh_C)]^3}{b + 2mh_C}$$

求解 h_C 时,通常将已知条件代入,采用试算法计算.

【例题 7.8】　底宽 $b = 10$ m,边坡系数 $m = 1.0$ 的梯形渠道,已知流量 $Q = 40$ m³/s,求临界水深 h_C.(已知 $\alpha = 1.1$,$g = 9.8$ m/s²)

解　根据临界水深公式 $\alpha Q^2/g = [h_C(b + mh_C)]^3/(b + 2mh_C)$,代入已知数据得
$$1.1 \times 40^2/9.8 = [h_C(10 + 1.0 \times h_C)]^3/(10 + 2 \times 1.0 \times h_C)$$

整理得

$$(h_C^2 + 10h_C)^3 - 179.59 \times (2h_C + 10) = 0$$

解得 $h_C = 1.17$ m.

对于矩形断面渠道,$B_C = b$,$A_C = bh_C$,则

$$\frac{\alpha Q^2}{g} = \frac{A_C^3}{B_C} = \frac{(bh_C)^3}{b} = b^2 h_C^3$$

则

$$h_C = \sqrt[3]{\frac{\alpha Q^2}{gb^2}} = \sqrt[3]{\frac{\alpha q^2}{g}}$$

式中,$q = Q/b$ 称为单宽流量,即过水断面上单位宽度通过的流量.考虑到 $q = Q/b = bh_C \cdot v_C/b = v_C h_C$,代入并整理得

$$h_C = \sqrt[3]{\frac{\alpha q^2}{g}} = \sqrt[3]{\frac{\alpha (v_C h_C)^2}{g}}$$

则

$$h_C = 2 \times \frac{\alpha v_C^2}{2g}$$

$$v_C = \sqrt{gh_C} \quad (\alpha \text{ 取 } 1.0 \text{ 时})$$

该式表明矩形断面渠道中出现临界流时的临界水深为流速水头的 2 倍,代入断面比能的定义式,得矩形断面渠道临界水深与此时断面比能的关系:

$$e_C = h_C + \frac{\alpha v_C^2}{2g} = h_C + \frac{h_C}{2} = \frac{3}{2} h_C$$

与临界水深相关的另一个水深是正常水深,即明渠作均匀流动时的渠中水深,用 h_0 表示,对应于 h_0 的过流断面面积为 A_0,谢才系数为 C_0,水力半径为 R_0. 通常,某一渠道的输水能力指的是一定正常水深 h_0 时通过的流量.

对于等腰三角形断面渠道,通过 Q 流量时的临界水深为

$$\frac{\alpha Q^2}{g} = \frac{A_C^3}{B_C} = \frac{(2mh_C \cdot h_C/2)^3}{2mh_C} = \frac{m^2 h_C^5}{2}$$

则

$$h_C = \sqrt[5]{\frac{2Q^2}{gm^2}}$$

3. 临界底坡法

对于断面形状、尺寸一定、底坡 $i > 0$ 的水槽,当流量 Q 恒定时,水流为均匀流,就有一个正常水深 h_0(根据 $Q = A_0 C_0 \sqrt{R_0 i}$,实质为 h_0 与 i 的函数关系式). 若改变底坡 i 的大小(底坡必须大于 0),则每种情况对应一个正常水深 h_0. 使正常水深 h_0 恰好等于临界水深 h_C 时的渠道坡度,即为临界底坡. 完整的定义为在棱柱形渠道中,当流量、断面形状及尺寸一定时,正常水深 h_0 恰好等于临界水深 h_C 的渠道坡度称为临界底坡,用 i_C 表示. 因为 h_C 与 i 无关,所以 i_C 也与 i 无关;临界底坡 i_C 只与流量 Q、渠道断面形状及尺寸(临界水深的定义条件)和管道粗糙(谢才系数)有关,而与渠道的底坡 i 无关.

临界底坡上形成的均匀流,既要满足均匀流公式,同时也要满足临界流方程式 $\alpha Q^2 / g = A_C^3 / B_C$(或 $Q^2 = gA_C^3 / (\alpha B_C)$). 因此,临界坡度 i_C 的计算公式可由两式联立求得.

根据均匀流公式 $Q = A_C C_C \sqrt{R_C i_C}$,有 $i_C = Q^2 / (A_C^2 C_C^2 R_C)$,将 $Q^2 = gA_C^3 / (\alpha B_C)$ 代入得

$$i_C = \frac{Q^2}{A_C^2 C_C^2 R_C} = \frac{1}{A_C^2 C_C^2 R_C} \cdot \frac{gA_C^3}{\alpha B_C} = \frac{g}{\alpha C_C^2} \cdot \frac{A_C}{B_C R_C} = \frac{g}{\alpha C_C^2} \cdot \frac{\chi_C}{B_C}$$

式中,C_C、χ_C、B_C、R_C 分别为渠道的临界水深所对应的谢才系数、湿周、水面宽度和水力半径.

在正坡渠道中,若渠道的实际底坡 i 小于某一流量下的临界坡度 i_C,即 $i < i_C$,则此时 $h_0 > h_C$,对应缓流,这种渠道底坡称为缓坡;若 $i = i_C$,则 $h_0 = h_C$,对应临界流,这种渠道底坡称为临界坡;若 $i > i_C$,则 $h_0 < h_C$,对应急流,这种渠道底坡称为陡坡. 即陡坡上的水流是急流,缓坡上的水流是缓流. 此外,由于临界底坡 i_C 是在流量 Q、渠道断面形状及尺寸一定的前提下确定的,因此只要流量、断面形状及尺寸有一个量发生变化,临界底坡大小也将随

之发生变化,相应地,对渠道的缓、陡坡之分也随之改变.

【例题 7.9】　在梯形断面渠道中,已知流量 $Q = 5\ \text{m}^3/\text{s}$,渠底宽 $b = 2\ \text{m}$,边坡系数 $m = 1.5$,粗糙系数 $n = 0.014$,渠底坡 $i = 0.001$,求此流量断面形状尺寸下的临界底坡 i_C,并判断该渠道是缓坡渠道还是陡坡渠道.

解　根据临界水深公式:

$$\alpha Q^2/g = A_\text{C}^3/B_\text{C} = [h_\text{C}(b + mh_\text{C})]^3/(b + 2mh_\text{C})$$

代入已知数据得

$$1.0 \times 5^2/9.8 = [h_\text{C}(2 + 1.5 \times h_\text{C})]^3/(2 + 2 \times 1.5 \times h_\text{C})$$

解得 $h_\text{C} = 0.714\ \text{m}$.

临界水深 h_C 对应的各水力参数:

$$A_\text{C} = h_\text{C}(b + mh_\text{C}) = 0.714 \times (2 + 1.5 \times 0.714) \approx 2.193\ (\text{m}^2)$$

$$\chi_\text{C} = b + 2h_\text{C}(1 + m^2)^{1/2} = 2 + 2 \times 0.714 \times (1 + 1.5^2)^{1/2} \approx 4.574\ (\text{m})$$

$$R_\text{C} = A_\text{C}/\chi_\text{C} = 2.193/4.574 \approx 0.479\ (\text{m})$$

$$C_\text{C} = R_\text{C}^{1/6}/n = 0.479^{1/6}/0.014 \approx 63.182\ (\text{m}^{1/2}/\text{s})$$

$$i_\text{C} = Q^2/(A_\text{C}^2 C_\text{C}^2 R_\text{C}) = 5^2/(2.193^2 \times 63.182^2 \times 0.479) \approx 0.00272$$

因为 $i_\text{C} = 0.00272 > i = 0.001$,所以该明渠水流为缓流,缓坡渠道.

```
%* * * * * * * * * * MATLAB 编程求解 hC 代码* * * * * * * * * * * * *
clc              %清除命令窗口的内容
clear all        %清除工作空间的所有变量
hC= 0:0.001:1    %估计 hC 的取值区间,步长为 0.001 表示自变量的精度
fun_hC= 1.0* 5^2/9.8- ((hC.* (2+ 1.5* hC)).^3)./(2+ 2* 1.5* hC)
%计算函数 f(hC)= 0 的值,使其近似为 0 的 hC 即为解
%* * * * * * * * * * * * * * * * * * * * * * * * * * * * * * * * * *
```

4. 弗劳德数法

与求临界水深相同,将断面比能函数式 $e = h + \alpha Q^2/(2gA^2)$ 对水深 h 求导取极值,并令 $\text{d}A/\text{d}h = B$(B 为水面宽度),得

$$\frac{\text{d}e}{\text{d}h} = \frac{\text{d}}{\text{d}h}\left(h + \frac{\alpha Q^2}{2gA^2}\right) = 1 - \frac{\alpha Q^2}{gA^3}\frac{\text{d}A}{\text{d}h}$$

$$= 1 - \frac{\alpha Q^2}{gA^3}B = 1 - Fr^2 = 0$$

式中,$\alpha Q^2 B/(gA^3) = Fr^2$.令 $A/B = \bar{h}$(过水断面的平均水深),则

$$Fr^2 = \frac{\alpha Q^2}{gA^3}B = \frac{\alpha Q^2}{gA^2}\frac{B}{A} = \frac{\alpha v^2}{g\bar{h}} = 2 \times \frac{\alpha v^2/2g}{\bar{h}}$$

可见,弗劳德数 Fr 的平方是断面单位动能与平均势能比值的 2 倍.说明水流中单位动能愈大,Fr 愈大.对于矩形断面,过水断面的水面宽度 $B = b$、$\bar{h} = h$,有 $A = bh$,所以 $Fr^2 = v^2/(gh)$,α 取 1.0.

根据不同水流状态时断面比能 e 随水深 h 的变化不同,可知:当 $\text{d}e/\text{d}h > 0$ 时,$Fr < 1$,对应上半支,为缓流;当 $\text{d}e/\text{d}h = 0$ 时,$Fr = 1$,急缓流的分界点,为临界流;当 $\text{d}e/\text{d}h < 0$ 时,

$Fr>1$,对应下半支,为急流.

5. 临界流速法

临界水深对应的流速称为临界流速,用 v_c 表示,此时水流状态称为**临界流**. 当渠道中实际流速小于临界流速时,此流动称为**缓流**;若实际流速大于临界流速时,则称为**急流**.

为说明明渠水流中的缓流、急流、临界流这三种流动型态,可进行一个简单的水流现象的观察实验:在静止的渠道水中丢下一块石头,此时水面将产生一个以石块着落点为中心的微小波动,并以一定的干扰波波速 c(该波的传播速度 c 正好等于临界流速 v_c)向四周传播.

① 当明渠中水流流速小于干扰微波波速 c,即 $v<c$ 时,干扰微波将以绝对速度 $c-v>0$ 向上游传播,同时又以绝对速度 $c+v$ 向下游传播,具有这种特征的明渠水流称为缓流;

② 当明渠中水流流速 v 等于干扰微波波速 c,即 $v=c$ 时,干扰微波只能向下游传播,向上游传播的速度 $c-v=0$,此时的明渠流动状态是临界流,相应的明渠流速称为临界速度,用 v_c 表示;

③ 当明渠中水流流速 v 大于干扰微波波速 c,即 $v>c$ 时,干扰微波只能以绝对速度 $v+c$ 向下游传播,不能向上游传播,对上游水流不发生任何影响,明渠中具有这种特征的水流称为急流. 如图 7.15 所示.

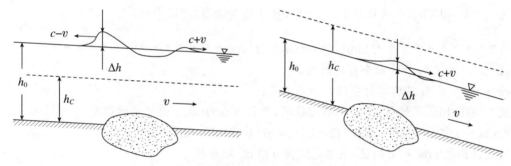

图 7.15 缓流和急流遇到障碍物

波的传播速度 c 正好等于临界流速 v_c 的证明如下:

自然界明渠中的水流有两种截然不同的流动状态:一种是缓坡灌溉渠道中的缓流,流态缓慢,遇到障碍物(如渠底岩石)阻水,则障碍物前水面壅高,波浪逆流动方向向上游传播;另一种是陡槽、瀑布、险滩中的急流,流态湍急,遇到障碍物阻水,则水面隆起越过,上游水面不发生壅高,障碍物的干扰对上游来流无影响. 明渠水流中不同的流动状态与干扰微波的运动状态有关.

为求干扰微波波速 c,如图 7.16 所示,假设有一平底坡的棱柱形渠道,渠内水静止,水深为 h,水面宽度为 B,过水断面面积为 A. 现用一孔板瞬时向右拨动一下,使水面产生一个波高为 Δh、波速为 c、向右传播的干扰微波. 波形所到之处,引起水面壅高,水以波速 c 做向右的匀速直线运动.

以渠底线为基准面,取相距很近的 1-1、2-2 断面,列伯努利方程,其中 $\alpha_1=\alpha_2=\alpha$,$v_1=c$,$\Delta h\approx\Delta A/B$,又根据连续性方程,有

$$A\cdot v_1=A\cdot c=(A+\Delta A)\cdot v_2$$

则

$$v_2=Ac/(A+\Delta A)$$

于是有

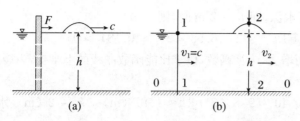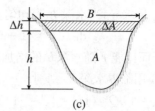

图 7.16　干扰微波的传播

$$h + 0 + \frac{\alpha_1 v_1^2}{2g} = (h + \Delta h) + 0 + \frac{\alpha_2 v_2^2}{2g} + 0$$

则

$$\frac{\alpha c^2}{2g} = \frac{\Delta A}{B} + \frac{\alpha c^2}{2g}\left(\frac{A}{A + \Delta A}\right)^2$$

解得

$$c = \pm\sqrt{\frac{2g\Delta A (A + \Delta A)^2}{\alpha B[2A\Delta A + (\Delta A)^2]}} = \pm\sqrt{\frac{2g\Delta A[A^2 + 2A\Delta A + (\Delta A)^2]}{\alpha B[2A\Delta A + (\Delta A)^2]}}$$

忽略高阶无穷小 ΔA^2，并考虑到微幅波 $\Delta h \ll h$，则 $\Delta A/A \ll 1$，以及 $A/B = \bar{h}$（平均水深），得明渠干扰微波波速：

$$c \approx \pm\sqrt{\frac{2g\Delta A[A^2 + 2A\Delta A]}{\alpha B[2A\Delta A]}} = \pm\sqrt{\frac{g}{\alpha} \cdot \frac{A}{B} \cdot \left(1 + 2\frac{\Delta A}{A}\right)} \approx \pm\sqrt{\frac{g\bar{h}}{\alpha}}$$

式中，干扰微波顺水流方向传播取"$+$"，逆水流方向传播取"$-$".

因此，根据干扰微波波速 c 与实际明渠的断面平均流动速度 v 的大小关系，可以判别明渠水流的流动状态，即当 $v < c$ 时，流动为缓流；当 $v > c$ 时，流动为急流；当 $v = c$ 时，流动为临界流.

综上所述，根据断面比能划分明渠流中存在缓流、临界流和急流三种流动形态，对应均匀流时的陡坡、临界坡和陡坡三种底坡形式.断面比能最小时的水流是临界流，对应的水深为临界水深 h_C，对应的底坡为临界底坡 i_C，对应的流速为临界流速 v_C，各判别准则见表 7.6.

表 7.6　水流流态的判别准则

流态	断面比能 $\mathrm{d}e/\mathrm{d}h$	$e\text{-}h$ 图	临界水深 h_C	临界底坡 i_C	弗劳德数 Fr	临界流速 v_C
缓流	$\mathrm{d}e/\mathrm{d}h > 0$	上半支	$h > h_C$	$i < i_C$	$Fr < 1$	$v < v_C$
临界流	$\mathrm{d}e/\mathrm{d}h = 0$	$e = e_{\min}$	$h = h_C$	$i = i_C$	$Fr = 1$	$v = v_C$
急流	$\mathrm{d}e/\mathrm{d}h < 0$	下半支	$h < h_C$	$i > i_C$	$Fr > 1$	$v > v_C$

【例题 7.10】　底宽 $b = 5$ m 的长直矩形断面渠道，粗糙系数 $n = 0.025$，通过流量 $Q = 40$ m³/s，当此渠道作均匀流时，正常水深 $h_0 = 2$ m.试用各种方法判别水流流态.

解　① 用 $\mathrm{d}e/\mathrm{d}h$ 判别.

根据断面比能的表达：

$$\begin{aligned} e &= h + \alpha v^2/(2g) = h + \alpha Q^2/(2gA^2)\\ &= h + \alpha Q^2/[2g(bh)^2] = h + 1.0 \times 40^2/[2 \times 9.8 \times (5h)^2]\\ &= h + 3.265/h^2 \end{aligned}$$

将 e 对 h 求导,当水深 h 为均匀流水深,即 $h_0 = 2$ m 时,则
$$\mathrm{d}e/\mathrm{d}h = 1 - 6.53h^{-3} = 1 - 6.53 \times 2^{-3} \approx 0.184 > 0$$
表明断面比能 e 随水深 h 的增加而增大,为增函数,位于比能函数曲线的上半支,为缓流.

② 用临界水深 h_C 判别.

$h_C = [\alpha Q^2/(gb^2)]^{1/3} = [1.0 \times 40^2/(9.8 \times 5^2)]^{1/3} \approx 1.87$ (m) $< h_0 = 2$ (m),水流为缓流.

③ 用临界底坡 i_C 判别.

正常水深时:
$$A_0 = bh_0 = 5 \times 2 = 10 \text{ (m)}$$
$$\chi_0 = b + 2h_0 = 5 + 2 \times 2 = 9 \text{ (m)}$$
$$R_0 = A_0/\chi_0 = 10/9 \approx 1.11 \text{ (m)}$$
$$C_0 = R_0^{1/6}/n = 1.11^{1/6}/0.025 \approx 40.71 \text{ (m}^{1/2}\text{/s)}$$
$$i_0 = Q^2/(A_0^2 C_0^2 R_0) = 40^2/(10^2 \times 40.71^2 \times 1.11) \approx 0.0087$$

临界水深时:
$$A_C = bh_C = 5 \times 1.87 \approx 9.35 \text{ (m)}$$
$$\chi_C = b + 2h_C = 5 + 2 \times 1.87 = 8.74 \text{ (m)}$$
$$R_C = A_C/\chi_C = 9.35/8.74 \approx 1.07 \text{ (m)}$$
$$C_C = R_C^{1/6}/n = 1.07^{1/6}/0.025 \approx 40.45 \text{ (m}^{1/2}\text{/s)}$$
$$i_C = Q^2/(A_C^2 C_C^2 R_C) = 40^2/(9.35^2 \times 40.45^2 \times 1.07) \approx 0.0105$$
$$i_C > i_0$$

水流为缓流.

④ 用弗劳德数 Fr 判别.

正常水深时:
$$v_0 = Q/(bh_0) = 40/(5 \times 2) = 4 \text{ (m/s)}$$
$$Fr^2 = \alpha v^2/(gh_0) = 1.0 \times 4^2/(9.8 \times 2) \approx 0.816 < 1$$

水流为缓流.

⑤ 用临界速度 v_C 判别.
$$v_C = (gh_C)^{1/2} = (9.8 \times 1.87)^{1/2} \approx 4.28 \text{ (m/s)} > v_0 = 4 \text{ (m/s)}$$

水流为缓流.

【例题 7.11】 某长直矩形断面渠道内均匀流的正常水深 $h_0 = 0.6$ m.渠道底宽 $b = 1$ m,渠底坡 $i = 0.0004$,粗糙系数 $n = 0.014$.试判别该明渠流的流动形态.

解 ① 用临界水深判别.
$$A_0 = bh_0 = 1 \times 0.6 = 0.6 \text{ (m)}$$
$$\chi_0 = b + 2h_0 = 1 + 2 \times 0.6 = 2.2 \text{ (m)}$$
$$R_0 = A_0/\chi_0 = 0.6/2.2 = 0.273 \text{ (m)}$$
$$C_0 = R_0^{1/6}/n = 0.273^{1/6}/0.014 = 57.53 \text{ (m}^{1/2}\text{/s)}$$
$$Q = A_0 C_0 (R_0 i)^{1/2} = 0.6 \times 57.53 \times (0.273 \times 0.0004)^{1/2} = 0.361 \text{ (m}^3\text{/s)}$$

矩形断面渠道的临界水深:
$$h_C = [\alpha Q^2/(gb^2)]^{1/3} = [1.0 \times 0.361^2/(9.8 \times 1^2)]^{1/3} \approx 0.237 \text{ (m)} < h_0 = 0.6 \text{ (m)}$$

因此,该流动为缓流.

② 用临界坡度判别.

基于临界水深计算过流断面面积和谢才系数:

$$A_C = bh_C = 1 \times 0.237 = 0.237\,(\text{m})$$

$$\chi_C = b + 2h_C = 1 + 2 \times 0.237 = 1.474\,(\text{m})$$

$$R_C = A_C/\chi_C = 0.237/1.474 \approx 0.161\,(\text{m})$$

$$C_C = R_C^{1/6}/n = 0.161^{1/6}/0.014 \approx 52.68\,(\text{m}^{1/2}/\text{s})$$

则临界坡度为

$$i_C = Q^2/(A_C^2 C_C^2 R_C) = 0.361^2/(0.237^2 \times 52.68^2 \times 0.161) \approx 0.00519 > i = 0.0004$$

因此,该渠道为缓坡渠道,其流动为缓流.

③ 用弗劳德数判别.

$$v_0 = Q/(bh_0) = 0.361/(1 \times 0.6) = 0.602\,(\text{m/s})$$

则弗劳德数为

$$Fr^2 = \alpha v^2/(gh_0) = 1.0 \times 0.602^2/(9.8 \times 0.6) = 0.062 < 1$$

因此,该流动为缓流.

④ 用临界流速判别.

临界流速:

$$v_C = (gh_C)^{1/2} = (9.8 \times 0.237)^{1/2} \approx 1.524\,(\text{m/s}) > v_0 = 0.602\,(\text{m/s})$$

因此,该流动为缓流.

7.3.2　急变流

7.3.2.1　水跌

若明渠流水深变化很大,且超出同一流区(即从缓流区变化至急流区,或从急流区变化至缓流区),这种水流称为**急变流**.急变流内水深和流速都发生急剧变化,水面曲线弯曲程度大,过水断面内的压强分布不再符合静水压强分布规律,引起流动急剧变化的渠道边界条件的不同.明渠水流从缓流过渡到急流、水面连续地从大于临界水深急剧降落到小于临界水深的局部水力现象称为**水跌**.如图 7.17 所示,一由 i_1 和 i_2 两底坡的不同渠道组成的渠段,上游段 $i_1 < i_C$,渠中水流作均匀流时为缓流;下游段 $i_2 > i_C$,渠中水流作均匀流时为急流.流动时,上游远处处于缓流状态的均匀流水流,在渠道底坡转折处附近,由于渠底坡度突然变大(或下游有跌坎)或下游渠道断面突然变宽,水流阻力减小,水流的均匀流条件被破坏,在重力作用下水流加速运动,导致水面急剧下降,水深减少,在两底坡相接处穿过临界水深变成急流.坡度转折处断面的水深 $h \approx h_C$,一般取该断面的水深为临界水深 h_C.

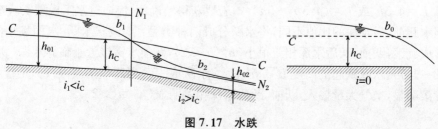

图 7.17　水跌

7.3.2.2 水跃

1. 基本概念

明渠水流从急流过渡到缓流时水面骤然跃起,并且在表面形成旋滚的局部水力现象称为水跃.在陡坡渠道与缓坡渠道的连接处、闸、坝以及陡槽等泄水建筑物的下游,一般均有可能产生水跃.

水跃表面有一个做剧烈回旋运动的旋滚,旋滚中饱掺着大量的气泡,旋滚的下部为急剧扩散的主流,水流紊动,流体质点互相碰撞,掺混强烈.表面旋滚与主流间质量不断交换,致使水跃段内有较大的能量损失,因此,水跃常用作消除泄水建筑物下游高速水流的巨大能量.

表面旋滚起点的过流断面 1-1(或水面开始上升处的过流断面)称为跃前断面,该断面处的水深 h' 叫跃前水深.表面旋滚末端的过流断面 2-2 称为跃后断面,该断面的水深 h'' 叫跃后水深.跃后水深与跃前水深之差,即 $h'' - h' = a$ 称为跃高.跃前断面至跃后断面的水平距离称为跃长 L,如图 7.18 所示.

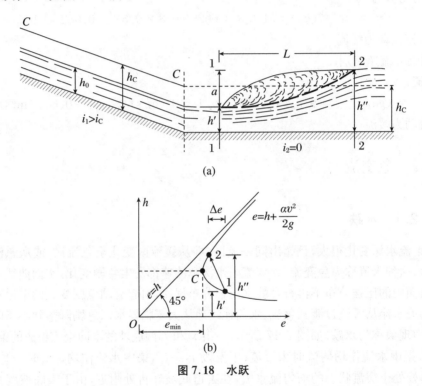

图 7.18 水跃

水跃形成后,渠道底部流速很大,会对渠道造成冲刷,故需要加固,加固的长短直接关系到经费的投入.而水跃长度决定有关河、渠道应加固的长短,所以水跃长度的确定具有实际意义.但由于水跃运动形式复杂,目前水跃长度的计算仍采用经验公式,如对于矩形渠道,工程上估算 $L = 4.5h''$ 或 $L = (4.5h'' + 5a)/2$,若要获得精确值,应通过水工模型实验来确定.

按照水跃前、后水深的比值不同,将水跃分成两种类型:① 波状水跃.水面发生波动,但表面不形成旋滚,跃前、跃后水深相差很小($h''/h' \leqslant 2$),跃前水深接近于临界水深(跃前断面 $Fr_1 = 1.0 \sim 1.7$),水跃跃起的高度 $h'' - h'$ 不大,水跃成一系列起伏的波浪.② 完整水跃.水跃表面旋滚明显,空气大量掺入,跃前、跃后水深相差明显($h''/h' > 2$).

　　按照水跃发生的位置不同,将水跃分为远驱式、临界式、淹没式三种形式:① 当跃后水深 h'' 大于下游水深 h_{02},即 $h''>h_{02}$ 时,跃后断面单位能量大于下游断面单位能量,水跃会向下游推进,待新的 h' 与 h'' 共轭时,水面跃起形成水跃,称为远驱式水跃;② 当跃后水深 h'' 等于下游水深 h_{02},即 $h''=h_{02}$ 时,发生水跃,称为临界式水跃,此时跃前水深 h' 与跃后水深 h'' 共轭;③ 若 h' 与 h'' 不共轭,跃前水深所要求的跃后水深 h'' 小于下游水深 h_{02},即 $h''<h_{02}$,跃后断面单位能量小于下游断面单位能量,所以水跃将被推向上游,淹没了两渠道相接的断面,称为淹没式水跃.如图 7.19 所示.

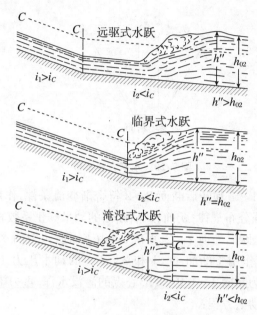

图 7.19　水跃的形式

2. 骤然跃起的存在

　　下泄的急流可否不经过水跃,而缓慢地逐渐增大水深,使由 $h<h_C$ 的急流平缓地穿过临界水深 h_C,而变为 $h>h_C$ 的缓流呢?

　　以平坡渠道上的水跃为例.在平坡渠道中,水深 $h>h_C$,如果从上游渠段流到下游渠段的水流是平缓过渡的,其水面曲线应为图 7.18 中的粗虚线所示.而实际上,对于急流,$de/dh<0$(比能曲线的下半支),水深若沿流增大,其水流的断面比能 e 将会沿流减少(见图 7.18 中的比能曲线).当其水深持续增大到临界水深时,已等于最小值 e_{min},如果水深再继续增加,就会进入缓流,此时 $de/dh>0$,随着水深 h 的增加,势必要求断面比能 e 也要沿流增加,但是在平坡渠道($i=0$)上,由于断面比能 e 即为单位机械能 E,E 沿流不可能增加,所以 e 也不可能增加.因此,这个急流逐渐过渡到缓流的假设是不可能成立的.水深在接近临界水深时,只有水面突然跃起,造成水跃.

3. 水跃方程

　　以平坡渠道上的完整水跃为例,建立水跃方程.由于水跃区内部水流十分紊乱,其阻力分布规律尚不清楚,能量损失未知,不宜用能量方程.考虑到动量方程不涉及水流能量损失,可利用动量方程推导.如图 7.20 所示,一段平底棱柱形梯形断面的渠道,渠上通过流量为 Q,跃前、跃后水深分别为 h'、h'',两断面的平均流速分别为 v_1、v_2.

　　在推导过程中,根据水跃发生的实际情况,作以下假设:水跃段内渠壁、底的摩阻力不

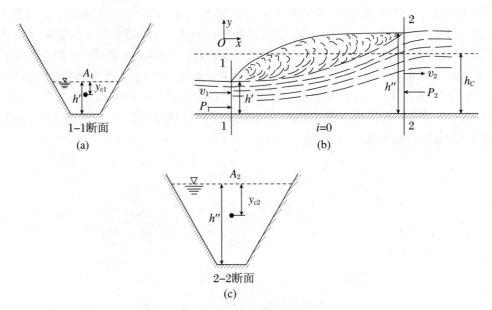

图 7.20 水跃方程推导

大,略去不计;跃前断面 1-1 和跃后断面 2-2 符合渐变流条件,作用在两断面上的动水压强 P_1 和 P_2 符合静水压强分布规律;跃前、跃后断面的动量修正系数相等,即 $\beta_1 = \beta_2 = 1.0$.

取由跃前断面 1-1、跃后断面 2-2、渠底、自由表面所包围的水体为控制体,以水流方向为正.水体所受外力有作用于断面 1-1 和 2-2 上的动水压力 $P_1 = \rho g y_{c1} \cdot A_1$ 和 $P_1 = \rho g y_{c2} \cdot A_2$, y_{c1}、y_{c2} 分别为断面 1-1、2-2 形心点的淹没水深.重力沿水流方向分力为 0. 对水体沿流动方向列总流动量方程:

$$P_1 - P_2 = \rho Q(\beta_2 v_2 - \beta_1 v_1)$$

式中,$v_1 = Q/A_1$,$v_2 = Q/A_2$(连续性方程).将 P_1、P_2、v_1、v_1 的表达式代入,左、右两边同时除以 ρg,并整理得

$$\theta(h) = \frac{\beta_1 Q^2}{g A_1} + y_{c1} A_1 = \frac{\beta_2 Q^2}{g A_2} + y_{c2} A_2$$

则

$$\theta(h') = \theta(h'')$$

该式即为水平底坡棱柱形渠道中恒定水流的水跃方程,也适用于底坡很小时的顺坡渠道中的水跃.当流量、断面形状和尺寸一定时,跃前、跃后断面面积 A 和形心点位置坐标仅为水深 h 的函数,故方程式左、右两边都是水深 h 的函数,称为水跃函数,用符号 $\theta(h)$ 表示.水跃的跃前水深 h' 和跃后水深 h'' 称为共轭水深,即水跃的跃前水深 h' 的函数值等于跃后水深 h'' 的函数值,跃前、跃后的水跃函数是常量.

4. 水跃函数图示

水跃函数 $\theta(h)$ 是水深 h 的连续函数,当流量、断面形状尺寸一定时,给定 h,即可求出 A 和 y_c,由式 $\theta(h) = \beta Q^2/(gA) + y_c A$ 可知:当 $h \to 0$ 时,$A \to 0$,则 $\theta(h) \to \infty$;当 $h \to \infty$ 时,$A \to \infty$,则 $\theta(h) \to \infty$.对于给定的任何断面的棱柱形渠道,可绘制其水跃函数图,如图 7.21 所示.当水跃形成时,$\theta(h') = \theta(h'')$,在 $\theta(h)$-h 的曲线上,$1'$ 点对应跃前水深 h',$2''$ 点对应跃后水深 h'',$1'$、$2''$ 两点的高差为水跃高度,即 $a = h'' - h'$.

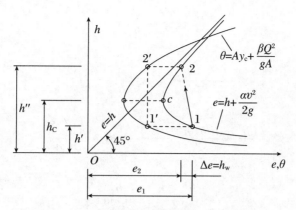

图 7.21　水跃函数与比能函数曲线的关系

可见 $\theta(h)$-h 存在一个极小值 $\theta_{\min}$. 类似于比能函数极小值的求法,对水深进行求导,并使之等于零,对于给定边长的梯或矩形, y_c 都为 h 的一次函数,即 $y_c = kh$; $\mathrm{d}A/\mathrm{d}h = B$.

$$\frac{\mathrm{d}\theta(h)}{\mathrm{d}h} = \frac{\mathrm{d}}{\mathrm{d}h}\left(\frac{\beta Q^2}{gA} + y_c A\right) = \frac{\mathrm{d}}{\mathrm{d}h}\left(\frac{\beta Q^2}{gA} + khA\right) = 0$$

则

$$1 - \frac{\beta Q^2}{2kgA^3}B = 0$$

对于矩形断面渠道, $k = 1/2$,有

$$1 - \frac{\beta Q^2}{gA^3}B = 0$$

该式与求临界水深的公式 $1 - \alpha Q^2 B/(gA^3) = 0$ 相同,说明相应于水跃函数最小时的水深恰好等于相同情况下水流的临界水深 h_C,即 $\theta(h) = \theta_{\min}$ 时, $h = h_C$.

$\theta(h)$-h 曲线直观地表示了各对共轭水深(水跃函数值相等的水深)关系,可用来确定各种形式断面的共轭水深,也可用来求 h_C 和推求水跃高度 a.

若把水跃函数曲线 $\theta(h)$-h 和比能函数曲线 $e(h)$-h 绘在一起(图 7.19),即可在比能函数曲线上找到相应于跃前水深 h' 和跃后水深 h'' 的断面比能,跃前水深 h' 对应的断面单位能量为 e_1,跃后水深 h'' 对应的断面单位能量 e_2,则水跃的能量损失为差值 $\Delta e = e_1 - e_2$.

5. "矩形断面棱柱形渠道"共轭水深的计算

工程上常需要求解跃前水深 h' 或跃后水深 h''. 由于存在 $\theta(h') = \theta(h'')$,即所以在水跃函数曲线 $\theta(h)$-h 上,对任意一个给定的 $\theta(h)$ 值,已知一个共轭水深 h'(或 h'')即可求解另一个共轭水深 h''(或 h'). 如图 7.21 所示的 $1'$、$2'$ 点.

此外,共轭水深还可通过解析方法求得. 在水跃方程 $\theta(h') = \theta(h'')$,则 $\beta_1 Q^2/(gA_1) + y_{c1} A_1 = \beta_2 Q^2/(gA_2) + y_{c2} A_2$ 中,对于矩形断面的棱柱形渠道, $\beta_1 = 1.0$, $h_C = [\alpha Q^2/(gb^2)]^{1/3}$,则 $Q = b(gh_C^3)^{1/2}$, $A_1 = bh'$, $y_{c1} = h'/2$; $\beta_2 = 1.0$, $A_2 = bh''$, $y_{c2} = h''/2$; $\alpha = 1.0$,代入水跃方程,可得

$$\frac{(b\sqrt{gh_C^3})^2}{g(bh')} + \frac{h'}{2}(bh') = \frac{(b\sqrt{gh_C^3})^2}{g(bh'')} + \frac{h''}{2}(bh'')$$

则

$$\frac{h_C^3}{h'} + \frac{h'^2}{2} = \frac{h_C^3}{h''} + \frac{h''^2}{2}$$

移项得

$$\frac{h'^2 - h''^2}{2} = h_C^3 \left(\frac{1}{h''} - \frac{1}{h'} \right)$$

则

$$\frac{(h' + h'')(h' - h'')}{2} = h_C^3 \cdot \frac{h' - h''}{h'h''}$$

则

$$\frac{h' + h''}{2} = \frac{h_C^3}{h'h''}$$

分别整理成关于 h' 和 h'' 的一元二次方程式,得

$$h''h'^2 + h''^2 h' - 2h_C^3 = 0$$
$$h'h''^2 + h'^2 h'' - 2h_C^3 = 0$$

解得水跃前、后的共轭水深:

$$h' = \frac{h''}{2} \left(\sqrt{1 + 8 \left(\frac{h_C}{h''} \right)^3} - 1 \right), \quad h'' = \frac{h'}{2} \left(\sqrt{1 + 8 \left(\frac{h_C}{h'} \right)^3} - 1 \right)$$

又有

$$Q = bq = bh''v_2$$

则

$$q = h''v_2, \quad h_C = [\alpha Q^2/(gb^2)]^{1/3} = [\alpha q^2/g]^{1/3}$$

所以

$$h_C^3 = \alpha q^2/g = \alpha (h''v_2)^2/g$$

于是

$$(h_C/h'')^3 = h_C^3/h''^3 = \alpha (h''v_2)^2/(gh''^3) = \alpha v_2^2/(gh'') = Fr_2^2$$

同理可得

$$(h_C^3/h') = h_C^3/h'^3 = \alpha (h'v_1^2)/(gh'^3) = \alpha v_1^2/(gh') = Fr_1^2$$

水跃前、后的共轭水深:

$$h' = \frac{h''}{2} (\sqrt{1 + 8 Fr_2^2} - 1), \quad h'' = \frac{h'}{2} (\sqrt{1 + 8 Fr_1^2} - 1)$$

【例题 7.12】 有两段长直棱柱形渠道,断面为矩形,混凝土制作,底宽 $b_1 = b_2 = 2.0$ m,通过流量为 $Q = 2.4$ m³/s,已知渠道上游段正常水深为 $h_{01} = 0.30$ m,渠道下游段正常水深为 $h_{02} = 0.70$ m,试判断是否出现水跃.若出现水跃,判断水跃的形式.

解 临界水深:

$h_C = [\alpha Q^2/(gb^2)]^{1/3} = [1.0 \times 2.4^2/(9.8 \times 2^2)]^{1/3} \approx 0.528$ (m) $< h_0 = 0.6$ (m)

在上游段有 $h_C = 0.528$ (m) $> h_{01} = 0.30$ (m),为急流.

在下游段有 $h_C = 0.528$ (m) $< h_{02} = 0.70$ (m),为缓流.

从急流过渡到缓流,会出现水跃:

$$v_1 = Q/bh_{01} = 2.4/(2.0 \times 0.30) = 4.0 \text{ (m/s)}$$
$$Fr_1^2 = v_1^2/(gh_{01}) = 4.0^2/(9.8 \times 0.30) \approx 5.44$$
$$h'' = [(1 + 8Fr_1^2)^{1/2} - 1]h'/2 = [(1 + 8 \times 5.44)^{1/2} - 1] \times 0.30/2$$

$$\approx 0.851\,(\text{m}) > h_{02} = 0.70\ \text{m}$$

所以出现远驱式水跃.

6. 水跃的能量损失

水跃不但使水流流态发生变化,而且使水流内部结构发生剧烈变化.在水跃段,最大流速靠近底部,流速分布变化大,造成附加剪应力,水面旋滚区激烈紊动,质点碰撞、掺混、掺气.特别是在旋滚区和主流区的交界处,流速梯度很大,脉动混掺强烈,液体质点不断交换.质点间相互摩擦以及水跃段流速分布的不断变化消耗了水流中的大量能量,水跃前断面绝大部分的能量损失都集中在水跃段上,少部分能量损失发生在跃后段.

在水跃段,跃前断面与跃后断面单位重量水体的总机械能之差定义为水跃中消除的能量,记为 Δe,则

$$h_{\text{w}} = \Delta e = e_1 - e_2 = \left(h' + \frac{\alpha v_1^2}{2g}\right) - \left(h'' + \frac{\alpha v_2^2}{2g}\right) = (h' - h'') + \frac{\alpha}{2g}(v_1^2 - v_2^2)$$

对于矩形断面的棱柱形渠道,由连续性方程 $Q = bq = bh'v_1 = bh_{\text{C}}v_{\text{C}} = bh''v_2$,有 $v_1 = q/h'$ 和 $v_2 = q/h''$,将 v_1、v_2 的表达式代入,得

$$\Delta e = (h' - h'') + \frac{\alpha}{2g}\left[\left(\frac{q}{h'}\right)^2 - \left(\frac{q}{h''}\right)^2\right] = (h' - h'') + \frac{\alpha q^2}{2g}\left(\frac{1}{h'^2} - \frac{1}{h''^2}\right)$$

将矩形断面的临界水深公式 $h_{\text{C}} = (\alpha q^2/g)^{1/3}$ 或 $\alpha q^2/g = h_{\text{C}}^3$ 代入,得

$$\Delta e = (h' - h'') + \frac{h_{\text{C}}^3}{2}\left(\frac{1}{h'^2} - \frac{1}{h''^2}\right)$$

又将跃前、跃后共轭水深关系式

$$\frac{h' + h''}{2} = \frac{h_{\text{C}}^3}{h'h''}$$

代入,得

$$\Delta e = (h' - h'') + \left(h'h''\frac{h' + h''}{4}\right)\left(\frac{1}{h'^2} - \frac{1}{h''^2}\right) = \frac{(h'' - h')^3}{4h'h''}$$

该式为棱柱形水平渠道水跃段能量损失的表达式,从该式可以看出,水跃能量损失 Δe 与水跃高度 $(a = h'' - h')$ 有关,跃高愈大,即跃后水深与跃前水深的差值愈大,水跃中的能量损失也就愈大,消能率越大.因此,在实际工程中,水跃常作为消能的重要手段.通过人工措施促成水跃在指定范围内发生,消除余能,以减小下泄水流对下游渠底、河床的冲刷.

此外,由于水跃主流区内水流旋滚非常剧烈,所以也可将水跃作为搅拌用的一种有效方法,将混凝剂投入水跃前的急流中,便可得到充分混合.

【例题 7.13】　如图 7.22 所示,水从水闸流入一 10 m 宽的矩形断面平坡渠道并发生了水

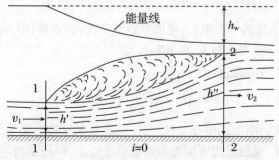

图 7.22　例题 7.13

跃.已知跃前断面水深 $h' = 0.8$ m,跃前断面流速 $v_1 = 7$ m/s.试确定:① 跃后断面水深 h'' 和弗劳德数 Fr_2;② 水跃造成的水头损失 h_w 和能量耗散率 η;③ 水跃造成的发电潜能损失 E.

解 ① 跃前断面的弗劳德数:

$$Fr_1^2 = v_1^2/(gh') = 7^2/(9.8 \times 0.8) \approx 6.25 > 1$$

因此,跃前断面的流动是急流,跃后断面的水深、流速和弗劳德数如下:

$$h'' = [(1 + 8Fr_1^2)^{1/2} - 1]h'/2 = [(1 + 8 \times 6.25)^{1/2} - 1] \times 0.8/2 \approx 2.46 \text{ (m)}$$

$$v_2 = v_1 h'/h'' = 7 \times 0.8/2.46 \approx 2.28 \text{ (m/s)}$$

$$Fr_2^2 = v_2^2/(gh'') = 2.28^2/(9.8 \times 2.46) \approx 0.216$$

② 水头损失由能量方程确定:

$$h_w = (h'' - h')^3/(4h'h'') = (2.46 - 0.8)^3/(4 \times 0.8 \times 2.46) \approx 0.581 \text{ (m)}$$

跃前断面的比能和耗散率:

$$e_1 = h' + \alpha_1 v_1^2/(2g) = 0.8 + 1.0 \times 7^2/(2 \times 9.8) \approx 3.3 \text{ (m)}$$

$$\eta = h_w/e_1 = 0.581/3.3 \approx 17.6\%$$

因此,在水跃过程中,由于摩擦效应,17.6% 的液体可用水头(或机械能)被浪费了(转化为热能).

③ 水流流量:

$$Q = bh'v_1 = 10 \times 0.8 \times 7 = 56 \text{ (m}^3/\text{s)}$$

与水头损失 h_w 相对应的能量损失:

$$E = \rho g Q h_w = 1000 \times 9.8 \times 56 \times 0.581 = 318852.8 \text{ (J/s)} \approx 318.9 \text{ (kW)}$$

7.3.3 渐变流(缓变流)

7.3.3.1 渐变流微分方程

若明渠流水深变化局限在一个流区(缓流区或急流区)内,水流属同一流态,这种水流称为缓变流(或渐变流).

如图 7.23 所示,底坡为 i 的明渠恒定非均匀缓变流,沿水流方向任取一微小流段 ds,设上游的 1-1 断面渠底高程为 z,水深为 h,断面平均流速为 v.因为渐变流中各种水力要素沿流程会改变,所以经过微小流段 ds 后的下游 2-2 断面渠底高程为 $z + dz$,水深为 $h + dh$,断面平均流速为 $v + dv$.由于是渐变流动,可对微小流段列 1-1 断面和 2-2 断面的能量方程:

$$z + h + \frac{\alpha v^2}{2g} = (z + dz) + (h + dh) + \frac{\alpha(v + dv)^2}{2g} + dh_w$$

式中,dh_w 为所取两断面间的水头损失,考虑到是渐变流、过水断面沿程变化缓慢,局部水头损失可忽略不计,只有沿程水头损失,即 $dh_w \approx dh_f$.

将上式展开并略去两阶微量 $(dv)^2$,得

$$dz + dh + d\left(\frac{\alpha v^2}{2g}\right) + dh_f = 0$$

该式即为明渠恒定非均匀渐变流微分方程.它说明水流水深的改变等于单位动能、位能的改变与单位能量损失之和.克服阻力所损失的能量总是正值,但是非均匀流动有加速和减速运动、坡度有顺坡和逆坡之分,所以动能的改变可能是正值,也可能会负值,相对应的水深同样

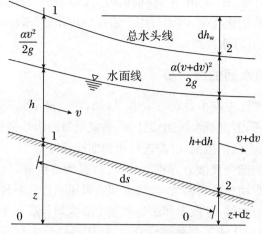

图 7.23 恒定非均匀渐变流

也有增有减.

如将上式各项均除以 ds, z、h、v、h_f 变成沿程变化的量,则得

$$\frac{dz}{ds} + \frac{dh}{ds} + \frac{d}{ds}\left(\frac{\alpha v^2}{2g}\right) + \frac{dh_f}{ds} = 0$$

分析渐变流水面曲线的变化,即分析水深沿流程的变化,实际上就是要从该式中求出 dh/ds.

【方法 1】 各项的讨论如下:

① $dz/ds = (z_1 - z_2)/ds = -dz/ds = -\sin\theta = -i$,式中 i 为渠底坡度.

② $\dfrac{d}{ds}\left(\dfrac{\alpha v^2}{2g}\right) = \dfrac{d}{ds}\left(\dfrac{\alpha Q^2}{2gA^2}\right) = -\dfrac{\alpha Q^2}{gA^3}\cdot\dfrac{dA}{ds} = -\dfrac{\alpha Q^2}{gA^3}\cdot\left(\dfrac{\partial A}{\partial h}\dfrac{dh}{ds} + \dfrac{\partial A}{\partial s}\right) = -\dfrac{\alpha Q^2}{gA^2}\dfrac{B}{A}\cdot\dfrac{dh}{ds} =$

$-Fr^2\dfrac{dh}{ds}$,式中对于非棱柱体明渠,$A = A(h, s)$,$h = h(s)$,即 A 是 h 和 s 的函数,故对面积 A 求导,先对水深 h 求导,再对 s 求导;$\partial A/\partial h = B$,$B$ 为水面宽度;对于棱柱形断面渠道,$A = f(h)$,即 A 仅是水深 h 的函数,$\partial A/\partial s = 0$.

③ $dh_f/ds = J$,将微小流段内的非均匀渐变流的水头损失近似按均匀流的水头损失计算,即 $J = Q^2/K^2$,式中 K 为明渠水流的流量模数.

各项代入得

$$\frac{dh}{ds} = \frac{i - \dfrac{Q^2}{K^2}}{1 - Fr^2} = \frac{i - J}{1 - Fr^2}$$

【方法 2】 式中 $d[h + \alpha v^2/(2g)] = de/ds$,同时将 $dz/ds = -i$ 和 $dh_f/ds = J$ 代入,得

$$\frac{de}{ds} = i - J$$

又考虑到求临界水深的公式:$\dfrac{de}{dh} = 1 - \dfrac{\alpha Q^2 B}{gA^3} = 1 - \dfrac{\alpha Q^2}{gA^2}\cdot\dfrac{B}{A} = 1 - Fr^2$ 和复合函数关系 $\dfrac{de}{ds} = \dfrac{de}{dh}\cdot\dfrac{dh}{ds}$,有

$$\frac{dh}{ds} = \frac{de}{ds}\bigg/\frac{de}{dh} = \frac{i - J}{1 - Fr^2}$$

该式即为底坡较小的棱柱形(即 b、m 一定)渠道恒定(即 Q 一定)非均匀渐变流微分方程,反映明渠渐变流水面线的变化规律,因而可用于定性分析顺坡、平坡和逆坡渠道中水面曲线的型式,对其积分也可以计算水面线.

7.3.3.2　渐变流水面曲线计算

水面曲线的计算在实际工程中具有重要意义,如,在河流上筑坝取水,为确定由水位抬高所造成的水库淹没范围,需进行水面曲线计算;确定明渠的边墙高度和建筑物(闸、坝、桥、涵)前的壅水深度及回水淹没的范围,也需进行水面曲线计算.

对于明渠恒定非均匀渐变流微分方程积分,可以得到解析解,但积分十分困难,只能得到近似解.实际计算时,常用分段求和法.分段求和法可用来计算各种断面渠道,包括非棱柱形渠道和天然河流的水面曲线.分段求和法是将整个流段划分成若干个微小流段,并认为每个分段内的水面高程、断面比能等都呈线性变化,这样将微分方程变成有限差分式,逐段计算并将各段的计算结果累加起来,即可得到整段渠道渐变流水面曲线长度.

水面曲线的计算是在渠道底坡 i 以及粗糙系数 n 已知的情况下进行的,所要解决的问题包括:

(1) 已知流量和渠道两断面的形状、尺寸及水深,求两断面间的渠道长度 l.

(2) 已知渠道 Q 和渠道两断面的形状、尺寸以及两断面间的渠道长度 l 和其中一个断面的水深,求另一断面的水深.

如图 7.24 所示,一底坡不大的棱柱形明渠恒定渐变流,以壅水曲线为例,取一段长为 Δs 的流段,列两过水断面 1-1 和 2-2 的能量方程:

$$z_1 + h_1 + \frac{\alpha_1 v_1^2}{2g} = z_2 + h_2 + \frac{\alpha_2 v_2^2}{2g} + \Delta h_{\mathrm{w}}$$

则

$$\left(h_1 + \frac{\alpha_1 v_1^2}{2g}\right) - \left(h_2 + \frac{\alpha_2 v_2^2}{2g}\right) = \Delta h_{\mathrm{w}} - (z_1 - z_2)$$

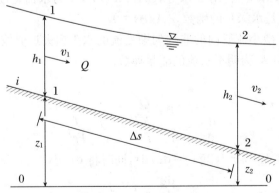

图 7.24　水面曲线计算

其中,$[h_1 + \alpha_1 v_1^2/(2g)] - [h_2 + \alpha_2 v_2^2/(2g)] = e_1 - e_2 = \Delta e$;略去了局部水头损失,仅考虑沿程水头损失,即 $\Delta h_{\mathrm{w}} \approx \Delta h_{\mathrm{f}}$;由于是渐变流,对 Δh_{f} 近似按均匀流处理,即 $\Delta h_{\mathrm{f}} / \Delta s = \bar{J}$,有 $\Delta h_{\mathrm{f}} = \bar{J} \Delta s$;又 $z_1 - z_2 = i \Delta s$,代入上式得

$$\Delta e = \bar{J} \Delta s - i \Delta s$$

式中,Δs 为所取流段长度,即两过水断面的间距;Δe 为所取流段断面单位能量的增量;i 为渠道的底坡;$\bar{J}$ 为水流在 Δs 微小流段内的平均水力坡度,在各分段内采用明渠均匀流公式计算:$\bar{J} = \dfrac{\bar{v}^2}{\bar{C}^2 \bar{R}}$,其中,所给流段两断面各水力要素的平均值分别为

$$\bar{v} = \frac{v_1 + v_2}{2}, \quad \bar{C} = \frac{C_1 + C_2}{2}, \quad \bar{R} = \frac{R_1 + R_2}{2}$$

该式为分段计算水面曲线的有限差式,也称分段求和法的计算公式.

分段求和法也可以这样理解:断面比能沿流变化率 $de/ds = i - J$ 的差分形式为 $\Delta e/\Delta s = i - \bar{J}$,取一系列微小段 Δs,并近似认为微小段内水流符合均匀流条件,因而可用微小段两端的平均水力坡度 $\bar{J}$ 替代 J,通过计算非均匀流明渠中水深差为 Δh 的两断面的 Δe 和 $\bar{J}$,利用差分式求出各 Δs_j,从而得到整个流程的水面曲线的总长度 $s = \sum \Delta s_j$.

分段求和法计算水面曲线的步骤为:

(1) 确定从已知水深断面(断面 1)向上游或向下游的水深增量 Δh 的正负号.

(2) 根据计算精度确定分段数,选用 Δh 值,分段数愈多,流段段长愈小,计算精度愈高,但计算工作量也愈大.

(3) 以断面 1 为起始断面,开始向上游或下游方向计算下一断面的水深 h_2.若取已知断面 1 断面水深为 h_1,则下一断面水深为 $h_2 = h_1 \pm \Delta h$.

(4) 计算 h_1 和 h_2 断面的 $\Delta e (= e_{下游} - e_{上游})$ 及 $\bar{J}$,即可计算出此两断面的距离 $\Delta s_1 = \Delta e/(i - \bar{J})$.

(5) 重复上面(3)和(4)两步,即定出 $h_3 = h_2 \pm \Delta h$,计算出相对应的 Δe 及 $\bar{J}$,求出 Δs_2.当选择的计算断面水深近似等于水面曲线另一端界限条件所决定的水深时,计算完毕.水面曲线的全长为各分段长度的总和,即 $s = \Delta s_1 + \Delta s_2 + \cdots + \Delta s_n$.

【例题 7.14】 如图 7.25 所示,底宽 $b = 1.0$ m 的土渠,断面为矩形,$n = 0.014$,$i = 0.0025$,$Q = 0.9$ m³/s.水流排入河流,水深沿流减少,为降水曲线.若渠道上游作均匀流动,求此降水曲线的总长度.

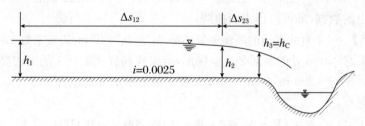

图 7.25 例题 7.14

解 由矩形断面求临界水深 h_C 的公式:$h_C = [\alpha Q^2/(gb^2)]^{1/3}$,可得 $h_C = 0.44$ m.又根据均匀流公式:

$$Q = A \cdot (1/n) R^{2/3} i^{1/2} = b h_0 \cdot (1/n) [b h_0/(b + 2h_0)]^{2/3} i^{1/2}$$

代入数据,得

$$0.9 = 1.0 \times h_0 \times (1/0.014) \times [1.0 \times h_0/(1.0 + 2h_0)]^{2/3} \times 0.0025^{1/2}$$

解得均匀流动时的水深即正常水深 $h_0 = 0.60$ m.

因为 $h_0 > h_c$，所以渠中水流为缓流，在渠道出口处形成水跌，在此处的水深为临界水深 h_c. 现将渠段平均分成两分段（如要提高准确程度，可适当增加分段的数目），从渠尾起分别取水深 $h_1 = h_0 = 0.60$ m，$h_2 = 0.52$ m，$h_3 = h_C = 0.44$ m，然后计算每段长度 Δs. 其中，Δe 和 $\bar{J}$ 的计算过程分别见表 7.7 和表 7.8.

表 7.7

分段	断面	h (m)	$A = bh$ (m²)	$v = Q/A$ (m/s)	$e = h + v^2/(2g)$ (m)	Δe (m)
1-2	1	0.6	0.6	1.50	0.715	0.042
	2	0.52	0.52	1.73	0.673	
2-3	3	0.44	0.44	2.05	0.654	0.019

表 7.8

分段	断面	v (m/s)	$\bar{v} = (v_1 + v_2)/2$	$\chi = b + 2h$ (m)	$R = A/\chi$ (m)	$\bar{R} = (R_1 + R_2)/2$	$C = R^{1/6}/n$ (m$^{1/2}$/s)	$\bar{C} = (C_1 + C_2)/2$	$\bar{J} = \bar{v}^2/(\bar{C}^2 \bar{R})$
1-2	1	1.50	1.615	2.20	0.273	0.264	57.53	57.21	0.00302
	2	1.73		2.04	0.255		56.88		
2-3	3	2.05	1.89	1.88	0.234	0.245	56.07	56.48	0.00457

断面 1 至 2 的水面曲线长度：

$$\Delta s_{1-2} = \Delta e_{12}/(\bar{J}_{12} - i) = 0.042/(0.00302 - 0.0025) \approx 80.77 \, (\text{m})$$

断面 2 至 3 的水面曲线长度：

$$\Delta s_{2-3} = \Delta e_{23}/(\bar{J}_{23} - i) = 0.019/(0.00457 - 0.0025) \approx 9.18 \, (\text{m})$$

降水曲线总长度：

$$s_{1-3} = \Delta s_{1-2} + \Delta s_{2-3} = 80.77 + 9.18 = 89.95 \, (\text{m})$$

根据上表中列出的数据，即可绘出水面曲线.

【例题 7.15】 一条直线渠道的断面 1 呈梯形，底宽 $b_1 = 10$ m，边坡系数 $m_1 = 2$，水深 $h_1 = 7$ m；在断面 1 下游 200 m 处的断面 2 也呈梯形，但渠底高程比断面 1 的渠底高 0.08 m，而且 $b_2 = 15$ m，$m_2 = 3$，$Q = 200$ m³/s，$n = 0.035$. 要求确定断面 2 的水深 h_2.

解 根据题意：

$$i = (\nabla_1 - \nabla_2)/\Delta s = -0.08/200 = -0.0004$$

为逆坡，渠底沿流程升高.

由于重力流的上游断面 1 的水面要比其下游断面 2 的水面高，因此，可确定 h_2 比 h_1 小. 对 h_2，假定一个比 $h_1 = 7$ m 要小很多的水深，即 $h_2 = 6.9$ m. 第一次编制 Excel 表计算 Δe 和 $\bar{J}$，见表 7.9 和表 710.

表7.9

断面	h (m)	$A = h(b + mh)$ (m²)	$v = Q/A$ (m/s)	$e = h + v^2/(2g)$ (m)	Δe (m)
1	7	168	1.19	7.072	0.138
2	6.9	246.33	0.812	6.934	

表7.10

断面	v (m/s)	$\bar{v} = (v_1 + v_2)/2$	$\chi = b + 2h(1 + m^2)^{1/2}$ (m)	$R = A/\chi$ (m)	$\bar{R} = (R_1 + R_2)/2$	$C = R^{1/6}/n$ (m^{1/2}/s)	$\bar{C} = (C_1 + C_2)/2$	$\bar{J} = \bar{v}^2/(\bar{C}^2\bar{R})$
1	1.19	1.001	41.305	4.067	4.134	36.098	36.196	0.000185
2	0.812		58.639	4.201		36.293		

断面 1 至 2 的水面曲线长度：

$$\Delta s_{1-2} = \Delta e/(\bar{J} - i) = 0.138/(0.000185 + 0.0004) \approx 235.9 \text{ (m)} > 200 \text{ (m)}$$

比实际大. 为进一步减小水面曲线长度, 断面必须向上游选, 即新断面的水深值向接近断面 1 水深值方向取, 假定 $h_2' = 6.92$ m, 第二次编制 Excel 表计算 Δe 和 $\bar{J}$, 见表 7.11 和表 7.12.

表7.11

断面	h (m)	$A = h(b + mh)$ (m²)	$v = Q/A$ (m/s)	$e = h + v^2/(2g)$ (m)	Δe (m)
1	7	168	1.19	7.072	0.119
2'	6.92	247.46	0.808	6.953	

表7.12

断面	v (m/s)	$\bar{v} = (v_1 + v_2)/2$	$\chi = b + 2h(1 + m^2)^{1/2}$ (m)	$R = A/\chi$ (m)	$\bar{R} = (R_1 + R_2)/2$	$C = R^{1/6}/n$ (m^{1/2}/s)	$\bar{C} = (C_1 + C_2)/2$	$\bar{J} = \bar{v}^2/(\bar{C}^2\bar{R})$
1	1.19	0.999	41.305	4.067	4.139	36.098	36.203	0.000184
2'	0.808		58.766	4.211		36.307		

断面 1 至 2 的水面曲线长度：

$$\Delta s_{1-2'} = \Delta e/(\bar{J} - i) = 0.119/(0.000184 + 0.0004) \approx 203.7 \text{ (m)} \approx 200 \text{ (m)}$$

水深 $h_2 = 6.92$ m 为解.

```
%* * * * * * * * * MATLAB 编程求解断面 2 水深的代码* * * * * * * * * * * *
clc; clear all;
i= - 0.0004; n= 0.035; Q= 200; g= 9.8;
s= 201;   %给水面曲线长度变量赋一个大于 200 的初值
h= [7   6.9 ];   %两个计算断面的水深
delt_h= 0.0001;   %水深渐进的步长
while s> 200   %迭代停止的条件
    h(2)= h(2)+ delt_h;   %水深渐进
    b= [10   15];   %两个断面的底宽
    m= [2   3];   %两个断面的边坡系数
    A= h.* (b+ m.* h);   %两个断面的面积
    v= Q./A;   %两个断面的流速
    e= h+ (v.^2)/(2* g);   %两个断面的比能
    x= b+ 2* h.* ((1+ m.^2).^(1/2));   %两个断面的湿周
    R= A./x;   %两个断面的水力半径
    C= (R.^(1/6))/n;   %两个断面的谢才系数
    aver_v= mean(v);   %计算两个断面的平均流速
    aver_R= mean(R);   %计算两个断面的平均水力半径
    aver_C= mean(C);   %计算两个断面的平均谢才系数
    aver_J= (aver_v.^2)./((aver_C.^2).* aver_R);   %计算两个断面间的平均水力坡度
    s= (e(1)- e(2))./(aver_J- i);   %计算两个断面间的水面曲线长度
end
fprintf('h2= % g\ n',h(2))   %输出断面 2 的结果水深
fprintf('s= % g\ n',s)   %输出水面曲线长度
%* * * * * * * * * * * * * * * * * * * * * * * * * * * * * * * * * * *
* * * * * * * * * * * * * * *
运行结果:h2= 6.9223m,s= 199.862m
```

7.3.4　非均匀流水面曲线变化规律定性分析及水面曲线衔接

7.3.4.1　非均匀流水面曲线变化规律定性分析

根据明渠恒定非均匀流水面曲线沿流变化规律(水力要素,特别是水深的变化规律),可以确定明渠水面曲线形式及其位置,确定明渠上、下游水位的变化幅度及淹没范围,这在工程实践中具有重要意义.例如,知晓出水口水面降低,就可以将渠岸筑得低一些,以节约资金;知晓下游筑坝后会使水深增大、水位抬高形成壅水曲线,就能预判淹没农田、土地带来的损失.

棱柱形明渠的底坡有顺坡($i>0$)、平坡($i=0$, horizontal slope)、逆坡($i<0$, adverse slope)三种类型,顺坡包括缓坡(moderate slope)、陡坡(steep slope)、临界坡(critical slope)三种情况.

在流量 Q、断面形状及尺寸(b,m)确定以后,各种底坡的渠道都有相应的临界水深 h_C($=[\alpha Q^2/(gb^2)]^{1/3}$),且临界水深 h_C 的大小既不受渠道底坡大小的影响,也不会沿流程而改变,所以可在渠道中绘出一条表征各断面临界水深的 C-C 线,而且 C-C 线与渠道底坡线平行.对 $i>0$ 的棱柱形顺坡渠道,还有均匀流时的正常水深存在($Q=A(1/n)R^{2/3}i^{1/2}$),均匀流的正常水深线以 N-N 线(normal depth)表示,N-N 线也与渠道底坡平行.

为便于分析水面曲线的变化规律,可将水流分为三个区域.N-N 线(均匀流水面线)、K-K 线(临界流水面线)、底坡线把水流分为 1 区、2 区、3 区.对于每个不同底坡的渠道,最上面一个水深既大于均匀流正常水深 h_0,又大于临界水深 h_C 的流区(或 N-N 线与 K-K 线以上的流区)称为 1 区,由于水面处在 1 区的水流均为缓流,故 1 区又称为缓流区.水深介于均匀流正常水深 h_0 和 h_C 之间的流区(或 N-N 线与 K-K 线之间的流区)称为 2 区,而水面处在 2 区的水流有缓流也有急流(N-N 线在 K-K 线之上的水流为缓流,之下的水流为急流).位于最下面的水深既小于均匀流正常水深 h_0,同时又小于临界水深 h_C 的流区(或 N-N 线与 K-K 线以下的流区)称为 3 区,处在 3 区的水流都是急流,故 3 区又称为急流区.

各底坡上可能存在 2~3 种流态.由于渠道底坡不同,以及临界水深线与均匀流正常水深线的相互位置关系(1、2、3)不同,可把棱柱形明渠非均匀渐变流水流划分为 12 个流动区域,即 M_1、M_2、M_3、S_1、S_2、S_3、C_1、C_3、H_2、H_3、A_2、A_3,相对应的就有 12 种水面曲线,其中,顺坡渠道有 8 种,平坡和逆坡渠道各有 2 种.

每个流区内非均匀流水面曲线存在 $dh/ds>0$(水深沿流程增加,壅水曲线)和 $dh/ds<0$(水深沿流程减小,降水曲线)两种水深沿流程变化总趋势及两端界限情况.现分别讨论各区的 dh/ds.

1. 顺坡渠道($i>0$)

Q、b、m 给定后的长直棱柱形顺坡渠道中的水流有可能出现均匀流.根据棱柱体明渠恒定非均匀渐变流微分方程,并将均匀流状态时的流量公式 $Q=K_0\sqrt{i}$ 代入,得

$$\frac{dh}{ds}=\frac{i-\dfrac{Q^2}{K^2}}{1-Fr^2}=i\frac{1-\left(\dfrac{K_0}{K}\right)^2}{1-Fr^2}$$

式中,K_0 为均匀流状态时正常水深 h_0 对应的流量模数;K 为非均匀流状态时实际水深 h 对应的流量模数;Fr 为非均匀流状态时的弗劳德数.

(1) 缓坡渠道($i<i_C$)

缓坡渠道中,均匀流水深 h_0 大于临界水深 h_C,所以表征均匀流水深 h_0 的 N-N 线高于表征临界水深 h_C 的 C-C 线.如图 7.26 所示.

① M_1 区($h>h_0>h_C$)

根据 $K=AC\sqrt{R}=bh\cdot\dfrac{1}{n}R^{\frac{1}{6}}\cdot R^{\frac{1}{2}}=bh\cdot\dfrac{1}{n}R^{\frac{2}{3}}=bh\cdot\dfrac{1}{n}\left(\dfrac{bh}{b+2h}\right)^{\frac{2}{3}}$ 可知,$K\sim$

$h\left(\dfrac{1}{b/h+2}\right)^{\frac{2}{3}}$,即 K 与 h 呈正相关,所以 h 增大,K 也增大;h 减小,K 也减小.在 M_1 区的水流,实际水深为 h.

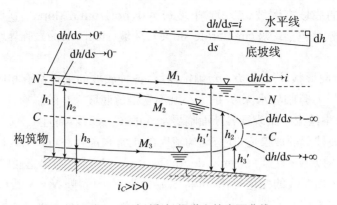

图 7.26　顺坡(缓坡)渠道上的水面曲线

水面曲线的增减性：

已知 $h>h_0$，则有 $K>K_0$，即 $K_0/K<1$，分子 $i[1-(K_0/K)^2]>0$.

已知 $h>h_C$(缓流)，则有 $Fr<1$，分母 $1-Fr^2>0$.

$dh/ds=i[1-(K_0/K)^2]/(1-Fr^2)>0$，即水深 h 沿流程 s 增加，水面线为壅水曲线(注：明渠上游的水面线总是比其下游的水面线高，只是水面线距离当地底坡线的距离即水深 h 在沿程增大).

水面曲线两端极限情况：

因为本区水深 $h_0<h<+\infty$ 且水深 h 沿程增加，所以无限远处最上游的水深最小(以均匀流水深 h_0 为界限)，无限远处最下游的水深无穷大.

当 $h\to h_0^+$ 时(上游)，$K\to K_0^+$，$K_0/K\to 1^-$，分子 $i[1-(K_0/K)^2]\to 0^+$；$Fr^2=\alpha v^2/(gh)$ →小于 1 的定值，分母 $1-Fr^2>0$；于是 $dh/ds=0^+/(+)\to 0^+$，表明越往上游，水深沿程几乎不变，即变成均匀流，均匀流水深线 N-N 为其渐近线.

当 $h\to+\infty$ 时(下游)，$K\to+\infty$，$K_0/K\to 0^+$，分子 $i[1-(K_0/K)^2]\to i^-$；$Fr^2=\alpha v^2/(gh)\to 0^+$，分母 $1-Fr^2\to 1^-$；于是 $dh/ds=i$，表明下游以水平线为渐近线.此壅水曲线称为 M_1 型水面曲线.

② M_2 区 $(h_0>h>h_C)$.

水面曲线的增减性：

已知 $h<h_0$，则有 $K<K_0$ 或 $K_0/K>1$，分子 $i[1-(K_0/K)^2]<0$.

已知 $h>h_C$(缓流)，则有 $Fr<1$，分母 $1-Fr^2>0$.

$dh/ds=i[1-(K_0/K)^2]/(1-Fr^2)<0$，即水深 h 沿流程 s 减小，水面曲线为降水曲线.

水面曲线两端极限情况：

因为本区水深 $h_0>h>h_C$ 且水深 h 沿程减小，所以无限远处最上游的水深最大(以均匀流水深 h_0 为界限)，水深接近 h_C 的下游的水深最小.

当 $h\to h_0^-$ 时(上游)，$K\to K_0^-$，$K_0/K\to 1^+$，分子 $i[1-(K_0/K)^2]\to 0^-$；$Fr^2=\alpha v^2/(gh)$ →小于 1 的定值，分母 $1-Fr^2>0$；于是 $dh/ds=0^-/(+)\to 0^-$，表明越往上游，水深沿程几乎不变，即变成均匀流，均匀流水深线 N-N 为其渐近线.

当 $h\to h_C^+$ 时(下游)，$K\to K_C^+<K_0$，$K_0/K\to$ 大于 1 的定值，分子 $i[1-(K_0/K)^2]\to$ 负定值；$Fr^2=\alpha v^2/(gh)\to 1^-$，分母 $1-Fr^2\to 0^+$；于是 $dh/ds\to-\infty$，表明水面曲线下游端有垂直于 C-C 线的趋势，说明局部水面曲线曲率很大，水流已不再是渐变流，而是属于急变

流(水跌),由于水面曲线与 C-C 线实际上并不正交,故用虚线表示,又因为水深是沿程下降的,故此降水曲线称为 M_2 型水面曲线.

③ M_3 区($h_0>h_C>h$)

水面曲线的增减性:

· 已知 $h<h_0$,则有 $K<K_0$ 或 $K_0/K>1$,分子 $i[1-(K_0/K)^2]<0$.

· 已知 $h_C>h$(急流),则有 $Fr>1$,分母 $1-Fr^2<0$.

· $\mathrm{d}h/\mathrm{d}s=i[1-(K_0/K)^2]/(1-Fr^2)>0$,即水深 h 沿流程 s 增加,水面曲线为壅水曲线.

水面曲线两端极限情况:

因为本区水深 $0<h<h_C$ 且水深 h 沿程增加,所以无限远处最上游的水深最小,水深接近 h_C 的下游的水深最大.

· 当 $h\to0^+$ 时(上游),水深极小,出水水深由人工构筑物(如闸门)控制,以底坡线为其渐近线.

· 当 $h\to h_C^-$ 时(下游),$K\to K_C^-<K_0$,$K_0/K\to$ 大于 1 的定值,分子 $i[1-(K_0/K)^2]\to$负的定值;$Fr^2=\alpha v^2/(gh)\to1^+$,分母 $1-Fr^2\to0^-$;于是 $\mathrm{d}h/\mathrm{d}s=+\infty$,表明水面曲线下游端垂直于 C-C 线,局部水面曲线曲率很大,水流已不再是渐变流,而是急变流(水跃),此壅水曲线称为 M_3 型水面曲线.

(2) 陡坡渠道($i>i_C$)

陡坡渠道中,均匀流水深 h_0 小于临界水深 h_C,所以表征均匀流水深 h_0 的 N-N 线低于表征临界水深 h_C 的 C-C 线,如图 7.27 所示.与缓坡相同,水深沿程变化依据 $\mathrm{d}h/\mathrm{d}s=i[1-(K_0/K)^2]/(1-Fr^2)$ 判定.

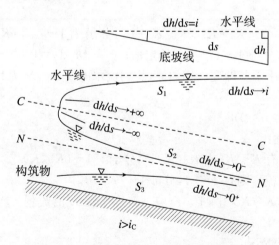

图 7.27　顺坡(陡坡)渠道上的水面曲线

① S_1 区($h>h_C>h_0$)

水面曲线的增减性:

· 已知 $h>h_0$,则有 $K>K_0$ 或 $K_0/K<1$,分子 $i[1-(K_0/K)^2]>0$.

· 已知 $h>h_C$(缓流),则有 $Fr<1$,分母 $1-Fr^2>0$.

· $\mathrm{d}h/\mathrm{d}s=i[1-(K_0/K)^2]/(1-Fr^2)>0$,即水深 h 沿流程 s 增加,水面线为壅水曲线.

水面曲线两端极限情况:

本区水深 $h_C<h$ 且水深 h 沿程增加,所以上游的水深最小(以临界水深 h_C 为界限),无限远处最下游的水深无穷大.

· 当 $h\to h_C^+$ 时(上游),$K\to K_C^+>K_0$,$K_0/K<1$,分子 $i[1-(K_0/K)^2]\to$ 正的定值;$Fr^2=\alpha v^2/(gh)\to 1^-$,分母 $1-Fr^2\to 0^+$;于是 $dh/ds=(+)/0^+\to+\infty$,表明水面曲线上游端垂直于 C-C 线,局部水面曲线曲率很大,水流已不再是渐变流,而是急变流(水跃).

· 当 $h\to+\infty$ 时(下游),$K\to+\infty$,$K_0/K\to 0^+$,分子 $i[1-(K_0/K)^2]\to i^-$;$Fr^2=\alpha v^2/(gh)\to 0^+$,分母 $1-Fr^2\to 1^-$;于是 $dh/ds=i$,表明下游以水平线为渐近线.此壅水曲线称为 S_1 型水面曲线.

② S_2 区($h_C>h>h_0$)

水面曲线的增减性:

· 已知 $h>h_0$,则有 $K>K_0$ 或 $K_0/K<1$,分子 $i[1-(K_0/K)^2]>0$.

· 已知 $h_C>h$(急流),则有 $Fr>1$,分母 $1-Fr^2<0$.

· $dh/ds=i[1-(K_0/K)^2]/(1-Fr^2)<0$,即水深 h 沿流程 s 减小,水面曲线为降水曲线.

水面曲线两端极限情况:

因为本区水深 $h_C>h>h_0$ 且水深 h 沿程减小,所以上游某处的水深最大(以临界水深 h_C 为界限),水深接近 h_0 的下游的水深最小.

· 当 $h\to h_C^-$ 时(上游),$K\to K_C^->K_0$,$K_0/K\to$ 小于 1 的定值,分子 $i[1-(K_0/K)^2]\to$ 正的定值;$Fr^2=\alpha v^2/(gh)\to 1^+$,分母 $1-Fr^2\to 0^-$;于是 $dh/ds=(+)/0^-\to-\infty$,表明水面曲线上游端垂直于 C-C 线,局部水面曲线曲率很大,水流已不再是渐变流了,而是急变流(水跃);

· 当 $h\to h_0^+$ 时(下游),$K\to K_0^+$,$K_0/K\to 1^-$,分子 $i[1-(K_0/K)^2]\to 0^+$;$Fr^2=\alpha v^2/(gh)\to$ 大于 1 的定值,分母 $1-Fr^2\to$ 负的定值;于是 $dh/ds=0^+/(-)\to 0^-$,表明越往下游,水深沿程减小至几乎不变即变成均匀流,均匀流水深线 N-N 为其渐近线.此降水曲线称为 S_2 型水面曲线.

③ S_3 区($h_C>h_0>h>0$)

水面曲线的增减性:

· 已知 $h<h_0$,则有 $K<K_0$ 或 $K_0/K>1$,分子 $i[1-(K_0/K)^2]<0$.

· 已知 $h_C>h$(急流),则有 $Fr>1$,分母 $1-Fr^2<0$.

· $dh/ds=i[1-(K_0/K)^2]/(1-Fr^2)>0$,即水深 h 沿流程 s 增加,水面曲线为壅水曲线.

水面曲线两端极限情况:

因为本区水深 $0<h<h_0$ 且水深 h 沿程增加,所以上游的水深最小,水深接近 h_0 的下游的水深最大.

· 当 $h\to 0^+$ 时(上游),水深极小,出水水深由人工构筑物(如闸门、溢流坝)控制.

· 当 $h\to h_0^-$ 时(下游),$K\to K_0^-$,$K_0/K\to 1^+$,分子 $i[1-(K_0/K)^2]\to 0^-$;$Fr^2=\alpha v^2/(gh)\to$ 大于 1 的定值,分母 $1-Fr^2\to$ 负的定值;于是 $dh/ds=0^-/(-)=0^+$,表明越往下游,水深沿程增大至几乎不变,即变成均匀流,均匀流水深线 N-N 为其渐近线.此降水曲线称为 S_3 型水面曲线.

(3)临界坡渠道($i=i_C$)

临界底坡渠道中,均匀流水深 h_0 等于临界水深 h_C,所以表征均匀流水深 h_0 的 N-N 线与表征临界水深 h_C 的 C-C 线重合,没有 2 区,仅有 1 区和 3 区,如图 7.28 所示.水深沿程变化仍依据 $\mathrm{d}h/\mathrm{d}s = i[1-(K_0/K)^2]/(1-Fr^2)$ 判定.

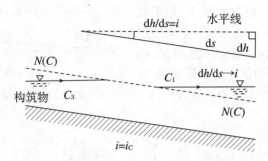

图 7.28　顺坡(临界坡)渠道上的水面曲线

① C_1 区 $(h>h_C=h_0)$

水面曲线的增减性:

· 已知 $h>h_0$,则有 $K>K_0$ 或 $K_0/K<1$,分子 $i[1-(K_0/K)^2]>0$.

· 已知 $h>h_C$(缓流),则有 $Fr<1$,分母 $1-Fr^2>0$.

· $\mathrm{d}h/\mathrm{d}s = i[1-(K_0/K)^2]/(1-Fr^2)>0$,即水深 h 沿流程 s 增加,水面线为壅水曲线.

水面曲线两端极限情况:

因为本区水深 $h_0(h_C)<h<+\infty$ 且水深 h 沿程增加,所以上游的水深最小(以临界或正常水深 $h_0(h_C)$ 为界限),无限远处最下游的水深无穷大.

· 当 $h\to h_0^+ (h_C^+)$ 时(上游),$K\to K_0^+$,$K_0/K\to 1^-$,分子 $i[1-(K_0/K)^2]\to 0^+$;$Fr^2 = \alpha v^2/(gh)\to 1^-$,分母 $1-Fr^2\to 0^+$;于是 $\mathrm{d}h/\mathrm{d}s = 0^+/0^+$.

· 当 $h\to +\infty$ 时(下游),$K\to +\infty$,$K_0/K\to 0^+$,分子 $i[1-(K_0/K)^2]\to i^-$;$Fr^2 = \alpha v^2/(gh)\to 0^+$,分母 $1-Fr^2\to 1^-$;于是 $\mathrm{d}h/\mathrm{d}s = i$,表明下游以水平线为渐近线.此壅水曲线称为 C_1 型水面曲线.

② C_3 区 $(h_C=h_0>h>0)$

水面曲线增减性:

· 已知 $h<h_0$,则有 $K<K_0$ 或 $K_0/K>1$,分子 $i[1-(K_0/K)^2]<0$.

· 已知 $h_C>h$(急流),则有 $Fr>1$,分母 $1-Fr^2<0$.

· $\mathrm{d}h/\mathrm{d}s = i[1-(K_0/K)^2]/(1-Fr^2)>0$,即水深 h 沿流程 s 增加,水面曲线为壅水曲线.

水面曲线两端极限情况:

因为本区水深 $0<h<h_0(h_C)$ 且水深 h 沿程增加,所以上游的水深最小,水深接近 h_0 的下游的水深最大.

· 当 $h\to 0^+$ 时(上游),水深极小,出水水深由人工构筑物(如闸门、溢流坝)控制.

· 当 $h\to h_0^- (h_C^-)$ 时(下游),$K\to K_0^-$,$K_0/K\to 1^+$,分子 $i[1-(K_0/K)^2]\to 0^-$;$Fr^2 = \alpha v^2/(gh)\to 1^+$,分母 $1-Fr^2\to 0^-$;于是 $\mathrm{d}h/\mathrm{d}s = 0^-/0^-$.

2. 平坡渠道($i=0$)

若平坡渠道上有想象中的均匀流,则根据均匀流公式 $i=Q^2/K^2=0$,可知 $K_0=+\infty$,

即平坡渠道的正常水深 h_0 为无穷大.实际上,平坡渠道上不可能形成均匀流动,也就不存在正常水深 h_0,即不存在 N-N 线;但由于临界水深与渠道底坡 i 无关,临界水深 h_C 在平坡中依然存在,即存在 C-C 线.因此,平坡中没有 1 区,只有 2 区和 3 区,如图 7.29 所示.根据棱柱体明渠恒定非均匀渐变流微分方程,并将临界流状态时的均匀流流量公式 $Q = K_C \sqrt{i_C}$ 和 $i = 0$ 代入,得

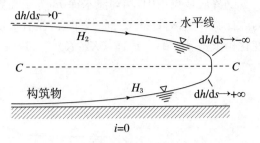

图 7.29 平坡渠道上的水面曲线

$$\frac{dh}{ds} = \frac{i - \dfrac{Q^2}{K^2}}{1 - Fr^2} = \frac{- i_C \left(\dfrac{K_C}{K}\right)^2}{1 - Fr^2}$$

式中,K_C 为临界流状态时的流量模数.

① H_2 区$(+\infty > h > h_C)$

水面曲线的增减性:

· 分子 $- i_C (K_C/K)^2 < 0$.

· 已知 $h > h_C$(缓流),则有 $Fr < 1$,分母 $1 - Fr^2 > 0$.

· $dh/ds = - i_C (K_C/K)^2/(1 - Fr^2) < 0$,即水深 h 沿流程 s 减小,水面曲线为降水曲线.

水面曲线两端极限情况:

因为本区水深 $+\infty > h > h_C$ 且水深 h 沿程减小,所以无限远处的最上游的水深最大,水深接近 h_C 的下游的水深最小.

· 当 $h \to +\infty$ 时(上游),$K \to +\infty$,$K_C/K \to 0^+$,分子 $- i_C (K_C/K)^2 \to 0^-$;$Fr^2 = \alpha v^2/(gh) \to 0^+$,分母 $1 - Fr^2 \to 1^-$;于是 $dh/ds = 0^-/1^- \to 0^-$,表明上游端水面与底坡$(i = 0)$平行,即以水平线为渐近线.

· 当 $h \to h_C^+$ 时(下游),$K \to K_C^+$,$K_C/K \to 1^-$,分子 $- i_C (K_C/K)^2 \to - i_C$;$Fr^2 = \alpha v^2/(gh) \to 1^-$,分母 $1 - Fr^2 \to 0^+$;于是 $dh/ds = -\infty$,表明水面曲线下游端垂直于 C-C 线,局部水面曲线曲率很大,水流已不再是渐变流,而是急变流(水跌),此降水曲线称为 H_2 型水面曲线.

② H_3 区$(h_C > h > 0)$

水面曲线的增减性:

· 分子 $- i_C (K_C/K)^2 < 0$.

· 已知 $h < h_C$(急流),则有 $Fr > 1$,分母 $1 - Fr^2 < 0$.

· $dh/ds = - i_C (K_C/K)^2/(1 - Fr^2) > 0$,即水深 h 沿流程 s 增加,水面曲线为壅水曲线.

水面曲线两端极限情况:

因为本区水深 $0 < h < h_C$ 且水深 h 沿程增加,所以无限远处最上游的水深最小,水深接近 h_C 的下游的水深最大.

· 当 $h \to 0^+$ 时(上游),水深极小,出水水深由人工构筑物(如闸门)控制,以坡底线为其渐近线.

• 当 $h \rightarrow h_{\mathrm{c}}^{-}$ 时（下游），$K \rightarrow K_{\mathrm{c}}^{-}$，$K_{\mathrm{c}}/K \rightarrow 1^{+}$，分子 $-i_{\mathrm{c}}(K_{\mathrm{c}}/K)^2 \rightarrow -i_{\mathrm{c}}$；$Fr^2 = \alpha v^2/(gh) \rightarrow 1^{+}$，分母 $1-Fr^2 \rightarrow 0^{-}$；于是 $\mathrm{d}h/\mathrm{d}s = +\infty$，表明水面曲线下游端垂直于 $C-C$ 线，局部水面曲线曲率很大，水流已不再是渐变流，而是急变流（水跃），此壅水曲线称为 H_3 型水面曲线.

3. 逆坡渠道（$i<0$）

逆坡渠道上不可能发生均匀流动，因此也就不存在正常水深 h_0，正常水深 h_0 为无穷大.

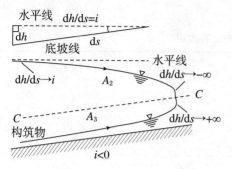

图 7.30 逆坡渠道上的水面曲线

但由于临界水深与渠道底坡 i 无关，临界水深 h_{c} 在平坡中依然存在. 因此，平坡中没有 1 区，只有 2 区和 3 区，如图 7.30 所示. 根据棱柱体明渠恒定非均匀渐变流微分方程，并将临界流状态时的均匀流流量公式 $Q = K_{\mathrm{c}}\sqrt{i_{\mathrm{c}}}$ 代入，得

$$\frac{\mathrm{d}h}{\mathrm{d}s} = \frac{i - \dfrac{Q^2}{K^2}}{1-Fr^2} = \frac{i - i_{\mathrm{c}}\left(\dfrac{K_{\mathrm{c}}}{K}\right)^2}{1-Fr^2}$$

式中，K_{c} 为临界流状态时的流量模数.

（1）A_2 区（$+\infty > h > h_{\mathrm{c}}$）

水面曲线的增减性：

• 分子 $i - i_{\mathrm{c}}(K_{\mathrm{c}}/K)^2 < 0$.

• 已知 $h > h_{\mathrm{c}}$（缓流），则有 $Fr < 1$，分母 $1-Fr^2 > 0$.

• $\mathrm{d}h/\mathrm{d}s = i - i_{\mathrm{c}}(K_{\mathrm{c}}/K)^2/(1-Fr^2) < 0$，即水深 h 沿流程 s 减小，水面曲线为降水曲线.

水面曲线两端极限情况：

因为本区水深 $+\infty > h > h_{\mathrm{c}}$ 且水深 h 沿程减小，所以无限远处最上游的水深最大，水深接近 h_{c} 的下游的水深最小.

• 当 $h \rightarrow +\infty$ 时（上游），$K \rightarrow +\infty$，$K_{\mathrm{c}}/K \rightarrow 0^{+}$，分子 $i - i_{\mathrm{c}}(K_{\mathrm{c}}/K)^2 \rightarrow i^{-}$；$Fr^2 = \alpha v^2/(gh) \rightarrow 0^{+}$，分母 $1-Fr^2 \rightarrow 1^{-}$；于是 $\mathrm{d}h/\mathrm{d}s = i^{-}/1^{-} \rightarrow i$，表明上游端水深与底坡相差 i，即以水平线为渐近线.

• 当 $h \rightarrow h_{\mathrm{c}}^{+}$ 时（下游），$K \rightarrow K_{\mathrm{c}}^{+}$，$K_{\mathrm{c}}/K \rightarrow 1^{-}$，分子 $i - i_{\mathrm{c}}(K_{\mathrm{c}}/K)^2 \rightarrow$ 负的定值；$Fr^2 = \alpha v^2/(gh) \rightarrow 1^{-}$，分母 $1-Fr^2 \rightarrow 0^{+}$；于是 $\mathrm{d}h/\mathrm{d}s = -\infty$，表明水面曲线下游端垂直于 $C-C$ 线，局部水面曲线曲率很大，水流已不再是渐变流，而是急变流（水跃），此降水曲线称为 A_2 型水面曲线.

（2）A_3 区（$h_{\mathrm{c}} > h > 0$）

水面曲线的增减性：

• 分子 $i - i_{\mathrm{c}}(K_{\mathrm{c}}/K)^2 < 0$.

• 已知 $h < h_{\mathrm{c}}$（急流），则有 $Fr > 1$，分母 $1-Fr^2 < 0$.

• $\mathrm{d}h/\mathrm{d}s = i - i_{\mathrm{c}}(K_{\mathrm{c}}/K)^2/(1-Fr^2) > 0$，即水深 h 沿流程 s 增加，水面曲线为壅水曲线.

水面曲线两端极限情况：

因为本区水深 $0 < h < h_{\mathrm{c}}$ 且水深 h 沿程增加，所以无限远处最上游的水深最小，水深接近 h_{c} 的下游的水深最大.

• 当 $h \rightarrow 0^{+}$ 时（上游），水深极小，出水水深由人工构筑物（如闸门）控制，以坡底线为其渐近线.

• 当 $h \to h_C^-$ 时(下游)，$K \to K_C^-$，$K_C/K \to 1^+$，分子 $i - i_C(K_C/K)^2 \to$ 负的定值；$Fr^2 = \alpha v^2/(gh) \to 1^+$，分母 $1 - Fr^2 \to 0^-$；于是 $\mathrm{d}h/\mathrm{d}s = +\infty$，表明水面曲线下游端垂直于 C-C 线，局部水面曲线曲率很大，水流已不再是渐变流，而是急变流(水跃)，此壅水曲线称为 A_3 型水面曲线.

其各类水面曲线的类型和实例见表 7.13.

表 7.13　水面曲线类型与工程实例

底坡	水面曲线类型		工程实例
顺坡 $(i>0)$	缓坡 $i_C>i$		M_1 型 $h>h_0>h_C$
			M_2 型 $h_0>h>h_C$
			M_3 型 $h_C>h>0$
	陡坡 $(i>i_C)$		S_1 型 $h>h_C>h_0$
			S_2 型 $h_C>h>h_0$
			S_3 型 $h_0>h>0$
	临界坡 $(i=i_C)$		C_1 型 $h>h_0(h_C)$
			C_3 型 $h_0(h_C)>h$

底坡	水面曲线类型		工程实例
平坡 ($i = 0$)	水平线 H_2 C　　　　C H_3	H_2型 $h > h_C$	
		H_3型 $h_C > h$	
逆坡 ($i < 0$)	水平线 A_2 C A_3	A_2型 $h > h_C$	
		A_3型 $h_C > h$	

4. 水面曲线变化的基本规律

从以上分析可知,存在于 5 种底坡渠道上各流区内的渐变流水面曲线共有 12 种线型:缓坡渠道(M_1、M_2、M_3)3 种水面曲线类型;陡坡渠道(S_1、S_2、S_2)3 种水面曲线类型;临界底坡渠道(C_1、C_3)2 种水面曲线类型;平坡渠道(H_2、H_3)2 种水面曲线类型;逆坡渠道(A_2、A_3)2 种水面曲线类型.应用非均匀渐变流微分方程分析,12 种水面曲线具有以下变化规律:

(1) 所有 1 和 3 区的水面曲线都是水深沿程增加的壅水曲线,即 $\mathrm{d}h/\mathrm{d}s > 0$,而所有 2 区的水面曲线都是水深沿程减小的降水曲线,即 $\mathrm{d}h/\mathrm{d}s < 0$.

(2) M_1(凹)与 S_1(凸)、M_3(凹)与 S_3(凸)同是壅水曲线(1 区和 3 区),M_2(凸)与 S_2(凹)同为降水曲线(2 区),但曲线的凸凹性不同.

(3) 在临界坡渠道上,水深趋近 N 线(或 C 线)时,水面曲线接近水平.

(4) 除临界坡渠道($i = i_C$)的 C_1、C_3 型曲线,其余水面曲线都遵循以下规则:当水深 $h \to h_0$ 时,$\mathrm{d}h/\mathrm{d}s \to 0^{\pm}$,水面曲线以 N-N 线为渐近线;当水深 $h \to h_C$ 时,$\mathrm{d}h/\mathrm{d}s \to \pm \infty$,水面曲线与 C-C 线正交(发生水跌或发生水跃);当水深 $h \to \infty$ 时,$\mathrm{d}h/\mathrm{d}s \to i$,水面曲线以水平线为渐近线.

(5) 由于急流的干扰波只能向下游传播,急流状态的水面线(M_3、S_2、S_3、C_3、H_3、A_3)控制水深必在上游;而缓流的干扰影响可以向上游传播,因此缓流状态的水面线(M_1、M_2、S_1、C_1、H_2、A_2)控制水深在下游.

(6) 当渠道足够长时,在非均匀流影响不到的地方,水流将形成均匀流,水深即为正常水深 h_0,水面曲线就是 N-N 线.

【例题 7.16】 底宽 $b = 2.5$ m 的矩形断面渠道,底坡 $i = 0.01$,$n = 0.01$,$Q = 3$ m³/s,水流作渐变流动,已知某断面的水深 $h = 0.5$ m,试定性分析此水面曲线.

解　根据明渠均匀流方程:

$$Q = A_0 C_0 (R_0 i)^{1/2} = A_0 (1/n) R_0^{2/3} i^{1/2} = b h_0 (1/n) [b h_0 / (b + 2h_0)]^{2/3} i^{1/2}$$
$$= 2.5 h_0 \times (1/0.01) \times [2.5 h_0 / (2.5 + 2h_0)]^{2/3} \times 0.01^{1/2} = 3$$

解隐函数得正常水深 $h_0 = 0.306$ m.

又临界水深:

$$h_C = [\alpha Q^2 / (g b^2)]^{1/3} = [1.0 \times 3^2 / (9.8 \times 2.5^2)]^{1/3} \approx 0.528 \,(\text{m})$$

由于 $h_C = 0.528$ m $> h = 0.5$ m $> h_0 = 0.306$ m, 为陡坡, 且位于 2 区, 故为 S_2 型水面曲线.

7.3.4.2　明渠底坡改变时水面曲线的衔接

在实际工程中, 极少有坡度不变的长渠道, 通常为适应自然坡度以节省土石方、降低建造成本, 或因其他工程上之需要, 将一条较长的渠道以不同的底坡分段修建成变坡渠道, 此时需考虑底坡变化处水面曲线的衔接, 即确定该处水面曲线的形式、位置、水深变化和相应的渠壁确切高度.

对于坡度变化前、后段的断面尺寸和粗糙系数 n 完全相同的长直棱柱形渠道, 因底坡改变, 组成变坡渠道, 变坡前、后段上临界水深 h_C 相等, 流动的缓急决定着正常水深 h_0 与 h_C 的上、下位置关系. 变坡时水面曲线的衔接特征如下:

1. 缓流↔更缓流, 只影响上游, 下游仍然为均匀流

如图 7.31 所示, 水流从缓坡 i_1 过渡到更缓坡 i_2, 因为 $i_1 > i_2$, 所以 $h_{01} < h_{02}$, 即水深增加 (或由于底坡变缓, 水流受阻, 水深增加), 为壅水曲线 (在缓坡上, 又是壅水, 上游没有水工构筑物, 必然为 M_1 型曲线); 底坡改变产生的干扰波向上游传播 (缓流), 影响上游, 所以水面曲线的变化在上游, 在趋向无穷远处的过程中水深几乎不变 ($\mathrm{d}h/\mathrm{d}s \to 0^+$), 故以 N-N 线渐近, 最终变成均匀流缓流.

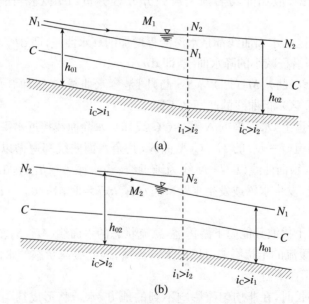

图 7.31　从缓流过渡到更缓流的水面曲线衔接

反之, 若水流是从更缓坡 i_2 过渡到缓坡 i_1, 底坡变陡, 水流加速, 水深下降, 产生降水, 干扰波向上游传播 (缓流), 在无穷远处以 N-N 线为渐近线, 为 M_2 型降水曲线.

2. 急流↔更急流,只影响下游,上游仍然为均匀流

如图 7.32 所示,水流从陡坡 i_1 过渡到更陡坡 i_2,因为 $i_2 > i_1$,所以 $h_{01} > h_{02}$,即水深减小(或由于底坡变陡,水流加速,水深减小),为降水曲线;由于上游为急流,干扰波不向上游传播,上游水面线不变;下游在无穷远处($\mathrm{d}h/\mathrm{d}s \to 0^-$)与 $N\text{-}N$ 线渐近,为 S_2 型降水曲线.

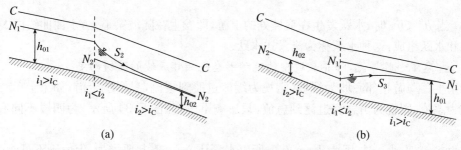

图 7.32　从急流过渡到急流的水面曲线衔接

反之,若水流从更陡坡 i_2 过渡到陡坡 i_1(均匀急流状态下 $h_{01} > h_{02}$),渠中水深要从 h_{02} 变化至 h_{01},水深增加(或由于底坡变缓,水流减速,水深增加),为壅水曲线;又因是急流,干扰波不向上游传播,上游的渠道水面线不变,水面曲线变化发生在 i_1 段(属于陡坡 + 壅水,则可能为 S_1 或 S_3 型,但水深起点低于 N_1,下游无穷远处又与 $N\text{-}N$ 线渐近,故为 S_3 型壅水曲线).

3. 缓流↔急流

如图 7.33 所示,有一变坡渠道.起初,在底坡不变的长直棱柱形渠道中,上游水流以正常水深 h_{01} 做均匀流缓流流动,当接近底坡变化处时,会出现非均匀流动.根据之前对急变流的分析可知,两种不同流态的水流连接将发生急变流,其中,缓流突变到急流为水跌;急流突变到缓流为水跃.

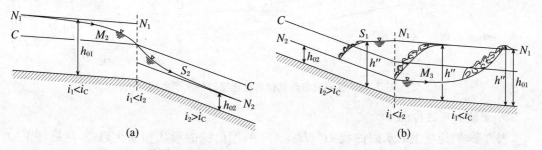

图 7.33　从缓流到急流(水跌)、从急流到缓流(水跃)的水面曲线衔接

若水流从上游缓坡 i_1 过渡到下游陡坡 i_2,$i_1 < i_C$,$i_2 > i_C$($h_{01} > h_{02}$),由于底坡变陡,水流加速,水深下降,为降水曲线(在缓坡上,又是降水,必然为 M_2 型曲线);又由于上游为缓流,底坡改变产生的干扰波向上游传播,导致上游渠道水面线变化;但在上游无穷远处($\mathrm{d}h/\mathrm{d}s \to 0^-$)与 $N\text{-}N$ 线渐进.

下游为急流,其正常水深 h_{02} 在 $C\text{-}C$ 线以下,而上游水深 h_{01} 在 $C\text{-}C$ 线之上,故下游也为降水曲线(在陡坡上、又是降水,必然为 S_2 型曲线).上游的水流水面经 $C\text{-}C$ 线过渡到下游渠道,并在无穷远处($\mathrm{d}h/\mathrm{d}s \to 0^-$)与 $N\text{-}N$ 线渐近,最终变成均匀流急流.

反之,若水流从陡坡 i_2 过渡到缓坡 i_1,因底坡变缓,则水流减速,水深增加,为壅水曲线;又因是急流,干扰波不向上游传播,上游的渠道水面线不变,下游出现水跃现象.产生水跃的位置视跃后水深 h'' 与下游水深 h_{01} 的大小对比而定,可能出现三种衔接方式:

（1）当 $h'' > h_{01}$ 时，水跃发生在变坡处的下游，即发生在缓坡渠道上，说明下游段的水深 h_{01} 挡不住上游段的急流而被冲向下游．水面曲线由 M_3 型壅水曲线和水跃组成，这种水跃称为远驱式水跃．

（2）当 $h'' = h_{01}$ 时，水跃正好发生在变坡处，此时不存在水面曲线，这种水跃称为临界式水跃．

（3）当 $h'' < h_{01}$ 时，水跃发生在变坡处的上游，即发生在陡坡渠道上，水面曲线由 S_1 型降水曲线和水跃组成，这种水跃称为淹没式水跃．

4．缓/急流↔临界流，临界底坡中的流动形态视相邻底坡的陡缓而定

如果上（下）游相邻底坡为缓坡，则视为缓流过渡到缓流，只影响上游；如果上（下）游相邻底坡为急流，则视为由急流过渡到急流，只影响下游．如图 7.34 所示，为四段不同底坡的渠道．

在由 i_2 过渡到 i_3 时，因为 $h_{02} < h_{03}$，所以水深从 $N_2 - N_2$ 起要增加，但由于不可能通过 2 区（C-C 线与 N_2-N_2 线之间）增加水深，因此，水面线只能沿着 $N_2 - N_2$ 一直到达 i_3 段坡度．在此段坡度中，通过 C_3 型壅水曲线到达 $N_3 - N_3$．因为 i_2 段为急流段，所以与临界流段 i_3 连接时，按照上述规律可把临界坡看成陡坡，即从急流到急流，所以仅影响下游，上游仍为均匀流．

在由 i_3 过渡到 i_4 时，因为 $h_{03} < h_{04}$，所以水深还是沿程增加．即可由 C_1 型壅水曲线达到 $N_4 - N_4$．在这里，因为下游段为缓坡，所以可把临界坡也看成缓坡，由缓坡向缓坡过渡，只影响上游，下游仍为均匀流．

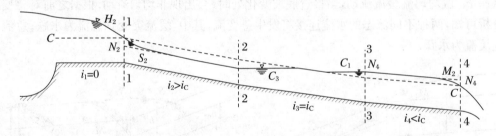

图 7.34　临界底坡与其他底坡连接时的水面曲线

5．平坡和逆坡均视为缓坡

因为平坡、逆坡上的水面曲线 H_2、H_3、A_2、A_3 型曲线的形状和变化趋势，与缓坡上的 M_2、M_3 型曲线几乎一样，所以水面曲线在实际连接时，可把它们看成与缓坡上的水面曲线一样．即若平坡或逆坡与缓坡连接，则看成缓坡和缓坡连接，只影响上游，下游仍为均匀流；与其他坡度相连接时，也可对照上面所出现的有关规则．

6．定性分析绘制水面曲线的步骤

综上所述，利用非均匀渐变流微分方程及变坡时水面曲线衔接规律，对棱柱形渠道水面曲线进行定性分析及绘制的步骤如下：

（1）判断渠底坡类型，绘制 N-N 线和 C-C 线．

根据 i 判别渠道底坡的类型：顺坡、平坡、逆坡，若为顺坡，则继续按均匀流条件计算正常水深 h_0，判别急流、缓流、临界流，计算正常水深 h_0 和临界水深 h_c，绘制 N-N 线和 C-C 线（平坡和逆坡渠道不存在 N-N 线），并确定其上、下相对位置，将流动空间按要求和实际情况分成不同的区域．

（2）根据边界条件,确定水面曲线的控制水深.

若渠底坡不变,而且渠道上也未设控制水深的水工建筑物,则可根据已知条件计算渠中水深.对于不同底坡连接的渠道,变坡处水深不是等于正常水深 h_0,就是等于临界水深 h_c,其中,缓坡与陡坡连接并产生跌水时,变坡处水深即为临界水深 h_0.若渠道上设有控制水深的建筑物,则建筑物上游(孔口或堰前)的水深作为控制水深.

（3）确定水面曲线的类型及其在干扰处的衔接.

在选择水面曲线类型时,对于底坡改变或设有水工建筑物的渠道,将变坡和建筑物的影响视为干扰,分析上游的水面情况:水流受阻减速,水深变大,水面曲线为壅水型曲线;反之,为降水型曲线.此时,结合某一已知的控制水深 h(实际水深),即可在相对应的流区内定出其水面曲线的类型.

根据控制水深确定水面曲线位置.分析水面曲线两端的界限条件,并确定相邻两个渠道或构筑物上、下游水面曲线的衔接.若上游为急流,则产生的干扰波不往上游传播,上游水面为均匀流,水面线不变,水面曲线变化只发生在下游;若上游为缓流,则产生的干扰波向上游传播,水面曲线变化发生在上游;若从急流到缓流,则发生水跃;若从缓流到急流,则发生跌水.

习　题

【研究与创新题】

7.1　在设计梯形断面尺寸时,若既要考虑水力最优,又要考虑经济最优,此时该如何兼顾? 试以工程为例,建立数学模型,并进行双目标优化,确定最后设计方案.

7.2　不同形状断面的断面比能曲线 e-h 和水跃函数曲线 θ-h 有什么不同? 同一形状但不同大小的断面呢? 试绘制、比较并发现规律.

7.3　水跃主流区内的水流旋滚非常剧烈,因而水跃可作为固－液(或液－液)混合的一种搅拌方式,与管式混合相比,在能量损失相同的情况下,水跃混合和管式混合,哪一种混合效果好? 试设计实验验证.

【课前预习题】

7.4　试着背诵和理解下列名词:明渠流、重力流、明渠恒定均匀流、棱柱形渠道、底坡、顺坡、平坡、逆坡、水力最优断面、临界底坡、临界水深、断面比能、断面比能曲线、临界流、缓流、急流、急变流、水跌、水跃、跃前断面、跃后断面、远驱式水跃、临界式水跃、淹没式水跃、渐变流、分段求和法.

7.5　试着写出以下重要公式并理解各物理量的含义:$i = \Delta z / l' \approx \Delta z / l = \tan\theta$,$i = J_p = J$,$Q = AC(Ri)^{1/2}$,$Q = AR^{2/3} i^{1/2}(1/n)$,$Q = A^{5/3} \chi^{-2/3} i^{1/2}(1/n)$,$\chi = b + 2h(1+m^2)^{1/2}$,$b/h = 2[(1+m^2)^{1/2} - m]$,$R = h/2$,$Q = \sum A_j R_j^{2/3} i_j^{1/2}(1/n_j)$,$A = (d^2/8)(\theta - \sin\theta)$,

$\chi = \theta d/2, v/v_0 = (1 - \sin\theta/\theta)^{2/3}, Q/Q_0 = (\theta - \sin\theta)^{5/3}/(2\pi\theta^{2/3}), e = h + \alpha v^2/(2g) = h + \alpha Q^2/(2gA^2), \alpha Q^2/g = A_c^3/B_c, h_c = (\alpha q^2/g)^{1/3}, v_c = (gh_c)^{1/2}, e_c = 3h_c/2, h_c = [2Q^2/(gm^2)]^{1/5}, i_c = g\chi_c/(\alpha C_c^2 B_c), de/dh = 1 - Fr^2, Fr = v/(g\bar{h})^{1/2}, dh/ds = (i - J)/(1 - Fr^2), \Delta s = \Delta e/(\bar{J} - i), \theta(h) = \beta_1 Q^2/(gA_1) + y_{c1}A_1 = \beta_2 Q^2/(gA_2) + y_{c2}A_2, h' = [(1 + 8Fr_2^2)^{1/2} - 1]h''/2, h'' = [(1 + 8Fr_1^2)^{1/2} - 1]h'/2, \Delta e = (h'' - h')^3/(4h'h'').$

【课后作业题】

7.6　明渠均匀流只能出现在(　　).

(A) 平坡棱柱形渠道　　　　　　　　(B) 顺坡棱柱形渠道

(C) 逆坡棱柱形渠道　　　　　　　　(D) 天然河道

7.7　流量一定,渠道断面的形状、尺寸和粗糙系数一定时,随底坡的减小,正常水深将(　　).

(A) 不变　　　　(B) 减小　　　　(C) 增大　　　　(D) 不定

7.8　水力最优断面是面积一定时(　　).

(A) 粗糙系数最小的断面　　　　　　(B) 水深最小的断面

(C) 水面宽度最小的断面　　　　　　(D) 湿周最小的断面

7.9　坡度、边壁材料相同的渠道,当过水断面的水力半径相等时,明渠均匀流过水断面的平均流速在(　　)中最大.

(A) 半圆形渠道　　　　　　　　　　(B) 梯形渠道

(C) 矩形渠道　　　　　　　　　　　(D) 三角形渠道

7.10　水力最优的矩形明渠均匀流的水深增大一倍,渠宽减小一半,其他条件不变,渠道中的流量将(　　).

(A) 不变　　　　(B) 减小　　　　(C) 增大　　　　(D) 不定

7.11　在无压圆管均匀流中,若其他条件不变,正确的结论是(　　).

(A) 流量随充满度增大而增大　　　　(B) 流速随充满度增大而增大

(C) 流量随水力坡度增大而增大　　　(D) 以上三种说法都正确

7.12　在平坡棱柱形渠道中,断面比能的变化情况是(　　).

(A) 沿程减少　　　　　　　　　　　(B) 保持不变

(C) 沿程增大　　　　　　　　　　　(D) 各种可能都有

7.13　下面的流动中,不可能存在的是(　　).

(A) 缓坡上的非均匀流急流　　　　　(B) 平坡上的均匀缓流

(C) 急坡上的非均匀缓流　　　　　　(D) 逆坡上的非均匀急流

7.14　明渠流动为缓流时,(　　).

(A) $v > v_c$　　　(B) $h < h_c$　　　(C) $Fr < 1$　　　(D) $de/dh < 0$

7.15　流量一定,渠道断面的形状、尺寸和粗糙系数一定时,随底坡的减小,正常水深将(　　).

(A) 不变　　　　(B) 减小　　　　(C) 增大　　　　(D) 不定

7.16　流量一定,渠道断面的形状、尺寸和粗糙系数一定时,随底坡的增大,临界水深将

（　　）.

（A）不变　　　　　　（B）减小　　　　　　（C）增大　　　　　　（D）不定

7.17　宽浅的矩形断面渠道,随流量的减小,临界底坡将（　　）.

（A）不变　　　　　　（B）减小　　　　　　（C）增大　　　　　　（D）不定

7.18　在逆坡、平坡渠道上为什么不可能形成均匀流? 为什么正坡棱柱形渠道（Q,n 和 i 不变）上的水流总是趋于形成均匀流? 水流在底坡有变化的正坡渠道上能否形成均匀流?

7.19　在下列情况的两段渠道上（均形成均匀流）,比较正常水深 h_{01} 和 h_{02} 的大小:

① $Q_1 = Q_2, n_1 = n_2, i_1 > i_2, m_1 = m_2, b_1 = b_2$;

② $Q_1 = Q_2, n_1 > n_2, i_1 = i_2, m_1 = m_2, b_1 = b_2$;

③ $Q_1 > Q_2, n_1 = n_2, i_1 = i_2, m_1 = m_2, b_1 = b_2$;

④ $Q_1 = Q_2, n_1 = n_2, i_1 > i_2, m_1 = m_2, b_1 > b_2$.

【参考答案:① $h_{01} < h_{02}$;② $h_{01} > h_{02}$;③ $h_{01} > h_{02}$;④ $h_{01} < h_{02}$】

7.20　矩形渠道通过流量 $Q = 1.50$ m³/s, $i = 0.005$, 水深 $h = 0.6$ m, 谢才系数 $C = 50$ m$^{1/2}$/s. 试设计渠道底宽 b. 【参考答案: $b = 1.27$ m】

7.21　一底宽 $b = 10$ m、边坡系数 $m = 1.5$ 的清洁土梯形渠道（粗糙度 $n = 0.020$）以流量 15.6 m³/s 输水. 渠道的非冲刷允许流速为 0.85 m/s, 确定:① 渠道的正常水深;② 渠道的底坡. 【参考答案:① $h_0 = 1.50$ m;② $i = 0.00023$】

7.22　一宽度为 5 m 的矩形木渠,其闸门下游的水深为 0.60 m.① 若流量为 18 m³/s, 确定维持该水深所需的渠道坡度;② 当坡度分别为 0.02 和 0.01 时,水深在流动方向上是增大还是减小? 【参考答案:① $i = 0.0136$;② 减小,增大】

7.23　已知流量 $Q = 3$ m³/s, $i = 0.002$, $m = 1.5$, 采用一般混凝土护面 $n = 0.025$. 试按水力最佳断面设计梯形渠道断面尺寸. 【参考答案: $h = 1.09$ m, $b = 0.66$ m】

7.24　沥青衬砌的明渠（$n = 0.016$）以均匀流输水,流量为 4 m³/s, 渠底坡为 0.0015. 确定最佳断面尺寸,当明渠横断面的形状为:① 直径为 d 的圆形;② 底宽为 b 的矩形;③ 边坡系数 $m = 0.578$、底宽为 b 的梯形. 【参考答案:① $d = 2.42$ m;② $b = 2.21$ m, $h = 1.11$ m; ③ $b = 1.35$ m, $h = 1.17$ m】

7.25　如图 7.35 所示的明渠横断面,尺寸如下: $b_1 = 2$ m, $B_1 = 6$ m, $h_1 = 1.5$ m, $b_2 = 10$ m, $h_2 = 2$ m; 渠底坡 $i = 0.002$. 各分段表面的粗糙度分别为 $n_1 = 0.014$ 和 $n_2 = 0.05$. 试确定渠道的流量. 【参考答案: $Q = 116$ m³/s】

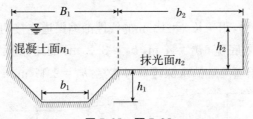

图 7.35　题 7.25

7.26　直径为 0.8 m 的表面较粗糙混凝土排水管（$n = 0.013$）,底坡 $i = 0.015$. 试问当管中充满度（h/d）从 0.3 增加到 0.6 时,通过该管中的流量增加了多少? 【参考答案: $\Delta Q = 0.77$ m³/s】

7.27 一根表面粗糙、直径为 2 m、粗糙度为 0.025 的旧混凝土管,在半满时以 5.0 m³/s 的流量输水.现用一粗糙度为 0.012 的新管替换,保持半满和相同的通流量.试确定新管的直径.【参考答案:$d=1.52$ m】

7.28 现建一个由 3 根底坡 $i=0.0015$、有沥青内衬的圆形渠道($n=0.016$)组成的排水系统.其中 2 根渠道的直径均为 1.2 m 并流入第三根渠道.如果所有渠道都是半满运行,且连接处的水头损失可忽略不计,试确定第三根渠道的直径.【参考答案:$d_3=1.56$ m】

7.29 底宽 $b=4$ m、底坡 $i=0.00029$、粗糙系数 $n=0.017$ 的矩形断面(断面按水力最优条件设计)长渠道,通过的流量 $Q=8$ m³/s.试分别用 h_C,F_r,e,i_C 法,判断渠中水流的形态.【参考答案:$h_C=0.74$ m $<h_0=2$ m,$Fr=0.051<1$,$\mathrm{d}e/\mathrm{d}h=0.949>0$,$i_C=0.00476$ $>i=0.00029$,缓流】

7.30 一底宽为 10 m、边坡系数为 1.5、渠底坡 $i=0.0004$ 的清洁土梯形渠道($n=0.0225$)以 20 m³/s 的流量输水.动能修正系数 $\alpha=1.1$.试利用临界水深、临界流速、弗劳德数、比能和临界坡度判别流动是缓流还是急流.【参考答案:缓流】

7.31 发生在矩形渠道上水跃的跃前水深 $h'=0.30$ m,$v'=16$ m/s.试计算跃后水深和跃后流速,并计算经过水跃的比能损失.【参考答案:$h''=3.81$ m,$v''=1.26$ m/s,$h_w=9.46$ m】

7.32 一底宽为 3 m、边坡系数为 1.5 的水平梯形渠道以 12 m³/s 的流量输水.若发生水跃,① 如果跃前水深 $h'=0.4$ m,求跃后水深 h'';② 如果跃后水深 $h''=1.5$ m,求跃前水深 h'.【参考答案:① $h''=1.93$ m;② $h'=0.60$ m】

7.33 在渠宽 $b=2$ m 的矩形渠道上发生水跃.今测得跃前水深 $h'=0.2$ m,跃后水深 $h''=1.4$ m,试求渠中流量.【参考答案:$Q=2.96$ m³/s】

7.34 如图 7.36 所示,宽为 6 m、底坡为 0.3° 的矩形断面清洁土渠($n=0.022$),渠中水以 $Q=30$ m³/s 的流量流入一水库,进入水库前的渠水深 $h_2=3$ m.试确定:① 假设流动为渐变流,计算 L 的值,使得水深 $h_1=2$ m;② 水面曲线的类型.【参考答案:① $L=214$ m;② M_1】

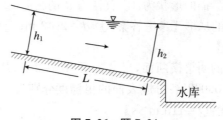

图 7.36 题 7.34

7.35 如图 7.37 所示,用一长 $s=18$ m 的线性渐缩渠道连接两个具有相同底坡 0.005、相同粗糙度 0.0225、不同底宽($b_1=4$ m,$b_2=3.2$ m)的矩形渠道.若渠道中的流量为 18.6 m³/s,试确定渐缩渠道两端的水深.【参考答案:$h_1=2.17$ m,$h_2=2.0$ m】

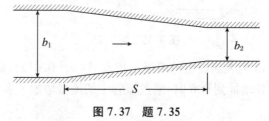

图 7.37 题 7.35

7.36　变坡连接的矩形渠道, $b=2$ m, $Q=8.2$ m³/s, 上游渠中 $h_{01}=0.5$ m, 试分别求: 下游渠中水深 h_{02} 为 2 m 和 2.6 m 时的水面曲线类型. 【参考答案: 当 $h_{02}=2$ m 时, 发生远驱式水跃, 为 M_3 型水面曲线; $h_{02}=2.60$ m 时, 发生淹没式水跃, 为 S_1 型水面曲线】

7.37　已知一底坡为 $0.75°$、单宽流量为 10 m³/s 的矩形断面砾石土宽渠($n=0.025$). ① 该渠坡为缓坡? 临界坡坡? 陡坡? ② 当水深分别为 1 m、2 m 和 3 m 时, 水面曲线是什么类型? 【参考答案: 陡坡; S_3、S_2、S_1】

7.38　如图 7.38(a)所示, 底宽 $b=2.5$ m 的矩形断面变坡陡槽, $n=0.02$, $i_1<i_c$, $i_2=0.20$, $i_3=0.002$, $Q=40$ m³/s. 试定性绘制水面曲线, 并标明曲线类型. 【参考答案: 如图 7.38(b)所示】

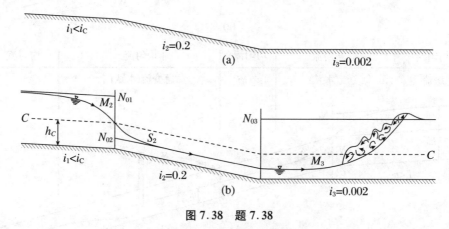

图 7.38　题 7.38

7.39　如图 7.39(a)所示, 一变坡渠道, 试定性绘制其水面曲线, 并标注水面曲线类型. 【参考答案: 如图 7.39(b)所示】

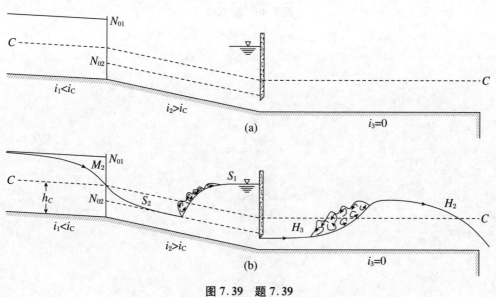

图 7.39　题 7.39

7.40 如图 7.40(a)所示,一变坡渠道,试定性绘制其水面曲线,并标注水面曲线类型.

【参考答案:如图 7.40(b)所示】

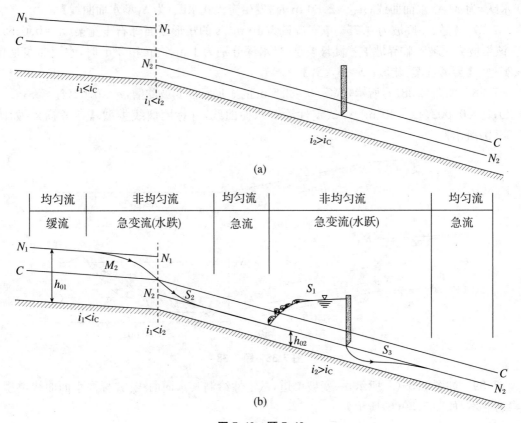

图 7.40 题 7.40

第8章 堰 流

【内容提要】 本章介绍堰流概念、水力特征和分类;推导堰流流量计算公式,指出有侧收缩和淹没出流时的修正.堰流的水力计算是建立流量 Q、流量系数 m、堰宽 b 和堰上水头 H_1 的关系,并兼顾侧缩系数 ε 和淹没系数 σ_s 的适用条件,该隐式方程可通过迭代法或编程求解;最后介绍桥孔过流的小桥孔径计算步骤.

8.1 堰的类型

1. 堰流的概念

在明渠水流中,为控制河流或渠道的水位及流量而设置的一构筑物(如闸、坝、涵、桥等),使构筑物上游水位壅高,水流溢过构筑物,随后水面产生跌落的局部水流现象称为堰流,该构筑物称为堰.

堰流是一种常见的水流现象,在水利工程、土木工程、给排水工程中广泛用于抬高上游水位或控制流量.构筑物对水流的作用通常是从底部约束水流,也可以从侧面约束水流,或从底、侧两方面同时约束水流.如,在河道或渠道上建桥或涵洞,水流受桥墩或涵洞的控制,形成堰流;为泄水或引水而修建水闸或溢流坝等建筑物,当建筑物顶部闸门部分开启时,水流从建筑物与闸门下缘间的孔口流出,即闸孔出流;当闸门全部开启,闸门对水流无约束时,水流从建筑物顶部自由下泄,即堰流.但堰流和闸孔出流是两种不同的水流现象:堰流水面线为一条光滑降水曲线;而闸孔出流由于水流受闸门的约束,闸孔上、下游水面曲线是不连续的,如图 8.1 所示.堰流也是常用的溢流设备和量水设备.堰流水力计算的主要任务是研究过水能力.

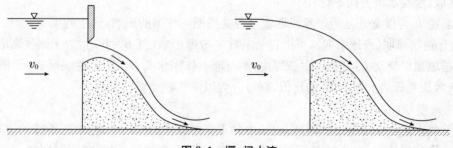

图 8.1 堰、闸水流

2. 堰流的水力特性

(1) 由于堰的存在,堰上游的水流受阻,水位壅高,势能增大,水流在重力作用下流动;

堰顶水深变小(重力流的明渠水面总是沿程下降),流速变大,动能增加,在上游势能转化成堰顶动能的过程中,水面线下降,整个流动过程一般属于急变流.

(2) 水流在流过堰顶时,一般在惯性的作用下均会脱离堰(构筑物),自由表面的液流在表面张力的作用下,水流会收缩.

(3) 堰流一般从缓流向急流过渡,形成急变流,在较短范围内流线急剧弯曲,有离心力,因此,堰流的水力计算中只考虑局部水头损失,其沿程水头损失忽略不计.

3. 表征堰流的特征量

如图 8.2 所示堰流及其特征量,B 为渠宽,b 为堰宽,P_1 为上游堰高,P_2 为下游堰高,H 为堰上水头,h_2 为下游水深,δ 为堰顶长度(或称厚度),v_1 为行近流速,下游水深超过堰顶的高度用 h_s 表示,$h_s = h_2 - P_2$,h_s 可以大于 0,也可小于 0.

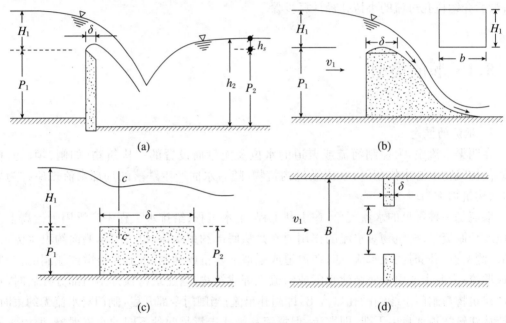

(a)　　　　　　　　　　　　　　(b)

(c)　　　　　　　　　　　　　　(d)

图 8.2　堰流的特征量

4. 堰的类型

按水流与堰的流动方向,分为正堰(堰与渠道水流方向正交)、斜堰(堰与水流方向非正交)和侧堰(堰与水流方向平行).

按堰宽 b 与渠宽 B 是否一致或堰流是否受到侧向收缩的影响,当上游渠宽 B 大于堰宽 b 时,为有侧收缩堰(或侧缩堰),可用收缩系数 ε 考虑影响;当 $B = b$ 时,为无侧收缩堰.

根据堰顶沿流动方向的长度(或厚度)δ 与堰上作用水头 H_1(距上游堰壁 3~5 倍 H_1 的位置,从堰顶起算的上游水深)的比值,堰可分为以下三种类型:

(1) 薄壁堰($\delta/H_1 \leqslant 0.67$)

堰前的水流由于受堰壁的阻挡,明渠中的水流在惯性的作用下,使水舌下缘的流速方向为堰壁边缘切线的方向,此时水舌下缘仅与堰顶的周边相接触;水舌离开堰顶后,在重力的作用下,自然回落;当水舌回落到堰顶高程时,距上游堰壁约 $0.67H_1$,即当 $\delta/H_1 \leqslant 0.67$ 时,水舌不受堰厚度的影响.因此,堰顶与堰上水流只是一条线的接触,堰厚度对水流的性质无影响的堰称为薄壁堰.薄壁堰流一般为自由式出流且水舌下通风.薄壁堰按堰口形状的不同,可分为矩形薄壁堰、梯形薄壁堰和三角形薄壁堰等.堰口断面为矩形、梯形、三角形的薄壁堰,分别称为矩形薄壁堰、梯形薄壁堰和三角形薄壁堰,如图 8.3 所示.

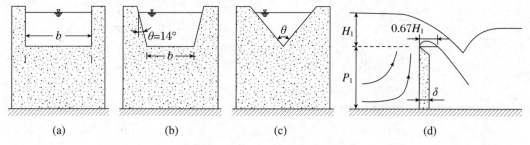

图 8.3 矩形、梯形、三角形薄壁堰

工程上还有一些其他形式的薄壁堰,如比例堰、竖井堰等,如图 8.4 所示.比例堰是指流量 Q 与作用水头 H_1 呈直线关系的堰,即 $Q = kH_1$,式中 k 为比例常数.竖井堰,也称环堰,是在平面上呈圆形的溢流堰.

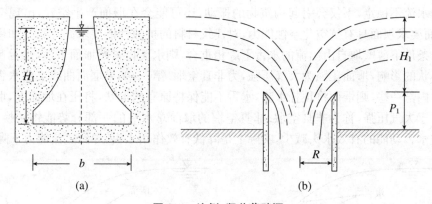

图 8.4 比例、竖井薄壁堰

薄壁堰水流平稳,常用作量测流量的设备,其中,三角形薄壁堰常用于量测较小的流量,矩形和梯形薄壁堰常用于量测较大的流量.在薄壁堰量测流量时,为保证薄壁堰形成稳定的自由出流,要求:① 堰上水头不宜过小(通常 $H_1 > 2.5$ cm),否则,溢流水舌将受到表面张力的影响.② 水舌下缘的空间与大气相通或四周为大气压,通常应装设通气管使之与大气相通,以避免水舌下面的空气被水流带走而在水舌下面形成局部真空,使水舌上下摆动,形成不稳定的水流,影响测量精度.③ 当下游水位较高时,会顶托堰上水流,造成堰上水流的性质发生变化,甚至演变成淹没式出流.④ 要避免侧向收缩.

(2) 实用堰($0.67 < \delta/H_1 \leqslant 2.5$)

当水深、流量较大时,为保证堰的结构稳定,往往需要将堰加长(或称加厚),于是水舌下缘与堰顶面相接触,水流受堰顶影响,堰上水流形成一连续降落的堰型称为实用堰.因其结构上稳定,常在水利工程中用作挡水又泄流的构筑物,如溢流坝.按剖面的形式,实用堰可分为曲线形实用堰和折线形实用堰两种,其中,曲线形实用堰又可分为真空堰与非真空堰,如图 8.5 所示.

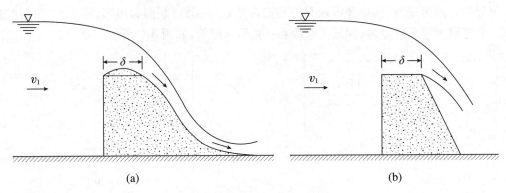

(a)   (b)

图 8.5　曲线形堰和折线形堰

如图 8.6 所示,第一,如果堰面曲线(粗实线)低于水舌下缘,与水舌间有一定空间,溢流水舌将脱离堰面,水舌与堰面间的空气被水舌卷吸带走,在堰面处形成一定局部真空区,此类堰称为真空堰.由于该真空区的存在,相当于增加了作用水头,过流能力得到提高;但由于这种堰的水流不稳定,不仅会引起构筑物的振动,还可能会在堰面产生空穴,出现空化空蚀现象,因而要求坝面具有抗空化空蚀能力,对建筑材料的抗蚀性能要求高.第二,如果堰面曲线与同样条件下薄壁堰自由出流的水舌下缘相重合,则水流将紧贴堰面下泄,水舌基本上不受堰面形状的影响,堰面压强为大气压强,为非真空堰.第三,如果堰面曲线突出水舌下缘或深入水舌内部一些,则堰面将顶托水流,水舌不能保持原有的形状,将压在堰面上,堰面上的压强将大于大气压强,称为非真空堰.非真空堰的堰前总水头的一部分势能将转换成压能,使转换成水舌动能的有效水头减少,实际上是降低有效作用水头,导致过流能力下降.

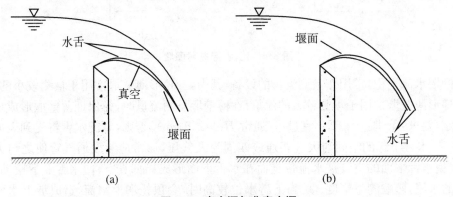

(a)   (b)

图 8.6　真空堰与非真空堰

综上所述,堰顶曲线对水流特性的影响很大,是设计曲线型实用堰剖面形状的关键.最理想的剖面形状应该使堰面曲线与薄壁堰水舌下缘重合,这样既不形成真空,过流能力又大.在实际工程上,要综合考虑堰面的粗糙度、抗空化空蚀能力、过流能力等因素,按薄壁堰水舌下缘曲线加以修正得出堰面曲线形状.

虽然曲线型实用堰的外型符合溢流水舌形状,水流阻力较小,水力性能较好,过流能力强,但施工复杂且投资也较大.所以,一般小型或临时性实用堰大多采用折线型实用堰.

(3) 宽顶堰($2.5 < \delta/H_1 \leqslant 10$)

当堰顶长度较大时,堰顶对水流有明显的顶托作用.水流在进入堰顶时形成一次跌落后,水流受堰顶较长的影响,形成一段与堰顶几乎平行的水流;若下游水位较低,水流在流出堰顶时将发生第二次跌落.这种流动称为宽顶堰流.宽顶堰分为有坎宽顶堰和无坎宽顶堰,如图8.7所示.因底坎引起水流在垂向产生收缩,形成有坎宽顶堰流;当水流流经桥孔、涵洞时,水流由于受到桥墩等阻碍,上游水位壅高,下游水面跌落,形成无坎宽顶堰流.

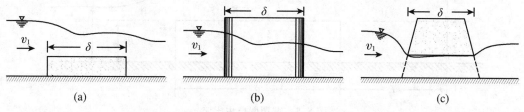

图8.7 有坎宽顶堰和无坎宽顶堰

（4）明渠（$\delta/H_1>10$）

当堰顶长度进一步加大,即$\delta/H_1>10$时,沿程阻力已不能忽略,此时的流动不能用堰流理论处理,而应用明渠流理论处理.对于同一个堰,当堰上水头H_1较大时,可能为实用堰;当H_1较小时,可能为宽顶堰.

5. 堰流的类型

按堰下游水位对堰流性质的影响,堰流可分为自由出流和淹没出流.当一定流量流经堰时,若下游水位较低但不影响堰顶正常出流,则为自由式出流堰流（free outflow）;若下游水位较高（至少大于下游堰顶高P_2）且已影响堰顶正常出流,则为淹没式出流堰流（submerged outflow）,可用淹没系数σ_s考虑影响.

8.2 堰流水力计算

8.2.1 宽顶堰的水力计算

8.2.1.1 自由式无侧缩出流流量公式

宽顶堰自由式出流的水面线特征:由于堰槛凸起并对水流形成约束,进口前水位壅高;进入堰顶后（堰流为重力流,沿程的水面线不可能升高）,过水断面缩小,流速增大,一部分势能转化成动能（急流）,堰槛上的水位发生第一次跌落,并在进口后约$2H_1$处形成垂向收缩断面（该断面不是渐变流断面）,水深为h_c;而后,由于自由式出流的下游水位比较低,水流在流经堰槛末端时水位发生第二次跌落.

如图8.8所示,在宽顶堰上游取一渐变流断面1—1以及计算点,断面平流流速为v_1;在堰顶上取收缩断面c—c以及计算点,断面平流流速为v_c;以堰槛顶水平面为基准面0—0,列两断面的能量方程:

$$H_1 + 0 + \frac{\alpha_1 v_1^2}{2g} = h_c + 0 + \frac{\alpha_c v_c^2}{2g} + \zeta \frac{v_c^2}{2g}$$

令$H = H_1 + \alpha_1 v_1^2/(2g)$为堰流作用全水头;收缩断面水深$h_c$与$H$有关,令$h_c = kH$,式中$k$是一取决于堰口形状和过流断面变化的修正系数;$\alpha_1$和$\alpha_c$为相应断面的动能修正系

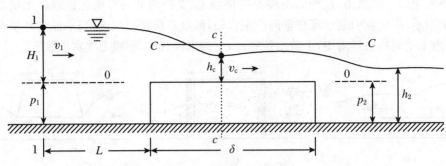

图 8.8 宽顶堰自由出流

数;ζ 为局部阻力系数,与进口形状及 H_1/p_1 有关;将 H 和 h_c 的表达式代入,得

流速:$v_c = \dfrac{1}{\sqrt{\alpha_c + \zeta}} \sqrt{2g(1-k)H} = \varphi\sqrt{2g(1-k)H} = \varphi\sqrt{1-k}\sqrt{2gH}$

流量:$Q = bh_c \cdot v_c = bkH \cdot v_c = \varphi k\sqrt{1-k} \cdot b\sqrt{2g}H^{3/2} = mb\sqrt{2g}H^{3/2}$

该式为无侧向收缩堰自由式出流的流速 v 和流量 Q 计算公式,也是堰流基本公式,表明过堰流量与全水头的 3/2 次方成比例.式中,b 为堰宽;φ 为流速系数;m 为流量系数,$m = \varphi k\sqrt{1-k}$,其中,φ 主要反映局部损失的影响,k 反映堰顶水流在垂直方向收缩的程度,显然 φ 和 k 均与堰的边界条件(如来流的作用水头 H、上下游堰高 P_1 或 P_2、进口形状等)有关,因此,不同类型、不同高度的堰,其流量系数 m 不同,实测表明:

当 $P_1/H_1 \geqslant 3.0$ 时,矩形直角进口 $m = 0.32$,矩形圆角进口 $m = 0.36$;

当 $0 \leqslant P_1/H_1 < 3.0$ 时,矩形直角进口 $m = 0.32 + 0.01\dfrac{3 - P_1/H_1}{0.46 + 0.75P_1/H_1}$;

矩形圆角进口 $m = 0.36 + 0.01\dfrac{3 - P_1/H_1}{1.2 + 1.5P_1/H_1}$.

流经宽顶堰时的水头损失比薄壁堰和实用堰都大,因此宽顶堰的流量系数 m 也比薄壁堰和实用堰都小.假定水流为理想液体,即不考虑水头损失,此时通过的流量最大或流量系数 m 取得最大值.对于断面 1—1 和 c—c 的能量方程,考虑到 $\zeta v_c^2/(2g) = 0$,则有

$$H = H_1 + \frac{\alpha_1 v_1^2}{2g} = h_c + \frac{\alpha_c v_c^2}{2g}$$

取 $\alpha_c = 1.0$,解得流速为 $v_c = \sqrt{2g(H - h_c)}$,则流量:

$$Q = bh_c \cdot v_c = bh_c\sqrt{2g(H - h_c)} = b\sqrt{2g} \cdot \sqrt{(Hh_c^2 - h_c^3)}$$

式中,$b\sqrt{2g}$ 为常数,要使流量 Q 取最大值,即要求 $Hh_c^2 - h_c^3$ 取最大值,其中,h_c 为变量,H 为常值.

令 $\mathrm{d}Q/\mathrm{d}h_c = 0$,得 $2Hh_c - 3h_c^2 = 0$,解得

$$h_c = 2H/3$$

结果表明:堰顶水头 h_c 是堰上水头 H 的 2/3 时,宽顶堰通流量最大.从能量角度讲,堰顶的单位断面比能 $H = e$ 中,有 2/3 是单位势能 h_c,1/3 是单位动能 $v_c^2/(2g)$,等同于明渠流中的临界状态 $h_c = h_C$.

将 $h_c = 2H/3$ 代入 Q 的表达式,得

$$Q = b\sqrt{2g} \cdot \sqrt{(Hh_c^2 - h_c^3)} = b\sqrt{2g} \cdot \sqrt{\frac{4H^3}{27}} = \sqrt{\frac{4}{27}} \cdot b\sqrt{2g}H^{\frac{3}{2}}$$

$$= 0.385 \cdot b \sqrt{2g} H^{\frac{3}{2}}$$

对比流量公式可知,最大流量的流量系数 $m = 0.385$.

对于实际液体,由于存在黏性,流动过程中也存在损失.因此,流量系数应小于 0.385,而此时堰顶上的水深 h_c 也小于临界水深 h_C.

8.2.1.2　淹没的影响

当下游水位较高时,会顶托过堰水流,使堰上水深从小于临界水深变为大于临界水深,水流由急流变为缓流,堰的过水能力下降,变成淹没式出流.

如图 8.9 所示,在下游水位 h_2 超过堰顶高度 P_2,即 $h_s > 0$($h_s = h_2 - P_2$)之后,若下游水位 h_2 继续升高(或 h_s 继续增大),当下游水位刚刚超过 C-C 线时,堰顶将产生波状水跃,但此时的下游水深 h_2 并不改变堰顶上水深 h_c,收缩断面后仍然保持急流状态,泄流能力并未受到影响;直至 h_s 大于与 h_c 相共轭的跃后水深 h_c'' 时,堰顶才发生淹没式水跃(堰顶急流过渡到下游缓流);此时的堰上水位被壅高,若上游水位不变,泄流能力 Q 将减少(反过来说,要维持 Q 不变,上游水位则要壅高).这种堰顶水流呈缓流(水位超过 C-C 线)、泄流能力受下游水位影响的宽顶堰流称为淹没式出流.

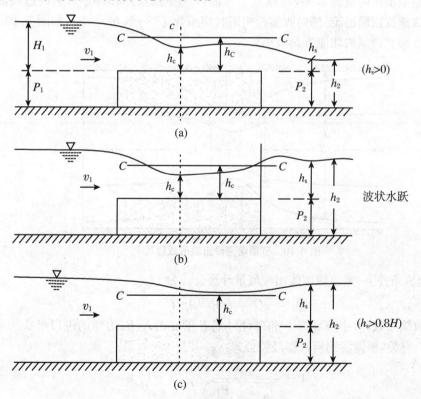

图 8.9　宽顶堰淹没出流形成过程

从淹没式出流形成过程可知,下游水位高于堰顶(即 $h_s > 0$)是形成淹没式出流的必要条件.而其充分条件是下游水位足以使堰顶上发生淹没式水跃,使水流由急流变成缓流.根据实验测得,宽顶堰形成淹没式出流的充要条件:① 下游水位超过堰顶,即 $h_s > 0$;② 下游水位达到一定高度,即 $h_s > 0.8H$(其中,$h_s = 0.8H$ 为临界状态).

在相同作用水头 H 的作用下,相比于自由式出流,淹没式出流的过流能力降低,淹没的

影响可用一个小于 1.0 的淹没系数 σ_s 进行修正,宽顶堰淹没式出流时的流量计算公式为

$$Q_s = \sigma_s Q = \sigma_s mb\sqrt{2g}H^{3/2}$$

式中,m 可采用自由出流计算公式的值,淹没系数 σ_s 值可以查表 8.1 或根据经验公式:

$$\sigma_s = -96.01\left(\frac{h_s}{H}\right)^3 + 235.32\left(\frac{h_s}{H}\right)^2 - 193.23\frac{h_s}{H} + 54.14$$

求得. 其中,$0.8 \leqslant \dfrac{h_s}{H} \leqslant 0.98$.

表 8.1　宽顶堰的淹没系数 σ_s

h_s/H	0.80	0.82	0.84	0.86	0.88	0.90	0.92	0.94	0.96	0.98
σ_s	1.00	0.99	0.97	0.95	0.90	0.84	0.78	0.70	0.59	0.40

8.2.1.3 侧缩的影响

当堰宽 b 小于上游渠道宽 B 时,水流流进堰口后,由于流道断面面积的变化,水流在惯性的作用下,整个水流向里侧收缩,流线发生弯曲,产生附加的局部阻力,造成过流能力降低,称为**侧向收缩宽顶堰出流**. 侧向收缩影响用收缩系数 ε 表示($b_c = \varepsilon b$),如图 8.10 所示. 显然,有侧向收缩宽顶堰的堰流流量减小.

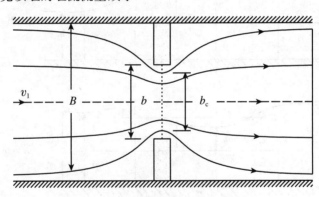

图 8.10　宽顶堰淹没出流形成过程

在自由出流条件下,宽顶堰堰流出流流量计算公式为

$$Q_c = \varepsilon Q = \varepsilon mb\sqrt{2g}H^{3/2}$$

式中,ε 为侧收缩系数,大小与堰宽 b 和渠(槽)宽 B 的比值 b/B、边墩的进口形状及进口断面变化 P_1/H_1 有关,根据实测资料得经验公式:

$$\varepsilon = 1 - \frac{a}{\sqrt[3]{0.2 + \dfrac{P_1}{H_1}}}\sqrt[4]{\frac{b}{B}}\left(1 - \frac{b}{B}\right)$$

式中,a 为墩形系数,矩形边缘取 0.19,圆形边缘取 0.10;b 为溢流孔净宽;B 为上游引渠宽.

对于淹没式有侧缩宽顶堰,出流流量计算公式为

$$Q_{\sigma c} = \sigma_s \varepsilon Q = \sigma_s \varepsilon mb\sqrt{2g}H^{3/2}$$

宽顶堰的计算公式含有 H,在流量未知前,H 未知,故常用迭代法计算. 举例如下:

【例题 8.1】　如图 8.11 所示,一矩形断面宽顶堰,渠道宽 $B = 3$ m,堰宽 $b = 2$ m,堰高

（或坎高）$P_1 = P_2 = 1$ m，堰上水头 $H_1 = 2$ m，堰顶为直角进口，墩头为矩形，矩形边缘的墩形系数 $a = 0.19$，下游水深 $h_2 = 2$ m，试求过堰流量.

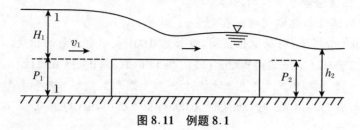

图 8.11　例题 8.1

解　① 判别出流形式：

$h_s = h_2 - P_2 = 2 - 1 = 1$ （m）> 0，满足淹没出流的必要条件；但由于 $0.8H > 0.8H_1 = 0.8 \times 2 = 1.6$ （m）$> h_s = 1$ （m），不满足淹没出流的充分条件，故仍为自由式堰流. 又由于 $b < B$，流动存在侧向收缩.

所以，该堰流为自由式有侧向收缩的宽顶堰.

② 计算流量系数 m 和侧向收缩系数 ε：

堰顶为直角进口，$P_1/H_1 = 1/2 = 0.5 < 3$，则

$$m = 0.32 + 0.01 \frac{3 - P_1/H_1}{0.46 + 0.75 P_1/H_1} = 0.32 + 0.01 \times \frac{3 - 1/2}{0.46 + 0.75/2} \approx 0.35$$

侧向收缩系数：

$$\varepsilon = 1 - \frac{a}{\sqrt[3]{0.2 + P_1/H_1}} \sqrt[4]{\frac{b}{B}} \left(1 - \frac{b}{B}\right) = 1 - \frac{0.19}{\sqrt[3]{0.2 + 1/2}} \sqrt[4]{\frac{2}{3}} \left(1 - \frac{2}{3}\right) \approx 0.936$$

③ 计算流量：

【方法一】　解隐函数法

在公式 $Q_c = \varepsilon m b \sqrt{2g} H^{3/2}$ 中，流量 Q_c 是待求量，而 $H = H_1 + v_1^2/(2g)$，其中行近流速 v_1 虽未知，但可用 Q_c 表达出来，即 $v_1 = Q_c/[B(H_1 + P_1)]$. 则

$$Q_c = \varepsilon m b \sqrt{2g} H^{3/2} = \varepsilon m b \sqrt{2g} \left(H_1 + v_1^2 \cdot \frac{1}{2g}\right)^{3/2}$$

$$= \varepsilon m b \sqrt{2g} \left[H_1 + \left(\frac{Q_c}{B(H_1 + P_1)}\right)^2 \cdot \frac{1}{2g}\right]^{3/2}$$

代入数据，得

$$Q_c = 0.936 \times 0.35 \times 2 \times \sqrt{2 \times 9.8} \times \left[2 + \left(\frac{Q_c}{3 \times (2 + 1)}\right)^2 \cdot \frac{1}{2 \times 9.8}\right]^{3/2}$$

$$= 2.9 \times \left(2 + \frac{Q_c^2}{1587.6}\right)^{3/2}$$

解得

$$Q_c = 8.49 \text{ m}^3/\text{s}$$

编程求解思路如下：

估算 Q_c 的取值区间：$Q_c = \varepsilon m b \sqrt{2g} H_1^{3/2} = 0.936 \times 0.35 \times 2 \times \sqrt{2 \times 9.8} \times 2^{3/2} = 8.20$ （m³/s），由于 H_1 未考虑行近流速水头，8.20 m³/s 为 Q_c 的最小值，然后向上任取一个较大的、容易计算的整数作为 Q_c 的上限值；令 $f(Q_c) = Q_c - 2.9 \times (2 + Q_c^2/1587.6)^{3/2} = 0$，则满足或近似满足 $f(Q_c) = 0$ 的 Q_c 值即为解.

```
%* * * * * * * * * * * MATLAB 编程求解代码* * * * * * * * * * * * * *
clc            %清除命令窗口的内容
clear all      %清除工作空间的所有变量
Qc= 8.2:0.001:9   %估计 Qc 的取值区间,步长为 0.001 表示自变量的精度
fun_Qc= Qc- 2.9* (2+ (Qc.^2)/1587.6).^(3/2)   %计算函数 f(Qc)= 0 的值
%* * * * * * * * * * * * * * * * * * * * * * * * * * * * * * * * * *
运行结果显示:当 Qc= 8.483 时,fun_Qc= 0.0001,差值很小,fun_Qc≈0.
```

【方法二】 迭代法

注:(为简化变量,便于编程,本方法以 Q 代替 Q_{cl})在公式 $Q = \varepsilon mb\sqrt{2g}H^{3/2}$ 中,由于行近流速 $v_{1(0)}$ 未知,不能直接得出 $H_{(1)} = H_1 + v_{1(0)}^2/(2g)$;但可先以 H_1 代替 $H_{(1)}$(即假定 $v_{1(0)} = 0$),求得估计值 $Q_{(1)}$,显然以 H_1 为全水头求得的 $Q_{(1)}$ 值要比真实流量值小;在 $Q_{(1)}$ 流量下的行近流速 $v_{1(1)} = Q_{(1)}/[B(H_1 + P_1)]$,令新的假定全水头 $H_{(2)} = H_1 + v_{1(1)}^2/(2g)$,进而求得新的假定流量 $Q_{(2)}$.但 $v_{1(1)}$ 是依据 $Q_{(1)}$ 和 H_1 求得的,所以新假定的全水头 $H_{(2)} = H_1 + v_{1(1)}^2/(2g)$ 必然小于真实水头 $H_1 + v_{1(2)}^2/(2g)$,相应的新的假定流量 $Q_{(2)}$ 也小于真实流量,因而需继续迭代并调整全水头进而调整流量,直至相邻两次流量值的相对误差在允许范围内.迭代的实质就是:反复调整全水头 $H_{(i)}$,进而反复调整流量 $Q_{(i)}$,使迭代值趋于真实值.求解过堰流量的算法流程如图 8.12 所示.

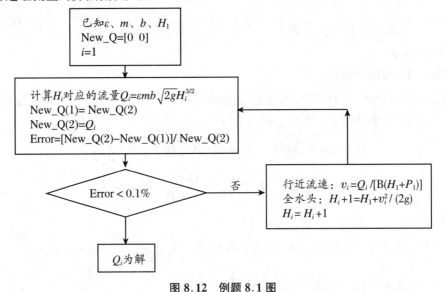

图 8.12　例题 8.1 图

```
%* * * * * * * * * * * MATLAB 编程求解代码* * * * * * * * * * * * * *
clc; clear all
epsilon= 0.936; m= 0.35; b= 2;   %堰流流量公式参数
B= 3; H1= 2; P1= 1;
New_Q= [0,0];                 %创建一个存放最后两次计算流量值的数组
```

```
Error= 0.1;                    %给误差变量任赋一个大于目标误差值的初值
H= H1;                         %给全水头变量赋初值
while Error> 0.001             %迭代停止的条件
    Q= epsilon* m* b* ((2* 9.8)^(1/2))* H^(3/2);  %计算堰流流量
    New_Q(1)= New_Q(2);        %New_Q(1)中存放上一次流量
    New_Q(2)= Q;               %New_Q(2)中存放最新一次流量
    Error= [New_Q(2)- New_Q(1)]/New_Q(2);    %计算最后两次流量的相对误差
    v= Q/(B* (H1+ P1));        %计算流速
    H= H1+ v^2/(2* 9.8);       %计算下一次的全水头
end
fprintf('Q= % g\ n',Q)        %输出结果
%* * * * * * * * * * * * * * * * * * * * * * * * * * * * * * * *
```

手算步骤如下:

第一次取:

$$H_{(1)} = H_1 = 2 \text{ m}$$

$$Q_{(1)} = \varepsilon mb\sqrt{2g}H_{(1)}^{3/2} = 0.936 \times 0.35 \times 2 \times \sqrt{2 \times 9.8} \times 2^{3/2} \approx 8.20 \text{ (m}^3/\text{s)}$$

$$v_{1(1)} = Q_{(1)}/[B(H_1 + P_1)] = 8.2/[3 \times (2 + 1)] \approx 0.911(\text{m/s})$$

第二次取:

$$H_{(2)} = H_1 + v_{1(1)}^2/(2g) = 2 + 0.911^2/(2 \times 9.8) \approx 2.042 \text{ m}$$

$$Q_{(2)} = \varepsilon mb\sqrt{2g}H_{(2)}^{3/2} = 0.936 \times 0.35 \times 2 \times \sqrt{2 \times 9.8} \times 2.042^{3/2} \approx 8.47 \text{ (m}^3/\text{s)}$$

$$v_{1(2)} = Q_{(2)}/[B(H_1 + P_1)] = 8.47/[3 \times (2 + 1)] \approx 0.941 \text{ (m/s)}$$

第三次取:

$$H_{(3)} = H_1 + v_{1(2)}^2/(2g) = 2 + 0.941^2/(2 \times 9.8) = 2.045 \text{ (m)}$$

$$Q_{(3)} = \varepsilon mb\sqrt{2g}H_{(3)}^{3/2} = 0.936 \times 0.35 \times 2 \times \sqrt{2 \times 9.8} \times 2.045^{3/2} = 8.49 \text{ (m}^3/\text{s)}$$

若本题计算限定计算误差为1%,则当前、后两次试算的值满足限定误差要求时,可认为该值为最终值. 即

$$\frac{|Q_{(3)} - Q_{(2)}|}{Q_{(3)}} = \frac{8.49 - 8.47}{8.49} = 0.2\% < 1\%$$

则过堰流量 $Q = 8.49 \text{ m}^3/\text{s}$.

【例题 8.2】 宽 $B = 10 \text{ m}$ 的明渠上,有一闸底板高 $P_1 = P_2 = 2 \text{ m}$ 的排水闸,闸门全开时呈宽顶堰出流,无侧收缩(即 $b = B = 10$),进口为矩形,实测过堰流量 $Q = 30 \text{ m}^3/\text{s}$,堰下游水深 $h_2 = 2.5 \text{ m}$,求堰上水头 H_1.

解　分析 $Q = \sigma mb\sqrt{2g}H^{3/2} = \sigma mb\sqrt{2g}[H_1 + v_1^2/(2g)]^{3/2}$ 可知:① 是否为自由出流是未知的,需根据 $0.8H > h_s = h_2 - P_2$ 是否成立才能判断,而 H_1 目前未知;② 流量系数 m 也未知,其计算需先判断 P_1/H_1 与 3 的大小关系,再选用分段计算公式,但 H_1 目前未知.

(1) 第一次试算:

假设:① 流动为自由出流,$0.8H > h_s$,即 $\sigma = 1$;② $P_1/H_1 \geq 3$,即 $m = 0.32$. 于是存在

$$Q = \sigma m b \sqrt{2g} \left(H_1 + v_1^2 \cdot \frac{1}{2g} \right)^{3/2} = \sigma m b \sqrt{2g} \left\{ H_1 + \left[\frac{Q}{B(H_1 + P_1)} \right]^2 \cdot \frac{1}{2g} \right\}^{3/2}$$

代入数据,得

$$30 = 1 \times 0.32 \times 10 \times \sqrt{2 \times 9.8} \times \left\{ H_1 + \left[\frac{30}{10 \times (H_1 + 2)} \right]^2 \times \frac{1}{2 \times 9.8} \right\}^{3/2}$$

解得 $H_1 \approx 1.613$ m,所以

$$H = H_1 + Q/[B(H_1 + P_1)] = 1.613 + 30/[10 \times (1.613 + 2)] \approx 2.443 \ (\text{m})$$

验证假设:① 对于假设的 $0.8H > h_s$,计算结果是 $0.8H = 0.8 \times 2.443 = 1.954 > h_s = h_2 - P_2 = 2.5 - 2 = 0.5$,假设成立!② 对于假设 $P_1/H_1 \geqslant 3$,计算结果却是 $P_1/H_1 = 2/1.613 = 1.24 < 3$,假设不成立!

(2) 第二次试算:

假设:① 流动为自由出流,$0.8H > h_s$,即 $\sigma = 1$;② $P_1/H_1 < 3$,即

$$m = 0.32 + 0.01 \frac{3 - P_1/H_1}{0.46 + 0.75 P_1/H_1} = 0.32 + 0.01 \times \frac{3 - 2/H_1}{0.46 + 0.75/H_1}$$

将数据代入流量公式:

$$Q = \sigma m b \sqrt{2g} \left\{ H_1 + \left[\frac{Q}{B(H_1 + P_1)} \right]^2 \cdot \frac{1}{2g} \right\}^{3/2}$$

将 m 的表达式代入,解得 $H_1 \approx 1.553$ m,所以

$$H = H_1 + Q/[B(H_1 + P_1)] = 1.553 + 30/[10 \times (1.553 + 2)] \approx 2.397 \ (\text{m})$$

```
%* * * * * * * * * * * * MATLAB 编程求解代码* * * * * * * * * * * *
clc              %清除命令窗口的内容
clear all        %清除工作空间的所有变量
H1= 1.5:0.001:1.6%估计 H1 的取值区间,步长为 0.001 表示自变量的精度
m= 0.32+ 0.01* (3- 2./H1)./(0.46+ 0.75./H1);   %流量系数表达式
fun_H1= 30- 44.272* m.* (H1+ 0.459./((H1+ 2).^2) ).^(3/2)%计算隐函数 f(H1)= 0 的值
%* * * * * * * * * * * * * * * * * * * * * * * * * * * * * * * * * *
* * * * * * * * * * * * * * * * * * * * * *
```

验证假设:① 对于假设的 $0.8H > h_s$,计算结果是 $0.8H = 0.8 \times 2.397 = 1.918 > h_s = h_2 - P_2 = 2.5 - 2 = 0.5$,假设成立!② 对于假设 $P_1/H_1 < 3$,计算结果是 $P_1/H_1 = 2/1.553 = 1.288 < 3$,假设成立!

8.2.2 实用堰的水力计算

实用堰流量的计算公式与宽顶堰流量的计算公式相同,仅仅是流量系数取值不同,即

$$Q = m b \sqrt{2g} H^{3/2}$$

一般曲线型实用堰的流量系数 m 可取 0.4,折线型实用堰的流量系数取 0.35~0.42.

当实用堰堰下游水位超过堰顶标高,即 $h_s = h_2 - P_2 > 0$ 时,堰流成为淹没式出流,引入淹没系数 σ_s,则淹没式实用堰的流量公式为

$$Q_s = \sigma_s Q = \sigma_s m b \sqrt{2g} H^{3/2}$$

式中的淹没系数与淹没程度有关,见表 8.2.

表 8.2 实用堰的淹没系数

h_s/H_1	0.05	0.20	0.30	0.40	0.50	0.60	0.70	0.80	0.90	0.95	0.975	0.995	1.00
σ_s	0.997	0.985	0.972	0.957	0.935	0.906	0.856	0.776	0.621	0.470	0.319	0.100	0

当堰宽 b 小于堰上游渠道的有效过流宽度 B 时,过堰水流将发生侧向收缩,造成泄流能力降低,此时堰的流量公式为

$$Q = \varepsilon m b \sqrt{2g} H^{3/2}$$

式中,ε 为侧向收缩系数,取决于收缩量的大小.

若 $b < B$ 且为淹没出流,则

$$Q = \varepsilon \sigma_s m n b' \sqrt{2g} H^{3/2}$$

式中,n 为堰孔数,b' 为单个堰孔的净宽.

8.2.3 薄壁堰的水力计算

8.2.3.1 矩形薄壁堰

1. 自由出流 + 无侧向收缩

如图 8.13 所示的薄壁堰,以通过堰顶的水平面为基准面 0—0,取 1—1 为上游过流断面,水舌中心与基准面 0—0 交界面上的过流断面为 2—2;设 1—1 断面的平均流速为 v_1,2—2 断面的平均流速为 v_2;水流离开堰后,水流内各质点自行运动,压强为大气压强,相对压强为 0;列能量方程:

$$H_1 + 0 + \frac{\alpha_1 v_1^2}{2g} = 0 + 0 + \frac{\alpha_2 v_2^2}{2g} + h_{w1-2}$$

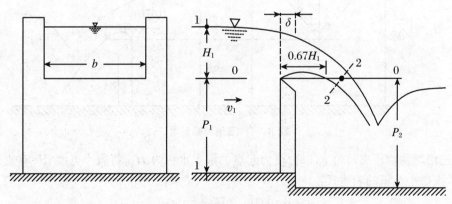

图 8.13 矩形薄壁堰自由出流流量计算

令 $H = H_1 + \alpha_1 v_1^2/(2g)$;$h_{w1-2}$ 只计局部水头损失即 $\zeta v_2^2/(2g)$,代入得

$$H = \frac{\alpha_2 v_2^2}{2g} + \frac{\zeta v_2^2}{2g}$$

解得 $v_2 = \dfrac{1}{\sqrt{\alpha_2 + \zeta}} \sqrt{2gH} = \varphi \sqrt{2gH}$.其中,$\varphi$ 为流速系数,$\varphi = 1/\sqrt{\alpha_2 + \zeta}$;对于矩形薄壁堰,

设堰宽为 b；水舌厚度与 H 有关,用 kH 表示,k 反映水舌垂直收缩.则通过的流量：

$$Q = A \cdot v_2 = bkH \cdot \varphi\sqrt{2gH} = k\varphi b\sqrt{2g}H^{3/2} = mb\sqrt{2g}H^{3/2}$$

式中 $m = k\varphi$,该式是关于流速的隐式方程.

与宽顶堰相同,影响流量系数的主要因素有 k、φ,显然,堰的类型不同,流量系数 m 也不同.

薄壁堰与宽顶堰流量公式的形式相同,差别仅在于流量系数 m（包含了行近流速水头的影响）上.

2. 自由出流 + 有侧向收缩

当流量较小时,为避免表面张力影响测量精度,可使堰宽 b 小于渠（槽）宽 B,此时水流将产生侧向收缩.考虑侧收缩的影响,可用 m_c 代替 m,侧收缩堰计算公式：

$$Q = m_c b\sqrt{2g}H^{3/2}$$

若有侧向收缩,则在公式中加侧收缩系数 ε；若下游水深超过堰顶,即 $h_s > 0$ 且影响过流能力,形成淹没出流,则在公式中加淹没系数 σ_s；若既有侧向收缩,又是淹没出流,则

$$Q = \varepsilon\sigma_s mb\sqrt{2g}H^{3/2}$$

8.2.3.2　三角形薄壁堰（自由出流 + 无侧向收缩）

当被测流量小于 $0.1\ \mathrm{m^3/s}$ 时,矩形堰的水舌很薄,受表面张力影响可能形成贴壁流,水流不稳定,影响测量精度.为了克服这个问题,将堰口形状、尺寸改变,做成三角形或梯形,称为三角堰或梯形堰.

用矩形堰测量流量时,当流量较小时,堰上水头 H_1 也很小,测量误差就较大,此时若采用三角形堰（三角堰）,则堰上水头 H_1 就会适当放大,测量误差也就会变小.如图 8.14 所示.

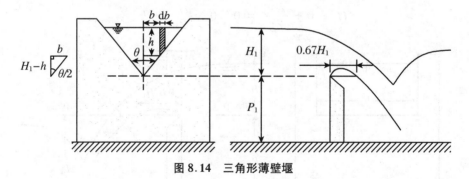

图 8.14　三角形薄壁堰

设三角堰的堰顶夹角为 θ,以顶点为起点的堰上水头为 H_1,将微小宽度 $\mathrm{d}b$ 看成薄壁矩形堰流,则微小流量的表达式：

$$\mathrm{d}Q = m\sqrt{2g}h^{3/2} \cdot \mathrm{d}b$$

式中,h 为 $\mathrm{d}b$ 处的作用水头,根据几何关系 $b = (H_1 - h)\tan(\theta/2)$,则 $\mathrm{d}b = -\tan(\theta/2)\mathrm{d}h$,代入得

$$\mathrm{d}Q = -m\tan\frac{\theta}{2}\sqrt{2g}h^{3/2}\mathrm{d}h$$

（对称轴左、右为 2 个三角形；对于单个三角形,矩形微元水平移动,积分变量 h 的起、止限分

别为对称轴位置水深 $H = H_1 + \alpha_1 v_1^2/(2g)$ 至水面),积分得

$$Q = -2m\sqrt{2g}\tan\frac{\theta}{2}\int_H^0 h^{3/2}\mathrm{d}h = \frac{4}{5}\tan\frac{\theta}{2}m\sqrt{2g}H^{5/2}$$

根据流量的大小,θ 可采用 $15°\sim90°$,流量公式为

$$Q = kH^{5/2}$$

式中,k 值可查有关书籍计算.

对于堰口角度 $\theta=90°$ 的直角三角形堰,当 $H=0.05\sim0.25$ m 时,实验测得 $k=0.395$,其流量计算公式为

$$Q = 1.4H^{5/2}$$

当 $H=0.25\sim0.55$ m 时,经验公式:

$$Q = 1.343H^{2.47}$$

式中,H 为自顶点为起点的堰上水头,单位以 m 计;Q 为流量,单位以 $\mathrm{m^3/s}$ 计.

【例题 8.3】 如图 8.15 所示,一面积 $\Omega = l\times w = 3.6$ m $\times 1.2$ m 的混凝土矩形水槽,水槽的水通过其一端的三角形薄壁堰作自由式出流;设水槽无补充水源,为水位有变化的非恒定出流.求堰顶水头从 $h_1=0.25$ m 降至 $h_2=0.05$ m 所需的时间 t.

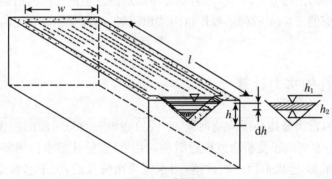

图 8.15 例题 8.3

解 水流在 $\mathrm{d}t$ 时间内经三角堰流出水槽的水量(体积)为 $Q\mathrm{d}t$,同时水槽内水位下降 $\mathrm{d}h$,即水量减少 $\Omega\mathrm{d}h$,两者相等,得 $Q\mathrm{d}t = -\Omega\mathrm{d}h$,负号表示时间 t 增大对应水头 h 下降. 将三角形薄壁堰流量公式 $Q=1.4h^{5/2}$ 代入,得

$$1.4h^{5/2}\mathrm{d}t = -\Omega\mathrm{d}h$$

积分可得

$$t = -\frac{\Omega}{1.4}\int_{0.25}^{0.05}\frac{\mathrm{d}h}{h^{5/2}} = 167.5 \text{ s}$$

8.2.3.3 梯形薄壁堰(自由出流＋无侧向收缩)

当流量比较大时,三角形堰不适用,此时可改用梯形堰.如图 8.16 所示,流经梯形薄壁堰的流量是中间矩形堰的流量 $Q = m_{矩}b\sqrt{2g}H^{3/2}$ 和两侧合成的三角形堰流量 $Q = \frac{4}{5}\tan\frac{\theta}{2}m_{三角}\sqrt{2g}H^{5/2}$ 之和,因此,梯形堰的公式为

$$Q = \left(m_{矩}b + \frac{4}{5}\tan\frac{\theta}{2}m_{三角}H\right)\sqrt{2g}H^{3/2} = \left(m_{矩} + \frac{4}{5}\tan\frac{\theta}{2}\frac{m_{三角}H}{b}\right)b\sqrt{2g}H^{3/2}$$

$$= m_{梯} \, b\sqrt{2g}H^{3/2}$$

式中，$m_{梯}$ 为梯形堰流量系数. 当 $\theta = 14°$ 时，称为西波利地堰(Cipollrtti weir)，此时通过实验测得 $m_{梯} = 0.42$，于是

$$Q = 0.42b\sqrt{2g}H^{3/2}$$

式中，b 为梯形堰的下底宽，单位为 m；H 为梯形堰的作用水头，单位为 m；Q 为通过梯形堰的流量，单位为 m^3/s.

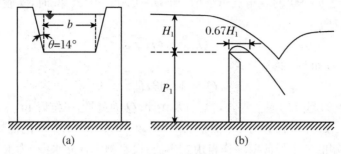

图 8.16 梯形堰

实验证明，当梯形的腰 $\theta = 14°$ 时，倾斜部分所增加的流量正好抵消由侧向收缩所减少的流量. 即有侧向收缩的 $\theta = 14°$ 的梯形堰作自由式出流时，其流量和没有侧向收缩自由出流的矩形堰相同.

8.2.4 桥孔的水力计算

在道路工程中，常需修建小桥跨越河流. 小桥的底板一般与河流的底板齐平，并无底槛隆起($P_1 = P_2 = 0$)，水流由于受桥墩或桥边墩侧向约束，在桥孔前水位壅高；进入桥孔后，过水断面变小，流速增加，造成水面一次跌落；当水流流出桥孔后，由于水面变宽，水面再一次跌落. 这种水流流过桥孔，水面两次跌落的水力现象与宽顶堰水流自由出流过程相似，可看作有侧收缩的无坎宽顶堰流，因此，宽顶堰流理论适用于小桥孔径的设计计算.

桥孔过流水力计算的任务就是应用宽顶堰流理论确定小桥孔径. 通常是已知设计流量 Q、桥下游的天然水深 h_2、不冲流速 v_{max}，要求设计计算小桥孔径 b 和桥前抬高水深 H_1.

小桥孔径 b(或净跨径、桥孔水面宽度)是指在垂直于水流方向的平面内泄水孔口的最大水平距离. 对于单孔矩形桥孔断面的桥梁，小桥孔径是指桥台内壁之间的距离. 显然，小桥孔径 b 愈小，小桥的造价愈低，但小桥前抬高水深 H_1 就愈大，以致影响农田或路基高度，而且桥下流速 v 也愈大，使河床加固费用愈高；反之，如果小桥孔径 b 愈大，桥前抬高水深 H_1 和桥下流速 v 就会减小，河床加固费用虽然降低，但小桥本身的造价却增加了.

通常，在设计小桥孔径时，对于给定的设计流量 Q，为保证 b 最小，应尽量选用大的桥下流速，最大值即为确保桥下不发生冲刷的流速，即不冲流速 v_{max}，同时校核桥前壅水高度(水深)H_1 不能超过规定的允许值，以及考虑到选用小桥定型设计的标准跨径问题；另一方面，根据宽顶堰最大流量理论，当桥下水深为临界水深 h_C 时，通流量最大. 因此，计算小桥孔径时，首先需要建立 h_C 和 v_{max} 的关系式.

在进行小桥孔径的水力计算时，先根据桥下水深 h_c(一个收缩水深，$h_c = \psi h_c$，式中 ψ 称为进口形状系数或垂直收缩系数，视小桥进口形式和水流收缩情况而定，对于平滑进口，

$\psi=0.75\sim0.80$,对于非平滑进口,$\psi=0.80\sim0.85$.但在小桥设计中常采用 $\psi=1.0$,h_c 为桥孔内水流的临界水深.)和桥下游水深 h_2 的不同比值,将桥孔过流分为自由式出流和淹没式出流两种.当 $1.3h_c \geqslant h_2$ 时,桥下游水位(或下游河渠水深)h_2 不影响小桥过水能力,水面有明显的两次跌落,此时的小桥出流为自由式出流;当 $h_2 > 1.3h_c$ 时,为淹没式出流,桥孔水深即为桥下游水深 h_2.下游水深 h_2 可根据设计流量、水文资料的流量-水位曲线求出.当缺乏这种资料时,运用明渠均匀流理论计算出河渠断面的正常水深 h_0,即 h_2.

1. 计算桥下临界水深 h_c 并判断出流形式

小桥孔径的设计原则是保证在通过设计流量 Q 时,桥下不发生冲刷,即桥下流速 v_c 小于不冲流速 v_{max},以此计算临界水深.根据宽顶堰最大流量理论,当桥下水深为临界水深 h_c 时,通流量最大.假定小桥孔径(或桥孔宽度)为 b,桥下实际流动宽度为 εb(ε 为小桥孔径的侧收缩系数,见表8.3),水流以临界流速 v_c(对应临界水深 h_c)通过桥下,则

$$Q = A_C v_C = (\varepsilon b)h_C \cdot v_C = A_c v_c = (\varepsilon b) h_c \cdot v_c = (\varepsilon b)(\psi h_C) \cdot v_c$$

式中,v_C、v_c 分别为桥孔临界水深时和侧收缩断面水深时的流速.

根据矩形断面明渠的临界水深公式,并将 Q 的表达式代入,得

$$h_C = \sqrt[3]{\frac{\alpha Q^2}{g(\varepsilon b)^2}} = \sqrt[3]{\frac{\alpha\left[(\varepsilon b)(\psi h_C)v_c\right]^2}{g(\varepsilon b)^2}} = \sqrt[3]{\frac{\alpha\left[(\psi h_C) \cdot v_c\right]^2}{g}} \leqslant \sqrt[3]{\frac{\alpha\left[(\psi h_C) \cdot v_{max}\right]^2}{g}}$$

解得 $h_C \leqslant \alpha\psi^2 v_{max}^2/g$.

表 8.3　小桥孔径的侧收缩系数 ε 和流速系数 φ

桥台形状	侧收缩系数 ε	流速系数 φ
单孔桥,有锥坡填土	0.90	0.90
单孔桥,有八字翼墙	0.85	0.90
多孔桥无锥坡或桥台伸出锥坡之外	0.80	0.85
拱脚淹没的拱桥	0.75	0.80

2. 计算小桥孔径[b]并判断出流形式

为减小小桥孔径,取桥孔中的流速 v_c(或称桥下流速)为不冲流速 v_{max}(v_{max} 值由河床加固工程类型和水深共同确定).

若为自由式出流,则 $Q = (\varepsilon b)(\psi h_C) \cdot v_{max}$,将 h_C 的表达式代入,得小桥孔径理论值 $b = \dfrac{Q}{\varepsilon(\psi h_C)v_{max}} = \dfrac{gQ}{\varepsilon\alpha\psi^3 v_{max}^3}$.由于理论孔径 b 不是工程建设的标准孔径,为确保 $v < v_{max}$,故改用大于且最接近理论孔径 b 的标准孔径[b],即[b]$> b$.桥梁的标准孔径值见表8.4.由于采用[b]后,对应的桥下流速[v_c]必然小于 v_{max},导致下游水深增大,水流有可能从自由式出流变成淹没式出流.考虑到采用标准孔径后的临界水深[h_C]$= \sqrt[3]{\dfrac{\alpha Q^2}{g(\varepsilon[b])^2}}$,校核:若此时 $1.3[h_C] \geqslant h_2$,则为自由式,计算桥下过水断面流速[v_c]$= \dfrac{Q}{\varepsilon[b]\psi[h_C]}$ 以及桥上游壅水深度 H_1.

表8.4　桥梁标准孔径

铁路桥梁(m)	4,5,6,8,10,12,16,20,…
公路桥梁(m)	5,6,8,10,13,16,20,…

若此时桥下游水深 $H_2 > 1.3h_C$,下游水位将影响桥的过水能力,流动为淹没式出流.在小桥的水流水面上只发生一次水跌,若忽略水流在桥出口过程中因流速变化导致的水深的变化,则桥下水深可认为与下游水深 H_2 一致.仍取不冲流速 v_{max},则淹没式出流时的流量为 $Q = (\varepsilon b)H_2 \cdot v_{max}$,小桥孔径 $b = \dfrac{Q}{\varepsilon H_2 v_{max}}$.同自由式出流一样,因为要实际考虑到桥下流速小于不冲流速 v_{max},所以按计算结果查表选用标准孔径 $[b] \geqslant b$,此时实际流速 $[v] \leqslant v_{max}$,由此按 $[h_C] = \sqrt[3]{\dfrac{\alpha Q^2}{g(\varepsilon[b])^2}}$ 计算出的临界水深 $[h_C] \leqslant h_C$,因此,$H_2 > 1.3h_C \geqslant [1.3h_C]$,仍然为淹没式出流.可见,对于淹没式出流的水力计算,不必校核 $[h_C]$.计算桥下过水断面流速 $[v_c] = \dfrac{Q}{\varepsilon[b]H_2}$.

3. 校核桥前壅水高度(或桥上游壅水深度)H_1

(1) 若为自由式出流,如图8.17所示,以河床平面为基准面,列过水断面 $1-1$ 和 $c-c$ 的能量方程:

$$H_1 + \frac{\alpha_1 v_1^2}{2g} = \psi[h_C] + \frac{\alpha_c[v_c]^2}{2g} + \zeta\frac{[v_c]^2}{2g}$$

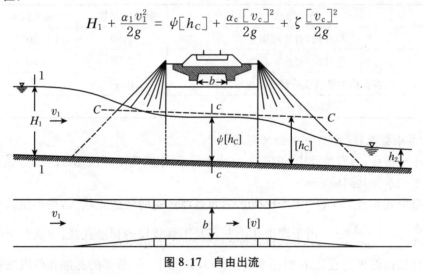

图8.17　自由出流

其中,$h_c = \psi[h_c]$,$v_C = \psi v_c$,公式中:

$$\frac{\alpha_c[v_c]^2}{2g} + \zeta\frac{[v_c]^2}{2g} = (\alpha_c + \zeta)\frac{[v_c]^2}{2g} = \frac{[v_c]^2}{\varphi^2 2g}$$

令流速系数(与桥台进口形状有关,查表)$\varphi = \dfrac{1}{\sqrt{\alpha_c + \zeta}}$,则 $\alpha_c + \zeta = \dfrac{1}{\varphi^2}$,得

$$H_1 = \psi[h_C] + \frac{[v_c]^2}{\varphi^2 2g} - \frac{\alpha_1 v_1^2}{2g}$$

计算上游壅水深度 H_1,校核造桥后水位是否超过允许壅高值,同时还应校核桥底下净空是否满足要求.

（2）若为淹没式出流，如图 8.18 所示，列两断面的能量方程，其计算公式的形式与自由式出流的公式一样，即

$$H_1 = h_2 + \frac{[v_c]^2}{\varphi^2 2g} - \frac{\alpha_1 v_1^2}{2g}$$

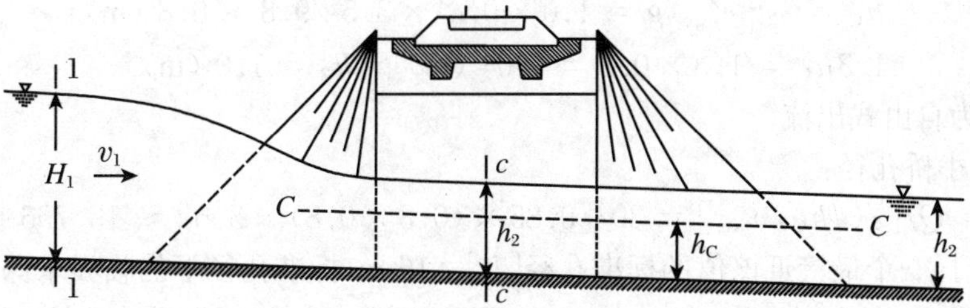

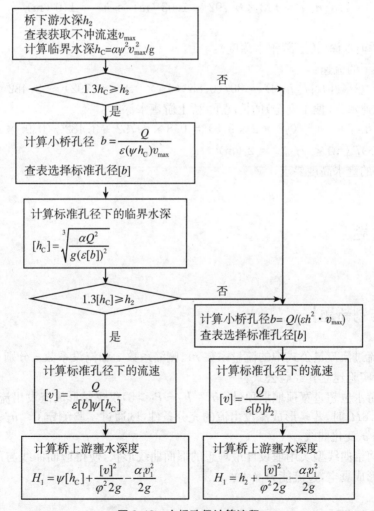

图 8.18　淹没出流

为直观起见和便于计算机编程，小桥孔径计算的流程整理如图 8.19 所示.

图 8.19　小桥孔径计算流程

【**例题 8.4**】　小桥设计流量 $Q = 30\ \mathrm{m^3/s}$；下游水深 $h_2 = 1.0\ \mathrm{m}$，要求桥前允许的壅水高

度 $H_{1max} = 2$ m,桥下允许流速 $v_{max} = 3.5$ m/s.小桥进口形式为平滑进口单孔有八字翼墙,相应的各项系数为 $\varphi = 0.90$,$\varepsilon = 0.85$,并取进口形状系数 $\psi = 0.80$.试设计小桥的孔径 $[b]$.

解 ① 判别出流形式:

临界水深:

$$h_C = \alpha \psi^2 v_{max}^2/g = 1.0 \times 0.8^2 \times 3.5^2/9.8 \approx 0.8 \text{ (m)}$$

$$1.3 h_C = 1.3 \times 0.8 = 1.04 \text{ (m)} > h_2 = 1.0 \text{ (m)}$$

则小桥过流为自由式出流.

② 计算小桥孔径:

$$b = Q/[\varepsilon(\psi h_C)v_{max}] = 30/[0.85 \times (0.8 \times 0.8) \times 3.5] \approx 15.756 \text{ (m)}$$

查表,向上选择一个最接近该值的标准孔径 $[b] = 16$ m.标准孔径下的临界水深:

$$[h_C] = \{\alpha Q^2/[g(\varepsilon[b])^2]\}^{1/3} = \{1.0 \times 30^2/[9.8 \times (0.85 \times 16)^2]\}^{1/3}$$
$$\approx 0.792 \text{ (m)}$$

则

$$1.3[h_C] = 1.3 \times 0.792 \approx 1.03 \text{ (m)} \geqslant h_2 = 1.0 \text{ (m)}$$

仍为自由出流.

③ 校验桥前水深(桥上游壅水深度):

标准孔径下的流速:

$$[v] = Q/(\varepsilon[b]\psi[h_C]) = 30/(0.85 \times 16 \times 0.8 \times 0.792) \approx 3.482 \text{ (m/s)}$$

不考虑行近流速水头(偏于安全)的情况下,桥上游壅水深度:

$$H_1 \approx \psi[h_C] + [v]^2/(\varphi^2 \times 2 \times 9.8) = 0.8 \times 0.792 + 3.482^2/(0.9^2 \times 2 \times 9.8)$$
$$\approx 1.397 \text{ (m)} < H_{1max} = 2 \text{ (m)}$$

满足桥前允许的壅水高度要求.

习　题

【研究与创新题】

8.1　堰流过流流量公式中的流量系数 m、侧缩系数 ε 和淹没系数 σ_s 分别与哪些因素有关? 如何设计实验建立其经验公式?

8.2　下游水位超过宽顶堰堰顶(即 $h_s = h_2 - P_2 > 0$)仅仅是形成淹没出流的必要条件,只有当 $h_s > 0.8H_0$ 时,才是形成淹没出流的充分条件,试通过实验测定 $0 \leqslant h_s \leqslant 0.8H_0$ 区间内的淹没系数 σ_s 变化曲线.

8.3　如何给曲线型实用堰设计最理想的堰面曲线形状,使得堰面曲线与薄壁堰水舌下缘重合,既不形成真空,过流能力又大?

【课前预习题】

8.4　试着背诵和理解下列名词:堰流、正堰、斜堰、侧堰、有侧收缩堰、无侧收缩堰、薄壁堰、实用堰、自由式出流堰流、淹没式出流堰流、三角堰.

8.5 试着写出以下重要公式并理解各物理量的含义:$Q = mb(2g)^{1/2}H^{3/2}$,$Q = 0.385 \cdot b(2g)^{1/2}H^{3/2}$,$Q_s = \sigma_s \cdot mb(2g)^{1/2}H^{3/2}$,$Q_{sc} = \sigma_s \cdot \varepsilon \cdot mb(2g)^{1/2}H^{3/2}$,$Q = (4/5)\tan(\theta/2) \cdot m(2g)^{1/2}H^{5/2}$,$h_C = \{\alpha[(\psi h_C) \cdot v_{max}]^2/g\}^{1/3}$,$[h_C] = \{\alpha Q^2/[g(\varepsilon[b])^2]\}^{1/3}$.

【课后作业题】

8.6 堰流的水力计算特点是( ).

(A) 仅考虑局部损失   (B) 仅考虑沿程损失

(C) 两种损失同时考虑   (D) 上述都可以

8.7 黏性流体自由式宽顶堰的堰顶水深 h_c 与临界水深 h_C 的大小关系为( ).

(A) $h_c > h_C$ (B) $h_c = h_C$

(C) $h_c < h_C$ (D) 无法确定

8.8 堰流是( ).

(A) 无压均匀流   (B) 有压均匀流

(C) 缓流经障壁溢流   (D) 急流经障壁溢流

8.9 宽 $B = 10$ m 的明渠上,有一闸底板高 $P_1 = P_2 = 2$ m 的排水闸,闸门全开时呈宽顶堰出流,无侧收缩(即 $b = B = 10$ m),进口为矩形,实测堰上水头 $H_1 = 1.553$ m,堰下游水深 $h_2 = 2.5$ m,求过堰流量 Q.【参考答案:$Q = 30$ m^3/s】

8.10 宽度 $b = 1.28$ m,高度 $P_1 = 0.5$ m 的宽顶堰(矩形直角),堰上水头 $H_1 = 0.85$ m,无侧收缩.分别求出下游水深 $h_2 = 1.12$ m 和 $h_2 = 1.3$ m 时的宽顶堰过流流量.【参考答案:$Q_1 = 1.672$ m^3/s,$Q_2 = 1.336$ m^3/s】

8.11 堰高 $P_1 = 3.4$ m 的宽顶堰,进口修圆无侧收缩,堰上水头 $H_1 = 0.86$ m 时通过流量 $Q = 22.0$ m^3/s.试求:① 堰宽 b;② 保持不淹没流状态的最大下游水深 h_2.【参考答案:① $b = 17.17$ m;② $h_2 = 4.09$ m】

8.12 利用一矩形薄壁堰测量底宽为 3.0 m 的渠道的流量.要求流量为 1.41 m^3/s 时,渠道水深为 1.8 m.试确定堰的高度 P_1.【参考答案:$P_1 = 1.402$ m】

8.13 如图 8.20 所示,水流从一个蓄水池经两个三角形薄壁堰流入两个灌溉渠道.每个堰的水头均为 $H_1 = 0.12$ m.由 90°三角堰供水的渠道流量为另一个渠道流量的两倍.第二个三角堰的流量系数取 0.396.试确定第二个堰的角度 θ.【参考答案:$\theta = 53.02°$】

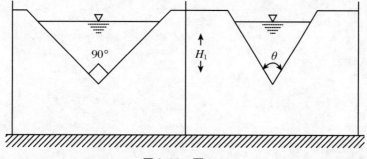

图 8.20 题 8.13

8.14 如图 8.21 所示,现有一三角形堰,水头 H_1 已给定.为提高通流量,拟将三角堰改为梯形堰.① 忽略上游流速水头,并假定堰的流量系数为 0.60(与 H_1 无关),试推导梯形堰流量随水头变化的方程;② 根据方程,证明:当 $b \ll H_1$ 时,梯形堰的功能与三角形堰相同;当 $b \gg H_1$ 时,梯形堰的功能与矩形堰相同.【参考答案:$Q = m_0 \left(\dfrac{2}{3} \sqrt{2g} b H_1^{3/2} + \dfrac{8}{15} \sqrt{2g} H_1^{5/2} \right)$,式中 $m_0 = 0.60$】

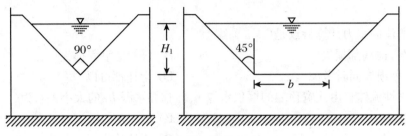

图 8.21 题 8.14

8.15 公路跨越河道时需修筑一小桥.据实测资料:设计流量为 $Q = 10$ m^3/s,小桥下游水深 $h_2 = 0.90$ m,桥前允许壅水高度 $H_{1max} = 1.50$ m,现桥下加固拟采用碎石垫层上铺片石(据设计手册查得不冲流速 $v_{max} = 3.5$ m/s),桥孔为单孔,并有字翼墙和较为平滑的进口,取 $\varepsilon = 0.85$,$\varphi = 0.90$,进口形状系数 $\psi = 0.80$.试确定小桥标准跨径 $[b]$ 及桥前壅水高度 H_1.【参考答案:$[b] = 6$,$H_1 = 1.38$ m】

8.16 在渠底宽为 7 m、边坡系数为 1.5 的梯形渠道上拟建一座桥,通过流量 $Q = 14.8$ m^3/s,桥下游水深 $h_t = 1.90$ m,桥前壅水深度不超过 2.20 m,桥下允许流速 $v_{max} = 3.5$ m/s,根据桥台的式样,拟采用 $\varepsilon = 0.8$,$\varphi = 0.85$.求桥孔净宽 b.【参考答案:$b = 5$ m】

8.17 在河流上建造一设计通流量为 $Q = 25$ m^3/s、带平滑收敛翼墙的单孔小桥.桥下游对应的水深 $h_2 = 0.9$ m.根据相关资料,可知河床允许水位 $H_{1max} = 1.6$ m,桥下不冲流速 $v_{max} = 3.5$ m/s.水流入桥孔会被收敛翼墙平滑地引导,因此,取 $\varepsilon = 0.85$,$\varphi = 0.90$,$\psi = 0.85$.试设计小桥孔径 b.【参考答案:$b = 12$ m】

第9章 渗 流

【内容提要】 渗流是水等流体在土壤等孔隙介质中的流动.本章介绍达西定律和裘布依公式,并将其应用于集水廊道、单井和井群的出水量计算.

9.1 渗流模型与渗流基本定律

1. 渗流模型

液体在孔隙介质中的流动称为渗流.孔隙介质包括土、岩层等各种多孔介质和裂隙介质.土壤孔隙大小用孔隙率 n 来度量,它表示一定体积的土壤中,孔隙的体积与土体总体积(包含孔隙体积)的比值.孔隙率反映了土的密实程度.常见的渗流,如水在地表以下的土壤或岩层中的流动,也称为地下水流动.工程中常见的地下水渗流问题,如在挖掘集水廊道或凿井取用地下水时,确定出水量;在地下水位较高地区埋设渗沟,以排泄地下水、降低地下水位,防止路面因路基冻胀而发生变形破坏;基坑或地基开挖时,确定需降低的地下水水位或廊道的排水量;水库蓄水时损失的水量或渗流量计算;输水渠道渗漏损失量的确定;较大的渗流流速能把土中颗粒较小的土粒从孔隙中带走,并形成越来越大的空隙或孔洞,估计发生渗流破坏的可能性较大.

透水性是指土壤允许水透过的性能.透水能力强弱用渗透系数来度量,大小与土壤孔隙的大小、多少、形状和分布等有关.内部各点渗透性均相同的土壤称为均质土壤;渗透性随各点位置变化而变化的土壤称为非均质土壤.土壤渗透性质不随渗流方向变化的土壤称为等向土壤,反之,称为异向土壤.

水在土壤中的存在形式有气态水、结合水(吸着水、薄膜水)、毛细水和重力水等.根据地下水的埋藏条件不同,可将地下水分为上层滞水、潜水和承压水(自流水).上层滞水包括气态水、结合水(附着水、薄膜水)、毛细水等形式存在的水.承压水是充满两个隔水层之间的含水层中的重力水.潜水是埋藏在地表以下第一个稳定隔水层以上具有自由水面的重力水.

地面以下、潜水面以上的地带,土壤含水量未达饱和,带内空隙中包含空气,是土壤颗粒、水分和空气同时存在的三相系统,称为非饱和带(或称包气带).非饱和带内的水主要以气态水、吸着水、薄膜水、毛细水等形式存在.潜水面以下的地带,土壤处于饱和含水状态,是土壤颗粒和水分组成的二相系统,称为饱和带(或称饱水带).饱和带中的地下水连续分布,能够传递静水压力,因此在水头差的作用下,可以在土壤孔隙中发生连续运动.本章所研究的是饱和带重力水的渗流规律.

土壤的孔隙形状、大小及分布情况十分复杂,液体在土壤孔隙中的流动也是极不规则的迂回曲折运动.要详细考察每一孔隙中的流动状况或准确确定渗流沿孔隙的流动路径和流速,是非常困难的,实际上也没必要.实际工程中,主要关心的是某一范围内渗流的宏观平均效果,而不是孔隙内的流动细节.为研究方便,研究渗流时常引入简化的渗流模型来代替实际的渗流运动.渗流模型是指在保持流体和孔隙介质所占据的渗流区的边界形状及边界条件不变的情况下,设想流体作为连续介质充满渗流区的全部空间,包括土壤颗粒骨架所占据的空间.渗流模型将渗流简化为连续空间内连续介质的运动,引入渗流模型后,可将渗流运动要素作为渗流区全部空间点坐标的连续函数来研究,进而使得基于连续介质建立起来的描述流体运动的概念和方法,如过水断面、流线、元流、流束、总流、断面平均流速等引申到渗流研究中,使理论中研究渗流问题成为可能.与一般水流运动一样,渗流也可以按照运动要素是否随时间变化,分为恒定渗流与非恒定渗流;根据运动要素是否沿程变化,分为均匀渗流与非均匀渗流,非均匀渗流又可分为渐变渗流和急变渗流;此外,根据有无自由水面,还可分为无压渗流和有压渗流等.

以渗流模型代替实际渗流,意味着将整个渗流区域设想为没有土粒存在,而是全部充满水并沿着主流方向作为连续介质而运动.在应用渗流模型时必须遵循以下几个原则:① 通过渗流模型中任一过水断面的流量必须与实际渗流通过该断面的真实流量相等;② 渗流某一确定作用面上渗流压力要与实际渗流在该作用面上的真实压力相等;③ 渗流模型的阻力与实际渗流的阻力相等,即能量损失相等.

渗流模型中的流速 v 与实际渗流中的孔隙平均流速 v' 不同.在渗流模型中,任一微小过水断面上的渗流流速 v,应等于通过该断面上的真实渗流量 ΔQ 除以渗流模型过流断面面积 ΔA,即

$$v = \frac{\Delta Q}{\Delta A}$$

式中,ΔA 包括了土粒骨架颗粒所占据的横截面面积,因此真实渗流的孔隙过流断面面积 $\Delta A'$ 要比渗流模型过流断面面积 ΔA 小.对于孔隙率为 n 的均质土,根据孔隙率的定义,有 $\Delta A' = n\Delta A$,n 为土壤的孔隙率.则通过过流断面孔隙内的真实渗流平均流速为

$$v' = \frac{\Delta Q}{\Delta A'} = \frac{\Delta Q}{n\Delta A} = \frac{v}{n}$$

因为孔隙率 $n < 1$,所以 $v' > v$.

总之,渗流模型的管径等边界条件、流量、水头损失等均与实际渗流(真实值)一致,仅渗流速度是虚构的.

2. 达西定律

液体在孔隙介质中流动时,由于液体黏滞性的作用,必然伴随着能量损失.1852—1855年,法国工程师达西经过大量的实验,总结出渗流能量损失与渗流速度之间的基本关系,后人称为达西定律.达西实验装置如图 9.1 所示,为一上端开口的直立圆筒,在圆筒侧壁相距为 l 处分别装有两支测压管,在筒底以上一定距离处装有滤板,其上装入颗粒均匀的砂土.水由上端注入圆筒,并以溢流管确保筒内维持一恒定水头.通过砂土的渗流水体从出水管流入容器,并可由此测算渗流量 Q.上述装置中通过砂土的渗流是恒定流,测压管中水面保持恒定不变.

由于渗流流速 v 极为微小,流速水头可忽略不计,因此,渗流中的总水头 H 可用测压管水头 h 来表示.水头损失 h_w 可用测压管水头差来表示,即 $h_w = h_1 - h_2$,水力坡度 J 可用测

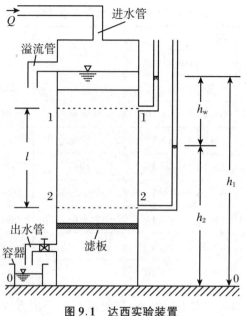

图 9.1 达西实验装置

压管水头坡度表示:

$$J = h_{\mathrm{w}}/l = (h_1 - h_2)/l$$

考虑到水力坡度沿渗流方向的非均匀性,写成微分形式:

$$J = -\,\mathrm{d}H/\mathrm{d}l$$

达西分析了大量的实验资料发现:在不同尺寸的圆筒和不同类型土壤的渗流中所通过的渗流流量 Q 与圆筒过水横断面面积 A 和水力坡度 J 成正比,并且和土壤的透水性能有关. 即

$$Q = AkJ \quad 或 \quad v = kJ \quad 或 \quad v = kh_{\mathrm{w}}/l$$

该式即为达西定律,表明均质孔隙介质中渗流流速 v 与水力坡度 J 的一次方成比例,并与土的性质有关. 式中,v 为渗流模型的断面平均渗流流速,k 为反映孔隙介质透水性能的一个比例系数,即渗透系数.

渗透系数 k 的物理意义可理解为单位水力坡度下的渗流流速,其量纲为 $\mathrm{LT^{-1}}$,常用 cm/s 或 m/d 表示. 渗透系数大小与孔隙介质的特性(土壤颗粒的形状、大小、不均匀系数)、流体的物理性质及其影响因素(如黏滞系数和水温)等有关. 确定渗透系数值的方法有: ① 经验法,参照有关规范、工程资料、某些经验公式或数表选定 k 值,如各类土壤渗透系数的参考值见表 9.1,该方法适用于初步估算同时缺乏可靠实际资料的情况. ② 实验室测定法,选取未扰动、足够数量的有代表性的土样,利用达西实验装置进行实验,对于符合达西定律的渗流,在测得水头损失和流量后,按 $k = v/J = Ql/(Ah_{\mathrm{w}})$ 求得渗透系数 k;该法从实际出发,比经验法可靠,但土样数量有限且在采集、运输等过程中难免被扰动,仍难反映真实情况;③ 现场测定法,采用现场钻井或挖坑,然后抽水或压水的方式,测定其流量及水头等数值,再根据相应的理论公式反算出渗透系数值;该方法比较可靠,可取得大面积的平均渗透系数,但需要的设备和人力较多,通常在大工程中采用.

表 9.1 土壤渗透系数 k 的参考值

土名	渗透系数 k		土名	渗透系数 k	
	（m/d）	（cm/s）		（m/d）	（cm/s）
黏土	<0.005	$<6\times10^{-6}$	粗砂	$20\sim50$	$2\times10^{-2}\sim6\times10^{-2}$
亚黏土	$0.005\sim0.1$	$6\times10^{-6}\sim1\times10^{-4}$	均质粗砂	$60\sim75$	$7\times10^{-2}\sim8\times10^{-2}$
轻亚黏土	$0.1\sim0.5$	$1\times10^{-4}\sim6\times10^{-4}$	圆砾	$50\sim100$	$6\times10^{-2}\sim1\times10^{-1}$
黄土	$0.25\sim0.5$	$3\times10^{-4}\sim6\times10^{-4}$	卵石	$100\sim500$	$1\times10^{-1}\sim6\times10^{-1}$
粉砂	$0.5\sim1.0$	$6\times10^{-4}\sim1\times10^{-3}$	无填充物卵石	$500\sim1000$	$6\times10^{-1}\sim1\times10$
细砂	$1.0\sim5.0$	$1\times10^{-3}\sim6\times10^{-3}$	稍有裂隙岩石	$20\sim60$	$2\times10^{-2}\sim7\times10^{-2}$
中砂	$5.0\sim20.0$	$6\times10^{-3}\sim2\times10^{-2}$	裂隙多的岩石	>60	$>7\times10^{-2}$
均质中砂	$35\sim50$	$4\times10^{-2}\sim6\times10^{-2}$			

达西定律表明：渗流的沿程水头损失 h_w 与流速 v 的一次方成正比，即水头损失与流速呈线性关系．这是流体做层流运动所遵循的规律，说明达西定律只能适应于层流渗流或线性渗流，而不能适用于紊流运动．根据实验，达西定律的试用范围为 $Re = vd/\nu \leqslant 1\sim10$（$v$ 为渗流断面平均流速，ν 为流体的运动黏度，d 为土壤的平均粒径）．

达西定律避免了渗流的、微观的、复杂的水动力学现象，而代之以双重的、宏观的、统计平均概念．它设想一虚构的渗流流速，这种流速是包括土壤颗粒在内的整个断面上的流速，而不是通过颗粒与颗粒间孔隙断面的实际流速；达西定律用平均的渗流运动要素（如流速、压强）代替局部空间点上的运动要素，从而把实际上很杂乱的流动概括成渗流模型，便于处理．

【例题 9.1】 实验室中利用达西实验装置测定土样的渗透系数 k．已知圆筒直径 $d = 20$ cm，两测压管的间距为 $l = 40$ cm；测得渗流量 $Q = 100$ mL/min，两测压管水头差 $h_w = 20$ cm．试求土样的渗透系数 k．

解 已知如下：
$$Q = 100 \text{ mL/min} = 100\times10^{-6}/60 \approx 1.67\times10^{-6}\ (\text{m}^3/\text{s})$$
$$d = 20 \text{ cm} = 0.2 \text{ m}$$
$$h_w = 20 \text{ cm} = 0.2 \text{ m}$$
$$l = 40 \text{ cm} = 0.4 \text{ m}$$
由 $Q = Av = \pi d^2/4 \cdot (kh_w/l)$，变形并代入数据，得
$$k = 4Ql/(\pi d^2 h_w) = 4\times1.67\times10^{-6}\times0.4/(3.14\times0.2^2\times0.2)$$
$$\approx 1.06\times10^{-4}\ (\text{m/s})$$

9.2 裘布依公式

在引入渗流模型后，可将研究明渠等地表水的方法用于渗流研究．地下水渗流区分为均

匀渗流和非均匀渗流(渐变渗流与急变渗流). 与均匀流与非均匀渐变流的过流断面的特性相同,均匀渗流与渐变渗流的过流断面也具有两个特性:① 过流断面可视为一个平面;② 过流断面上的动水压强分布符合静水压强分布规律,即断面上各点的测压管水头为常数. 此外,地下水均匀渗流与渐变渗流的过流断面上的断面渗透流速是均匀分布的,从而可以将地下水渗流的均匀流和非均匀渐变流完全作为一元(一维)流动来处理.

1. 均匀渗流

如图 9.2 所示为一地下水无压恒定均匀渗流(自由表面上的压强为大气压),设不透水层是坡度为 $i = \sin\theta$ 的平整倾斜面并和自由表面平行. 把无压渗流中重力水的自由表面称为浸润面,在平面问题中则称为浸润线.

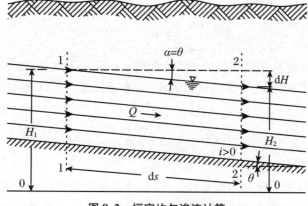

图 9.2　恒定均匀渗流计算

在均匀渗流中,流线是相互平行的直线. 渗流自由表面线(浸润线)就是测压管水头线(总水头线),因而任一断面的水力坡度:

$$J = -\frac{\mathrm{d}H}{\mathrm{d}s}$$

显然,$J = \sin\alpha = \sin\theta = i$ 是一个常量,α 为水平线和水面坡度线的夹角. 根据达西定律,任一断面上某点的渗透流速:

$$v = kJ = ki = 常量$$

即均匀渗流断面上各点渗透流速分布均匀,或者说,任一断面上任意点的渗透流速 v 也是该点所在断面的平均渗流流速;在整个均匀渗流流场中,渗透流速处处相等.

渗流量 Q 为

$$Q = Av = Aki$$

式中,A 为均匀渗流的过流断面面积.

2. 非均匀渐变渗流

达西定律是从均质砂土的恒定均匀渗流实验中总结出来的,定律中的 v 和 J 呈线性关系,故也称达西直线渗流定律,是描述均匀渗流运动的定律,但后续大量实践和研究表明,达西定律也可近似地推广到非均匀渗流中. 如图 9.3 所示为一地下水的非均匀渐变渗流,其自由表面不是一直线,而是曲线.

对于非均匀渐变渗流,其各断面上的动水压强仍服从静水压强分布规律,各流束的曲度非常微小且近于平行,1－1 及 2－2 两断面间各流束的长度可视为常数,均等于 $\mathrm{d}s$. 于是,在渐变流过流断面上各点的水力坡度 $J = -\mathrm{d}h/\mathrm{d}s = \sin\alpha$ 可视为常量. 由于流束长度难以确

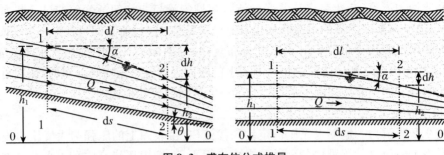

图 9.3 裘布依公式推导

定,且当 α 很小时(渐变流),$\sin \alpha \approx \tan \alpha$. 为简化问题,用 $\tan \alpha$ 代替 $\sin \alpha$,即 $J = -\mathrm{d}h/\mathrm{d}l$. 采用达西定律的微分形式,在同一断面上任一点渗透流速为

$$v = kJ = -k\frac{\mathrm{d}h}{\mathrm{d}l}$$

由于渐变渗流断面上的动水压强分布符合静水压强分布规律,即同一个渗流断面上各点的测压管水头相同,则各点的 $\mathrm{d}h/\mathrm{d}l$ 或 J 相同,渗透流速 $v = kJ$ 相等且平行,渗透流速 v 是均匀分布的.

流量可表示为

$$Q = Av = -kA\frac{\mathrm{d}h}{\mathrm{d}l}$$

以上流速 v 和流量 Q 的公式称为裘布依公式,该公式是达西定律在非均匀渐变渗流中的推广. 推导过程中利用 $\tan \alpha$ 代替达西定律中的 $J = \sin \alpha$,这是一种近似计算方法,因此,裘布依公式不适用于非均匀急变渗流(潜水面弯曲程度较大的情况,即角度较大的情况). 欲使 $\sin \alpha = \tan \alpha$,只有在 α 角相当小的情况下,才能满足计算精度要求.

与均匀渗流不同的是,虽然非均匀渐变渗流同一断面上的 $J = -\mathrm{d}h/\mathrm{d}s =$ 常量,且渗透流速也呈矩形分布,即各点的流速相等并等于断面平均流速;但不同断面的 J 不同,即各断面上的流速大小及断面平均流速 v 是沿程变化的.

9.3 集水廊道、单井、井群

9.3.1 集水廊道

在开采地下水或降低地基地下水水位的实际工程中,常利用集水廊道或井作为取水构筑物. 如图 9.4 所示流入集水廊道的二元渗流,不透水层为水平. 地下水水面(指无压水的自由表面或有压力的测压管水头面)在集水廊道未排水或未抽水前成为地下水静水面,排水后达到恒定状态时的水面成为动水面,动水面的水面线也叫浸润线. 如果假定集水廊道开挖到不透水层,那么集水廊道底面就不进水.

假设集水廊道垂直于纸面方向单位宽度($B=1$)的单侧流量为 q,按达西定律,有

$$q = vh = kJh$$

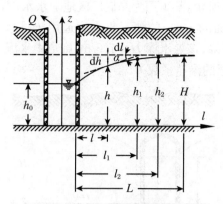

图 9.4 集水廊道渗流量计算

当为渐变流,即 α 较小时,$J = \sin \alpha \approx \tan \alpha = \mathrm{d}h/\mathrm{d}l$,于是

$$q = kh\frac{\mathrm{d}h}{\mathrm{d}l}$$

则

$$\frac{q}{k}\mathrm{d}l = h\mathrm{d}h$$

1. 从廊壁 $(0, h_0)$ 至影响半径点 (L, H)

设集水廊道内的动水位为 h_0,抽水前的地下水深度(静水位,抽水前的含水层深度)为 H,代入上式,得

$$\int_0^L \frac{q}{k}\mathrm{d}l = \int_{h_0}^H h\mathrm{d}h$$

则

$$q = \frac{k(H^2 - h_0^2)}{2L}$$

式中,L 称为集水廊道的影响范围,在此范围以外,静水位基本不受影响,即没有下降. 由于 $H^2 - h_0^2 = (H + h_0)(H - h_0)$,代入上式,并令 $(H - h_0)/L = J$,移项后得

$$q = \frac{k}{2}(H + h_0)J$$

式中,J 为动水面(或浸润曲线)的平均水力坡度. 不同土壤的 J 值大致为:极粗的沙粒土壤的 J 值为 $0.003 \sim 0.006$;沙的 J 值为 $0.006 \sim 0.020$;沙质岩层的 J 值为 $0.020 \sim 0.050$;沙黏土的 J 值为 $0.05 \sim 0.10$;黏土的 J 值为 $0.10 \sim 0.20$.

2. 任意两点 (l_1, h_1) 和 (l_2, h_2)

若在距离集水廊道 l_1 和 l_2 处的地下水水深分别为 h_1 和 h_2,对上式从断面 1-1 到 2-2 进行积分,得

$$\int_{l_1}^{l_2} \frac{q}{k}\mathrm{d}l = \int_{h_1}^{h_2} h\mathrm{d}h$$

则

$$q = \frac{k(h_2^2 - h_1^2)}{2(l_2 - l_1)}$$

该式为集水廊道浸润线方程.

【例题 9.2】 如图 9.5 所示,某工厂为降低厂区地下水水位,在水平不透水层上修建一条长 $b=100$ m(垂直于纸面的方向)的地下集水廊道用于排水.经实测,在距离廊道边缘 $L=80$ m 处,地下水开始下降,该处水深 $H=7.6$ m,廊道中水深 $h_0=3.6$ m,由廊道排出总流量 $Q=2.23$ m³/s.求土层的渗透系数 k.

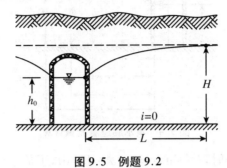

图 9.5 例题 9.2

解 廊道中所集聚的地下水流量系由两侧土层中渗出,故每一侧渗出的单宽流量:
$$q = Q/(2b) = 2.23/(2 \times 100) \approx 0.01115 \ (\text{m}^3/(\text{s} \cdot \text{m}))$$
利用从廊壁 $(0,h_0)$ 至影响半径点 (L,H) 的达西公式 $2qL/k = H^2 - h_0^2$,变形得
$$k = 2qL/(H^2 - h_0^2) = 2 \times 0.01115 \times 80/(7.6^2 - 3.6^2) \approx 0.04 \ (\text{m/s})$$

【例题 9.3】 如图 9.6 所示,在水平不透水层上的细沙含水层(渗透系数 $k=7.5$ m/d)上,沿渗流方向开凿了相距 $l=1000$ m 的 2 和 1 两口观测井,经实测,井 2 和井 1 的地下水水位分别为 $\nabla_2=30.5$ m,$\nabla_1=23.2$ m,井底不透水层的顶面标高 $\nabla_0=10.0$ m.试计算:① 单宽渗流量 q;② $b=150$ m 宽度上(垂直于纸面的方向)的地下水流量 Q;③ 渗流方向上距离井 2 为 100 m 处的断面 3 的地下水水位 ∇_3.

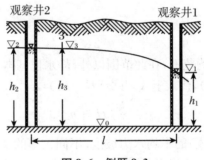

图 9.6 例题 9.3

解 ① 根据题意:
$$h_2 = \nabla_2 - \nabla_0 = 30.5 - 10 = 20.5 \ (\text{m})$$
$$h_1 = \nabla_1 - \nabla_0 = 23.2 - 10 = 13.2 \ (\text{m})$$
$$k = 7.5 \ \text{m/d} = 7.5/(24 \times 3600) \ \text{m/s} \approx 8.68 \times 10^{-5} \ \text{m/s}$$
利用集水廊道浸润曲线方程上任意两点 $(0,h_1)$ 和 (l,h_2) 的达西公式,有
$$q = k(h_2^2 - h_1^2)/[2(l-0)] = k(h_2^2 - h_1^2)/[2(l-0)]$$
$$= 8.68 \times 10^{-5} \times (20.5^2 - 13.2^2)/(2 \times 1000)$$
$$\approx 1.068 \times 10^{-5} \ (\text{m}^3/(\text{s} \cdot \text{m}))$$
② $Q = bq = 150 \times 1.068 \times 10^{-5} = 1.602 \times 10^{-3} \ (\text{m}^3/\text{s})$.

③ 利用集水廊道浸润线方程上任意两点 $(0, h_1)$ 和 $(l - 100, h_3)$ 的达西公式 $2q(l - 100)/k = h_3^2 - h_1^2$，则

$$h_3^2 = 2q(l - 100)/k + h_1^2 = 2 \times 1.068 \times 10^{-5} \times (1000 - 100)/(8.68 \times 10^{-5}) + 13.2^2$$
$$\approx 395.71 \, (\text{m})$$

解得 $h_3 = 19.89$ m，于是断面 3 的地下水水位

$$\nabla_3 = \nabla_0 + h_3 = 10 + 19.89 = 29.89 \, (\text{m})$$

9.3.2 单井

井是一种汲取地下水或排水用的集水建筑物. 根据水文地质条件，井按其位置可分为潜水井(普通井、无压井)和承压井(自流井)两种基本类型. 潜水井是指在潜水含水层中汲取无压地下水的井，它可分为完整井和非完整井，当井底直达不透水层即井底不进水时，称为潜水完整井(或普通完全井)，若井底未达到不透水层即井底也进水，则称为非完整井(或非完全井). 承压井是指穿过一层或多层不透水层，在承压含水层中汲取承压水的井；承压井视井底是否直达，不透水层也可分为自流完整井和自流非完整井.

严格来说，井的渗流运动属于非恒定运动. 特别当地下水开采量较大或需要较精确地测定水文地质参数时，应按非恒定流考虑. 但在地下水补给来源充沛、开采量远小于天然补给量的地区，经过相当长时间的抽水以后，井的渗流情况可以近似按恒定流进行分析. 本节仅讨论恒定流的情况.

严格来说，井的渗流运动应属于三维渗流，可以从渗流运动的微分方程组出发求解渗流运动要素在空间场的函数关系. 但这样求解是非常复杂的，这里忽略运动要素沿 z 轴方向的变化，并采用轴对称的假设，所以近似采用一维渐变渗流的一般公式——裘布依公式进行分析.

9.3.2.1 潜水完整井

如图 9.7 所示，一水平不透水层上的潜水完整井，井的半径为 r_0，含水层深度为 H. 当不取水时，井内水面与原地下水的水位齐平. 若从井内取水，则井中水位下降，地下水从四周径向对称地向井渗流，形成对于井中心垂直轴线对称的漏斗形浸润面(地下水面下降为一漏斗形曲面). 当含水层范围很大且从井中取水的流量不太大并保持恒定时，井中水位 h_0 与浸润面位置均保持不变，井周围地下水的渗流成为恒定渗流. 此时，流向水井的渗流过水断面是一系列面积为 $2\pi rz$、与井同轴的同心圆柱面(仅在井壁附近，过水断面与同心圆柱面有较大偏差)，通过井轴中心线沿径向的任意剖面上，流动情况均相同，于是对于井周围的渗流，可按恒定一元渐变渗流处理.

以井轴线为 z 轴，以不透水层表面为基准面 r 轴建立坐标系. 设该断面浸润线高度为 z，断面上各处的水力坡度为 $J = \mathrm{d}z/\mathrm{d}r$，根据裘布依公式，该渗流断面的平均流速为

$$v = kJ = k \frac{\mathrm{d}z}{\mathrm{d}r}$$

通过断面的渗流量为

$$Q = A \cdot v = 2\pi rz \cdot k \frac{\mathrm{d}z}{\mathrm{d}r}$$

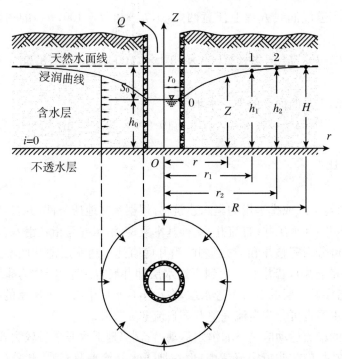

图9.7 潜水完整井渗流出流量计算

1. 从井壁(r_0,h_0)至任意点(r,z)

经过所有同轴圆柱面的渗流量都等于井的出水流量,自变量从r_0到r,因变量从h_0到z,积分可得

$$2\int_{h_0}^{z}z\mathrm{d}z = \frac{Q}{\pi k}\int_{r_0}^{r}\frac{\mathrm{d}r}{r}$$

则

$$z^2 - h_0^2 = \frac{Q}{\pi k}\ln\frac{r}{r_0}$$

根据该式可绘制沿井的径向剖面的浸润线.

2. 从井壁(r_0,h_0)至影响半径点(R,H)

浸润线在离井较远的地方逐步接近原有的地下水位.为计算井的出水量,引入井的影响半径,即在浸润漏斗面上有半径$r=R$的圆柱面,在R范围以外的区域,地下水面不受井中抽水影响,$z=H$,R为井的影响半径.利用边界条件$r=r_0$时$z=h_0$,$r=R$时$z=H$,得

$$2\int_{h_0}^{H}z\mathrm{d}z = \frac{Q}{\pi k}\int_{r_0}^{R}\frac{\mathrm{d}r}{r}$$

则

$$H^2 - h_0^2 = \frac{Q}{\pi k}\ln\frac{R}{r_0}$$

潜水完整井的产水量:

$$Q = \frac{\pi k(H^2 - h_0^2)}{\ln R - \ln r_0} = \frac{\pi k(H^2 - h_0^2)}{(\lg R - \lg r_0)/\lg \mathrm{e}} = \pi\lg\mathrm{e}\,\frac{k(H^2 - h_0^2)}{\lg R - \lg r_0} = 1.36\frac{k(H^2 - h_0^2)}{\lg R - \lg r_0}$$

该式为潜水完整井的出水量公式.考虑到井中动水面以下的水深h_0不易测量,若将抽水时

地下水水面的最大降落(水位降深)$S_0 = H - h_0$ 或 $h_0 = H - S_0$ 代入,得

$$Q = 1.36\frac{k(H^2 - h_0^2)}{\lg R - \lg r_0} = 1.36\frac{k(H - h_0)(H + h_0)}{\lg R - \lg r_0}$$

$$= 1.36\frac{kS_0(2H - S_0)}{\lg R - \lg r_0} = 2.73\frac{kS_0H[1 - S_0/(2H)]}{\lg R - \lg r_0}$$

式中,R 为影响半径(在影响半径以外,可认为地下水面不受影响,不下降),单位为 m,通常通过抽水实验测定;在初步计算中,可采用经验值估算,细粒土 $R = 100 \sim 200$ m,中粒土 $R = 250 \sim 700$ m,粗粒土 $R = 700 \sim 1000$ m;也可采用经验公式估算 $R = 3000S_0\sqrt{k}$ 或 $R = 575S_0\sqrt{Hk}$;r_0 为井的半径,单位为 m;H 为抽水前的地下水深度(抽水前的含水层深度),单位为 m.

当含水层很深时,$S/2H \ll 1$,可简化为 $Q = 2.73\dfrac{kS_0H}{\lg R - \lg r_0}$.

值得指出的是,潜水完整井的出水量公式存在一些局限性:① 基于裴布依公式推导,采用 $\tan\alpha$ 代替 $\sin\alpha$,故只适用于渐变流;② 当井内流速极大导致水位降深很大时,井内水位比井壁水位低很多,产生井内、外水位差,此时水面曲线在井壁不连续;③ 公式中的 r_0 与 Q 之间是对数关系,即 r_0 对 Q 的影响不大,井半径大增而水量增量却很小;但实际中,r_0 对 Q 的影响要比裴布依公式所表示的对数关系大得多.

2. 任意两点 (r_1, h_1) 和 (r_2, h_2)

利用条件 $r = r_1$ 时 $z = h_1$,利用条件 $r = r_2$ 时 $z = h_2$,可得

$$2\int_{h_1}^{h_2} z\mathrm{d}z = \frac{Q}{\pi k}\int_{r_1}^{r_2}\frac{\mathrm{d}r}{r}$$

则

$$h_2^2 - h_1^2 = \frac{Q}{\pi k}\ln\frac{r_2}{r_1}$$

该式是完整井在恒定流时的浸润线方程.

9.3.2.2　承压完整井

当含水层位于两个不透水层之间时,由于地质构造关系,含水层中的地下水处于承压状态,含水层内的渗透压力将大于大气压力,形成承压含水层(或有压层).如果管井穿过上面的不透水层,管井从承压含水层中取水,这种管井称为承压井或自流井.井中水位总是大于含水层厚度,所以流入井中的渗流都是承压的.若抽水量不大,则当抽取的流量为常值时,经过一段时间后,井四周的渗流可认为达到恒定状态,井中水面比原有水面的下降值 S_0 也固定不变,地下水水面线呈现一漏斗形曲面.此时和潜水完整井一样,渗流仍可按一维渐变渗流来处理.

如图 9.8 所示为一承压完整井渗流层的纵断面.设渗流层具有水平不透水的基底和上顶,假定渗流层为均匀厚度 M 的水平含水层.完整井的半径为 r_0.当凿井穿过覆盖在含水层上的不透水层时,地下水位将上升到高度 H,H 为承压含水层的天然总水头.当从井中抽水并达到恒定流状态时,井内水深由 H 降至 h_0,井周围的测压管水头面将下降形成一漏斗形曲面.

离井轴距离为 r 处的圆柱面过水断面面积为 $2\pi rM$,根据裴布依公式,过水断面上的平均渗流流速:

$$v = kJ = k\frac{\mathrm{d}z}{\mathrm{d}r}$$

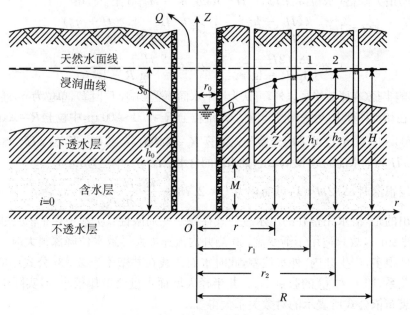

图 9.8　承压完整井出流量计算

渗流流量或井的出水量：

$$Q = 2\pi r M \cdot k \frac{\mathrm{d}z}{\mathrm{d}r} \quad \text{或} \quad \mathrm{d}z = \frac{Q}{2M\pi k} \frac{\mathrm{d}r}{r}$$

1. 从井壁(r_0, h_0)至任意点(r, z)

$$\int_{h_0}^{z} \mathrm{d}z = \frac{Q}{2M\pi k} \int_{r_0}^{r} \frac{\mathrm{d}r}{r} \quad \text{或} \quad z - h_0 = \frac{Q}{2M\pi k} \ln \frac{r}{r_0}$$

该式为自流井的测压管水头线方程,式中,z是半径为r的过水断面的测压管水头.

2. 从井壁(r_0, h_0)至影响半径点(R, H)

$$\int_{h_0}^{H} \mathrm{d}z = \frac{Q}{2M\pi k} \int_{r_0}^{R} \frac{\mathrm{d}r}{r} \quad \text{或} \quad H - h_0 = \frac{Q}{2M\pi k} \ln \frac{R}{r_0}$$

式中,R为影响半径,按潜水完整井的方法确定,M为含水层厚度,H为自流含水层未抽水前测压管水面至底板的高度,令井中动水面以下的水深$h_0 = H - S_0$,代入得承压完整井的出水量：

$$Q = \frac{2\pi k S_0 M}{\ln R - \ln r_0} = 2\pi \lg \mathrm{e} \frac{k S_0 M}{\lg R - \lg r_0} = 2.73 \frac{k S_0 M}{\lg R - \lg r_0}$$

3. 任意两点(r_1, h_1)和(r_2, h_2)

$$\int_{h_1}^{h_2} \mathrm{d}z = \frac{Q}{2M\pi k} \int_{r_1}^{r_2} \frac{\mathrm{d}r}{r}$$

则

$$h_2 - h_1 = \frac{Q}{2M\pi k} \ln \frac{r_2}{r_1}$$

该式为自流完整井的浸润线方程.

　　【例题 9.4】　如图 9.9 所示,厚度 $M = 15$ m 的粗砂含水层,渗透系数 $k = 45$ m/d,沿渗流方向设 1、2 两个相距 $l = 200$ m 的观测井,经实测,观测井 1 和 2 中的水位分别为$\nabla_1 =$

63.44 m，$\nabla_2 = 64.22$ m.试求该含水层单位宽度(垂直于纸面的方向)的渗流量 q.

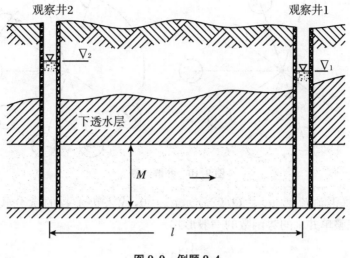

观察井2　　　　　　　　　　　　　　观察井1

∇_2　　　　　　　　　　　　　∇_1

下透水层

M

l

图9.9　例题9.4

解　本题为承压均匀渗流,根据达西公式 $v = kJ$,其中 $J = (\nabla_2 - \nabla_1)/l$,可得单宽流量:

$$q = vM = kJM = kM(\nabla_2 - \nabla_1)/l = 45 \times 15 \times (64.22 - 63.44)/200 \approx 2.63 \ (\text{m}^2/\text{d})$$

9.3.3　井群

多个单井组合成的抽水系统称为**井群**.井群常用来汲取地下水或降低地下水水位,如抽取地下水、土建基坑开挖等场合.按井深和井所处的位置,井群可分为潜水井井群和承压井井群.

在井群中,各井之间的距离不大,每一个井都处在其他井的影响范围之内.当井群工作时,各井之间互相影响,互相干扰(互相干扰的井就称为干扰井),使得渗流区地下水浸润曲面呈现出复杂的形状.由于任何一个井抽水时都会影响其他的涌水量,使得井群中各井的出水量和单井的出水量完全不同,井群的涌水量不等于各井单独抽水时的涌水量的总和,水力计算远比单井复杂得多,常引入势流叠加原理来计算井群涌水量.

根据点汇的平面势流流速式:

$$v = u_r = Q/(2\pi r) = \mathrm{d}\varphi/\mathrm{d}r$$

以及潜水完整井出水量公式:

$$Q = 2\pi rz \cdot k \mathrm{d}z/\mathrm{d}r$$

承压完整井出水量公式:

$$Q = 2\pi rM \cdot k \mathrm{d}z/\mathrm{d}r$$

对照得

$$\mathrm{d}\varphi/\mathrm{d}r = kz\mathrm{d}z/\mathrm{d}r = kM\mathrm{d}z/\mathrm{d}r$$

于是,潜水完整井的流速势函数 $\varphi = kz^2/2$,承压完整井的流速势函数 $\varphi = kMz/2$.

如图9.10所示,由 n 个完整单井组成的井群,距 O 点的距离分别为 $r_1, r_2, \cdots, r_n$,井半径分别为 $r_{01}, r_{02}, \cdots, r_{0n}$,产水量分别为 $Q_1, Q_2, \cdots, Q_n$,当井群工作时,流速势分别为 $\varphi_1 = kz_1^2/2, \varphi_2 = kz_2^2/2, \cdots, \varphi_n = kz_n^2/2$(其中,$z_i$ 为单井 i 的浸润线在 O 点的深度).

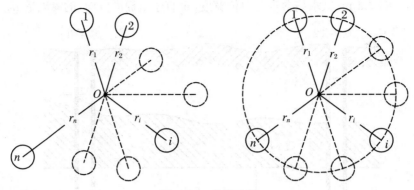

图 9.10　井群计算

对于单井,将汇流流速 $u_r = Q/(2\pi r)$, $u_\theta = 0$,代入势函数的微分式 $\mathrm{d}\varphi = u_r\mathrm{d}r + u_\theta r\mathrm{d}\theta$,积分得完整单井 i 的势函数的一般形式:

$$\varphi_i = \frac{Q}{2\pi}\ln r_i + c_i$$

式中, c_i 为常数,其大小由边界条件决定.

当潜水完整井群工作(n 个单井同时抽水)时,每个井抽水均会对 O 点的流速势产生影响.由于井群流速势符合平面势流的叠加原理,因此,任一点 O 的势函数值 φ 可看成由各单井单独作用时在 O 点的 φ_i 值之和,即

$$\varphi = \sum_{i=1}^{n}\varphi_i = \sum_{i=1}^{n}\frac{Q_i}{2\pi}\ln r_i + c$$

式中, r_i 为 O 点距第 i 井井轴的距离.

若各井的出水量相同,即 $Q_1 = Q_2 = \cdots = Q_n = Q_0/n$.其中, Q_0 为该井群的总抽水量,则

$$\varphi = \frac{Q_0}{2\pi}\cdot\frac{1}{n}\sum_{i=1}^{n}\ln r_i + c = \frac{Q_0}{2\pi}\cdot\frac{1}{n}\ln(r_1 r_2 r_3 \cdots r_n) + c$$

假设井群也具有影响半径,而且影响半径 R 远大于井群的尺度,则影响半径处距各井轴的距离可近似认为 $r_1 \approx r_2 \approx \cdots \approx r_n = R$, $z = H$,令该处的势函数值为 φ_R,代入上式得

$$\varphi_R = \frac{Q_0}{2\pi}\cdot\frac{1}{n}\ln R^n + c = \frac{Q_0}{2\pi}\ln R + c$$

解得

$$c = \varphi_R - \frac{Q_0}{2\pi}\ln R$$

将 c 代入 φ 的表达式,得

$$\varphi_R - \varphi = \frac{Q_0}{2\pi}\Big[\ln R - \frac{1}{n}\ln(r_1 r_2 r_3 \cdots r_n)\Big]$$

① 对于潜水井, $\varphi_R = kH^2/2$, $\varphi = kz^2/2$,代入得

$$z^2 = H^2 - \frac{Q_0}{\pi k}\Big[\ln R - \frac{1}{n}\ln(r_1 r_2 r_3 \cdots r_n)\Big]$$

$$= H^2 - \frac{1}{\pi\lg \mathrm{e}}\cdot\frac{Q_0}{k}\Big[\lg R - \frac{1}{n}\lg(r_1 r_2 r_3 \cdots r_n)\Big]$$

$$= H^2 - 0.73\frac{Q_0}{k}\Big[\lg R - \frac{1}{n}\lg(r_1 r_2 r_3 \cdots r_n)\Big]$$

对于沿半径为 r 的圆周对称部分的井群,在井群圆心处 $r_1 = r_2 = \cdots = r_n = r$,则井群圆心处的渗流水头:

$$z^2 = H^2 - 0.73 \frac{Q_0}{k} \lg \frac{R}{r}$$

该式是完整潜水井群的计算公式.

另外,可得出井群的总抽水量公式:

$$Q_0 = \frac{\pi k (H^2 - z^2)}{\ln R - \frac{1}{n} \ln(r_1 r_2 r_3 \cdots r_n)}$$

其中,z 可用 O 点处的水位降深 $S = H - z$ 或 $z = H - S$ 代入;渗透系数 k 可在现场对单井或井群进行抽水(或压水)实验,待地下水流稳定后,将所观测得的 Q、H、R、r_0、S 等值代入有关公式中求得.

② 对于承压井,$\varphi_R = kHM$,$\varphi = kzM$,代入得水头线方程:

$$z = H - \frac{Q_0}{2M\pi k} \left[\ln R - \frac{1}{n} \ln(r_1 r_2 r_3 \cdots r_n) \right]$$

$$= H - \frac{1}{2\pi \lg e} \cdot \frac{Q_0}{Mk} \left[\lg R - \frac{1}{n} \lg(r_1 r_2 r_3 \cdots r_n) \right]$$

$$= H - 0.37 \frac{Q_0}{Mk} \left[\lg R - \frac{1}{n} \lg(r_1 r_2 r_3 \cdots r_n) \right]$$

如果井群为圆周分布,则可简化为

$$z = H - 0.37 \frac{Q_0}{Mk} \lg \frac{R}{r}$$

【例题 9.5】　如图 9.11 所示为某建筑基坑的排水系统.为保证施工安全,基坑中心点的静水位 S_0 应采用由 8 口相同抽水流量组成的完整潜水井组成的井群系统降低至少 4.9 m. 8 口井呈长、宽分别为 12 m 和 8 m 的矩形布置.不透水层上方的静水位 $H = 15$ m.土壤渗透系数 $k = 0.005$ cm/s.如果每口井的半径都为 $r_0 = 0.1$ m,泵的总抽水流量为 $Q_0 = 7.6 \times 10^{-3}$ m³/s,校核井群系统的设计是否满足需求.

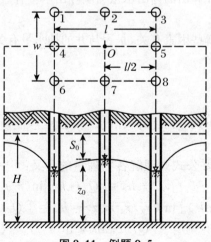

图 9.11　例题 9.5

解　井群系统的影响半径:

$$R = 575S_0(Hk)^{1/2} = 575 \times 5 \times (15 \times 0.00005)^{1/2} = 78.74 \text{ (m)}$$

每口井到中心点 O 的水平距离：

$$r_1 = r_3 = r_6 = r_8 = [(l/2)^2 + (w/2)^2]^{1/2} = (6^2 + 4^2)^{1/2}$$
$$\approx 7.21 \text{ (m)}$$
$$r_2 = r_7 = 4 \text{ m}$$
$$r_4 = r_5 = 6 \text{ m}$$

将已知参数和 $r_1, r_2, \cdots\cdots, r_8$ 代入 z_0 的表达式，得

$$z_0^2 = H^2 - 0.73(Q_0/k)[\lg R - (1/n)\lg(r_1 r_2 r_3 \cdots r_n)]$$
$$= 15^2 - 0.73 \times (7.6 \times 10^{-3}/0.00005)$$
$$\times [\lg 78.74 - (1/8)\lg(7.21 \times 4 \times 7.21 \times 6 \times 6 \times 7.21 \times 4 \times 7.21)]$$
$$= 100.48$$

解得 $z_0 \approx 10.02$ m.

基坑中心点的静水位降深：

$$S_0 = H - z_0 = 15 - 10.02 = 4.98 \text{ (m)} > 4.9 \text{ (m)}$$

因此，该井群系统的设计满足需求.

习　题

【研究与创新题】

9.1　土壤渗透系数的影响因素有哪些，尝试基于实验研究建立某一特定土壤渗透系数 k 的计算公式.

9.2　利用裘布依公式计算出的井出水量与实际出水量有一定误差，尝试实验分析产生误差的最主要原因.

9.3　影响半径大小与哪些因素有关，是否与井的抽水量有关？现场实验研究看看.

【课前预习题】

9.4　试着背诵和理解下列名词：渗流、潜水、承压水、渗流模型、渗透系数、浸润面、潜水井、承压井、井群.

9.5　试着写出以下重要公式并理解各物理量的含义：$v' = v/n$，$v = kJ$，$q = kJ(H + h_0)/2$，$= k(h_2^2 - h_1^2)/[2(l_2 - l_1)]$，$z^2 - h_0^2 = [Q/(\pi k)]\ln(r/r_0)$，$Q = 2.73kS_0 H/(\lg R - \lg r_0)$，$h_2^2 - h_1^2 = [Q/(\pi k)]\ln(r_2/r_1)$，$z - h_0 = [Q/(2\pi Mk)]\ln(r/r_0)$，$Q = 2.73kS_0 M/(\lg R - \lg r_0)$，$h_2 - h_1 = [Q/(2\pi Mk)]\ln(r_2/r_1)$，$Q_0 = \pi k(H^2 - z^2)/[\lg R - (1/n)\lg(r_1 r_2 r_3 \cdots r_n)]$，$z = H - 0.37[Q_0/(Mk)]\ln(R/r)$.

【课后作业题】

9.6 渗流模型中的流速是( ).

(A) 空隙中点流速 　　　　　　　　　　(B) 空隙平均流速

(C) 假想的平均流速 　　　　　　　　　 (D) 假想的点流速

9.7 达西定律的适用范围是( ).

(A) $Re < 2300$ 　　　　(B) $Re > 2300$ 　　　　(C) $Re < 575$ 　　　　(D) $Re < 1 \sim 10$

9.8 地下水渐变渗流,过流断面上的渗流速度按( ).

(A) 抛物线分布 　　　(B) 线性分布 　　　(C) 平均分布 　　　(D) 对数曲线分布

9.9 井群的总出水量 Q_0 与数量相等的井在单独抽水时的总出水量 Q 比较,( ).

(A) $Q_0 > Q$ 　　　　(B) $Q_0 < Q$ 　　　　(C) $Q_0 = Q$ 　　　　(D) 不定

9.10 引入渗流模型有什么重要意义?

9.11 渗流中所指的流速与真实流速有什么联系?

9.12 如图 9.12 所示集水河道,河中水位$\nabla_1 = 65.8$ m,距河 $l = 300$ m 处有一钻孔,井中水位$\nabla_2 = 68.5$ m,不透水层为水平面,高程$\nabla_0 = 55.0$ m,土壤的渗透系数 $k = 16$ m/d,求集水河道的单宽流量 q.【参考答案:$q = 1.75$ m³/(d·m)】

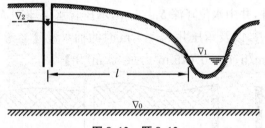

图 9.12 题 9.12

9.13 如图 9.13 所示,一长为 100 m(垂直于纸面)的集水廊道位于一不透水地层上.不透水层上方的静水位高 $H = 4$ m,土壤的渗透系数 $k = 0.001$ cm/s.当从集水廊道抽水的流量稳定时,廊道内水深 $h_0 = 2$ m,影响半径 $L = 140$ m.试确定:① 从集水廊道的抽水流量;② 距集水廊道壁 $l_1 = 100$ m 处(点 1)不透水层上的水位降落锥体的高度 h_1.【参考答案:$Q = 8.6 \times 10^{-5}$ m³/s,$h_1 = 3.55$ m】

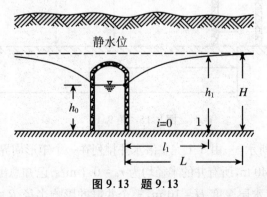

图 9.13 题 9.13

9.14 如图 9.14 所示,一半径 $r_0 = 0.15$ m、水深 $h_0 = 2$ m 的完整井位于水平不透水层上.在距离井中心 $l_1 = 60$ m 处挖一水深 $h_1 = 2.6$ m 的检查井.假设井的稳定抽水流量为 0.00025 $\mathrm{m^3/s}$,试确定土壤的渗透系数.【参考答案:$k = 0.0173$ cm/s】

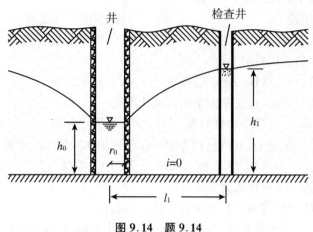

图 9.14 题 9.14

9.15 如图 9.15 所示为一水平不透水层上的完整自流井,井半径 $r_0 = 0.1$ m,未抽水时,测得地下水水深 $H = 12$ m;当抽水量为 36 $\mathrm{m^3/h}$ 时,井中水位降深 $S_0 = 2$ m,在距井轴线 $r_1 = 10$ m 处钻一观察井,井中水位降深 $S_1 = 1$ m,承压含水层厚度 $M = 5$ m.试求含水层的渗透系数 k、影响半径 R,以及承压井 $S_0 = 3$ m 时的抽水量.【参考答案:$R = 1000$ m,$k = 0.00147$ m/s 或 5.292 m/h,$Q = 0.015$ $\mathrm{m^3/s}$ 或 54 $\mathrm{m^3/h}$】

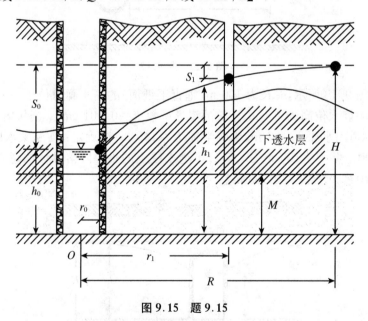

图 9.15 题 9.15

9.16 如图 9.16 所示,一由 8 个完整潜水井排列在一个矩形周界上组成的井群,矩形长、宽分别为 $l = 60$ m,$w = 40$ m,所有井的半径均为 $r_0 = 0.1$ m/s.已知总出水量 $Q_0 = 20$ L/s,渗透系数 $k = 0.001$ m/s,含水层厚度 $H = 10$ m,整个井群的影响半径 $R = 500$ m.试求 5 号井中

水深 z_5，井群中心点 O 的水深 z_O，以及 P 点的水深 z_P．【参考答案：$z_5 = 8.89$ m，$z_O = 9.06$ m，$z_P = 9.29$ m】

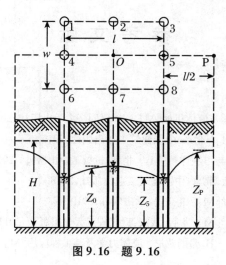

图 9.16　题 9.16

参 考 文 献

[1]　于柯葵,朱立明. 流体力学与流体机械[M]. 上海:同济大学出版社,2009.

[2]　邵卫云. 工程流体力学[M]. 北京:中国建筑工业出版社,2015.

[3]　裴国霞. 水力学学习指导与习题详解[M]. 北京:机械工业出版社,2017.

[4]　高学平. 水力学[M]. 2版.北京:中国建筑工业出版社,2018.

[5]　张爱民,王长永. 流体力学[M]. 北京:科学出版社,2010.

[6]　胡敏良,吴雪茹. 流体力学[M]. 4版.武汉:武汉理工大学出版社,2011.

[7]　约翰·芬纳莫尔,约瑟夫·B.弗朗兹尼. 流体力学及其工程应用[M]. 北京:机械工业出版社,2013.